기주도학습 체크리스트

- 선생님의 친절한 강의로 여러분의 예습 · 복습을 도와 드릴게요.
- 강의를 듣는 데에는 30분이면 충분합니다.
- 공부를 마친 후에 확인란에 체크하면서 스스로를 칭찬해 주세요.

날짜	강의명		확인
	강		
	강		
	강		
	강		
	강		
	강		
	강		
	강		
	강		
	강		
	강		
	강		
	강		
	강		
	강		
	강		
	강		
	강		
	강		
	강		
	강		
	강		

날짜	강의명		확인
	강		
	강		
	강		
	강		
	강		
	강		
	강		
	강		
	강		
	강		
	강		
	강		
	강		
	강		
	강		
	강		
	강		
	강		
	강		
	강		
	강		
	강		

자기주도학습 체크리스트로 공부의 기쁨이 차곡차곡 쌓일 것입니다.

수학
수학 꽉 잡아

초 | 등 | 부 | 터
EBS

교과서 기본과 응용 문제를
한 번에 잡는 **교과서 기본+응용**

BOOK 1
본책

6-1

BOOK 1
본책

BOOK 1 본책으로 교과서에 담긴 **학습 개념과 기본+응용 문제**를 꼼꼼하게 공부하세요.

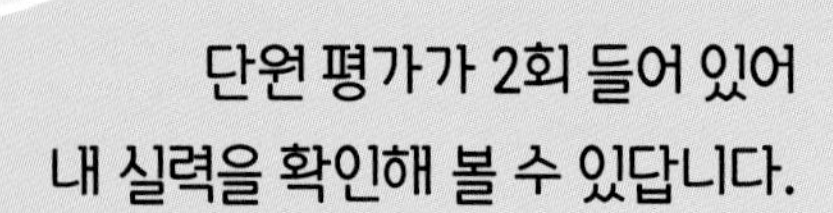
단원 평가가 2회 들어 있어
내 실력을 확인해 볼 수 있답니다.

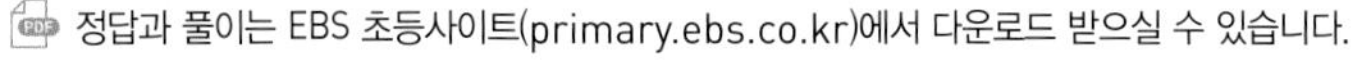

정답과 풀이는 EBS 초등사이트(primary.ebs.co.kr)에서 다운로드 받으실 수 있습니다.

교재 내용 문의	교재 내용 문의는 EBS 초등사이트 (primary.ebs.co.kr)의 교재 Q&A 서비스를 활용하시기 바랍니다.
교재 정오표 공지	발행 이후 발견된 정오 사항을 EBS 초등사이트 정오표 코너에서 알려 드립니다. 교과/교재 ▶ 교재 ▶ 교재 선택 ▶ 정오표
교재 정정 신청	공지된 정오 내용 외에 발견된 정오 사항이 있다면 EBS 초등사이트를 통해 알려 주세요. 교과/교재 ▶ 교재 ▶ 교재 선택 ▶ 교재 Q&A

교과서 기본과 응용 문제를
한 번에 잡는 **교과서 기본+응용**

BOOK 1
본책

6-1

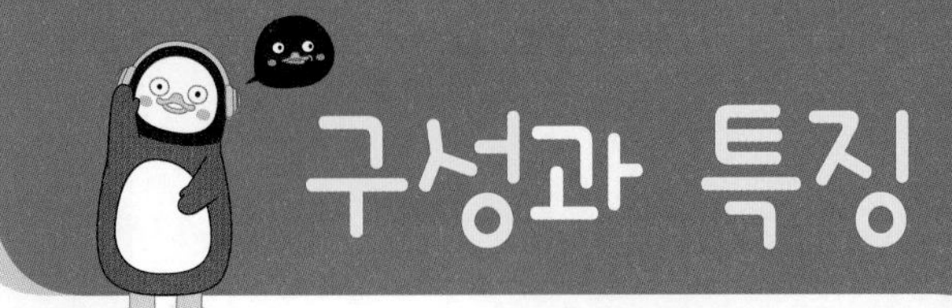

본책

① 단원 도입

단원을 시작할 때 주어진 그림과 글을 읽으면 공부할 내용에 대해 흥미를 갖게 됩니다.

② 교과서 개념 다지기

주제별로 교과서 개념을 공부하는 단계입니다.
다양한 예와 그림을 통해 핵심 개념을 쉽게 익힙니다.

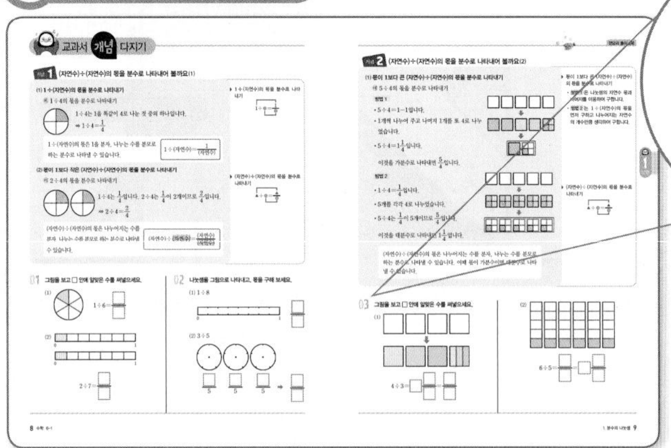

주제별로 기본 원리 수준의 쉬운 문제를 풀면서 개념을 확실히 이해합니다.

③ 교과서 넘어 보기

교과서와 익힘책의 기본+응용 문제를 풀면서 수학의 기본기를 다지고 문제 해결력을 키웁니다.

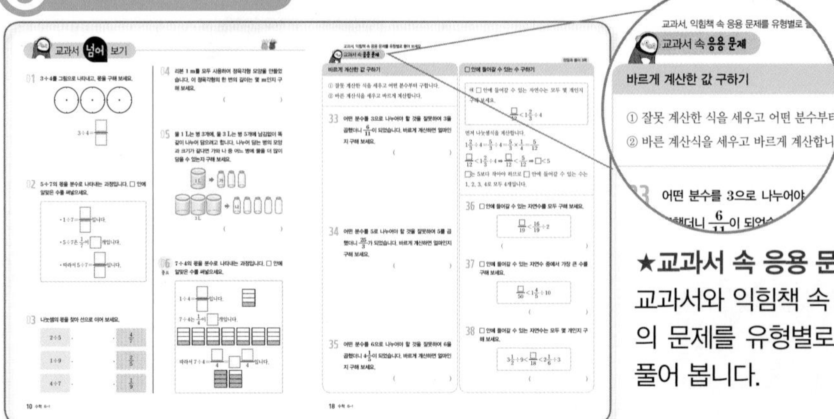

★교과서 속 응용 문제
교과서와 익힘책 속 응용 수준의 문제를 유형별로 정리하여 풀어 봅니다.

4 응용력 높이기

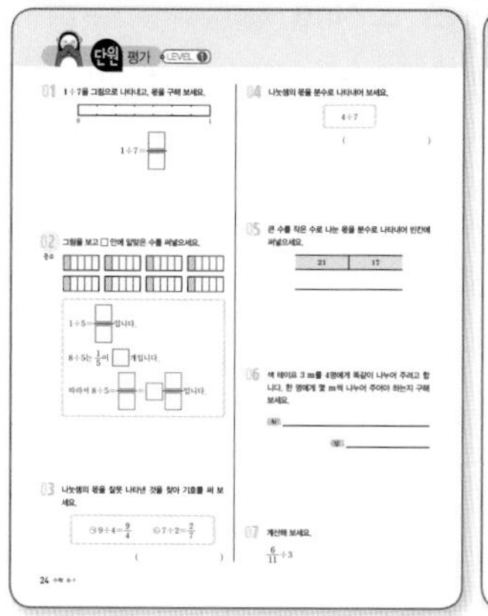

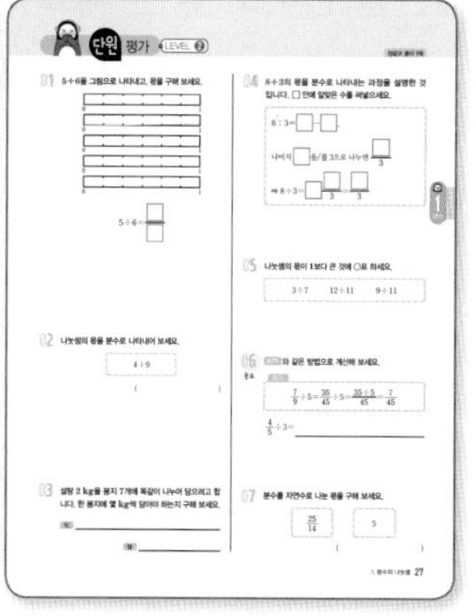

단원별 대표 응용 문제와 쌍둥이 문제를 풀어 보며 실력을 완성합니다.

★QR 코드 활용
제공된 QR 코드를 스마트폰에 인식시키면 EBS 선생님의 문제 풀이 동영상을 무료로 학습할 수 있습니다.

5 단원 평가 LEVEL1, LEVEL2

학교 단원 평가에 대비하여 단원에서 공부한 내용을 마무리하는 문제를 풀어 봅니다. 틀린 문제, 실수했던 문제는 반드시 개념을 다시 확인합니다.

BOOK 2 복습책

❶기본 문제 복습 ❷응용 문제 복습

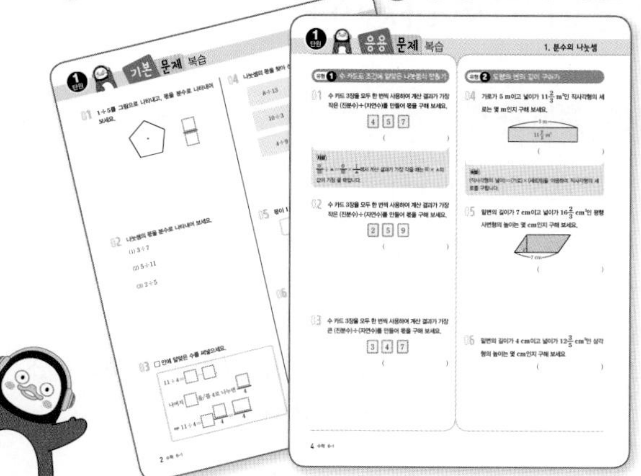

기본 문제를 통해 학습한 내용을 복습하고, 응용 문제를 통해 다양한 유형을 연습합니다.

❸서술형 수행 평가

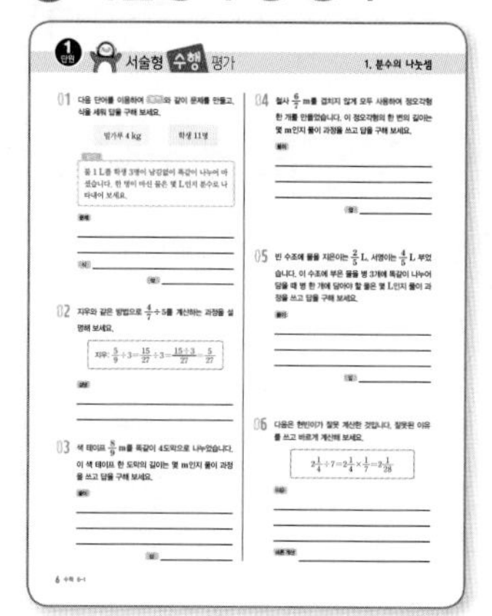

서술형 문제를 심층적으로 연습함으로써 강화되는 서술형 수행 평가에 대비합니다.

❹단원 평가

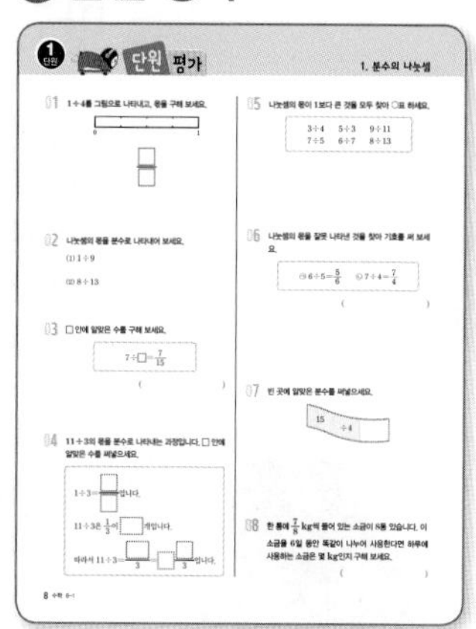

시험 직전에 단원 평가를 풀어 보면서 학교 시험에 철저히 대비합니다.

만점왕 수학 플러스로 기본과 응용을 모두 잡는 공부 비법

만점왕 수학 플러스를 효과적으로 공부하려면?

교재 200% 활용하기

각 단원이 시작될 때마다 나와 있는 **단원 진도 체크**를 참고하여 공부하면 보다 효과적으로 수학 실력을 쑥쑥 올릴 수 있어요!

응용력 높이기 에서 단원별 난이도 높은 대표 응용 문제를 문제 스케치 를 보면서 문제 해결의 포인트를 찾아보세요. 어려운 문제에 이미지 해법을 활용하면 문제를 훨씬 쉽게 해결할 수 있을 거예요!

교재로 혼자 공부했는데, 잘 모르는 부분이 있나요? 만점왕 수학 플러스 강의가 있으니 걱정 마세요!

QR 코드 강의 또는 인터넷(TV) 강의로 공부하기

응용력 높이기 코너의 QR 코드를 스마트폰에 인식시키면 EBS 선생님의 문제 풀이 동영상을 무료로 학습할 수 있어요. 만점왕 수학 플러스 전체 강의는 TV를 통해 시청하거나 EBS 초등사이트를 통해 언제 어디서든 이용할 수 있습니다.

• 방송 시간 : EBS 홈페이지 편성표 참조
• EBS 초등사이트 : primary.ebs.co.kr

BOOK 1 차례

정아는 생일 파티에 친구들을 초대했어요. 모두 8명이 모였어요. 피자와 오렌지주스를 8명이 똑같이 나누어 먹으려고 해요. 피자 3판을 8명이 나누어 먹으면 한 명이 먹을 수 있는 피자의 양은 얼마일까요? 오렌지주스 $2\frac{2}{5}$ L를 8명이 나누어 마시면 한 명이 마실 수 있는 오렌지주스의 양은 몇 L일까요?

이번 1단원에서는 분수의 나눗셈에 대해 배울 거예요.

1 분수의 나눗셈

단원 학습 목표

1. 몫이 1보다 작은 (자연수)÷(자연수)의 몫을 분수로 나타낼 수 있습니다.
2. 몫이 1보다 큰 (자연수)÷(자연수)의 몫을 분수로 나타낼 수 있습니다.
3. (분수)÷(자연수)의 계산 과정을 이해하고 몫을 구할 수 있습니다.
4. (분수)÷(자연수)를 간단히 계산할 수 있는 원리를 이해하고 설명할 수 있습니다.
5. (대분수)÷(자연수)의 계산 과정을 설명하고 몫을 구할 수 있습니다.

단원 진도 체크

학습일		학습 내용	진도 체크
1일째	월 일	개념 1 (자연수)÷(자연수)의 몫을 분수로 나타내어 볼까요(1) 개념 2 (자연수)÷(자연수)의 몫을 분수로 나타내어 볼까요(2)	✓
2일째	월 일	교과서 넘어 보기 + 교과서 속 응용 문제	✓
3일째	월 일	개념 3 (분수)÷(자연수)를 알아볼까요 개념 4 (분수)÷(자연수)를 분수의 곱셈으로 나타내어 볼까요 개념 5 (대분수)÷(자연수)를 알아볼까요	✓
4일째	월 일	교과서 넘어 보기 + 교과서 속 응용 문제	✓
5일째	월 일	응용 1 수 카드로 조건에 알맞은 나눗셈식 만들기 응용 2 도형의 변의 길이 구하기 응용 3 수직선에서 나타내는 분수 구하기	✓
6일째	월 일	응용 4 도형에서 색칠한 부분의 넓이 구하기 응용 5 부분의 넓이 구하기	✓
7일째	월 일	단원 평가 LEVEL ❶	✓
8일째	월 일	단원 평가 LEVEL ❷	✓

이 단원을 진도 체크에 맞춰 8일 동안 학습해 보세요.
해당 부분을 공부하고 나서 ✓표를 하세요.

개념 1 (자연수)÷(자연수)의 몫을 분수로 나타내어 볼까요(1)

(1) 1÷(자연수)의 몫을 분수로 나타내기

예 1÷4의 몫을 분수로 나타내기

1÷4는 1을 똑같이 4로 나눈 것 중의 하나입니다.

➡ $1\div4=\frac{1}{4}$

1÷(자연수)의 몫은 1을 분자, 나누는 수를 분모로 하는 분수로 나타낼 수 있습니다.

$1\div(\text{자연수})=\frac{1}{(\text{자연수})}$

▸ 1÷(자연수)의 몫을 분수로 나타내기

$1\div●=\frac{1}{●}$

(2) 몫이 1보다 작은 (자연수)÷(자연수)의 몫을 분수로 나타내기

예 2÷4의 몫을 분수로 나타내기

1÷4는 $\frac{1}{4}$입니다. 2÷4는 $\frac{1}{4}$이 2개이므로 $\frac{2}{4}$입니다.

➡ $2\div4=\frac{2}{4}$

(자연수)÷(자연수)의 몫은 나누어지는 수를 분자, 나누는 수를 분모로 하는 분수로 나타낼 수 있습니다.

$(\text{자연수})\div(\text{자연수})=\frac{(\text{자연수})}{(\text{자연수})}$

▸ (자연수)÷(자연수)의 몫을 분수로 나타내기

$▲\div●=\frac{▲}{●}$

01 그림을 보고 □ 안에 알맞은 수를 써넣으세요.

(1) 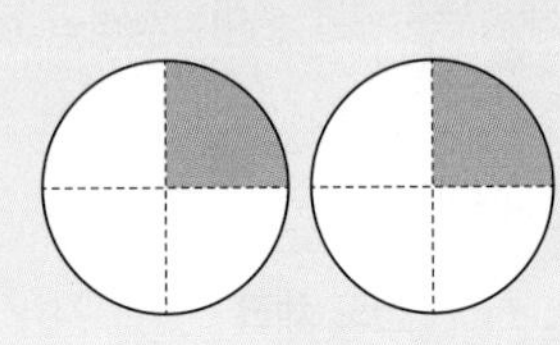

$1\div6=\frac{\square}{\square}$

(2) 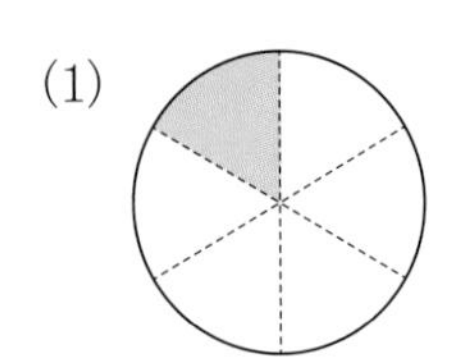

$2\div7=\frac{\square}{\square}$

02 나눗셈을 그림으로 나타내고, 몫을 구해 보세요.

(1) 1÷8

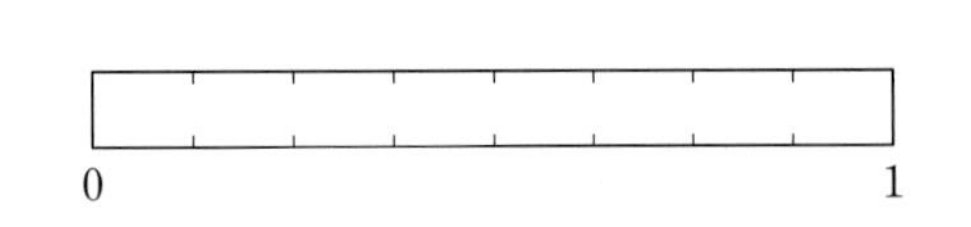

$\frac{\square}{\square}$

(2) 3÷5

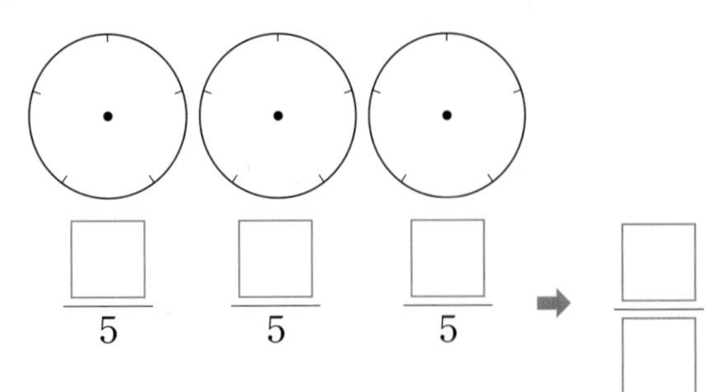

$\frac{\square}{5}$ $\frac{\square}{5}$ $\frac{\square}{5}$ ➡ $\frac{\square}{\square}$

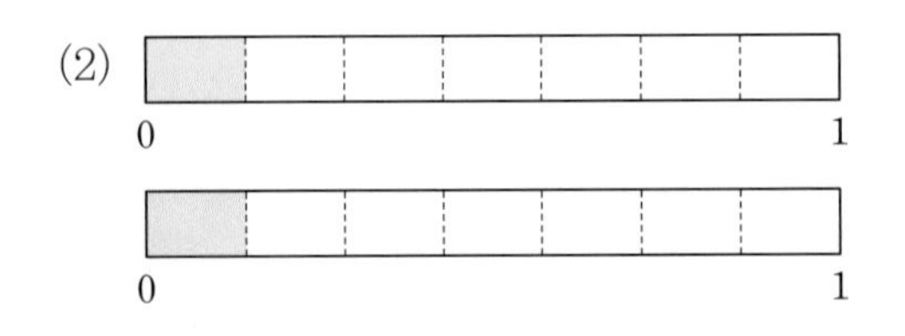

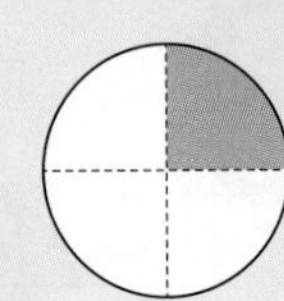

개념 2 (자연수)÷(자연수)의 몫을 분수로 나타내어 볼까요(2)

(1) 몫이 1보다 큰 (자연수)÷(자연수)의 몫을 분수로 나타내기

예 5÷4의 몫을 분수로 나타내기

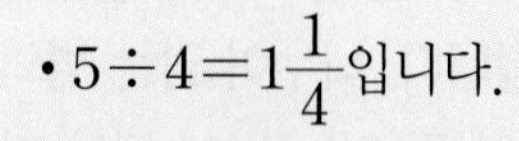

방법 1

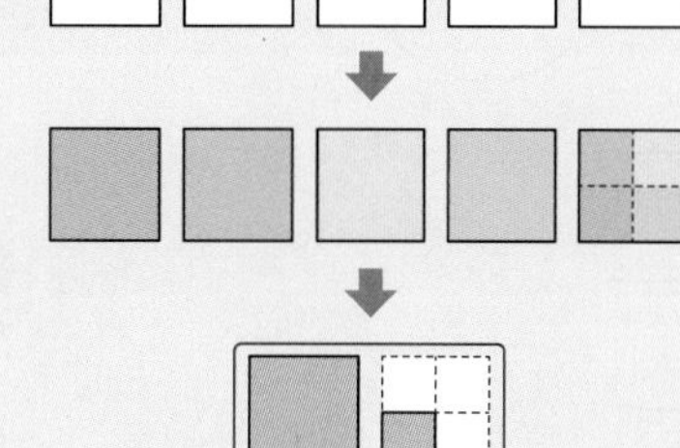

- $5 \div 4 = 1 \cdots 1$입니다.
- 1개씩 나누어 주고 나머지 1개를 또 4로 나누었습니다.
- $5 \div 4 = 1\frac{1}{4}$입니다.

  이것을 가분수로 나타내면 $\frac{5}{4}$입니다.

방법 2

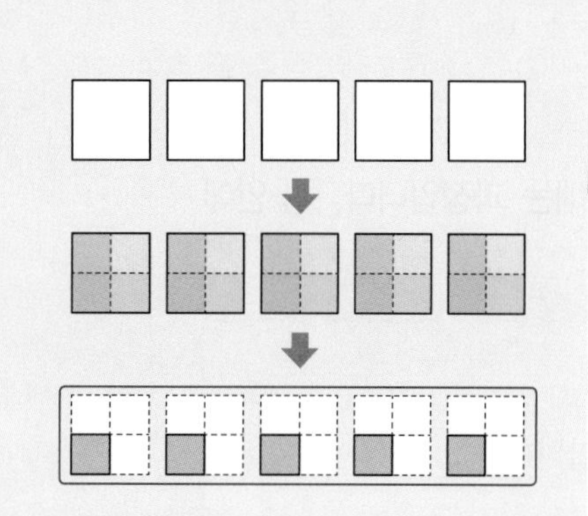

- $1 \div 4 = \frac{1}{4}$입니다.
- 5개를 각각 4로 나누었습니다.
- $5 \div 4$는 $\frac{1}{4}$이 5개이므로 $\frac{5}{4}$입니다.

  이것을 대분수로 나타내면 $1\frac{1}{4}$입니다.

(자연수)÷(자연수)의 몫은 나누어지는 수를 분자, 나누는 수를 분모로 하는 분수로 나타낼 수 있습니다. 이때 몫이 가분수이면 대분수로 나타낼 수 있습니다.

▶ 몫이 1보다 큰 (자연수)÷(자연수)의 몫을 분수로 나타내기
- 방법 1 은 나눗셈의 자연수 몫과 나머지를 이용하여 구합니다.
- 방법 2 는 1÷(자연수)의 몫을 먼저 구하고 나누어지는 자연수의 개수만큼 생각하여 구합니다.

▶ (자연수)÷(자연수)의 몫을 분수로 나타내기

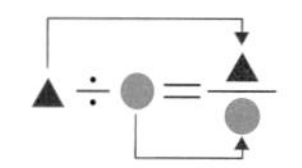

1 단원

03 그림을 보고 □ 안에 알맞은 수를 써넣으세요.

(1)

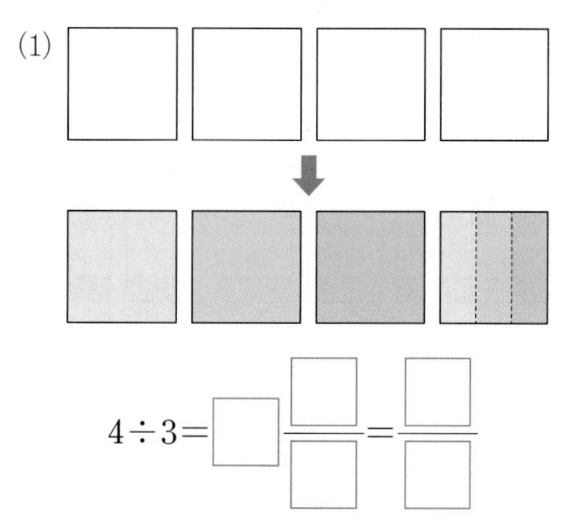

$4 \div 3 = \square\frac{\square}{\square} = \frac{\square}{\square}$

(2)

$6 \div 5 = \frac{\square}{\square} = \square\frac{\square}{\square}$

교과서 넘어 보기

01 $3 \div 4$를 그림으로 나타내고, 몫을 구해 보세요.

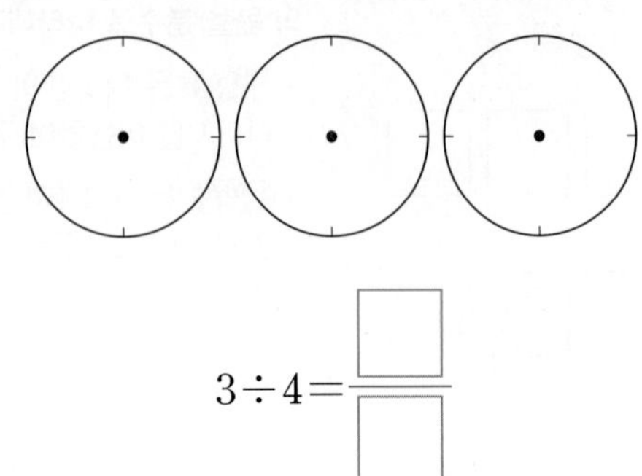

$3 \div 4 = \frac{\square}{\square}$

02 $5 \div 7$의 몫을 분수로 나타내는 과정입니다. □ 안에 알맞은 수를 써넣으세요.

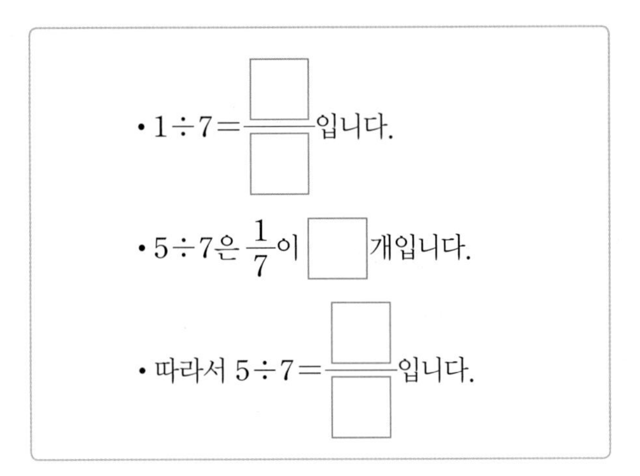

- $1 \div 7 = \frac{\square}{\square}$입니다.
- $5 \div 7$은 $\frac{1}{7}$이 □개입니다.
- 따라서 $5 \div 7 = \frac{\square}{\square}$입니다.

03 나눗셈의 몫을 찾아 선으로 이어 보세요.

$2 \div 5$ •	• $\frac{4}{7}$
$1 \div 9$ •	• $\frac{2}{5}$
$4 \div 7$ •	• $\frac{1}{9}$

04 리본 1 m를 모두 사용하여 정육각형 모양을 만들었습니다. 이 정육각형의 한 변의 길이는 몇 m인지 구해 보세요.

( )

05 물 1 L는 병 3개에, 물 3 L는 병 5개에 남김없이 똑같이 나누어 담으려고 합니다. 나누어 담는 병의 모양과 크기가 같다면 가와 나 중 어느 병에 물을 더 많이 담을 수 있는지 구해 보세요.

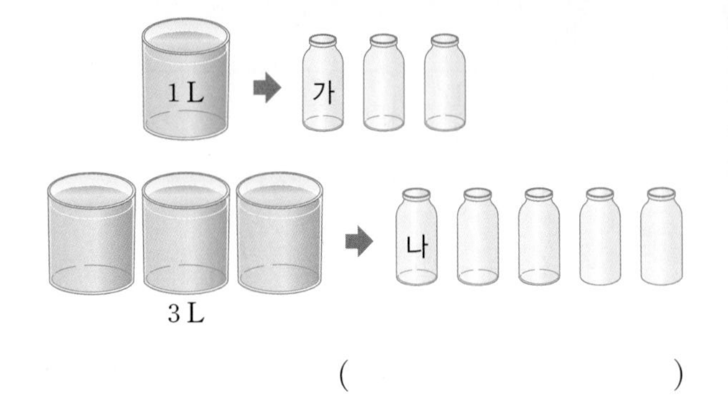

( )

06 중요 $7 \div 4$의 몫을 분수로 나타내는 과정입니다. □ 안에 알맞은 수를 써넣으세요.

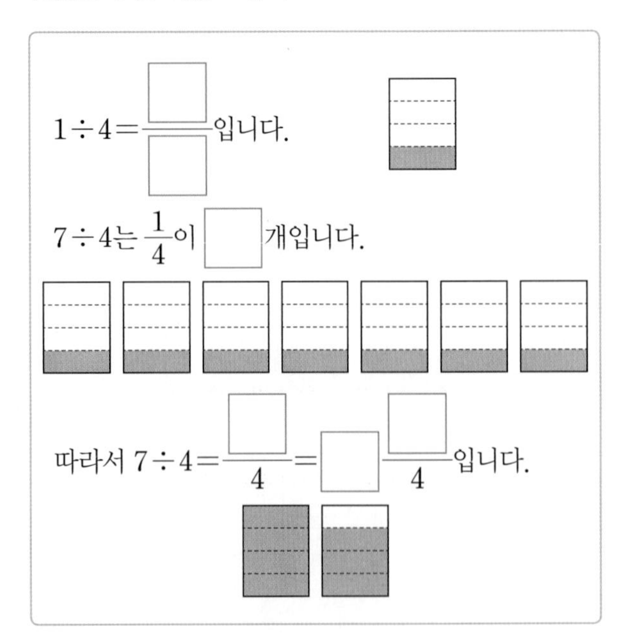

$1 \div 4 = \frac{\square}{\square}$입니다.

$7 \div 4$는 $\frac{1}{4}$이 □개입니다.

따라서 $7 \div 4 = \frac{\square}{4} = \square\frac{\square}{4}$입니다.

07 몫이 1보다 큰 것은 어느 것인가요? (　　　)

① $3\div4$　② $5\div6$　③ $9\div11$
④ $8\div7$　⑤ $8\div9$

08 나눗셈의 몫을 분수로 나타내어 보세요.

(1) $13\div3$

(2) $11\div5$

(3) $23\div9$

09 한 병에 $\frac{9}{7}$ L씩 들어 있는 우유가 7병 있습니다. 이 우유를 5일 동안 똑같이 나누어 마신다면 하루에 몇 L씩 마실 수 있는지 구해 보세요.

(　　　　　　　　)

10 윤지네 모둠과 성우네 모둠은 텃밭을 가꾸기로 했습니다. 상추를 심기로 한 텃밭이 더 좁은 모둠은 어느 모둠인지 구해 보세요.

> 윤지: 우리 모둠의 텃밭의 넓이는 16 m^2야. 오이, 호박, 상추를 똑같은 넓이로 심기로 했어.
> 성우: 우리 모둠의 텃밭의 넓이는 23 m^2야. 배추, 상추, 대파, 가지를 똑같은 넓이로 심기로 했어.

(　　　　　　　　)

교과서, 익힘책 속 응용 문제를 유형별로 풀어 보세요.

교과서 속 응용 문제

정답과 풀이 2쪽

수직선에서 나타내는 값 구하기

수직선의 눈금 한 칸의 크기는 주어진 두 수 사이를 눈금의 수로 나누어 구합니다.

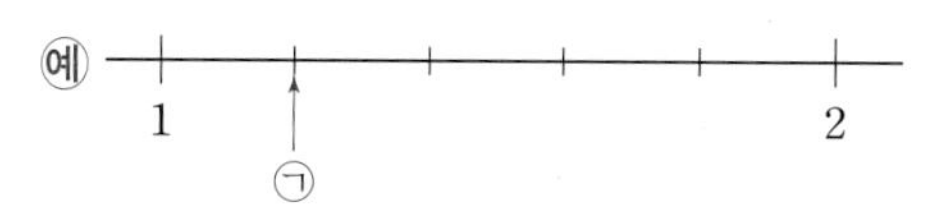

(눈금 한 칸의 크기)$=(2-1)\div5=1\div5=\frac{1}{5}$

➡ ㉠$=1+\frac{1}{5}=1\frac{1}{5}$

11 수직선을 보고 ㉠의 값을 분수로 나타내어 보세요.

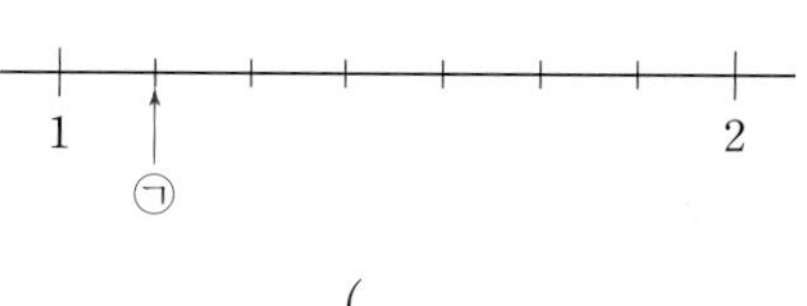

(　　　　　　　　)

12 하늘이의 설명에서 □ 안에 들어갈 수를 구해 보세요.

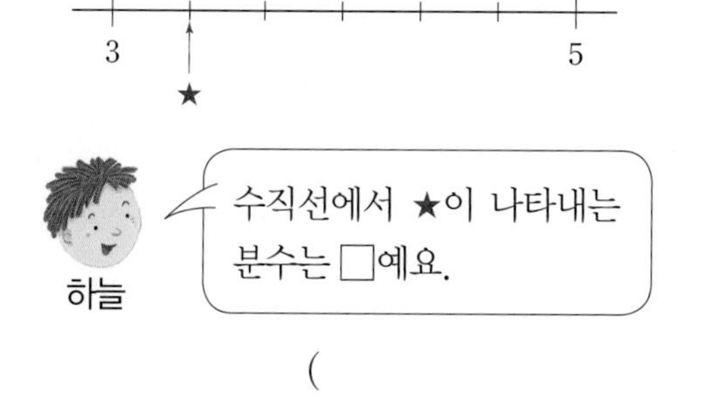

3
5
★
하늘
수직선에서 ★이 나타내는 분수는 □예요.

(　　　　　　　　)

13 수직선을 보고 ㉠의 값을 분수로 나타내어 보세요.

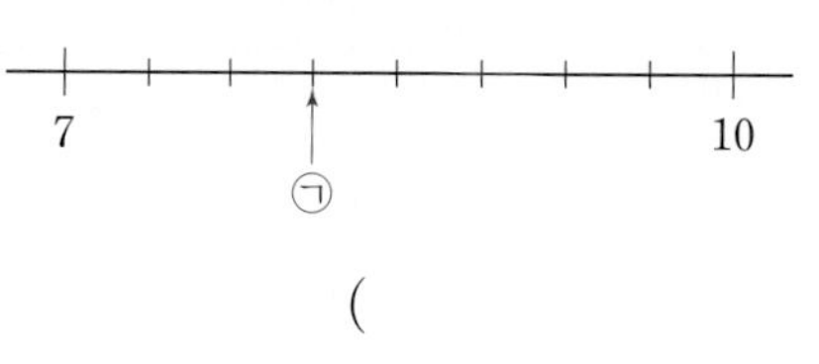

(　　　　　　　　)

개념 3 (분수)÷(자연수)를 알아볼까요

(1) 분자가 자연수의 배수인 (분수)÷(자연수)

예 $\frac{6}{7} \div 3$의 계산

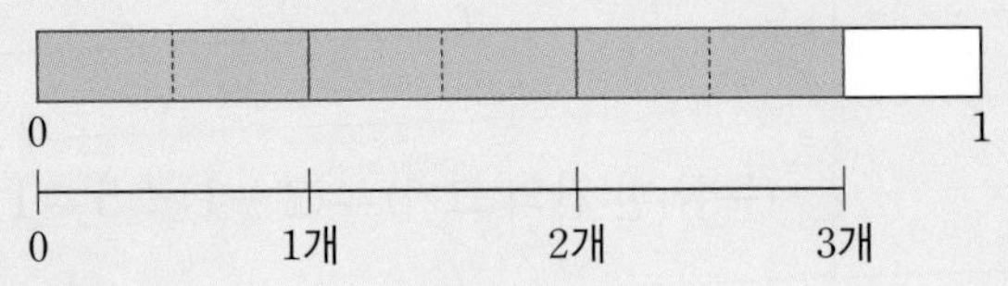

- 수 막대에 색칠한 부분은 $\frac{6}{7}$입니다.
- $\frac{6}{7}$을 똑같이 셋으로 나눈 것 중의 하나는 $\frac{2}{7}$입니다.
- $6 \div 3 = 2$이므로 $\frac{6}{7} \div 3 = \frac{6 \div 3}{7} = \frac{2}{7}$입니다.

▶ 분자가 자연수의 배수인 (분수)÷(자연수)의 계산 방법
분자를 자연수로 나눕니다.
➡ $\frac{4}{5} \div 2 = \frac{4 \div 2}{5} = \frac{2}{5}$

$\frac{▲}{●} \div ■ = \frac{▲ \div ■}{●}$

(2) 분자가 자연수의 배수가 아닌 (분수)÷(자연수)

예 $\frac{4}{5} \div 3$의 계산

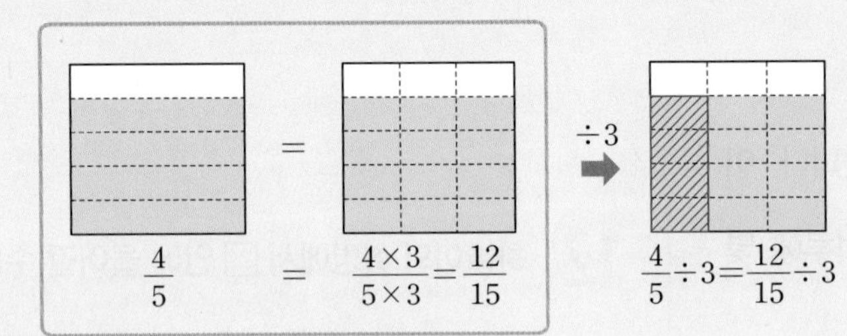

$\frac{4}{5} = \frac{4 \times 3}{5 \times 3} = \frac{12}{15}$ ÷3 ➡ $\frac{4}{5} \div 3 = \frac{12}{15} \div 3$

➡ $\frac{4}{5} \div 3 = \frac{12}{15} \div 3 = \frac{12 \div 3}{15} = \frac{4}{15}$

▶ 분자가 자연수의 배수가 아닌 (분수)÷(자연수)의 계산 방법
크기가 같은 분수 중에서 분자가 자연수의 배수인 수로 바꾸어 계산합니다.
➡ $\frac{3}{4} \div 2 = \frac{3 \times 2}{4 \times 2} \div 2$
$= \frac{6}{8} \div 2$
$= \frac{6 \div 2}{8} = \frac{3}{8}$

01 그림을 보고 □ 안에 알맞은 수를 써넣으세요.

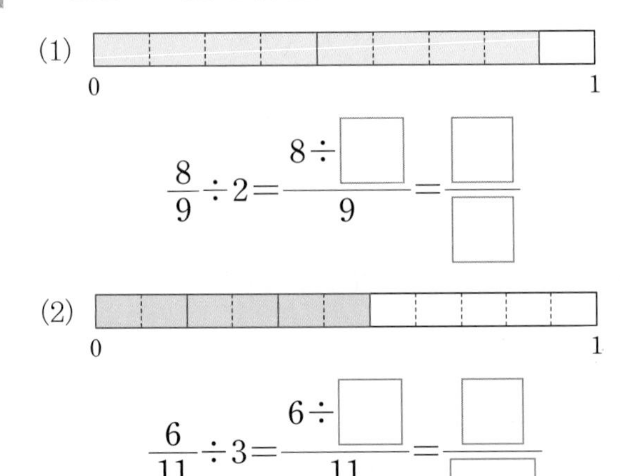

(1) $\frac{8}{9} \div 2 = \frac{8 \div \square}{9} = \frac{\square}{\square}$

(2) $\frac{6}{11} \div 3 = \frac{6 \div \square}{11} = \frac{\square}{\square}$

(3)

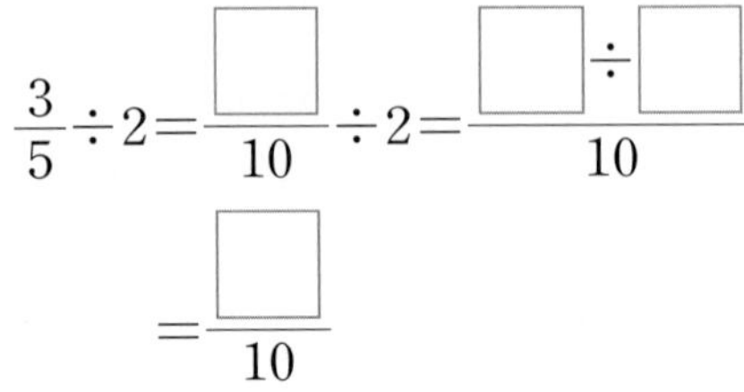

$\frac{3}{5} = \frac{3 \times 2}{5 \times 2} = \frac{6}{10}$ ➡ $\frac{3}{5} \div 2 = \frac{6}{10} \div 2$

$\frac{3}{5} \div 2 = \frac{\square}{10} \div 2 = \frac{\square \div \square}{10}$
$= \frac{\square}{10}$

개념 4 (분수)÷(자연수)를 분수의 곱셈으로 나타내어 볼까요

(1) (진분수)÷(자연수)

예 $\frac{5}{7}\div3$을 분수의 곱셈으로 나타내어 계산하기

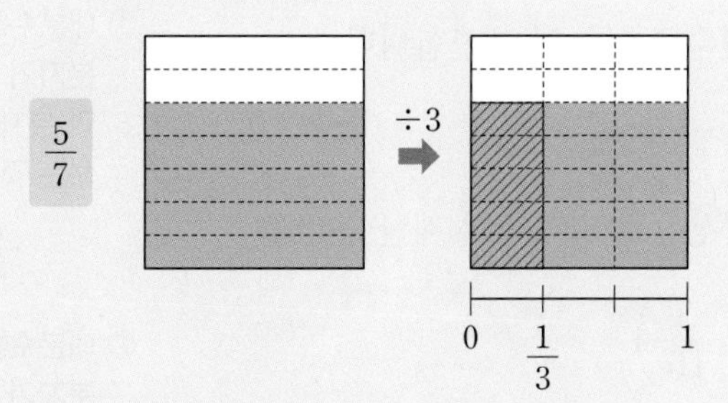

$\frac{5}{7}\div3$의 몫은 $\frac{5}{7}$를 3등분한 것 중의 하나입니다.

이것은 $\frac{5}{7}$의 $\frac{1}{3}$이므로 $\frac{5}{7}\times\frac{1}{3}$입니다. ➡ $\frac{5}{7}\div3=\frac{5}{7}\times\frac{1}{3}=\frac{5}{21}$

(2) (가분수)÷(자연수)

예 $\frac{4}{3}\div5$를 분수의 곱셈으로 나타내어 계산하기

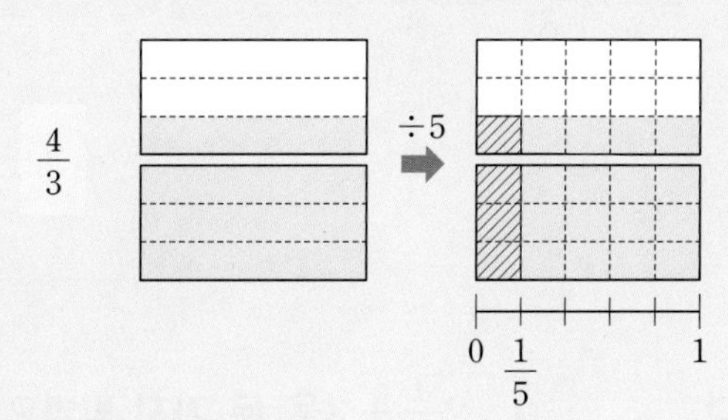

$\frac{4}{3}\div5$의 몫은 $\frac{4}{3}$를 5등분한 것 중의 하나입니다.

이것은 $\frac{4}{3}$의 $\frac{1}{5}$이므로 $\frac{4}{3}\times\frac{1}{5}$입니다. ➡ $\frac{4}{3}\div5=\frac{4}{3}\times\frac{1}{5}=\frac{4}{15}$

▶ (분수)÷(자연수)를 계산하는 방법

① 분자를 자연수로 나눕니다.

➡ $\frac{▲}{●}\div■=\frac{▲\div■}{●}$

② (분수)÷(자연수)를 곱셈으로 나타낼 때는 ÷(자연수)를 $\times\frac{1}{(자연수)}$로 바꾼 다음 곱하여 계산합니다.

➡ $\frac{▲}{●}\div■=\frac{▲}{●}\times\frac{1}{■}$

1 단원

02 그림을 보고 □ 안에 알맞은 수를 써넣으세요.

(1)

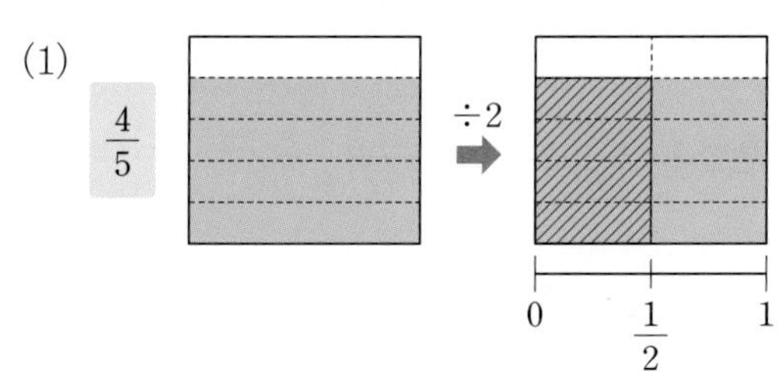

$\frac{4}{5}\div2=\frac{4}{5}\times\frac{1}{2}=\frac{\square}{5}\left(=\frac{\square}{10}\right)$

(2)

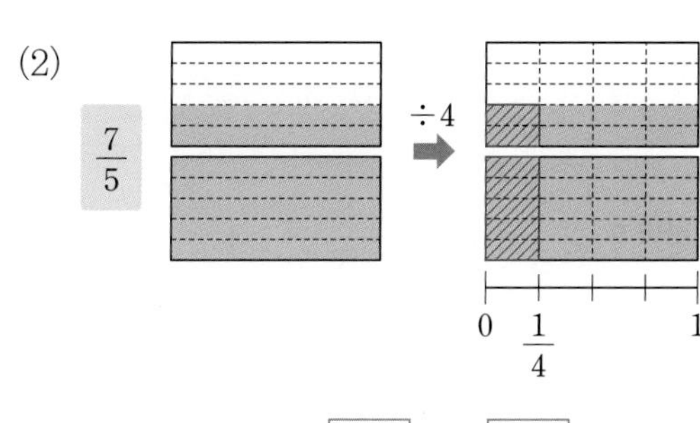

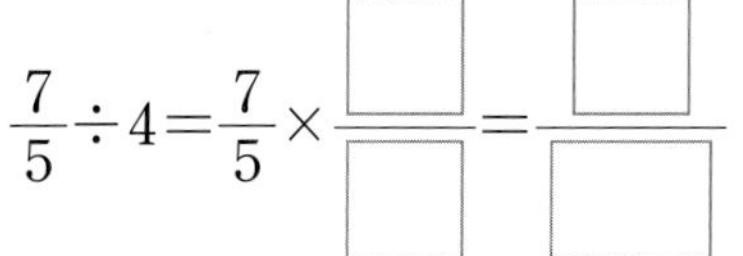

$\frac{7}{5}\div4=\frac{7}{5}\times\frac{\square}{\square}=\frac{\square}{\square}$

개념 5 (대분수)÷(자연수)를 알아볼까요

(1) (대분수)÷(자연수)(1) → 대분수를 가분수로 나타내었을 때 분자가 자연수의 배수인 경우

예 $1\frac{2}{3}\div5$의 계산

방법 1 대분수를 가분수로 바꾸고 분자를 자연수로 나누어 계산합니다.

$$1\frac{2}{3}\div5=\frac{5}{3}\div5=\frac{5\div5}{3}=\frac{1}{3}$$

방법 2 대분수를 가분수로 바꾸고 나눗셈을 곱셈으로 나타내어 계산합니다.

$$1\frac{2}{3}\div5=\frac{5}{3}\div5=\frac{\overset{1}{\cancel{5}}}{3}\times\frac{1}{\underset{1}{\cancel{5}}}=\frac{1}{3}\left(=\frac{5}{15}\right)$$

(2) (대분수)÷(자연수)(2) → 대분수를 가분수로 나타내었을 때 분자가 자연수의 배수가 아닌 경우

예 $1\frac{1}{2}\div4$의 계산

방법 1 대분수를 가분수로 바꾸고 분자를 자연수의 배수로 바꾸어 계산합니다.

$$1\frac{1}{2}\div4=\frac{3}{2}\div4=\frac{3\times4}{2\times4}\div4=\frac{12}{8}\div4=\frac{12\div4}{8}=\frac{3}{8}$$

방법 2 대분수를 가분수로 바꾸고 나눗셈을 곱셈으로 나타내어 계산합니다.

$$1\frac{1}{2}\div4=\frac{3}{2}\div4=\frac{3}{2}\times\frac{1}{4}=\frac{3}{8}$$

▶ **대분수의 나눗셈 방법**
상황에 따라 편리한 방법을 선택하여 계산합니다.

① 대분수를 가분수로 바꾸었을 때 분자가 자연수로 나누어떨어지면 분자를 자연수로 나누어 계산하는 것이 편리합니다.

$$\frac{▲}{●}\div■=\frac{▲\div■}{●}$$

② 대분수를 가분수로 바꾸었을 때 분자가 자연수로 나누어떨어지지 않으면 분수의 나눗셈을 분수의 곱셈으로 나타내어 계산하는 것이 편리합니다.

$$\frac{▲}{●}\div■=\frac{▲}{●}\times\frac{1}{■}$$

03 $3\frac{1}{5}\div4$를 두 가지 방법으로 계산하려고 합니다. □ 안에 알맞은 수를 써넣으세요.

방법 1 $3\frac{1}{5}\div4=\frac{\square}{5}\div4=\frac{\square\div4}{5}$

$=\frac{\square}{5}$

방법 2 $3\frac{1}{5}\div4=\frac{\square}{5}\div4=\frac{\square}{5}\times\frac{\square}{\square}$

$=\frac{\square}{5}\left(=\frac{\square}{20}\right)$

04 $2\frac{1}{6}\div3$을 두 가지 방법으로 계산하려고 합니다. □ 안에 알맞은 수를 써넣으세요.

방법 1 $2\frac{1}{6}\div3=\frac{\square}{6}\div3=\frac{\square\times3}{6\times3}\div3$

$=\frac{\square}{18}\div3=\frac{\square}{18}$

방법 2 $2\frac{1}{6}\div3=\frac{\square}{6}\div3=\frac{\square}{6}\times\frac{\square}{\square}$

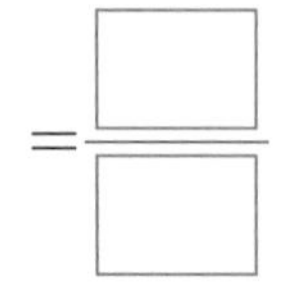

$=\frac{\square}{\square}$

정답과 풀이 3쪽

14 $\frac{4}{9} \div 2$의 몫을 수직선을 이용하여 구해 보세요.

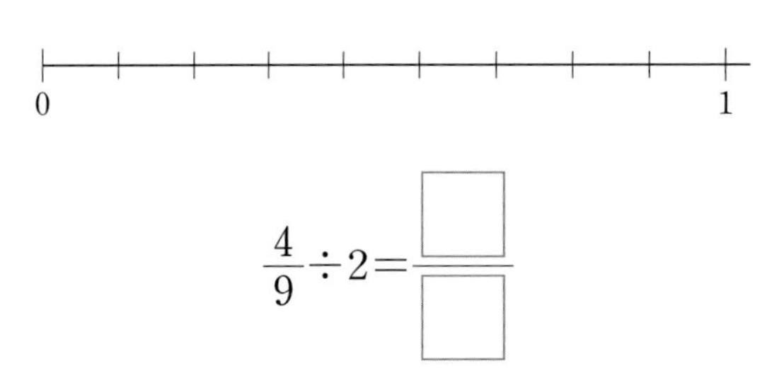

$\frac{4}{9} \div 2 = \frac{\square}{\square}$

15 $\frac{5}{7} \div 4$를 그림으로 나타내고, 몫을 구해 보세요.

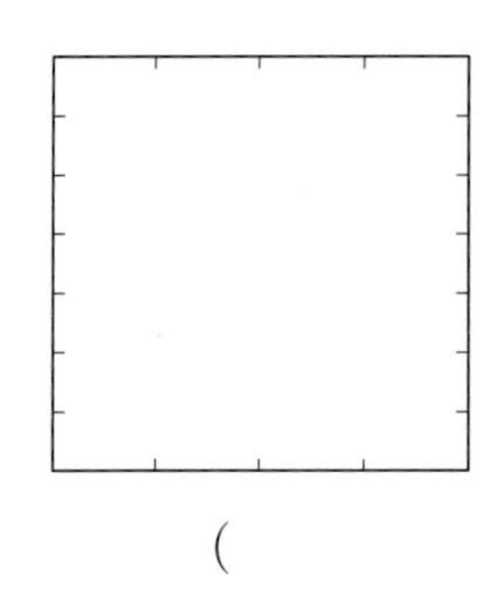

(   )

16 □ 안에 알맞은 수를 써넣으세요.

$\frac{14}{19} \div 7 = \frac{\square \div 7}{19} = \frac{\square}{19}$

17 계산해 보세요.

(1) $\frac{15}{17} \div 5$

(2) $\frac{3}{5} \div 2$

18 빈칸에 알맞은 분수를 써넣으세요.

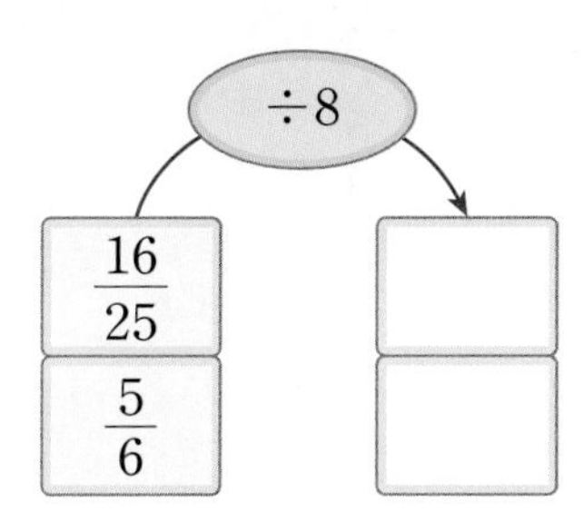

19 중요 무게가 같은 책 5권의 무게가 $\frac{15}{11}$ kg입니다. 책 한 권의 무게는 몇 kg인지 구해 보세요.

(   )

20 $\frac{2}{5} \div 3$의 몫을 구하려고 합니다. 그림을 보고 □ 안에 알맞은 수를 써넣으세요.

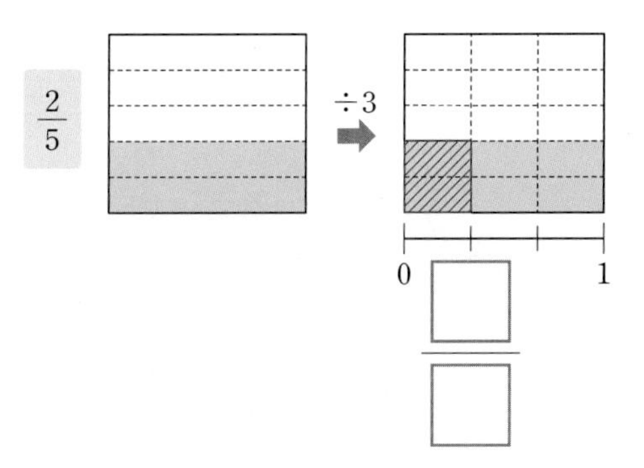

$\frac{\square}{\square}$

$\frac{2}{5} \div 3$의 몫은 $\frac{2}{5}$를 3등분한 것 중의 하나입니다.

이것은 $\frac{2}{5}$의 $\frac{\square}{\square}$이므로 $\frac{2}{5} \times \frac{\square}{\square}$입니다.

따라서 $\frac{2}{5} \div 3 = \frac{2}{5} \times \frac{\square}{\square} = \frac{\square}{\square}$입니다.

21 잘못 계산한 곳을 찾아 바르게 계산해 보세요.

$$\frac{5}{9}\div4=\frac{5\times4}{9}=\frac{20}{9}$$

⬇

22 그림을 보고 □ 안에 알맞은 수를 써넣으세요.

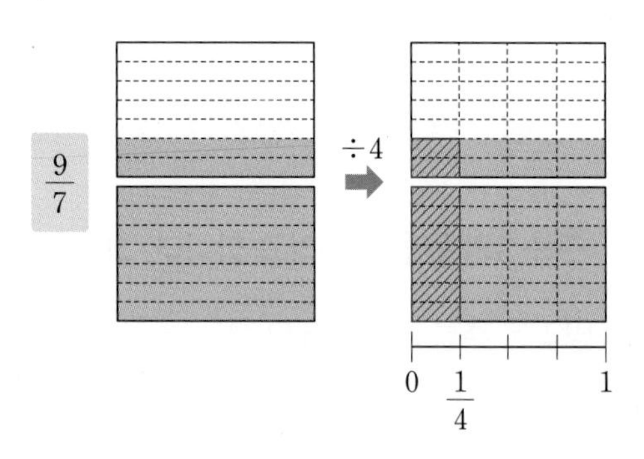

$$\frac{9}{7}\div4=\frac{9}{7}\times\frac{\square}{\square}=\frac{\square}{\square}$$

23 계산 결과가 나머지와 다른 하나를 찾아 기호를 써 보세요.

㉠ $\frac{7}{12}\div7$ ㉡ $\frac{5}{6}\div10$ ㉢ $\frac{3}{8}\div6$

( )

24 관계있는 것끼리 선으로 이어 보세요.

중요

$\frac{3}{7}\div2$	$\frac{5}{7}\div3$	$\frac{7}{5}\div5$
$\frac{7}{5}\times\frac{1}{5}$	$\frac{3}{7}\times\frac{1}{2}$	$\frac{5}{7}\times\frac{1}{3}$
$\frac{7}{25}$	$\frac{5}{21}$	$\frac{3}{14}$

25 나눗셈의 몫은 $\frac{1}{16}$이 몇 개인 수인지 구해 보세요.

$\frac{9}{8}\div6$

( )

26 ◆는 ★의 몇 배인가요?

◆ $=\frac{7}{15}$ ★ $=4$

( )

27 $2\frac{2}{5}\div 3$을 두 가지 방법으로 계산하려고 합니다. □ 안에 알맞은 수를 써넣으세요.

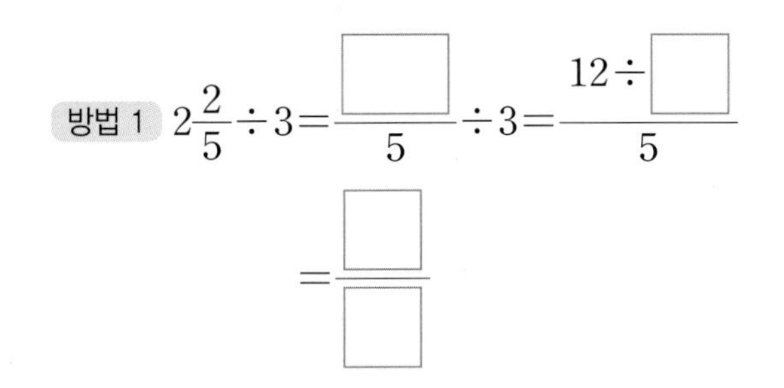

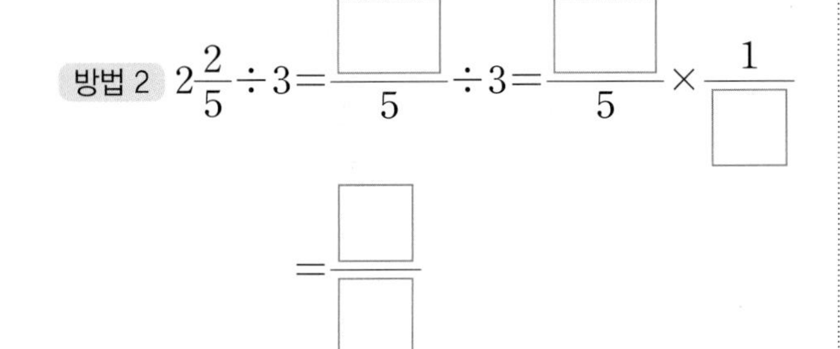

28 중요 잘못 계산한 곳을 찾아 바르게 계산해 보세요.

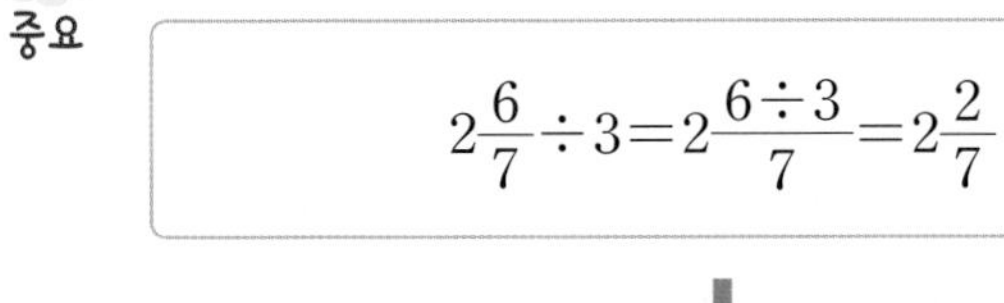

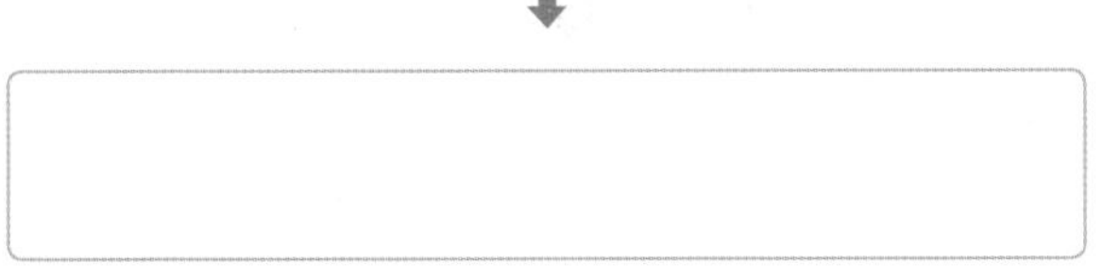

29 보기 와 같은 방법으로 계산해 보세요.

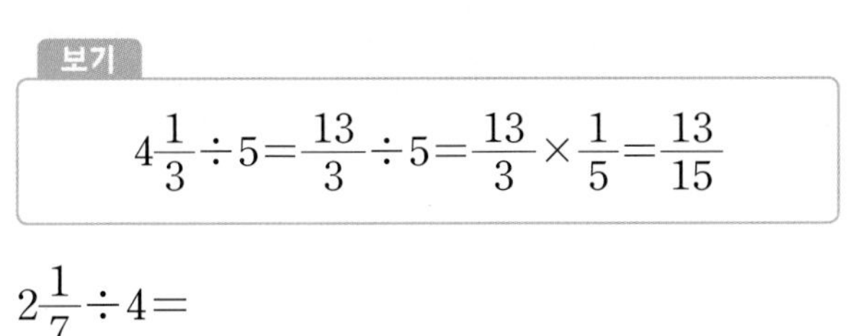

보기
$4\frac{1}{3}\div 5=\frac{13}{3}\div 5=\frac{13}{3}\times\frac{1}{5}=\frac{13}{15}$

$2\frac{1}{7}\div 4=$ ____________________

30 계산 결과를 비교하여 ○ 안에 >, =, <를 알맞게 써넣으세요.

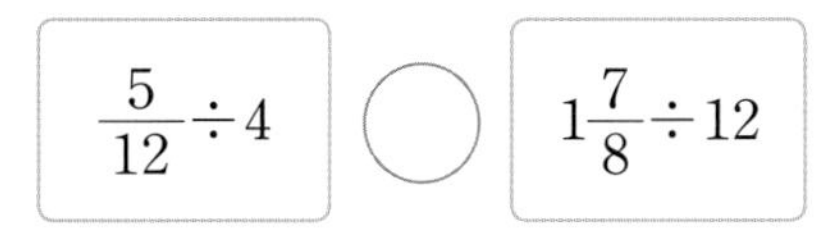

31 빈칸에 알맞은 수를 써넣으세요.

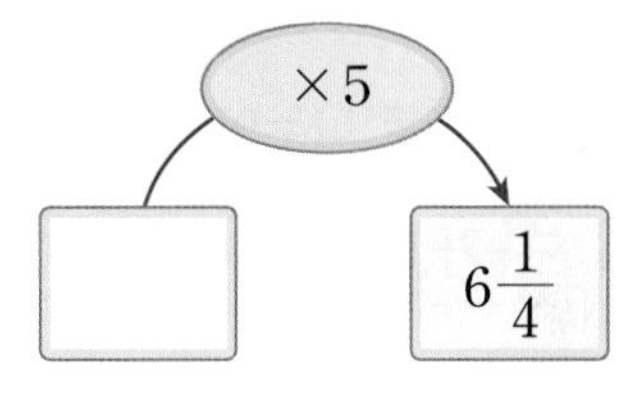

32 어려운 문제 한 봉지에 $1\frac{1}{2}$ kg씩 들어 있는 밀가루가 3봉지 있습니다. 이 밀가루를 7명이 똑같이 나누어 가진다면 한 사람이 가지는 밀가루는 몇 kg인지 구해 보세요.

(　　　　　　　　　　)

교과서 속 **응용 문제**

정답과 풀이 3쪽

바르게 계산한 값 구하기

① 잘못 계산한 식을 세우고 어떤 분수부터 구합니다.

② 바른 계산식을 세우고 바르게 계산합니다.

33 어떤 분수를 3으로 나누어야 할 것을 잘못하여 3을 곱했더니 $\frac{6}{11}$이 되었습니다. 바르게 계산하면 얼마인지 구해 보세요.

( )

34 어떤 분수를 5로 나누어야 할 것을 잘못하여 5를 곱했더니 $\frac{25}{3}$가 되었습니다. 바르게 계산하면 얼마인지 구해 보세요.

( )

35 어떤 분수를 6으로 나누어야 할 것을 잘못하여 6을 곱했더니 $4\frac{1}{5}$이 되었습니다. 바르게 계산하면 얼마인지 구해 보세요.

( )

□ 안에 들어갈 수 있는 수 구하기

예 □ 안에 들어갈 수 있는 자연수는 모두 몇 개인지 구해 보세요.

$$\frac{\square}{12} < 1\frac{2}{3} \div 4$$

먼저 나눗셈식을 계산합니다.

$1\frac{2}{3} \div 4 = \frac{5}{3} \div 4 = \frac{5}{3} \times \frac{1}{4} = \frac{5}{12}$

$\frac{\square}{12} < 1\frac{2}{3} \div 4 \Rightarrow \frac{\square}{12} < \frac{5}{12} \Rightarrow \square < 5$

□는 5보다 작아야 하므로 □ 안에 들어갈 수 있는 수는 1, 2, 3, 4로 모두 4개입니다.

36 □ 안에 들어갈 수 있는 자연수를 모두 구해 보세요.

$$\frac{\square}{19} < \frac{16}{19} \div 2$$

( )

37 □ 안에 들어갈 수 있는 자연수 중에서 가장 큰 수를 구해 보세요.

$$\frac{\square}{50} < 1\frac{4}{5} \div 10$$

( )

38 □ 안에 들어갈 수 있는 자연수는 모두 몇 개인지 구해 보세요.

$$3\frac{1}{2} \div 9 < \frac{\square}{18} < 2\frac{1}{6} \div 3$$

( )

정답과 풀이 5쪽

대표 응용 수 카드로 조건에 알맞은 나눗셈식 만들기

1 수 카드를 모두 한 번씩 사용하여 계산 결과가 가장 작은 (진분수)÷(자연수)를 만들고 계산해 보세요.

4 8 9

문제 스케치

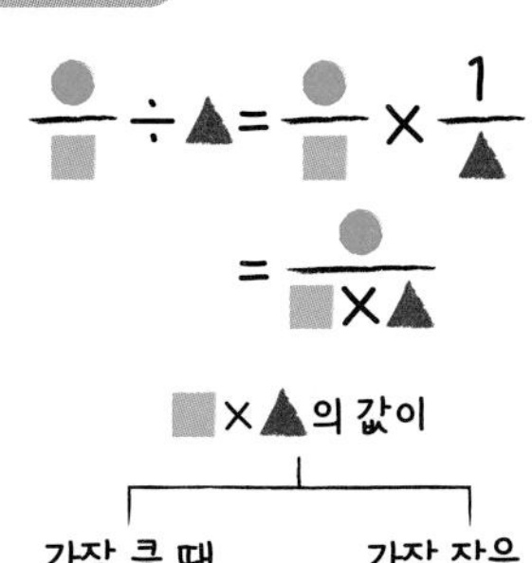

해결하기

계산 결과가 가장 작으려면 진분수의 (분자 , 분모)와 자연수의 곱이 가장 커야 하므로 수 카드 4, 8, 9 중에서 큰 수인 □, □를 사용해야 합니다.

따라서 만들 수 있는 나눗셈식은

$\frac{4}{\square} \div \square = \frac{1}{\square}$ 또는 $\frac{\square}{\square} \div \square = \frac{1}{\square}$입니다.

1-1 수 카드를 모두 한 번씩 사용하여 계산 결과가 가장 작은 (진분수)÷(자연수)를 만들고 계산해 보세요.

5 7 3

식 __________

답 __________

1-2 수 카드를 모두 한 번씩 사용하여 계산 결과가 가장 큰 (대분수)÷(자연수)를 만들고 계산해 보세요.

2 3 4 5

식 __________

답 __________

대표 응용 도형의 변의 길이 구하기

2 가로가 7 m이고 넓이가 $10\frac{1}{2}$ m^2인 직사각형의 세로는 몇 m인지 구해 보세요.

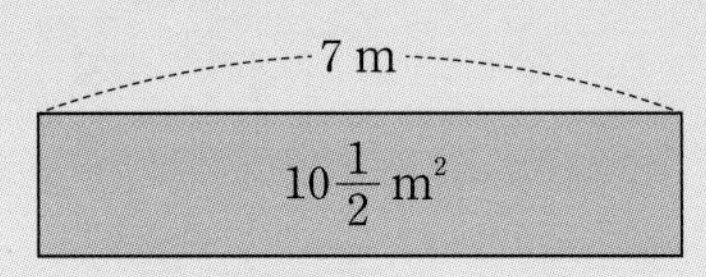

문제 스케치

(직사각형의 넓이) = (가로) × (세로)

⬇

(가로) = (직사각형의 넓이) ÷ (세로)

(세로) = (직사각형의 넓이) ÷ (가로)

해결하기

(직사각형의 넓이)=(가로)×(세로)이므로
(세로)=(직사각형의 넓이)÷(가로)입니다.

➡ $10\frac{1}{2} \div 7 = \frac{\square}{2} \div \square = \frac{\square \div \square}{2}$

$= \frac{\square}{\square} = \square\frac{\square}{\square}$

따라서 직사각형의 세로는 $\square\frac{\square}{\square}$ m입니다.

2-1 밑변의 길이가 4 cm이고 넓이가 $14\frac{2}{3}$ cm^2인 평행사변형의 높이는 몇 cm인지 구해 보세요.

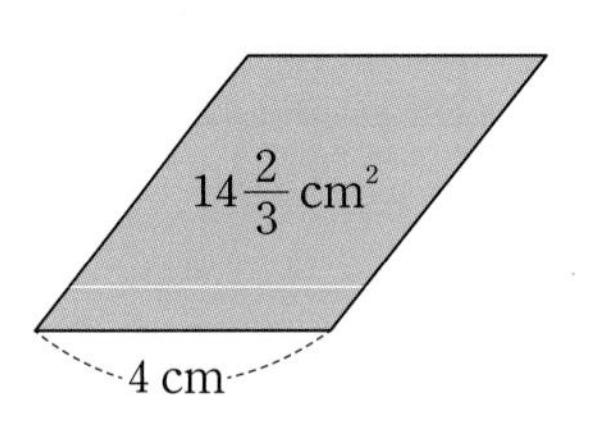

(　　　　　　　　　)

2-2 높이가 3 cm이고 넓이가 $3\frac{3}{7}$ cm^2인 삼각형의 밑변의 길이는 몇 cm인지 구해 보세요.

(　　　　　　　　　)

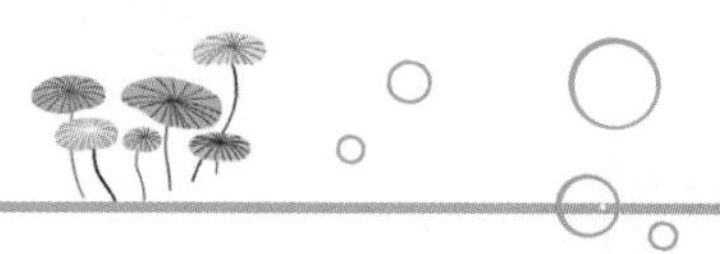

정답과 풀이 5쪽

대표 응용 수직선에서 나타내는 분수 구하기

3 수직선을 보고 ㉠의 값을 분수로 나타내어 보세요.

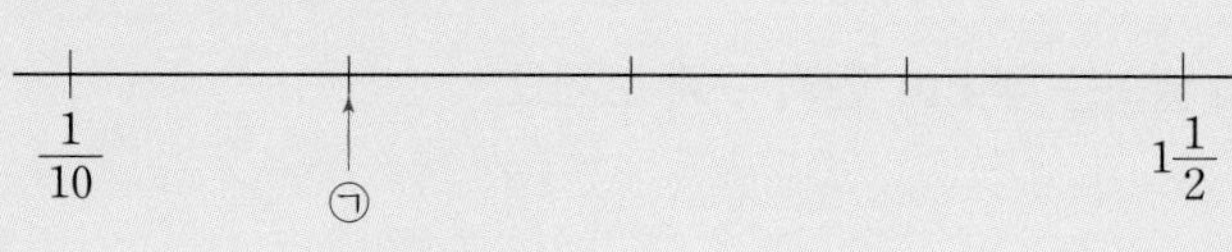

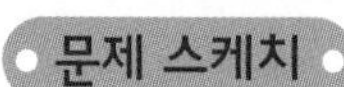

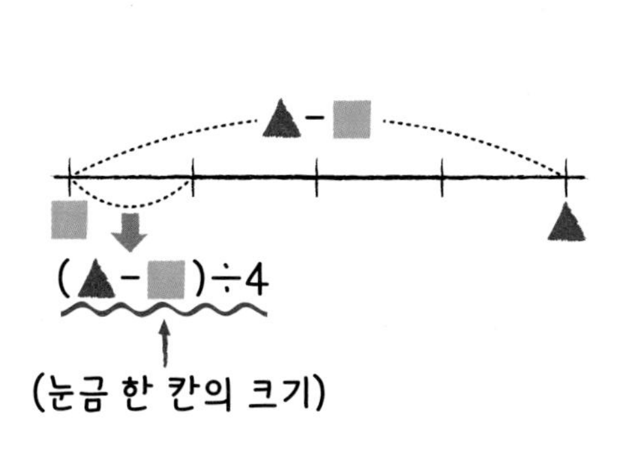

해결하기

(눈금 한 칸의 크기)

$$=\left(1\frac{1}{2}-\frac{1}{10}\right)\div 4=\left(\frac{\square}{2}-\frac{1}{10}\right)\div 4=\left(\frac{\square}{\square}-\frac{1}{10}\right)\div 4$$

$$=\frac{\square}{10}\div 4=\frac{\square}{10}\times\frac{1}{\square}=\frac{\square}{20}$$

$$\Rightarrow ㉠=\frac{1}{10}+\frac{\square}{20}=\frac{\square}{20}+\frac{\square}{20}=\frac{\square}{\square}$$

3-1 수직선을 보고 ㉠의 값을 분수로 나타내어 보세요.

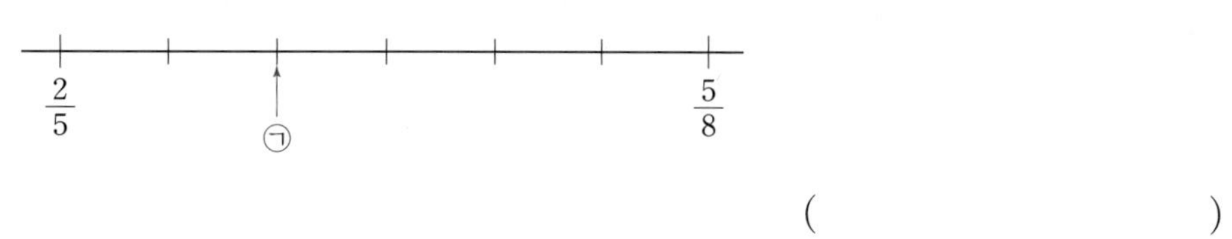

(　　　　　　　　)

3-2 수직선을 보고 ㉠에 알맞은 수를 구해 보세요.

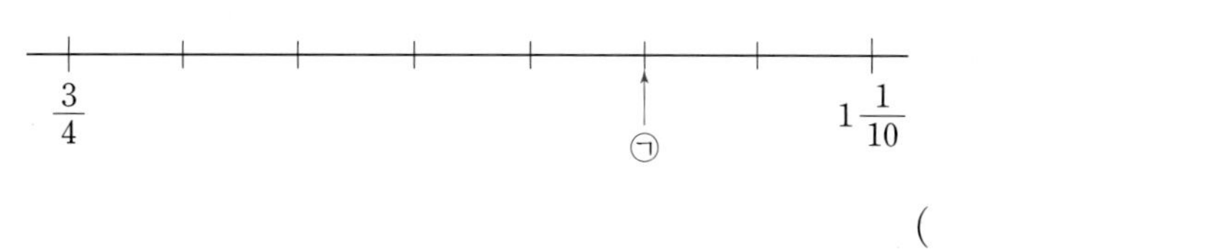

(　　　　　　　　)

1 단원

대표 응용 도형에서 색칠한 부분의 넓이 구하기

4 넓이가 $9\frac{1}{7}$ cm^{2}인 삼각형을 똑같이 4로 나누어 오른쪽과 같이 색칠하였습니다. 색칠한 부분의 넓이는 몇 cm^{2}인지 구해 보세요.

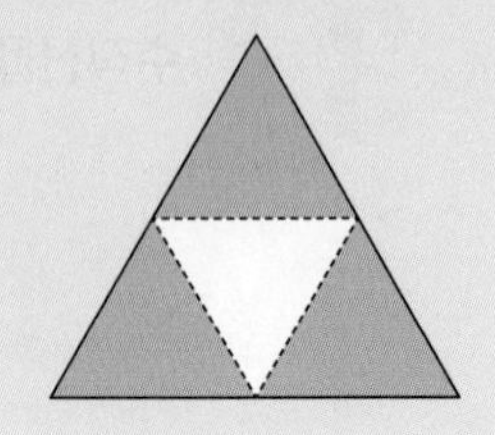

문제 스케치

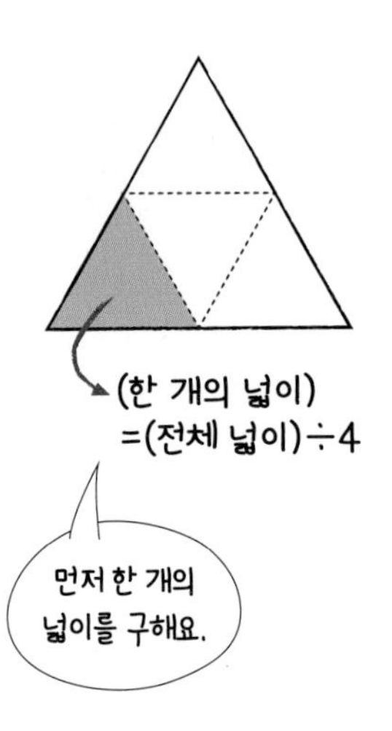

해결하기

색칠한 부분의 넓이는 삼각형을 똑같이 4개로 나눈 것 중 3개의 넓이와 같으므로 색칠한 삼각형 한 개의 넓이를 먼저 구합니다.

(색칠한 삼각형 한 개의 넓이)

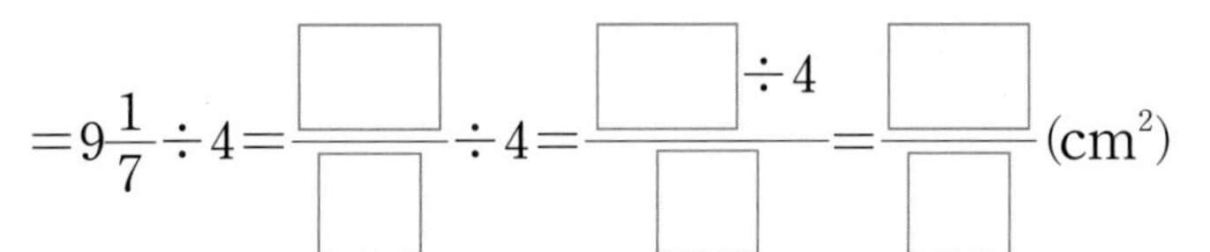

$=9\frac{1}{7}\div 4=\frac{\square}{\square}\div 4=\frac{\square\div 4}{\square}=\frac{\square}{\square}$(cm^2)

따라서 색칠한 부분의 넓이는

$\frac{\square}{\square}\times 3=\frac{\square}{\square}=\square\frac{\square}{\square}$(cm^2)입니다.

4-1 넓이가 $3\frac{5}{13}$ m^{2}인 정사각형을 똑같이 8로 나누어 오른쪽과 같이 색칠하였습니다. 색칠한 부분의 넓이는 몇 m^{2}인지 구해 보세요.

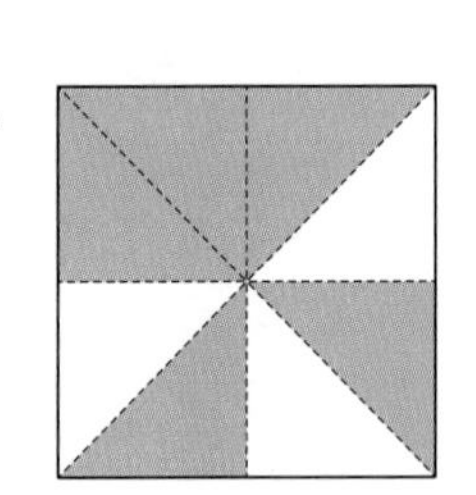

(   )

4-2 오른쪽과 같이 직사각형의 가로를 똑같이 5로 나누어 색칠하였습니다. 색칠한 부분의 넓이는 몇 cm^{2}인지 구해 보세요.

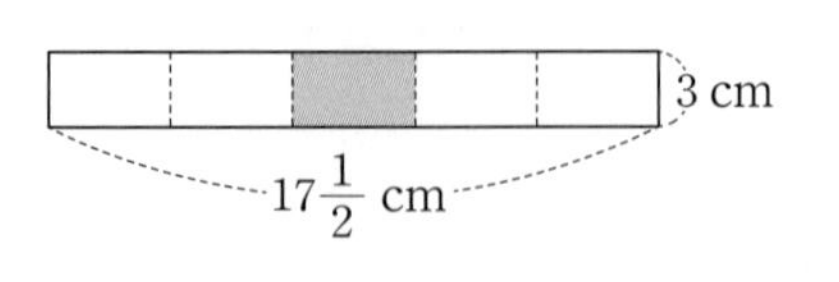

(   )

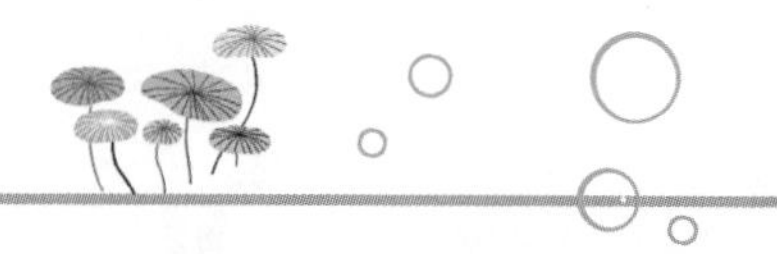

정답과 풀이 5쪽

대표 응용 부분의 넓이 구하기

5 넓이가 $10\frac{4}{5}$ m^{2}인 밭이 있습니다. 이 밭의 $\frac{1}{3}$에는 배추를 심고 남은 밭의 반에는 무를 심었습니다. 무를 심은 밭의 넓이는 몇 m^{2}인지 구해 보세요.

문제 스케치

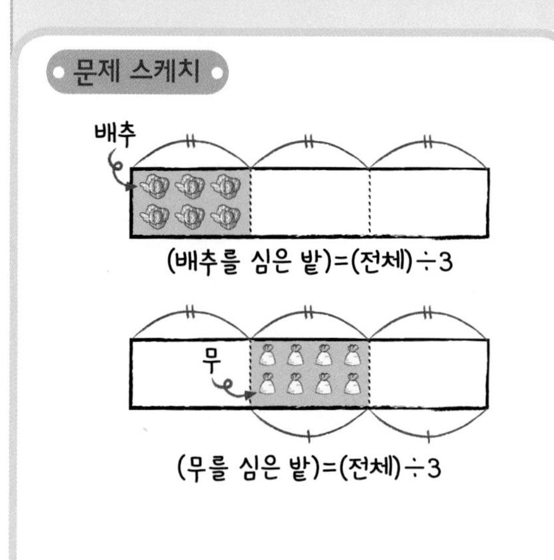

해결하기

그림으로 나타내어 보면

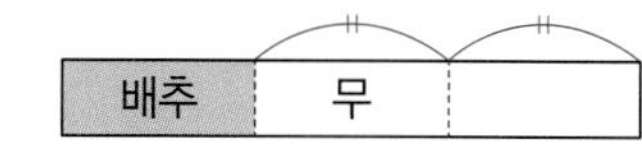

무를 심은 부분은 전체를 3등분한 것 중의 □입니다.
따라서 무를 심은 밭의 넓이는

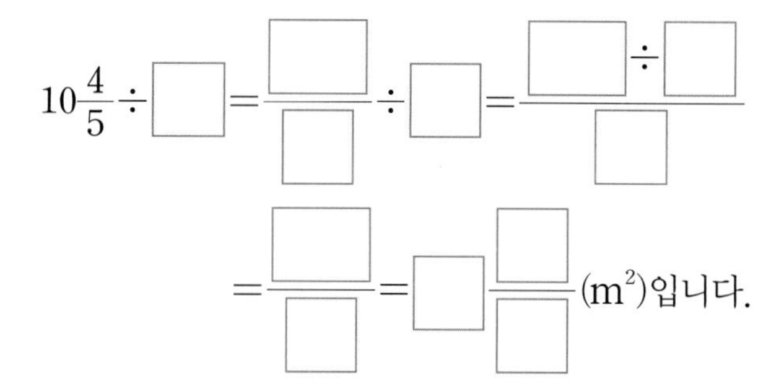

$10\frac{4}{5} \div \square = \frac{\square}{\square} \div \square = \frac{\square \div \square}{\square}$

$= \frac{\square}{\square} = \square\frac{\square}{\square}$ (m^2)입니다.

5-1 넓이가 $5\frac{2}{3}$ m^{2}인 밭이 있습니다. 이 밭의 $\frac{3}{5}$에는 고구마를 심고 남은 밭의 반에는 호박을 심었습니다. 호박을 심은 밭의 넓이는 몇 m^{2}인지 구해 보세요.

(   )

5-2 가로가 $2\frac{1}{4}$ m, 세로가 $1\frac{13}{15}$ m인 직사각형 모양의 종이가 있습니다. 이 종이의 $\frac{5}{7}$는 미술 시간에 사용하고 남은 종이의 반은 동생에게 주었습니다. 동생에게 주고 남은 종이의 넓이는 몇 m^{2}인지 구해 보세요.

(   )

01 $1\div7$을 그림으로 나타내고, 몫을 구해 보세요.

0 1

$1\div7=\frac{\square}{\square}$

02 그림을 보고 □ 안에 알맞은 수를 써넣으세요.

중요

$1\div5=\frac{\square}{\square}$입니다.

$8\div5$는 $\frac{1}{5}$이 □개입니다.

따라서 $8\div5=\frac{\square}{\square}=\square\frac{\square}{\square}$입니다.

03 나눗셈의 몫을 잘못 나타낸 것을 찾아 기호를 써 보세요.

㉠ $9\div4=\frac{9}{4}$ ㉡ $7\div2=\frac{2}{7}$

( )

04 나눗셈의 몫을 분수로 나타내어 보세요.

$4\div7$

( )

05 큰 수를 작은 수로 나눈 몫을 분수로 나타내어 빈칸에 써넣으세요.

21	17

06 색 테이프 3 m를 4명에게 똑같이 나누어 주려고 합니다. 한 명에게 몇 m씩 나누어 주어야 하는지 구해 보세요.

식

답

07 계산해 보세요.

$\frac{6}{11}\div3$

08 관계있는 것끼리 이어 보세요.

$\frac{8}{9}\div 4$	$\frac{3}{20}$
$\frac{3}{4}\div 5$	$\frac{2}{9}$

09 계산 결과가 다른 하나를 찾아 기호를 써 보세요.

㉠ $\frac{7}{16}\div 4$ ㉡ $\frac{7}{16\div 4}$ ㉢ $\frac{7}{16}\times\frac{1}{4}$

( )

10 계산 결과가 더 작은 것의 기호를 써 보세요.

㉠ $\frac{1}{6}\div 3$ ㉡ $\frac{2}{3}\div 6$

( )

11 철사 $\frac{3}{8}$ m를 모두 사용하여 가장 큰 정오각형을 만들었습니다. 만든 정오각형의 한 변의 길이는 몇 m인가요?

( )

12 빈칸에 알맞은 분수를 써넣으세요.

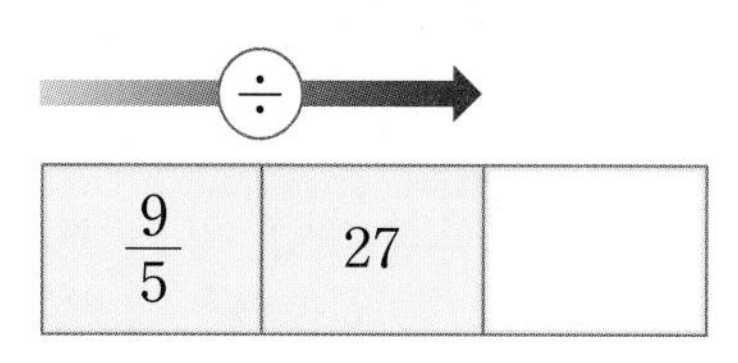

13 □ 안에 들어갈 수 있는 자연수 중 가장 작은 수를 구해 보세요.

중요

$\frac{50}{3}\div 4<\square$

( )

14 보기 와 같은 방법으로 계산해 보세요.

보기

$1\frac{3}{5}\div 4=\frac{8}{5}\div 4=\frac{8\div 4}{5}=\frac{2}{5}$

$1\frac{2}{7}\div 3=$ ____________

1 단원

15 계산 결과를 비교하여 ○ 안에 >, =, <를 알맞게 써넣으세요.

$\frac{11}{5}\div4$ ○ $2\frac{7}{10}\div3$

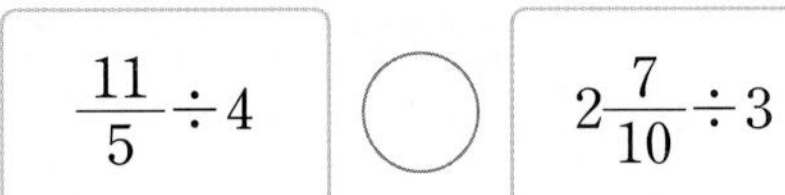

16 □ 안에 알맞은 분수를 써넣으세요.

$\square\times13=5\frac{4}{7}$

17 넓이가 $16\frac{3}{4}$ m^2인 꽃밭이 있습니다. 이 꽃밭의 절반에는 코스모스를 심고, 그 나머지의 반에는 튤립을 심으려고 합니다. 튤립을 심을 꽃밭의 넓이는 몇 m^2인지 구해 보세요.

( )

어려운 문제

18 리본 $2\frac{3}{4}$ m 중에서 $\frac{1}{2}$ m를 사용하고 남은 리본을 5명에게 똑같이 나누어 주었습니다. 한 명이 받은 리본은 몇 m인지 구해 보세요.

( )

서술형 문제

19 □ 안에 들어갈 수 있는 자연수는 모두 몇 개인지 풀이 과정을 쓰고 답을 구해 보세요.

$30\div7<\square<29\div4$

풀이

답

20 어떤 분수를 4로 나누어야 할 것을 잘못하여 4를 곱했더니 $3\frac{1}{5}$이 되었습니다. 바르게 계산하면 얼마인지 풀이 과정을 쓰고 답을 구해 보세요.

풀이

답

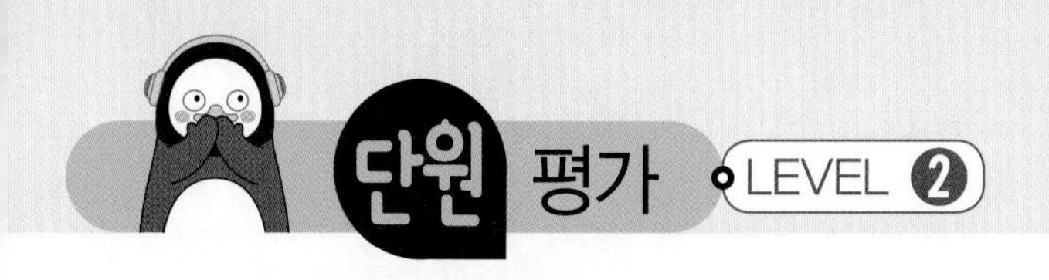

정답과 풀이 7쪽

01 $5\div6$을 그림으로 나타내고, 몫을 구해 보세요.

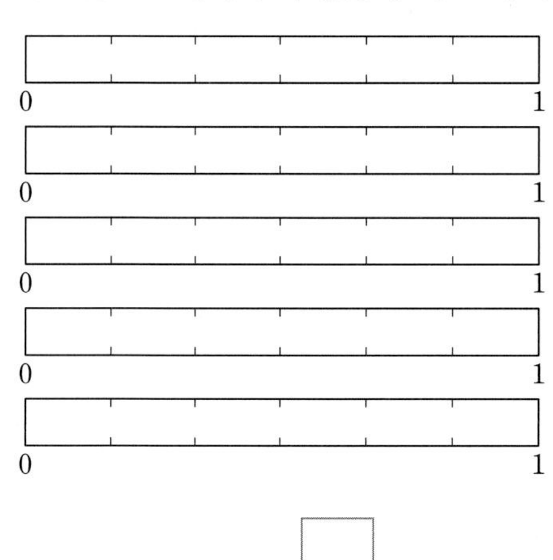

$5\div6=\frac{\square}{\square}$

02 나눗셈의 몫을 분수로 나타내어 보세요.

$4\div9$

(   )

03 설탕 2 kg을 봉지 7개에 똑같이 나누어 담으려고 합니다. 한 봉지에 몇 kg씩 담아야 하는지 구해 보세요.

식 ______________________

답 ______________

04 $8\div3$의 몫을 분수로 나타내는 과정을 설명한 것입니다. □ 안에 알맞은 수를 써넣으세요.

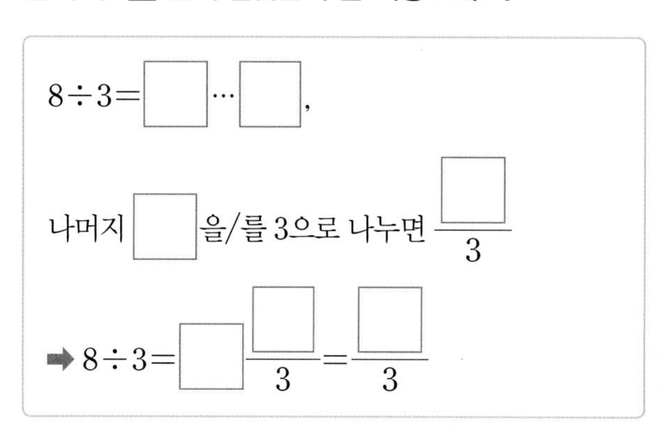

$8\div3=\square\cdots\square$,

나머지 □을/를 3으로 나누면 $\frac{\square}{3}$

➡ $8\div3=\square\frac{\square}{3}=\frac{\square}{3}$

05 나눗셈의 몫이 1보다 큰 것에 ○표 하세요.

$3\div7$ $12\div11$ $9\div11$

06 중요 보기 와 같은 방법으로 계산해 보세요.

보기

$\frac{7}{9}\div5=\frac{35}{45}\div5=\frac{35\div5}{45}=\frac{7}{45}$

$\frac{4}{5}\div3=$ ______________________

07 분수를 자연수로 나눈 몫을 구해 보세요.

$\frac{25}{14}$ 5

(   )

08 밀가루 $\frac{2}{9}$ kg으로 똑같은 크기의 쿠키 10개를 만들려고 합니다. 쿠키 하나를 만드는 데 필요한 밀가루는 몇 kg인지 구해 보세요.

( )

09 중요 잘못 계산한 곳을 찾아 바르게 계산해 보세요.

$$\frac{7}{6}\div 3=\frac{\overset{2}{\cancel{6}}}{7}\times\frac{1}{\underset{1}{\cancel{3}}}=\frac{2}{7}$$

⬇

10 다음은 $\frac{1}{9}$이 몇 개인 수인지 구해 보세요.

$$\frac{16}{9}\div 4$$

( )

11 계산 결과를 비교하여 ○ 안에 >, =, <를 알맞게 써넣으세요.

$\frac{21}{8}\div 7$ ○ $\frac{6}{5}\div 3$

12 1보다 큰 자연수 중에서 □ 안에 들어갈 수 있는 수를 모두 구해 보세요.

$$\frac{\square}{80}<\frac{3}{8}\div 6$$

( )

13 수 카드 3장을 모두 한 번씩 사용하여 계산 결과가 가장 작은 (진분수)÷(자연수)의 나눗셈식을 만들고 계산해 보세요.

4 3 7

식 ______

답 ______

14 넓이가 $\frac{15}{7}$ m^2인 직사각형의 가로는 3 m입니다. 이 직사각형의 세로는 몇 m인지 구해 보세요.

식 ______

답 ______

15 $2\frac{1}{3}\div 5$를 두 가지 방법으로 계산해 보세요.

방법 1

방법 2

16 나눗셈의 몫이 1에 더 가까운 식의 기호를 써 보세요.

㉠ $1\frac{3}{5}\div 2$　　㉡ $3\frac{1}{3}\div 4$

(　　　　　　　　)

17 정사각형의 각 변의 가운데 점을 이어 정사각형을 그렸습니다. 큰 정사각형의 넓이가 $8\frac{4}{5}$ m^2일 때 색칠한 정사각형의 넓이는 몇 m^2인지 구해 보세요.

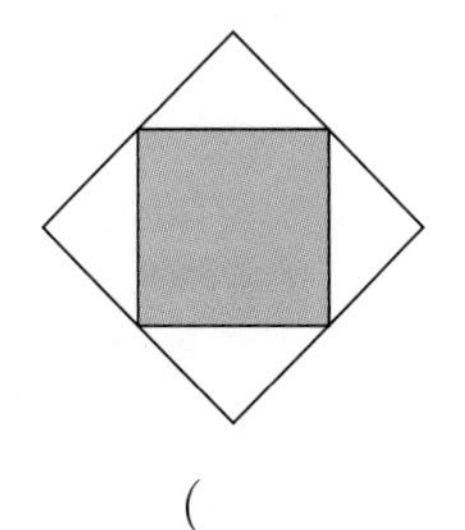

(　　　　　　　　)

18 어려운 문제

한 봉지에 $1\frac{1}{9}$ kg씩 들어 있는 미숫가루가 4봉지 있습니다. 이 미숫가루를 15일 동안 똑같이 나누어 먹는다면 하루에 먹는 미숫가루는 몇 kg인지 구해 보세요.

(　　　　　　　　)

서술형 문제

19 준희네 집에서는 매일 같은 양의 쌀을 먹습니다. 일주일 동안 먹은 쌀의 무게가 $1\frac{3}{4}$ kg이었다면 3월 한 달 동안 먹은 쌀은 몇 kg인지 풀이 과정을 쓰고 답을 구해 보세요.

풀이

답

20 무게가 같은 배 5개가 놓여 있는 쟁반의 무게가 $2\frac{5}{7}$ kg입니다. 빈 쟁반의 무게가 $\frac{4}{7}$ kg이라면 배 한 개의 무게는 몇 kg인지 풀이 과정을 쓰고 답을 구해 보세요.

풀이

답

은혁이와 지영이가 과자를 사기 위해 마트에 왔어요. 과자 상자의 모양이 다양한 입체도형이네요.

과자 상자를 비교해 보니 비슷한 부분도 있고 다른 부분도 있다는 것을 발견했어요. 초콜릿 상자와 쿠키 상자는 두 면 또는 한 면의 모양이 사각형인 기둥 모양과 뿔 모양이에요. 다른 과자 상자들은 어떤 도형일까요?

이번 2단원에서는 각기둥과 각뿔에 대해 배울 거예요.

2 각기둥과 각뿔

단원 학습 목표

1. 각기둥을 알아보고 구성 요소와 성질을 이해할 수 있습니다.
2. 각기둥의 전개도를 이해하고 여러 가지 방법으로 그릴 수 있습니다.
3. 각뿔을 알아보고 구성 요소와 성질을 이해할 수 있습니다.

단원 진도 체크

학습일		학습 내용	진도 체크
1일째	월 일	개념 1 각기둥을 알아볼까요(1) 개념 2 각기둥을 알아볼까요(2) 개념 3 각기둥의 전개도를 알아볼까요 개념 4 각기둥의 전개도를 그려 볼까요	✓
2일째	월 일	교과서 넘어 보기 + 교과서 속 응용 문제	✓
3일째	월 일	개념 5 각뿔을 알아볼까요(1) 개념 6 각뿔을 알아볼까요(2) 개념 7 각뿔을 알아볼까요(3)	✓
4일째	월 일	교과서 넘어 보기 + 교과서 속 응용 문제	✓
5일째	월 일	응용 1 각기둥과 각뿔의 이름 알아보기 응용 2 각기둥의 전개도를 보고 밑면의 모양과 각기둥의 이름 알아보기 응용 3 각기둥의 전개도를 보고 변의 길이 구하기	✓
6일째	월 일	응용 4 각기둥과 각뿔의 같은 점과 다른 점 알아보기 응용 5 각뿔의 밑면의 변의 길이 구하기	✓
7일째	월 일	단원 평가 LEVEL ❶	✓
8일째	월 일	단원 평가 LEVEL ❷	✓

이 단원을 진도 체크에 맞춰 8일 동안 학습해 보세요.
해당 부분을 공부하고 나서 ✓표를 하세요.

교과서 개념 다지기

개념 1 각기둥을 알아볼까요(1)

(1) 입체도형과 평면도형으로 분류하기

가 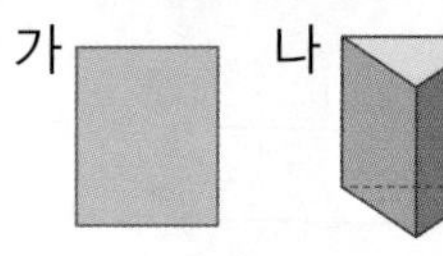 나  다 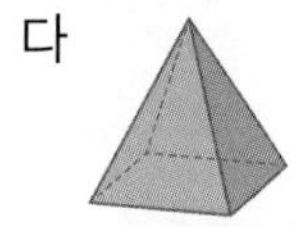 라 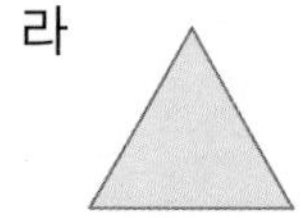 마 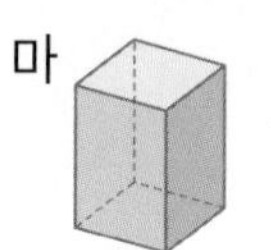 바 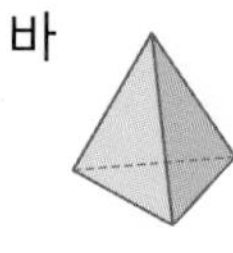

• 입체도형은 나, 다, 마, 바이고, 평면도형은 가, 라입니다.

• 입체도형 중 서로 평행한 두 면이 있는 것은 나, 마입니다.

(2) 각기둥 알아보기

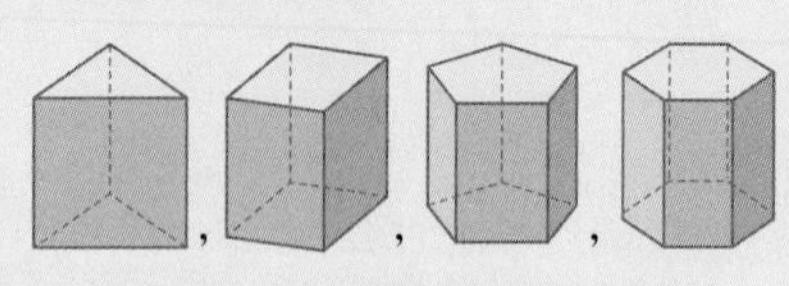 등과 같은 입체도형을 각기둥이라고 합니다.

(3) 각기둥의 밑면과 옆면 알아보기

• 각기둥에서 면 ㄱㄴㄷ과 면 ㄹㅁㅂ과 같이 서로 평행하고 합동인 두 면을 밑면이라고 합니다.
이때 두 밑면은 나머지 면들과 모두 수직으로 만납니다.

• 각기둥에서 면 ㄱㄹㅁㄴ, 면 ㄴㅁㅂㄷ, 면 ㄷㅂㄹㄱ과 같이 두 밑면과 만나는 면을 옆면이라고 합니다.
이때 각기둥의 옆면은 모두 직사각형입니다.

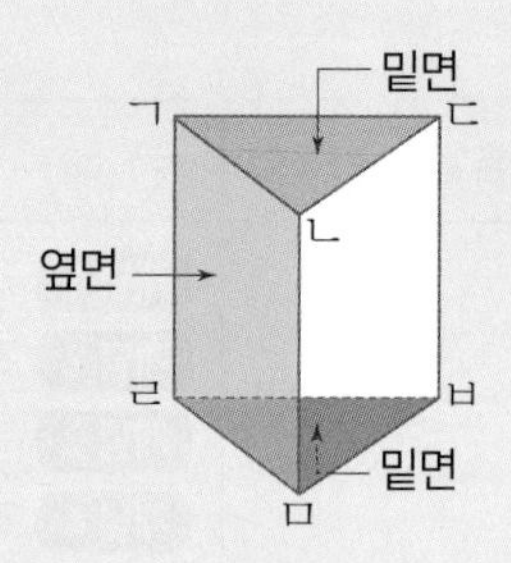

▸ **각기둥**
두 면이 서로 평행하고 합동인 다각형으로 이루어진 입체도형

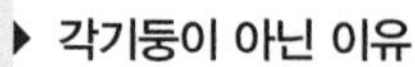

▸ **각기둥이 아닌 이유**

①
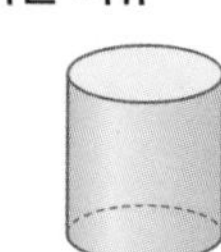

➡ 서로 평행한 두 면이 다각형이 아니므로 각기둥이 아닙니다.

②
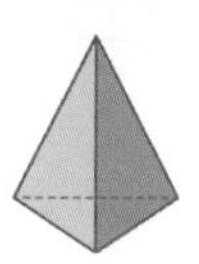

➡ 서로 평행한 두 면이 없으므로 각기둥이 아닙니다.

▸ 각기둥의 겨냥도를 그릴 때에는 보이는 모서리는 실선으로, 보이지 않는 모서리는 점선으로 나타냅니다.

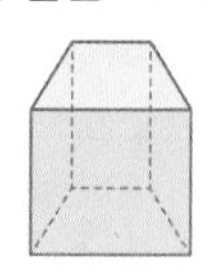

01 입체도형을 보고 □ 안에 알맞게 써넣으세요.

가 나 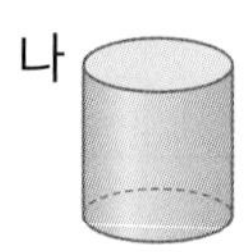 다 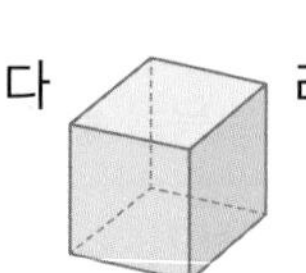 라 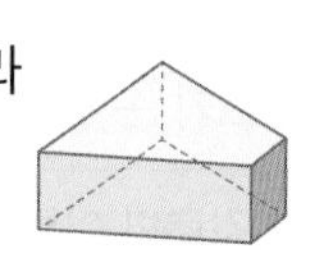

(1) 서로 평행한 두 면이 있고, 이 두 면이 합동인 다각형으로 이루어진 입체도형은 □, □ 입니다.

(2) 위 (1)에서 찾은 도형과 같은 입체도형을 □(이)라고 합니다.

02 각기둥을 보고 □ 안에 알맞은 말을 써넣으세요.

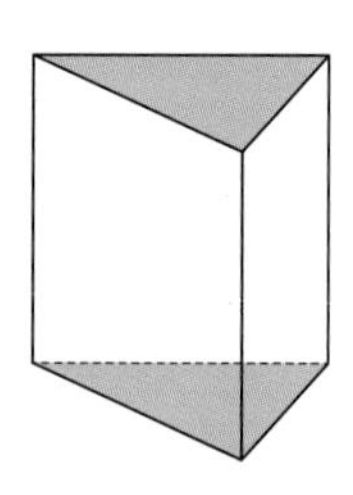

(1) 색칠된 두 면과 같이 서로 평행하고 나머지 다른 면에 수직인 두 면을 □(이)라고 합니다.

(2) 색칠된 두 면과 만나는 면을 □(이)라고 합니다.

개념 2 각기둥을 알아볼까요(2)

(1) 각기둥의 이름 알아보기

각기둥			
밑면의 모양	삼각형	사각형	오각형
옆면의 모양	직사각형	직사각형	직사각형
각기둥의 이름	삼각기둥	사각기둥	오각기둥

각기둥은 밑면의 모양에 따라 삼각기둥, 사각기둥, 오각기둥, ...이라고 합니다.

→ 직육면체도 사각기둥입니다.

(2) 각기둥의 구성 요소 알아보기

- 각기둥에서 면과 면이 만나는 선분을 모서리라 하고, 모서리와 모서리가 만나는 점을 꼭짓점이라고 하며, 두 밑면 사이의 거리를 높이라고 합니다.

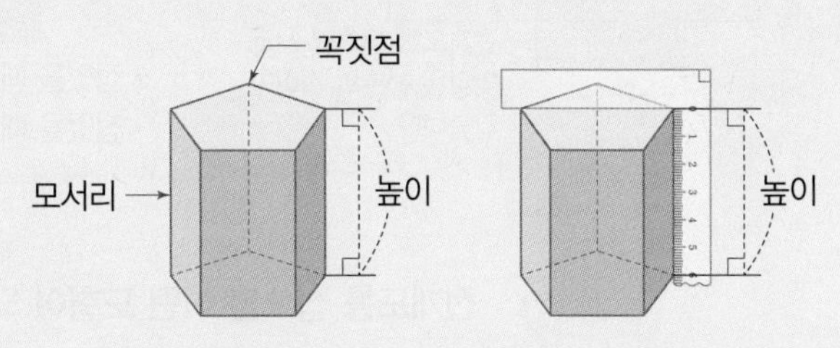

- 각기둥의 높이는 옆면끼리 만나서 생긴 모서리의 길이와 같습니다. 이 모서리의 길이로 각기둥의 높이를 알 수 있습니다.

▸ 밑면의 모양이 ■각형인 각기둥의 이름은 ■각기둥입니다.

▸ 각기둥의 꼭짓점, 면, 모서리의 수

도형	삼각기둥	사각기둥
한 밑면의 변의 수(개)	3	4
꼭짓점의 수(개)	6	8
면의 수(개)	5	6
모서리의 수(개)	9	12

- (꼭짓점의 수) $=$(한 밑면의 변의 수)$\times 2$
- (면의 수) $=$(한 밑면의 변의 수)$+2$
- (모서리의 수) $=$(한 밑면의 변의 수)$\times 3$

▸ 삼각자와 자를 이용하여 각기둥의 높이 재기

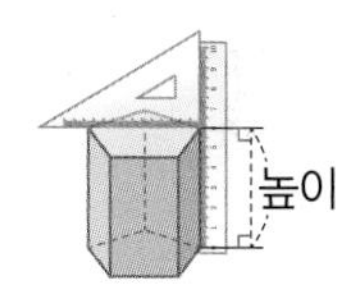

2 단원

03 각기둥을 보고 □ 안에 알맞은 말을 써넣으세요.

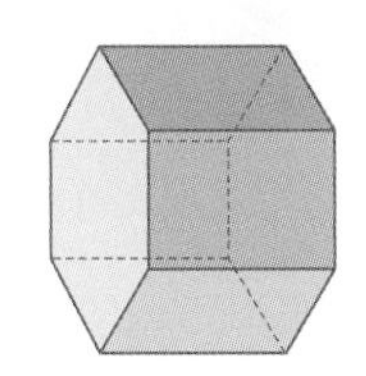

- 밑면의 모양: □
- 옆면의 모양: □
- 각기둥의 이름: □

04 각기둥을 보고 보기 에서 알맞은 말을 골라 □ 안에 써넣으세요.

보기

밑면 높이 모서리 옆면 꼭짓점

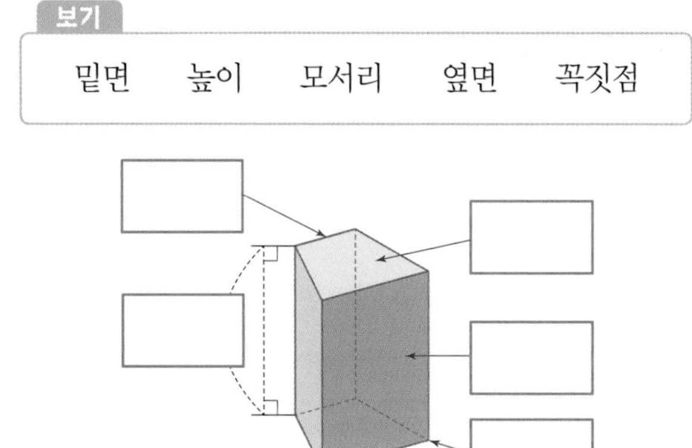

개념 3 각기둥의 전개도를 알아볼까요

(1) 각기둥의 전개도 알아보기

각기둥의 모서리를 잘라서 평면 위에 펼쳐 놓은 그림을 각기둥의 전개도라고 합니다.

예 삼각기둥의 전개도

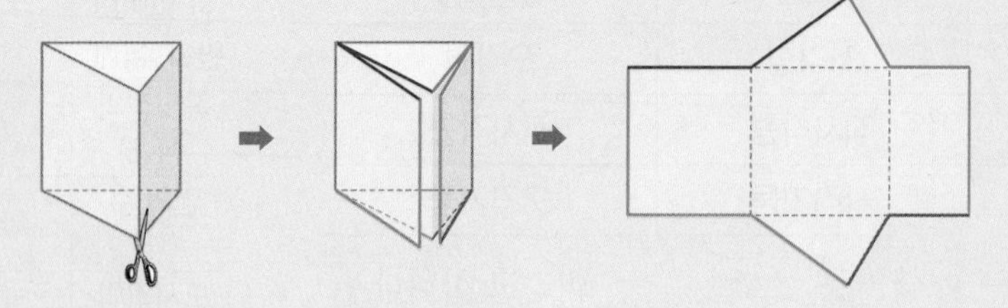

예 사각기둥의 전개도

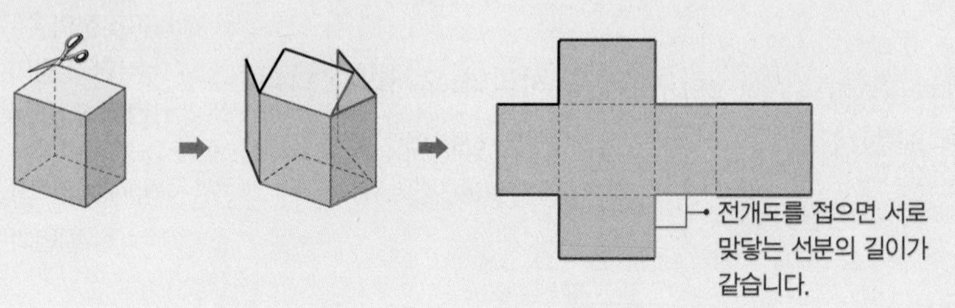

전개도를 접으면 서로 맞닿는 선분의 길이가 같습니다.

▶ 각기둥의 전개도에서 옆면은 모두 직사각형입니다.

▶ 전개도는 어느 모서리를 자르는가에 따라 여러 가지 모양이 나올 수 있습니다.

▶ 사각기둥의 전개도가 아닌 이유

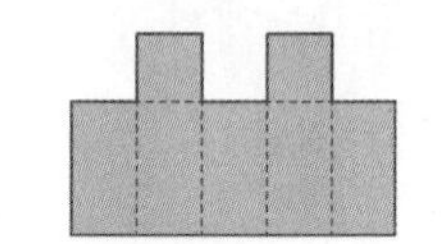

• 접었을 때 밑면이 서로 겹칩니다.
• 접었을 때 옆면이 서로 겹칩니다.

05 그림을 보고 □ 안에 알맞게 써넣으세요.

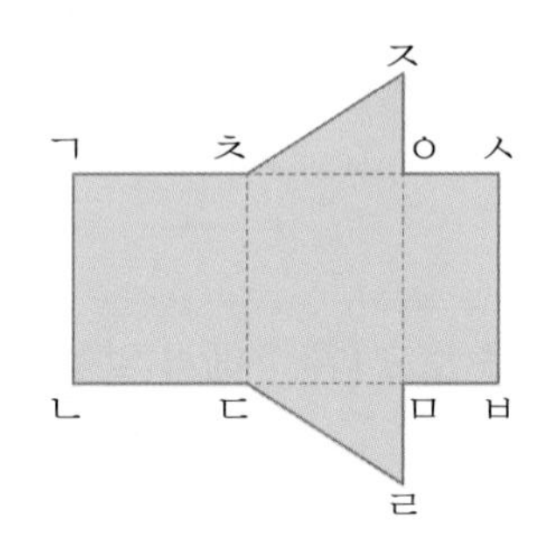

(1) 위와 같이 각기둥의 모서리를 잘라서 평면 위에 펼쳐 놓은 그림을 각기둥의 □(이)라고 합니다.

(2) 위의 그림을 접으면 □ 이/가 만들어집니다.

(3) 전개도를 접었을 때 선분 ㄱㅊ과 서로 맞닿는 선분은 선분 □ 입니다.

06 전개도를 접으면 어떤 도형이 되는지 써 보세요.

(1)

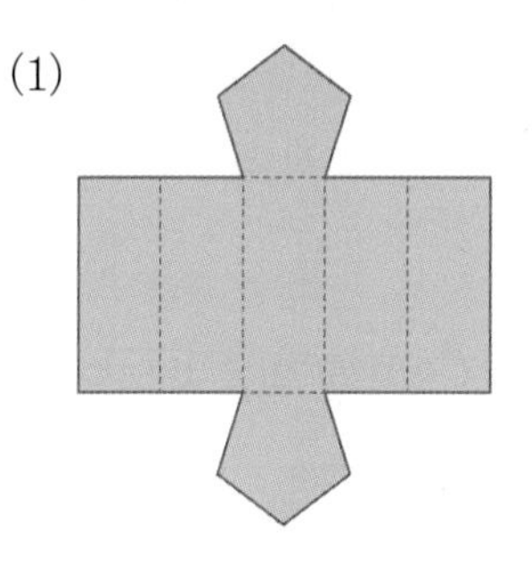

(　　　　　　　　)

(2)

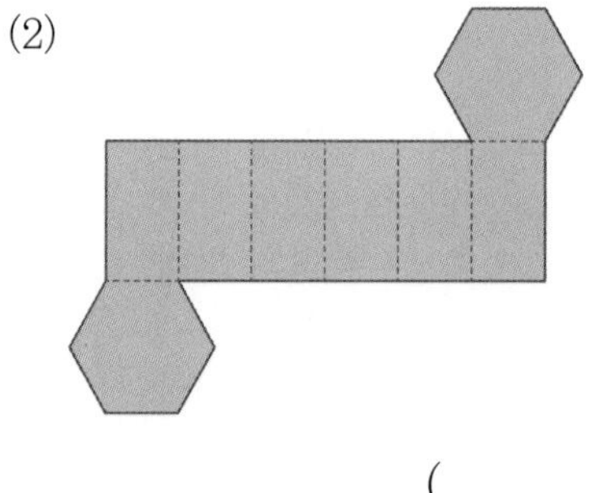

(　　　　　　　　)

개념 4 각기둥의 전개도를 그려 볼까요

(1) 각기둥의 전개도 그리기

• 각기둥의 전개도는 모서리를 자르는 방법에 따라 여러 가지 모양으로 그릴 수 있습니다.

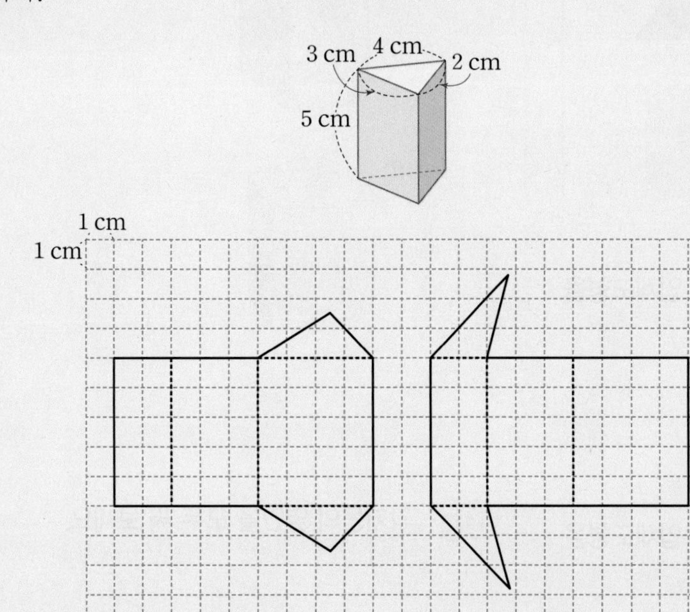

• 전개도를 그릴 때 잘린 부분은 실선으로, 잘리지 않은 부분은 점선으로 그립니다.

▶ 각기둥의 전개도를 그리는 방법
- 두 밑면이 합동이 되도록 그립니다.
- 전개도를 접었을 때 서로 겹치는 면이 없도록 그립니다.
- 전개도를 접었을 때 서로 맞닿는 선분의 길이를 같게 그립니다.

▶ 밑면과 옆면의 개수
- 삼각기둥의 전개도: 밑면 2개, 옆면 3개
- 사각기둥의 전개도: 밑면 2개, 옆면 4개

➡ □각기둥의 전개도: 밑면 2개, 옆면 □개

07 삼각기둥의 전개도를 완성해 보세요.

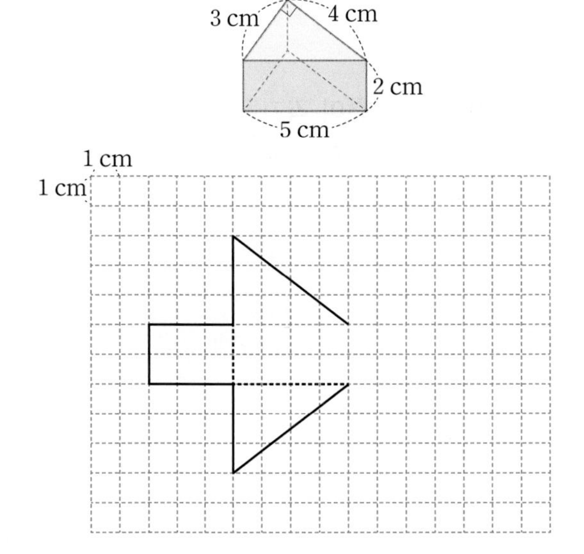

08 사각기둥의 전개도를 완성해 보세요.

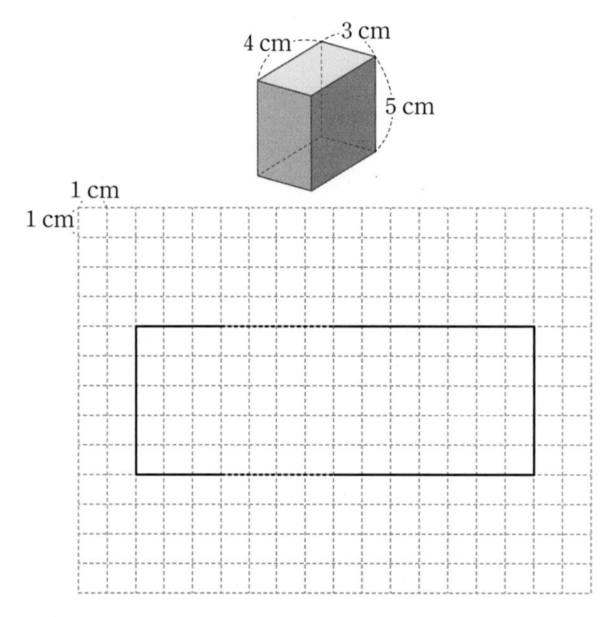

2 단원

[01~02] 도형을 보고 물음에 답하세요.

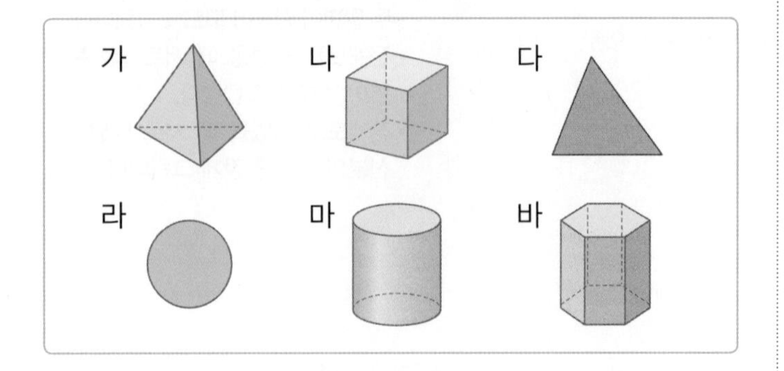

01 서로 평행하고 합동인 두 다각형이 있는 입체도형을 모두 찾아 기호를 써 보세요.

(　　　　　　　　　　)

02 서로 평행하고 합동인 두 다각형이 있는 입체도형을 무엇이라고 하나요?

(　　　　　　　　　　)

03 각기둥에서 서로 평행한 두 면을 찾아 색칠해 보세요.

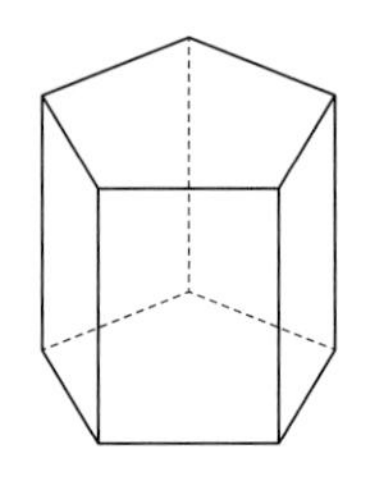

04 각기둥의 겨냥도를 완성해 보세요.

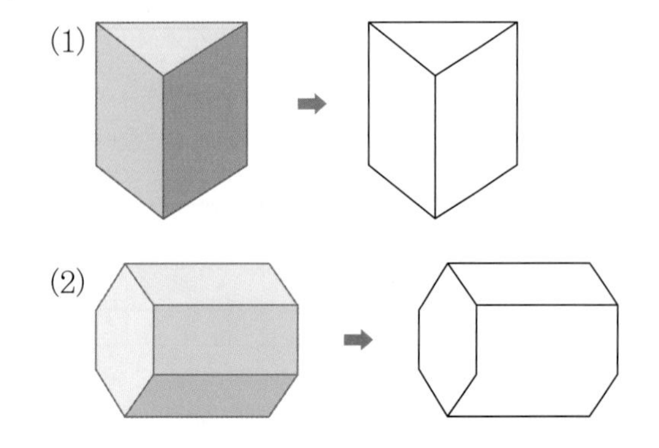

05 각기둥에서 두 밑면과 만나는 면은 각각 몇 개인지 써 보세요.

(1)

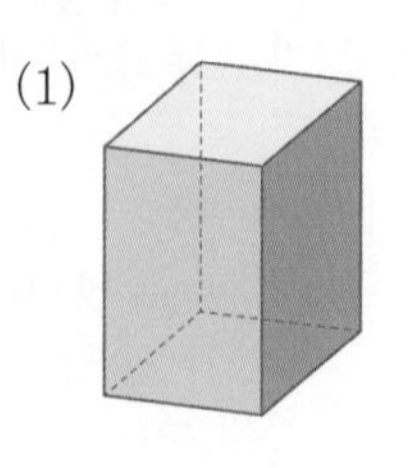

(　　　　　　　　　　)

(2)

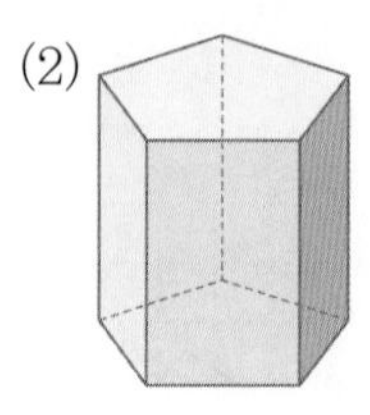

(　　　　　　　　　　)

06 각기둥의 옆면을 모두 써 보세요.

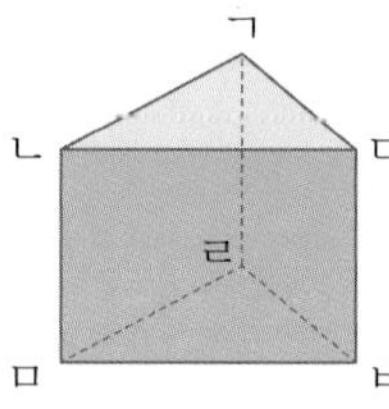

(　　　　　　　　　　)

07 중요 다음 입체도형이 각기둥이 아닌 이유를 바르게 말한 친구를 모두 찾아 이름을 써 보세요.

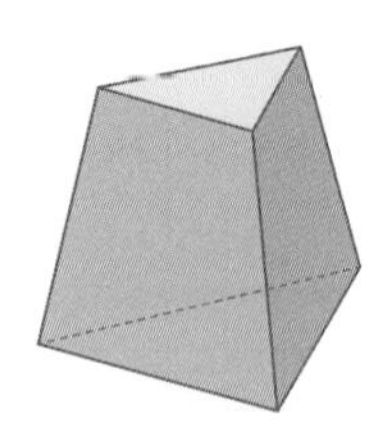

지수: 두 밑면이 서로 합동이 아니기 때문이야.
정민: 두 밑면이 다각형이 아니기 때문이야.
유빈: 옆면이 모두 직사각형이 아니기 때문이야.

(　　　　　　　　　　)

08 각기둥의 이름을 써 보세요.

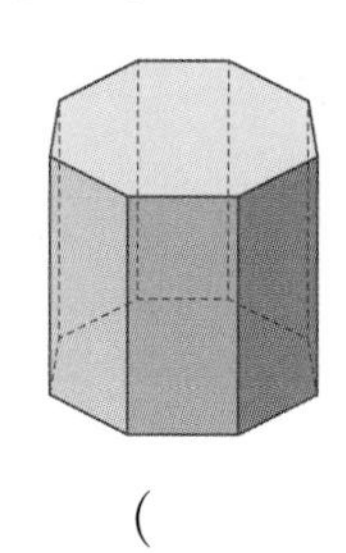

( )

[09~10] 각기둥을 보고 물음에 답하세요.

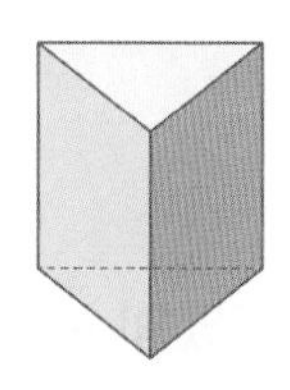
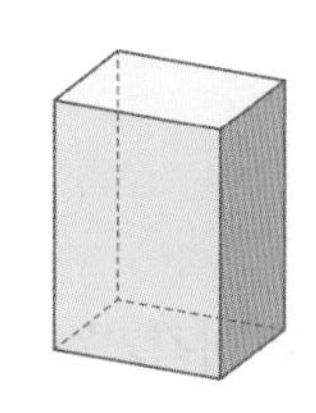
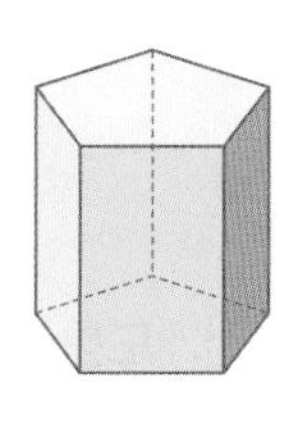

09 표를 완성해 보세요.

도형	한 밑면의 변의 수 (개)	꼭짓점의 수(개)	면의 수 (개)	모서리의 수(개)
삼각기둥				
사각기둥				
오각기둥				

10 각기둥을 보고 규칙을 찾아 □ 안에 알맞은 수를 써넣으세요.

(1) (꼭짓점의 수)=(한 밑면의 변의 수)×□

(2) (면의 수)=(한 밑면의 변의 수)+□

(3) (모서리의 수)=(한 밑면의 변의 수)×□

11 각기둥의 높이는 몇 cm인가요?

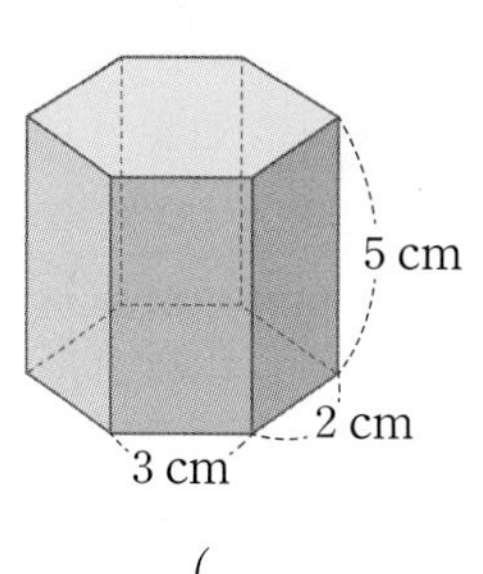

( )

12 팔각기둥에서 다음 식의 값을 구해 보세요.

(면의 수)×2−(꼭짓점의 수)+(모서리의 수)

( )

13 중요 각기둥에 대해 옳은 것을 모두 찾아 기호를 써 보세요.

㉠ 각기둥에서 면과 면이 만나는 선분을 꼭짓점이라고 합니다.
㉡ 각기둥의 옆면은 모두 직사각형입니다.
㉢ 한 각기둥에서 꼭짓점의 수, 면의 수, 모서리의 수 중 면의 수가 가장 큽니다.
㉣ 삼각기둥은 면이 5개입니다.

( )

14 세 조건에 알맞은 입체도형의 이름을 써 보세요.

- 두 밑면이 서로 합동인 다각형입니다.
- 옆면은 모두 직사각형입니다.
- 면은 모두 11개입니다.

( )

[15~17] 각기둥의 모서리를 잘라서 펼친 그림입니다. 물음에 답하세요.

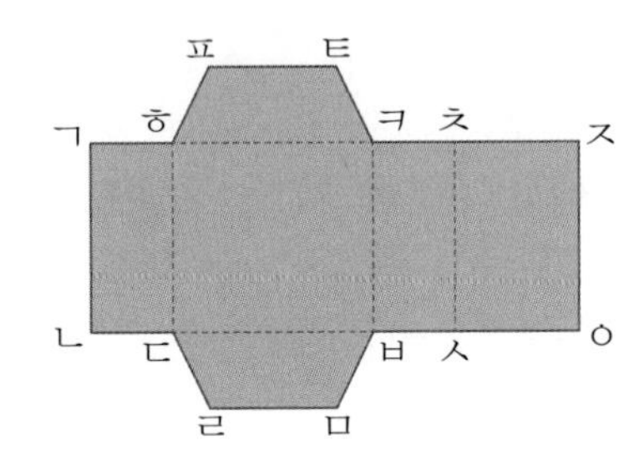

15 위와 같은 그림을 무엇이라고 하나요?

( )

16 전개도를 접었을 때 면 ㅍㅎㅋㅌ과 수직인 면은 모두 몇 개인가요?

( )

17 전개도를 접었을 때 점 ㅇ과 서로 만나는 점을 모두 찾아 써 보세요.

( )

18 중요 다음 전개도를 접었을 때 만들어지는 입체도형의 이름을 써 보세요.

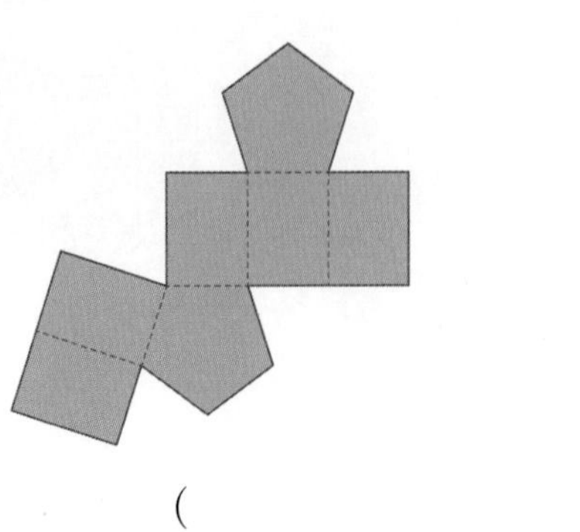

( )

19 전개도를 접어서 삼각기둥을 만들었습니다. □ 안에 알맞은 수를 써넣으세요.

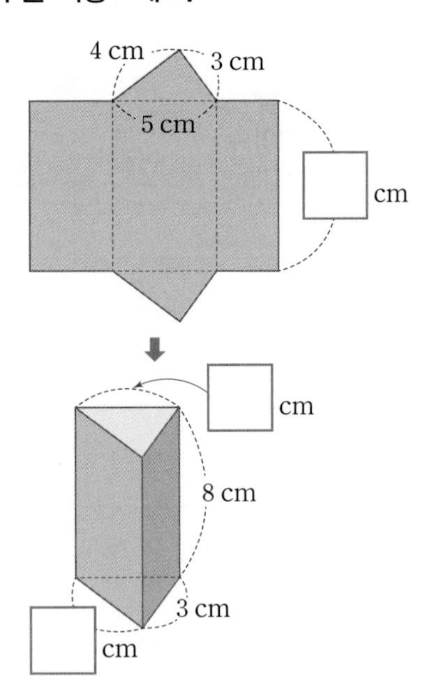

20 삼각기둥의 전개도를 그려 보세요.

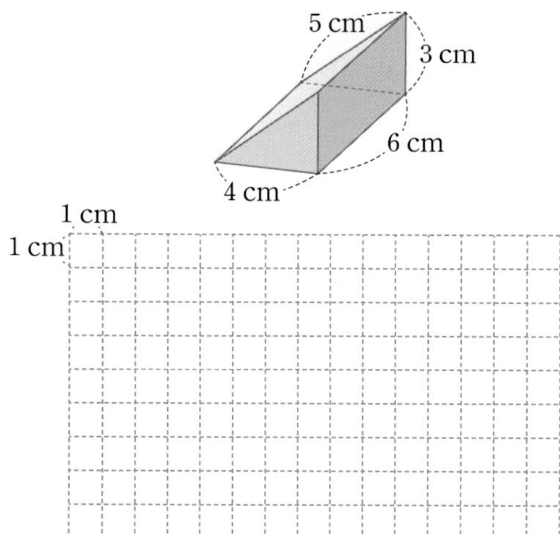

21 밑면이 오른쪽 그림과 같고, 높이가 4 cm인 각기둥의 전개도를 2개 그려 보세요.

어려운 문제

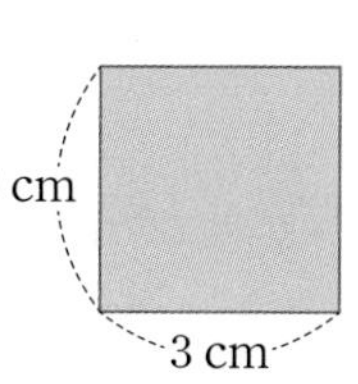

1 cm
1 cm

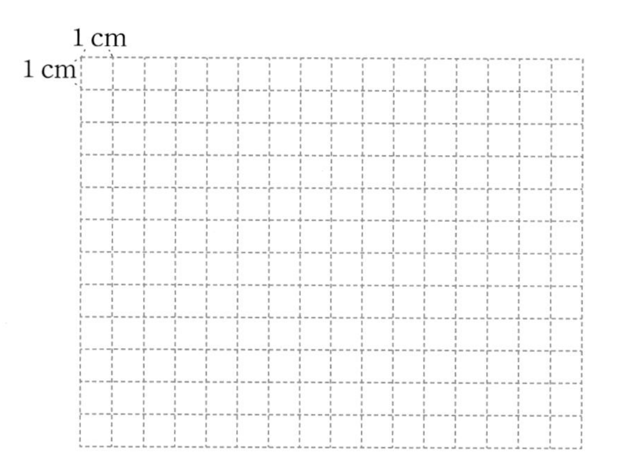

교과서, 익힘책 속 응용 문제를 유형별로 풀어 보세요.

교과서 속 응용 문제

정답과 풀이 9쪽

각기둥의 구성 요소의 수 알아보기

각기둥의 이름을 알아본 후 한 밑면의 변의 수를 기준으로 각 구성 요소의 수를 알아봅니다.

- (꼭짓점의 수)=(한 밑면의 변의 수)×2
- (면의 수)=(한 밑면의 변의 수)+2
- (모서리의 수)=(한 밑면의 변의 수)×3

22 밑면과 옆면의 모양이 다음과 같은 입체도형의 모서리는 몇 개인지 구해 보세요.

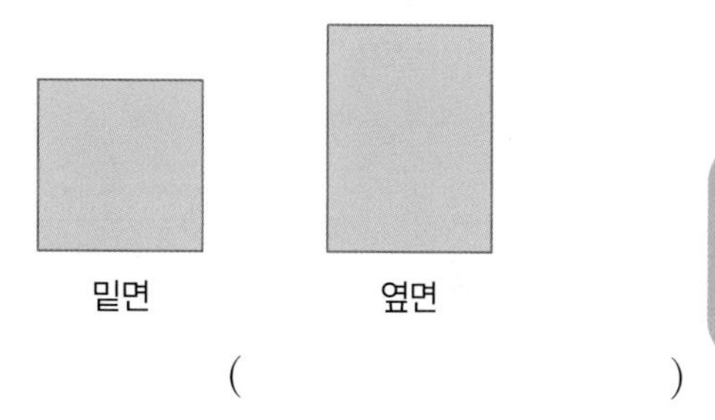

(　　　　　　　　)

23 밑면과 옆면의 모양이 다음과 같은 입체도형의 꼭짓점은 몇 개인지 구해 보세요.

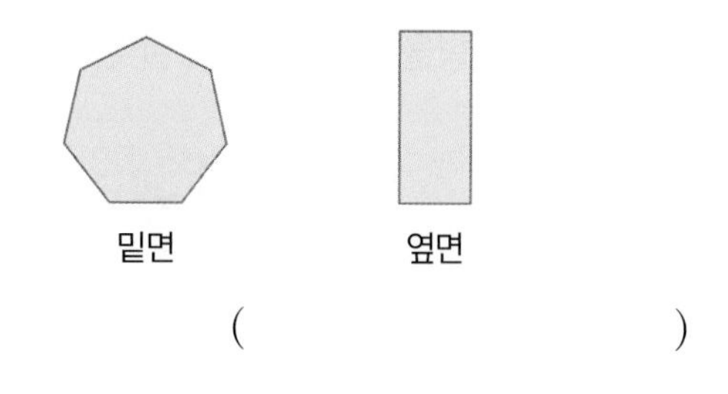

(　　　　　　　　)

24 밑면의 모양이 오른쪽과 같은 각기둥의 면의 수, 모서리의 수, 꼭짓점의 수의 합은 몇 개인지 구해 보세요.

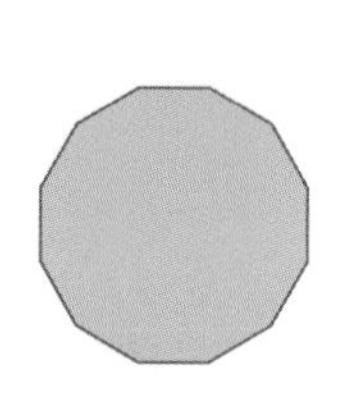

(　　　　　　　　)

2 단원

개념 5 각뿔을 알아볼까요(1)

(1) 입체도형 분류하기

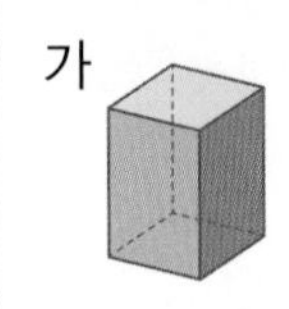 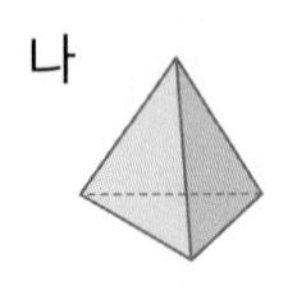 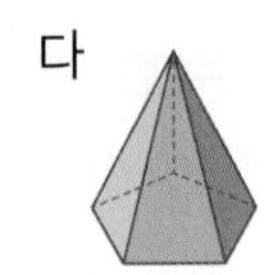 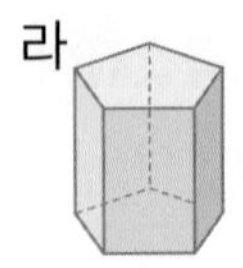 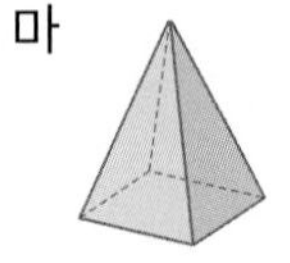 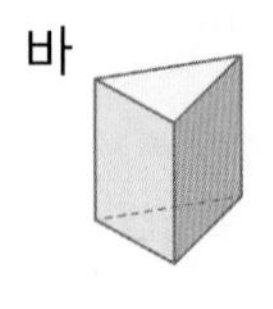

- 각기둥은 가, 라, 바입니다.
- 각기둥이 아닌 것은 나, 다, 마입니다.
- 각기둥이 아닌 입체도형은 뿔 모양이고, 옆으로 둘러싼 면이 삼각형입니다.

(2) 각뿔 알아보기

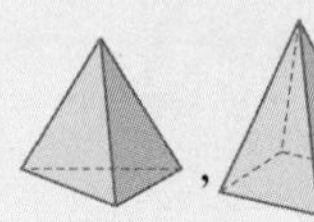, 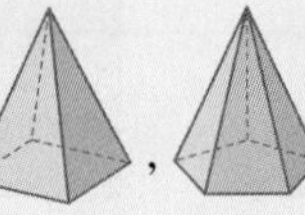, 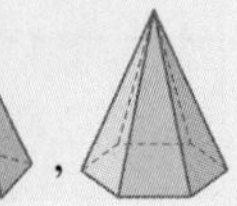, 등과 같은 입체도형을 각뿔이라고 합니다.

(3) 각뿔의 밑면과 옆면 알아보기

각뿔에서 면 ㄴㄷㄹㅁ과 같은 면을 밑면이라 하고, 면 ㄱㄴㄷ, 면 ㄱㄷㄹ, 면 ㄱㄹㅁ, 면 ㄱㅁㄴ과 같이 밑면과 만나는 면을 옆면이라고 합니다.
이때 각뿔의 옆면은 모두 삼각형입니다.

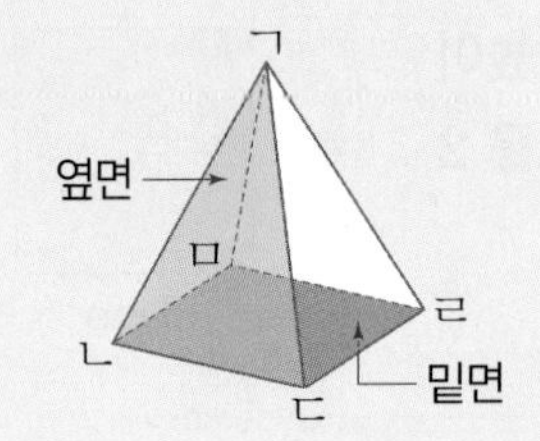

▶ 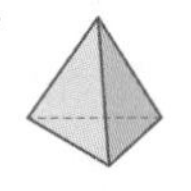 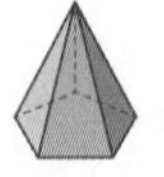 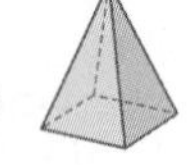
옆으로 둘러싼 면은 모두 삼각형이고 한 점에서 만납니다.

▶ **각뿔**
밑에 놓인 면이 다각형이고 옆으로 둘러싼 면이 모두 삼각형인 입체도형

▶ **각뿔의 밑면과 옆면의 수**
- (각뿔의 밑면의 수)=1개
- (각뿔의 옆면의 수)
  =(각뿔의 밑면의 변의 수)

01 입체도형을 보고 □ 안에 알맞은 기호를 써넣으세요.

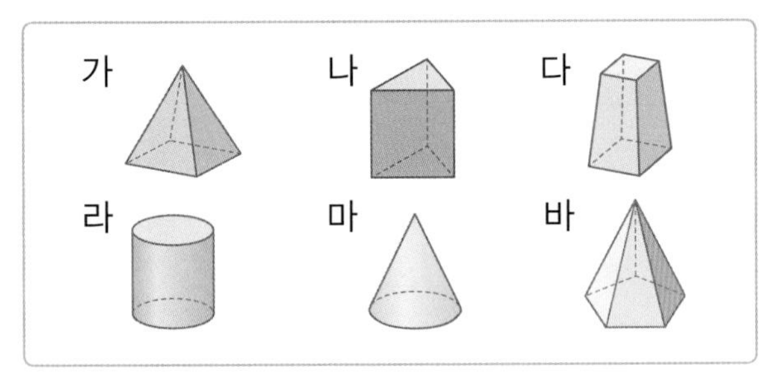

(1) 밑에 놓인 면이 다각형이고 옆으로 둘러싼 면이 모두 삼각형인 입체도형은 □, □입니다.

(2) 위 (1)에서 찾은 도형과 같은 입체도형을 □(이)라고 합니다.

02 각뿔을 보고 □ 안에 알맞은 말을 써넣으세요.

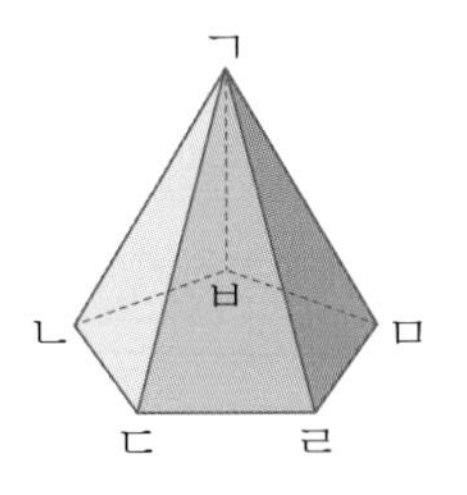

(1) 각뿔에서 면 ㄴㄷㄹㅁㅂ과 같은 면을 □(이)라고 합니다.

(2) 각뿔에서 면 ㄱㄴㄷ, 면 ㄱㄷㄹ, 면 ㄱㄹㅁ, 면 ㄱㅁㅂ, 면 ㄱㅂㄴ을 □(이)라고 합니다.

개념 6 각뿔을 알아볼까요(2)

(1) 각뿔의 이름 알아보기

• 각뿔은 밑면의 모양에 따라 삼각뿔, 사각뿔, 오각뿔, ...이라고 합니다.

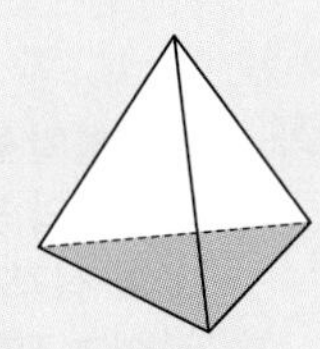
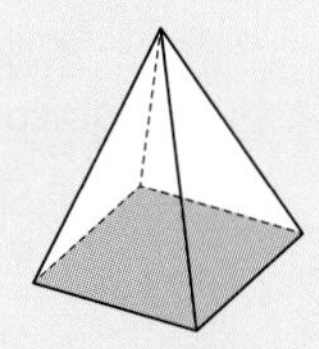
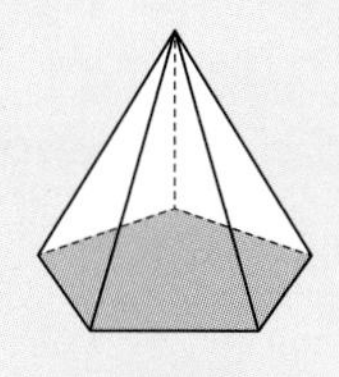

밑면의 모양	삼각형	사각형	오각형
각뿔의 이름	삼각뿔	사각뿔	오각뿔

• 각뿔의 옆면의 모양은 삼각형입니다.

▶ 각뿔의 이름
밑면의 모양이 ■각형인 각뿔의 이름은 ■각뿔입니다.

[03~04] 각뿔을 보고 물음에 답하세요.

가

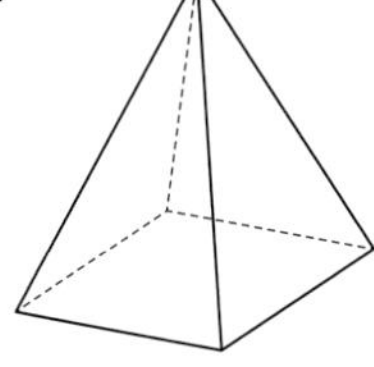

나

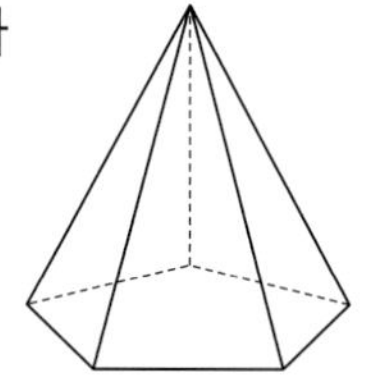

03 각뿔의 밑면을 각각 찾아 색칠해 보세요.

04 각뿔의 이름을 각각 써 보세요.

가 (　　　　　　　　　　)

나 (　　　　　　　　　　)

05 각뿔을 보고 □ 안에 알맞은 말을 써넣으세요.

(1)

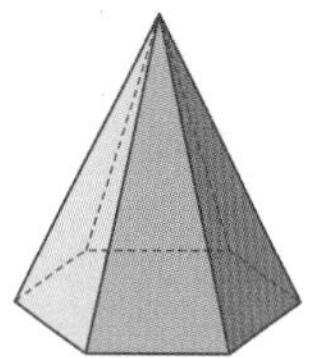

• 밑면의 모양: □

• 각뿔의 이름: □

(2)

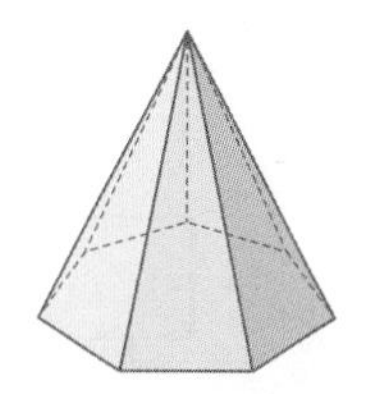

• 밑면의 모양: □

• 각뿔의 이름: □

2 단원

개념 7 각뿔을 알아볼까요(3)

(1) 각뿔의 구성 요소 알아보기

- 각뿔에서 면과 면이 만나는 선분을 모서리라 하고, 모서리와 모서리가 만나는 점을 꼭짓점이라고 합니다.
- 꼭짓점 중에서도 옆면이 모두 만나는 점을 각뿔의 꼭짓점이라 하고, 각뿔의 꼭짓점에서 밑면에 수직인 선분의 길이를 높이라고 합니다.

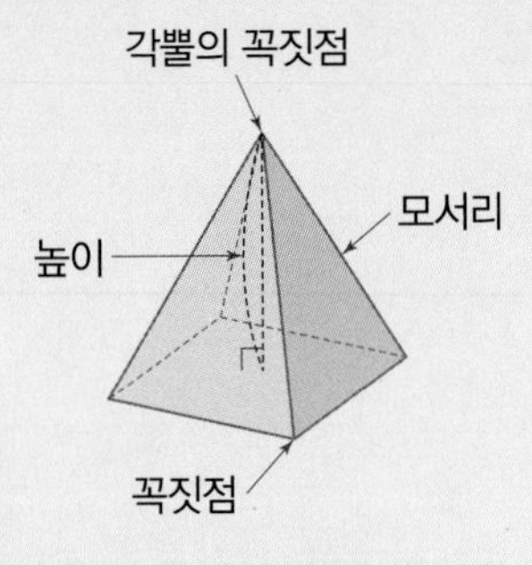

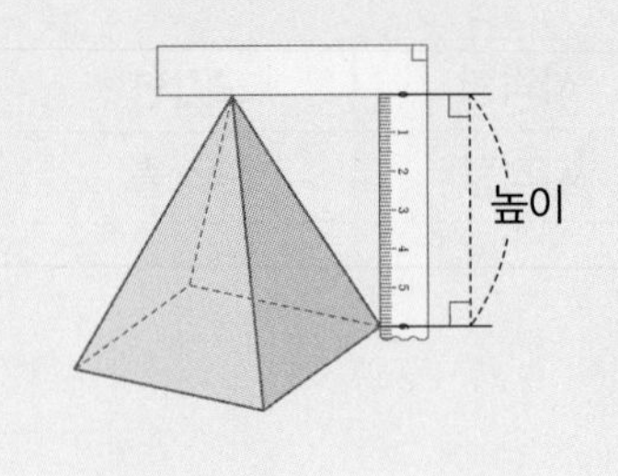

(2) 각뿔의 구성 요소의 수 알아보기

- (꼭짓점의 수)=(밑면의 변의 수)+1
- (면의 수)=(밑면의 변의 수)+1
- (모서리의 수)=(밑면의 변의 수)×2

▶ 각뿔의 높이 재기
각뿔의 높이를 잴 때 곱자 또는 자와 삼각자의 직각 부분을 이용하면 쉽고 정확하게 잴 수 있습니다.

▶ 삼각자와 자를 이용하여 각뿔의 높이 재기

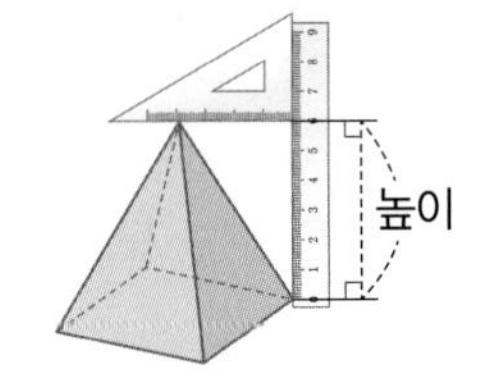

06 각뿔을 보고 보기 에서 알맞은 말을 골라 □ 안에 써넣으세요.

보기
모서리 높이 꼭짓점 각뿔의 꼭짓점

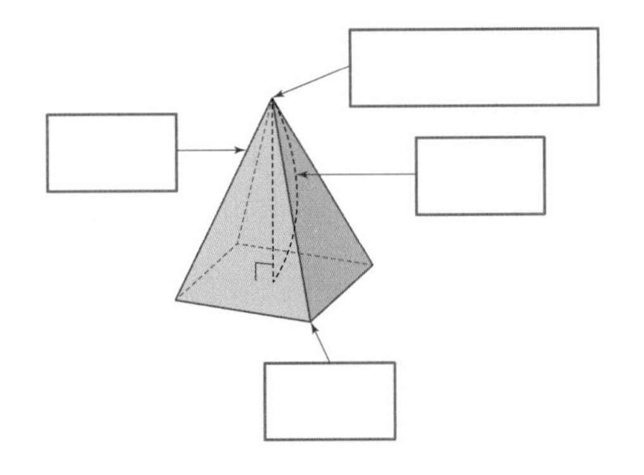

07 각뿔을 보고 표를 완성해 보세요.

(1)

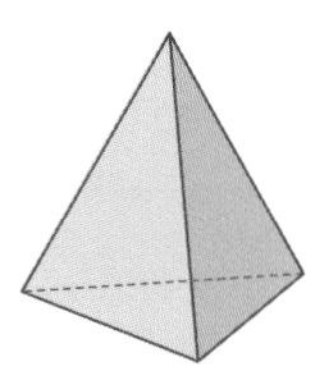

면의 수(개)	모서리의 수(개)	꼭짓점의 수(개)

(2)

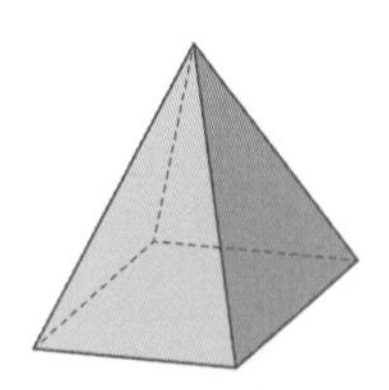

면의 수(개)	모서리의 수(개)	꼭짓점의 수(개)

25 각뿔을 모두 찾아 기호를 써 보세요.

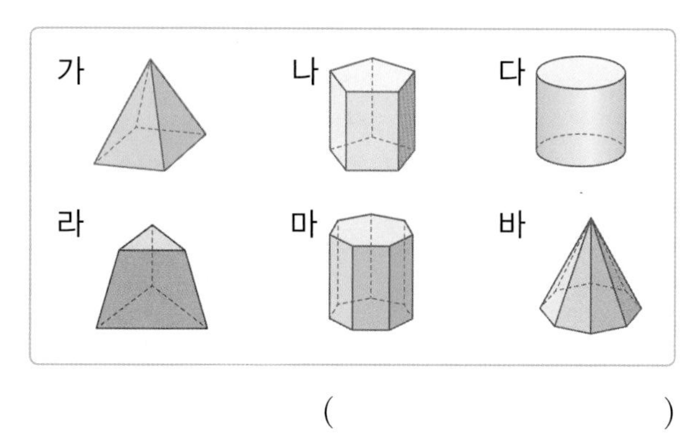

(　　　　　　　　　　)

26 주어진 각뿔의 밑면과 같은 모양에 ○표 하세요.

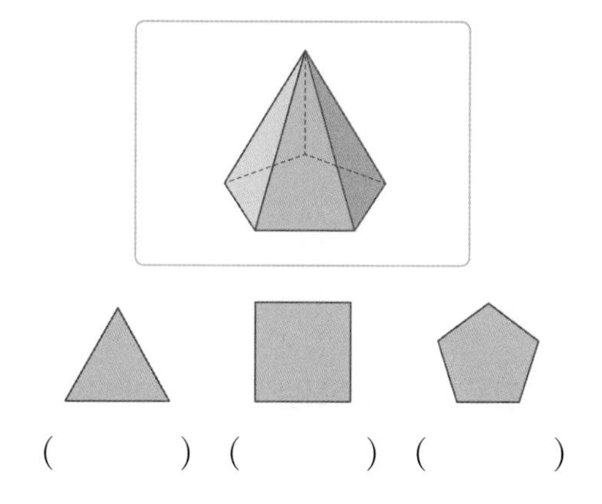

(　　　) (　　　) (　　　)

[27~28] 각뿔을 보고 물음에 답하세요.

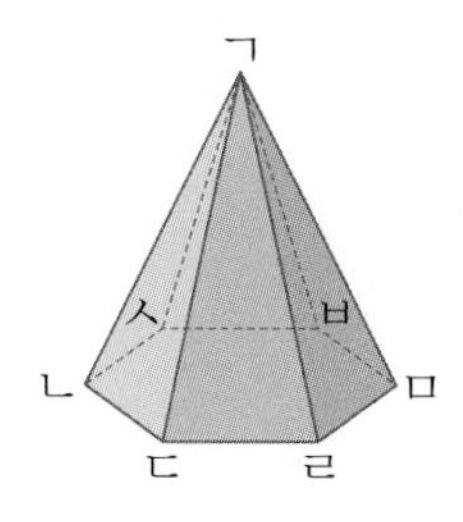

27 밑면을 찾아 써 보세요.

(　　　　　　　　　　)

28 밑면과 만나는 면은 몇 개인가요?

중요

(　　　　　　　　　　)

29 각뿔의 밑면에 색칠해 보세요.

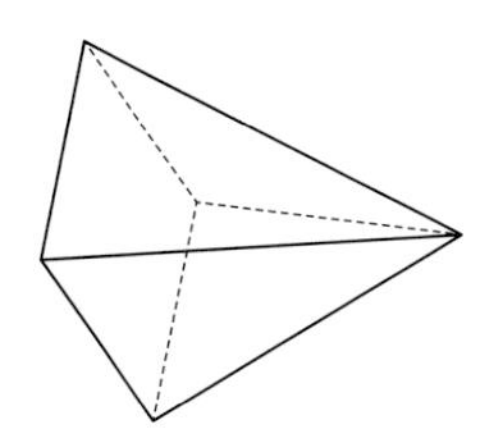

30 입체도형을 보고 표를 완성해 보세요.

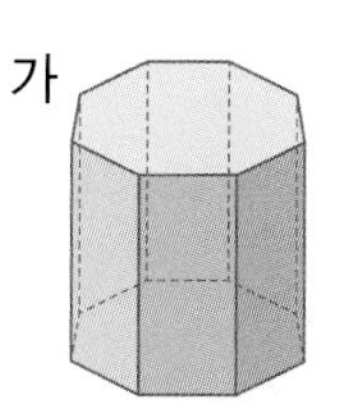

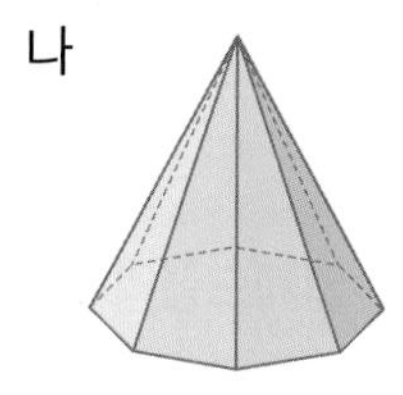

도형	밑면의 모양	옆면의 모양	밑면의 수(개)
가			
나			

31 각뿔의 이름에 대해 바르게 말한 친구를 찾아 이름을 써 보세요.

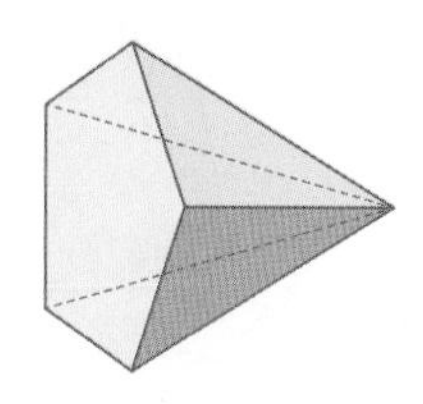

효빈: 옆면의 모양이 삼각형이니까 삼각뿔이야.
서현: 밑면의 모양이 오각형이니까 오각뿔이야.

(　　　　　　　　　　)

2 단원

[32~33] 도형을 보고 물음에 답하세요.

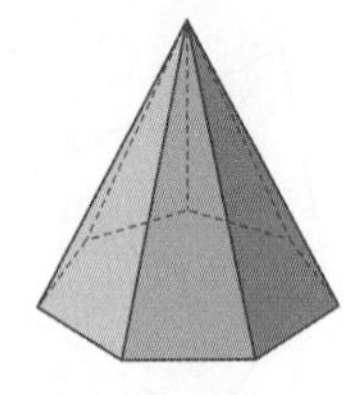

32 밑면의 모양은 어떤 다각형인지 써 보세요.

(　　　　　　　　　　)

33 입체도형의 이름을 써 보세요.

(　　　　　　　　　　)

34 중요 입체도형이 각뿔이 아닌 이유가 될 수 없는 것을 찾아 기호를 써 보세요.

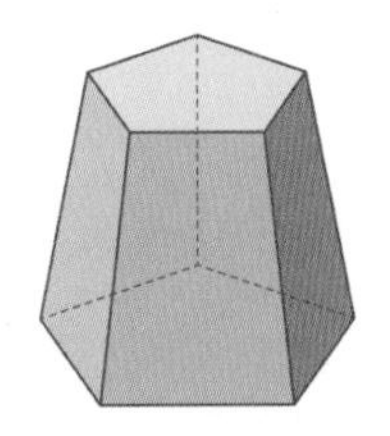

㉠ 밑면이 2개이므로 각뿔이 아닙니다.
㉡ 뿔 모양이 아니므로 각뿔이 아닙니다.
㉢ 옆면이 직사각형이 아니므로 각뿔이 아닙니다.

(　　　　　　　　　　)

35 밑면의 모양이 다음과 같은 각뿔의 이름을 써 보세요.

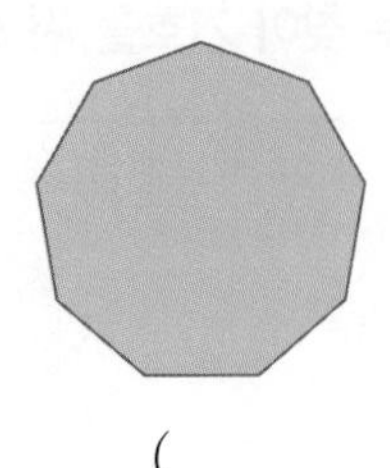

(　　　　　　　　　　)

36 옆면이 6개인 각뿔의 이름을 써 보세요.

(　　　　　　　　　　)

37 조건을 모두 만족하는 입체도형의 이름을 써 보세요.

- 밑면이 팔각형입니다.
- 밑면은 1개입니다.
- 옆면이 모두 삼각형입니다.

(　　　　　　　　　　)

38 다음에서 설명하는 입체도형의 이름을 써 보세요.

- 각뿔입니다.
- (옆면의 수)$-$(밑면의 수)$=2$

(　　　　　　　　　　)

[39~41] 각뿔을 보고 물음에 답하세요.

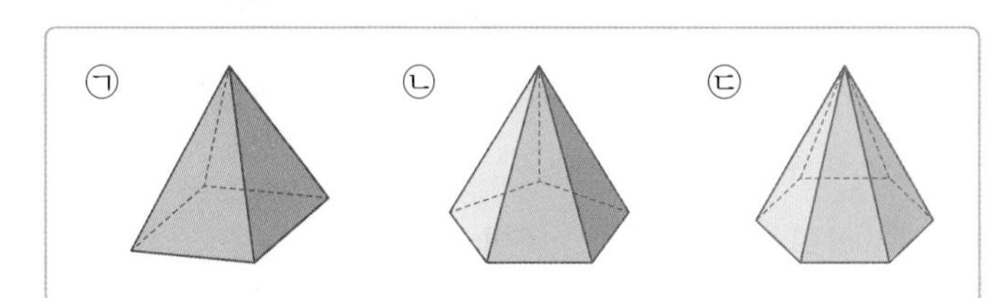

39 각뿔의 이름을 써 보세요.

㉠	㉡	㉢

40 표를 완성해 보세요.

도형	㉠	㉡	㉢
밑면의 모양			
밑면의 변의 수(개)			
면의 수(개)			
꼭짓점의 수(개)			
모서리의 수(개)			

41 각뿔을 보고 규칙을 찾아 □ 안에 알맞은 수를 써넣으세요.

중요

(1) (꼭짓점의 수)=(밑면의 변의 수)+□

(2) (면의 수)=(밑면의 변의 수)+□

(3) (모서리의 수)=(밑면의 변의 수)×□

42 삼각자와 자를 이용하여 각뿔의 높이를 바르게 잰 것을 찾아 ○표 하세요.

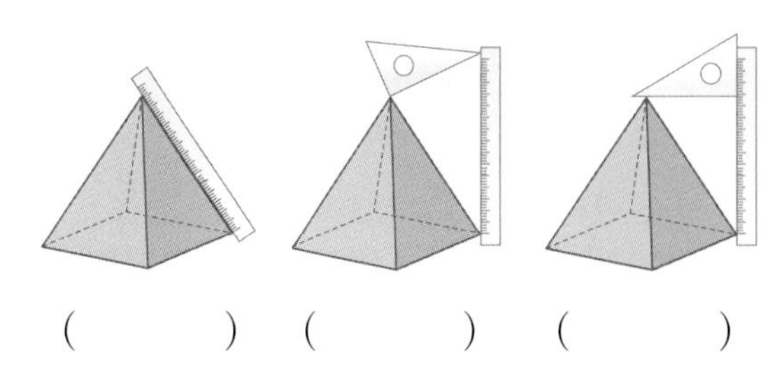

(　　　) (　　　) (　　　)

43 각뿔의 높이는 몇 cm인가요?

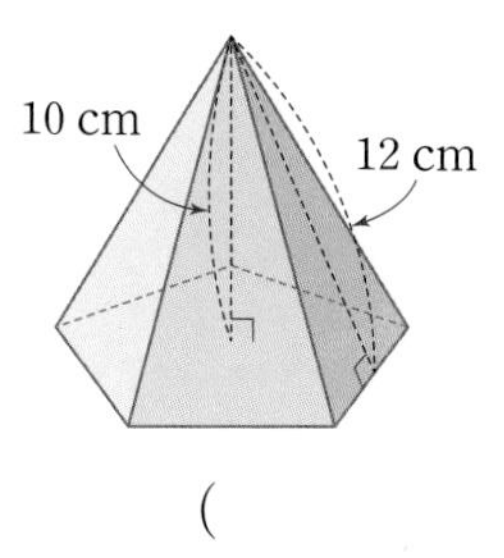

(　　　　　　)

44 각기둥과 각뿔의 높이의 합은 몇 cm인가요?

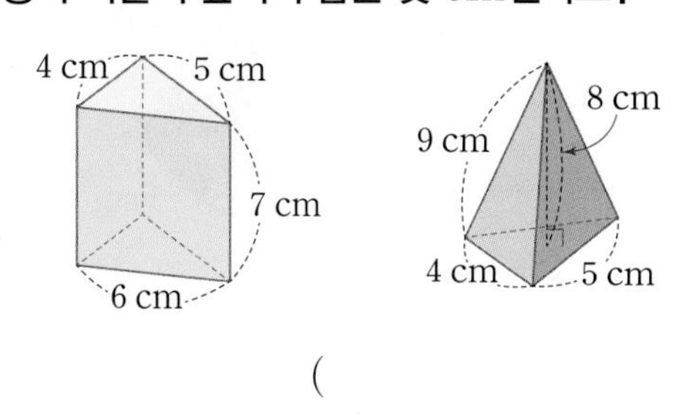

(　　　　　　)

45 두 도형에서 같은 것을 모두 고르세요. (　　　　　　)

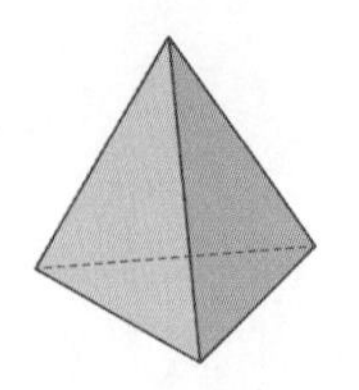

① 밑면의 수　② 밑면의 모양
③ 옆면의 모양　④ 꼭짓점의 수
⑤ 면의 수

46 두 도형의 모서리의 수의 차는 몇 개인지 구해 보세요.

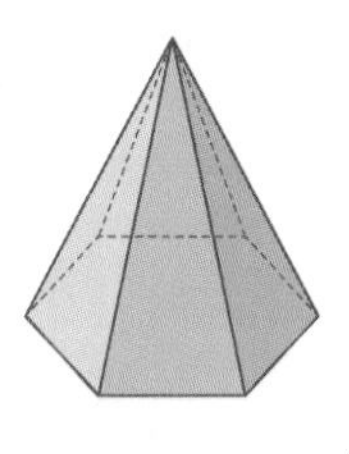
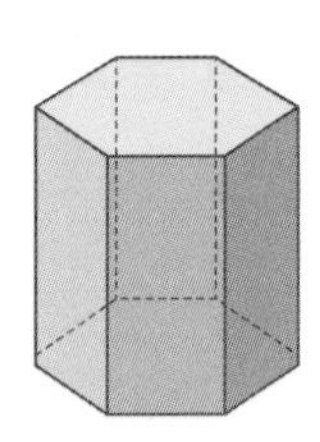

(　　　　　　)

47 어려운 문제
다음 각뿔의 밑면은 정사각형이고 옆면은 모두 이등변삼각형입니다. 이 각뿔의 모든 모서리의 길이의 합은 몇 cm인지 구해 보세요.

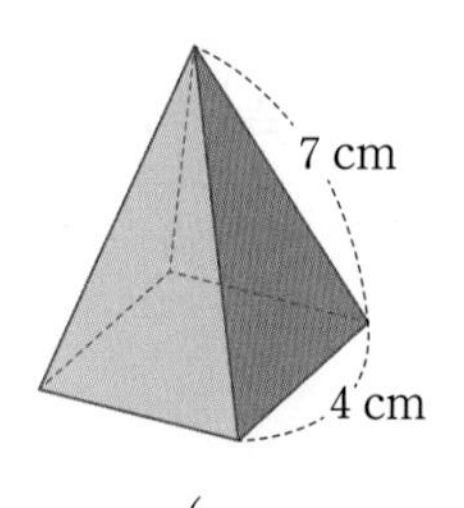

(　　　　　　)

교과서, 익힘책 속 응용 문제를 유형별로 풀어 보세요.

정답과 풀이 11쪽

각뿔의 구성 요소의 수 알아보기

각뿔의 이름을 알아본 후 밑면의 변의 수를 기준으로 각 구성 요소의 수를 알아봅니다.

- (꼭짓점의 수)=(밑면의 변의 수)+1
- (면의 수)=(밑면의 변의 수)+1
- (모서리의 수)=(밑면의 변의 수)×2

48 밑면의 모양이 다음과 같은 각뿔의 모서리는 몇 개인지 구해 보세요.

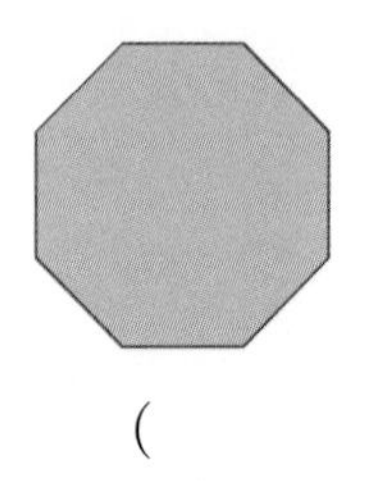

(　　　　　　)

49 밑면과 옆면의 모양이 다음과 같은 입체도형의 꼭짓점은 몇 개인지 구해 보세요.

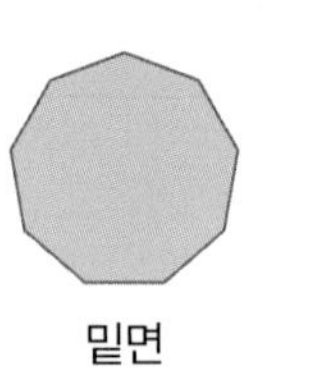
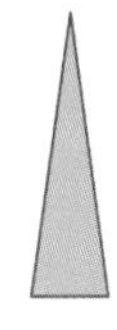

밑면　옆면

(　　　　　　)

50 밑면의 모양이 오른쪽과 같은 각뿔의 면의 수와 꼭짓점의 수의 합은 몇 개인지 구해 보세요.

(　　　　　　)

정답과 풀이 13쪽

대표 응용 각기둥과 각뿔의 이름 알아보기

1 다음에서 설명하는 입체도형의 이름을 써 보세요.

- 각기둥이거나 각뿔입니다.
- 꼭짓점의 수는 12개입니다.
- 모서리의 수는 18개입니다.

문제 스케치

밑면의 모양이 ★각형일 때

	★각기둥	★각뿔
면의 수	★+2	★+1
꼭짓점의 수	★×2	★+1
모서리의 수	★×3	★×2

해결하기

- 설명하는 입체도형이 각기둥인 경우

꼭짓점이 ☐개이므로 한 밑면의 변의 수는 ☐개입니다.

➡ 모서리의 수는 ☐×3=☐(개)입니다.

- 설명하는 입체도형이 각뿔인 경우

꼭짓점이 ☐개이므로 밑면의 변의 수는 ☐개입니다.

➡ 모서리의 수는 ☐×2=☐(개)입니다.

따라서 설명하는 입체도형은 (각기둥 , 각뿔)이고 밑면의 모양은 ☐이므로 입체도형의 이름은 ☐입니다.

1-1 다음에서 설명하는 입체도형의 이름을 써 보세요.

- 각기둥이거나 각뿔입니다.
- 꼭짓점의 수는 10개입니다.
- 모서리의 수는 18개입니다.

( )

1-2 면의 수와 모서리의 수의 합이 50개인 입체도형의 이름을 써 보세요. (단, 입체도형은 각기둥이거나 각뿔입니다.)

( )

대표 응용 각기둥의 전개도를 보고 밑면의 모양과 각기둥의 이름 알아보기

2 어떤 각기둥의 옆면만 그린 전개도의 일부분입니다. 이 각기둥의 밑면의 모양과 각기둥의 이름을 써 보세요.

문제 스케치

옆면

(옆면의 수)=(한 밑면의 변의 수)

해결하기

옆면의 수가 ☐ 개입니다.

한 밑면의 변의 수는 옆면의 수와 같으므로 ☐ 개입니다.

따라서 밑면의 모양은 ☐ 이므로

각기둥의 이름은 ☐ 입니다.

2-1 어떤 각기둥의 옆면만 그린 전개도의 일부분입니다. 이 각기둥의 밑면의 모양과 각기둥의 이름을 써 보세요.

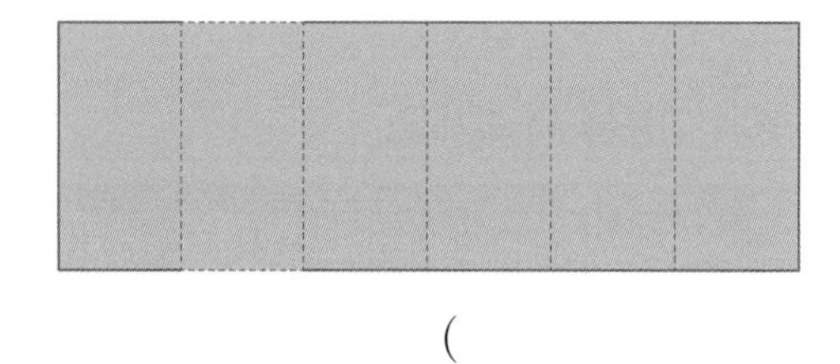

(,)

2-2 오른쪽은 어떤 각기둥의 옆면만 그린 전개도의 일부분입니다. 이 각기둥의 밑면의 모양과 각기둥의 이름을 써 보세요.

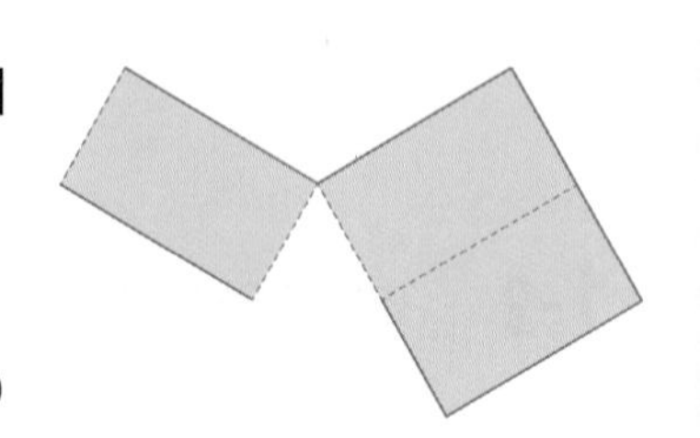

(,)

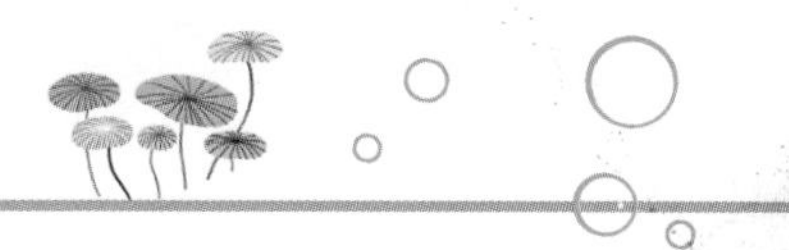

대표 응용 각기둥의 전개도를 보고 변의 길이 구하기

3 다음 조건 은 오른쪽 전개도를 접었을 때 만들어지는 각기둥을 설명한 것입니다. 조건 을 보고 밑면의 한 변의 길이는 몇 cm인지 구해 보세요.

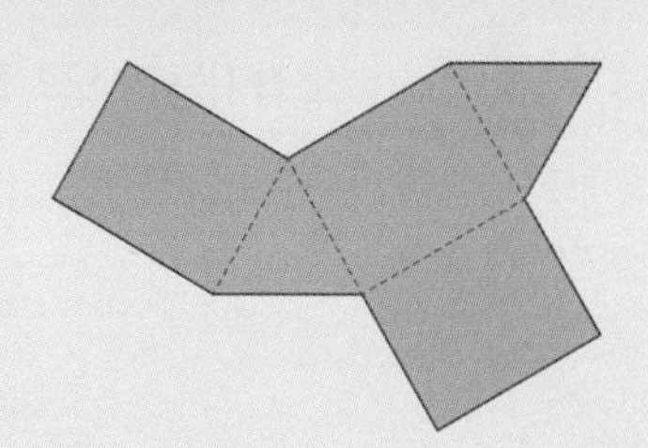

조건

- 각기둥의 옆면은 모두 합동입니다.
- 각기둥의 높이는 6 cm입니다.
- 각기둥의 모든 모서리의 길이의 합은 48 cm입니다.

문제 스케치

■ cm

6 cm

전개도를 접었을 때 만들어지는 각기둥을 그려 보아요.

해결하기

전개도를 접으면 □ 이/가 됩니다.

첫 번째 조건에서 밑면의 변의 길이는 모두 같습니다.

두 번째 조건에서 각기둥의 높이가 6 cm이므로 높이를 나타내는 모서리의 길이의 합은 6×□=□ (cm)입니다.

세 번째 조건에서 삼각기둥의 모든 모서리의 길이의 합이 48 cm이므로 두 밑면의 변의 길이의 합은 48−□=□ (cm)입니다.

따라서 한 밑면의 모든 변의 길이의 합은

□÷2=□ (cm)이고,

밑면의 한 변의 길이는 □÷3=□ (cm)입니다.

3-1 다음 조건 은 오른쪽 전개도를 접었을 때 만들어지는 각기둥을 설명한 것입니다. 조건 을 보고 밑면의 한 변의 길이는 몇 cm인지 구해 보세요.

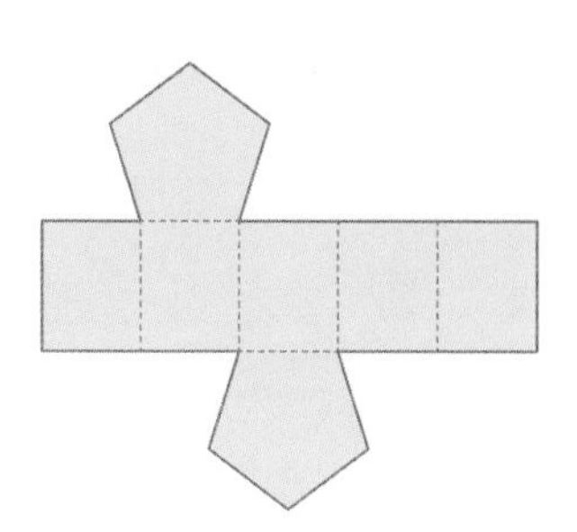

조건

- 각기둥의 옆면은 모두 합동입니다.
- 각기둥의 높이는 5 cm입니다.
- 각기둥의 모든 모서리의 길이의 합은 65 cm입니다.

( )

2 단원

응용력 높이기

대표 응용 각기둥과 각뿔의 같은 점과 다른 점 알아보기

4 오각기둥과 오각뿔에서 같은 것을 모두 찾아 기호를 써 보세요.

㉠ 옆면의 수	㉡ 모서리의 수
㉢ 밑면의 모양	㉣ 꼭짓점의 수

문제 스케치

오 각기둥 오 각뿔

(한 밑면의 변의 수)= 5 개

한 밑면의 변의 수로 구성 요소의 수를 알아보아요.

해결하기

표를 완성한 후 오각기둥과 오각뿔에서 같은 것을 찾아봅니다.

도형	㉠ 옆면의 수 (개)	㉡ 모서리의 수 (개)	㉢ 밑면의 모양	㉣ 꼭짓점의 수 (개)
오각기둥				
오각뿔				

따라서 오각기둥과 오각뿔에서 같은 것은 ☐, ☐ 입니다.

4-1 사각기둥과 사각뿔에서 같은 것을 찾아 기호를 써 보세요.

㉠ 밑면의 모양	㉡ 옆면의 모양
㉢ 모서리의 수	㉣ 꼭짓점의 수

( )

4-2 육각기둥과 육각뿔에서 다른 것을 모두 찾아 기호를 써 보세요.

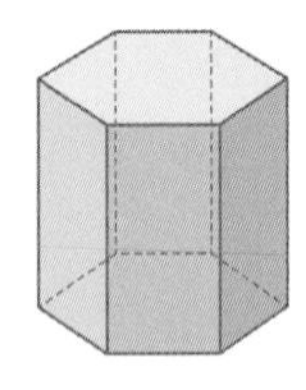

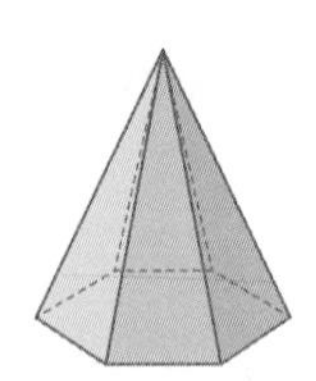

㉠ 밑면의 모양	㉡ 옆면의 수	㉢ 모서리의 수
㉣ 꼭짓점의 수	㉤ 밑면의 수	㉥ 옆면의 모양

( )

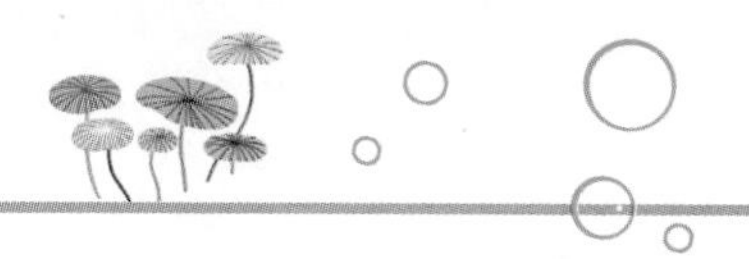

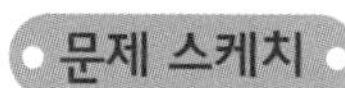

대표 응용 각뿔의 밑면의 변의 길이 구하기

5 다음 조건 은 옆면이 오른쪽 그림과 같은 각뿔을 설명한 것입니다. 조건 을 보고 밑면의 한 변의 길이가 몇 cm인지 구해 보세요.

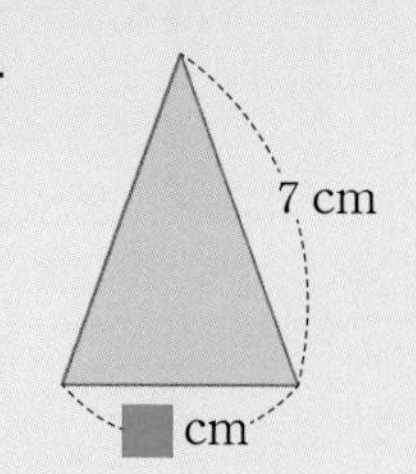

조건
- 옆면이 오른쪽과 같은 이등변삼각형 5개로 이루어져 있습니다.
- 모든 모서리의 길이의 합은 60 cm입니다.

문제 스케치

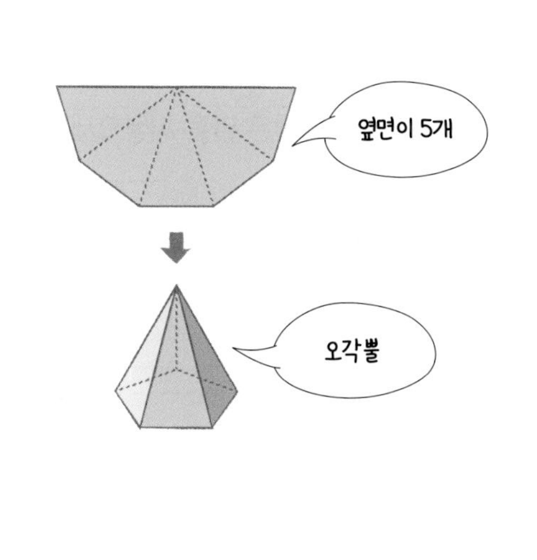

해결하기

옆면이 이등변삼각형 5개로 이루어진 각뿔이므로 각뿔의 이름은 □이고, 밑면의 변의 길이와 옆면의 모서리의 길이는 각각 같습니다.

각뿔에는 7 cm인 모서리가 □개, ■ cm인 모서리가 □개 있습니다.

각뿔의 모든 모서리의 길이의 합이 60 cm이므로

$7\times\square+■\times\square=60$, $\square+■\times\square=60$,

$■\times\square=60-\square=\square$ (cm)입니다.

$■=\square\div5=\square$

따라서 밑면의 한 변의 길이는 □ cm입니다.

5-1 다음 조건 은 옆면이 왼쪽 그림과 같은 각뿔을 설명한 것입니다. 조건 을 보고 밑면의 한 변의 길이가 몇 cm인지 구해 보세요.

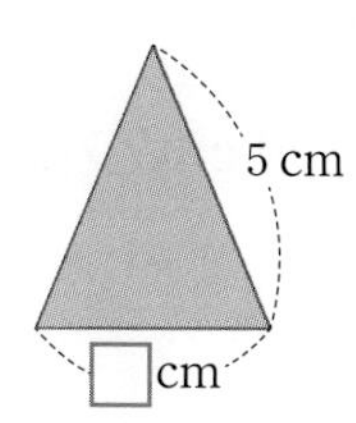

조건
- 옆면이 왼쪽과 같은 이등변삼각형 6개로 이루어져 있습니다.
- 모든 모서리의 길이의 합은 54 cm입니다.

(   )

[01~03] 도형을 보고 물음에 답하세요.

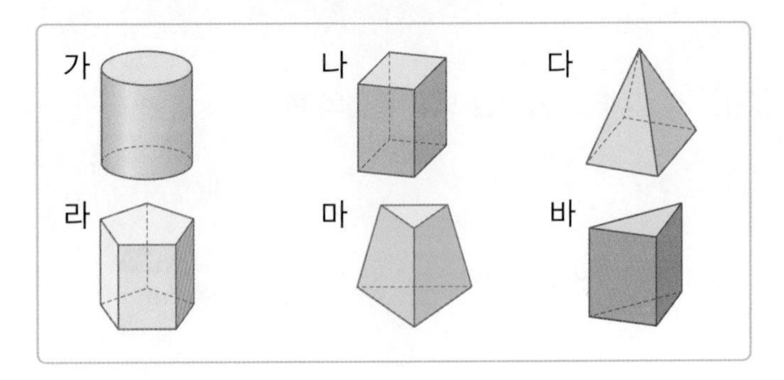

01 각기둥을 모두 찾아 기호를 써 보세요.

( )

02 도형 바의 밑면의 모양은 어떤 도형인가요?

( )

03 도형 나의 이름을 써 보세요.

( )

04 각기둥의 겨냥도를 완성하고 두 밑면을 찾아 색칠해 보세요.

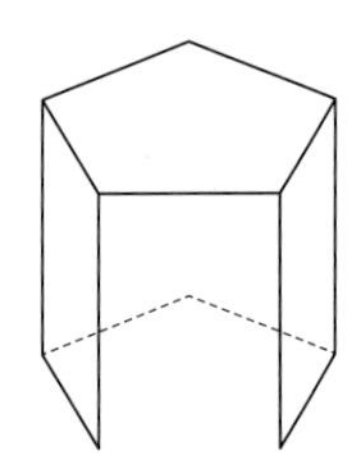

05 각기둥에서 옆면은 모두 몇 개인가요?

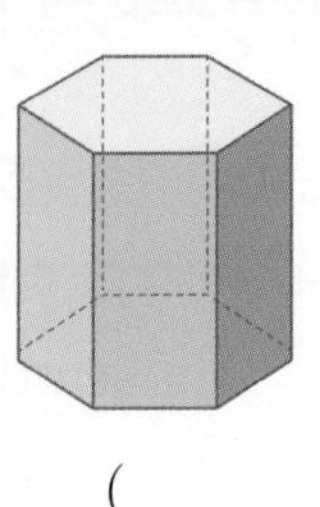

( )

06 각기둥을 보고 □ 안에 알맞은 말을 써넣으세요.

중요

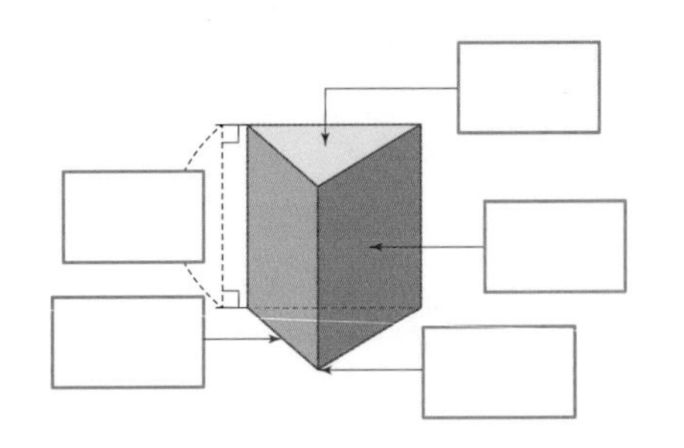

07 각기둥의 높이는 몇 cm인가요?

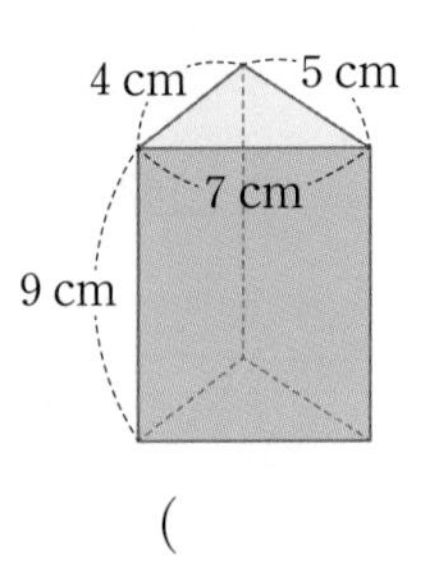

( )

08 오른쪽 각기둥을 보고 다음 식의 값은 얼마인지 구해 보세요.

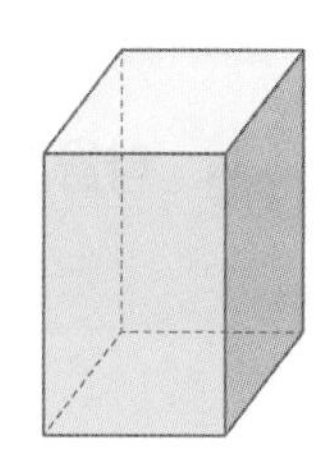

(면의 수)+(모서리의 수)+(꼭짓점의 수)

( )

09 전개도를 접으면 어떤 도형이 되나요?

중요

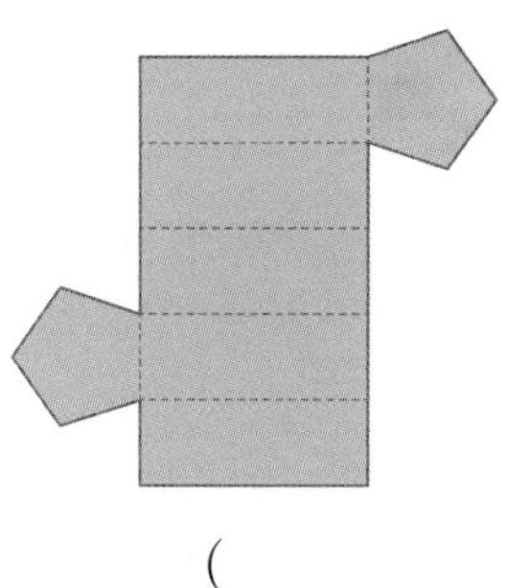

( )

10 오른쪽 사각기둥의 전개도를 그려 보세요.

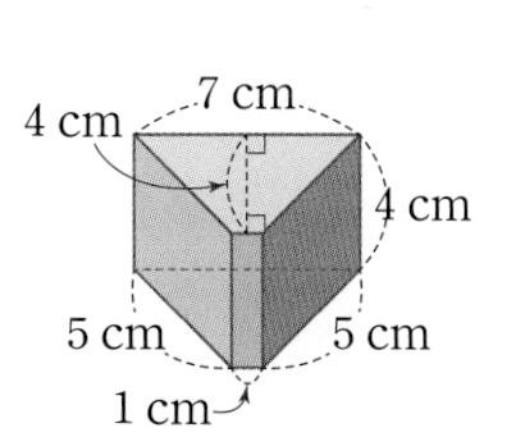

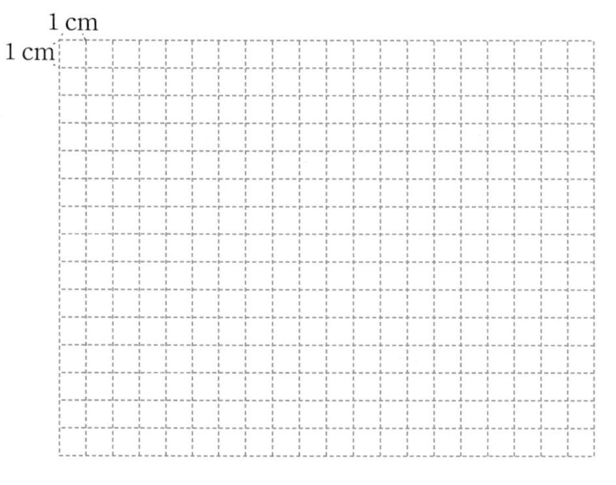

[11~13] 도형을 보고 물음에 답하세요.

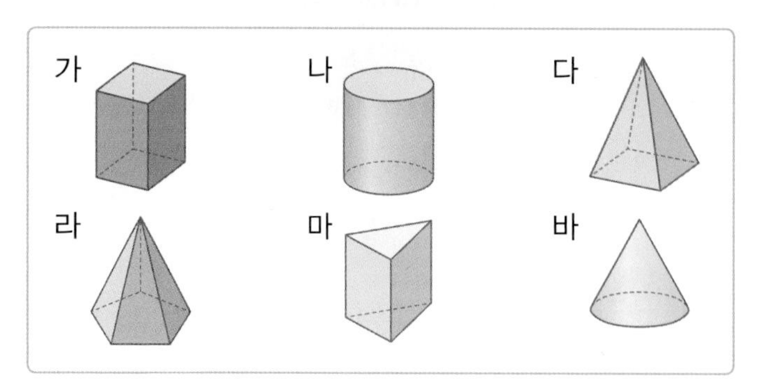

11 각뿔을 모두 찾아 기호를 써 보세요.

( )

12 도형 라의 밑면과 옆면의 모양을 써 보세요.

밑면 ( )

옆면 ( )

13 도형 다의 이름을 써 보세요.

( )

14 모서리와 모서리가 만나는 점은 몇 개인가요?

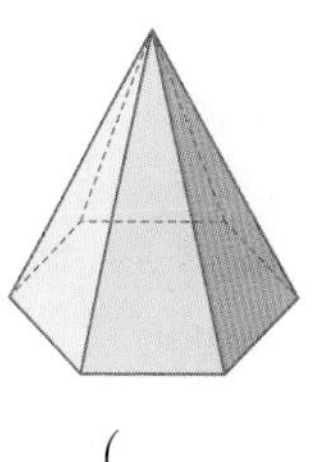

( )

2 단원

15 각뿔의 높이는 몇 cm인가요?

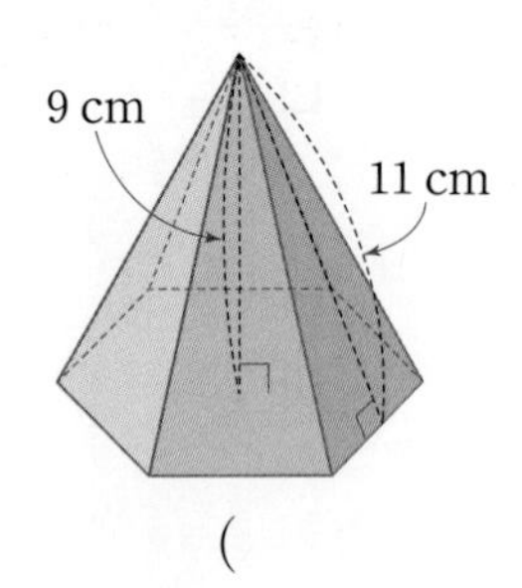

( )

16 각뿔에 대한 설명으로 옳지 않은 것은 어느 것인가요? ( )

① 밑면은 1개입니다.
② 옆면은 직사각형입니다.
③ 밑면의 변의 수와 옆면의 수가 같습니다.
④ 모서리의 수는 밑면의 변의 수의 2배입니다.
⑤ 꼭짓점은 여러 개이지만 각뿔의 꼭짓점은 1개입니다.

17 밑면의 모양이 다음과 같은 각뿔에서 꼭짓점은 모두 몇 개인지 구해 보세요.

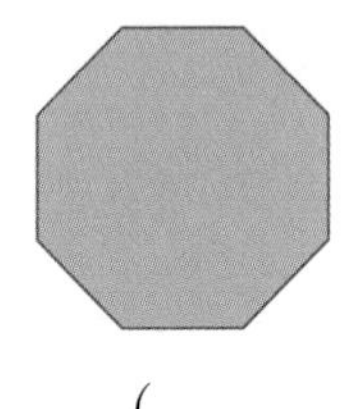

( )

18 밑면과 옆면의 모양이 다음과 같은 입체도형의 모서리의 수를 구해 보세요.

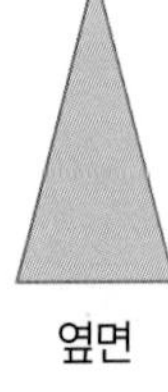

밑면 옆면

( )

서술형 문제

19 다음 입체도형이 각기둥이 아닌 이유를 써 보세요.

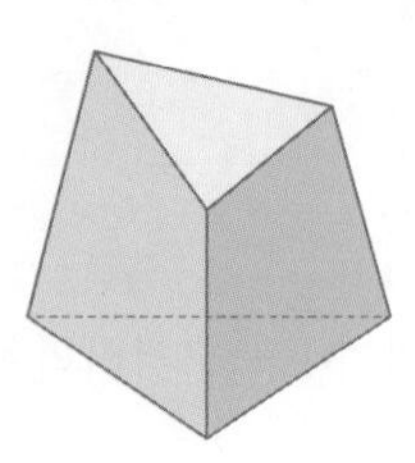

이유

20 모서리가 21개인 각기둥이 있습니다. 이 각기둥과 밑면의 모양이 같은 각뿔의 이름은 무엇인지 풀이 과정을 쓰고 답을 구해 보세요.

풀이

답

단원 평가 LEVEL ❷

정답과 풀이 15쪽

01 각기둥이 아닌 것을 모두 고르세요. (　　　　　)

① 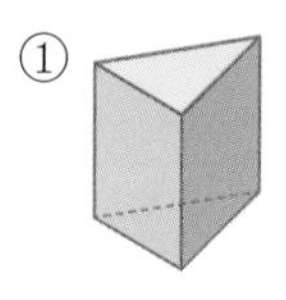
② 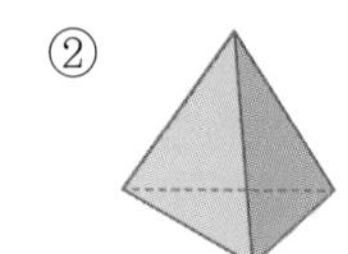
③ 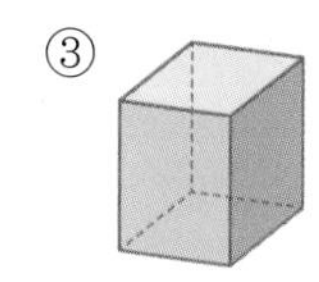
④ 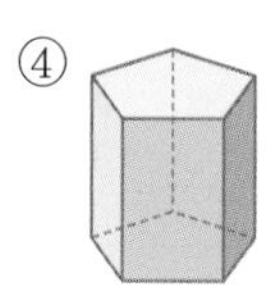
⑤ 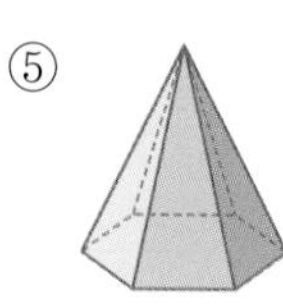

02 입체도형의 이름을 써 보세요.

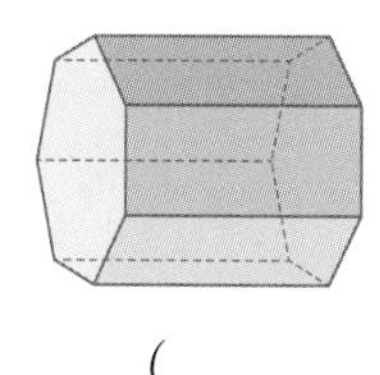

(　　　　　　　　　　　)

03 오른쪽 입체도형에 대해 바르게 설명한 사람의 이름을 써 보세요.

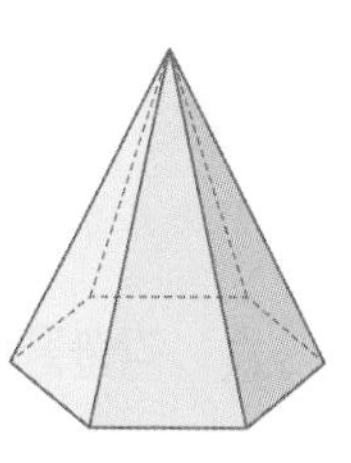

> 다은: 모든 면이 다각형이므로 각기둥이 맞아.
> 영준: 서로 평행한 두 면이 없기 때문에 각기둥이 아니야.

(　　　　　　　　　　　)

[04~05] 도형을 보고 물음에 답하세요.

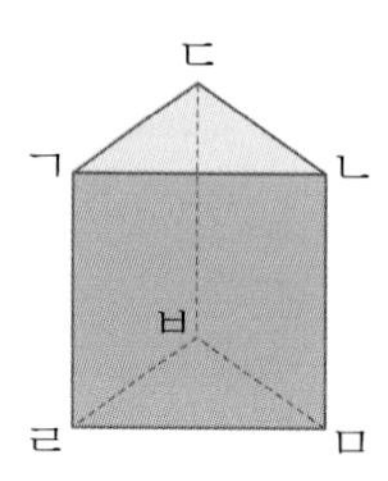

04 각기둥에서 밑면을 모두 찾아 써 보세요.

(　　　　　　　　　　　)

05 각기둥의 높이를 잴 수 있는 모서리를 모두 써 보세요.

(　　　　　　　　　　　)

06 각기둥에서 옆면은 모두 몇 개인지 써 보세요.

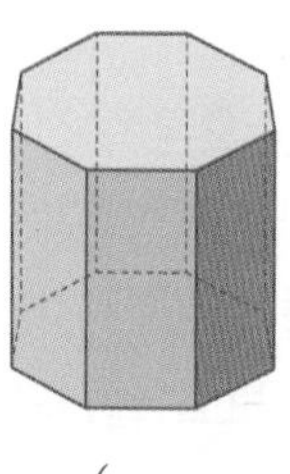

(　　　　　　　　　　　)

07 중요 어떤 각기둥의 모서리를 세어 보니 30개였습니다. 이 각기둥의 이름을 써 보세요.

(　　　　　　　　　　　)

08 각기둥의 전개도를 접었을 때 점 ㄱ, 점 ㅈ과 각각 만나는 점을 써 보세요.

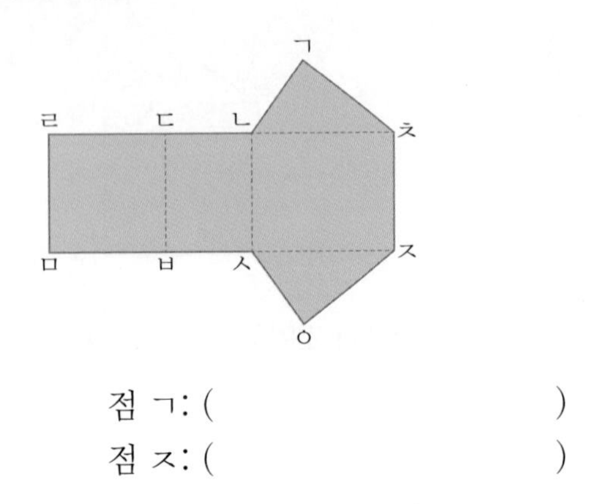

점 ㄱ: (　　　　　　　　)
점 ㅈ: (　　　　　　　　)

09 중요 전개도를 접었을 때 만들어지는 각기둥의 높이는 몇 cm인지 구해 보세요.

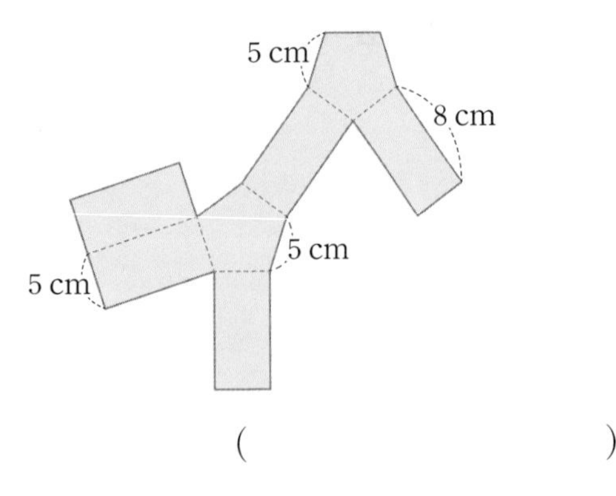

(　　　　　　　　)

10 어려운 문제 다음 조건 은 오른쪽 전개도를 접었을 때 만들어지는 각기둥에 대해 설명한 것입니다. 조건 을 보고 밑면의 한 변의 길이가 몇 cm인지 구해 보세요.

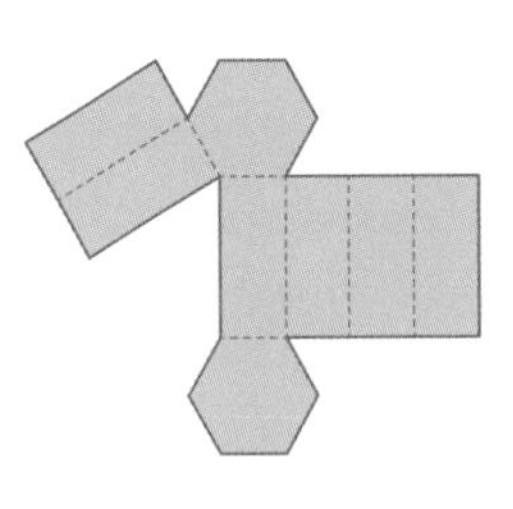

조건

- 각기둥의 옆면은 모두 합동입니다.
- 각기둥의 높이는 12 cm입니다.
- 각기둥의 모든 모서리의 길이의 합은 132 cm입니다.

(　　　　　　　　)

[11~12] 도형을 보고 물음에 답하세요.

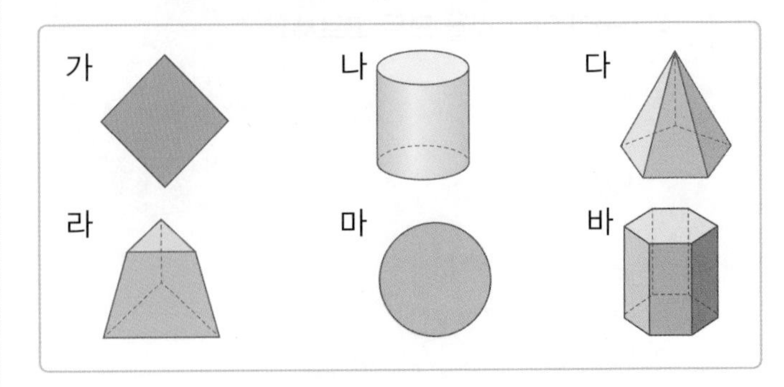

11 각뿔을 찾아 기호를 쓰고, 각뿔의 이름을 써 보세요.

(　　　　　　　　,　　　　　　　　)

12 11번에서 찾은 각뿔의 옆면은 모두 몇 개인가요?

(　　　　　　　　)

13 각뿔을 보고 □ 안에 알맞은 말을 써넣으세요.

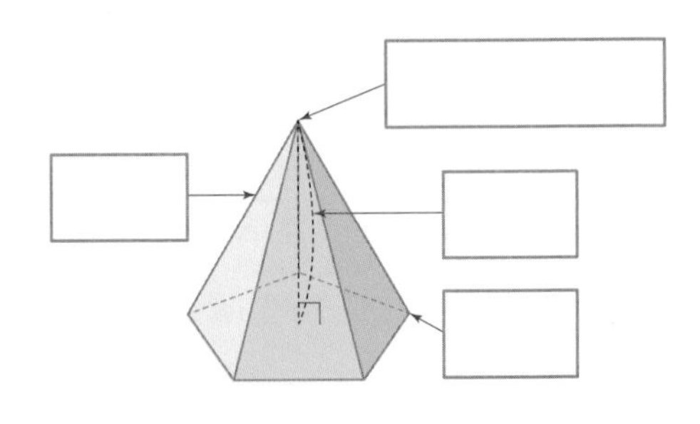

14 각뿔을 보고 빈칸에 알맞은 수나 말을 써넣으세요.

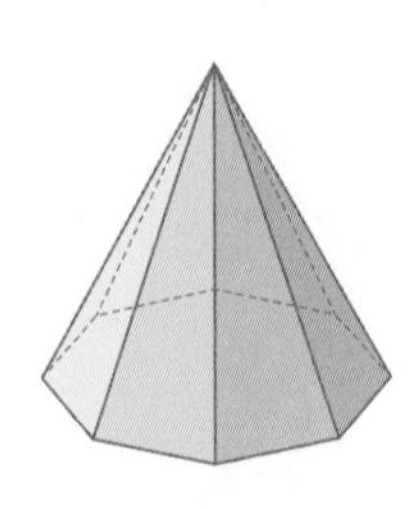

밑면의 모양	
도형의 이름	
꼭짓점의 수(개)	
면의 수(개)	
모서리의 수(개)	

15 옆면의 수가 육각기둥과 같은 각뿔의 이름을 써 보세요.

( )

16 면의 수가 12개인 각뿔의 모서리의 수를 구해 보세요.

( )

17 삼각기둥과 사각뿔의 꼭짓점의 수의 차는 몇 개인지 구해 보세요.

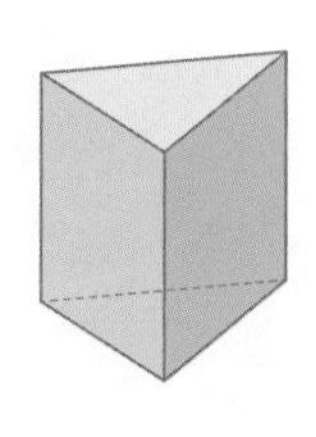

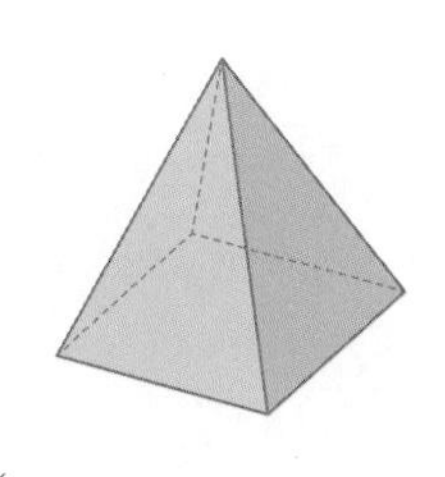

( )

18 어떤 각뿔의 면의 수는 팔각기둥의 면의 수와 같습니다. 이 각뿔의 이름을 써 보세요.

( )

서술형 문제

19 각기둥의 밑면과 옆면의 모양입니다. 이 각기둥의 모든 모서리의 길이의 합은 몇 cm인지 풀이 과정을 쓰고 답을 구해 보세요.

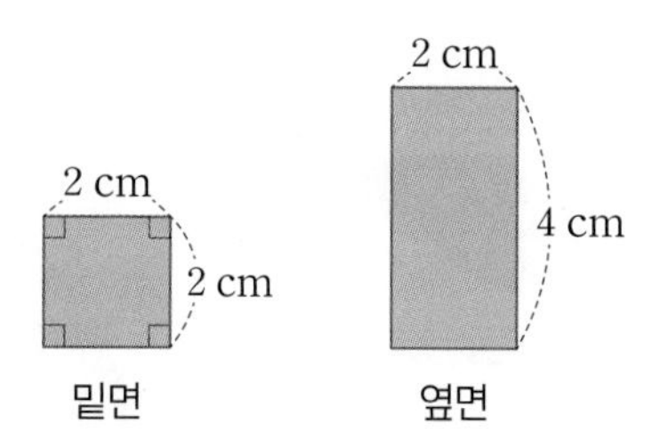

풀이

답

20 어떤 입체도형에 대한 설명인지 풀이 과정을 쓰고 답을 구해 보세요.

- 밑면이 다각형이고 1개입니다.
- 옆면은 모두 삼각형입니다.
- 꼭짓점은 8개입니다.

풀이

답

2 단원

준성이는 빵과 쿠키 만들기를 좋아합니다. 친구들이 준성이에게 초콜릿 쿠키를 만드는 방법을 알려달라고 했어요.

준성이는 친구들과 함께 초콜릿 쿠키를 만들기 위해 재료를 준비했어요.

준비한 재료는 밀가루 4.5 kg, 초코칩 1.5 kg입니다. 준성이와 4명의 친구들이 재료를 똑같이 나누어 쿠키를 만들려고 해요. 밀가루와 초코칩을 몇 kg씩 가지면 될까요?

이번 3단원에서는 소수의 나눗셈에 대해 배울 거예요.

3 소수의 나눗셈

단원 학습 목표

1. 자연수의 나눗셈을 이용하여 (소수)÷(자연수)를 계산할 수 있습니다.
2. 각 자리에서 나누어떨어지지 않는 (소수)÷(자연수)를 계산할 수 있습니다.
3. 몫이 1보다 작은 소수인 (소수)÷(자연수)를 계산할 수 있습니다.
4. 소수점 아래 0을 내려 계산해야 하는 (소수)÷(자연수)를 계산할 수 있습니다.
5. 몫의 소수 첫째 자리에 0이 있는 (소수)÷(자연수)를 계산할 수 있습니다.
6. (자연수)÷(자연수)의 몫을 소수로 나타낼 수 있습니다.
7. 몫을 어림하여 소수점 위치가 옳은지 확인할 수 있습니다.

단원 진도 체크

학습일		학습 내용	진도 체크
1일째	월 일	개념 1 (소수)÷(자연수)를 알아볼까요(1) 개념 2 (소수)÷(자연수)를 알아볼까요(2) 개념 3 (소수)÷(자연수)를 알아볼까요(3)	✓
2일째	월 일	교과서 넘어 보기 + 교과서 속 응용 문제	✓
3일째	월 일	개념 4 (소수)÷(자연수)를 알아볼까요(4) 개념 5 (소수)÷(자연수)를 알아볼까요(5) 개념 6 (자연수)÷(자연수)의 몫을 소수로 나타내어 볼까요 개념 7 몫의 소수점 위치를 확인해 볼까요	✓
4일째	월 일	교과서 넘어 보기 + 교과서 속 응용 문제	✓
5일째	월 일	응용 1 □ 안에 들어갈 수 있는 수 구하기 응용 2 ▲에 알맞은 수 구하기 응용 3 수 카드로 조건에 알맞은 나눗셈식 만들기	✓
6일째	월 일	응용 4 도형의 한 변의 길이 구하기 응용 5 도형의 길이 구하기	✓
7일째	월 일	단원 평가 LEVEL ❶	✓
8일째	월 일	단원 평가 LEVEL ❷	✓

이 단원을 진도 체크에 맞춰 8일 동안 학습해 보세요.
해당 부분을 공부하고 나서 ✓표를 하세요.

개념 1 (소수)÷(자연수)를 알아볼까요(1)

(1) 자연수의 나눗셈을 이용하여 소수의 나눗셈 계산하기

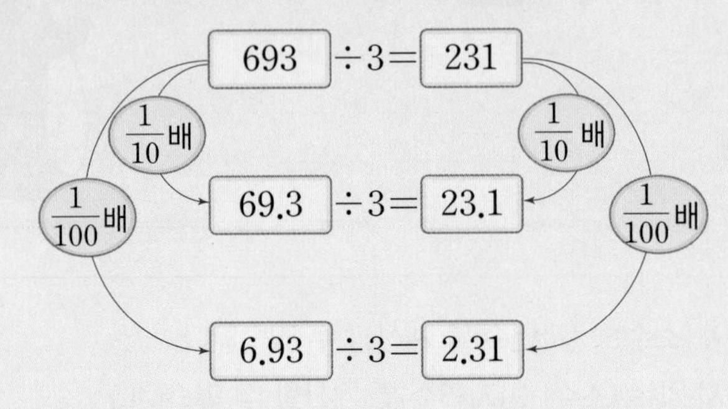

• 69.3은 693의 $\frac{1}{10}$배입니다.

69.3÷3의 몫은 693÷3의 몫 231의 $\frac{1}{10}$배인 23.1이 됩니다.

• 6.93은 693의 $\frac{1}{100}$배입니다.

6.93÷3의 몫은 693÷3의 몫 231의 $\frac{1}{100}$배인 2.31이 됩니다.

▶ 자연수의 나눗셈을 이용한 소수의 나눗셈

• 나누는 수가 같고 나누어지는 수가 자연수의 $\frac{1}{10}$배가 되면 몫도 $\frac{1}{10}$배가 되므로 소수점이 왼쪽으로 한 칸 이동합니다.

• 나누는 수가 같고 나누어지는 수가 자연수의 $\frac{1}{100}$배가 되면 몫도 $\frac{1}{100}$배가 되므로 소수점이 왼쪽으로 두 칸 이동합니다.

01 □ 안에 알맞은 수를 써넣으세요.

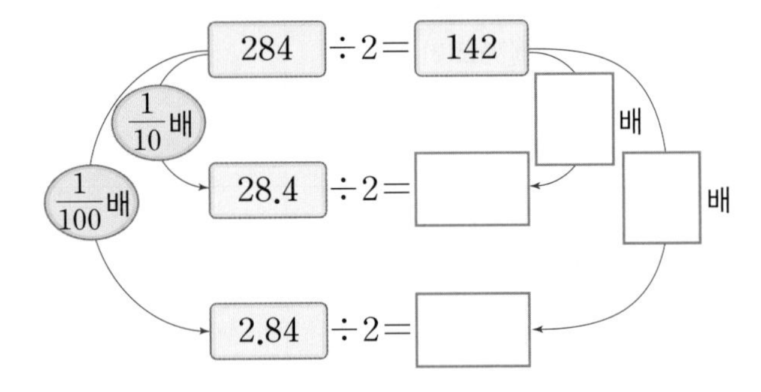

02 **448÷4=112를 이용하여 4.48÷4를 계산하려고 합니다. □ 안에 알맞은 수를 써넣으세요.**

(1) 4.48은 448의 $\frac{1}{\square}$배입니다.

(2) 4.48÷4의 몫은 448÷4의 몫 112의

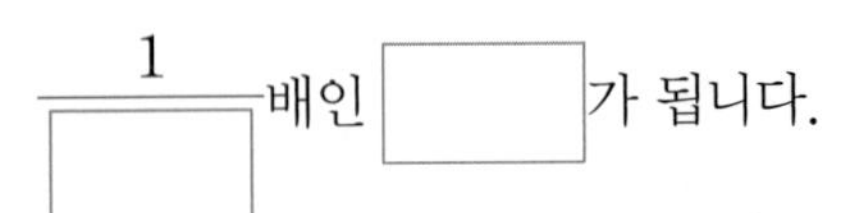

03 □ 안에 알맞은 수를 써넣으세요.

(1)

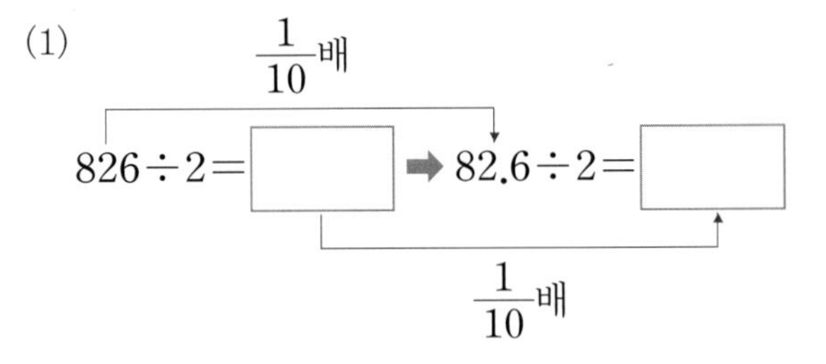

(2)

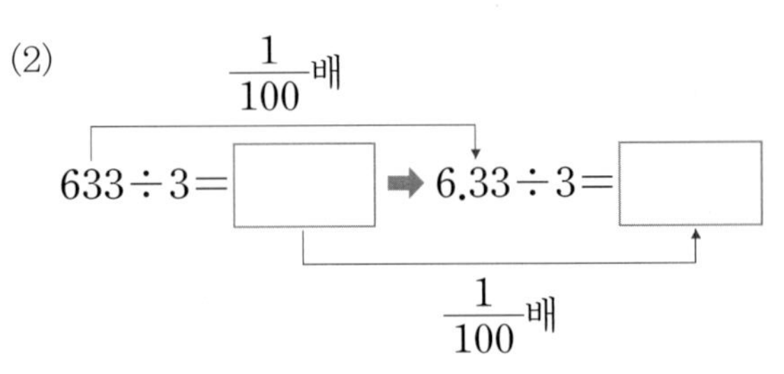

(3) 999÷3=□ ➡ 99.9÷3=□

(4) 888÷8=□ ➡ 8.88÷8=□

개념 2 (소수)÷(자연수)를 알아볼까요(2) → 각 자리에서 나누어떨어지지 않는 (소수)÷(자연수)

예 32.96÷4의 계산

방법 1 분수의 나눗셈으로 바꾸어 계산하기

$$32.96 \div 4 = \frac{3296}{100} \div 4 = \frac{3296 \div 4}{100} = \frac{824}{100} = 8.24$$

($\frac{824}{100}$ → $824 \times \frac{1}{100}$)

방법 2 자연수의 나눗셈을 이용하여 계산하기

$3296 \div 4 = 824$ ➡ $32.96 \div 4 = 8.24$

(3296 → 32.96: $\frac{1}{100}$배, 824 → 8.24: $\frac{1}{100}$배)

방법 3 세로로 계산하기

```
      8 2 4            8.2 4
 4) 3 2 9 6       4) 3 2.9 6
    3 2              3 2
        9                9
        8                8
        1 6              1 6
        1 6              1 6
          0                0
```

자연수의 나눗셈과 같은 방법으로 계산하고, 나누어지는 수의 소수점 위치에 맞춰 결괏값에 소수점을 올려 찍습니다.

▶ 방법 1에서 소수를 분수로 바꾸었을 때 분수의 분자가 자연수의 배수일 때에는 분자를 자연수로 나누어 계산합니다.

04 □ 안에 알맞은 수를 써넣으세요.

(1) $7.6 \div 2 = \frac{\square}{10} \div 2 = \frac{\square \div 2}{10}$

$= \frac{\square}{10} = \square$

(2) $5.01 \div 3 = \frac{\square}{100} \div 3 = \frac{\square \div 3}{100}$

$= \frac{\square}{100} = \square$

05 46.35÷5를 계산한 식입니다. 알맞은 위치에 소수점을 찍어 보세요.

```
      9 □ 2 □ 7
 5) 4 6 . 3 5
    4 5
      1 3
      1 0
        3 5
        3 5
          0
```

3 단원

개념 3 (소수)÷(자연수)를 알아볼까요(3) → 몫이 1보다 작은 (소수)÷(자연수)

예 **5.32÷7의 계산**

방법 1 분수의 나눗셈으로 바꾸어 계산하기

$$5.32 \div 7 = \frac{532}{100} \div 7 = \frac{532 \div 7}{100} = \frac{76}{100} = 0.76$$

($\frac{76}{100}$ → $76 \times \frac{1}{100}$)

방법 2 자연수의 나눗셈을 이용하여 계산하기

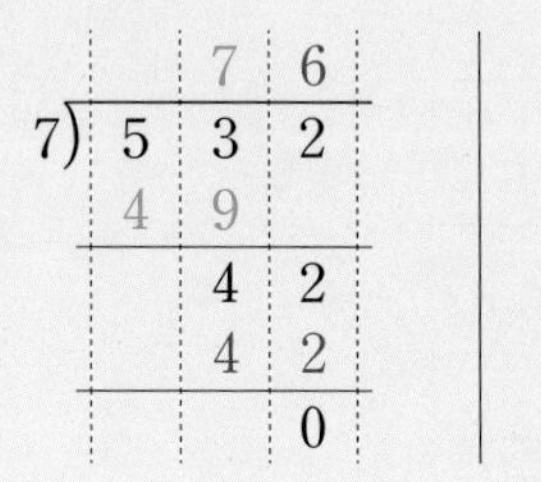

방법 3 세로로 계산하기

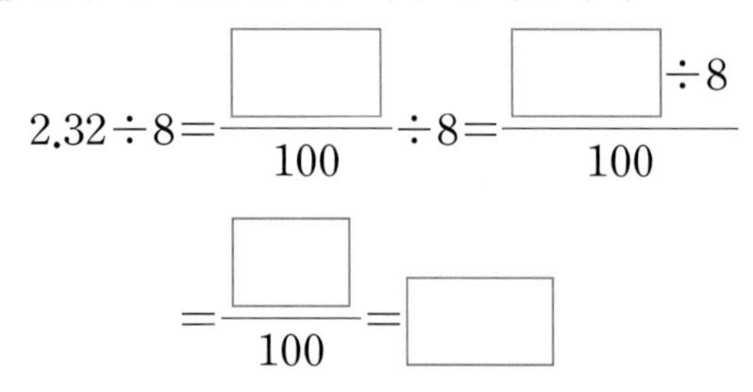

자연수의 나눗셈과 같은 방법으로 계산한 다음 소수점을 올려 찍고 일의 자리에 0을 씁니다.

▸ **532÷7을 이용한 5.32÷7의 계산**
5.32는 532의 $\frac{1}{100}$배이므로 5.32÷7의 몫도 532÷7의 몫의 $\frac{1}{100}$배가 됩니다.

▸ (소수)÷(자연수)에서 (소수)<(자연수)이면 몫이 1보다 작습니다.
몫이 1보다 작으면 몫의 일의 자리에 0을 씁니다.

06 **2.32÷8을 두 가지 방법으로 계산하려고 합니다. □ 안에 알맞은 수를 써넣으세요.**

방법 1 분수의 나눗셈으로 바꾸어 계산하기

$$2.32 \div 8 = \frac{\square}{100} \div 8 = \frac{\square \div 8}{100}$$

$$= \frac{\square}{100} = \square$$

방법 2 자연수의 나눗셈을 이용하여 계산하기

232÷8=□ ➡ 2.32÷8=□

07 **□ 안에 알맞은 수를 써넣으세요.**

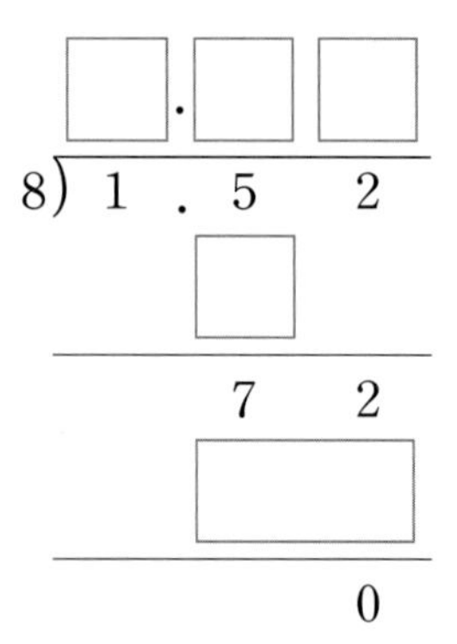

01 끈 66.9 cm를 3명이 똑같이 나누어 가지려고 합니다. □ 안에 알맞은 수를 써넣으세요.

1 cm=10 mm이므로
66.9 cm=669 mm입니다.
669÷3=□,
한 명이 가질 수 있는 끈은
□ mm이므로 □ cm입니다.

02 철사 2.86 m를 2명이 똑같이 나누어 가지려고 합니다. □ 안에 알맞은 수를 써넣으세요.

1 m=100 cm이므로
2.86 m=□ cm입니다.
286÷2=□,
한 명이 가질 수 있는 철사는
□ cm이므로 □ m입니다.

03 □ 안에 알맞은 수를 써넣으세요.

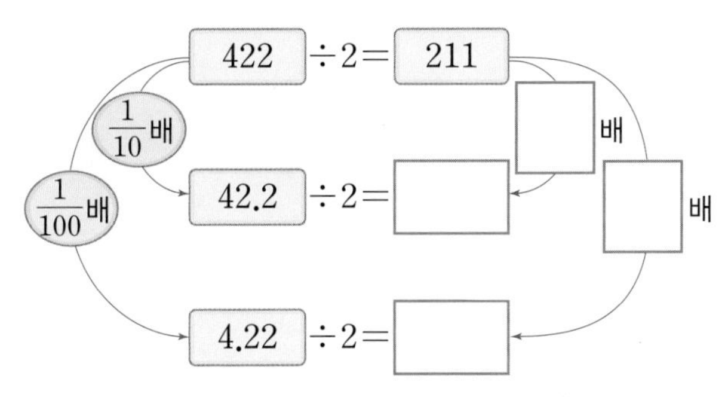

04 자연수의 나눗셈을 이용하여 소수의 나눗셈을 하려고 합니다. 알맞은 위치에 소수점을 찍어 보세요.

366÷3=122
36.6÷3=1□2□2
3.66÷3=1□2□2

[05~06] 자연수의 나눗셈을 이용하여 소수의 나눗셈을 계산해 보세요.

05

848÷4=212
84.8÷4=□
8.48÷4=□

06

936÷3=312
93.6÷3=□
9.36÷3=□

3 단원

07

중요

$903 \div 3 = 301$임을 이용하여 □ 안에 알맞은 수를 써넣으세요.

$\square \div 3 = 3.01$

08

㉠의 몫은 ㉡의 몫의 몇 배인가요?

㉠ $50.5 \div 5$ ㉡ $505 \div 5$

( )

09

경원이는 상자 4개를 묶으려고 리본 484 cm를 4등분했습니다. 소영이도 경원이와 같은 방법으로 리본 4.84 m를 사용하여 상자 4개를 묶으려고 합니다. 소영이가 상자 한 개를 묶기 위해 필요한 리본은 몇 m인지 구해 보세요.

경원: 121 cm, 484 cm

소영: □ m, 4.84 m

( )

10

소수의 나눗셈을 한 것입니다. 알맞게 소수점을 찍어 보세요.

```
      1□1□3
   ┌────────
  5) 5 . 6 5
     5
   ────────
       6
       5
   ────────
       1 5
       1 5
   ────────
         0
```

[11~12] 보기 와 같은 방법으로 계산해 보세요.

보기

$$12.64 \div 4 = \frac{1264}{100} \div 4 = \frac{1264 \div 4}{100}$$
$$= \frac{316}{100} = 3.16$$

11

$27.33 \div 3$

12

$15.65 \div 5$

[13~14] 계산해 보세요.

13

$$7\overline{)40.88}$$

14

$$6\overline{)8.82}$$

15 계산 결과를 비교하여 ○ 안에 >, =, <를 알맞게 써넣으세요.

(1) 21.36÷3 ○ 42.66÷6

(2) 60.06÷7 ○ 43.65÷5

16 색 테이프 31.38 cm를 6등분했습니다. 색 테이프 한 도막의 길이는 몇 cm인가요?

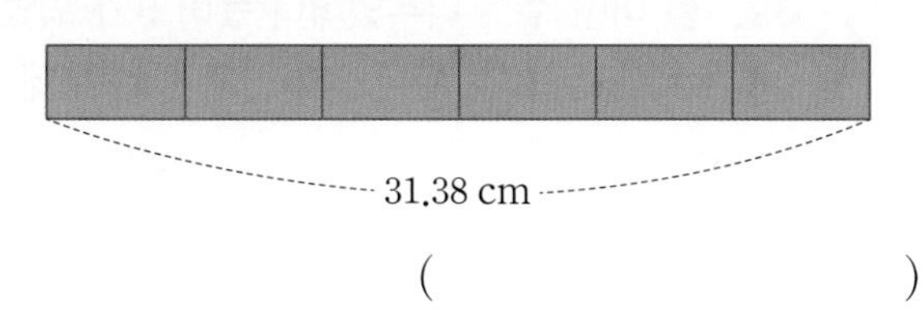

( )

17 어려운 문제

수진이는 밑변의 길이가 5 cm이고 높이가 4.8 cm인 삼각형을 그렸고, 지민이는 밑변의 길이가 4 cm이고 높이가 7.74 cm인 삼각형을 그렸습니다. 지민이가 그린 삼각형의 넓이는 수진이가 그린 삼각형의 넓이의 몇 배인지 구해 보세요.

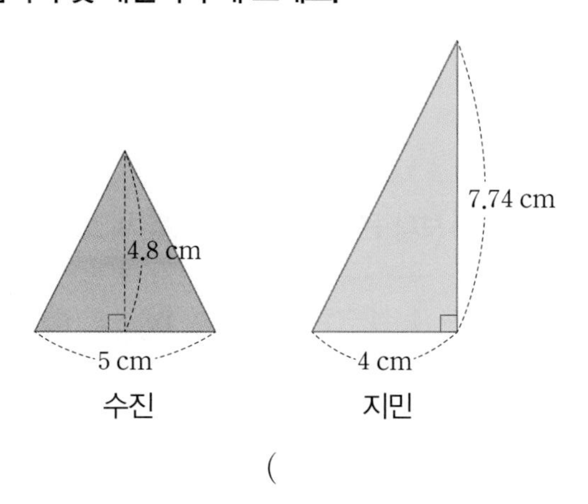

( )

18 중요

계산이 잘못된 곳을 찾아 바르게 계산해 보세요.

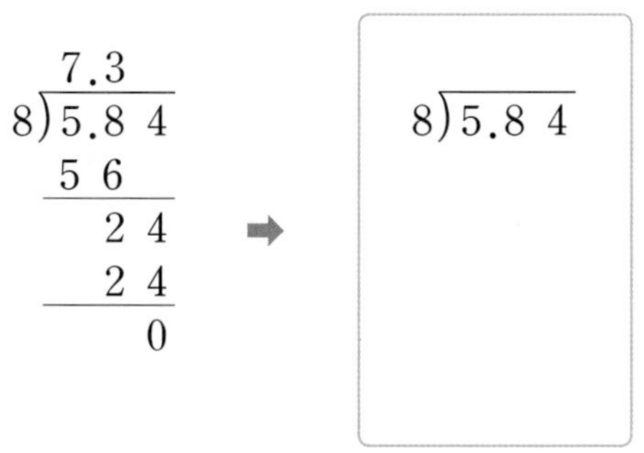

19 두 나눗셈의 몫의 차를 구해 보세요.

1.68÷7	1.38÷6

( )

3 단원

20 빈칸에 알맞은 수를 써넣으세요.

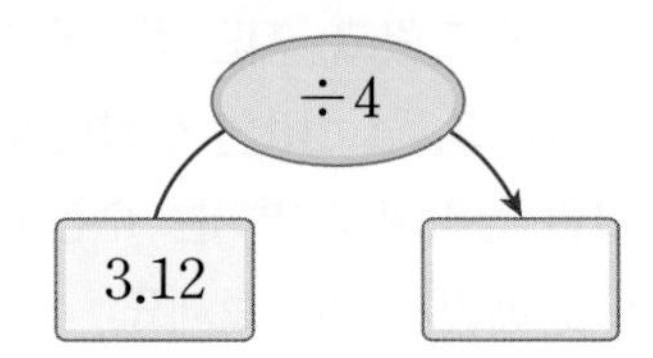

21 몫이 1보다 큰 것을 찾아 기호를 써 보세요.

㉠ 4.34÷7	㉡ 5.58÷6
㉢ 7.65÷9	㉣ 30.42÷26

(　　　　　　)

22 소금물 4.72 L를 비커 8개에 똑같이 나누어 담았습니다. 비커 한 개에 담긴 소금물은 몇 L인지 구해 보세요.

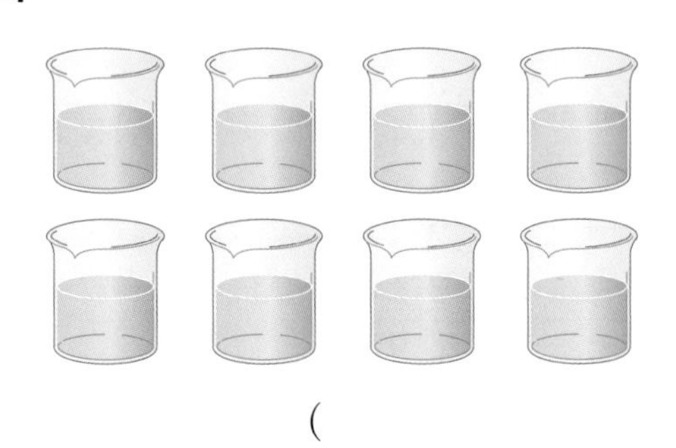

(　　　　　　)

23 12분에 3.36 cm가 타는 양초가 있습니다. 양초가 일정한 빠르기로 탄다면 1분 동안 타는 양초의 길이는 몇 cm인지 구해 보세요.

식 ______________________

답 ______________

교과서, 익힘책 속 응용 문제를 유형별로 풀어 보세요.

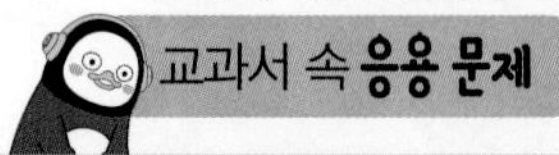

정답과 풀이 16쪽

어떤 수 구하기

예 5에 어떤 수를 곱했더니 21.35가 되었습니다. 어떤 수는 얼마인지 구해 보세요.

어떤 수를 □라고 하면 5×□=21.35,
□=21.35÷5=4.27입니다.
따라서 어떤 수는 4.27입니다.

24 6에 어떤 수를 곱했더니 28.08이 되었습니다. 어떤 수는 얼마인지 구해 보세요.

(　　　　　　)

25 3.72를 어떤 수로 나누었더니 몫이 4가 되었습니다. 어떤 수는 얼마인지 구해 보세요.

(　　　　　　)

26 57.5를 어떤 수로 나누었더니 몫이 5가 되었습니다. 어떤 수를 5로 나눈 몫은 얼마인지 구해 보세요.

(　　　　　　)

정답과 풀이 17쪽

개념 4 (소수)÷(자연수)를 알아볼까요(4) → 소수점 아래 0을 내려 계산해야 하는 (소수)÷(자연수)

예 **8.2÷5의 계산**

방법 1 분수의 나눗셈으로 바꾸어 계산하기

$$8.2\div5=\frac{82}{10}\div5=\frac{820}{100}\div5=\frac{820\div5}{100}=\frac{164}{100}=1.64$$

($\frac{164}{100}$ → $164\times\frac{1}{100}$)

방법 2 자연수의 나눗셈을 이용하여 계산하기

$820\div5=164$ ➡ $8.2\div5=1.64$ (820 → 8.2: $\frac{1}{100}$배, 164 → 1.64: $\frac{1}{100}$배)

방법 3 세로로 계산하기

```
    1 6 4          1.6 4
5)8 2 0        5)8.2 0
  5              5
  3 2            3 2
  3 0            3 0
    2 0            2 0
    2 0            2 0
      0              0
```

세로로 계산하고 소수점을 올립니다. 이때 주어진 소수점 아래에서 나누어떨어지지 않을 때는 0을 하나 더 내려 계산합니다.

▶ **8.2÷5의 계산**

$\frac{82}{10}\div5=\frac{82\div5}{10}$에서 $82\div5$가 나누어떨어지지 않으므로 $\frac{82}{10}\div5=\frac{820}{100}\div5=\frac{820\div5}{100}$로 계산합니다.

01 **27.3÷6을 여러 가지 방법으로 계산하려고 합니다. □ 안에 알맞은 수를 써넣으세요.**

방법 1 분수의 나눗셈으로 바꾸어 계산하기

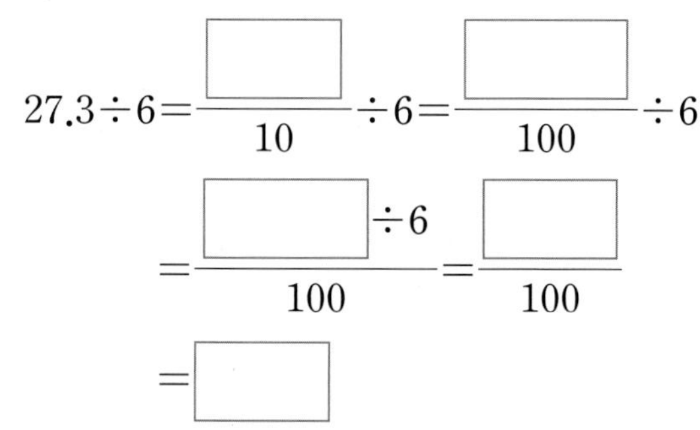

$27.3\div6=\frac{\square}{10}\div6=\frac{\square}{100}\div6$

$=\frac{\square\div6}{100}=\frac{\square}{100}$

$=\square$

방법 2 자연수의 나눗셈을 이용하여 계산하기

$2730\div6=\square$ ➡ $27.3\div6=\square$

방법 3 세로로 계산하기

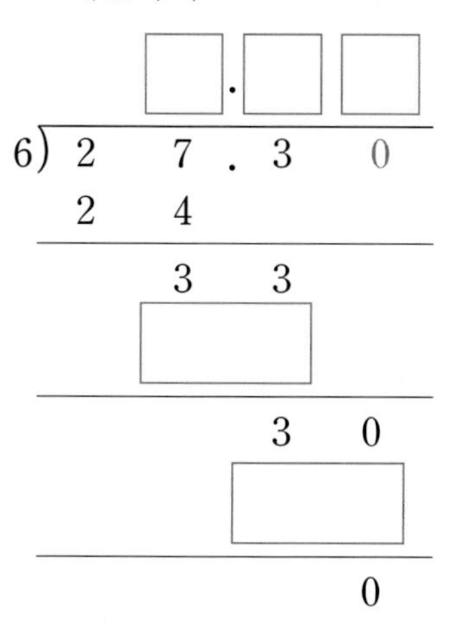

```
     □.□ □
6)2 7 . 3 0
  2 4
    3 3
    □
      3 0
      □
        0
```

개념 5 (소수)÷(자연수)를 알아볼까요(5)→ 몫의 소수 첫째 자리에 0이 있는 (소수)÷(자연수)

예 **30.4÷5의 계산**

방법 1 분수의 나눗셈으로 바꾸어 계산하기

$$30.4\div5=\frac{304}{10}\div5=\frac{3040}{100}\div5=\frac{3040\div5}{100}=\frac{608}{100}=6.08$$

$\frac{608}{100}$ → $608\times\frac{1}{100}$

방법 2 자연수의 나눗셈을 이용하여 계산하기

$3040\div5=608$ ➡ $30.4\div5=6.08$

($3040 \to 30.4$: $\frac{1}{100}$배, $608 \to 6.08$: $\frac{1}{100}$배)

방법 3 세로로 계산하기

```
      6 0 8          6.0 8
  5)3 0 4 0      5)3 0.4 0
    3 0              3 0
    -------          -------
        4 0              4 0
        4 0              4 0
        -----            -----
          0                0
```

세로로 계산하는 과정에서 수를 하나 내려도 나누어야 할 수가 나누는 수보다 작은 경우에는 몫에 0을 쓰고 수를 하나 더 내려 계산합니다.

▶ 방법 2에서 3040÷5의 몫은 608입니다. 30.4는 3040의 $\frac{1}{100}$배이므로 30.4÷5의 몫은 608의 $\frac{1}{100}$배인 6.08이 됩니다.

02 **8.2÷4를 여러 가지 방법으로 계산하려고 합니다. □ 안에 알맞은 수를 써넣으세요.**

방법 1 분수의 나눗셈으로 바꾸어 계산하기

$$8.2\div4=\frac{82}{10}\div4=\frac{\square}{100}\div4$$

$$=\frac{\square\div4}{100}=\frac{\square}{100}$$

$$=\square$$

방법 2 자연수의 나눗셈을 이용하여 계산하기

$820\div4=\square$ ➡ $8.2\div4=\square$

방법 3 세로로 계산하기

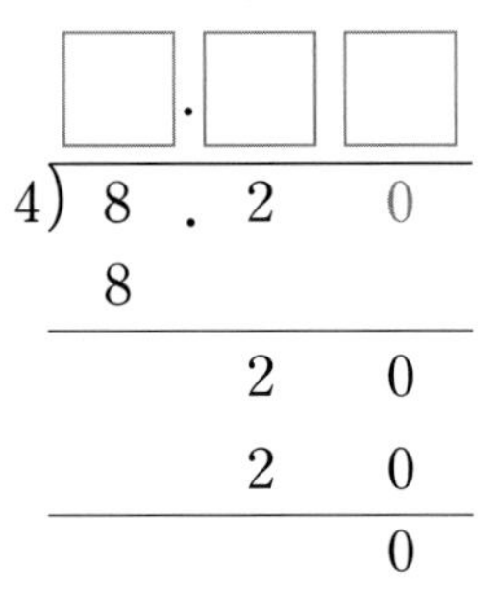

개념 6 (자연수)÷(자연수)의 몫을 소수로 나타내어 볼까요

예 $8\div5$의 계산

방법 1 분수의 나눗셈으로 바꾸어 계산하기

$$8\div5=\frac{8}{5} \Rightarrow \frac{8}{5}=\frac{8\times2}{5\times2}=\frac{16}{10}=1.6$$

($\frac{16}{10} \rightarrow 16\times\frac{1}{10}$)

방법 2 자연수의 나눗셈을 이용하여 계산하기

$$80\div5=16 \Rightarrow 8\div5=1.6$$

($80 \rightarrow 8$: $\frac{1}{10}$배, $16 \rightarrow 1.6$: $\frac{1}{10}$배)

방법 3 세로로 계산하기

```
      1 6            1.6
   ┌────          ┌────
 5 ) 8 0        5 ) 8.0
     5              5
    ───            ───
     3 0            3 0
     3 0            3 0
    ───            ───
       0              0
```

세로로 계산하고 더 이상 계산할 수 없을 때까지 내림을 하고, 내릴 수가 없는 경우 0을 내려 계산합니다.

▶ $■\div●=\frac{■}{●}$

▶ 분수의 나눗셈으로 계산하기

$$8\div5=\frac{80}{10}\div5=\frac{80\div5}{10}=\frac{16}{10}=1.6$$

▶ 몫의 소수점은 자연수 바로 뒤에 올려서 찍습니다.

▶ 소수점 아래에서 내릴 수가 없는 경우 0을 내려 계산합니다.

3 단원

03 보기 와 같은 방법으로 계산하려고 합니다. □ 안에 알맞은 수를 써넣으세요.

보기

$$5\div4=\frac{5}{4} \Rightarrow \frac{5}{4}=\frac{125}{100}=1.25$$

(1) $7\div5=\frac{7}{5} \Rightarrow \frac{7}{5}=\frac{□}{10}=□$

(2) $3\div4=\frac{3}{4} \Rightarrow \frac{3}{4}=\frac{□}{100}=□$

(3) $14\div5=\frac{14}{5} \Rightarrow \frac{14}{5}=\frac{□}{10}=□$

04 □ 안에 알맞은 수를 써넣으세요.

(1)

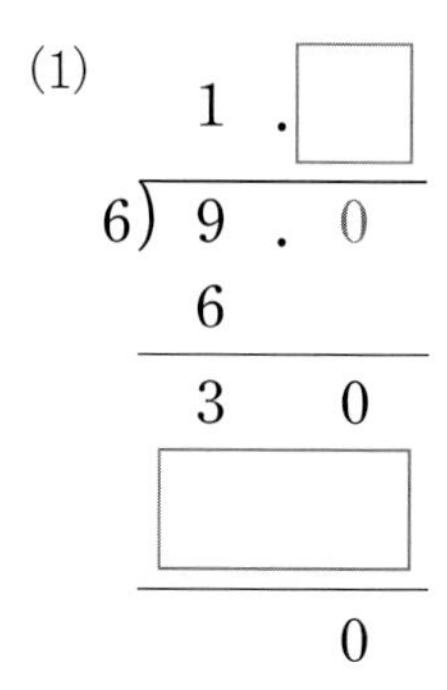

(2)

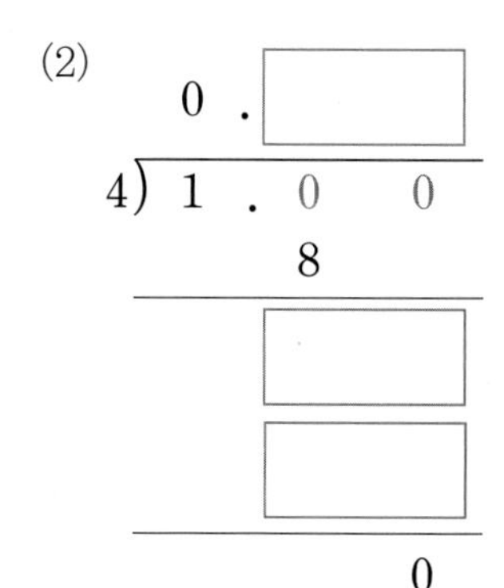

정답과 풀이 17쪽

개념 7 몫의 소수점의 위치를 확인해 볼까요

예 어림셈을 이용하여 $5.25 \div 5$의 몫의 소수점 위치 확인하기

- 5.25를 반올림하여 일의 자리까지 나타내기

$$5.25 \div 5 \Rightarrow 5 \div 5$$

- $5 \div 5 = 1$이므로 $5.25 \div 5$의 몫은 약 1입니다.
- 어림셈을 이용하여 올바른 식 찾기

$5.25 \div 5 = 0.105$
($5.25 \div 5 = 1.05$)
$5.25 \div 5 = 10.5$
$5.25 \div 5 = 105$

➡ 어림한 몫 1은 1.05에 가장 가까우므로 $5.25 \div 5 = 1.05$입니다.

$5.25 \div 5$
어림 $5 \div 5$ ➡ 약 1 　 몫 1.05

▸ 반올림은 구하려는 자리 바로 아래 자리의 숫자가 0, 1, 2, 3, 4이면 버리고, 5, 6, 7, 8, 9이면 올립니다.

05 소수를 반올림하여 일의 자리까지 나타내어 어림한 식으로 알맞은 것에 ○표 하세요.

(1) $7.62 \div 2$

$7 \div 2$ (　) 　 $8 \div 2$ (　)

(2) $11.7 \div 3$

$11 \div 3$ (　) 　 $12 \div 3$ (　)

(3) $54.12 \div 6$

$54 \div 6$ (　) 　 $55 \div 6$ (　)

06 $49.35 \div 7$을 어림셈하여 몫의 소수점 위치를 찾아 소수점을 찍으려고 합니다. □ 안에 알맞은 수를 써넣고 물음에 답하세요.

(1) 49.35를 반올림하여 일의 자리까지 나타내면 □입니다.

(2) $49.35 \div 7$을 어림한 식으로 나타내어 계산해 보세요.

어림 □ $\div 7$ ➡ 약 □

(3) 어림셈하여 몫의 소수점 위치가 올바른 식을 찾아 ○표 하세요.

$49.35 \div 7 = 0.705$	
$49.35 \div 7 = 7.05$	
$49.35 \div 7 = 70.5$	
$49.35 \div 7 = 705$	

27 보기 와 같은 방법으로 계산해 보세요.

보기

$$5.6 \div 5 = \frac{56}{10} \div 5 = \frac{560}{100} \div 5$$
$$= \frac{560 \div 5}{100} = \frac{112}{100} = 1.12$$

$57.2 \div 8 =$ ______________

____

28 자연수의 나눗셈을 이용하여 소수의 나눗셈을 계산해 보세요.

$350 \div 2 = 175$

$3.5 \div 2 =$ □

29 계산해 보세요.

(1) $5.1 \div 6$

(2) $5 \overline{)\,6.9}$

30 빈칸에 알맞은 수를 써넣으세요.

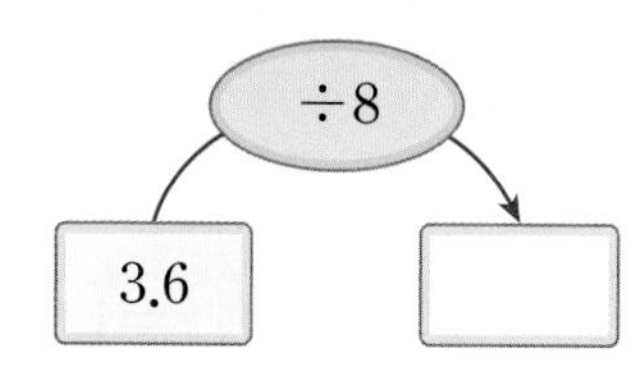

31 준형이네 가족은 밤 줍기 체험에서 밤 12.9 kg을 주웠습니다. 주운 밤을 6봉지에 똑같이 나누어 담는다면 한 봉지에 담아야 할 밤은 몇 kg인지 구해 보세요.

(　　　　　　　　)

32 어려운 문제

길이가 17.4 m인 길이의 나무막대 6개를 같은 간격으로 그림과 같이 처음부터 끝까지 세우려고 합니다. 나무막대 사이의 간격을 몇 m로 해야 하는지 구해 보세요. (단, 나무막대의 두께는 생각하지 않습니다.)

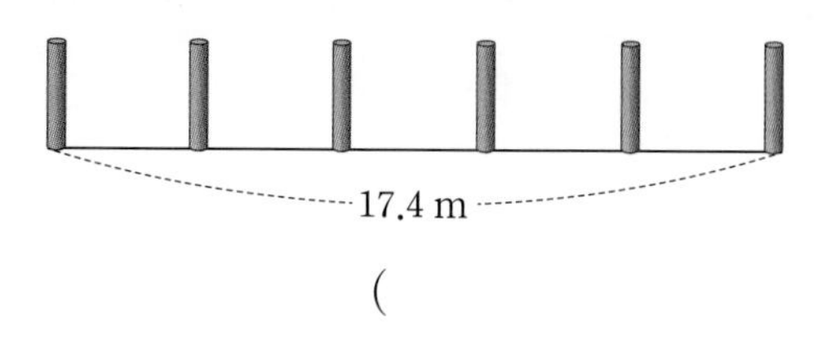

(　　　　　　　　)

33 보기 와 같은 방법으로 계산해 보세요.

보기

$$5.25 \div 5 = \frac{525}{100} \div 5 = \frac{525 \div 5}{100}$$
$$= \frac{105}{100} = 1.05$$

$6.12 \div 3 =$ ______________

____

34 자연수의 나눗셈을 이용하여 소수의 나눗셈을 계산해 보세요.

$428 \div 4 = 107$

$4.28 \div 4 = \square$

35 계산이 잘못된 곳을 찾아 바르게 계산해 보세요.

```
     7.8
5 ) 3 5.4
    3 5
      4 0
      4 0
        0
```

➡

```
5 ) 3 5.4
```

36 중요 밀가루 3.24 kg을 3명에게 똑같이 나누어 주려고 합니다. 한 명에게 줄 수 있는 밀가루는 몇 kg인지 구해 보세요.

(　　　　　　　　　)

37 모든 모서리의 길이가 같은 사각뿔이 있습니다. 모든 모서리의 길이의 합이 8.4 m일 때 한 모서리의 길이는 몇 m인지 구해 보세요.

(　　　　　　　　　)

38 □ 안에 알맞은 수를 써넣으세요.

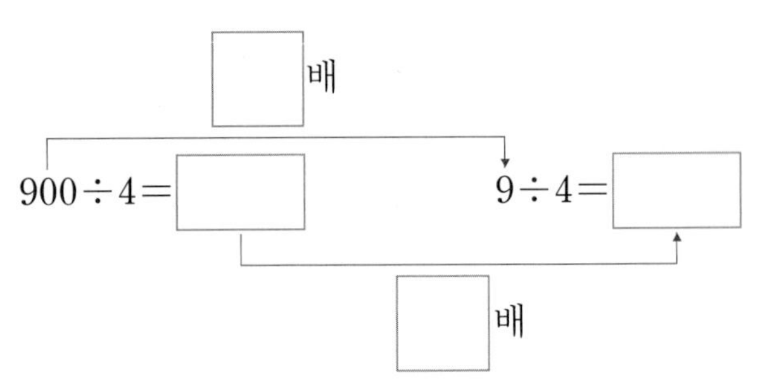

39 하늘이와 같은 방법으로 11÷2를 계산해 보세요.

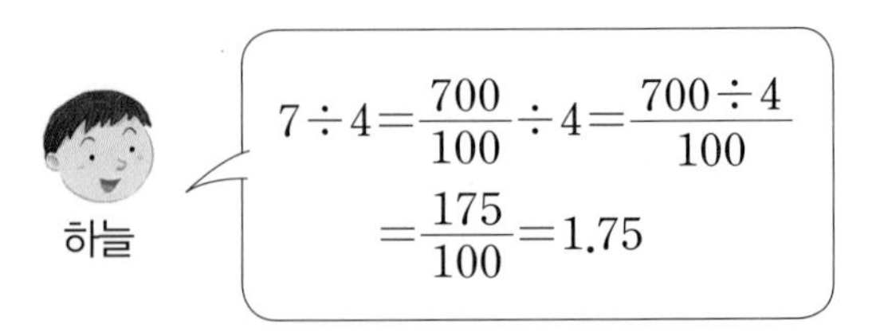

$11 \div 2 =$ ______________

____

40 계산해 보세요.

(1) $9 \div 5$

(2) $8 \overline{)\,6}$

41 계산 결과를 비교하여 ○ 안에 >, =, <를 알맞게 써넣으세요.

$14 \div 5$ ○ $22 \div 8$

42 세로가 5 cm이고 넓이가 32 cm²인 직사각형의 가로는 몇 cm인가요?

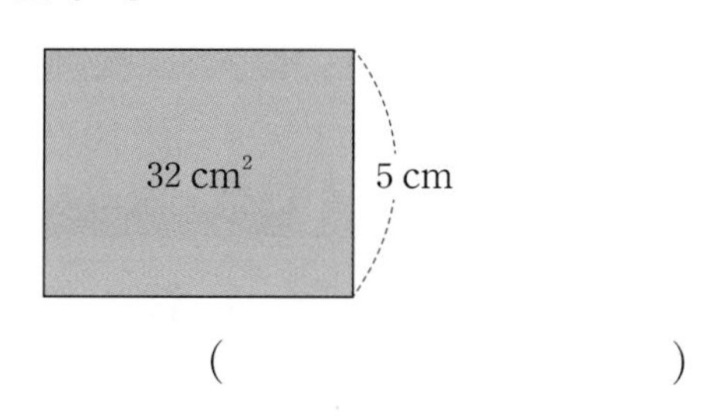

(　　　　　　　　)

43 중요 어림셈하여 몫의 소수점의 위치를 찾아 표시해 보세요.

(1) $17.4 \div 4$

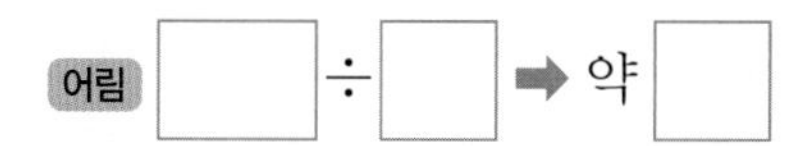

몫 4□3□5

(2) $76.5 \div 25$

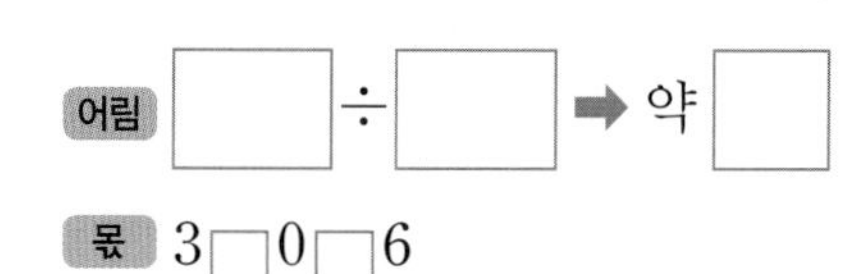

몫 3□0□6

44 어림셈하여 $14.04 \div 9$의 몫의 소수점 위치가 올바른 식을 찾아 기호를 써 보세요.

㉠ $14.04 \div 9 = 156$	㉡ $14.04 \div 9 = 15.6$
㉢ $14.04 \div 9 = 1.56$	㉣ $14.04 \div 9 = 0.156$

(　　　　　　　　)

45 기정이의 계산을 보고 잘못된 곳을 찾아 바르게 계산해 보세요.

우유 4.2 L를 세 사람에게 똑같이 나누어 주려고 해요. $42 \div 3 = 14$이므로 $4.2 \div 3 = 0.14$예요.
그러므로 한 명에게 줄 수 있는 우유는 0.14 L예요.

$4.2 \div 3 =$ □ ➡ □ L

46 몫을 어림하여 몫이 1보다 큰 나눗셈을 찾아 차례대로 써서 단어를 만들어 보세요.

랑	$5.46 \div 7$	가	$2.45 \div 5$
나	$3.27 \div 3$	사	$1.26 \div 3$
밀	$4.38 \div 6$	비	$4.48 \div 4$

(　　　　　　　　)

똑같이 나눈 도형의 넓이 구하기

색칠한 부분의 넓이가 전체 넓이를 똑같이 ■로 나눈 것 중의 ▲일 때 색칠한 부분의 넓이는 다음과 같이 구할 수 있습니다.

- 똑같이 ■로 나눈 것 중의 1일 때
  : (색칠한 부분의 넓이)=(전체 넓이)÷■
- 똑같이 ■로 나눈 것 중의 2일 때
  : (색칠한 부분의 넓이)=(전체 넓이)÷■×2

⋮

- 똑같이 ■로 나눈 것 중의 ▲일 때
  ➡ (색칠한 부분의 넓이)=(전체 넓이)÷■×▲

47 오른쪽과 같이 넓이가 47.8 cm^2인 도형을 똑같이 5개로 나누었습니다. 색칠한 부분의 넓이는 몇 cm^2인지 구해 보세요.

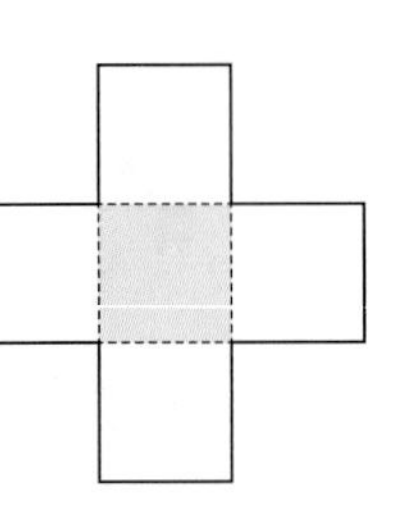

(　　　　　　　　)

48 오른쪽과 같이 넓이가 6.54 m^2인 도형을 똑같이 6개로 나누었습니다. 색칠한 부분의 넓이는 몇 m^2인지 구해 보세요.

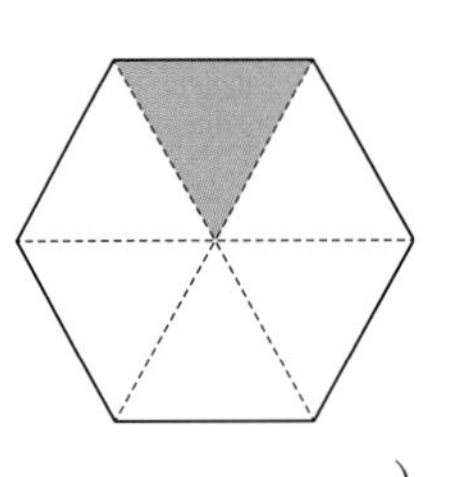

(　　　　　　　　)

49 오른쪽과 같이 넓이가 10 m^2인 도형을 똑같이 8개로 나누었습니다. 색칠한 부분의 넓이는 몇 m^2인지 구해 보세요.

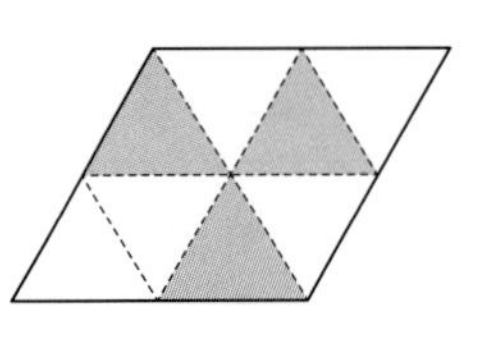

(　　　　　　　　)

시간과 거리 구하기

예 어떤 자동차가 14.4 km를 가는 데 12분이 걸렸습니다. 이 자동차가 일정한 빠르기로 갔다면 1분 동안 간 거리는 몇 km인지 구해 보세요.

(1분 동안 간 거리)=(전체 간 거리)÷(걸린 시간)
=14.4÷12=1.2 (km)

50 수현이가 자전거를 타고 일정한 빠르기로 호수 둘레를 6바퀴 도는 데 5분 15초가 걸렸습니다. 수현이가 호수 둘레를 한 바퀴 도는 데 걸린 시간은 몇 초인지 구해 보세요.

(　　　　　　　　)

51 일정한 빠르기로 자전거를 타고 성진이는 26분 동안 9.1 km를 달리고, 지윤이는 15분 동안 6.3 km를 달렸습니다. 누가 더 빨리 달렸는지 구해 보세요.

(　　　　　　　　)

52 어떤 자동차가 43.8 km를 가는 데 15분이 걸렸습니다. 이 자동차가 같은 빠르기로 9분 동안 가는 거리는 몇 km인지 구해 보세요.

(　　　　　　　　)

정답과 풀이 19쪽

대표 응용 □ 안에 들어갈 수 있는 수 구하기

1 1부터 9까지의 자연수 중에서 ■ 안에 들어갈 수 있는 수는 모두 몇 개인지 구해 보세요.

56.35÷23＞2.4■

문제 스케치

2.▲★ ＞ 2.4■

▲=4 → ★＞■

▲＞4 → ★는 1, 2, ...

해결하기

먼저 56.35÷23을 계산하면 56.35÷23=□.□□ 입니다.

□.□□＞2.4■에서 ■는 □보다 작아야 하므로

■ 안에 들어갈 수 있는 자연수는 □, □, □, □로

모두 □개입니다.

1-1 0부터 9까지의 수 중에서 □ 안에 들어갈 수 있는 수는 모두 몇 개인지 구해 보세요.

13.23÷9＞1.□5

(　　　　　　　　)

1-2 □ 안에 공통으로 들어갈 수 있는 자연수를 모두 구해 보세요.

19.5÷5＜□

□＜50.4÷7

(　　　　　　　　)

3 단원

대표 응용 ▲에 알맞은 수 구하기

2 ▲에 알맞은 수를 구해 보세요.

●×4=75.84, ●÷3=▲

문제 스케치

●×4=75.84

●=75.84÷4

해결하기

●×4=75.84에서 ●=75.84÷4,

●=☐입니다.

●÷3=▲이므로 ☐÷3=▲입니다.

따라서 ▲=☐입니다.

2-1 ▲에 알맞은 수를 구해 보세요.

●×5=48.45, ●÷3=▲

(   )

2-2 ▲에 알맞은 수를 구해 보세요.

●×5=22.4÷4, ●÷2=▲

(   )

대표 응용 수 카드로 조건에 알맞은 나눗셈식 만들기

3 수 카드 [7], [2], [9] 중 2장을 한 번씩 사용하여 가장 작은 소수 한 자리 수를 만들고, 이 수를 남은 수 카드의 수로 나누었을 때 몫은 얼마인지 구해 보세요.

문제 스케치

[7], [2], [9] (9>7>2)

· 가장 큰 소수 한 자리 수
[9].[7]

· 가장 작은 소수 한 자리 수
[2].[7]

해결하기

2<7<9이므로 주어진 수 카드 중 2장으로 만들 수 있는 가장 작은 소수 한 자리 수는 □.□입니다.

따라서 남은 수 카드의 수인 □로 나누면

□.□÷□=□이므로 몫은 □입니다.

3-1 수 카드 [3], [6], [4], [8] 중 3장을 한 번씩 사용하여 가장 큰 소수 두 자리 수를 만들고, 이 수를 남은 수 카드의 수로 나누었을 때 몫은 얼마인지 구해 보세요.

( )

3-2 수 카드 [0], [2], [9], [7] 중 3장을 한 번씩 사용하여 가장 작은 소수 한 자리 수를 만들고, 이 수를 남은 수 카드의 수로 나누었을 때 몫은 얼마인지 구해 보세요.

( )

대표 응용 도형의 한 변의 길이 구하기

4 정사각형과 정오각형을 각각 한 개씩 그렸습니다. 두 도형의 둘레가 각각 7 cm로 같을 때 정사각형의 한 변의 길이와 정오각형의 한 변의 길이의 차는 몇 cm인지 구해 보세요.

문제 스케치

정사각형

(둘레)÷4

해결하기

정사각형은 네 변의 길이가 모두 같으므로
(정사각형의 한 변의 길이)
=7÷☐=☐(cm)입니다.

정오각형은 다섯 변의 길이가 모두 같으므로
(정오각형의 한 변의 길이)
=7÷☐=☐(cm)입니다.

따라서 정사각형의 한 변의 길이와 정오각형의 한 변의 길이의 차는
☐−☐=☐(cm)입니다.

4-1 둘레가 21 cm인 정육각형과 둘레가 52 cm인 정팔각형이 있습니다. 정육각형의 한 변의 길이와 정팔각형의 한 변의 길이의 차는 몇 cm인지 구해 보세요.

( )

4-2 철사 42 m를 모두 사용하여 크기가 똑같은 정삼각형 모양을 4개 만들었습니다. 이 정삼각형의 한 변의 길이는 몇 m인지 구해 보세요.

( )

대표 응용 **도형의 길이 구하기**

5 가로가 7.45 cm, 세로가 8 cm인 직사각형이 있습니다. 이 직사각형의 세로를 3 cm만큼 줄이면 가로는 몇 cm만큼 늘여야 처음 넓이와 같아지는지 구해 보세요.

문제 스케치

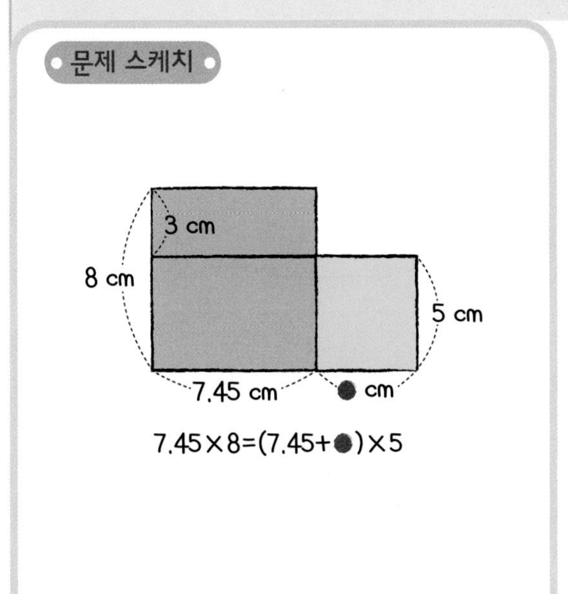

해결하기

(처음 직사각형의 넓이)$=7.45\times8=$ ☐ (cm²)

새로 만든 직사각형의 세로는 $8-3=$ ☐ (cm)입니다.

새로 만든 직사각형의 가로를 ■ cm라고 하면

넓이는 처음 직사각형의 넓이와 같으므로 ■$\times5=$ ☐,

■$=$ ☐ $\div5=$ ☐ 입니다.

새로 만든 직사각형의 가로는 ☐ cm여야 하므로

늘여야 하는 길이는 ☐ $-7.45=$ ☐ (cm)입니다.

3 단원

5-1 가로가 37.3 m, 세로가 7 m인 직사각형 모양의 밭이 있습니다. 이 밭의 가로를 2.3 m만큼 줄이면 세로는 몇 m만큼 늘여야 처음 넓이와 같아지는지 구해 보세요.

(　　　　　　　　)

5-2 가로가 5 cm, 세로가 4.5 cm인 직사각형이 있습니다. 세로를 1.2배로 늘이면 가로는 몇 배로 줄여야 둘레가 같아지는지 구해 보세요.

(　　　　　　　　)

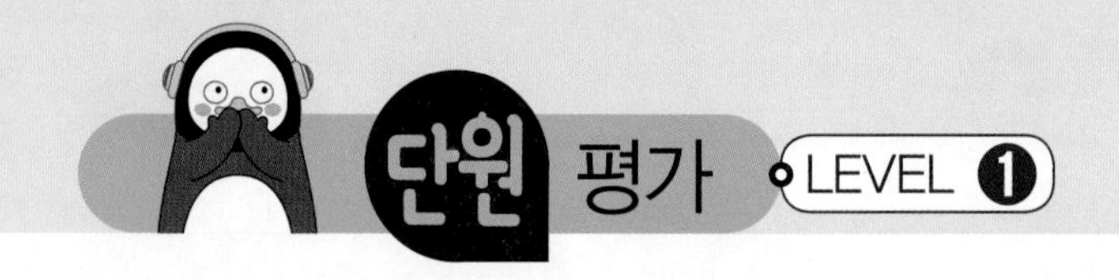

01 주어진 식을 이용하여 나눗셈식의 몫에 소수점을 알맞게 찍어 보세요.

$696 \div 3 = 232$

$6.96 \div 3 = 2\square 3\square 2$

02 자연수의 나눗셈을 이용하여 소수의 나눗셈을 해 보세요.

$488 \div 2 = 244$

$48.8 \div 2 = \square$

$4.88 \div 2 = \square$

03 소희는 상자 3개를 묶으려고 리본 336 cm를 3등분했습니다. 정욱이도 소희와 같은 방법으로 리본 3.36 m를 사용하여 상자 3개를 묶으려고 합니다. 정욱이가 상자 한 개를 묶기 위해 필요한 리본은 몇 m인지 구해 보세요.

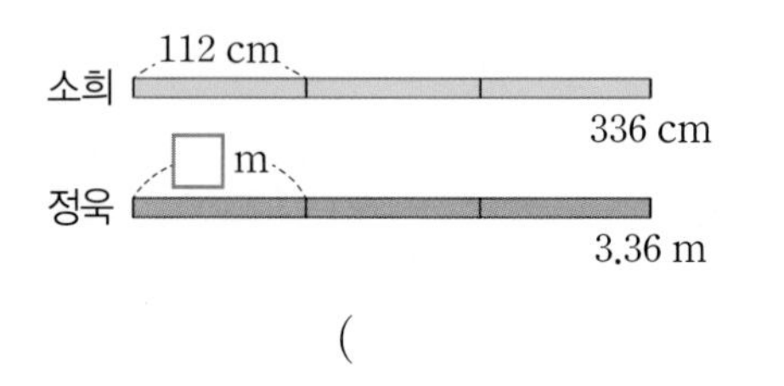

(　　　　　　　　)

04 □ 안에 알맞은 수를 써넣으세요.

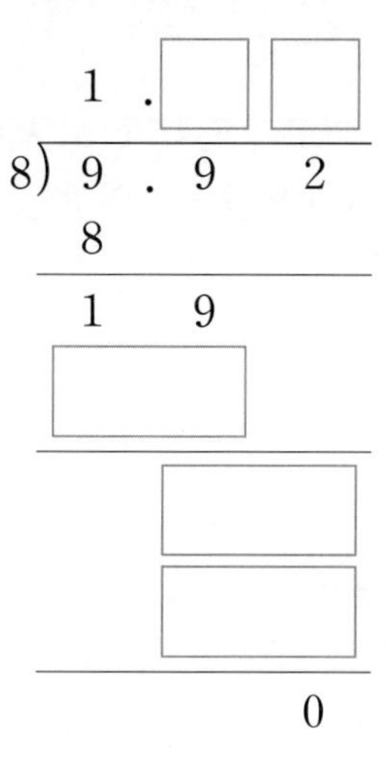

05 빈칸에 알맞은 수를 써넣으세요.

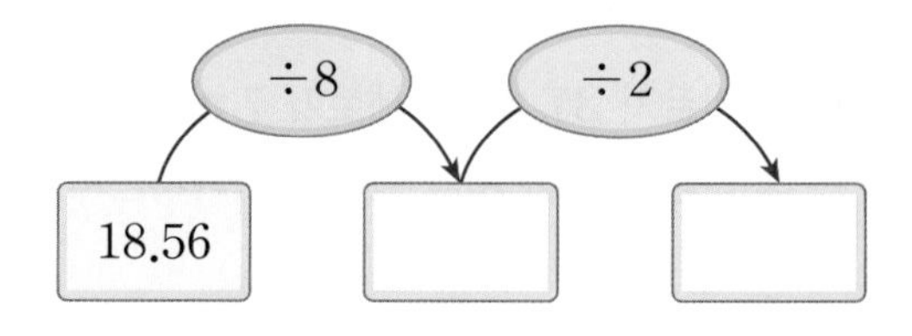

06 중요 둘레가 28.92 cm인 마름모의 한 변의 길이는 몇 cm인지 구해 보세요.

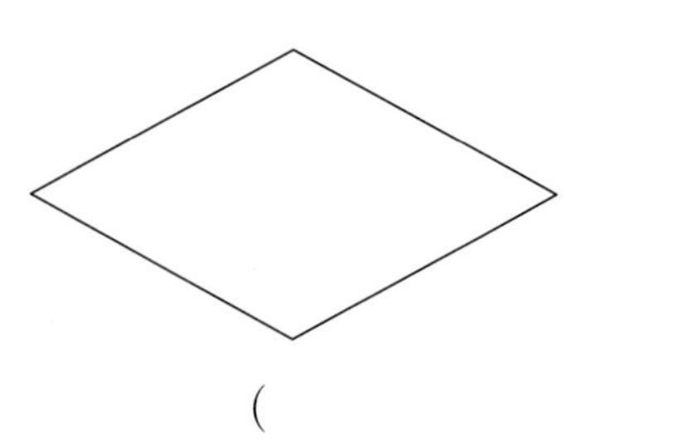

(　　　　　　　　)

07 □ 안에 알맞은 수를 써넣으세요.

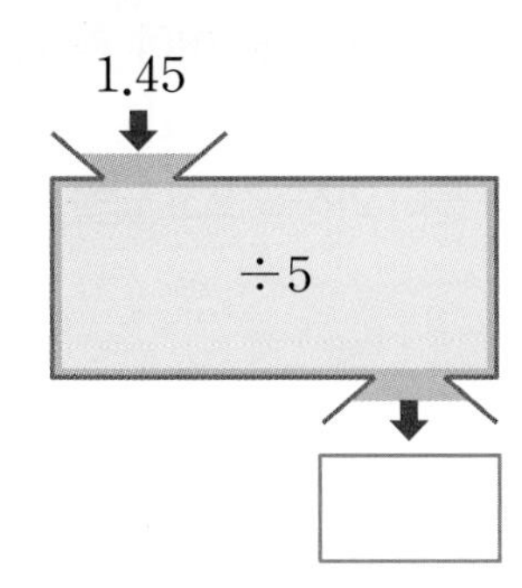

08 몫이 1보다 작은 식을 모두 찾아 ○표 하세요.

3.25÷5	9.63÷3	4.44÷2
7.2÷4	5.58÷9	8.68÷7

09 나눗셈의 몫이 큰 것부터 차례로 기호를 써 보세요.

㉠ 9.45÷35 ㉡ 15.05÷43 ㉢ 2.38÷7

( )

10 보기 와 같은 방법으로 계산해 보세요.

보기

$$5.8\div5=\frac{58}{10}\div5=\frac{580}{100}\div5$$
$$=\frac{580\div5}{100}=\frac{116}{100}=1.16$$

3.5÷2=

11 계산해 보세요.

$4\overline{)7.4}$

12 어려운 문제

넓이가 79.4 m^2인 직사각형 모양의 땅을 4칸으로 똑같이 나누었습니다. 색칠한 부분의 넓이는 몇 m^2인지 구해 보세요.

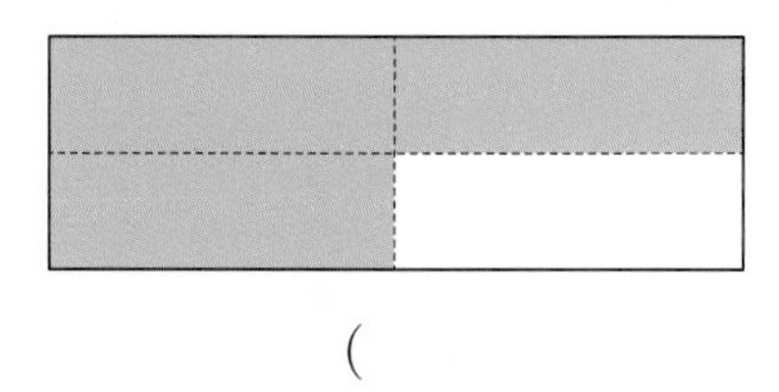

( )

13 몫의 소수 첫째 자리 숫자가 0인 것의 기호를 써 보세요.

㉠ 37.4÷4 ㉡ 32.4÷8

( )

14 ㉠과 ㉡의 몫의 차를 구해 보세요.

㉠ 12.3÷6 ㉡ 10.2÷5

( )

3 단원

15 계산해 보세요.

(1) $5\div2$

(2) $11\div4$

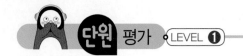

16 한 병에 2 L가 들어 있는 주스를 5명이 똑같이 모두 나누어 마셨습니다. 한 명이 마신 주스는 몇 L인지 구해 보세요.

(　　　　　　　　)

17 준성이와 같은 방법으로 어림한 식으로 나타내어 보세요.

식: $18.18\div9$
18.18을 반올림하여 일의 자리까지 나타내면 18이야.
$18.18\div9$를 $18\div9$로 어림하여 계산할 수 있어.

$28.2\div4$ ➡ (　　　　　　　　)

18 중요 어림셈하여 몫의 소수점 위치가 올바른 식에 ○표 하세요.

$24.3\div6=405$ (　　)
$24.3\div6=40.5$ (　　)
$24.3\div6=4.05$ (　　)
$24.3\div6=0.405$ (　　)

서술형 문제

19 어떤 수를 6으로 나누어야 할 것을 잘못하여 1.5로 나누었더니 몫이 3.8이 되었습니다. 바르게 계산하면 얼마인지 풀이 과정을 쓰고 답을 구해 보세요.

풀이

답 ________

20 지수가 일정한 빠르기로 산책길을 4바퀴 도는 데 2시간 14분이 걸렸습니다. 지수가 산책길을 한 바퀴 도는 데 걸린 시간은 몇 분 몇 초인지 풀이 과정을 쓰고 답을 구해 보세요.

풀이

답 ________

정답과 풀이 21쪽

01 $393 \div 3 = 131$을 이용하여 소수의 나눗셈을 해 보세요.

$39.3 \div 3 = \square$

$3.93 \div 3 = \square$

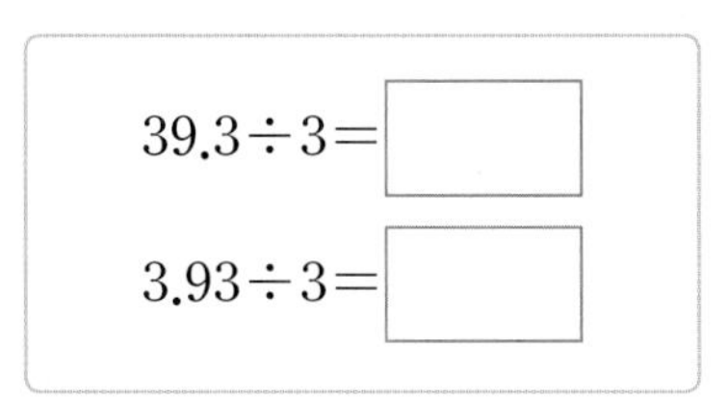

02 ㉠의 몫은 ㉡의 몫의 몇 배인가요?

㉠ $8.44 \div 4$ ㉡ $844 \div 4$

( )

03 중요 □ 안에 알맞은 수를 써넣으세요.

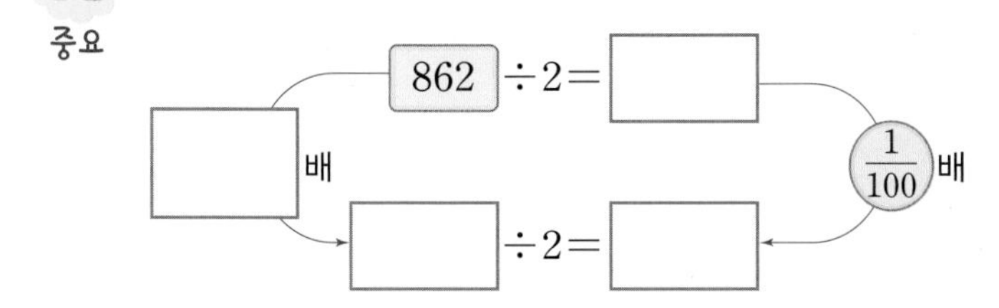

04 계산해 보세요.

$2 \overline{)\, 3.2\ 4}$

05 가로가 5 m, 세로가 3 m인 직사각형 모양의 벽면을 초록색 페인트 40.5 L를 사용하여 칠했습니다. 1 m^2의 벽면을 칠하는 데 사용한 페인트는 몇 L인지 구해 보세요.

( )

06 1부터 9까지의 자연수 중에서 □ 안에 들어갈 수 있는 수를 모두 써 보세요.

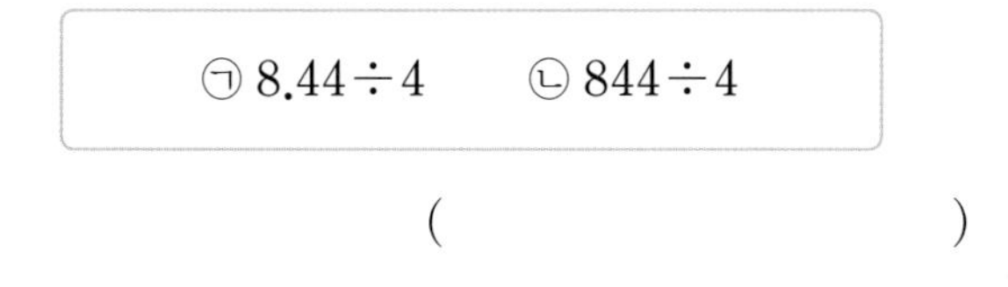

$16.92 \div 4 > 4.2\square$

( )

07 어려운 문제 수 카드 9, 3, 8, 7 중 3장을 한 번씩 사용하여 가장 큰 소수 두 자리 수를 만들고, 이 수를 남은 수 카드의 수로 나누었을 때 몫은 얼마인지 구해 보세요.

( )

08 빈칸에 알맞은 수를 써넣으세요.

÷ →

6.48	9	
3.44	4	

09 우유 2.59 L를 일주일 동안 똑같이 나누어 마셨습니다. 하루에 마신 우유는 몇 L인지 구해 보세요.

( )

10 리본 8.6 m를 4등분하였습니다. 색칠한 부분의 길이는 몇 m인지 구해 보세요.

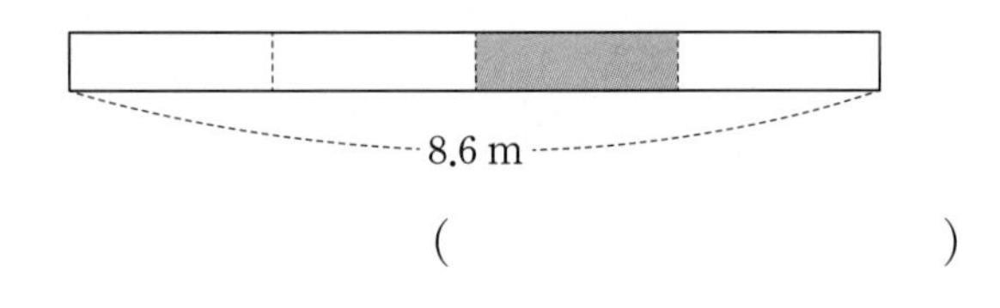

( )

11 중요 어떤 수에 8을 곱했더니 15.6이 되었습니다. 어떤 수를 구해 보세요.

( )

12 계산 결과를 찾아 이어 보세요.

18.12÷6 •	• 6.08
16.2÷4 •	• 4.05
30.4÷5 •	• 3.02

13 빈칸에 알맞은 수를 써넣으세요.

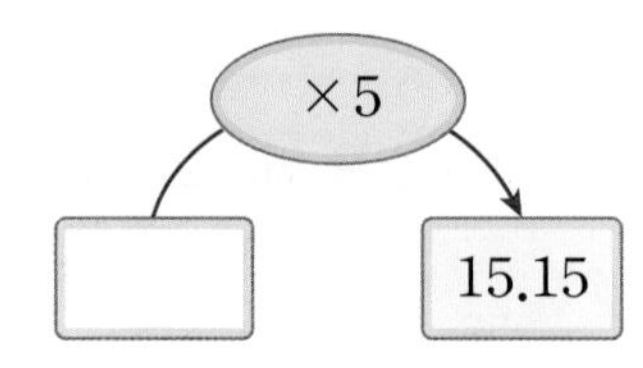

14 계산 결과가 작은 것부터 차례로 기호를 써 보세요.

㉠	㉡	㉢
14)5 6.7	22)4 5.1	8)2 4.4

( )

15 가장 큰 수를 가장 작은 수로 나눈 몫을 소수로 나타내어 보세요.

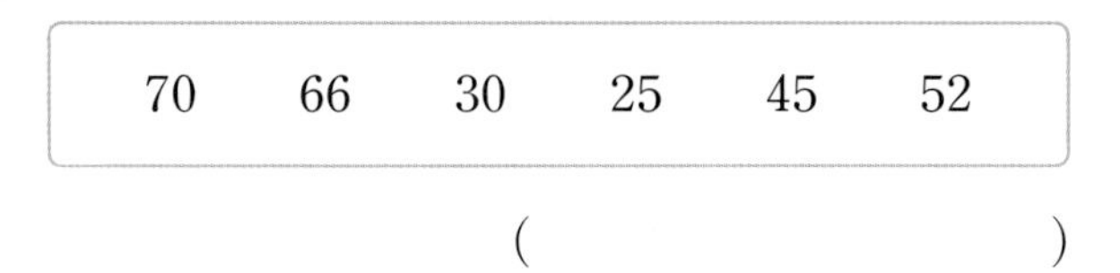

( )

16 중요 1부터 9까지 자연수 중에서 □ 안에 들어갈 수 있는 가장 큰 수를 구해 보세요.

$156 \div 15 > 10.\square$

( )

17 어림셈하여 몫의 소수점의 위치를 찾아 표시해 보세요.

$25.92 \div 6$

어림 □ $\div 6$ ➡ 몫: 약 □

몫 4□3□2

18 몫을 어림하여 몫이 1보다 큰 나눗셈을 모두 찾아 기호를 써 보세요.

㉠ $9.2 \div 4$	㉡ $2.45 \div 5$
㉢ $7.26 \div 3$	㉣ $3.68 \div 8$

( )

서술형 문제

19 정사각형의 각 변의 가운데 점을 이어 정사각형을 그리는 것을 반복한 것입니다. 가장 큰 정사각형의 넓이가 $27.6\ cm^2$일 때 색칠한 정사각형의 넓이는 몇 cm^2인지 풀이 과정을 쓰고 답을 구해 보세요.

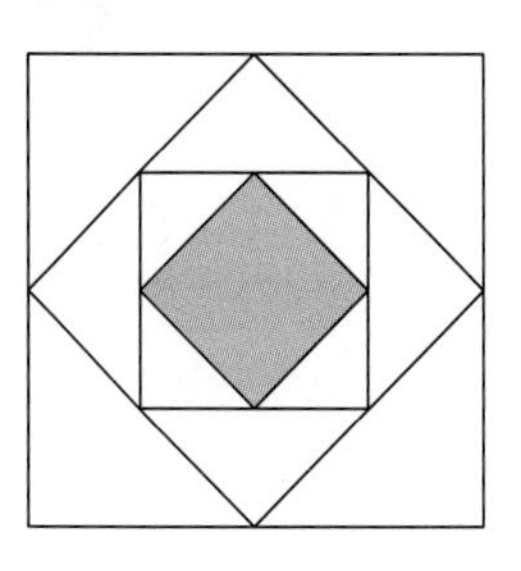

풀이

답

3 단원

20 둘레가 56 m인 원 모양의 연못에 일정한 간격으로 화분을 25개 놓으려고 합니다. 화분 사이의 간격을 몇 m로 해야 하는지 풀이 과정을 쓰고 답을 구해 보세요. (단, 화분의 크기는 생각하지 않습니다.)

풀이

답

주은이네 반 친구들이 현장 체험 학습을 왔어요. 주은이는 30초 동안 자전거로 120 m를 달렸고, 지훈이는 60초 동안 50 m를 산책했다고 해요. 주은이와 지훈이 중 누가 더 빠르게 움직인 것인지 어떻게 비교할 수 있을까요?

가람이는 포도 원액 30 mL와 물 120 mL를 섞어서 포도주스를 만들고 있어요. 포도주스의 진하기를 어떻게 나타낼 수 있을까요?

이번 4단원에서는 비와 비율에 대해 배울 거예요.

4 비와 비율

단원 학습 목표

1. 두 양의 크기를 뺄셈과 나눗셈으로 비교할 수 있습니다.
2. 비의 뜻을 이해하고, 비의 기호를 사용하여 나타낼 수 있습니다.
3. 비율의 뜻을 이해하고, 비율을 분수와 소수로 나타낼 수 있습니다.
4. 실생활에서 비율이 사용되는 여러 가지 경우를 알 수 있습니다.
5. 백분율의 뜻을 이해하고, 비율을 백분율로 나타낼 수 있습니다.
6. 실생활에서 백분율이 사용되는 여러 가지 경우를 알 수 있습니다.

단원 진도 체크

학습일		학습 내용	진도 체크
1일째	월 일	개념 1 두 수를 비교해 볼까요 개념 2 비를 알아볼까요 개념 3 비율을 알아볼까요 개념 4 비율이 사용되는 경우를 알아볼까요	✓
2일째	월 일	교과서 넘어 보기 + 교과서 속 응용 문제	✓
3일째	월 일	개념 5 백분율을 알아볼까요(1) 개념 6 백분율을 알아볼까요(2) 개념 7 백분율이 사용되는 경우를 알아볼까요	✓
4일째	월 일	교과서 넘어 보기 + 교과서 속 응용 문제	✓
5일째	월 일	응용 1 비율을 분수와 소수로 나타내기 응용 2 걸린 시간에 대한 간 거리의 비율 구하기 응용 3 할인율 구하기	✓
6일째	월 일	응용 4 소금물 양에 대한 소금 양의 비율 구하기 응용 5 예금 이자율 구하기	✓
7일째	월 일	단원 평가 LEVEL ❶	✓
8일째	월 일	단원 평가 LEVEL ❷	✓

이 단원을 진도 체크에 맞춰 8일 동안 학습해 보세요.
해당 부분을 공부하고 나서 ✓표를 하세요.

교과서 개념 다지기

개념 1 두 수를 비교해 볼까요

(1) 두 양의 크기 비교하기

예 빵이 8개, 우유가 4개 있습니다. 빵 수와 우유 수를 비교해 보세요.

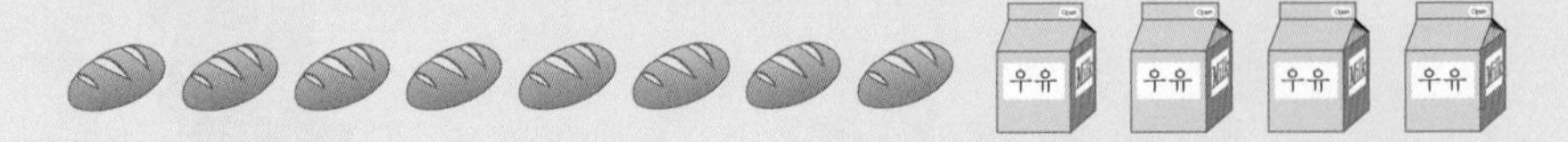

① 뺄셈으로 비교하기: $8-4=4$ ➡ 빵은 우유보다 4개 더 많습니다. / 우유는 빵보다 4개 더 적습니다.

② 나눗셈으로 비교하기: $8\div4=2$ ➡ 빵 수는 우유 수의 2배입니다.

(2) 변하는 두 양의 관계 알아보기

예 상자 수에 따른 빵 수와 우유 수를 비교해 보세요.

상자 수(개)	1	2	3	4	5	…
빵 수(개)	8	16	24	32	40	…
우유 수(개)	4	8	12	16	20	…

① 뺄셈으로 비교하기: $8-4=4$, $16-8=8$, $24-12=12$, …

➡ 상자 수에 따라 빵은 우유보다 4개, 8개, 12개, 16개, 20개 더 많습니다.

② 나눗셈으로 비교하기: $8\div4=2$, $16\div8=2$, $24\div12=2$, …

➡ 빵 수는 항상 우유 수의 2배입니다.

▸ 두 수의 관계 설명하기

●－■＝▲

- ●는 ■보다 ▲만큼 더 큽니다.
- ■는 ●보다 ▲만큼 더 작습니다.

●÷■＝▲

■÷●＝$\frac{1}{▲}$

- ●는 ■의 ▲배입니다.
- ■는 ●의 $\frac{1}{▲}$배입니다.

▸ $4\div8=\frac{1}{2}$ ➡ 우유 수는 빵 수의 $\frac{1}{2}$배입니다.

▸ 상자 수에 따른 빵 수와 우유 수 비교하기
- 뺄셈으로 비교하기: 상자 수에 따라 빵 수와 우유 수의 관계가 변합니다.
- 나눗셈으로 비교하기: 상자 수가 변해도 빵 수와 우유 수의 관계는 변하지 않습니다.

[01~02] 체육대회 때 6학년 친구들을 응원하는 학생 6명, 참가하는 학생 2명으로 한 모둠을 구성하려고 합니다. 물음에 답하세요.

01 응원하는 학생 수와 참가하는 학생 수를 비교해 보세요.

(1) 뺄셈으로 비교해 보세요.

$6-2=$ ☐ ➡ 응원하는 학생이 참가하는 학생보다 ☐명 더 많습니다.

(2) 나눗셈으로 비교해 보세요.

$6\div2=$ ☐ ➡ 응원하는 학생 수는 참가하는 학생 수의 ☐배입니다.

02 표를 완성하고 모둠 수에 따른 응원하는 학생 수와 참가하는 학생 수를 비교해 보세요.

(1)

모둠 수	1	2	3	4
응원하는 학생 수(명)	6		18	24
참가하는 학생 수(명)	2	4		

(2) 뺄셈으로 비교하기: 모둠 수에 따라 응원하는 학생은 참가하는 학생보다 각각 4명, ☐명, ☐명, ☐명 더 많습니다.

(3) 나눗셈으로 비교하기: 응원하는 학생 수는 항상 참가하는 학생 수의 ☐배입니다.

개념 2 비를 알아볼까요

(1) 물의 양과 딸기 원액의 양 비교하기

㉠ 물 2컵과 딸기 원액 1컵으로 딸기주스 1병을 만들었습니다. 물의 양과 딸기 원액의 양을 비교해 보세요.

물의 양(컵)	2	4	6	8	…
딸기 원액의 양(컵)	1	2	3	4	…

➡ 물 2컵과 딸기 원액 1컵으로 딸기주스 1병을 만들었습니다.
물의 양과 딸기 원액의 양을 비교하면 물의 양은 딸기 원액 양의 2배입니다.

(2) 비로 나타내기

- 두 수를 나눗셈으로 비교하기 위해 기호 :을 사용하여 나타낸 것을 비라고 합니다.
- 두 수 2와 1을 비교할 때 2 : 1이라 쓰고 2 대 1이라고 읽습니다.
- 2 : 1은 "2와 1의 비", "2의 1에 대한 비", "1에 대한 2의 비"라고도 읽습니다.

▸ **비에서 기준이 되는 수**
기호 :의 오른쪽에 있는 수가 기준입니다.

▸ **비 읽기**
- ● : ■
  - ● 대 ■
  - ●와 ■의 비
  - ●의 ■에 대한 비
  - ■에 대한 ●의 비

03 □ 안에 알맞게 써넣으세요.

(1) 두 수를 나눗셈으로 비교하기 위해 기호 □ 을/를 사용합니다.

(2) 두 수 7과 8을 비교할 때 □(이)라 쓰고, □(이)라고 읽습니다.

04 그림을 보고 □ 안에 알맞은 수를 써넣으세요.

(1) (과자 수) : (사탕 수)= □ : □

(2) (사탕 수) : (과자 수)= □ : □

05 비를 보고 □ 안에 알맞은 수를 써넣으세요.

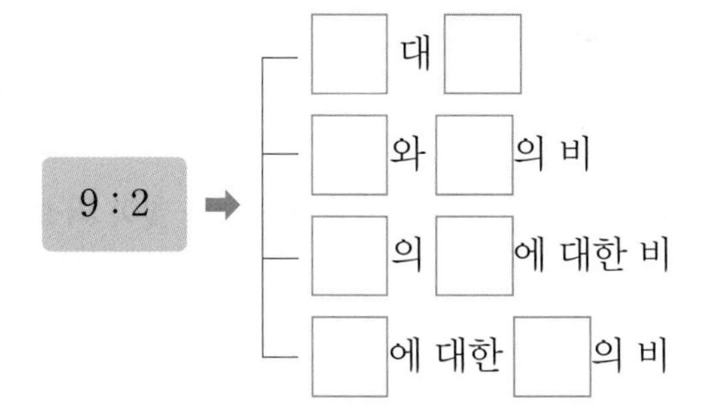

06 □ 안에 알맞은 수를 써넣으세요.

(1) 5 대 14 ➡ □ : □

(2) 6에 대한 9의 비 ➡ □ : □

(3) 15의 16에 대한 비 ➡ □ : □

개념 3 비율을 알아볼까요

(1) 비율 알아보기

- 비 3 : 10에서 기호 : 의 오른쪽에 있는 10은 기준량이고, 왼쪽에 있는 3은 비교하는 양입니다.

3 : 10
비교하는 양 (3), 기준량 (10)

- 기준량에 대한 비교하는 양의 크기를 비율이라고 합니다.

$$(비율) = (비교하는\ 양) \div (기준량) = \frac{(비교하는\ 양)}{(기준량)}$$

- 비 3 : 10을 비율로 나타내면 $\frac{3}{10}$ 또는 0.3입니다.

▶ 비를 보고 비율 구하기
- 12 : 20
  - 분수로 나타내기: $\frac{12}{20} = \frac{3}{5}$
  - 소수로 나타내기: $\frac{12}{20} = \frac{6}{10} = 0.6$

07 □ 안에 알맞은 말을 써넣으세요.

(1) 비 5 : 3에서 5는 □(이)고, 3은 □입니다.

(2) 기준량에 대한 비교하는 양의 크기를 □(이)라고 합니다.

[08~09] 비를 보고 비교하는 양과 기준량을 찾아 써 보세요.

08 7 : 3

비교하는 양	
기준량	

09 6 : 10

비교하는 양	
기준량	

[10~11] 비를 보고 비율을 분수와 소수로 각각 나타내어 보세요.

10 2 : 5

분수 ( ), 소수 ( )

11 5의 20에 대한 비

분수 ( ), 소수 ( )

12 그림을 보고 □ 안에 알맞은 수를 써넣으세요.

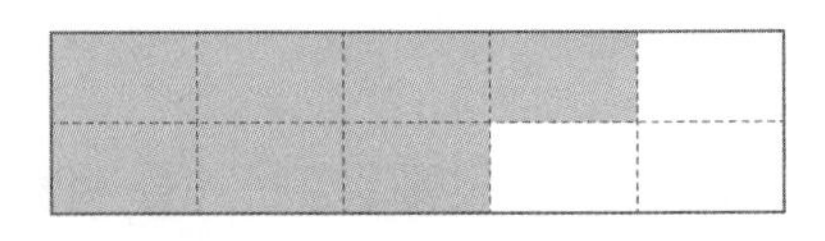

(1) 전체에 대한 색칠한 부분의 비는 □ : □입니다.

(2) 전체에 대한 색칠한 부분의 비율을 분수로 나타내면 □이고, 소수로 나타내면 □입니다.

개념 4 비율이 사용되는 경우를 알아볼까요

(1) 시간에 대한 거리의 비율 알아보기

예 자동차를 타고 240 km를 가는 데 4시간이 걸렸습니다.

➡ 기준량: 걸린 시간(4시간), 비교하는 양: 간 거리(240 km)

$$(\text{걸린 시간에 대한 간 거리의 비율})=\frac{(\text{간 거리})}{(\text{걸린 시간})}=\frac{240}{4}=60$$

(2) 넓이에 대한 인구의 비율 알아보기

예 어느 도시의 넓이는 200 km^2, 인구는 40000명입니다.

➡ 기준량: 넓이(200 km^2), 비교하는 양: 인구(40000명)

$$(\text{넓이에 대한 인구의 비율})=\frac{(\text{인구})}{(\text{넓이})}=\frac{40000}{200}=200$$

(3) 흰색 물감 양에 대한 빨간색 물감 양의 비율 알아보기

예 흰색 물감 20 mL에 빨간색 물감 5 mL를 섞었습니다.

➡ 기준량: 흰색 물감 양(20 mL), 비교하는 양: 빨간색 물감 양(5 mL)

$$(\text{흰색 물감 양에 대한 빨간색 물감 양의 비율})=\frac{(\text{빨간색 물감 양})}{(\text{흰색 물감 양})}=\frac{5}{20}=\frac{1}{4}$$

▶ 걸린 시간에 대한 간 거리의 비율이 클수록 빠릅니다.

▶ 실생활에서 비율이 사용되는 예
- 야구 선수의 타율
- 지도의 축척
- 용액의 진하기
- 신체의 비율

13 버스를 타고 가 지역에서 나 지역까지 400 km를 가는 데 5시간이 걸렸습니다. 가 지역에서 나 지역까지 가는 데 걸린 시간에 대한 간 거리의 비율을 구하려고 합니다. □ 안에 알맞은 말이나 수를 써넣으세요.

(1) 걸린 시간에 대한 간 거리의 비율을 구할 때 기준량은 □입니다.

(2) $(\text{비율})=\frac{(\text{간 거리})}{(\text{걸린 시간})}=\frac{\square}{\square}=\square$

[14~15] 다음을 읽고 □ 안에 알맞은 수를 써넣으세요.

14 어느 마을의 넓이는 50 km^2, 인구는 2000명입니다. 이 마을의 넓이에 대한 인구의 비율을 구해 보세요.

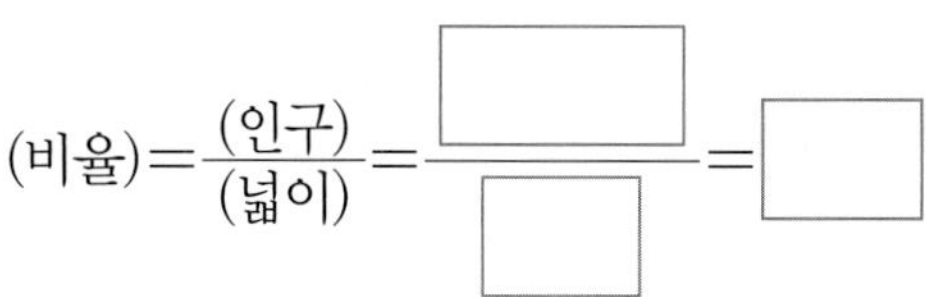

$(\text{비율})=\frac{(\text{인구})}{(\text{넓이})}=\frac{\square}{\square}=\square$

15 주원이는 흰색 물감 30 mL에 검은색 물감 6 mL를 섞어 회색 물감을 만들었습니다. 주원이가 만든 회색 물감에서 검은색 물감 양에 대한 흰색 물감 양의 비율을 구해 보세요.

$(\text{비율})=\frac{(\text{흰색 물감 양})}{(\text{검은색 물감 양})}=\frac{\square}{\square}=\square$

01 빨간색 구슬 수와 파란색 구슬 수를 두 가지 방법으로 비교하려고 합니다. □ 안에 알맞은 수를 써넣으세요.

방법 1 뺄셈으로 비교하기

$9-3=$ □, 빨간색 구슬은 파란색 구슬보다 □개 더 많습니다.

방법 2 나눗셈으로 비교하기

$9\div3=$ □, 빨간색 구슬 수는 파란색 구슬 수의 □배입니다.

02 직사각형의 가로와 세로를 두 가지 방법으로 비교해 보세요.

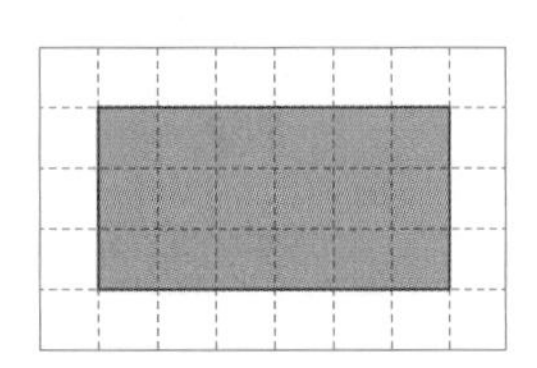

뺄셈으로 비교하기 ______________________

나눗셈으로 비교하기 ______________________

03 냉장고에 오렌지주스와 우유가 오른쪽과 같이 있습니다. 오렌지주스의 양과 우유의 양을 나눗셈으로 비교해 보세요.

600 mL 200 mL

(　　　　　　　　　　)

04 한 모둠에 연필을 10자루씩 나누어 주었습니다. 한 모둠이 5명씩일 때 모둠 수에 따른 학생 수와 연필 수를 나눗셈으로 비교하여 설명해 보세요.

모둠 수	1	2	3	4
학생 수(명)	5	10	15	20
연필 수(자루)	10	20	30	40

____

05 카네이션 한 송이를 만들려면 빨간색 색종이 4장, 초록색 색종이 2장이 필요합니다. 카네이션 수에 따른 빨간색 색종이 수와 초록색 색종이 수를 구해 표를 완성하고, 초록색 색종이를 18장 사용하여 만든 카네이션에서 빨간색 색종이는 몇 장 사용하였는지 구해 보세요.

카네이션 수(송이)	1	2	3	4	5	…
빨간색 색종이 수(장)	4	8	12			…
초록색 색종이 수(장)	2	4				…

(　　　　　　　　　　)

06 그림을 보고 □ 안에 알맞은 수를 써넣으세요.

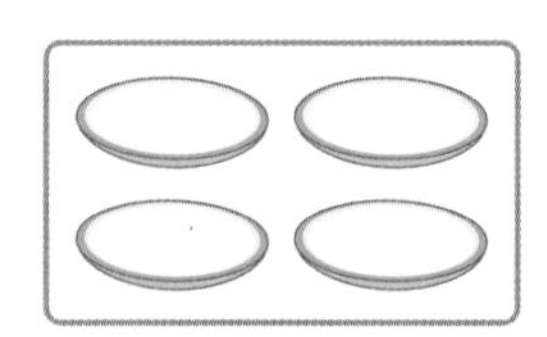

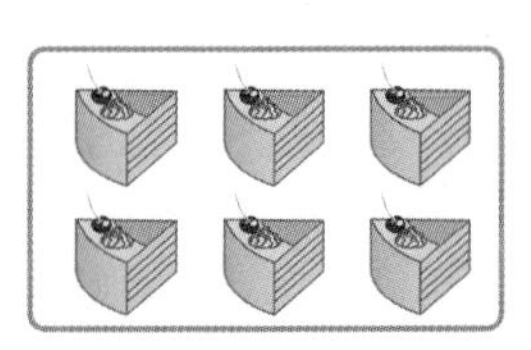

(1) 접시 수와 조각 케이크 수의 비

➡ □ : □

(2) 조각 케이크 수와 접시 수의 비

➡ □ : □

07 비 6 : 7을 바르게 읽은 사람을 모두 찾아 써 보세요.

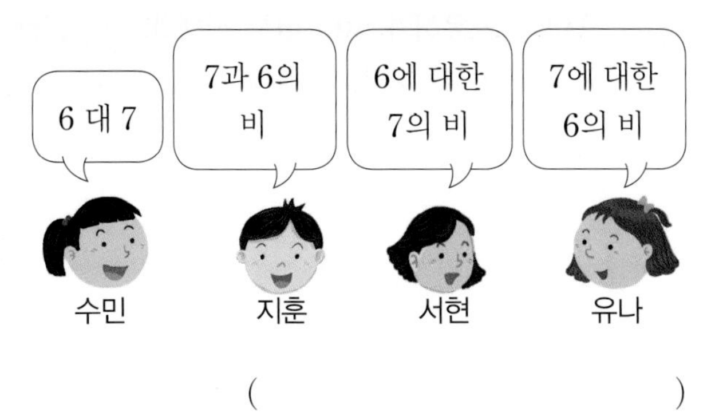

6 대 7
7과 6의 비
6에 대한 7의 비
7에 대한 6의 비
수민
지훈
서현
유나

(   )

08 전체에 대한 색칠한 부분의 비가 3 : 8이 되도록 색칠해 보세요.

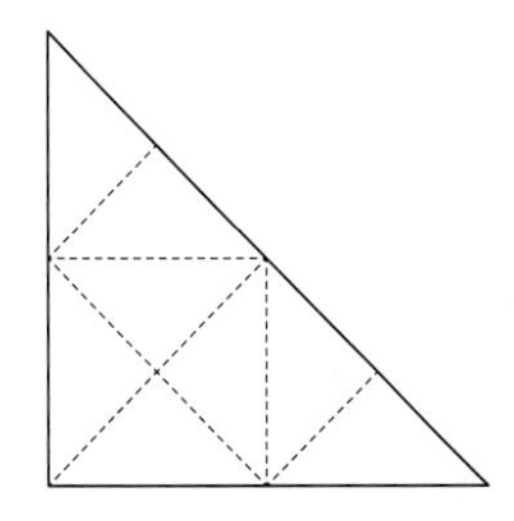

09 다음 비에 대한 설명이 맞으면 ○표, 틀리면 ×표 하세요.

(1) 4 : 7과 7 : 4는 같습니다.

(   )

(2) 전체 학생은 20명이고 안경을 쓴 학생이 12명일 때, 안경을 쓴 학생 수와 안경을 쓰지 않은 학생 수의 비는 12 : 8입니다.

(   )

10 집에서 도서관까지의 거리와 도서관에서 학교까지의 거리의 비를 구해 보세요.

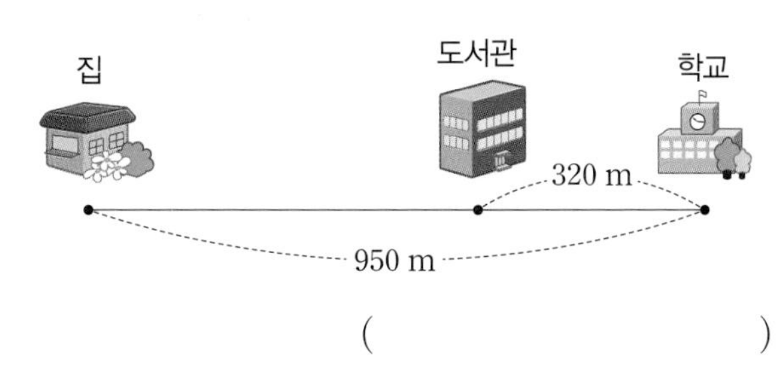

(   )

11 비율을 분수와 소수로 나타내어 보세요.

비	분수	소수
15 : 20		
18 : 45		

12 중요 비교하는 양과 기준량을 찾아 쓰고 비율을 구해 보세요.

비	비교하는 양	기준량	비율
13 : 20			
4의 15에 대한 비			

13 다음 중 비율이 나머지와 다른 하나는 어느 것인가요? (   )

① 12 : 48 ② 6 : 20 ③ 1 : 4
④ 10 : 40 ⑤ 4 : 16

4 단원

14 관계있는 것끼리 선으로 이어 보세요.

8과 25의 비 •	• $\frac{3}{4}$ •	• 0.32
19의 20에 대한 비 •	• $\frac{19}{20}$ •	• 0.75
16에 대한 12의 비 •	• $\frac{8}{25}$ •	• 0.95

15 비율이 큰 것부터 차례로 기호를 써 보세요.

㉠ 6과 8의 비
㉡ 15 : 25
㉢ 45에 대한 9의 비
㉣ 11의 20에 대한 비

( )

16 직사각형 모양의 액자 가, 나가 있습니다. 두 액자의 가로에 대한 세로의 비율을 비교해 보세요.

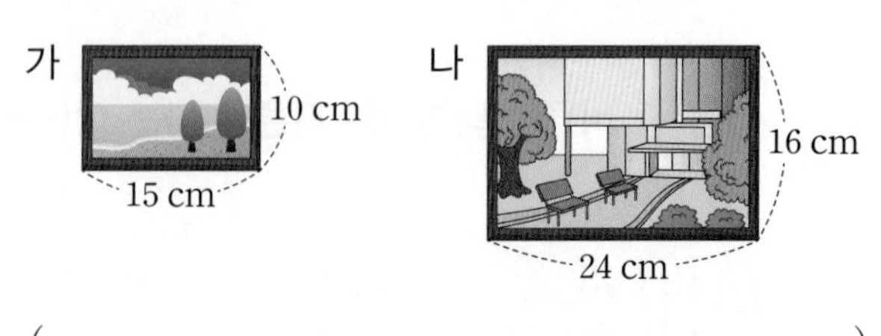

( )

17 중요 도윤이는 공원 800 m를 산책하는 데 400초가 걸렸습니다. 도윤이가 800 m를 산책하는 데 걸린 시간에 대한 산책한 거리의 비율을 구해 보세요.

( )

18 민영이는 축구공을 40번 차서 28번 골인에 성공했습니다. 민영이가 골인에 성공한 비율을 구해 보세요.

( )

19 주한이는 야구 경기에서 15타수 중 안타를 5번 쳤습니다. 주한이의 전체 타수에 대한 안타 수의 비율을 분수로 나타내어 보세요.

( )

20 어려운 문제 가 자전거와 나 자전거로 달린 거리와 걸린 시간을 나타낸 표입니다. 두 자전거 중 어느 자전거로 더 빠르게 갔는지 구해 보세요.

자전거	가	나
달린 거리(km)	50	60
걸린 시간(시간)	2	3

( )

교과서 속 응용 문제

정답과 풀이 22쪽

넓이에 대한 인구의 비율 구하기

예 현수네 마을의 넓이는 7 km^2이고 인구는 4410명입니다. 현수네 마을의 넓이에 대한 인구의 비율을 구해 보세요.

➡ (넓이에 대한 인구의 비율)$=\frac{(인구)}{(넓이)}=\frac{4410}{7}=630$

21 어느 지역의 넓이와 인구입니다. 이 지역의 넓이에 대한 인구의 비율을 구해 보세요.

넓이: 12 km^2, 인구: 780명

(　　　　　　　　)

22 경상북도의 넓이는 약 19000 km^2이고 인구는 약 2698000명입니다. 경상북도의 넓이에 대한 인구의 비율은 약 얼마인가요?

약 (　　　　　　　　)

23 빈칸에 두 마을의 넓이에 대한 인구의 비율을 각각 써넣고, 두 마을 중 인구가 더 밀집한 곳은 어디인지 구해 보세요.

마을	희망 마을	사랑 마을
인구(명)	10400	16100
넓이(km^2)	4	7
넓이에 대한 인구의 비율		

(　　　　　　　　)

㉮ 양에 대한 ㉯ 양의 비율 구하기

예 파란색 물감 15 mL와 빨간색 물감 8 mL를 섞었습니다. 빨간색 물감 양에 대한 파란색 물감 양의 비율을 구해 보세요.

➡ (빨간색 물감 양에 대한 파란색 물감 양의 비율)
$=\frac{(파란색\ 물감\ 양)}{(빨간색\ 물감\ 양)}=\frac{15}{8}$

24 우진이는 흰색 물감 120 mL와 파란색 물감 30 mL를 섞어 하늘색 물감을 만들었습니다. 흰색 물감의 양에 대한 파란색 물감 양의 비율을 구해 보세요.

(　　　　　　　　)

25 주영이는 포도 시럽 35 mL와 물을 섞어 포도주스 110 mL를 만들었습니다. 주영이가 만든 포도주스 양에 대한 포도 시럽 양의 비율을 구해 보세요.

(　　　　　　　　)

26 지현이와 수민이는 매실 원액과 물을 섞어서 매실주스를 만들었습니다. 두 사람의 매실주스의 양에 대한 매실 원액의 양의 비율을 각각 구하여 표를 완성하고, 누가 만든 매실주스가 더 진한지 구해 보세요.

	매실 원액의 양(mL)	매실주스의 양(mL)	비율
지현	90	360	
수민	100	500	

(　　　　　　　　)

교과서 개념 다지기

개념 5 백분율을 알아볼까요(1)

(1) 백분율 알아보기

- 기준량을 100으로 할 때의 비율을 백분율이라고 합니다.
- 백분율은 기호 %를 사용하여 나타냅니다.
- 비율 $\frac{70}{100}$을 70 %라 쓰고 70 퍼센트라고 읽습니다.

$\frac{1}{100}=1\ \%$

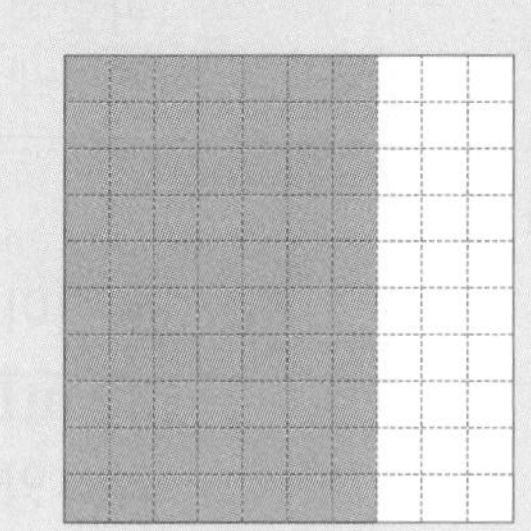

$\frac{70}{100}=70\ \%$

▸ **백분율을 사용하면 좋은 점**
두 비율을 비교할 때 기준량이 다르면 정확한 비교가 어렵기 때문에 기준량을 100으로 동일하게 맞추면 두 비율을 쉽게 비교할 수 있습니다.

▸ $\frac{■}{100}=■\ \%$
➡ ■ 퍼센트

01 □ 안에 알맞게 써넣으세요.

기준량을 □(으)로 할 때의 비율을 백분율이라고 합니다.
백분율은 기호 □을/를 사용하여 나타냅니다.
비율 $\frac{72}{100}$는 72 □(이)라 쓰고, □(이)라고 읽습니다.

02 백분율을 읽거나 백분율로 나타내어 보세요.

(1) 82 % ➡ (　　　　)

(2) 63 퍼센트 ➡ (　　　　)

03 그림을 보고 전체에 대한 색칠한 부분의 비율을 백분율로 나타내어 보세요.

(1)

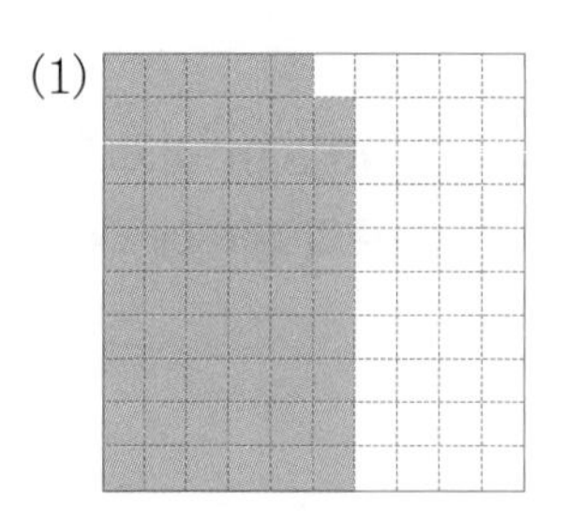

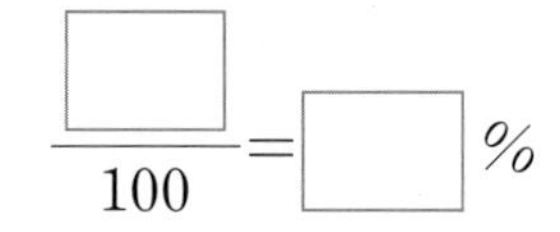

$\frac{□}{100}=□\ \%$

(2)

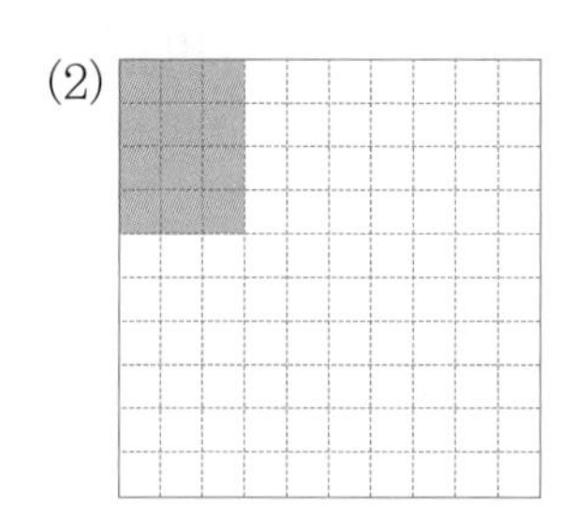

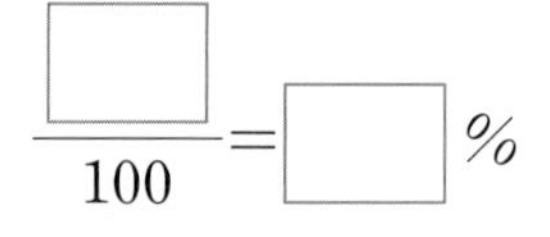

$\frac{□}{100}=□\ \%$

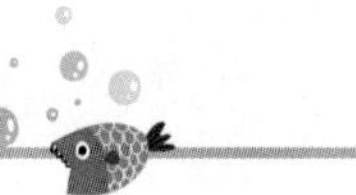

개념 6 백분율을 알아볼까요(2)

(1) 비율을 백분율로 나타내기

예 땅의 넓이는 25 m^2이고, 그중 화단의 넓이는 10 m^2입니다. 화단 넓이는 땅 넓이의 얼마인지 백분율로 나타내어 보세요.

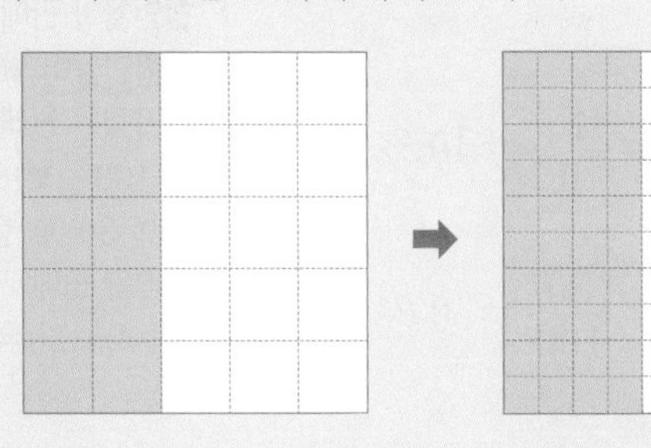

→ 100칸짜리 모눈을 왼쪽 모눈 위에 겹친 것입니다.

• 전체 칸 수에 대한 색칠한 칸 수의 비율: $\frac{10}{25}=\frac{40}{100}=0.4$

➡ 화단의 넓이는 땅의 넓이의 $\frac{10}{25}=0.4$입니다.

방법 1 기준량이 100인 비율로 나타내어 백분율로 나타내기: $\frac{10}{25}=\frac{40}{100}=40\ \%$

방법 2 비율에 100을 곱해서 나온 값에 기호 % 붙이기: $\frac{10}{25}\times100=40(\%)$

▸ 기준량이 25와 100으로 서로 달라도 두 비율은 같습니다.

▸ 소수를 백분율로 나타내기
$0.6=\frac{60}{100}\left(=\frac{6}{10}\right)$이므로
$\frac{60}{100}\times100=60(\%)$ 또는
$0.6\times100=60(\%)$

▸ 백분율을 비율로 나타낼 때에는 기호를 빼고 수를 100으로 나누면 됩니다.
예 71 % ➡ $\frac{71}{100}$

04 비율을 백분율로 나타내려고 합니다. □ 안에 알맞은 수를 써넣으세요.

(1) $\frac{9}{20}$ ➡ $\frac{9}{20}\times$ □ $=$ □ (%)

(2) 0.67 ➡ $0.67\times$ □ $=$ □ (%)

05 전체에 대한 색칠한 부분의 비율을 백분율로 나타내려고 합니다. □ 안에 알맞은 수를 써넣으세요.

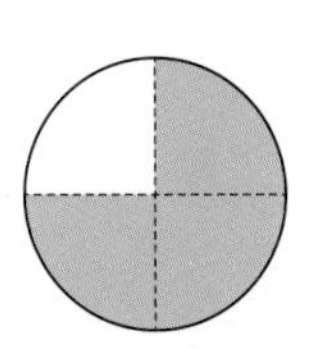

(1) 전체에 대한 색칠한 부분의 비율을 분수로 나타내면 $\frac{□}{□}$, 소수로 나타내면 □ 입니다.

(2) 전체에 대한 색칠한 부분의 비율을 백분율로 나타내면 □ $\times100=$ □ (%)입니다.

06 비율을 백분율로 바르게 나타낸 것에 ○표 하세요.

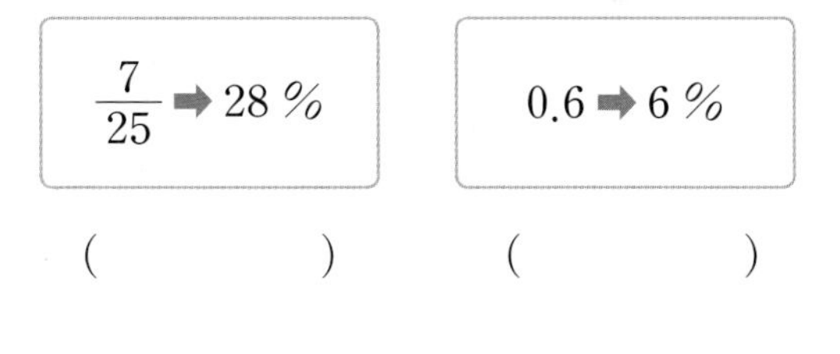

(　　　　) (　　　　)

07 백분율을 소수와 분수로 각각 나타내어 보세요.

백분율	분수	소수
37 %		

개념 7 백분율이 사용되는 경우를 알아볼까요

(1) **두 물건의 할인율 비교하기** → 할인율: 원래 가격에 대한 할인 금액의 비율

예 알뜰 시장에서 500원짜리 동화책을 300원에, 300원짜리 물병을 150원에 할인하여 판매하고 있습니다.

- 동화책의 할인율 알아보기

(할인 금액)$=500-300=200$(원) ➡ (할인율)$=\frac{200}{500}=\frac{40}{100}=40\ \%$

- 물병의 할인율 알아보기

(할인 금액)$=300-150=150$(원) ➡ (할인율)$=\frac{150}{300}=\frac{50}{100}=50\ \%$

➡ $40\ \% < 50\ \%$이므로 할인율이 더 높은 것은 물병입니다.

(2) **득표율 비교하기** → 득표율: 전체 득표수에 대한 후보의 득표수의 비율

후보	가	나	전체
득표수(표)	300	200	500

- 가 후보의 득표율: $\frac{300}{500}=\frac{60}{100}=60\ \%$
- 나 후보의 득표율: $\frac{200}{500}=\frac{40}{100}=40\ \%$

➡ $60\ \% > 40\ \%$이므로 가 후보의 득표율이 나 후보의 득표율보다 높습니다.

▶ 할인율

(할인율)$=\frac{\text{(할인 금액)}}{\text{(원래 가격)}}$

▶ 할인율과 판매 가격의 관계

- 할인율이 ■ %이면 할인된 판매 가격은 원래 가격의 (100－■)%입니다.
- 예 30 % 할인하여 판매하면 할인된 판매 가격은 원래 가격의 $100-30=70$, 70 %입니다.

▶ 득표율

(득표율)$=\frac{\text{(후보의 득표수)}}{\text{(전체 득표수)}}$

▶ 용액의 진하기

(소금물 진하기)$=\frac{\text{(소금 양)}}{\text{(소금물 양)}}$

➡ 소금물 양에 대한 소금 양의 비율이 클수록 소금물이 진합니다.

08 어느 제과점에서 20000원짜리 케이크를 할인하여 18000원에 판매하였습니다. 케이크의 할인율은 몇 %인지 구하려고 합니다. □ 안에 알맞은 수를 써넣으세요.

(1) 할인 금액을 구해 보세요.

(할인 금액)＝(원래 금액)－(판매 금액)

$=\square-18000$

$=\square$(원)

(2) 케이크의 할인율은 몇 %인지 구해 보세요.

(할인율)$=\frac{\text{(할인 금액)}}{\text{(원래 가격)}}=\frac{\square}{20000}$

➡ $\frac{\square}{20000}\times100=\square$(%)

09 수학여행을 가는 것에 찬성하는 학생 수를 조사했습니다. 1반과 2반의 찬성률은 각각 몇 %인지 구하려고 합니다. □ 안에 알맞은 수를 써넣으세요.

	1반	2반
반 전체 학생 수(명)	25	20
찬성하는 학생 수(명)	13	11

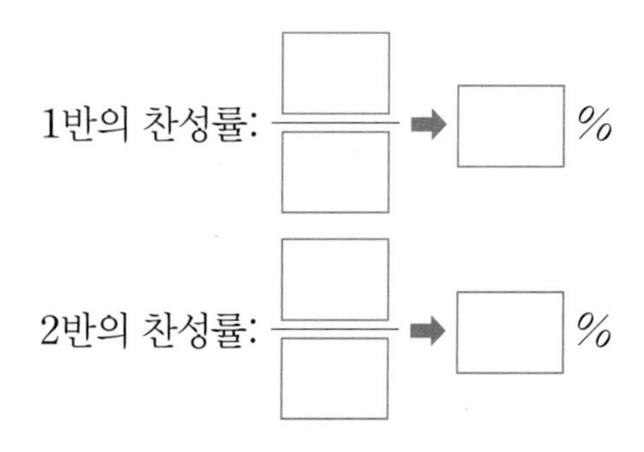

정답과 풀이 24쪽

27 백분율을 읽거나 백분율로 나타내어 보세요.

58 %	
49 퍼센트	

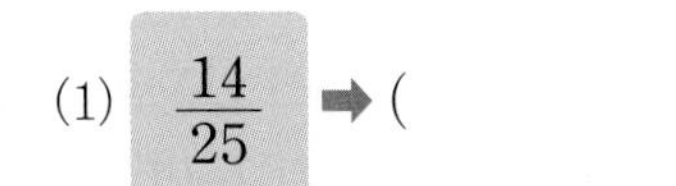

28 비율을 백분율로 나타내어 보세요.

(1) $\frac{14}{25}$ ➡ (　　　　　　)

(2) 0.3 ➡ (　　　　　　)

29 빈칸에 알맞게 써넣으세요.

중요

분수	소수	백분율
$\frac{33}{100}$	0.33	
	0.04	
$\frac{4}{25}$		

30 백분율로 바르게 나타낸 것을 모두 찾아 기호를 써 보세요.

㉠ $\frac{3}{10}$ ➡ 3 %　　㉡ 0.67 ➡ 67 %

㉢ $\frac{18}{25}$ ➡ 72 %　　㉣ 3.6 ➡ 0.36 %

(　　　　　　)

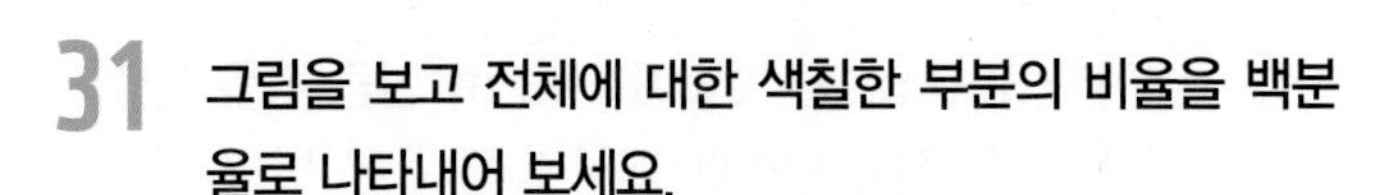

31 그림을 보고 전체에 대한 색칠한 부분의 비율을 백분율로 나타내어 보세요.

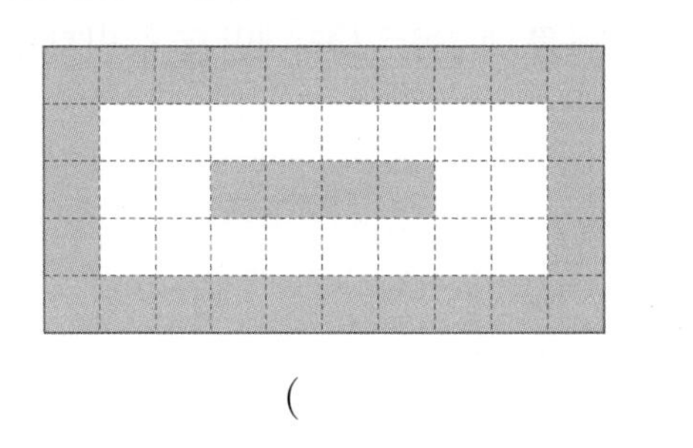

(　　　　　　)

32 비율이 다른 하나를 찾아 기호를 써 보세요.

㉠ 6의 8에 대한 비　　㉡ 0.75

㉢ $\frac{16}{20}$　　㉣ 75 %

(　　　　　　)

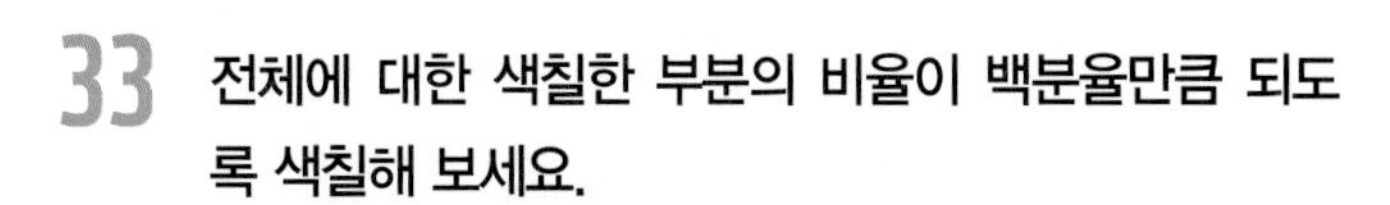

33 전체에 대한 색칠한 부분의 비율이 백분율만큼 되도록 색칠해 보세요.

25 %

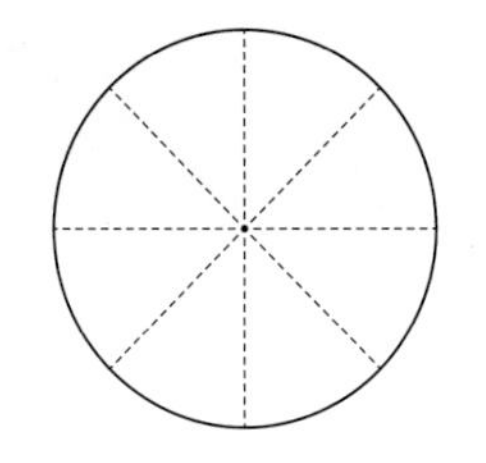

34 넓이가 $300\ m^2$인 텃밭에 $162\ m^2$만큼 파를 심었습니다. 텃밭 전체 넓이에 대한 파를 심은 밭의 넓이의 비율을 백분율로 나타내면 몇 %인지 구해 보세요.

(　　　　　　　　)

35 다음 중 잘못 설명한 학생의 이름을 쓰고, 바르게 고쳐 보세요.

> 소현: 비율 $\frac{1}{50}$을 백분율로 나타내려면 100을 곱하면 되므로 2 %입니다.
> 윤지: 비율 0.2를 백분율로 나타내면 2 %가 됩니다.

(　　　　　　　　)

바르게 고치기 ______________________

____

36 평행사변형의 밑변의 길이가 20 cm, 높이가 11 cm일 때, 밑변의 길이에 대한 높이의 비율을 백분율로 나타내어 보세요.

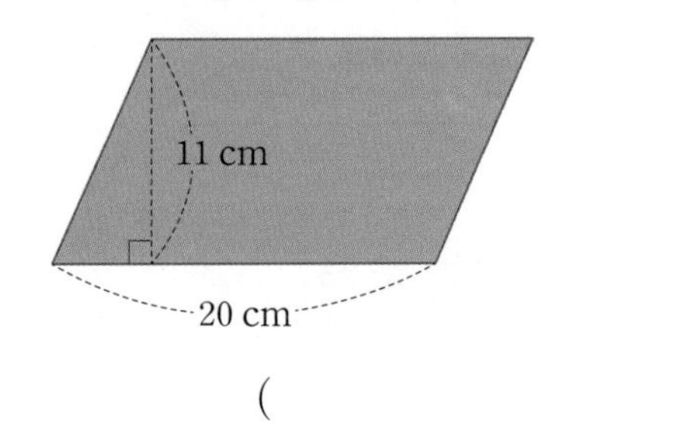

(　　　　　　　　)

37 주머니 속에 빨간색 구슬이 10개, 노란색 구슬이 4개, 파란색 구슬이 6개 들어 있습니다. 전체 구슬 수에 대한 파란색 구슬 수의 비율은 몇 %인지 구해 보세요.

(　　　　　　　　)

38 유정이는 놀이공원에 갔습니다. 원래 입장료의 30 %를 할인받을 수 있는 할인권을 가지고 갔다면 유정이가 내야 할 금액은 전체의 몇 %인지 바르게 나타낸 것은 어느 것인가요? (　　　)

① 30 %　② 40 %　③ 50 %
④ 60 %　⑤ 70 %

39 진영이는 인터넷에서 할인 쿠폰을 사용하여 20000원짜리 책을 16000원에 샀습니다. 진영이가 사용한 할인 쿠폰은 몇 %를 할인해주는 쿠폰인지 구해 보세요.

(　　　　　　　　)

40 재원이가 축구 연습을 하였습니다. 재원이는 공을 25번 차서 골대에 21번 넣었습니다. 재원이의 골 성공률은 몇 %인지 구해 보세요.

(　　　　　　　　)

41 하은이는 수학 문제를 60문제 풀고 그중 54문제를 맞혔습니다. 하은이의 정답률은 몇 %인지 구해 보세요.

( )

42 어느 공장에서 학용품을 150개 만들면 불량품이 3개 나온다고 합니다. 전체 학용품 수에 대한 불량품 수의 비율은 몇 %인지 구해 보세요.

( )

43 중요

어느 영화관에서 상영한 두 영화에 대한 설명입니다. 관람석 수에 대한 관객 수의 비율이 더 높은 영화는 어느 영화인지 구해 보세요.

가 영화: 관람석 400석당 292명이 봤습니다.
나 영화: 관람석 수에 대한 관객 수의 비율이 80 % 입니다.

( )

44 넓이가 40000 m^2인 땅에 넓이가 10000 m^2인 축구장을 만들려고 합니다. 전체 땅 넓이에 대한 축구장 넓이의 비율은 몇 %인지 구해 보세요.

( )

45 어느 은행에 50000원을 예금하고 예금 기간이 끝난 후 찾은 돈은 52500원이었습니다. 이자율은 몇 %인지 구해 보세요. (이자율: 예금한 돈에 대한 이자의 비율)

( )

46 어려운 문제

어느 가게에서 파는 물건의 원래 가격과 할인된 판매 가격을 나타낸 표입니다. 신발주머니와 축구공 중 할인율이 더 높은 물건은 무엇인지 구해 보세요.

물건	원래 가격(원)	판매 가격(원)
신발주머니	15000	12600
축구공	20000	16000

( )

교과서 속 **응용 문제**

정답과 풀이 24쪽

득표율 구하기

예 20표 중 13표를 얻었을 때의 득표율을 구해 보세요.

➡ $(\text{득표율})=\dfrac{(\text{득표수})}{(\text{전체 표수})}=\dfrac{13}{20}=\dfrac{65}{100}=65\ \%$

47 지호네 반 학급 대표 선거 투표에 25명이 참여했습니다. 각 후보의 득표율을 각각 구하여 표의 빈칸을 채워 보세요.

후보	가	나	다
득표수(표)	12	8	5
득표율(%)			

48 푸른 마을과 초록 마을의 주민 대표가 선거에서 얻은 득표수를 나타낸 표입니다. 빈칸에 두 사람의 득표율을 써넣고, 어느 마을 주민 대표의 득표율이 더 높은지 구해 보세요.

후보	푸른 마을 주민 대표	초록 마을 주민 대표
투표에 참여한 주민 수(명)	400	360
득표수(표)	192	180
득표율(%)		

( )

49 어느 마을의 회장 선거 투표에 700명이 참여했습니다. 무효표는 전체의 몇 %인지 구해 보세요.

후보	가	나	다	라	무효
득표수(표)	147	225	162	159	

( )

소금물 양에 대한 소금 양의 비율 구하기

예 소금 30 g을 녹여 소금물 200 g을 만들었을 때 소금물 양에 대한 소금 양의 비율은 몇 %인지 구해 보세요.

➡ (소금물 양에 대한 소금 양의 비율)

$=\dfrac{(\text{소금 양})}{(\text{소금물 양})}=\dfrac{30}{200}=\dfrac{15}{100}=15\ \%$

50 희주는 소금 70 g을 녹여 소금물 350 g을 만들었습니다. 희주가 만든 소금물에서 소금물 양에 대한 소금 양의 비율은 몇 %인지 구해 보세요.

( )

51 주현이는 소금 16 g을 녹여 소금물 200 g을 만들고, 지운이는 소금 30 g을 녹여 소금물 300 g을 만들었습니다. 누가 만든 소금물이 더 진한지 구해 보세요.

( )

52 수아와 민준이는 다음과 같이 소금물을 만들었습니다. 소금물 양에 대한 소금 양의 비율을 각각 구하여 누가 만든 소금물이 더 진한지 구해 보세요.

수아: 나는 소금 100 g에 물 300 g을 넣어서 소금물을 만들었어.
민준 : 나는 소금 40 g에 물 160 g을 넣어서 만들었어.

( )

정답과 풀이 26쪽

대표 응용 비율을 분수와 소수로 나타내기

1 우진이네 반 학생은 25명이고, 그중 여학생이 12명입니다. 우진이네 반 전체 학생 수에 대한 남학생 수의 비율을 분수와 소수로 각각 나타내어 보세요.

문제 스케치

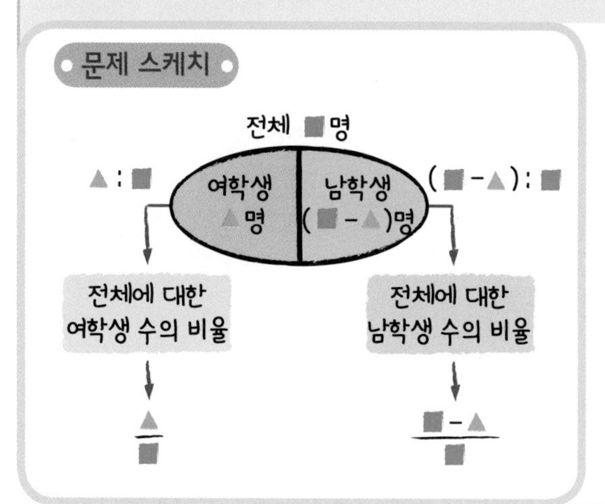

해결하기

(우진이네 반 남학생 수)$=25-\square=\square$(명)

전체 학생 수에 대한 남학생 수의 비는 $\square$: 25이므로

(비율)$=\dfrac{(\text{남학생 수})}{(\text{전체 학생 수})}=\dfrac{\square}{\square}=\square$입니다.

1-1 동전 한 개를 25번 던져서 그림면이 17번 나왔습니다. 던진 횟수에 대한 숫자면이 나온 횟수의 비율을 분수와 소수로 각각 나타내어 보세요.

분수 (　　　　　　　　), 소수 (　　　　　　　　)

1-2 간식 바구니에 과자 12개, 사탕 5개가 들어 있었습니다. 지훈이는 과자 2개를 먹고 사탕 6개를 간식 바구니에 넣어 놓았습니다. 지금 간식 바구니에 있는 과자 수에 대한 사탕 수의 비율을 분수와 소수로 각각 나타내어 보세요.

분수 (　　　　　　　　), 소수 (　　　　　　　　)

대표 응용 걸린 시간에 대한 간 거리의 비율 구하기

2 세영이네 가족은 자동차를 타고 4시간 동안 320 km를 갔습니다. 세영이네 가족이 가는 데 걸린 시간에 대한 간 거리의 비율을 구해 보세요.

문제 스케치

비율 = $\frac{\text{비교하는 양}}{\text{기준량}}$

▲에 대한 ●의 비율

➡ $\frac{●}{▲} = \frac{\text{(간 거리)}}{\text{(걸린 시간)}}$

해결하기

걸린 시간은 □시간, 간 거리는 □km이므로

걸린 시간에 대한 간 거리의 비율은

$\frac{\text{(간 거리)}}{\text{(걸린 시간)}} = \frac{□}{□} = □$입니다.

2-1 지현이네 가족은 거리가 3 km인 둘레길을 2시간 동안 걸었습니다. 지현이네 가족이 둘레길을 걷는 데 걸린 시간에 대한 걸은 거리의 비율을 소수로 나타내어 보세요.

( )

2-2 가 자동차와 나 자동차로 간 거리와 걸린 시간을 나타낸 표입니다. 두 자동차의 걸린 시간에 대한 간 거리의 비율을 비교하여 어느 자동차가 더 빠른지 구해 보세요.

자동차	가	나
간 거리(km)	180	340
걸린 시간(시간)	2	4

( )

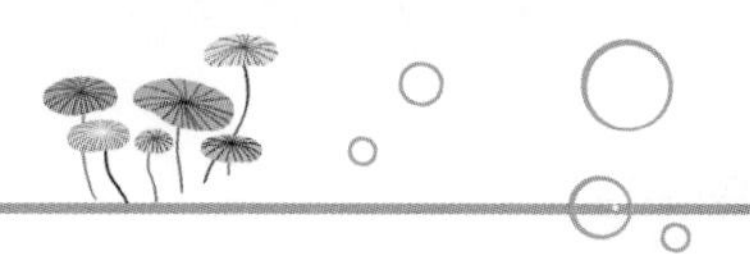

대표 응용 할인율 구하기

3 어느 장난감 가게에서 원래 가격이 2400원인 곰 인형을 할인하여 1800원에 팔고 있습니다. 곰 인형의 할인율은 몇 %인지 구해 보세요.

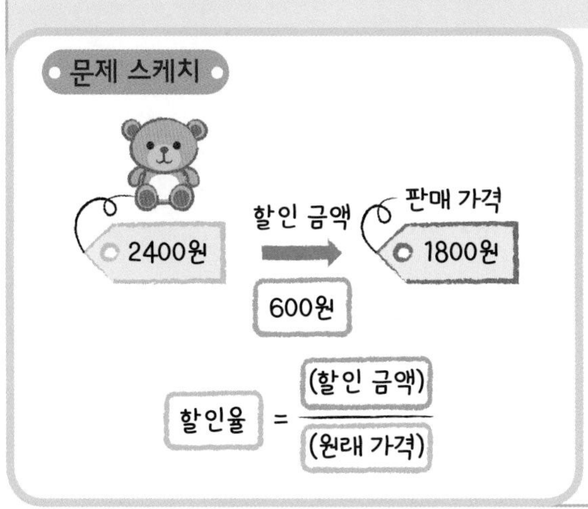

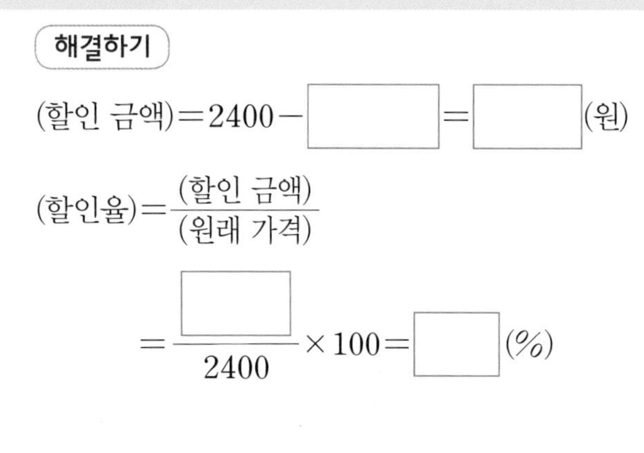
해결하기

(할인 금액)=2400−☐=☐(원)

(할인율)=$\frac{(할인\ 금액)}{(원래\ 가격)}$

=$\frac{☐}{2400}$×100=☐(%)

3-1 어느 음식점에서 원래 가격이 12000원인 음식을 할인 받아 9600원에 사 먹었습니다. 이 음식의 할인율은 몇 %인지 구해 보세요.

(　　　　　　　)

3-2 어느 마트에서 과자를 할인하여 판매하고 있습니다. 다음은 각 과자별로 한 개당 원래 가격과 판매 가격을 나타낸 표입니다. 할인율이 두 번째로 높은 과자는 무엇인지 구해 보세요.

과자	초코 과자	막대 과자	새우 과자
원래 가격(원)	1200	1500	900
판매 가격(원)	840	1200	810

(　　　　　　　)

대표 응용 소금물 양에 대한 소금 양의 비율 구하기

4 선호는 물 70 g에 소금 20 g을 넣어 소금물을 만들었습니다. 잠시 뒤 동생이 이 소금물에 소금 10 g을 더 넣었습니다. 새로 만든 소금물에서 소금물 양에 대한 소금 양의 비율은 몇 %인지 구해 보세요.

문제 스케치

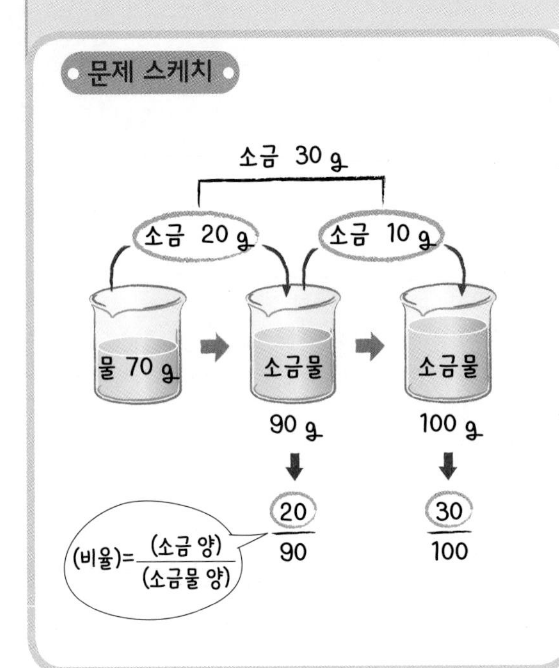

해결하기

(새로 만든 소금물 양)
=(선호가 넣은 물 양)+(선호가 넣은 소금 양)
+(동생이 더 넣은 소금 양)
=□+20+□=□(g)

(소금 양)=(선호가 넣은 소금 양)+(동생이 더 넣은 소금 양)
=□+□=□(g)

따라서 새로 만든 소금물 양에 대한 소금 양의 비율은

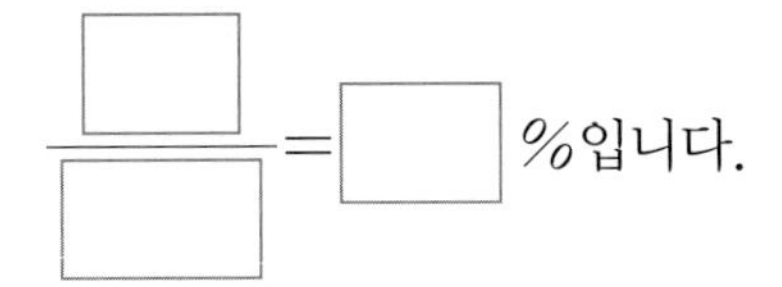

□/□=□%입니다.

4-1 나영이는 물 210 g에 소금 50 g을 넣어 소금물을 만들었습니다. 잠시 뒤 동생이 이 소금물에 소금 20 g을 더 넣었습니다. 새로 만든 소금물에서 소금물 양에 대한 소금 양의 비율은 몇 %인지 구해 보세요.

( )

4-2 진우는 물 144 g에 소금 15 g을 넣어 소금물을 만들었습니다. 잠시 뒤 진우가 소금을 7 g씩 3번 더 넣었다면, 새로 만든 소금물에서 소금물 양에 대한 소금 양의 비율은 몇 %인지 구해 보세요.

( )

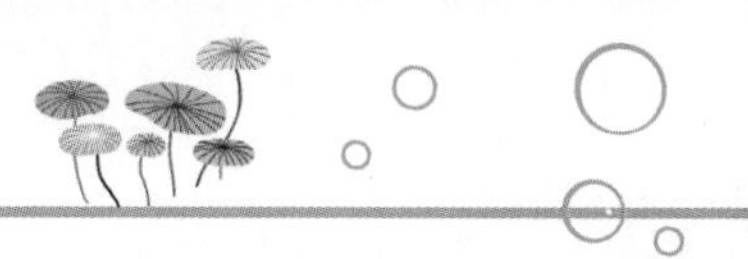

대표 응용 예금 이자율 구하기

5 두리는 100000원을 은행에 1년 동안 정기 예금하였습니다. 1년 후 찾은 돈이 105000원이라면, 두리의 예금 이자율은 몇 %인지 구해 보세요.

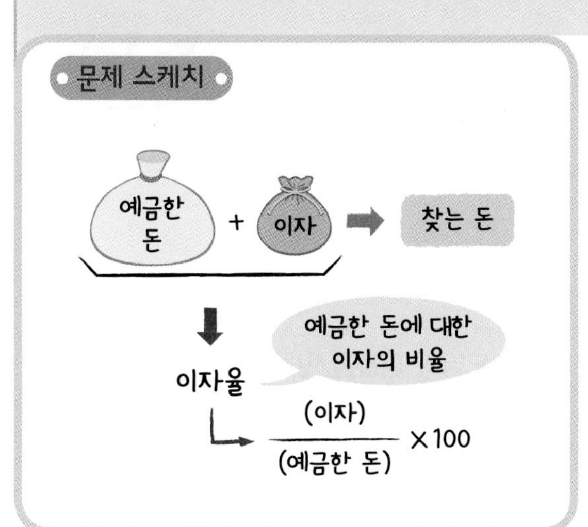

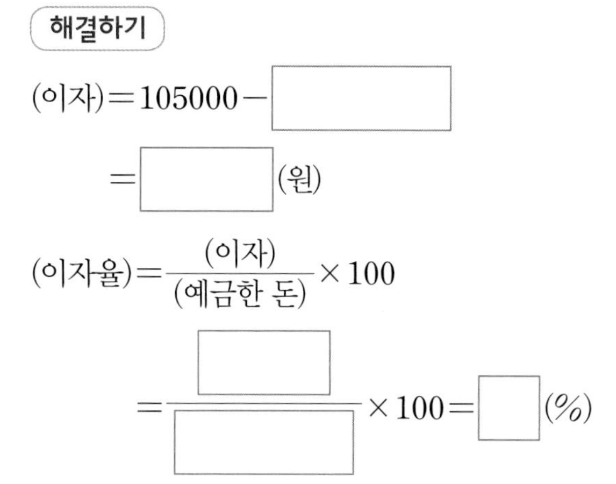

5-1 가 은행과 나 은행에 같은 기간 동안 예금한 돈과 찾은 돈이 다음과 같습니다. 이자율이 더 높은 은행은 어디인지 구해 보세요.

은행	예금한 금액(원)	찾은 금액(원)
가 은행	40000	42400
나 은행	50000	52500

( )

5-2 세 친구가 1년 동안 각각 다음 표와 같이 정기 예금을 하고 이자를 비교해 보았습니다. 정기 예금 이자율이 가장 높은 곳에 예금한 친구를 찾아 쓰고 이자율은 몇 %인지 구해 보세요.

이름	예금한 금액(원)	찾은 금액(원)
진성	20000	20800
윤채	10000	10600
희경	50000	51000

( ), ( )

단원 평가 LEVEL ❶

01 사과 수와 배 수를 비교하려고 합니다. □ 안에 알맞은 수를 써넣으세요.

방법 1 뺄셈으로 비교하기

$8-4=$ □, 사과는 배보다 □ 개 더 많습니다.

방법 2 나눗셈으로 비교하기

$8\div4=$ □, 사과 수는 배 수의 □ 배입니다.

02 직사각형의 가로와 세로를 두 가지 방법으로 비교하여 설명해 보세요.

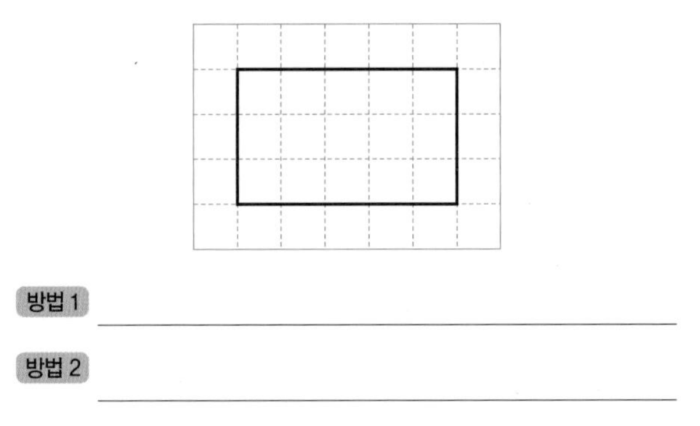

방법 1 ______________________

방법 2 ______________________

03 비를 보고 □ 안에 알맞은 수를 써넣으세요.

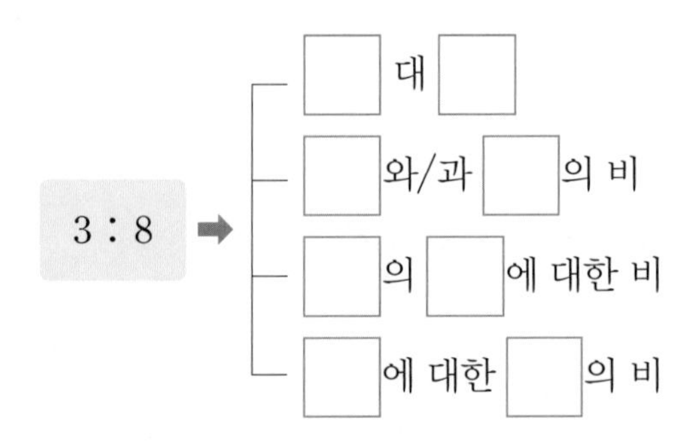

04 그림을 보고 전체에 대한 색칠한 부분의 비를 구해 보세요.

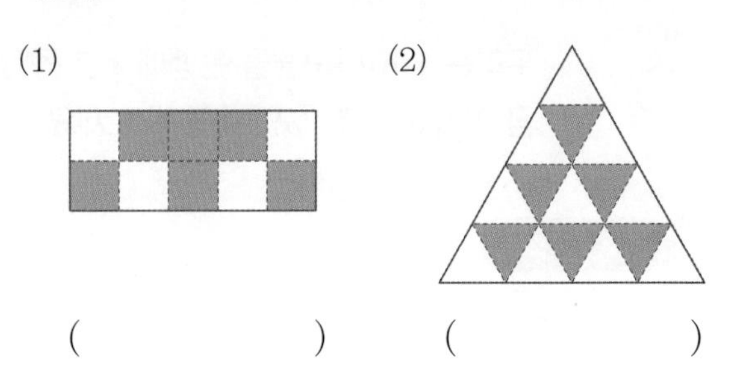

( ) ( )

05 윤아는 부모님과 피클을 만들고 있습니다. 피클을 만들기 위하여 설탕을 400 g, 식초를 600 g 사용하였다면, 설탕 양에 대한 식초 양의 비를 써 보세요.

( )

06 기준량을 나타내는 수가 다른 하나를 찾아 기호를 써 보세요.

㉠ 6 : 7
㉡ 6과 7의 비
㉢ 6에 대한 7의 비
㉣ 7에 대한 6의 비

( )

07 비를 보고 비율을 분수와 소수로 각각 나타내어 보세요.

20에 대한 15의 비

분수 ( )
소수 ( )

08 빨간색 페인트 9 L에 흰색 페인트 20 L을 섞어서 분홍색 페인트를 만들었습니다. 흰색 페인트 양에 대한 빨간색 페인트 양의 비율을 구해 보세요.

( )

09 직사각형의 가로에 대한 세로의 비율을 분수로 나타내어 보세요.

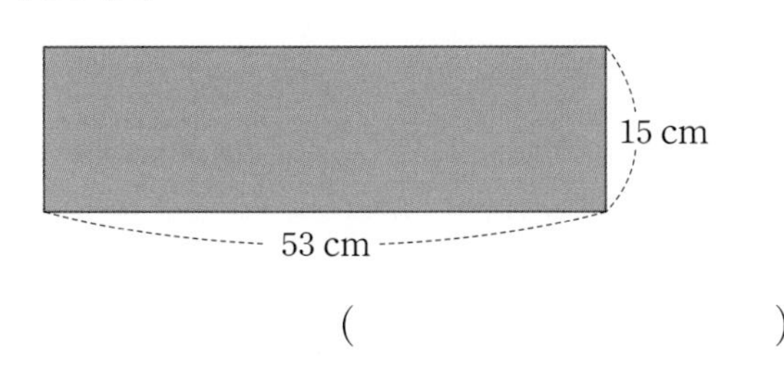

( )

10 중요 두 지역의 넓이에 대한 인구의 비율을 각각 구하여 표를 완성해 보세요.

지역	넓이(km^2)	인구(명)	넓이에 대한 인구의 비율
㉮ 지역	10	2450	
㉯ 지역	12	2400	

11 가 오토바이는 휘발유 4 L를 넣으면 76 km를 달리고, 나 오토바이는 휘발유 5 L를 넣으면 90 km를 달립니다. 가와 나 오토바이 중에서 넣은 휘발유 양에 대한 달린 거리의 비율이 더 높은 오토바이는 무엇인지 구해 보세요.

( )

12 비를 비율로 나타내려고 합니다. 빈칸에 알맞게 써넣으세요.

비	비율(분수)	비율(소수)	백분율
7의 10에 대한 비			

13 그림을 보고 전체에 대한 색칠한 부분의 비율을 백분율로 나타내어 보세요.

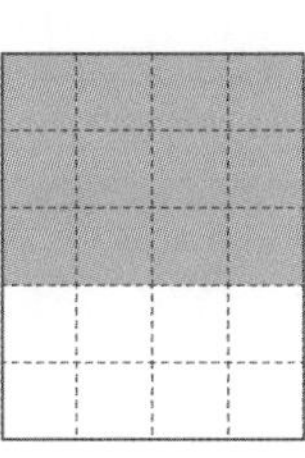

( )

14 비율을 비교하여 ○ 안에 >, =, <를 알맞게 써넣으세요.

1.12  100%

4 단원

15 규리는 농구골대에 공을 25번 던져서 17번 성공했습니다. 규리의 골 성공률은 몇 %인지 구해 보세요.

(　　　　　　　　　)

16 중요

비율 중에서 기준량이 비교하는 양보다 작은 것을 모두 고르세요. (　　　　　)

① 1　　② $\frac{3}{20}$　　③ 1.25

④ 0.95　　⑤ 120 %

17 전교 어린이 회장 선거에서 6학년 학생들 400명의 득표수가 다음과 같았습니다. 각 후보의 득표율을 구하여 표를 완성해 보세요.

후보	A	B	C
득표수(표)	140	172	88
득표율(%)			

18 어려운 문제

가 비커와 나 비커에 각각 들어 있는 설탕물 양과 설탕물에 녹아 있는 설탕 양입니다. 두 비커의 설탕물 양에 대한 설탕 양의 비율을 비교하여 어느 비커의 설탕물이 더 진한지 구해 보세요.

비커	가	나
설탕물 양(g)	200	320
설탕 양(g)	48	64

(　　　　　　　　　)

서술형 문제

19 대여 시간에 따른 자전거 대여료와 킥보드 대여료를 나타낸 것입니다. 표를 완성하고 자전거 대여료와 킥보드 대여료를 뺄셈으로 비교한 경우와 나눗셈으로 비교한 경우에는 어떤 차이가 있는지 설명해 보세요.

대여 시간(분)	10	20	30	40
자전거 대여료(원)	1000	2000	3000	
킥보드 대여료(원)	2000	4000		

설명

20 준하네 반 36명 중 수학 학습지를 모두 푼 학생은 27명이고 나머지 학생들은 아직 수학 학습지를 모두 풀지 못했습니다. 반 전체 학생 수에 대한 학습지를 모두 풀지 못한 학생 수의 비율은 몇 %인지 풀이 과정을 쓰고 답을 구해 보세요.

풀이

답

정답과 풀이 29쪽

01 꽃병 한 개에 장미꽃을 3송이씩 꽂으려고 합니다. 장미꽃의 수와 꽃병의 수를 뺄셈과 나눗셈으로 비교해 보세요.

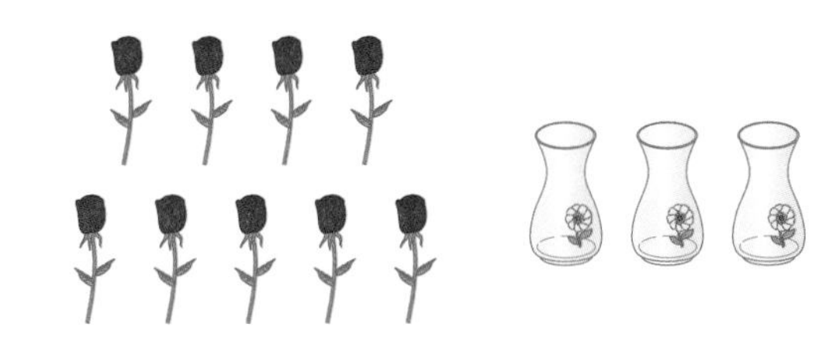

(1) 뺄셈으로 비교하기

____

(2) 나눗셈으로 비교하기

____

02 경민이네 반은 한 모둠이 4명으로 구성되어 있습니다. 선생님께서 과학 시간에 비커를 한 모둠에 2개씩 나누어 주신다고 할 때 모둠 수에 따른 학생 수와 비커 수를 나눗셈으로 비교해 보세요.

( )

03 비 6 : 5를 바르게 나타낸 것을 모두 고르세요.

( )

① 6 대 5
② 6에 대한 5의 비
③ 5에 대한 6의 비
④ 6의 5에 대한 비
⑤ 5의 6에 대한 비

04 전체에 대한 색칠한 부분의 비가 9 : 15가 되도록 색칠해 보세요.

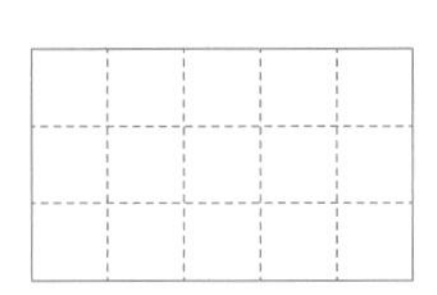

05 기준량이 비교하는 양보다 큰 것을 모두 찾아 기호를 써 보세요.

㉠ 7 : 3
㉡ 8에 대한 15의 비
㉢ 4와 19의 비
㉣ 13의 24에 대한 비

( )

06 관계있는 것끼리 선으로 이어 보세요.

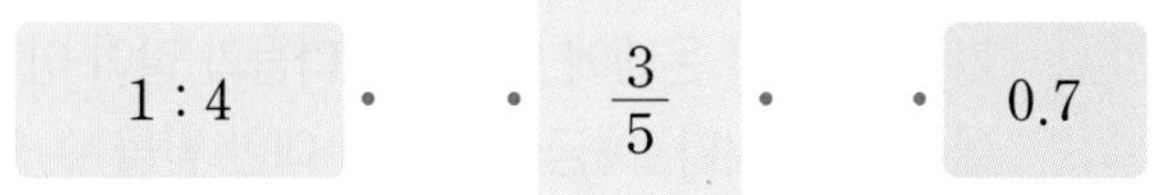

1 : 4	$\frac{3}{5}$	0.7
3 대 5	$\frac{1}{4}$	0.6
10에 대한 7의 비	$\frac{7}{10}$	0.25

07 삼각형의 밑변의 길이는 8 cm, 높이는 6 cm입니다. 삼각형의 밑변의 길이에 대한 높이의 비율은 얼마인가요?

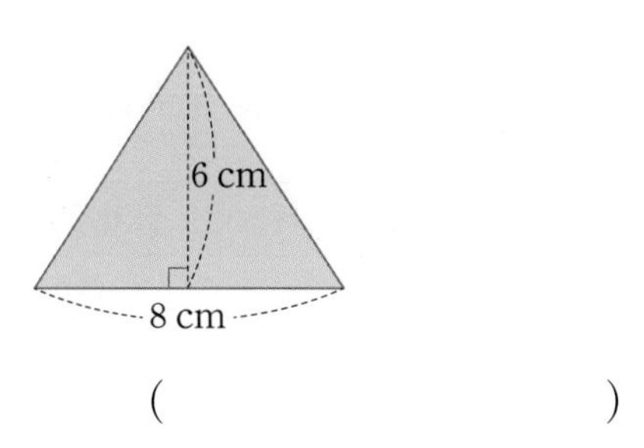

( )

08 승민이가 동전 한 개를 10번 던져서 나온 면을 나타낸 표입니다. 동전을 던진 횟수에 대한 숫자면이 나온 횟수의 비율을 분수와 소수로 각각 나타내어 보세요.

회차	1회	2회	3회	4회	5회
나온 면	숫자	그림	숫자	숫자	그림
회차	6회	7회	8회	9회	10회
나온 면	숫자	그림	숫자	그림	숫자

분수 (　　　　　　), 소수 (　　　　　　)

09 중요

가 은행과 나 은행에 예금하면 다음과 같이 이자를 받을 수 있습니다. 예금한 금액에 대한 받을 수 있는 이자의 비율이 더 높은 은행은 어디인가요?

은행	예금한 금액(원)	이자(원)
가 은행	60000	2400
나 은행	100000	3000

(　　　　　　)

10 어느 마트에서 하루 동안 팔린 사탕의 수를 정리한 표입니다. 하루 동안 팔린 전체 사탕 수에 대한 딸기 맛 사탕 수의 비율을 분수로 나타내어 보세요.

초콜릿 맛 사탕	딸기 맛 사탕	오렌지 맛 사탕
5개	11개	4개

(　　　　　　)

11 어려운 문제

수진이는 흰색 물감 200 mL에 빨간색 물감 150 mL를 섞고, 민우는 흰색 물감 250 mL에 빨간색 물감 200 mL를 섞어서 분홍색 물감을 만들었습니다. 만든 분홍색 물감 양에 대한 빨간색 물감 양의 비율을 비교하여 누가 만든 분홍색이 더 진한지 구해 보세요.

(　　　　　　)

12 빈칸에 알맞게 써넣으세요.

비 \ 비율	분수	소수	백분율
9 : 20			

13 그림을 보고 전체에 대한 색칠한 부분의 비율을 백분율로 나타내어 보세요.

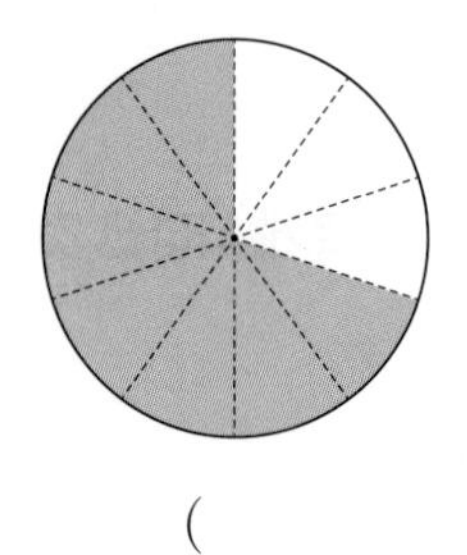

(　　　　　　)

14 장난감 공장에서 장난감을 하루에 300개씩 만들고 있습니다. 매일 불량품이 6개씩 나온다면, 이 공장의 전체 장난감 수에 대한 불량품 수의 비율을 백분율로 나타내어 보세요.

(　　　　　　)

15 백분율만큼 모눈종이에 색칠해 보세요.

(1) 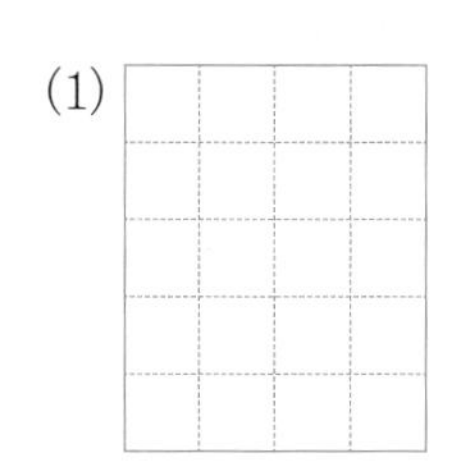

20 %

(2) 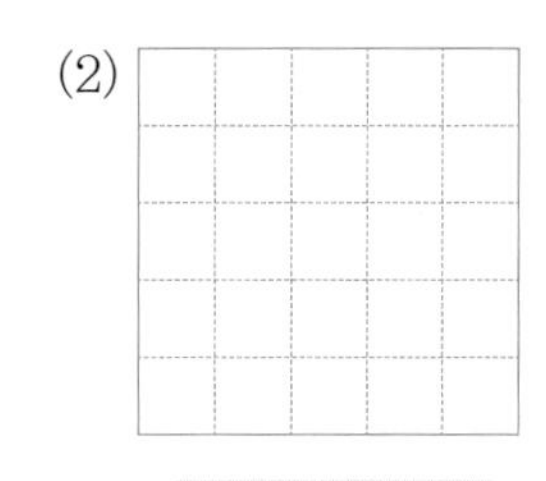

60 %

16 주머니에 공이 40개 들어 있습니다. 그중 40 %가 농구공이라고 합니다. 농구공은 모두 몇 개인지 구해 보세요.

( )

17 중요 승우는 15000원인 모자를 할인 받아 9750원에 구입하였습니다. 모자의 할인율은 몇 %인지 구해 보세요.

( )

18 소금이 담겨 있는 비커에 물 210 g을 넣어 소금물 230 g을 만들었습니다. 이 소금물에 소금을 50 g 더 넣는다면 소금물 양에 대한 소금 양의 비율은 몇 %인지 구해 보세요.

( )

서술형 문제

19 세 마을의 넓이에 대한 인구의 비율을 각각 구하고, 세 마을 중 인구가 가장 밀집한 곳은 어디인지 구하려고 합니다. 풀이 과정을 쓰고 답을 구해 보세요.

마을	넓이(km^2)	인구(명)	넓이에 대한 인구의 비율
가	15	6000	
나	30	9300	
다	20	7000	

풀이

답

20 성호, 민정, 가빈이가 농구공 던져 넣기를 하였습니다. 세 사람 중에서 성공률이 가장 높은 사람은 누구인지 풀이 과정을 쓰고 답을 구해 보세요.

- 성호: 난 25개의 공을 던져 19개를 성공시켰어.
- 민정: 나의 성공률은 72 %야.
- 가빈: 난 20개의 공을 던져 13개를 성공시켰어.

풀이

답

지원이와 친구들은 학교 개교기념일을 맞아 우리 학교에 대해 조사하여 학교 신문을 만들기로 하였어요. 우리 학교의 학생들과 학교에 대해 재미있는 정보들을 조사해 본 후, 지금까지 배웠던 다양한 그래프로 나타내어 학교 신문에 소개해 보려고 해요. 어떤 주제의 자료를 어떤 그래프로 나타내는 것이 효과적일까요?

이번 5단원에서는 여러 가지 그래프에 대해 배울 거예요.

5 여러 가지 그래프

단원 학습 목표

1. 자료를 그림그래프로 나타낼 수 있습니다.
2. 전체에 대한 각 부분의 비율을 나타낼 수 있는 띠그래프를 알 수 있습니다.
3. 표를 보고 띠그래프로 나타낼 수 있습니다.
4. 전체에 대한 각 부분의 비율을 나타낼 수 있는 원그래프를 알 수 있습니다.
5. 표를 보고 원그래프로 나타낼 수 있습니다.
6. 그래프를 보고 해석할 수 있습니다.
7. 여러 가지 그래프를 비교해서 그래프의 종류와 특징을 알 수 있습니다.

단원 진도 체크

학습일		학습 내용	진도 체크
1일째	월 일	개념 1 그림그래프로 나타내어 볼까요 개념 2 띠그래프를 알아볼까요 개념 3 띠그래프로 나타내어 볼까요 개념 4 원그래프를 알아볼까요 개념 5 원그래프로 나타내어 볼까요	✓
2일째	월 일	교과서 넘어 보기 + 교과서 속 응용 문제	✓
3일째	월 일	개념 6 그래프를 해석해 볼까요 개념 7 여러 가지 그래프를 비교해 볼까요	✓
4일째	월 일	교과서 넘어 보기 + 교과서 속 응용 문제	✓
5일째	월 일	응용 1 가장 많은 양과 가장 적은 양의 차 구하기 응용 2 모르는 항목의 수를 구하고 그래프로 나타내기 응용 3 항목의 수를 이용하여 전체의 수 구하기	✓
6일째	월 일	응용 4 전체의 수를 이용하여 항목의 수 구하기 응용 5 연관된 두 그래프 해석하기	✓
7일째	월 일	단원 평가 LEVEL ❶	✓
8일째	월 일	단원 평가 LEVEL ❷	✓

이 단원을 진도 체크에 맞춰 8일 동안 학습해 보세요.
해당 부분을 공부하고 나서 ✓표를 하세요.

개념 1 그림그래프로 나타내어 볼까요

(1) 그림그래프를 보고 알 수 있는 사실 알아보기

예 권역별 초등학교 수

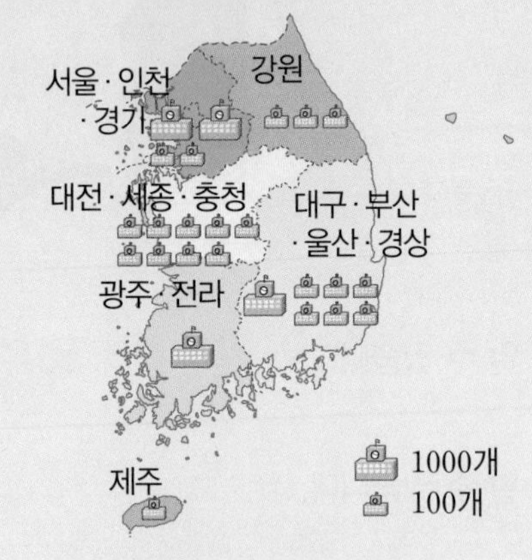

- 은 1000개, 은 100개를 나타냅니다.
- 서울·인천·경기 권역의 초등학교는 2200개입니다.
- 초등학교가 가장 많은 권역은 서울·인천·경기입니다.
- 초등학교가 가장 적은 권역은 제주입니다.

(2) 그림그래프로 나타내기

지역별 초등학교 입학자 수

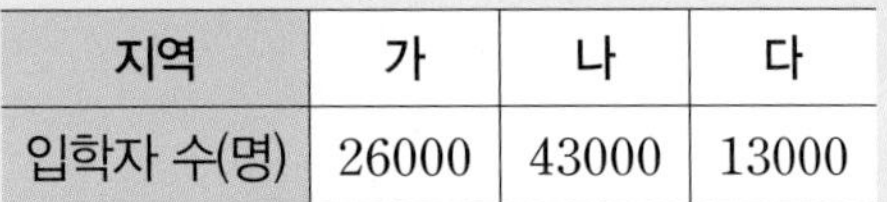

지역	가	나	다
입학자 수(명)	26000	43000	13000

지역별 초등학교 입학자 수

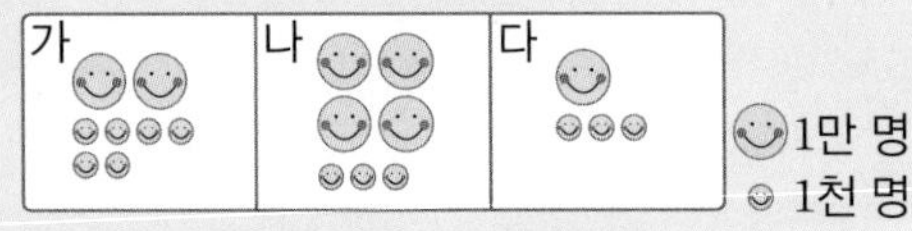

1만 명
1천 명

- 1만 명은 , 1천 명은 으로 하여 그래프로 나타냅니다.

▶ 그림그래프로 나타내면 좋은 점
- 권역별 자료의 내용을 쉽게 알아 볼 수 있습니다.
- 자료가 무엇을 나타내는지 쉽게 알 수 있습니다.
- 숫자 대신 그림의 크기로 많고 적음을 나타내어 복잡한 자료를 간단하게 보여 줄 수 있습니다.

▶ 그림그래프로 나타내는 방법
① 단위를 몇 가지로 나타낼 것인지 정하기
② 어떤 그림으로 나타낼 것인지 정하기
③ 조사한 수에 맞도록 그림 그리기
④ 알맞은 제목 붙이기

01 권역별 콩 생산량을 나타낸 그림그래프입니다. □ 안에 알맞게 써넣으세요.

권역별 콩 생산량

(1) 은 □ t을, 은 □ t을 나타냅니다.

(2) 강원 권역의 콩 생산량은 □ t입니다.

02 국가별 인구수를 조사한 표입니다. 표를 보고 그림그래프를 완성해 보세요.

국가별 인구수

국가	한국	영국	브라질	미국
인구수(명)	5천만	7천만	2억 1천만	3억 3천만

국가별 인구수

국가	인구수
한국	
영국	
브라질	
미국	

1억 명 1천만 명

정답과 풀이 31쪽

개념 2 띠그래프를 알아볼까요

(1) 띠그래프 알아보기

예) 좋아하는 과일별 학생 수

과일	사과	바나나	포도	기타	합계
학생 수(명)	18	12	8	12	50

조사한 전체 학생 수에 대한 과일별 학생 수의 백분율 구하기

- 사과: $\frac{18}{50} \times 100 = 36\ (\%)$
- 바나나: $\frac{12}{50} \times 100 = 24\ (\%)$
- 포도: $\frac{8}{50} \times 100 = 16\ (\%)$
- 기타: $\frac{12}{50} \times 100 = 24\ (\%)$

좋아하는 과일별 학생 수

과일	사과	바나나	포도	기타	합계
백분율(%)	36	24	16	24	100

좋아하는 과일별 학생 수

0 10 20 30 40 50 60 70 80 90 100 (%)

사과 (36 %)	바나나 (24 %)	포도 (16 %)	기타 (24 %)

- 가장 많은 학생들이 좋아하는 과일은 사과입니다.
- 바나나와 기타 과일을 좋아하는 학생의 비율은 서로 같습니다.

전체에 대한 각 부분의 비율을 띠 모양에 나타낸 그래프를 띠그래프라고 합니다.

▶ 띠그래프의 특징
- 전체에 대한 각 부분의 비율을 한 눈에 알아보기 쉽습니다.
- 각 항목끼리의 비율도 쉽게 비교할 수 있습니다.
- 백분율의 합계는 항상 100 %입니다.

▶ 실생활에서 띠그래프 사용의 예
- 학교 친구들의 혈액형 비율
- 친구들이 좋아하는 운동의 비율
- 전교 회장의 선거 득표율

03 헤지네 학교 6학년 학생들의 혈액형을 조사하여 나타낸 표입니다. □ 안에 알맞게 써넣으세요.

혈액형별 학생 수

혈액형	A형	B형	O형	AB형	합계
학생 수(명)	58	52	60	30	200
백분율(%)	29	26	30	15	100

혈액형별 학생 수

0 10 20 30 40 50 60 70 80 90 100 (%)

A형 (29 %)	B형 (26 %)	O형 (30 %)	AB형 (15 %)

(1) 그림과 같이 전체에 대한 각 부분의 비율을 띠 모양에 나타낸 그래프를 □(이)라고 합니다.

(2) 혜지네 학교 6학년 학생은 모두 □명입니다.

(3) 가장 많은 학생의 혈액형은 □형입니다.

(4) 전체 6학년 학생 수에 대한 AB형인 학생 수의 백분율은 □%입니다.

개념 3 띠그래프로 나타내어 볼까요

(1) 띠그래프로 나타내는 방법

① 자료를 보고 각 항목의 백분율을 구합니다.

② 각 항목의 백분율의 합계가 100 %가 되는지 확인합니다.

③ 각 항목이 차지하는 백분율의 크기만큼 선을 그어 띠를 나눕니다.

④ 나눈 부분에 각 항목의 내용과 백분율을 씁니다.

⑤ 띠그래프의 제목을 씁니다. → 제목을 쓰는 순서는 바뀔 수 있습니다.

(2) 띠그래프로 나타내기

예) **취미 활동별 학생 수**

취미 활동	독서	운동	보드게임	그림 그리기	기타	합계
학생 수(명)	90	50	30	20	10	200
백분율(%)	45	25	15	10	5	100

취미 활동별 학생 수

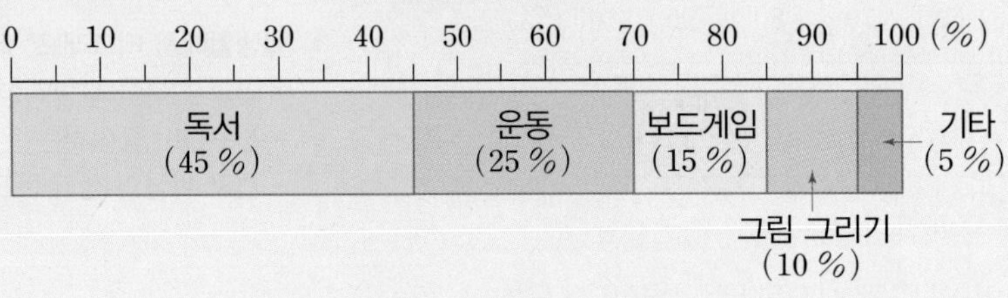

▶ 띠그래프의 제목은 가장 먼저 쓰거나 백분율을 구한 다음 쓸 수도 있습니다.

▶ 백분율 구하기

독서: $\frac{90}{200} \times 100 = 45(\%)$

운동: $\frac{50}{200} \times 100 = 25(\%)$

보드게임: $\frac{30}{200} \times 100 = 15(\%)$

그림 그리기: $\frac{20}{200} \times 100 = 10(\%)$

기타: $\frac{10}{200} \times 100 = 5(\%)$

▶ 비율이 낮은 경우 항목의 내용과 백분율을 적기 어려울 때에는 화살표를 사용하여 그래프 밖에 내용과 백분율을 쓸 수 있습니다.

04 **하늘이네 학교 학생들이 배우고 싶은 악기를 조사하여 나타낸 표입니다. 물음에 답하세요.**

배우고 싶은 악기별 학생 수

악기	리코더	피아노	단소	우쿨렐레	합계
학생 수(명)	81	96	72	51	300
백분율(%)	27			17	

(1) 전체 학생 수에 대한 피아노, 단소를 배우고 싶은 학생 수의 백분율을 각각 구하려고 합니다. □ 안에 알맞은 수를 써넣으세요.

피아노: $\frac{96}{300} \times 100 = \square (\%)$

단소: $\frac{72}{300} \times 100 = \square (\%)$

(2) □ 안에 알맞은 수를 써넣으세요.

각 악기별 백분율을 모두 더하면 □ % 입니다.

(3) 표의 빈칸에 알맞은 수를 써넣으세요.

(4) 띠그래프를 완성해 보세요.

배우고 싶은 악기별 학생 수

0 10 20 30 40 50 60 70 80 90 100 (%)

리코더 (27 %)		우쿨렐레 (17 %)

개념 4 원그래프를 알아볼까요

(1) 원그래프 알아보기

예) 좋아하는 색깔별 학생 수

색깔	빨간색	노란색	초록색	기타	합계
학생 수(명)	8	4	3	5	20

조사한 전체 학생 수에 대한 좋아하는 색깔별 학생 수의 백분율 구하기

- 빨간색: $\frac{8}{20} \times 100 = 40(\%)$
- 노란색: $\frac{4}{20} \times 100 = 20(\%)$
- 초록색: $\frac{3}{20} \times 100 = 15(\%)$
- 기타: $\frac{5}{20} \times 100 = 25(\%)$

좋아하는 색깔별 학생 수

색깔	빨간색	노란색	초록색	기타	합계
백분율(%)	40	20	15	25	100

좋아하는 색깔별 학생 수

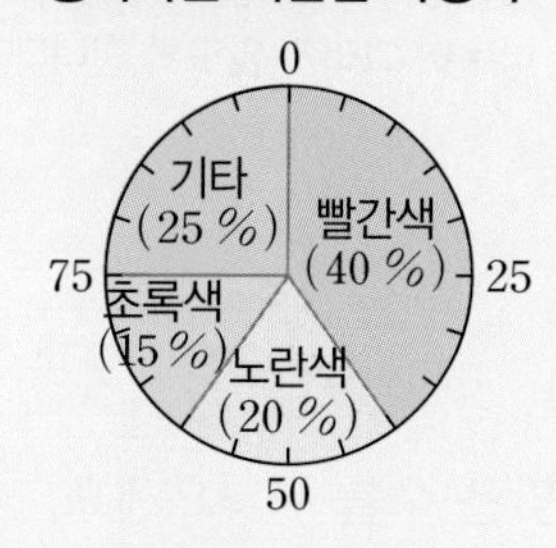

- 초록색을 좋아하는 학생은 전체의 15 %입니다.
- 가장 많은 학생들이 좋아하는 색깔은 빨간색입니다.
- 빨간색을 좋아하는 학생 수는 노란색을 좋아하는 학생 수의 $40 \div 20 = 2$(배)입니다.

전체에 대한 각 부분의 비율을 원 모양에 나타낸 그래프를 원그래프라고 합니다.

▶ 백분율의 합계는 항상 100 %입니다.

▶ 원그래프의 특징
- 전체에 대한 각 항목의 비율을 쉽게 알아볼 수 있습니다.
- 각 항목끼리의 비율도 쉽게 비교할 수 있습니다.
- 작은 비율까지도 비교적 쉽게 나타낼 수 있습니다.

▶ 원그래프로 나타내기 좋은 예
- 동시간대 텔레비전 프로그램 시청률
- 음식에 들어 있는 영양소 성분의 비율

▶ 원그래프와 띠그래프의 공통점
- 비율그래프입니다.
- 전체를 100 %로 하여 전체에 대한 각 부분의 비율을 알기 편합니다.

▶ 원그래프와 띠그래프의 차이점

띠그래프는 가로를 100등분하여 띠 모양으로 그린 것이고, 원그래프는 원의 중심을 100등분하여 원 모양으로 그린 것입니다.

05 재원이네 반 학생들이 좋아하는 과목을 조사하여 나타낸 원그래프입니다. □ 안에 알맞은 말이나 수를 써넣으세요.

좋아하는 과목별 학생 수

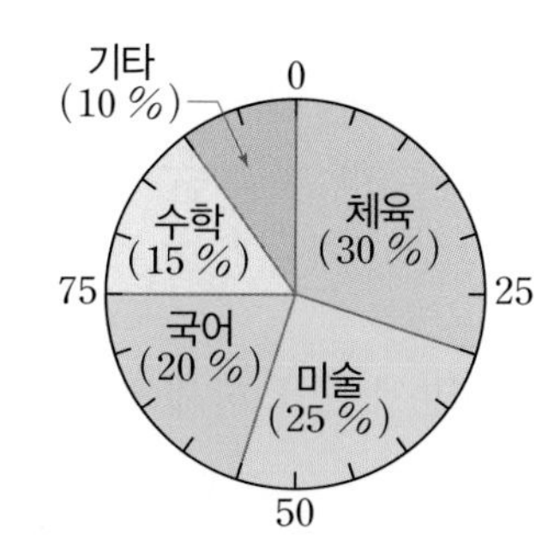

(1) 그림과 같이 전체에 대한 각 과목의 비율을 원 모양에 나타낸 그래프를 □(이)라고 합니다.

(2) 미술을 좋아하는 학생은 전체의 □ %입니다.

(3) 가장 많은 학생들이 좋아하는 과목은 □ 입니다.

(4) 체육을 좋아하는 학생 수는 수학을 좋아하는 학생 수의 $30 \div 15 =$ □ (배)입니다.

5 단원

개념 5 원그래프로 나타내어 볼까요

(1) 원그래프로 나타내는 방법

① 자료를 보고 각 항목의 백분율을 구합니다.

② 각 항목의 백분율의 합계가 100 %가 되는지 확인합니다.

③ 각 항목이 차지하는 백분율의 크기만큼 선을 그어 원을 나눕니다.

④ 나눈 부분에 각 항목의 내용과 백분율을 씁니다.

⑤ 원그래프의 제목을 씁니다. → 제목을 쓰는 순서는 바뀔 수 있습니다.

(2) 원그래프로 나타내기

예 **배우고 있는 악기별 학생 수**

악기	피아노	오카리나	플루트	기타	합계
학생 수(명)	20	15	10	5	50
백분율(%)	40	30	20	10	100

배우고 있는 악기별 학생 수

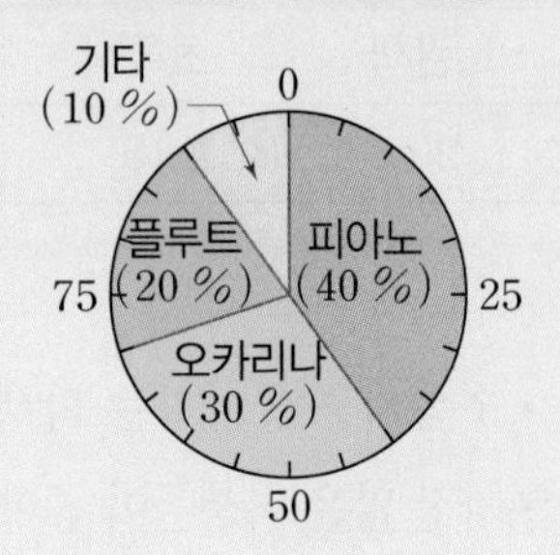

▶ 원그래프로 나타낼 때 비율이 낮은 경우 항목의 내용과 백분율을 적기 어려울 때에는 화살표를 사용하여 그래프 밖에 내용과 백분율을 쓸 수 있습니다.

방과 후 배우는 악기별 학생 수

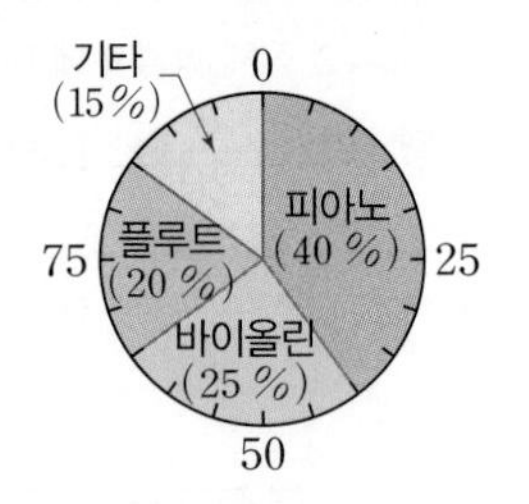

▶ 원그래프는 띠그래프와 달리 원의 중심에서 원 위에 표시된 눈금까지 선으로 이어 그려야 합니다. 원의 중심을 지나지 않고 무작위로 원을 나누어 그리지 않도록 합니다.

06 **지현이네 학교 3학년에서 6학년까지 학생들이 미술 대회에 참가하였습니다. 학년별 참가한 학생 수를 조사하여 나타낸 표입니다. 물음에 답하세요.**

미술 대회에 참가한 학년별 학생 수

학년	3학년	4학년	5학년	6학년	합계
학생 수(명)	30	45	60	15	150
백분율(%)	20			10	

(1) 미술 대회에 참가한 전체 학생 수에 대한 4학년, 5학년 학생 수의 백분율을 각각 구하려고 합니다. □ 안에 알맞은 수를 써넣으세요.

4학년: $\frac{45}{150}\times100=\square$ (%)

5학년: $\frac{60}{150}\times100=\square$ (%)

(2) 표의 빈칸에 알맞은 수를 써넣으세요.

(3) 원그래프를 완성해 보세요.

미술 대회에 참가한 학년별 학생 수

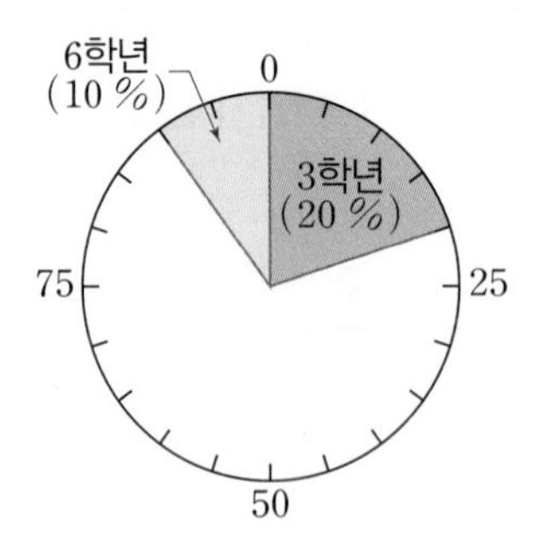

(4) 알맞은 말에 ○표 하세요.

참가한 학생 수가 많을수록 비율이
(높습니다 , 낮습니다).

[01~03] 어느 해 공장별 매월 자동차 생산량을 나타낸 그림그래프입니다. 물음에 답하세요.

공장별 매월 자동차 생산량

가	나
다	라

1000대
100대

01 ▭, ▭은 각각 몇 대를 나타내나요?

( )
( )

02 라 공장의 자동차 생산량은 몇 대인가요?

( )

03 자동차 생산량이 가장 많은 공장은 어디인가요?

( )

[04~06] 어느 해 우리나라 권역별 포도 생산량을 조사한 표입니다. 생산량의 어림값을 이용하여 그림그래프로 나타내려고 합니다. 물음에 답하세요.

권역별 포도 생산량

권역	생산량(t)	어림값(t)
서울 · 인천 · 경기	30950	31000
강원	3487	
대전 · 세종 · 충청	26625	
대구 · 부산 · 울산 · 경상	113946	
광주 · 전라	15165	

04 권역별 생산량을 반올림하여 천의 자리까지 나타내어 표를 완성해 보세요.

05 표를 보고 그림그래프로 나타내어 보세요.

권역별 포도 생산량

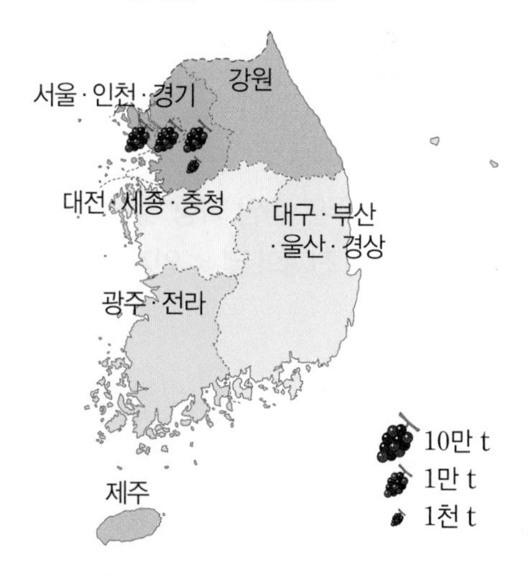

06 중요 05와 같이 권역별 포도 생산량을 그림그래프로 나타낼 때 좋은 점을 써 보세요.

( )

[07~09] 어느 마트에서 일주일 동안 팔린 사탕 수를 조사하여 나타낸 표입니다. 물음에 답하세요.

사탕 종류별 판매량

사탕	딸기 맛 사탕	초콜릿 맛 사탕	오렌지 맛 사탕	커피 맛 사탕	합계
사탕 수(개)	52	36	72	40	
백분율(%)	26			20	100

07 마트에서 일주일 동안 팔린 사탕은 모두 몇 개인가요?

( )

08 표와 띠그래프를 완성해 보세요.

사탕 종류별 판매량

0 10 20 30 40 50 60 70 80 90 100 (%)

딸기 맛 사탕 (26 %)		커피 맛 사탕 (20 %)

09 마트에서 일주일 동안 가장 많이 팔린 사탕의 종류와 그 사탕 수는 전체의 몇 %인지 차례로 구해 보세요.

( ), ( )

10 띠그래프에 대한 설명을 옳게 이야기한 친구의 이름을 써 보세요.

장우: 각 항목의 백분율의 합계가 항상 100 %는 아니야!
은성: 전체에 대한 각 부분의 비율을 알 수 있어.

( )

[11~13] 각 마을별 학생 수를 조사하여 나타낸 표입니다. 물음에 답하세요.

마을별 학생 수

마을	가	나	다	라	합계
학생 수(명)	75	45	60	120	300

11 전체 학생 수에 대한 마을별 학생 수의 백분율을 구하여 표를 완성해 보세요.

마을별 학생 수

마을	가	나	다	라	합계
백분율(%)					

12 띠그래프로 나타내어 보세요.

마을별 학생 수

0 10 20 30 40 50 60 70 80 90 100 (%)

13 12의 띠그래프를 보고 알 수 있는 내용을 두 가지 써 보세요.

[14~17] 경민이네 학교 학생들이 좋아하는 운동을 조사하여 나타낸 표입니다. 물음에 답하세요.

좋아하는 운동별 학생 수

운동	피구	축구	배드민턴	수영	달리기	합계
학생 수(명)	120	80	40	100	60	400
백분율(%)	30	20			15	

14 표를 완성해 보세요.

15 원그래프를 완성해 보세요.

좋아하는 운동별 학생 수

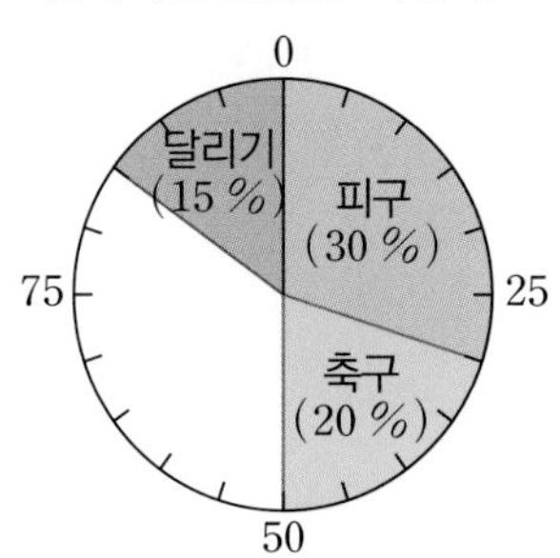

16 15에서 완성한 그래프를 보고 두 번째로 많은 학생이 좋아하는 운동은 무엇인지 구해 보세요.

( )

17 중요 축구를 좋아하는 학생 수는 배드민턴을 좋아하는 학생 수의 몇 배인가요?

( )

18 원그래프로 나타내는 순서대로 기호를 써 보세요.

> ㉠ 각 항목이 차지하는 백분율의 크기만큼 선을 그어 원을 나눕니다.
> ㉡ 각 항목의 백분율의 합계가 100 %가 되는지 확인합니다.
> ㉢ 나눈 부분에 각 항목의 내용과 백분율을 쓴 후 제목을 씁니다.
> ㉣ 자료를 보고 각 항목의 백분율을 구합니다.

( )

[19~20] 자료를 보고 물음에 답하세요.

> 서현이네 반 학생들이 가고 싶은 체험 학습 장소를 조사하였더니 놀이공원 8명, 박물관 7명, 과학관 6명, 미술관 4명이었습니다.

19 자료를 보고 표를 완성해 보세요.

체험 학습 장소별 학생 수

장소	놀이공원				합계
학생 수(명)					
백분율(%)					

20 원그래프로 나타내어 보세요.

체험 학습 장소별 학생 수

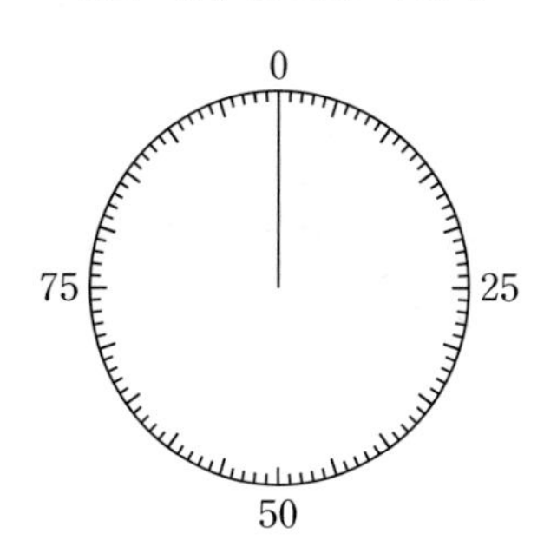

5 단원

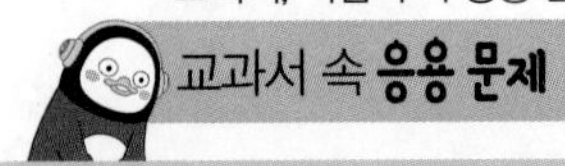

정답과 풀이 32쪽

띠그래프에서 전체 수량 구하기

예 띠그래프에서 휴대 전화를 받고 싶은 학생이 5명일 때 조사한 학생은 모두 몇 명인지 구해 보세요.

받고 싶은 선물별 학생 수

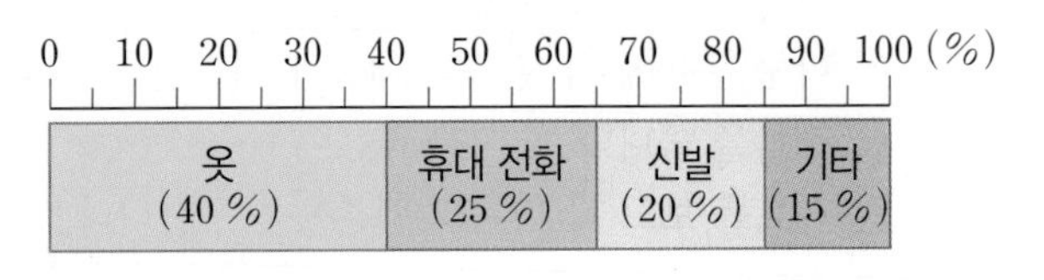

➡ 휴대 전화를 받고 싶은 학생 수는 전체의 25 %입니다.
조사한 학생 수는 휴대 전화를 받고 싶은 학생 수의
$100 \div 25 = 4$(배)입니다.
(조사한 학생 수)$=5 \times 4 = 20$(명)

21 솔이네 학교 학생들을 대상으로 취미 활동을 조사하여 나타낸 띠그래프입니다. 노래 듣기를 취미로 하는 학생 수가 40명이라면 조사한 학생은 모두 몇 명인지 구해 보세요.

취미 활동별 학생 수

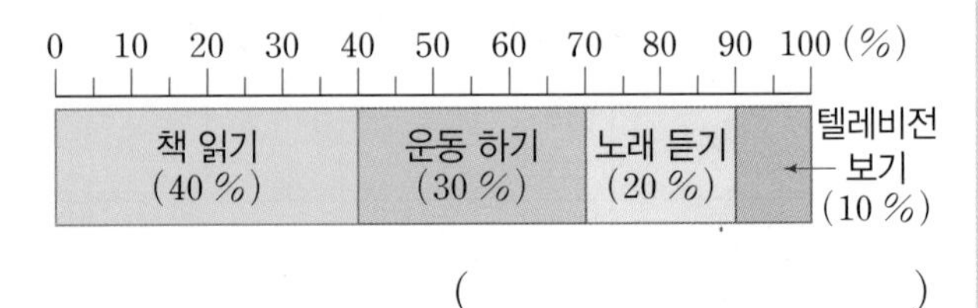

(　　　　　　　　)

22 현서네 집의 한 달 동안 쓴 생활비의 쓰임새를 띠그래프로 나타냈습니다. 현서네 집에서 식비를 90만 원 썼다면 한 달 생활비는 모두 얼마인지 구해 보세요.

생활비의 쓰임새별 금액

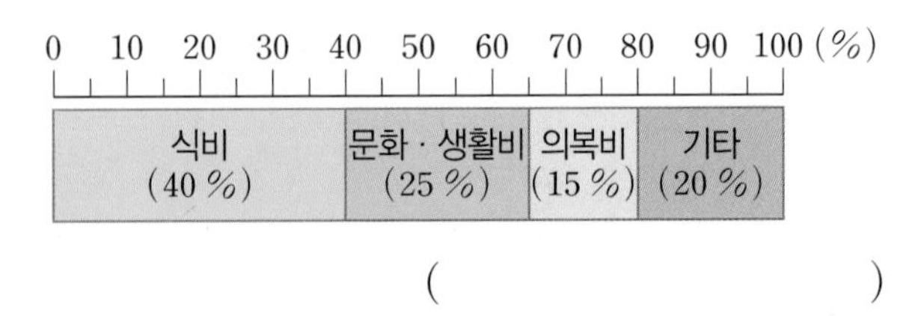

(　　　　　　　　)

원그래프에서 항목의 수량 구하기

예 원그래프에서 전체 과일 판매량이 1000 kg이라면 복숭아 판매량은 몇 kg인지 구해 보세요.

과일별 판매량

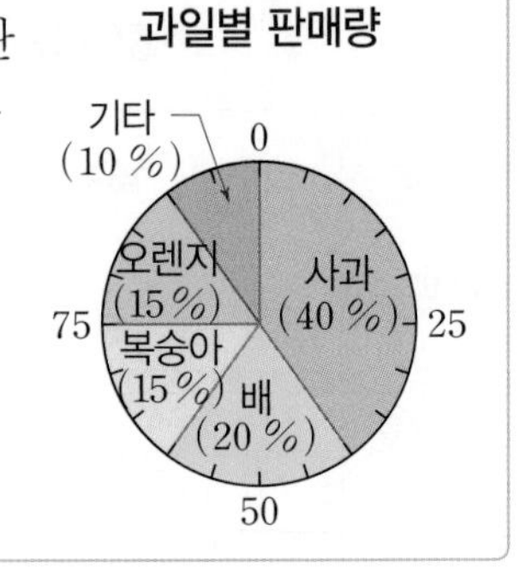

➡ 복숭아 판매량은 전체의 15 %$=\frac{15}{100}$입니다.

(복숭아 판매량)$=1000 \times \frac{15}{100} = 150$(kg)

23 미주네 학교 학생들의 혈액형을 조사하여 나타낸 원그래프입니다. 조사한 학생이 모두 400명일 때 B형인 학생은 몇 명인지 구해 보세요.

혈액형별 학생 수

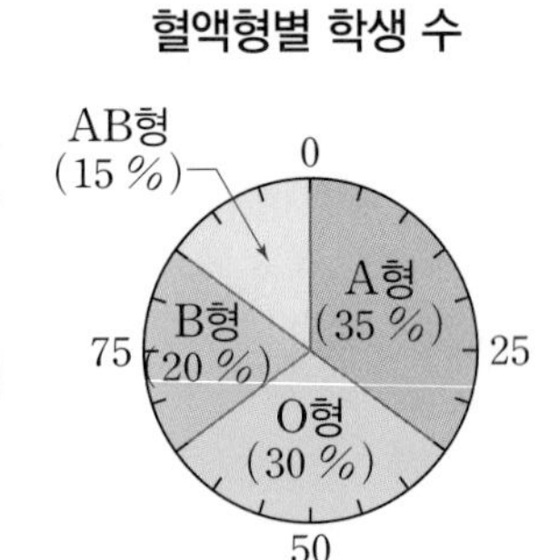

(　　　　　　　　)

24 승민이네 학교 학생 200명의 하루 수면 시간을 조사하여 나타낸 원그래프입니다. 수면 시간이 7시간 이상 8시간 미만인 학생은 몇 명인지 구해 보세요.

하루 수면 시간별 학생 수

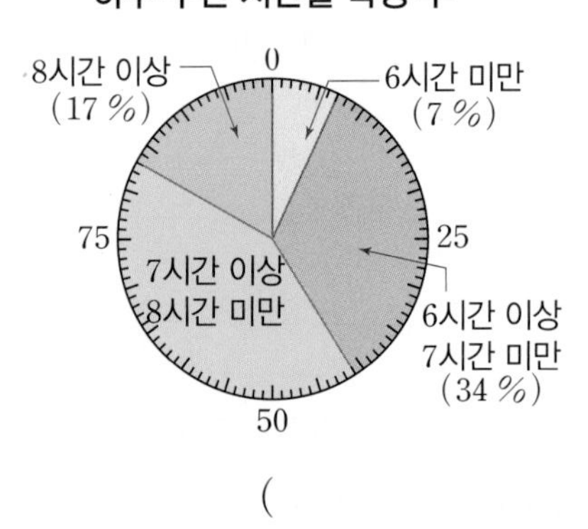

(　　　　　　　　)

정답과 풀이 33쪽

개념 6 그래프를 해석해 볼까요

(1) 띠그래프를 보고 해석하기

어느 지역의 종류별 곡식 생산량

2012년	쌀 (40 %)	보리 (25 %)	콩 (20 %)	기타 (15 %)
2022년	쌀 (30 %)	보리 (25 %)	콩 (25 %)	기타 (20 %)

- 2012년의 곡식 종류 중 쌀 생산량은 콩 생산량의 $40 \div 20 = 2$(배)입니다.
- 전체에 대한 쌀 생산량의 비율은 2012년 40 %에서 2022년 30 %로 줄었습니다.
- 전체에 대한 콩 생산량의 비율은 2012년 20 %에서 2022년 25 %로 늘었습니다.

(2) 원그래프를 보고 해석하기

장래 희망별 학생 수

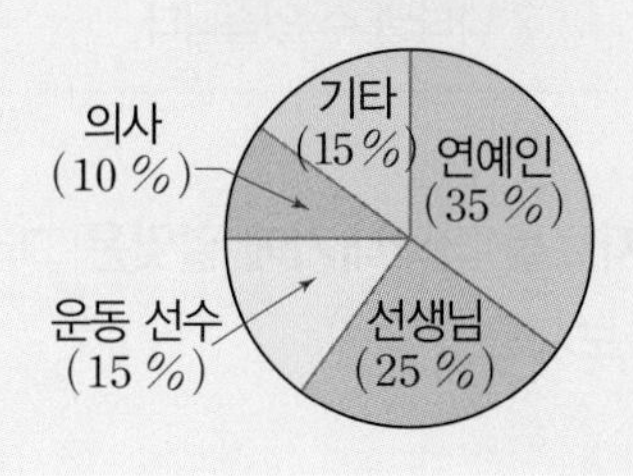

- 장래 희망 중 백분율이 20 % 이상인 장래 희망은 연예인, 선생님입니다.
- 장래 희망이 연예인 또는 의사인 학생은 전체의 $35 + 10 = 45$ (%)입니다.

▶ 띠그래프 해석하기
- 무엇을 조사한 그래프인지 알 수 있습니다.
- 각 항목들이 차지하는 비율을 알 수 있고 비교할 수 있습니다.
- 전체 수를 알면 각 항목의 수를 구할 수 있습니다.
- 연도별로 주어진 띠그래프를 보면 시간에 따라 자료가 어떻게 변하고 있는지 알 수 있습니다.

▶ 원그래프 해석하기
- 전체에 대한 각 부분의 비율을 알 수 있습니다.
- 각 항목끼리의 비율을 비교해 볼 수 있습니다.
- 전체 수를 알면 각 항목의 수를 구할 수 있습니다.

01 어느 지역의 2011년과 2021년의 과수원별 사과 생산량을 조사하여 각각 띠그래프로 나타냈습니다. □ 안에 알맞은 수나 말을 써넣으세요.

과수원별 사과 생산량

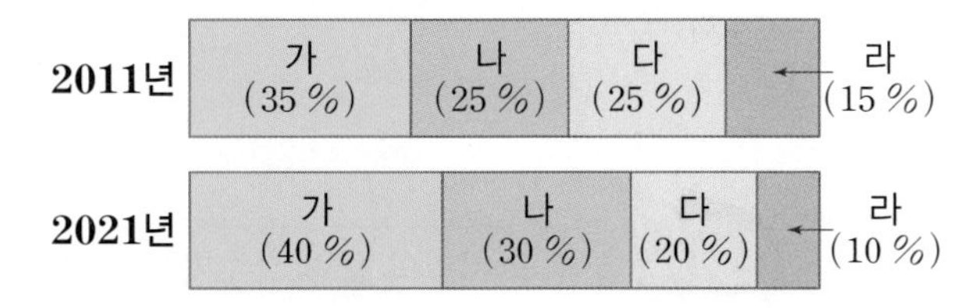

(1) 2021년에 나 과수원의 사과 생산량은 라 과수원의 사과 생산량의 □ ÷ □ = □(배)입니다.

(2) 2011년에 비해 2021년에 전체에 대한 사과 생산량의 비율이 줄어든 과수원은 □ 과수원과 □ 과수원입니다.

02 오른쪽은 지윤이네 농장에서 키우는 동물의 종류를 조사하여 나타낸 원그래프입니다. □ 안에 알맞은 말이나 수를 써넣으세요.

농장에서 키우는 동물별 수

염소 (5 %), 오리 (20 %), 소 (40 %), 닭 (15 %), 돼지 (20 %)
0, 25, 50, 75

(1) 농장의 동물들 중 비율이 20 % 이상인 동물은 □, □, □입니다.

(2) 동물들 중 닭 또는 오리의 수는 전체의 □ + □ = □(%)입니다.

(3) 동물들 중 소의 비율은 오리의 비율의 □ ÷ □ = □(배)입니다.

5 단원

개념 7 여러 가지 그래프를 비교해 볼까요

그래프	특징
그림그래프	• 그림의 크기로 수량의 많고 적음을 쉽게 알 수 있습니다. • 자료에 따라 상징적인 그림을 사용할 수 있어서 직관적으로 나타낼 수 있습니다.
막대그래프	• 수량의 많고 적음을 한눈에 비교하기 쉽습니다. • 각각의 크기를 비교할 때 편리합니다.
꺾은선그래프	• 수량의 변화하는 모습과 정도를 쉽게 알 수 있습니다. • 시간에 따라 연속적으로 변하는 양을 나타내는 데 편리합니다.
띠그래프	• 전체에 대한 각 부분의 비율을 한눈에 알아보기 쉽습니다. • 각 항목끼리의 비율을 쉽게 비교할 수 있습니다. • 여러 개의 띠그래프를 사용하여 비율의 변화 상황을 나타내는 데 편리합니다.
원그래프	• 전체에 대한 각 부분의 비율을 한눈에 알아보기 쉽습니다. • 각 항목끼리의 비율을 쉽게 비교할 수 있습니다. • 작은 비율까지 비교적 쉽게 나타낼 수 있습니다.

▸ 주어진 자료를 나타내기에 알맞은 그래프 알아보기

자료	그래프
월별 식물의 키의 변화	꺾은선그래프
권역별 미세 먼지의 농도	그림그래프 막대그래프 띠그래프 원그래프
우리 반 친구들의 혈액형	막대그래프 띠그래프 원그래프
우리 반 학생들이 좋아하는 과목	

➡ 하나의 자료를 여러 가지 그래프로 나타낼 수 있습니다.

[03~04] 다음 설명에 알맞은 그래프를 보기 에서 모두 찾아 써 보세요.

보기

그림그래프, 띠그래프, 원그래프,
막대그래프, 꺾은선그래프

03

• 그림의 크기로 수량의 많고 적음을 쉽게 알 수 있습니다.
• 자료에 따라 상징적인 그림을 사용할 수 있어서 재미있게 나타낼 수 있습니다.

( )

04

• 전체에 대한 각 부분의 비율을 한눈에 알아보기 쉽습니다.
• 항목끼리의 비율을 쉽게 비교할 수 있습니다.

( )

[05~07] 친구들이 조사한 자료를 나타내기에 알맞은 그래프를 보기 에서 모두 찾아 써 보세요.

보기

그림그래프, 띠그래프, 원그래프,
막대그래프, 꺾은선그래프

05

은지: 우리 나라의 지역별 강수량을 조사했어.

( )

06

호현: 우리 지역의 월별 강수량을 조사했어.

( )

07

승주: 우리 반 친구들이 좋아하는 라면의 종류를 조사했어.

( )

[25~26] 주원이네 학교 도서관에 있는 책의 종류를 조사하여 나타낸 띠그래프입니다. 물음에 답하세요.

도서관에 있는 종류별 책 수

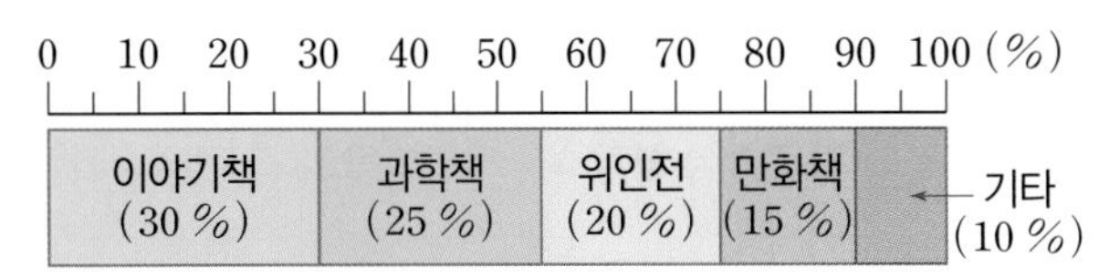

25 이야기책 수는 만화책 수의 몇 배인가요?

( )

26 위인전이 84권이라면 과학책은 몇 권인가요?

중요

( )

[27~28] 어느 과자의 원재료별 함량을 보고 원그래프로 나타내었습니다. 물음에 답하세요.

과자의 원재료별 함량

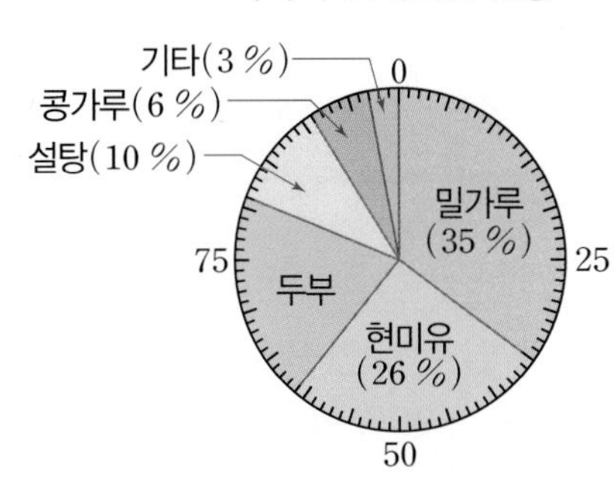

27 두부는 전체의 몇 %인가요?

( )

28 과자에서 함량이 가장 많은 원재료는 무엇인가요?

( )

[29~33] 어느 마을의 과수원별 귤 생산량을 나타낸 그림그래프입니다. 물음에 답하세요.

과수원별 귤 생산량

과수원	생산량
가	
나	
다	
라	

1000 kg
500 kg
100 kg

29 표를 완성해 보세요.

과수원별 귤 생산량

과수원	가	나	다	라	합계
생산량(kg)	1200	1800			
백분율(%)					

30 막대그래프로 나타내어 보세요.

과수원별 귤 생산량

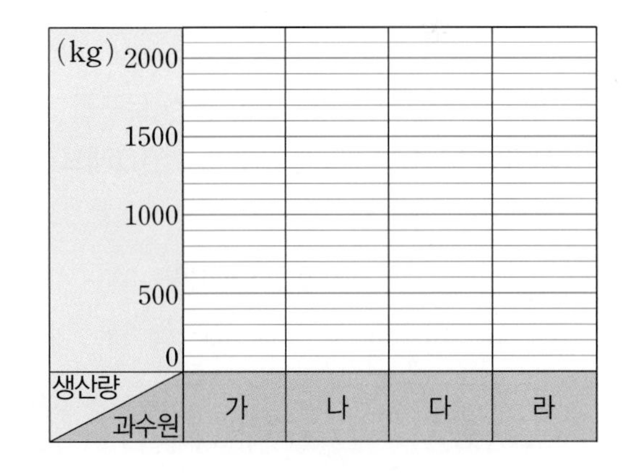

31 띠그래프로 나타내어 보세요.

과수원별 귤 생산량

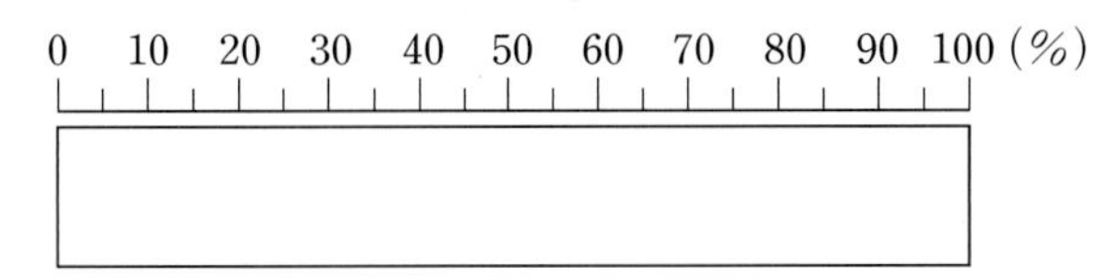

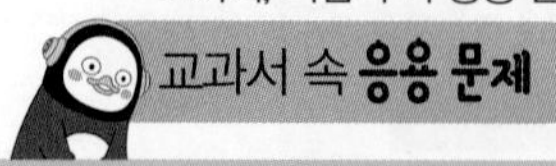

정답과 풀이 33쪽

32 원그래프로 나타내어 보세요.

과수원별 귤 생산량

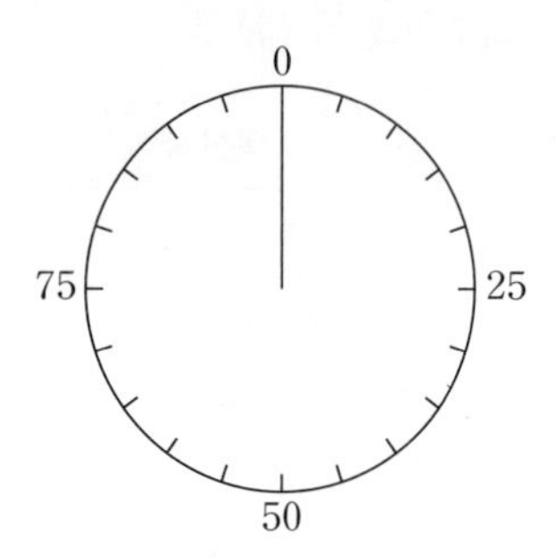

33 과수원별 귤 생산량을 비교하려고 합니다. 어느 그래프가 가장 좋을까요? 그 이유를 써 보세요.

답 ____________________

이유 ____________________

34 어느 문구점에서 하루 동안 팔린 문구를 종류별로 조사하여 나타낸 띠그래프입니다. 원그래프로 나타내어 보세요.

문구 종류별 판매량

0 10 20 30 40 50 60 70 80 90 100 (%)

볼펜	연필	공책	지우개	기타
(35 %)	(25 %)	(20 %)	(15 %)	(5 %)

문구 종류별 판매량

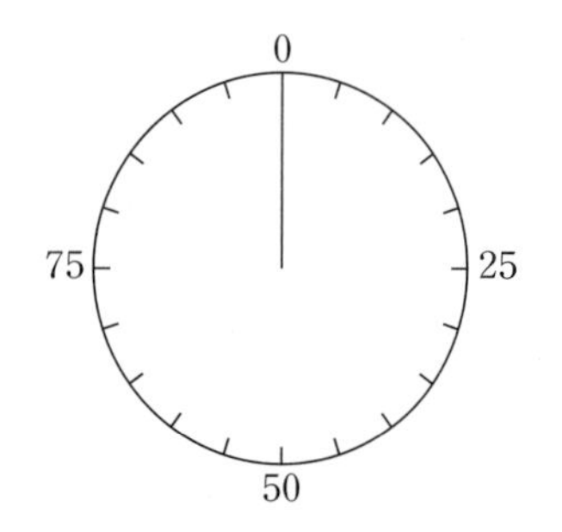

두 그래프 비교하기

예 가 마을과 나 마을의 잡곡별 수확량을 조사하여 나타낸 원그래프입니다. 두 마을의 전체 잡곡 수확량이 같을 때 수확량이 같은 잡곡은 무엇인지 구해 보세요.

가 마을의 잡곡별 수확량

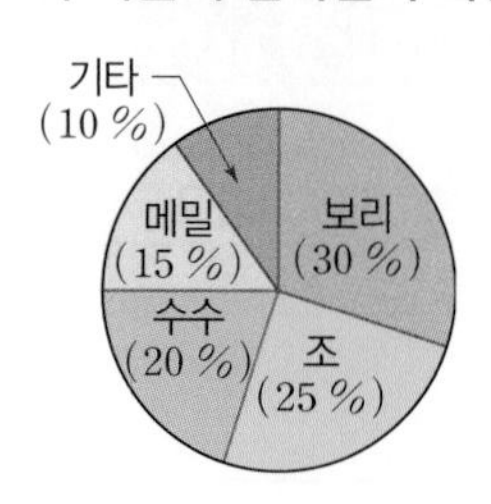

나 마을의 잡곡별 수확량

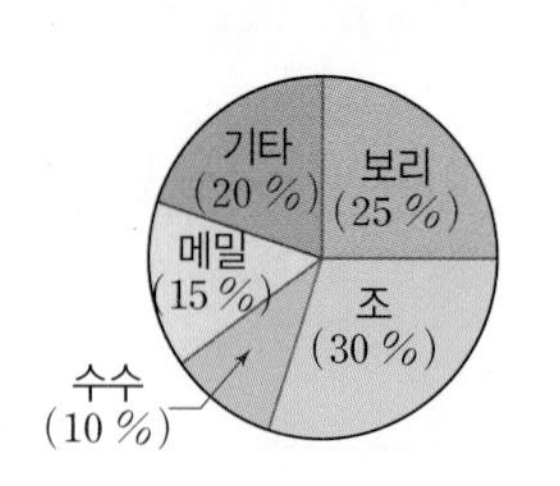

➡ 잡곡별로 비율을 비교하면 메밀이 각각 15 %로 같습니다. 따라서 수확량이 같은 잡곡은 메밀입니다.

[35~36] 2012년과 2022년에 어느 시의 시민들을 대상으로 일 년 동안에 영화를 몇 번 보는지를 조사하여 각각 띠그래프로 나타내었습니다. 물음에 답하세요.

영화 관람 횟수별 시민 수

2012년	0번 (15 %)	1번~2번 (40 %)	3번~4번 (30 %)	5번 이상 (15 %)

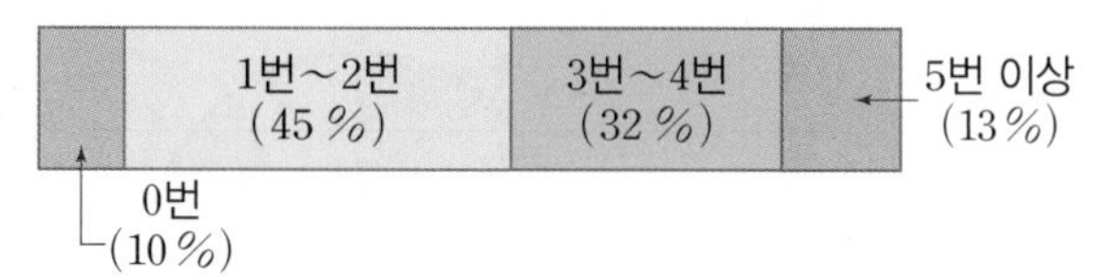

35 2012년에 일 년 동안 영화를 3번 이상 관람하는 시민 수는 전체의 몇 %인가요?

(　　　　　　)

36 2012년에 비해 2022년에 전체에 대한 비율이 가장 많이 줄어든 영화 관람 횟수는 몇 번인가요?

(　　　　　　)

응용력 높이기

정답과 풀이 34쪽

대표 응용 가장 많은 양과 가장 적은 양의 차 구하기

1 지역별 우유 소비량을 나타낸 그림그래프입니다. 우유 소비량이 가장 많은 지역과 가장 적은 지역의 우유 소비량의 차는 몇 t인지 구해 보세요.

지역별 우유 소비량

지역	소비량
가	
나	
다	

(큰 그림) 10 t
(작은 그림) 1 t

문제 스케치

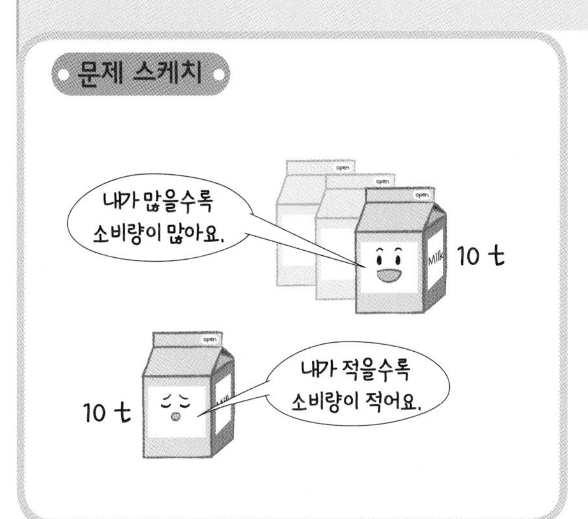
내가 많을수록
소비량이 많아요.
10 t
10 t
내가 적을수록
소비량이 적어요.

해결하기

우유 소비량이 가장 많은 지역은 ☐ 지역이고 소비량은 ☐ t입니다.

우유 소비량이 가장 적은 지역은 ☐ 지역이고 소비량은 ☐ t입니다.

따라서 두 지역의 우유 소비량의 차는

☐ − ☐ = ☐ (t)입니다.

1-1 하은이네 지역의 도서관별 어린이실의 책 수를 조사하여 나타낸 그림그래프입니다. 도서관 어린이실에 책이 가장 많은 도서관과 가장 적은 도서관의 책 수의 차를 구해 보세요.

(　　　　　　　　)

도서관별 어린이실의 책 수

가 도서관	나 도서관
다 도서관	**라 도서관**

(큰 그림) 1만 권
(작은 그림) 1천 권

1-2 어느 지역의 마을별 참외 생산량을 조사하여 나타낸 그림그래프입니다. 참외를 가장 많이 생산한 지역과 두 번째로 적게 생산한 지역의 참외 생산량의 차는 몇 t인지 구해 보세요.

(　　　　　　　　)

마을별 참외 생산량

가	나
다	**라**

(큰 그림) 10 t
(작은 그림) 1 t

대표 응용 모르는 항목의 수를 구하고 그래프로 나타내기

2 윤하네 동아리 학생들이 여행하고 싶은 나라를 조사하여 나타낸 표입니다. 표를 완성하고 띠그래프로 나타내어 보세요.

여행하고 싶은 나라별 학생 수

나라	베트남	미국	영국	스위스	기타	합계
학생 수(명)	6	12		8	4	40
백분율(%)	15					

여행하고 싶은 나라별 학생 수

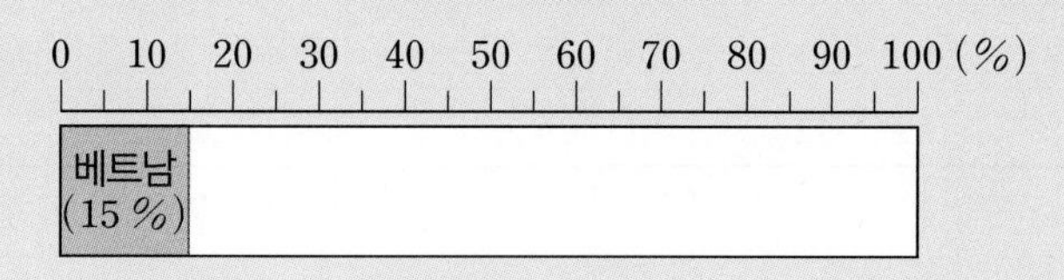

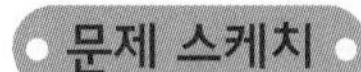

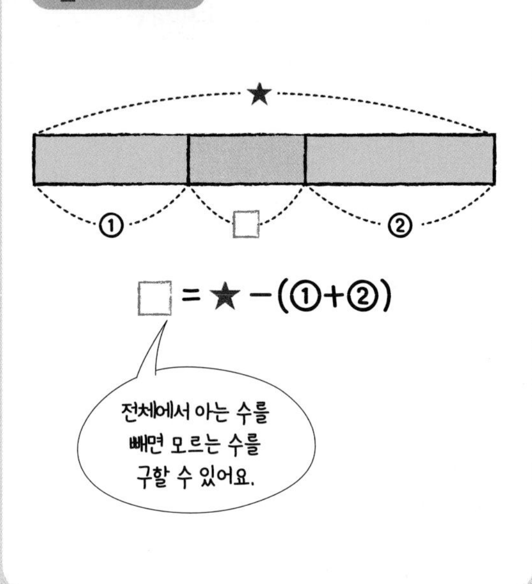

해결하기

영국을 여행하고 싶은 학생은

$40-(6+12+8+4)=\square$(명)입니다.

여행하고 싶은 나라별 학생 수의 백분율을 구하면

• 미국: $\frac{12}{40}\times100=\square$(%)

• 영국: $\frac{\square}{40}\times100=\square$(%)

• 스위스: $\frac{8}{40}\times100=\square$(%)

• 기타: $\frac{4}{40}\times100=\square$(%)

백분율만큼 선을 그어 띠그래프로 나타냅니다.

2-1 지원이네 학교 6학년 학생들이 체험 학습으로 가고 싶은 장소를 조사하였습니다. 관광지를 가고 싶어 하는 학생 수가 문화유적지를 가고 싶어 하는 학생 수의 6배입니다. 표를 완성하고 원그래프로 나타내어 보세요.

체험 학습으로 가고 싶은 장소별 학생 수

장소	놀이공원	관광지	산과 계곡	문화유적지	합계
백분율(%)	40		25		100

체험 학습으로 가고 싶은 장소별 학생 수

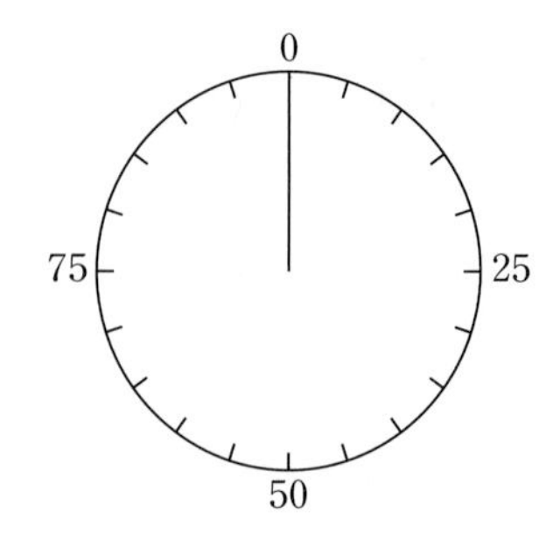

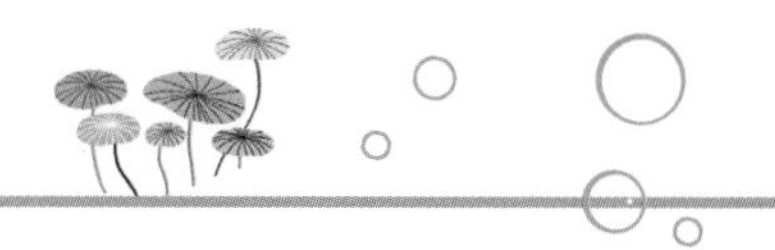

대표 응용 항목의 수를 이용하여 전체의 수 구하기

3 준영이네 아파트에 사는 학생들이 다니는 교육 기관을 조사하여 나타낸 원그래프입니다. 초등학교에 다니는 학생이 75명일 때 전체 학생 수는 몇 명인지 구해 보세요.

교육 기관별 학생 수

대학교 (15 %)
0
초등학교 (25 %)
25
고등학교 (25 %)
75
중학교 (35 %)
50

문제 스케치

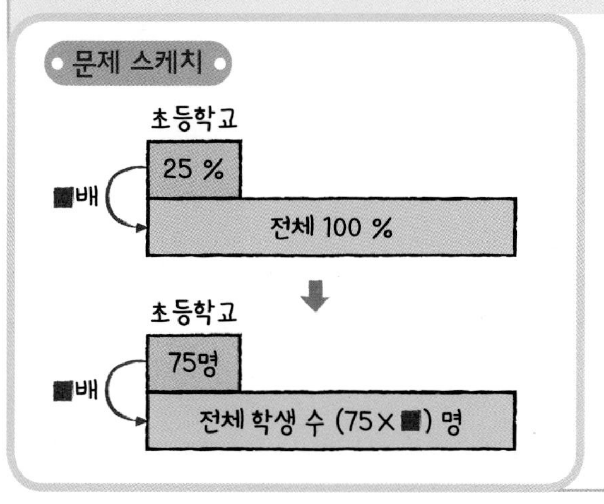

해결하기

초등학교에 다니는 학생 수는 전체의 □ %이므로

전체 학생 수는 초등학교에 다니는 학생 수의

100÷□=□(배)입니다.

따라서 전체 학생은 75×□=□(명)입니다.

3-1 어느 가게에서 일주일 동안 판매한 주스를 조사하여 나타낸 원그래프입니다. 포도주스의 판매량이 60개라면, 이 가게에서 일주일 동안 판매한 주스는 모두 몇 개인지 구해 보세요.

주스별 판매량

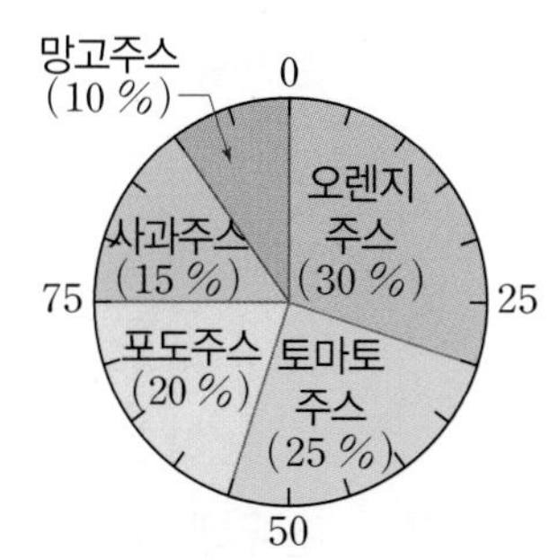

(　　　　　　　　)

3-2 정호가 한 달 동안 사용한 용돈의 쓰임새를 나타낸 원그래프입니다. 정호가 군것질로 14000원을 사용하였다면, 정호가 한 달 동안 사용한 용돈은 얼마인지 구해 보세요.

용돈의 쓰임새별 금액

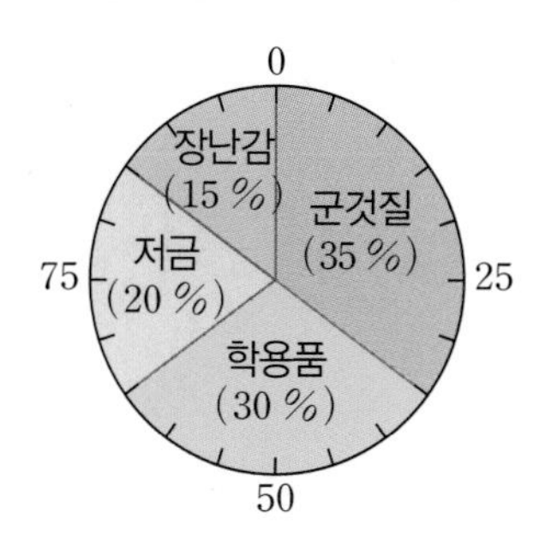

(　　　　　　　　)

5 단원

대표 응용 전체의 수를 이용하여 항목의 수 구하기

4 서영이네 학교 학생들이 좋아하는 동물을 조사하여 나타낸 띠그래프입니다. 조사한 학생이 모두 300명일 때 호랑이를 좋아하는 학생은 몇 명인지 구해 보세요.

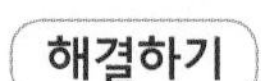

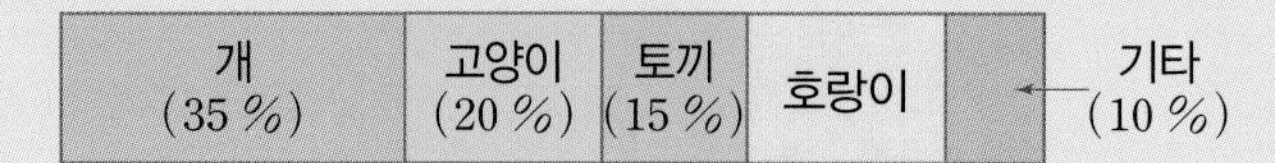

문제 스케치

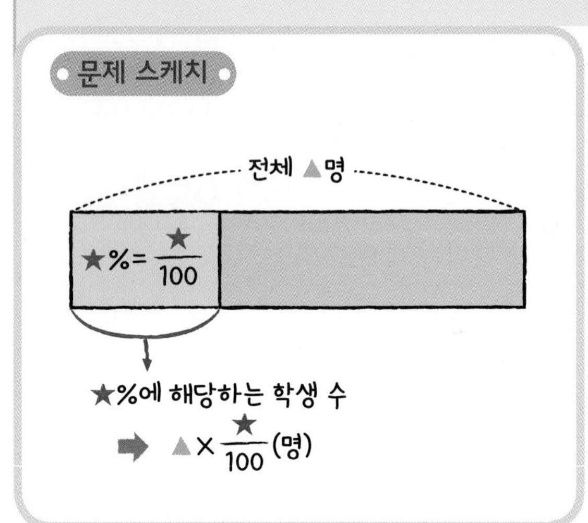

해결하기

100−(35+20+15+10)=☐이므로

호랑이를 좋아하는 학생 수는 전체 학생 수의

☐ %=$\frac{☐}{100}$입니다.

따라서 호랑이를 좋아하는 학생은

300×$\frac{☐}{100}$=☐ (명)입니다.

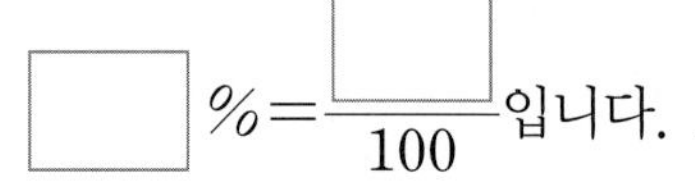

4-1 혜원이네 가족이 오늘 나들이를 가서 사용한 비용의 쓰임새를 나타낸 원그래프입니다. 이날 사용한 비용이 모두 120000원이었다면, 입장료로 사용한 금액은 얼마인지 구해 보세요.

나들이 비용의 쓰임새별 금액

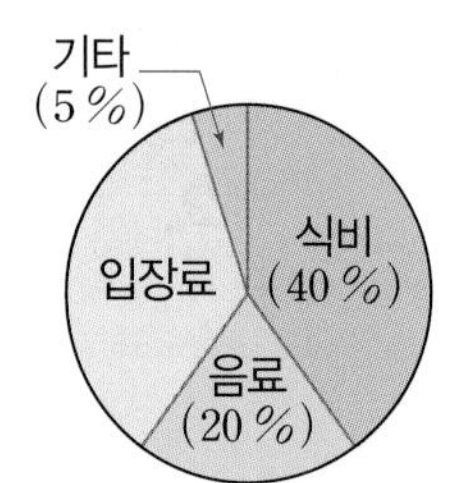

(　　　　　　　　)

4-2 찬우네 학교 학생들의 취미 활동을 조사하여 나타낸 띠그래프입니다. 조사한 학생이 모두 400명일 때 취미 활동이 운동인 학생은 몇 명인지 구해 보세요.

취미 활동별 학생 수

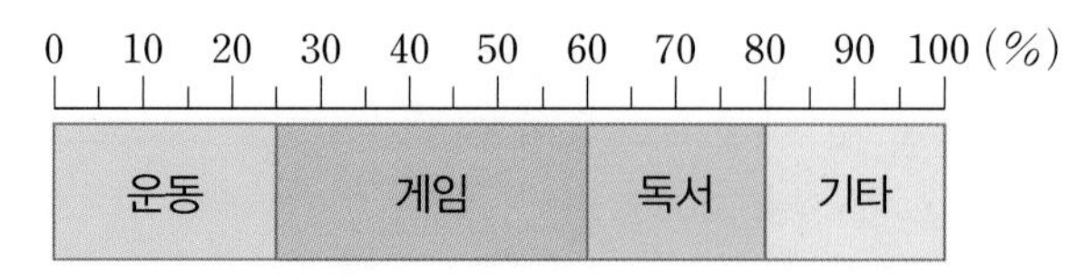

(　　　　　　　　)

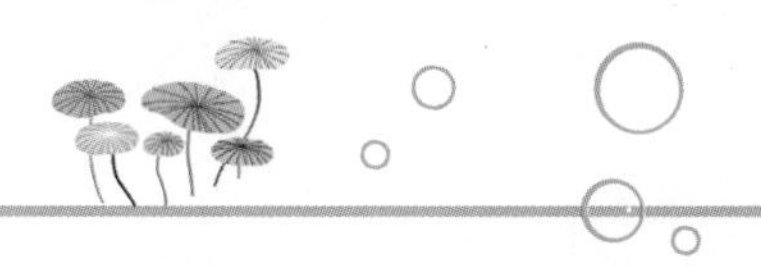

대표 응용 연관된 두 그래프 해석하기

5 주희네 학교 6학년 학생 300명 중 남학생과 여학생의 수를 조사하여 왼쪽 띠그래프로 나타내고, 남학생이 좋아하는 운동을 조사하여 오른쪽 띠그래프로 나타내었습니다. 남학생 중 축구를 좋아하는 학생은 몇 명인지 구해 보세요.

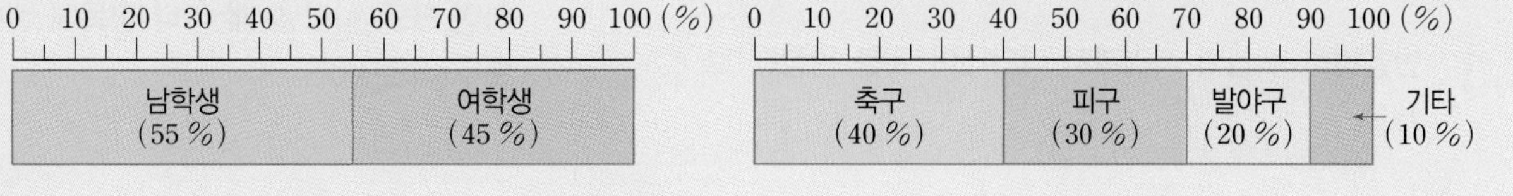

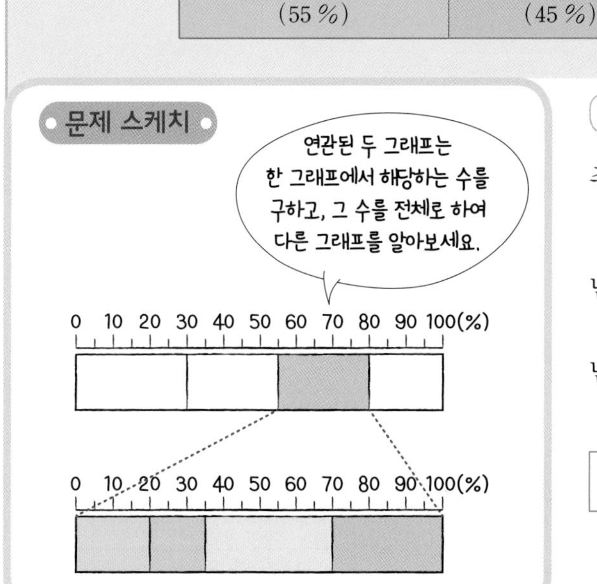

해결하기

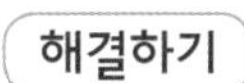

주희네 학교 6학년 학생 300명 중 남학생이 □ %이므로

남학생의 수는 $300 \times \frac{\square}{100} = \square$ (명)입니다.

남학생 □ 명 중 축구를 좋아하는 학생은

$\square \times \frac{\square}{100} = \square$ (명)입니다.

5-1 어떤 건강 프로그램에서 성인 160명을 대상으로 탄산음료 섭취 유무를 조사하고, 탄산음료를 마시는 사람들을 대상으로 하루에 몇 잔을 마시는지 조사하여 각각 원그래프로 나타냈습니다. 탄산음료를 하루에 3잔 이상 마시는 사람은 몇 명인지 구해 보세요.

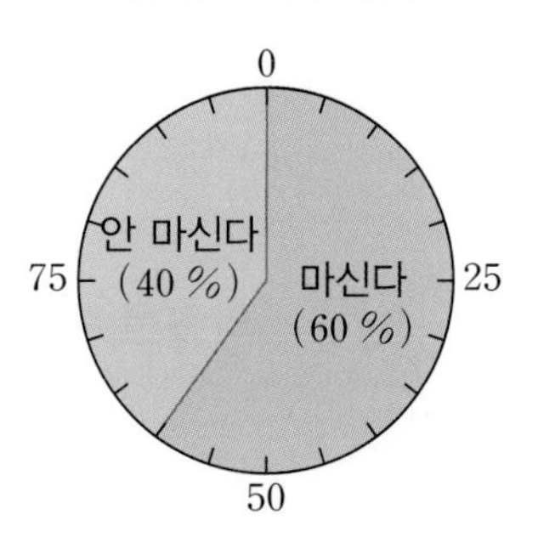

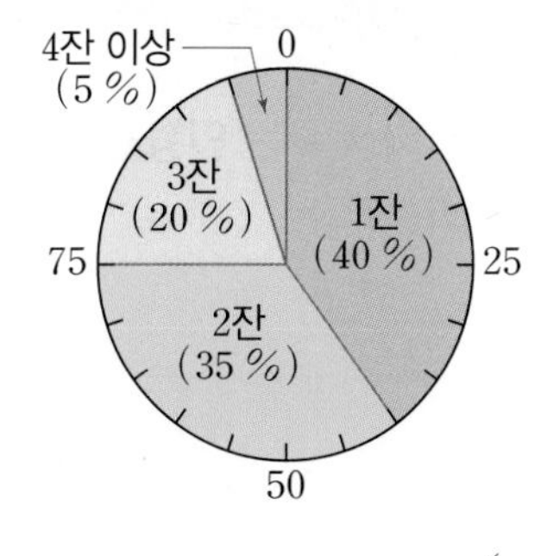

(　　　　　　　　)

[01~02] 마을별 배추 수확량을 조사하여 나타낸 표입니다. 물음에 답하세요.

마을별 배추 수확량

마을	가	나	다	라
수확량(포기)	559	344	225	431
어림값(포기)	560			

01 반올림하여 십의 자리까지 나타내어 표를 완성해 보세요.

02 어림값을 이용하여 그림그래프를 완성해 보세요.

마을별 배추 수확량

마을	수확량
가	
나	
다	
라	

100포기 10포기

[03~04] 정서네 학교 학생들이 생일 선물로 받고 싶은 물건을 조사하여 나타낸 띠그래프입니다. 물음에 답하세요.

생일 선물로 받고 싶은 물건별 학생 수

0 10 20 30 40 50 60 70 80 90 100 (%)

장난감 (38 %)	학용품 (26 %)	게임기 (20 %)	인형 (10%)	책 (6 %)

03 학용품을 받고 싶어 하는 학생 수는 인형을 받고 싶어 하는 학생 수의 몇 배인가요?
중요

( )

04 게임기 또는 책을 받고 싶어 하는 학생 수는 전체의 몇 %인가요?

( )

[05~07] 글을 읽고 물음에 답하세요.

민준이네 마을 사람 300명의 성씨를 조사했더니 김씨가 135명, 이씨가 90명, 박씨가 60명, 한씨가 7명, 주씨가 5명, 강씨가 3명이었습니다.

05 조사한 자료를 보고 사람들의 성씨를 항목을 4개로 하여 표로 나타낼 때 기타 항목에 넣어야 할 성씨를 모두 써 보세요.

( )

06 표로 나타내어 보세요.

성씨별 사람 수

성씨	김씨	이씨	박씨	기타	합계
사람 수(명)					
백분율(%)					

07 06의 표를 보고 띠그래프로 나타내어 보세요.

성씨별 사람 수

0 10 20 30 40 50 60 70 80 90 100 (%)

[08~09] 어느 박물관에서 평일 동안 요일별 방문자 수를 조사하여 나타낸 원그래프입니다. 물음에 답하세요.

요일별 방문자 수

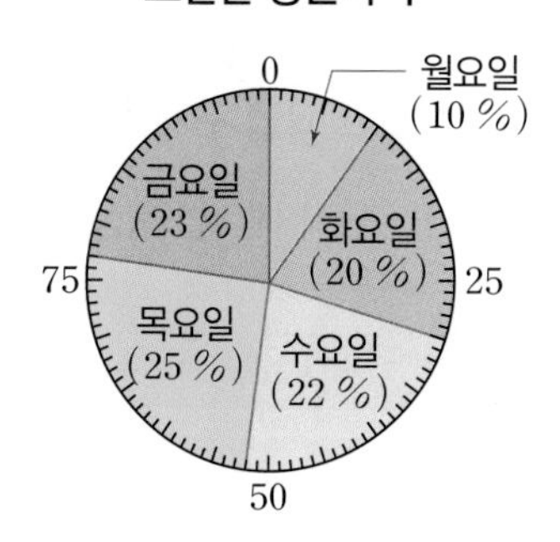

08 방문자가 가장 많은 요일은 언제인가요?

( )

09 화요일 방문자 수는 월요일 방문자 수의 몇 배인가요?

( )

[10~11] 명준이네 학교 학생들이 여행 가고 싶은 나라를 조사하여 나타낸 표입니다. 물음에 답하세요.

여행 가고 싶은 나라별 학생 수

나라	호주	미국	영국	기타	합계
학생 수(명)	70	50	40	40	200
백분율(%)					

10 여행 가고 싶은 나라별 학생 수의 백분율을 구하여 표를 완성해 보세요.

11 원그래프로 나타내어 보세요.

여행 가고 싶은 나라별 학생 수

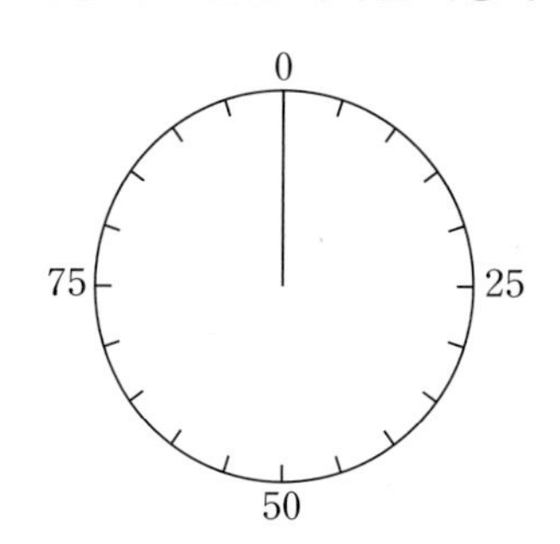

[12~13] 윤지네 학교 학생 700명의 취미 생활을 조사하여 나타낸 원그래프입니다. 물음에 답하세요.

취미별 학생 수

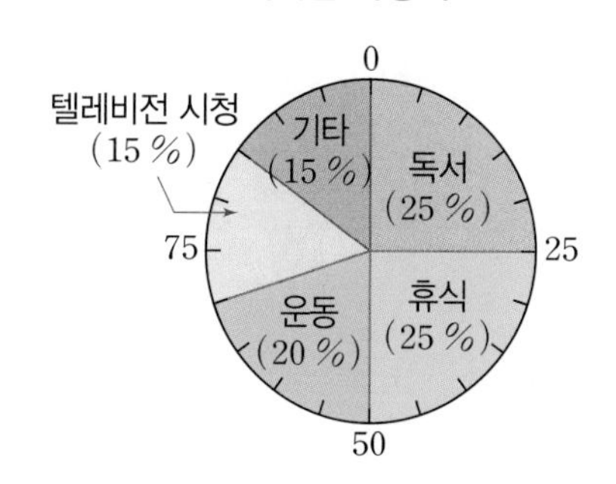

12 취미가 휴식인 학생은 몇 명인가요?

( )

13 중요 취미가 독서 또는 텔레비전 시청인 학생은 몇 명인가요?

( )

[14~15] 지운이네 반의 종류별 학급 문고를 조사하여 나타낸 띠그래프입니다. 물음에 답하세요.

종류별 학급 문고

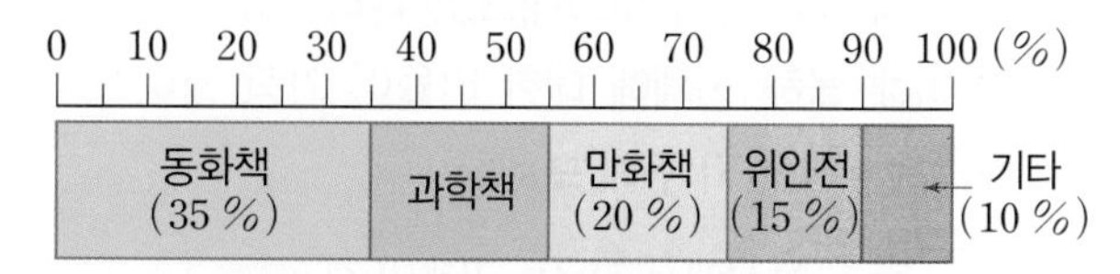

14 과학책은 전체의 몇 %인가요?

( )

15 어려운 문제 동화책이 105권일 때 지운이네 반 학급 문고는 모두 몇 권인가요?

( )

5 단원

16 띠그래프 또는 원그래프를 이용하면 더 편리하게 알 수 있는 것을 찾아 기호를 써 보세요.

> ㉠ 우리 모둠 친구들의 키
> ㉡ 현지의 용돈의 쓰임새 비율
> ㉢ 월별 몸무게의 변화

( )

17 띠그래프와 원그래프의 공통점과 차이점을 각각 써 보세요.

공통점 ______

차이점 ______

18 효정이네 농장에서 키우는 가축별 수를 작년과 올해에 각각 조사하여 띠그래프로 나타내었습니다. 작년에 비해 올해 전체에 대한 비율이 가장 많이 늘어난 가축은 무엇인지 구해 보세요.

농장에서 키우는 가축별 수

작년

0 10 20 30 40 50 60 70 80 90 100 (%)

소 (30 %)	돼지 (20 %)	닭 (40 %)	염소 (10 %)

올해

0 10 20 30 40 50 60 70 80 90 100 (%)

소 (40 %)	돼지 (10%)	닭 (35 %)	염소 (15 %)

( )

서술형 문제

19 기준이네 학교 학생들이 좋아하는 급식 메뉴를 조사하여 나타낸 띠그래프입니다. 카레밥을 좋아하는 학생이 27명이라면 돈가스를 좋아하는 학생은 몇 명인지 풀이 과정을 쓰고 답을 구해 보세요.

좋아하는 급식 메뉴별 학생 수

치킨 (25 %)	돈가스	불고기 (20 %)	카레밥 (15 %)	기타 (10 %)

풀이

답 ______

20 어느 도시의 교육 기관별 학생 수를 조사하여 나타낸 원그래프입니다. 이 도시의 전체 학생은 1000명이고 초등학생 중 48 %는 여학생입니다. 초등학생 중 여학생은 몇 명인지 풀이 과정을 쓰고 답을 구해 보세요.

교육 기관별 학생 수

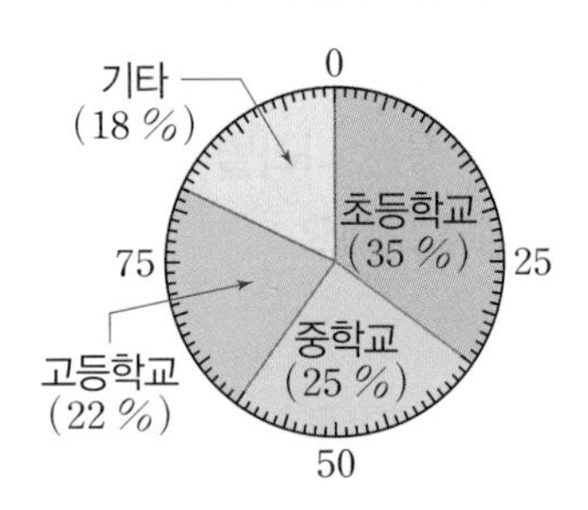

풀이

답 ______

정답과 풀이 36쪽

[01~03] 어느 해의 권역별 외국인 수를 조사하여 나타낸 표와 그림그래프입니다. 물음에 답하세요.

권역별 외국인 수

권역	서울·인천·경기	강원	대전·세종·충청	대구·부산·울산·경상	광주·전라
외국인 수(명)	50만	3만	5만	7만	4만

권역별 외국인 수

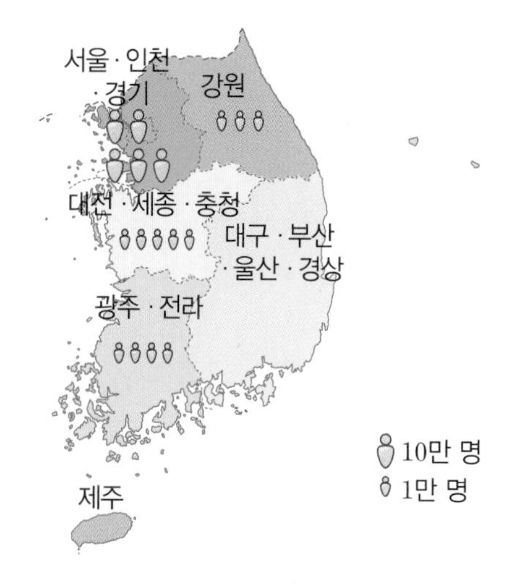

01 (큰 그림), (작은 그림)은 각각 몇 명을 나타내나요?

(큰 그림) (　　　　　　　)
(작은 그림) (　　　　　　　)

02 그림그래프를 완성해 보세요.

03 외국인 수가 가장 많은 권역과 가장 적은 권역의 외국인 수의 차는 몇 명인가요? (단, 제주는 제외합니다.)
중요

(　　　　　　　)

[04~06] 다현이네 학교 6학년 학생들의 일주일 독서량을 조사하여 나타낸 띠그래프입니다. 물음에 답하세요.

독서량별 학생 수

1권 (10 %)	2권 (33 %)	3권	4권 이상 (11 %)

0 10 20 30 40 50 60 70 80 90 100 (%)

04 일주일 동안 책을 3권 읽는 학생 수는 전체의 몇 %인가요?

(　　　　　　　)

05 가장 적은 학생의 일주일 독서량은 몇 권인가요? (단, 4권 이상은 제외합니다.)

(　　　　　　　)

06 일주일 동안 책을 2권 읽는 학생 수는 4권 이상 읽는 학생 수의 몇 배인가요?

(　　　　　　　)

[07~09] 주완이네 학교 학생들이 좋아하는 계절을 조사하여 나타낸 표입니다. 물음에 답하세요.

좋아하는 계절별 학생 수

계절	봄	여름	가을	겨울	합계
학생 수(명)	112	48	96	64	320
백분율(%)					

07 좋아하는 계절별 학생 수의 백분율을 구하여 표를 완성해 보세요.

08 띠그래프로 나타내어 보세요.

좋아하는 계절별 학생 수

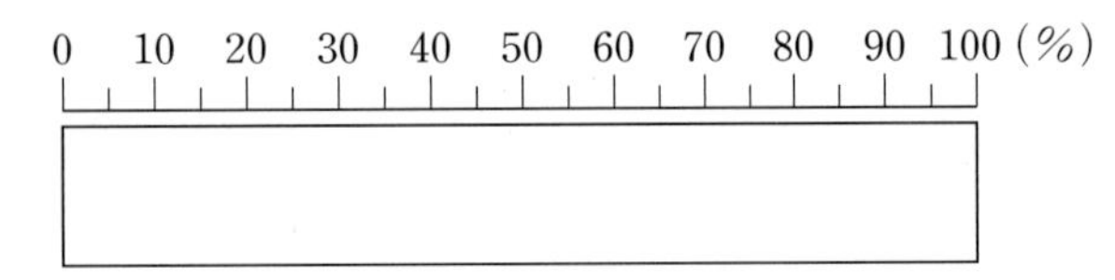

09 여름 또는 겨울을 좋아하는 학생은 전체의 몇 %인가요?

( )

[10~11] 예인이네 학교 학생들이 좋아하는 과일을 조사하여 나타낸 원그래프입니다. 물음에 답하세요.

좋아하는 과일별 학생 수

0
기타 (10 %)
사과 (10 %)
귤 (25 %)
75
망고 (15 %)
25
포도 (20 %)
복숭아 (20 %)
50

10 가장 많은 학생들이 좋아하는 과일은 무엇인가요?

( )

11 망고를 좋아하는 학생이 48명이라면 조사한 학생은 모두 몇 명인지 구해 보세요.

( )

[12~13] 예솔이네 아파트 단지에서 일주일 동안 배출한 재활용품을 조사하여 나타낸 표입니다. 물음에 답하세요.

재활용품별 배출량

종류	종이류	플라스틱류	캔류	유리류	합계
배출량(kg)	300	350	250	100	1000
백분율(%)					

12 전체 배출량에 대한 재활용품별 배출량의 백분율을 구하여 표를 완성해 보세요.

13 원그래프로 나타내어 보세요.

재활용품별 배출량

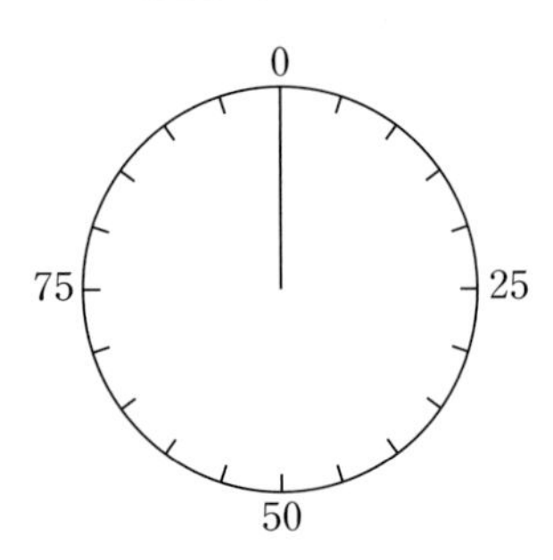

14 전체에 대한 항목별 비율을 이용하여 나타내는 그래프를 모두 고르세요. ( )

① 막대그래프
② 꺾은선그래프
③ 그림그래프
④ 띠그래프
⑤ 원그래프

[15~18] 예진이네 학교 3학년에서 6학년까지 학생 680명이 참가한 글짓기 대회에서 학년별 참가자 수를 조사하여 나타낸 띠그래프입니다. 물음에 답하세요.

학년별 참가자 수

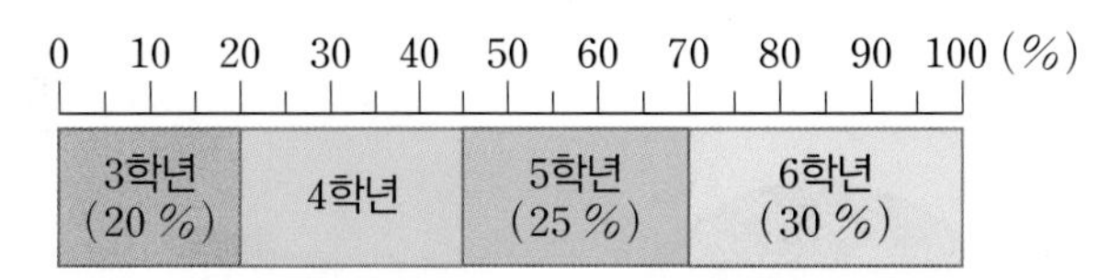

15 참가한 3학년 학생 수는 몇 명인가요?

( )

16 4학년 참가자 수는 전체의 몇 %이고, 몇 명인지 차례로 구해 보세요.

( ), ( )

17 띠그래프를 원그래프로 나타내어 보세요.

학년별 참가자 수

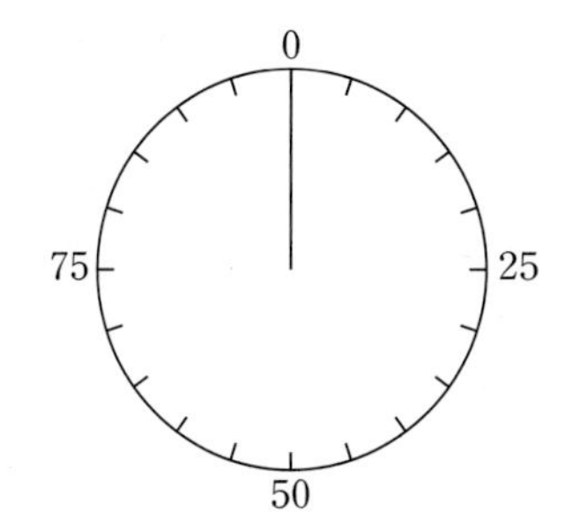

18 예진이네 학교 5학년 참가자들이 받은 상 종류를 조사하여 나타낸 원그래프입니다. 5학년에서 참가상을 받은 학생은 모두 몇 명인가요?

5학년의 상 종류별 참가자 수

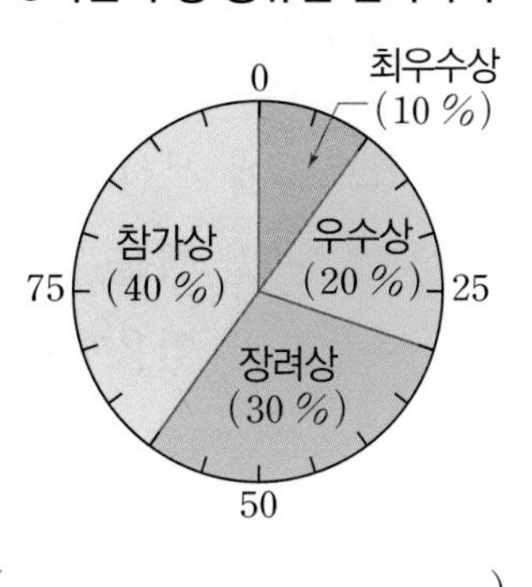

( )

서술형 문제

19 정민이네 학교 학생 500명과 승현이네 학교 학생 650명이 좋아하는 운동을 조사하여 나타낸 띠그래프입니다. 야구를 좋아하는 학생 수가 더 많은 학교는 어디이고, 몇 명 더 많은지 풀이 과정을 쓰고 답을 구해 보세요.

좋아하는 운동별 학생 수

정민이네 학교	축구 (35 %)	야구 (25 %)	농구 (20 %)	배구 (20 %)
승현이네 학교	축구 (45 %)	야구 (20 %)	농구 (20 %)	배구 (15 %)

풀이

답 ______________, ______________

20 어느 마을의 12월 한 달 동안의 날씨를 조사하여 나타낸 원그래프입니다. 이 달의 맑은 날수와 비가 온 날수의 비율이 3 : 1일 때 맑은 날과 비가 온 날의 백분율은 각각 몇 %인지 풀이 과정을 쓰고 답을 구해 보세요.

날씨별 날수

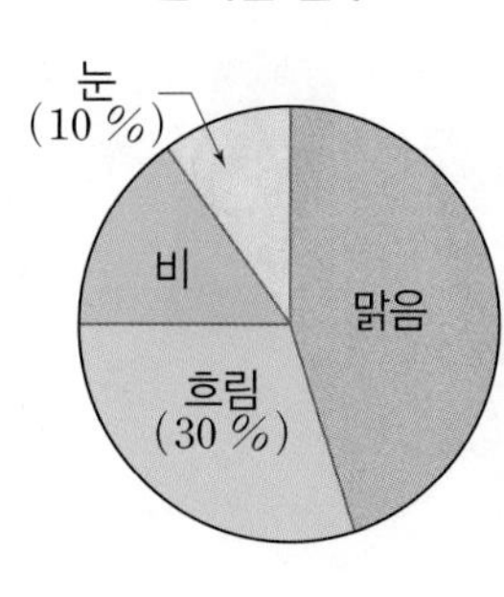

풀이

답 ______________, ______________

동규와 예림이는 부모님께서 만드신 빵을 가지고 양로원에 계신 어르신들을 찾아뵙기로 했어요. 어르신들께 드릴 빵을 직육면체 모양의 상자에 담고, 빵을 담은 상자를 예쁜 포장지로 포장하려고 해요. 상자에 빵을 담아 몇 개까지 포장할 수 있을까요? 이때 필요한 포장지의 넓이는 얼마나 될까요?

이번 6단원에서는 직육면체의 부피와 겉넓이에 대해 배울 거예요.

6 직육면체의 부피와 겉넓이

단원 학습 목표

1. 직육면체의 부피를 예측하고 부피를 직접, 간접으로 비교할 수 있습니다.
2. $1\ cm^3$를 이용하여 직육면체의 부피를 나타낼 수 있습니다.
3. 직육면체와 정육면체의 부피를 구하는 방법을 식으로 나타낼 수 있습니다.
4. 부피의 큰 단위인 $1\ m^3$를 알고, $1\ m^3$와 $1\ cm^3$ 사이의 관계를 이해할 수 있습니다.
5. 직육면체의 부피를 m^3로 나타낼 수 있습니다.
6. 직육면체의 겉넓이를 구하는 여러 가지 방법을 알 수 있습니다.
7. 직육면체와 정육면체의 겉넓이를 구할 수 있습니다.

단원 진도 체크

학습일		학습 내용	진도 체크
1일째	월 일	개념 1 직육면체의 부피를 비교해 볼까요 개념 2 직육면체의 부피를 구하는 방법을 알아볼까요 개념 3 m^3를 알아볼까요	✓
2일째	월 일	교과서 넘어 보기 + 교과서 속 응용 문제	✓
3일째	월 일	개념 4 직육면체의 겉넓이를 구하는 방법을 알아볼까요(1) 개념 5 직육면체의 겉넓이를 구하는 방법을 알아볼까요(2)	✓
4일째	월 일	교과서 넘어 보기 + 교과서 속 응용 문제	✓
5일째	월 일	응용 1 몇 배 늘어난 정육면체의 부피 구하기 응용 2 쌓을 수 있는 모형의 수 구하기 응용 3 잘랐을 때 늘어난 겉넓이 구하기	✓
6일째	월 일	응용 4 겉넓이가 같음을 이용하여 한 모서리의 길이 구하기 응용 5 여러 가지 입체도형의 부피 구하기	✓
7일째	월 일	단원 평가 LEVEL ❶	✓
8일째	월 일	단원 평가 LEVEL ❷	✓

이 단원을 진도 체크에 맞춰 8일 동안 학습해 보세요.
해당 부분을 공부하고 나서 ✓표를 하세요.

교과서 개념 다지기

개념 1 직육면체의 부피를 비교해 볼까요

(1) 상자를 맞대어 부피 비교하기

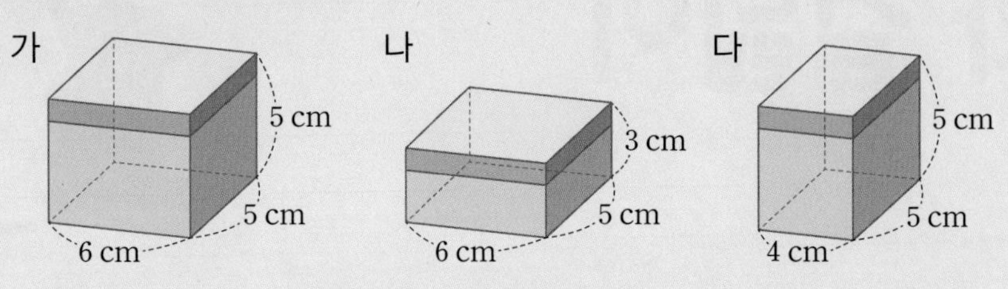

• 가와 나는 밑면의 넓이가 같기 때문에 높이가 더 높은 가의 부피가 더 큽니다.

• 나와 다는 밑면의 모양과 높이가 모두 다르기 때문에 비교하기 어렵습니다.

▶ 직육면체의 가로, 세로, 높이 중에서 두 종류 이상의 길이가 같으면 직접 맞대어 부피를 비교할 수 있습니다.

▶ 가와 다는 높이가 같기 때문에 밑면의 넓이가 더 넓은 가의 부피가 더 큽니다.

(2) 여러 단위를 이용하여 상자의 부피 비교하기

가

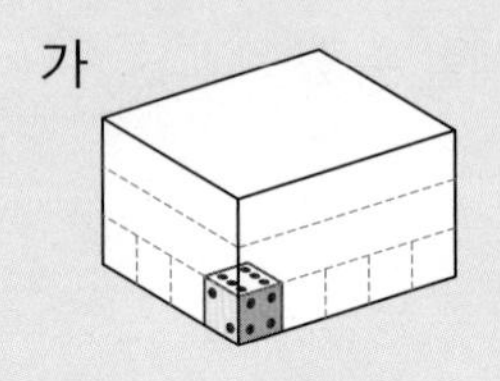

나

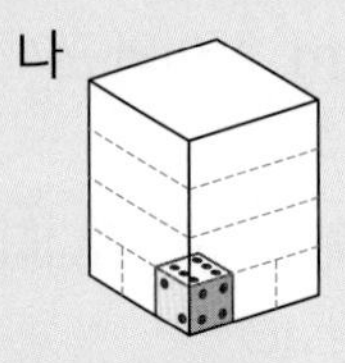

다

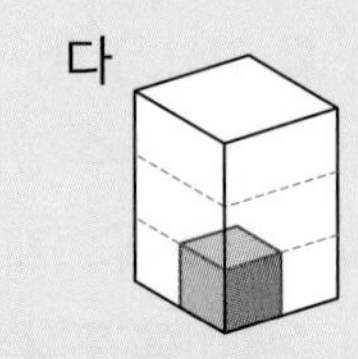

• 가와 나는 모양과 크기가 같은 주사위가 들어 있어 부피를 비교할 수 있지만, 다는 주사위와 크기가 다른 쌓기나무가 들어 있으므로 부피를 비교할 수 없습니다.

▶ 공 모양이나 바둑돌을 단위로 사용하면 빈 공간이 많이 생기므로 직육면체 모양을 단위로 사용하는 것이 좋습니다.

(3) 쌓기나무를 사용하여 직육면체의 부피 비교하기

가

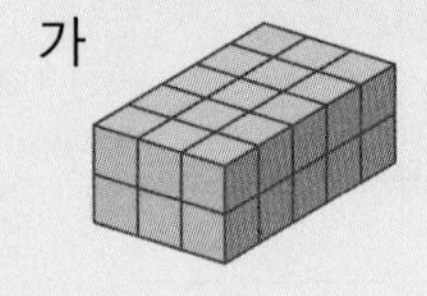

나

• 가의 쌓기나무의 수: 30개
• 나의 쌓기나무의 수: 28개

$30 > 28$

➡ 가의 부피가 더 큽니다.

▶ 쌓기나무의 수를 세어 비교할 수 있기 때문에 직접 대어 보지 않아도 부피를 비교할 수 있습니다.

▶ 쌓기나무의 수를 세어 부피를 비교해 보면 눈으로 비교하기 어려운 직육면체의 부피를 비교할 수 있습니다.

01 높이가 7 cm로 같은 세 상자를 직접 맞대어 부피를 비교하려고 합니다. □ 안에 알맞은 기호를 써넣으세요.

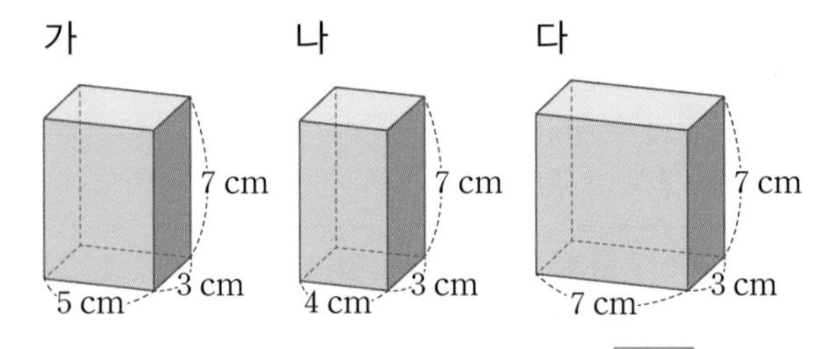

(1) 밑면의 넓이가 가장 넓은 상자는 □ 입니다.

(2) 세 직육면체 중 부피가 가장 큰 직육면체는 □ 입니다.

02 크기가 같은 쌓기나무를 사용하여 두 직육면체의 부피를 비교하려고 합니다. □ 안에 알맞은 수나 기호를 써넣으세요.

가

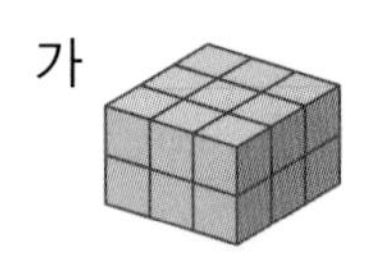

나

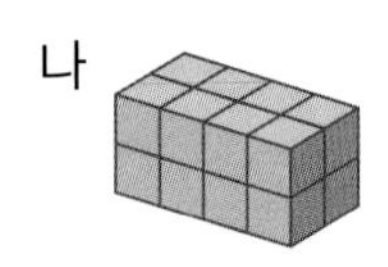

(1) 두 직육면체에 사용된 쌓기나무의 수를 세어 보면 가는 □개, 나는 □개입니다.

(2) 두 직육면체 중 부피가 더 큰 직육면체는 □ 입니다.

개념 2 직육면체의 부피를 구하는 방법을 알아볼까요

(1) 부피의 단위 알아보기

부피를 나타낼 때 한 모서리의 길이가 1 cm인 정육면체의 부피를 단위로 사용할 수 있습니다. 이 정육면체의 부피를 $1\ \text{cm}^3$라 쓰고, 1세제곱센티미터라고 읽습니다.

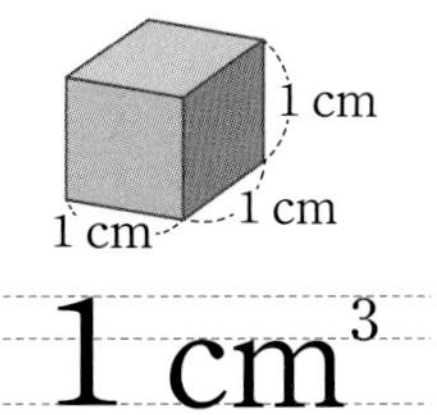

$1\ \text{cm}^3$

(2) 직육면체와 정육면체의 부피를 구하는 방법 알아보기

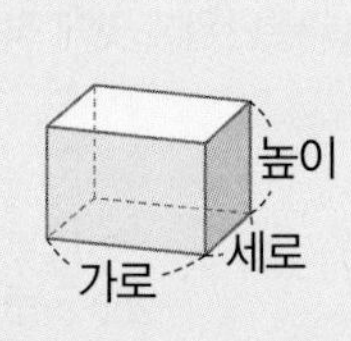

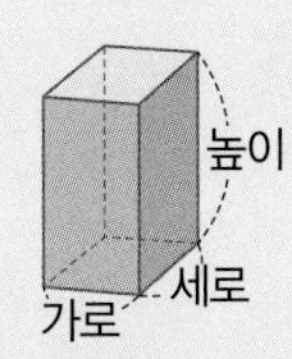

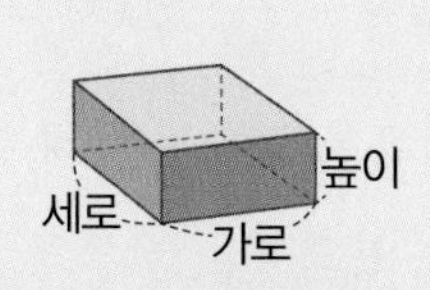

• (직육면체의 부피)=(가로)×(세로)×(높이)=(밑면의 넓이)×(높이)

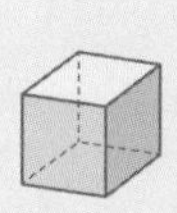

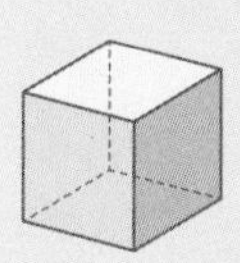

• (정육면체의 부피)=(한 모서리의 길이)×(한 모서리의 길이)×(한 모서리의 길이)

▶ 부피가 $1\ \text{cm}^3$인 쌓기나무를 사용하여 직육면체의 부피 구하기

➡ 가로 4개, 세로 3개, 높이 3층
(쌓기나무의 수)$=4\times3\times3$
$=36$(개)
(직육면체의 부피)$=36\ \text{cm}^3$

▶ 직육면체의 가로, 세로, 높이와 부피의 관계

- 가로만 2배, 3배가 되면 부피도 2배, 3배가 됩니다.
- 가로와 세로가 각각 2배, 3배가 되면 부피는 $2\times2=4$(배), $3\times3=9$(배)가 됩니다.
- 가로, 세로, 높이가 각각 2배, 3배가 되면 부피는 $2\times2\times2=8$(배), $3\times3\times3=27$(배)가 됩니다.

03 부피가 $1\ \text{cm}^3$인 쌓기나무로 다음과 같이 직육면체를 만들었습니다. 쌓은 쌓기나무의 수와 직육면체의 부피를 구해 보세요.

(1)

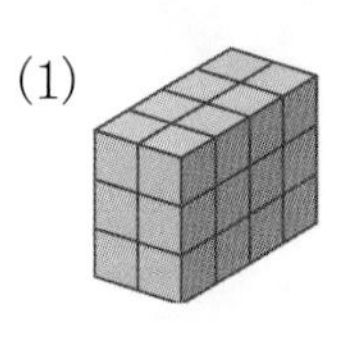

쌓기나무의 수: □ 개

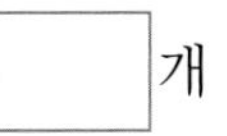

직육면체의 부피: □ cm^3

(2)

쌓기나무의 수: □ 개

직육면체의 부피: □ cm^3

04 직육면체와 정육면체의 부피를 구하려고 합니다. □ 안에 알맞은 수를 써넣으세요.

(1)

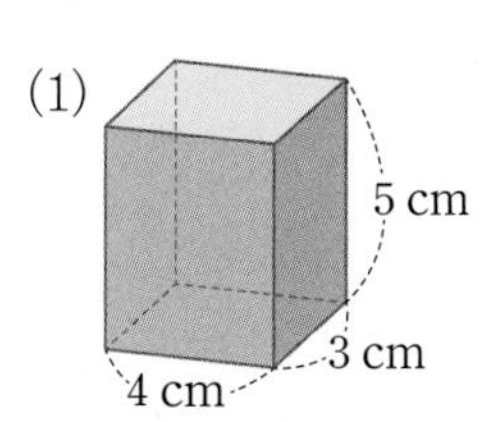

(직육면체의 부피)
=(가로)×(세로)×(높이)
$=4\times$ □ $\times$ □
$=$ □ (cm^3)

(2)

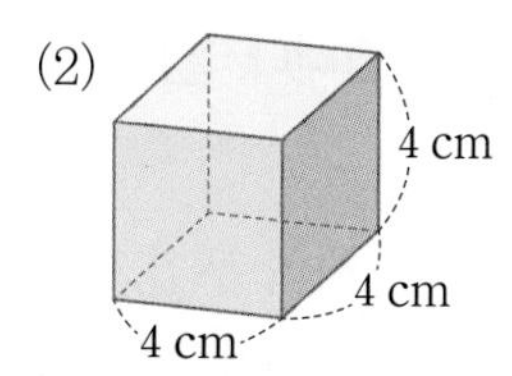

(정육면체의 부피)
=(한 모서리의 길이)
×(한 모서리의 길이)
×(한 모서리의 길이)

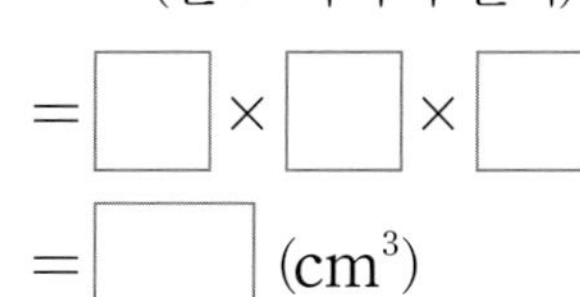

$=$ □ $\times$ □ $\times$ □
$=$ □ (cm^3)

개념 3 m^3를 알아볼까요

(1) m^3 알아보기

부피를 나타낼 때 한 모서리의 길이가 1 m인 정육면체의 부피를 단위로 사용할 수 있습니다. 이 정육면체의 부피를 1 m^3라 쓰고, 1세제곱미터라고 읽습니다.

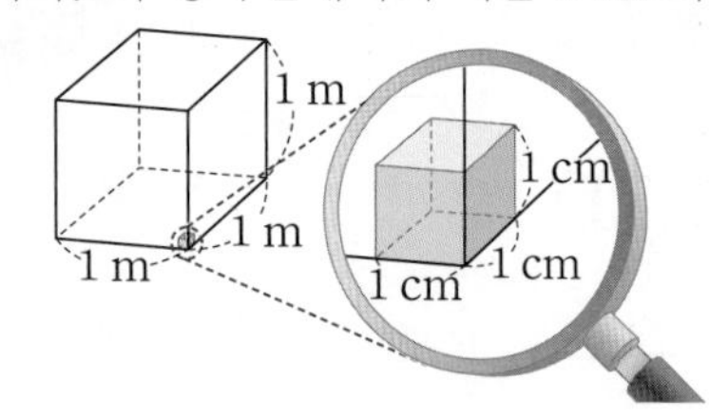

$1\ m^3$

(2) 1 cm^3와 1 m^3의 관계

부피가 1 cm^3인 쌓기나무를 부피가 1 m^3인 정육면체에 놓을 때 한 층에 $100 \times 100 = 10000$(개)씩 100층으로 쌓을 수 있습니다.

➡ 부피가 1 m^3인 정육면체를 만드는 데 부피가 1 cm^3인 쌓기나무가 $100 \times 100 \times 100 = 1000000$(개) 필요합니다.

$1\ m^3 = 1000000\ cm^3$

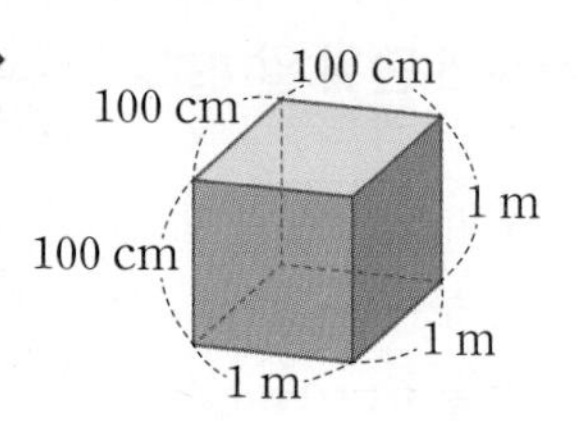

▶ 단위가 다른 직육면체의 부피를 비교할 때에는 단위를 같게 바꾼 후 비교합니다.

▶ 단위에 맞게 직육면체의 부피 구하기

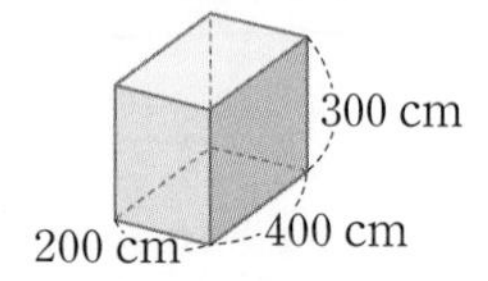

➡ $200 \times 400 \times 300$
$= 24000000\ (cm^3)$

➡ 200 cm = 2 m
400 cm = 4 m
300 cm = 3 m
$2 \times 4 \times 3 = 24\ (m^3)$

05 □ 안에 알맞게 써넣으세요.

한 모서리의 길이가 1 m인 정육면체의 부피를 □(이)라 쓰고, □(이)라고 읽습니다.

06 직육면체의 부피를 구하려고 합니다. □ 안에 알맞은 수를 써넣으세요.

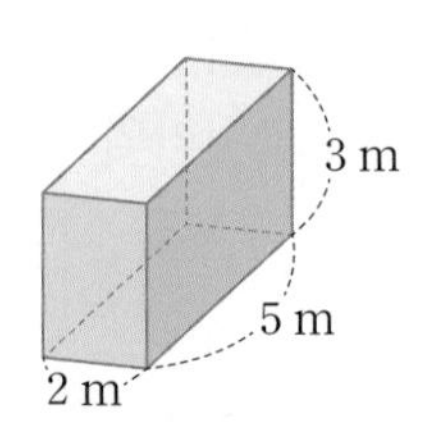

(직육면체의 부피)
=(가로)×(세로)×(높이)
$= 2 \times \square \times \square$
$= \square\ (m^3)$

07 그림을 보고 □ 안에 알맞은 수를 써넣으세요.

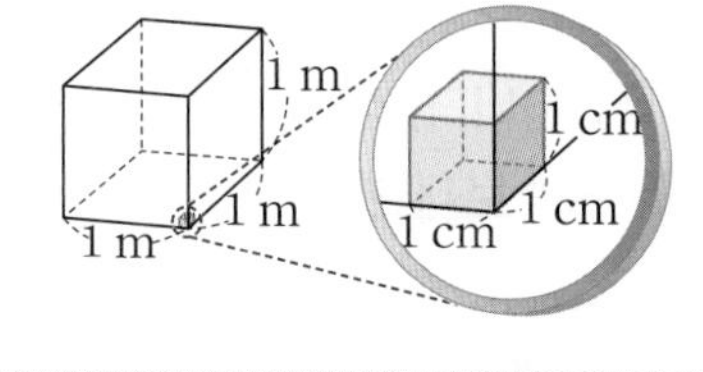

한 모서리의 길이가 1 m인 정육면체를 쌓는 데 부피가 1 cm^3인 쌓기나무가 □ 개 필요합니다.

$1\ m^3 = \square\ cm^3$

08 □ 안에 알맞은 수를 써넣으세요.

(1) $8000000\ cm^3 = \square\ m^3$

(2) $4\ m^3 = \square\ cm^3$

정답과 풀이 38쪽

01 부피가 작은 직육면체부터 차례로 기호를 써 보세요.

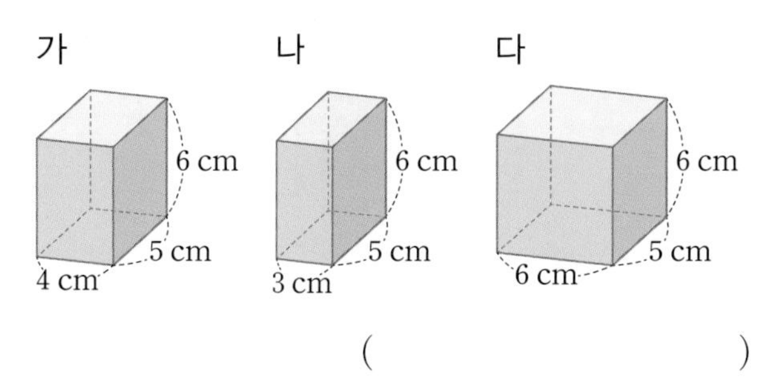

(　　　　　　　　　　)

02 크기가 같은 쌓기나무를 쌓아 직육면체를 만들었습니다. 두 직육면체의 부피를 비교하여 ○ 안에 ＞, ＝, ＜를 알맞게 써넣으세요.

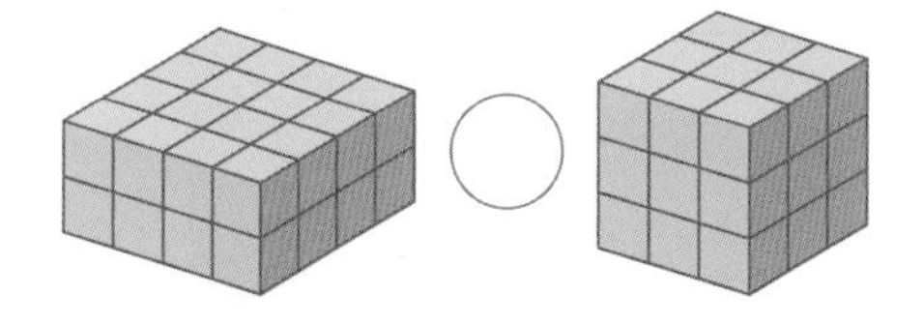

03 성진이가 상자 안에 크기가 같은 쌓기나무를 몇 개 담을 수 있는지 알아보고 크기를 비교한 것입니다. □ 안에 알맞은 수나 말을 써넣으세요.

가　　　　나　　　　다

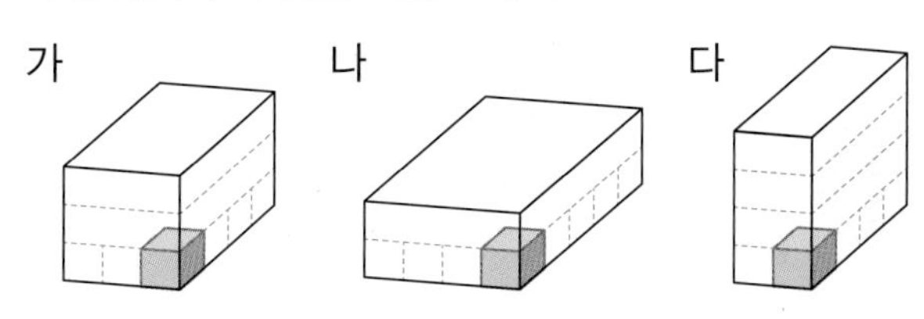

성진: 쌓기나무를 가는 □개, 나는 □개, 다는 □개를 담을 수 있으므로 가장 많이 담을 수 있는 상자는 □입니다.

04 두 직육면체를 직접 맞대었을 때 부피를 비교할 수 있는지 알맞은 말에 ○표 하고, 그 이유를 써 보세요.

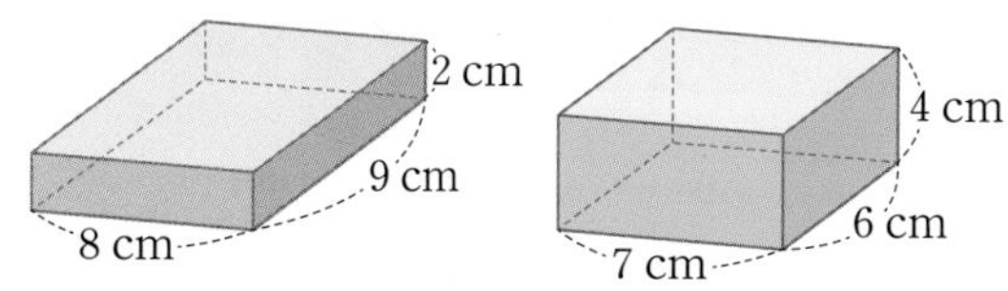

직접 맞대어 비교할 수 (있습니다 , 없습니다).

이유 ______________________________

____

05 부피가 $1\ cm^3$인 쌓기나무로 직육면체를 만들었습니다. 직육면체의 부피를 구해 보세요.

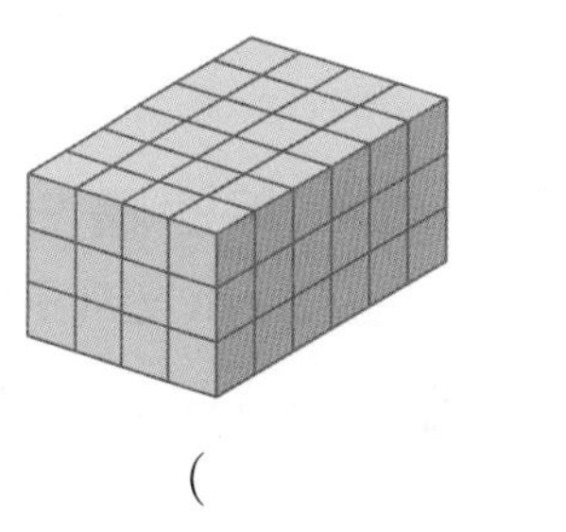

(　　　　　　　　　　)

06 부피가 $1\ cm^3$인 쌓기나무를 그림과 같이 쌓았습니다. 쌓기나무의 수를 세어 직육면체 가와 나의 부피를 각각 구해 보세요.

가

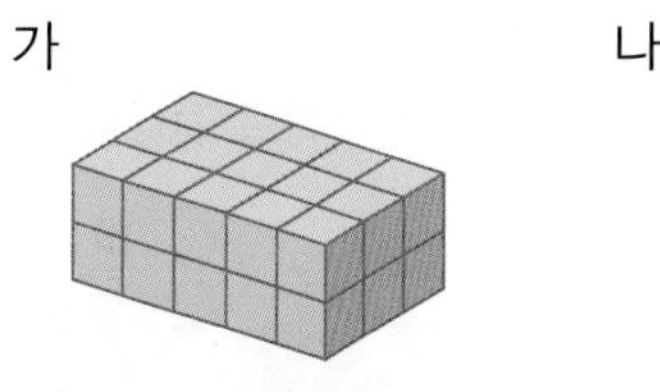

나

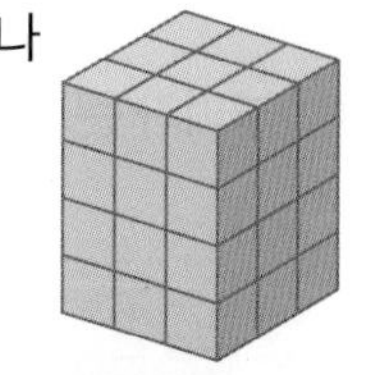

직육면체	가	나
쌓기나무의 수(개)		
부피(cm^3)		

07 정육면체의 부피를 구해 보세요.

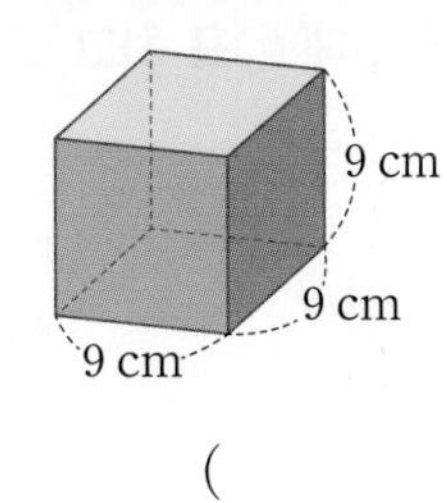

(　　　　　　　　　　)

08 민성이는 가로가 5 cm, 세로가 8 cm, 높이가 4 cm인 직육면체 모양의 상자를 만들었습니다. 민성이가 만든 상자의 부피를 구해 보세요.

(　　　　　　　　　　)

09 전개도를 접어 정육면체를 만들었습니다. 만든 정육면체의 부피는 몇 cm^3인지 구해 보세요.

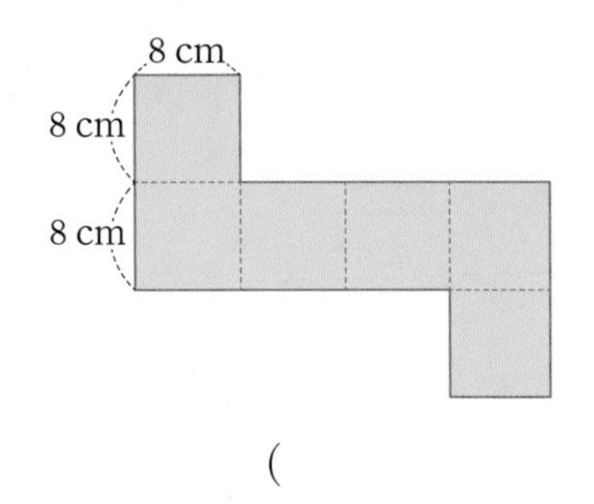

(　　　　　　　　　　)

10 부피가 큰 직육면체부터 차례로 기호를 써 보세요.

중요

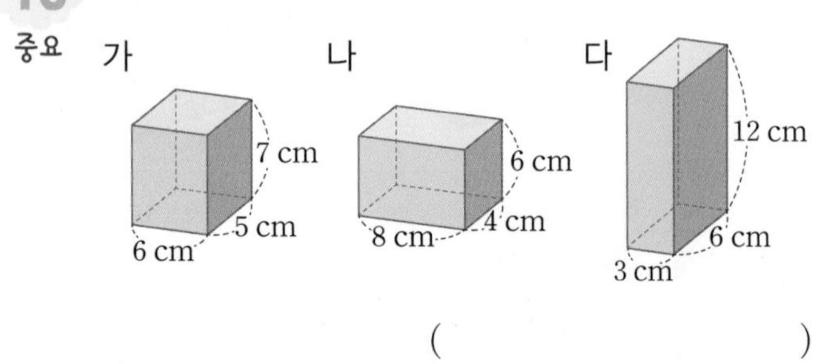

(　　　　　　　　　　)

11 직육면체의 부피가 150 cm^3일 때, □ 안에 알맞은 수를 써넣으세요.

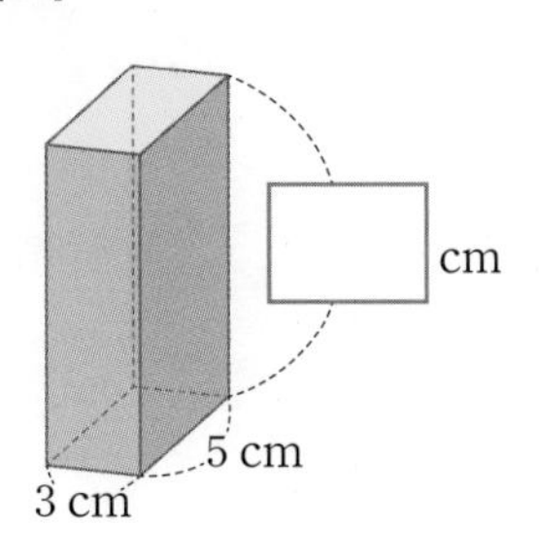

12 정육면체의 부피는 125 cm^3입니다. 정육면체의 한 모서리의 길이를 구해 보세요.

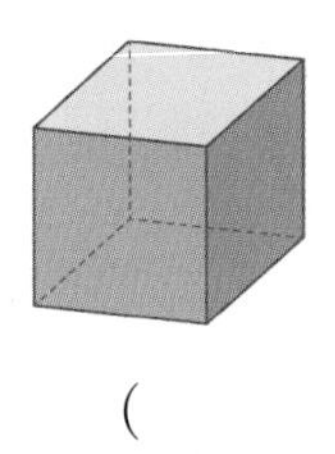

(　　　　　　　　　　)

13 두 직육면체의 부피가 같을 때, □ 안에 알맞은 수를 써넣으세요.

어려운 문제

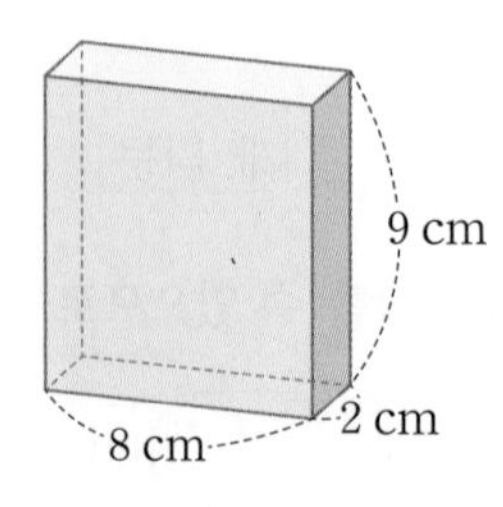

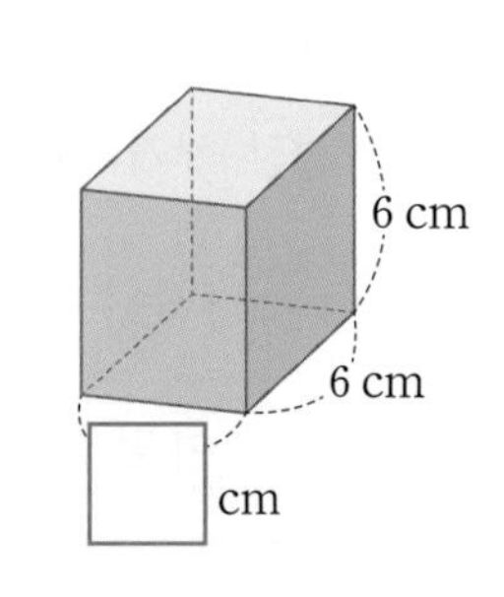

14 중요 부피가 $120\ cm^3$인 직육면체가 있습니다. 이 직육면체의 가로, 세로, 높이를 정해 표를 완성해 보세요. (단, 각 모서리의 길이는 자연수이고, 1 cm보다 깁니다.)

가로(cm)	세로(cm)	높이(cm)	부피(cm^3)
2	2	30	120
2	3	20	120
			120
			120
			120

15 직육면체를 보고 물음에 답하세요.

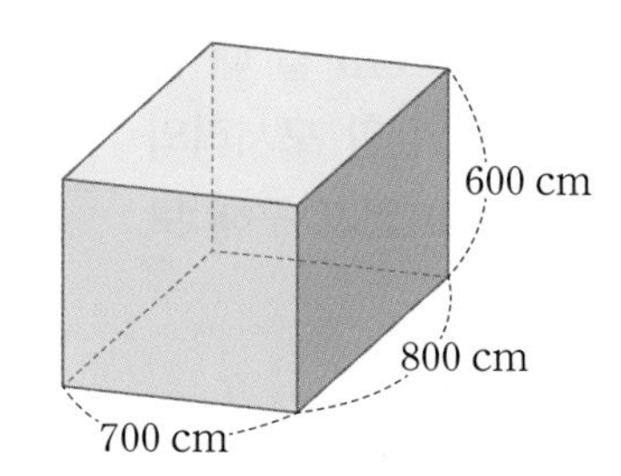

(1) 직육면체의 가로, 세로, 높이를 m로 나타내어 보세요.

가로 (　　　　　　)
세로 (　　　　　　)
높이 (　　　　　　)

(2) 직육면체의 부피는 몇 m^3인가요?

(　　　　　　)

16 □ 안에 알맞은 수를 써넣으세요.

(1) $13\ m^3 = \square\ cm^3$

(2) $70000000\ cm^3 = \square\ m^3$

17 부피가 더 큰 쪽에 ○표 하세요.

$41000000\ cm^3$	$410\ m^3$
(　　　)	(　　　)

18 다음 중 부피가 가장 큰 것은 어느 것인가요? (　　　)

① 부피가 $80\ m^3$인 직육면체
② 부피가 $51000000\ cm^3$인 직육면체
③ 가로 9 m, 세로 4 m, 높이 150 cm인 직육면체
④ 한 모서리의 길이가 4 m인 정육면체
⑤ 가로 5 m, 세로 6 m, 높이 3 m인 직육면체

19 정육면체의 부피를 주어진 단위로 각각 나타내어 보세요.

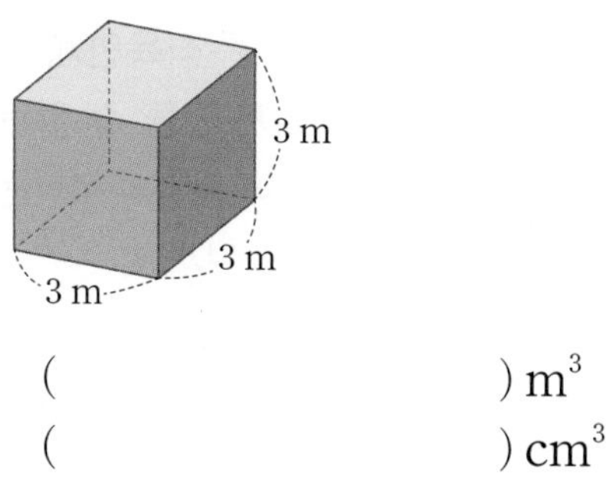

(　　　　　　) m^3
(　　　　　　) cm^3

20 밑면의 가로가 300 cm, 세로가 500 cm, 높이가 7 m인 직육면체의 부피는 몇 m^3인지 구해 보세요.

(　　　　　　)

교과서 속 응용 문제

정답과 풀이 38쪽

가장 큰 정육면체의 부피 구하기

예 직육면체 모양의 두부를 잘라서 만들 수 있는 가장 큰 정육면체 모양의 부피는 몇 cm^3인지 구해 보세요.

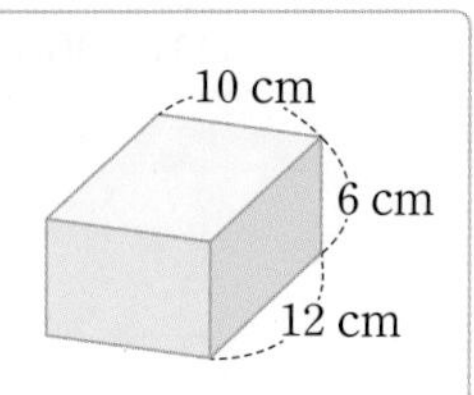

➡ 가장 큰 정육면체의 한 모서리의 길이는 직육면체의 가장 짧은 모서리의 길이에 맞춰야 합니다.
따라서 만들 수 있는 가장 큰 정육면체의 한 모서리의 길이는 6 cm이므로 부피는 $6\times6\times6=216(cm^3)$입니다.

21 민선이는 오른쪽과 같은 직육면체 모양의 빵을 잘라 정육면체 모양을 만들려고 합니다. 민선이가 만들 수 있는 가장 큰 정육면체 모양의 부피는 몇 cm^3인지 구해 보세요.

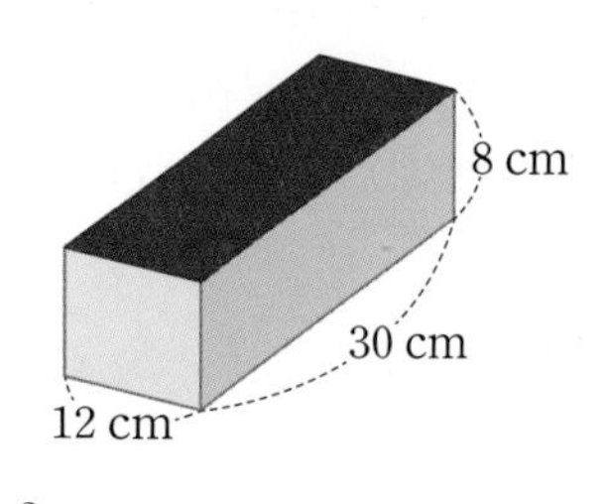

(　　　　　　　)

22 오른쪽과 같은 직육면체 모양의 떡을 잘라서 만들 수 있는 가장 큰 정육면체 모양의 부피는 몇 cm^3인지 구해 보세요.

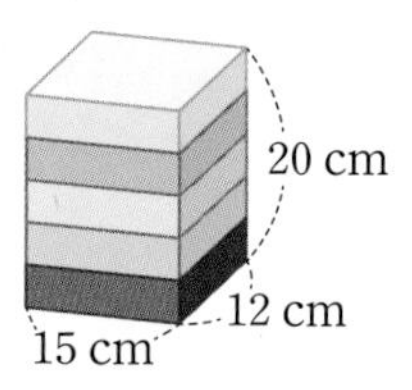

(　　　　　　　)

23 오른쪽과 같은 직육면체 모양의 두부를 만들 수 있는 가장 큰 정육면체 모양으로 잘라서 포장하였습니다. 포장하고 남은 두부의 부피는 몇 cm^3인가요?

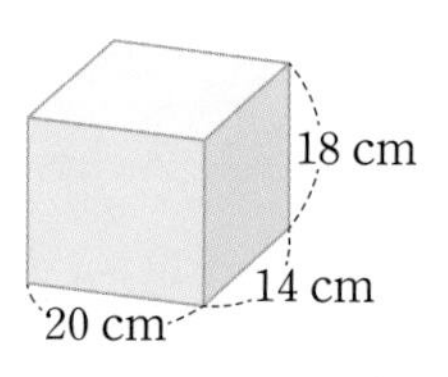

(　　　　　　　)

쌓은 도형에서 정육면체의 한 모서리의 길이 구하기

예 작은 정육면체로 쌓은 정육면체 모양의 부피가 729 cm^3일 때 작은 정육면체의 한 모서리의 길이는 몇 cm인지 구해 보세요.

➡ (작은 정육면체의 수)$=3\times3\times3=27$(개)
(작은 정육면체의 부피)$=729\div27=27(cm^3)$
작은 정육면체의 한 모서리의 길이를 □ cm라고 하면
$\square\times\square\times\square=27$, $3\times3\times3=27$, $\square=3$
(작은 정육면체의 한 모서리의 길이)$=3$ cm

24 작은 정육면체 여러 개를 쌓은 오른쪽 정육면체 모양의 부피가 1000 cm^3일 때 작은 정육면체의 한 모서리의 길이는 몇 cm인지 구해 보세요.

(　　　　　　　)

25 작은 정육면체 여러 개를 쌓은 오른쪽 정육면체 모양의 부피가 1728 cm^3일 때 작은 정육면체의 한 모서리의 길이는 몇 cm인지 구해 보세요.

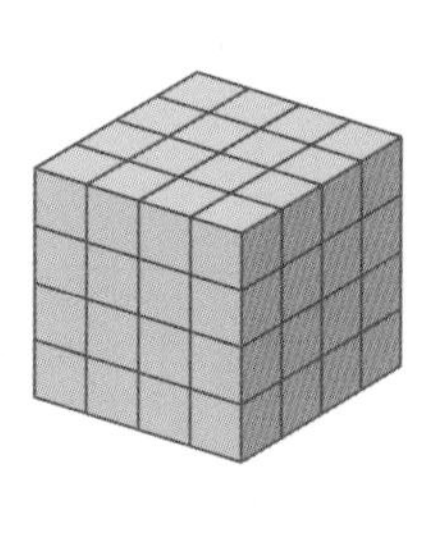

(　　　　　　　)

26 정육면체 여러 개를 쌓은 오른쪽 직육면체 모양의 부피가 3000 cm^3일 때 정육면체의 한 모서리의 길이는 몇 cm인지 구해 보세요.

(　　　　　　　)

정답과 풀이 40쪽

개념 4 직육면체의 겉넓이를 구하는 방법을 알아볼까요 (1)

(1) 직육면체의 겉넓이를 구하는 방법 알아보기

방법 1 여섯 면의 넓이의 합으로 구하기

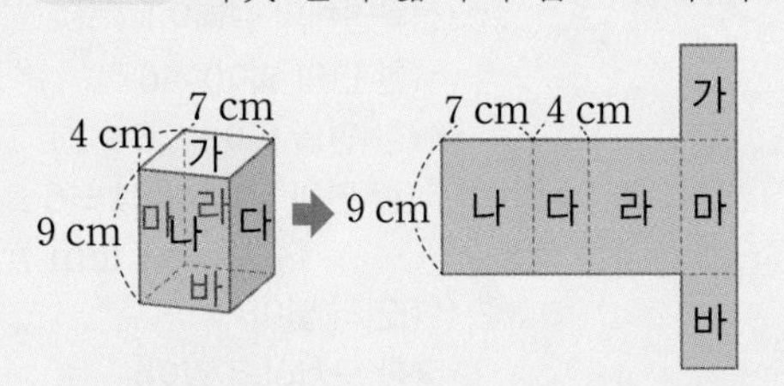

(직육면체의 겉넓이)
$=$(여섯 면의 넓이의 합)
$=28+63+36+63+36+28$
$=254\ (cm^2)$

방법 2 합동인 면이 3쌍임을 이용하여 구하기

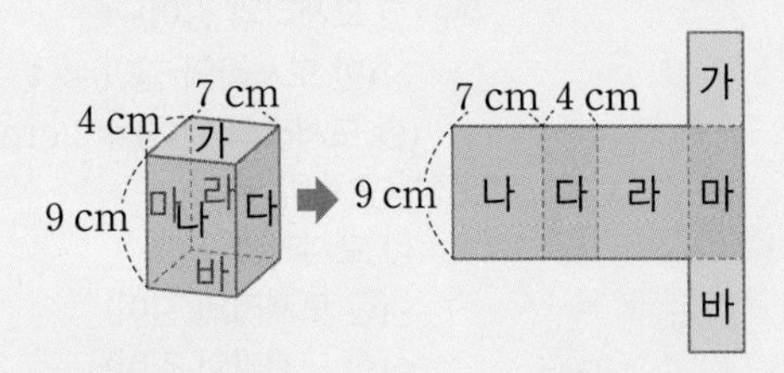

(직육면체의 겉넓이)
$=$(가, 나, 다의 넓이의 합)$\times 2$
$=(28+63+36)\times 2=254\ (cm^2)$

방법 3 두 밑면과 옆면의 넓이의 합으로 구하기

4 cm, 7 cm 가 바 + 9 cm 나 다 라 마 (7 cm 4 cm)

(직육면체의 겉넓이)
$=$(한 밑면의 넓이)$\times 2+$(옆면의 넓이)
$=(4\times 7)\times 2+22\times 9=254\ (cm^2)$
└ $7+4+7+4=22\ (cm)$

▶ 각 면의 넓이

면	가로 (cm)	세로 (cm)	넓이 (cm^2)
가	4	7	28
나	7	9	63
다	4	9	36
라	7	9	63
마	4	9	36
바	4	7	28

▶ 직육면체의 전개도를 보고 여러 가지 방법으로 겉넓이 구하기

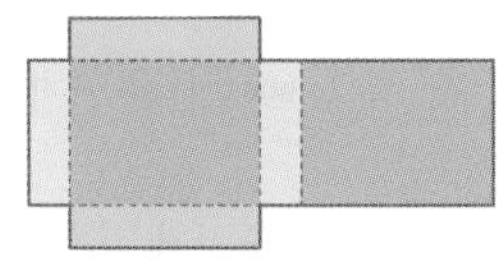

- 여섯 면의 넓이를 각각 구한 후 모두 더합니다.
- 합동인 면이 3쌍이므로 서로 다른 세 면의 넓이의 합을 구한 다음 2배 합니다.
- 두 밑면의 넓이와 옆면의 넓이를 더합니다.

[01~04] 직육면체의 겉넓이를 여러 가지 방법으로 구해 보세요.

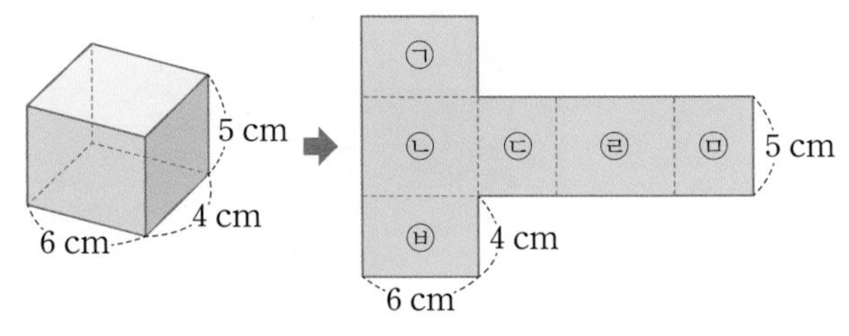

01 표를 완성해 보세요.

면	가로(cm)	세로(cm)	넓이(cm^2)
㉠	6	4	24
㉡	6	5	
㉢	4		
㉣	6		
㉤	4		
㉥	6		

02 여섯 면의 넓이의 합으로 구해 보세요.

(직육면체의 겉넓이)
$=24+30+\square+\square+\square+\square$
$=\square\ (cm^2)$

03 합동인 면이 3쌍임을 이용하여 구해 보세요.

(직육면체의 겉넓이)
$=(24+\square+\square)\times 2=\square\ (cm^2)$

04 두 밑면과 옆면의 넓이의 합으로 구해 보세요.

(한 밑면의 넓이)$\times 2+$(옆면의 넓이)
$=(6\times\square)\times 2+20\times\square=\square\ (cm^2)$

6 단원

개념 5 직육면체의 겉넓이를 구하는 방법을 알아볼까요(2)

(1) 정육면체의 겉넓이를 구하는 방법 알아보기

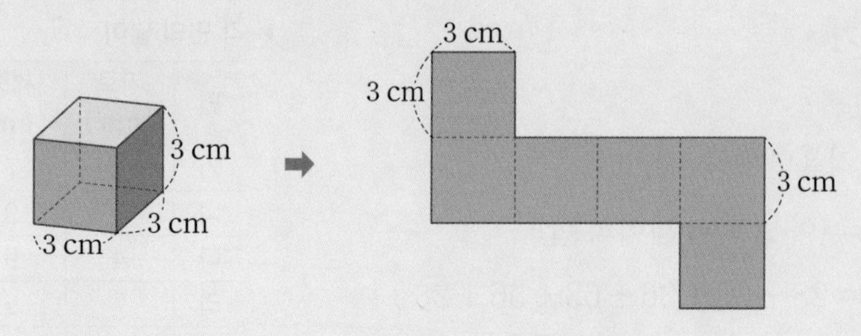

방법 1 여섯 면의 넓이의 합으로 구하기

(정육면체의 겉넓이)$=9+9+9+9+9+9=54$ (cm^2)

방법 2 한 면의 넓이를 6배 하기

(한 면의 넓이)$=3\times3=9$ (cm^2)

➡ (정육면체의 겉넓이)$=9\times6=54$ (cm^2)

(정육면체의 겉넓이)=(여섯 면의 넓이의 합)
=(한 면의 넓이)×6
=(한 모서리의 길이)×(한 모서리의 길이)×6

▶ **정육면체의 겉넓이 활용하기**
- 겉넓이를 알 때 부피 구하기

예 겉넓이가 24 cm^2인 정육면체의 부피 구하기

① (정육면체의 겉넓이)
=(한 면의 넓이)×6
➡ (한 면의 넓이)×6=24
(한 면의 넓이)=24÷6
=4 (cm^2)

② (한 면의 넓이)
=(한 모서리의 길이)×(한 모서리의 길이)
➡ (한 모서리의 길이)×(한 모서리의 길이)=4
(한 모서리의 길이)=2 cm

③ (정육면체의 부피)
=(한 모서리의 길이)×(한 모서리의 길이)×(한 모서리의 길이)
$=2\times2\times2=8$ (cm^3)

05 오른쪽 정육면체의 겉넓이를 구하려고 합니다. □ 안에 알맞은 수를 써넣으세요.

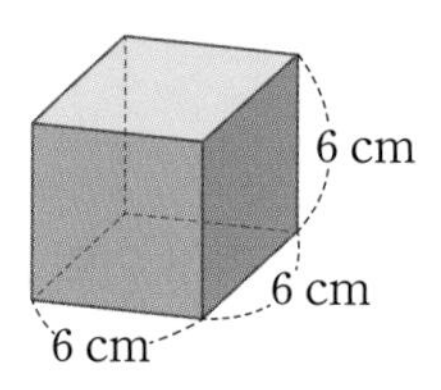

(1) 여섯 면의 넓이의 합으로 구해 보세요.

(정육면체의 겉넓이)
=□+□+□+□+□+□
=□ (cm^2)

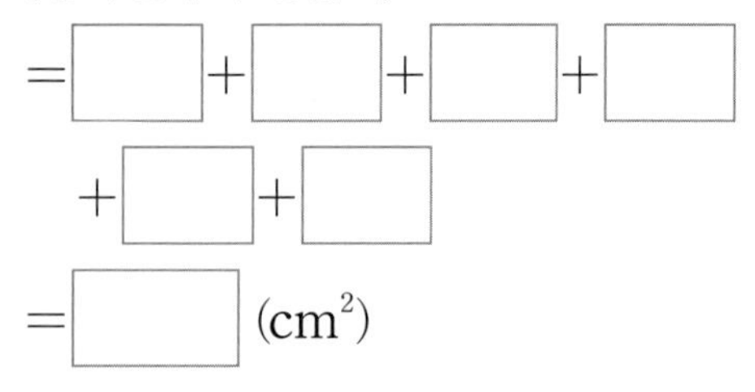

(2) 한 면의 넓이를 이용하여 구해 보세요.

(정육면체의 겉넓이)
=(한 면의 넓이)×□
=□×□=□ (cm^2)

06 전개도를 접어서 만들 수 있는 정육면체의 겉넓이를 구하려고 합니다. □ 안에 알맞은 수를 써넣으세요.

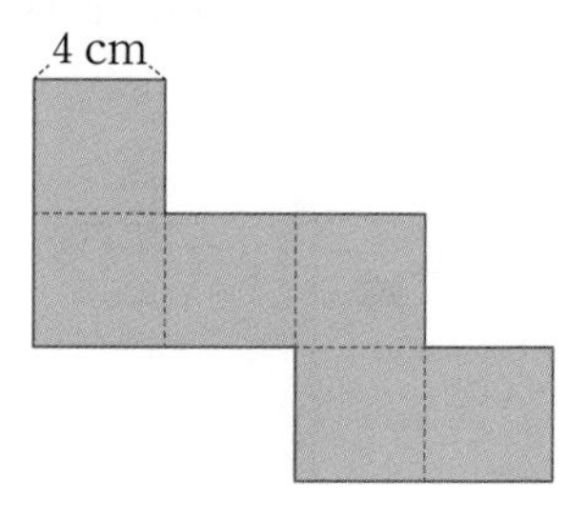

(정육면체의 겉넓이)
=(한 면의 넓이)×□
=□×□×□
=□×□=□ (cm^2)

27 전개도로 만들 수 있는 직육면체의 겉넓이를 세 가지 방법으로 구하려고 합니다. □ 안에 알맞은 수를 써넣으세요.

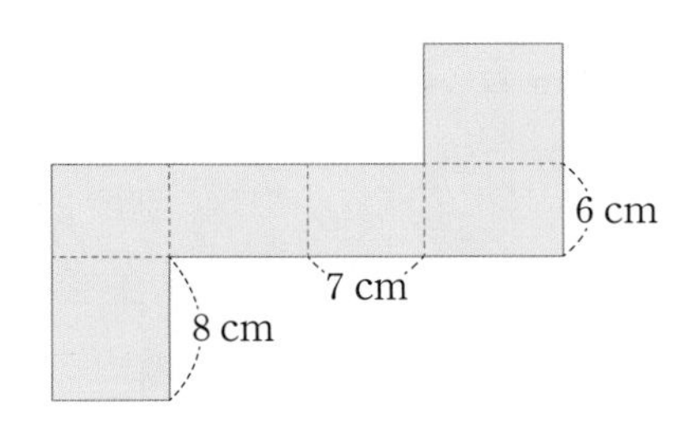

(1) (직육면체의 겉넓이)
=(여섯 면의 넓이의 합)
=56+42+□+□+□
+□
=□ (cm²)

(2) (직육면체의 겉넓이)
=(세 면의 넓이의 합)×2
=(□+□+□)×2
=□ (cm²)

(3) (직육면체의 겉넓이)
=□×2+□×□
=□ (cm²)

28 직육면체의 겉넓이를 구해 보세요.

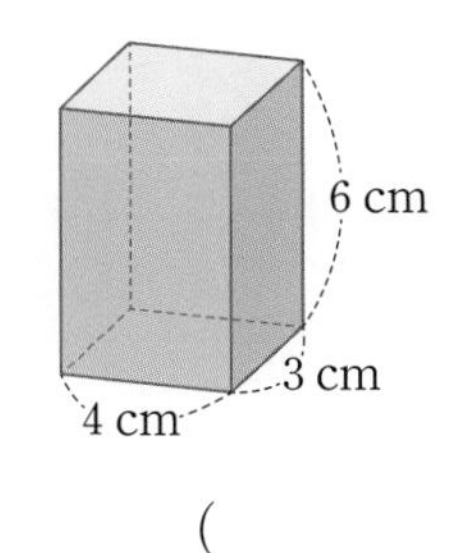

(　　　　　　　　)

29 중요 가로가 8 cm, 세로가 2 cm, 높이가 7 cm인 직육면체의 겉넓이를 구해 보세요.

(　　　　　　　　)

[30~31] 오른쪽 직육면체의 겉넓이를 전개도를 이용하여 구하려고 합니다. 물음에 답하세요.

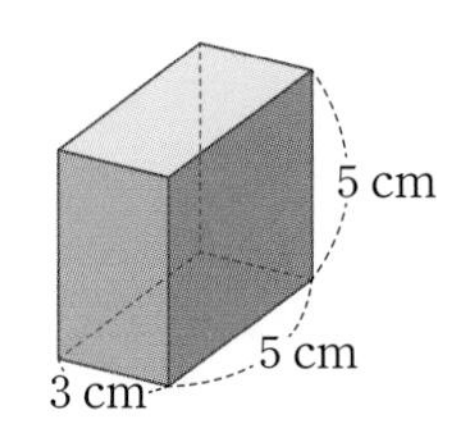

30 직육면체의 전개도를 모눈종이에 그려 보세요.

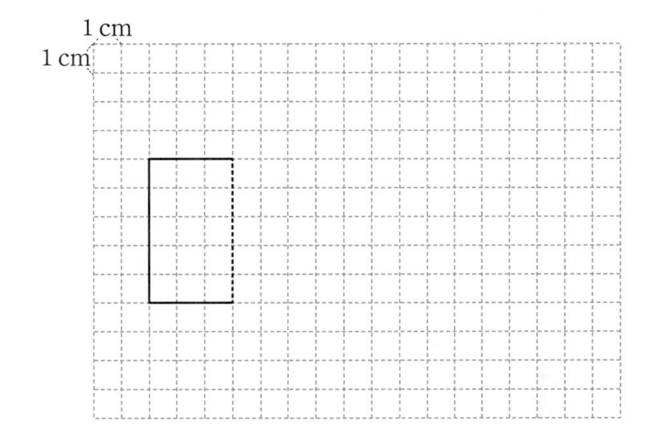

31 직육면체의 겉넓이를 구해 보세요.

(　　　　　　　　)

32 준우는 직육면체 모양의 초콜릿을 하나 샀습니다. 준우가 산 초콜릿의 겉넓이를 구해 보세요.

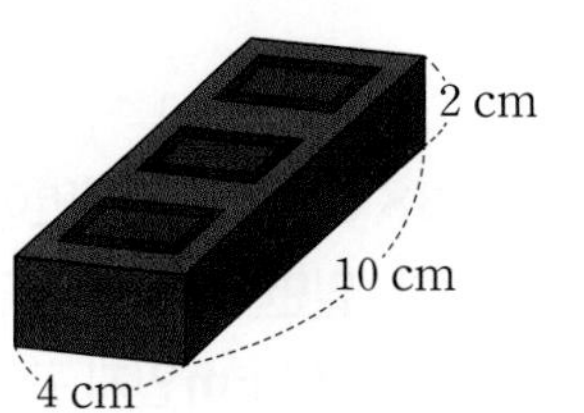

(　　　　　　　　)

33 중요 민준이와 유빈이는 각각 직육면체 모양의 비누를 만들었습니다. 누가 만든 비누의 겉넓이가 얼마나 더 넓은지 구해 보세요.

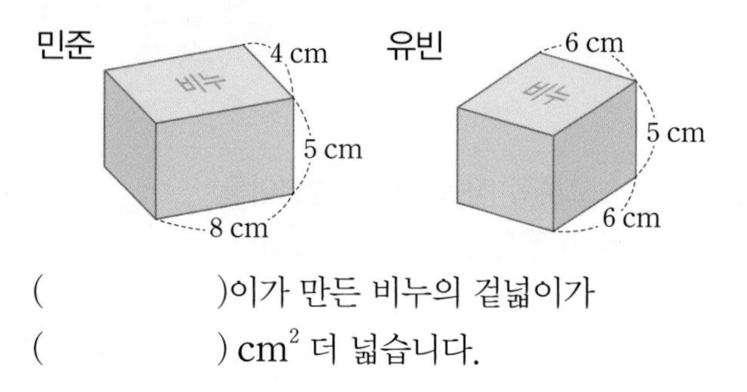

(　　　　　)이가 만든 비누의 겉넓이가
(　　　　　) cm^2 더 넓습니다.

34 직육면체 모양의 창고가 있습니다. 이 창고의 겉넓이는 몇 m^2인지 구해 보세요.

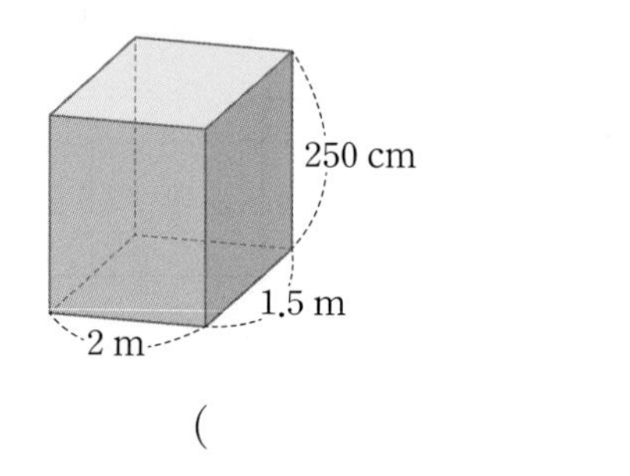

(　　　　　　　　)

35 직육면체의 가로가 5 cm, 높이가 8 cm이고 겉넓이는 314 cm^2입니다. □ 안에 알맞은 수를 써넣으세요.

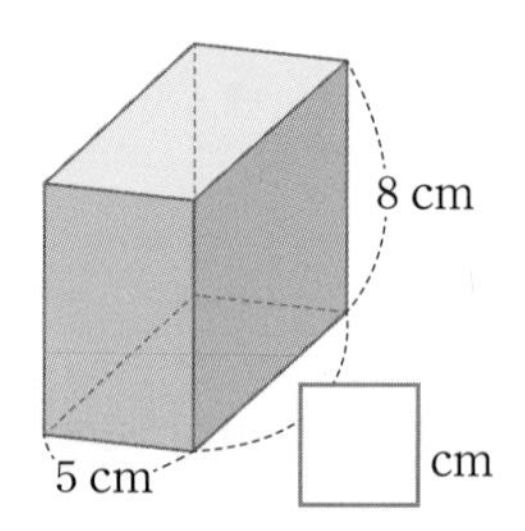

36 겉넓이가 138 cm^2이고, 밑면이 정사각형인 직육면체가 있습니다. 밑면의 한 변의 길이가 3 cm라면 직육면체의 높이는 몇 cm인지 구해 보세요.

(　　　　　　　　)

37 어려운 문제 다음 전개도를 이용하여 만들 수 있는 직육면체의 겉넓이는 148 cm^2입니다. □ 안에 알맞은 수를 써넣으세요.

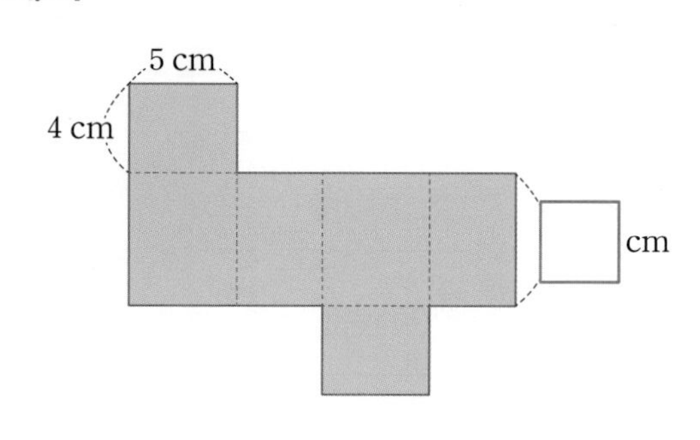

38 정육면체의 한 면의 넓이는 100 cm^2입니다. 정육면체의 겉넓이는 몇 cm^2인지 구해 보세요.

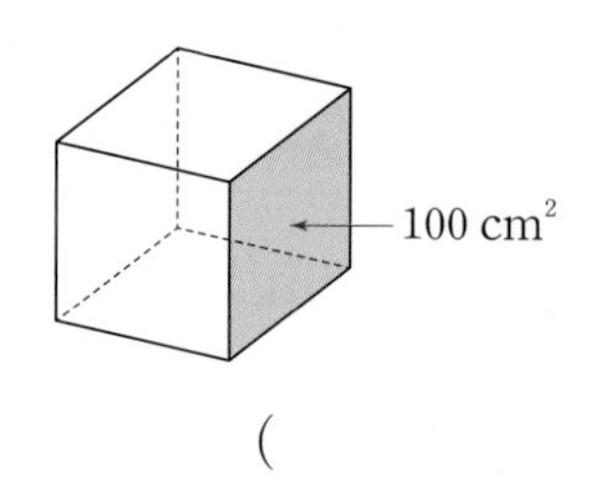

(　　　　　　　　)

39 정육면체의 겉넓이를 구해 보세요.

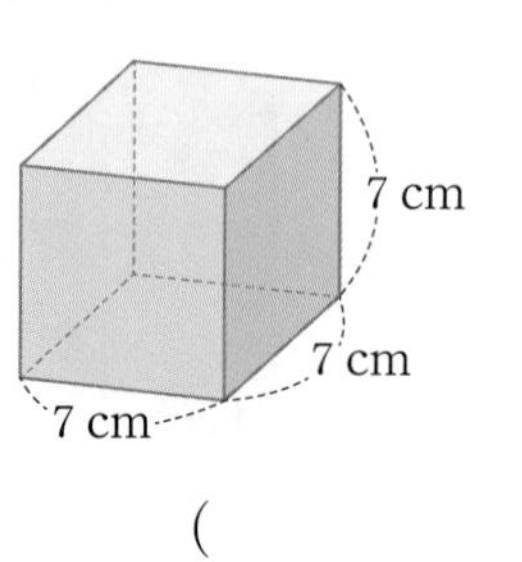

(　　　　　　　　)

40 다음 전개도를 이용하여 만든 정육면체의 겉넓이를 구해 보세요.

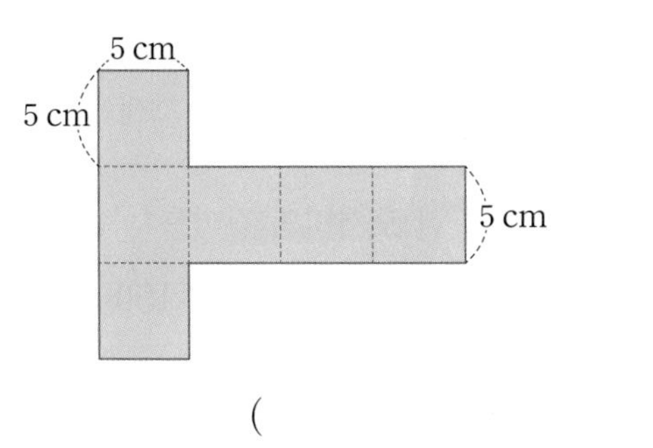

( )

[41~42] 정육면체의 전개도를 이용하여 겉넓이를 구하려고 합니다. 물음에 답하세요.

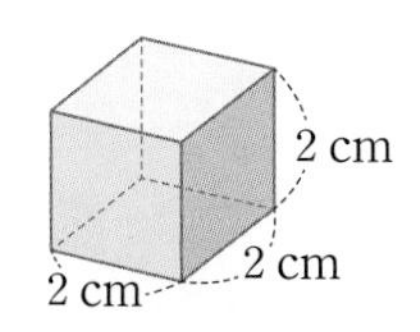

41 정육면체의 전개도를 모눈종이에 그려 보세요.

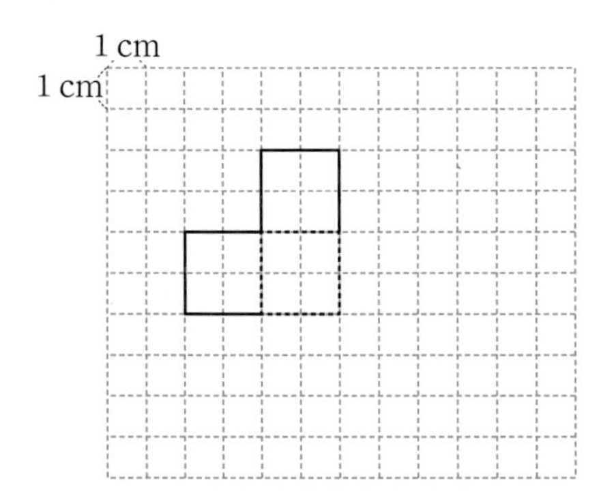

42 정육면체의 겉넓이를 구해 보세요.

( )

43 한 면의 둘레가 48 cm인 정육면체의 겉넓이는 몇 cm^2인가요?

( )

44 가지고 있는 직육면체의 겉넓이가 넓은 순서대로 이름을 써 보세요.

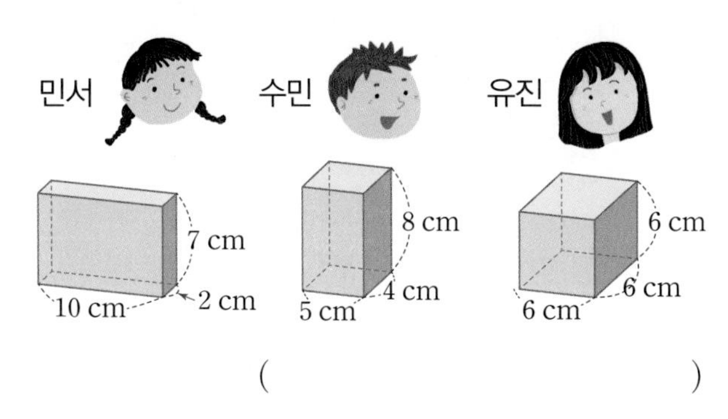

( )

45 세연이는 한 면의 모양이 다음과 같은 정육면체 모양의 상자에 색종이를 붙여서 주사위를 만들려고 합니다. 필요한 색종이의 넓이는 모두 몇 cm^2인지 구해 보세요.

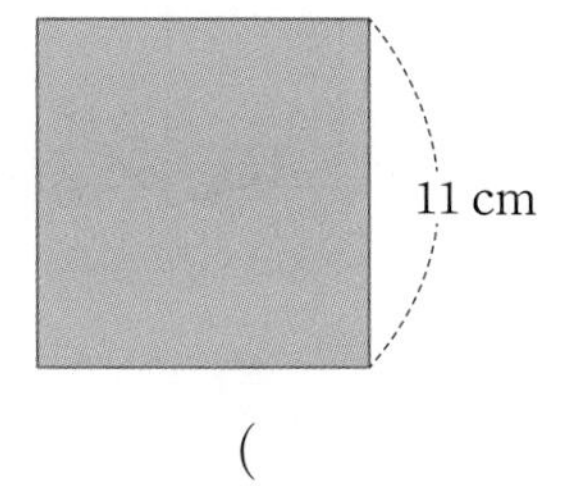

( )

46 정육면체의 겉넓이가 384 cm^2일 때 □ 안에 알맞은 수를 써넣으세요.

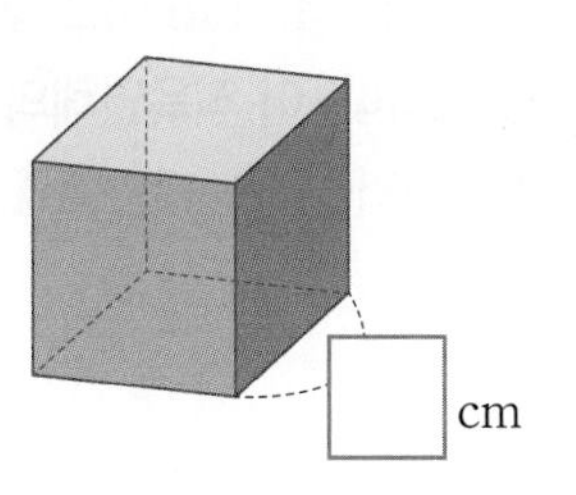

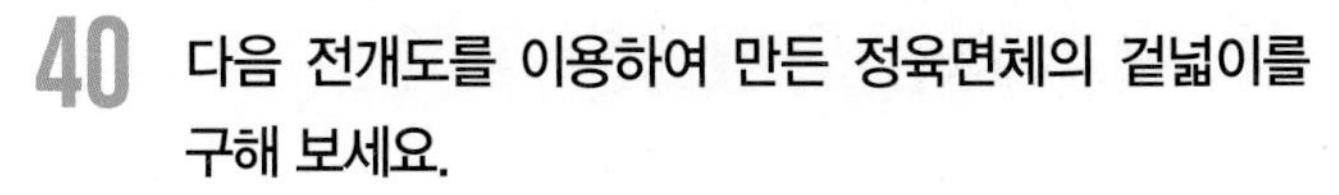

교과서 속 **응용 문제**

정답과 풀이 40쪽

밑면의 넓이, 밑면의 둘레, 높이가 주어질 때 직육면체의 겉넓이 구하기

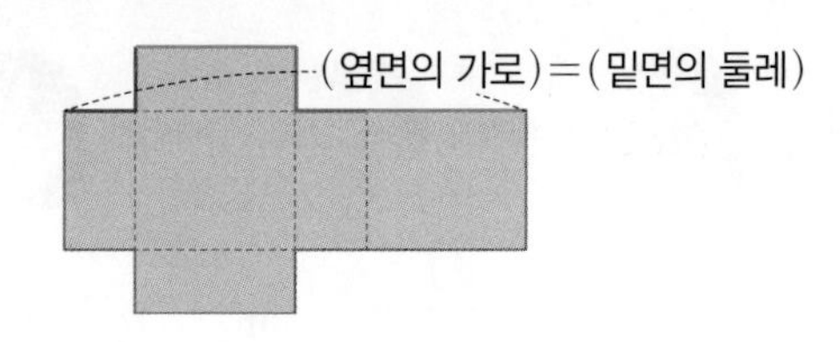

(옆면의 넓이)=(옆면의 가로)×(옆면의 세로)

=(밑면의 둘레)×(높이)

(직육면체의 겉넓이)

=(한 밑면의 넓이)×2+(옆면의 넓이)

=(한 밑면의 넓이)×2+(밑면의 둘레)×(높이)

47 한 밑면의 넓이가 25 cm^2이고, 높이가 6 cm인 직육면체입니다. 한 밑면의 둘레가 20 cm일 때 직육면체의 겉넓이는 몇 cm^2인지 구해 보세요.

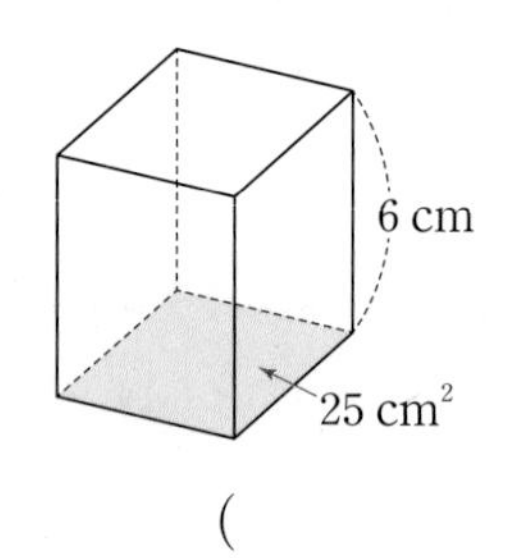

(　　　　　　　　)

48 한 밑면의 넓이가 30 cm^2이고, 높이가 8 cm인 직육면체가 있습니다. 한 밑면의 둘레가 28 cm일 때 직육면체의 겉넓이는 몇 cm^2인지 구해 보세요.

(　　　　　　　　)

49 한 밑면의 넓이가 42 cm^2이고, 높이가 10 cm인 직육면체가 있습니다. 이 직육면체의 겉넓이가 344 cm^2일 때 한 밑면의 둘레는 몇 cm인지 구해 보세요.

(　　　　　　　　)

정육면체의 겉넓이가 주어질 때 부피 구하기

예 정육면체의 겉넓이는 150 cm^2입니다. 이 정육면체의 부피는 몇 cm^3인지 구해 보세요.

➡ 정육면체의 한 모서리의 길이를 □cm라고 하면

□×□×6=150, □×□=150÷6,

□×□=25, □=5입니다.

따라서 정육면체의 한 모서리의 길이는 5 cm이므로

(부피)=5×5×5=125(cm^3)입니다.

50 정육면체의 겉넓이는 294 cm^2입니다. 이 정육면체의 부피는 몇 cm^3인지 구해 보세요.

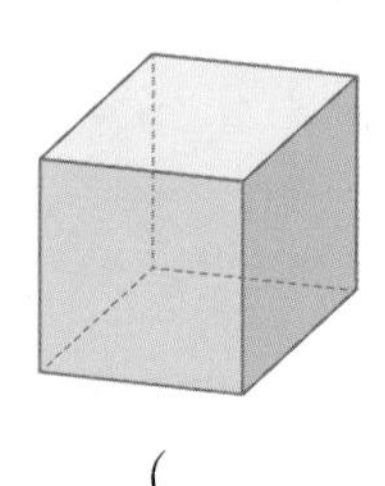

(　　　　　　　　)

51 정육면체의 겉넓이는 486 cm^2입니다. 이 정육면체의 부피는 몇 cm^3인지 구해 보세요.

(　　　　　　　　)

52 다음 전개도로 만든 정육면체의 겉넓이는 96 cm^2입니다. 이 정육면체의 부피는 몇 cm^3인지 구해 보세요.

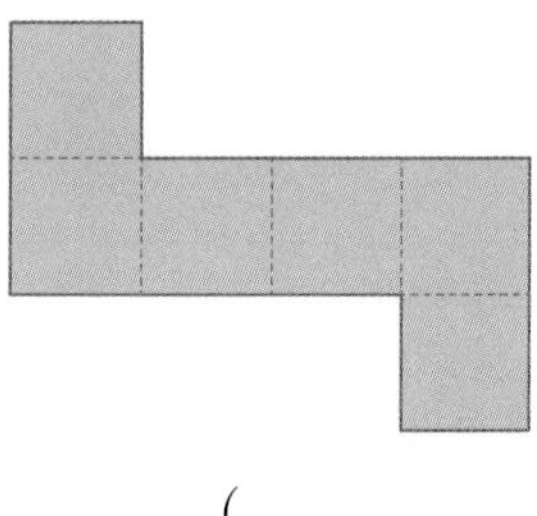

(　　　　　　　　)

정답과 풀이 42쪽

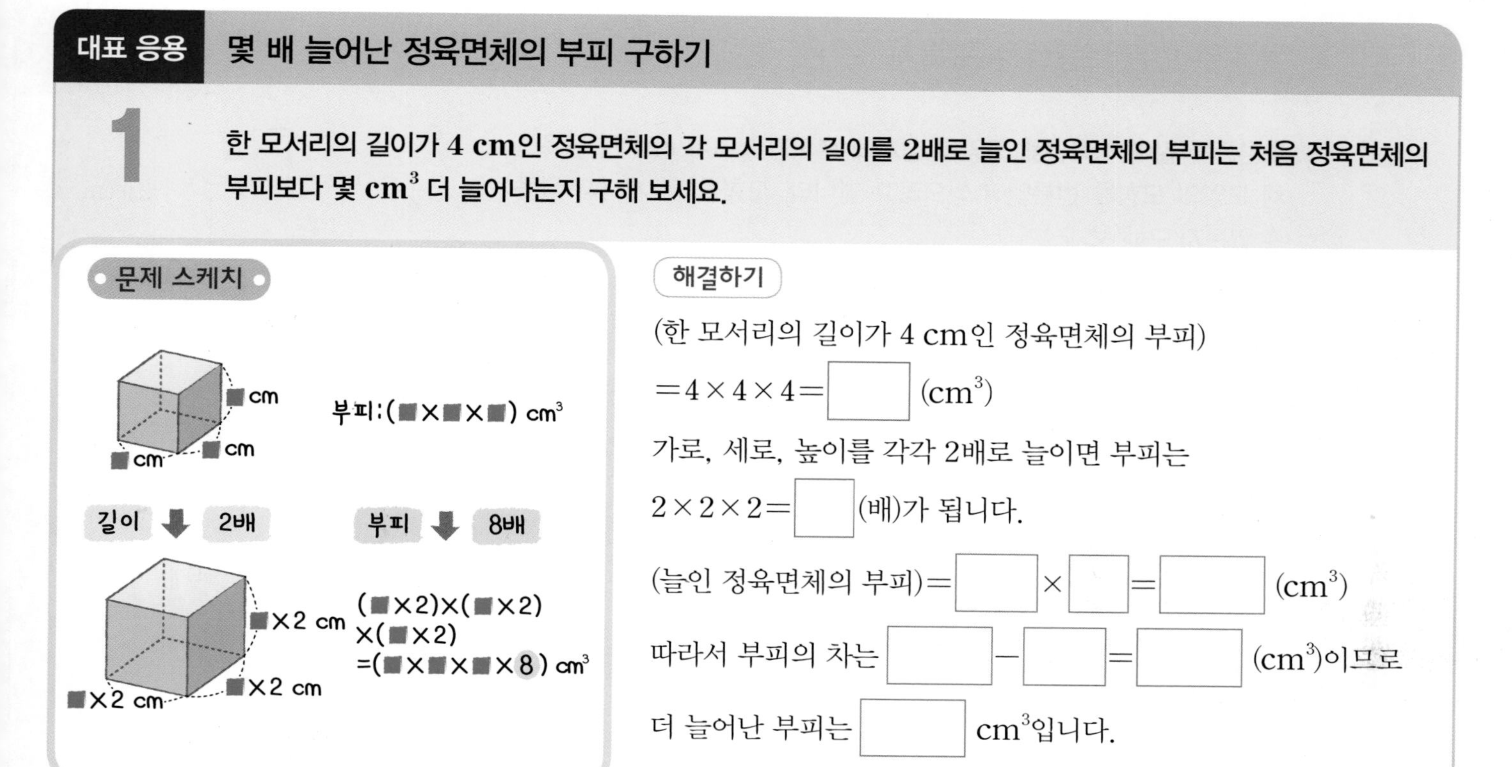

대표 응용 몇 배 늘어난 정육면체의 부피 구하기

1 한 모서리의 길이가 4 cm인 정육면체의 각 모서리의 길이를 2배로 늘인 정육면체의 부피는 처음 정육면체의 부피보다 몇 cm^3 더 늘어나는지 구해 보세요.

문제 스케치

해결하기

(한 모서리의 길이가 4 cm인 정육면체의 부피)

$=4\times4\times4=$ ☐ (cm^3)

가로, 세로, 높이를 각각 2배로 늘이면 부피는

$2\times2\times2=$ ☐ (배)가 됩니다.

(늘인 정육면체의 부피)= ☐ × ☐ = ☐ (cm^3)

따라서 부피의 차는 ☐ − ☐ = ☐ (cm^3)이므로

더 늘어난 부피는 ☐ cm^3입니다.

1-1 직육면체 모양 상자의 가로, 세로, 높이를 각각 3배로 늘인 직육면체의 부피는 처음 직육면체의 부피보다 몇 cm^3 더 늘어나는지 구해 보세요.

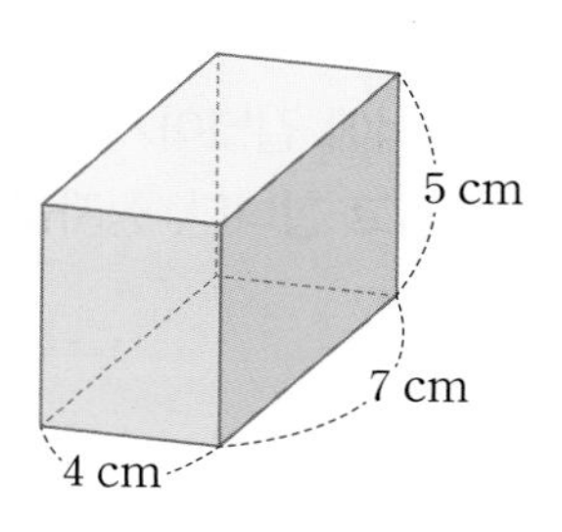

( )

1-2 한 모서리의 길이가 20 cm인 정육면체의 각 모서리의 길이를 $\frac{1}{2}$로 줄인 정육면체의 부피는 처음 정육면체보다 몇 cm^3 더 줄어드는지 구해 보세요.

( )

대표 응용 쌓을 수 있는 모형의 수 구하기

2 오른쪽과 같이 직육면체 모양의 상자에 부피가 $1000\ \text{cm}^3$인 정육면체 모양의 모형을 빈틈없이 쌓으려고 합니다. 모형을 몇 개까지 쌓을 수 있는지 구해 보세요.

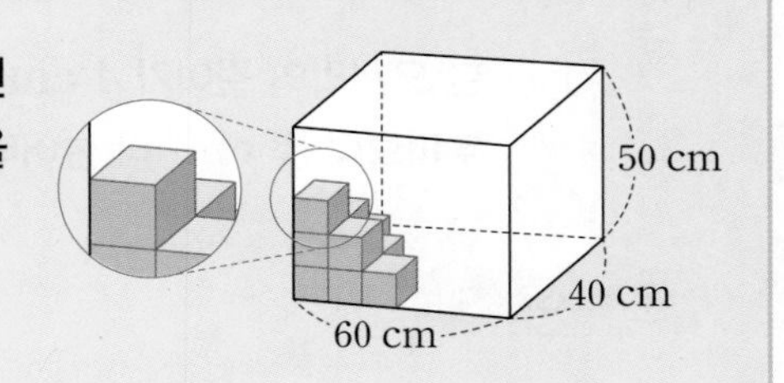

문제 스케치

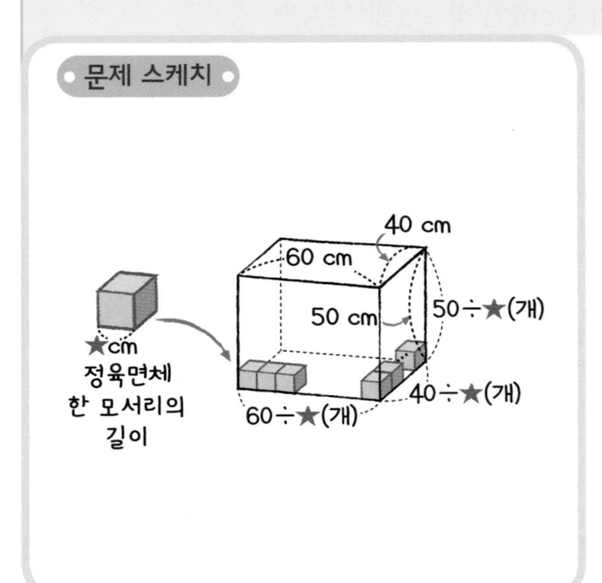

해결하기

모형의 한 모서리의 길이를 ★ cm라고 하면

★×★×★=1000, ★=입니다.

(가로에 놓을 수 있는 모형의 수)=60÷☐=☐(개)

(세로에 놓을 수 있는 모형의 수)=40÷☐=☐(개)

(높이에 놓을 수 있는 모형의 수)=50÷☐=☐(개)

➡ (쌓을 수 있는 모형의 수)

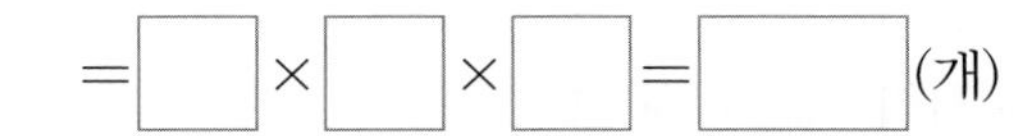
=☐×☐×☐=☐(개)

2-1 오른쪽과 같이 직육면체 모양의 컨테이너에 겉넓이가 $9600\ \text{cm}^2$인 정육면체 모양의 상자를 빈틈없이 쌓으려고 합니다. 상자를 몇 개까지 쌓을 수 있는지 구해 보세요.

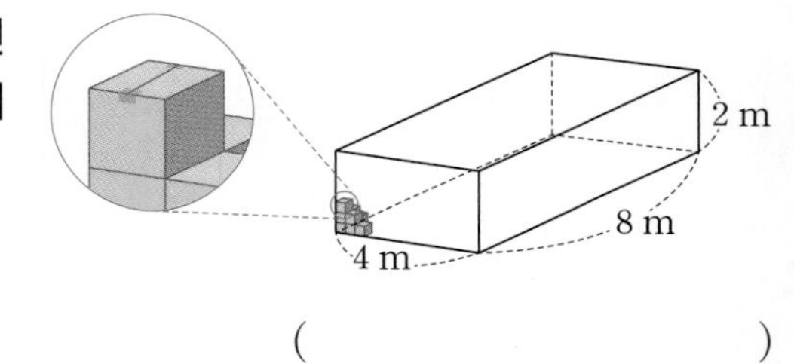

(　　　　　　　　)

2-2 오른쪽과 같이 전개도로 만든 직육면체 모양의 상자에 가로가 10 cm, 세로가 20 cm이고 부피가 $1000\ \text{cm}^3$인 직육면체 모양의 책을 빈틈없이 넣으려고 합니다. 책을 몇 권까지 넣을 수 있는지 구해 보세요.

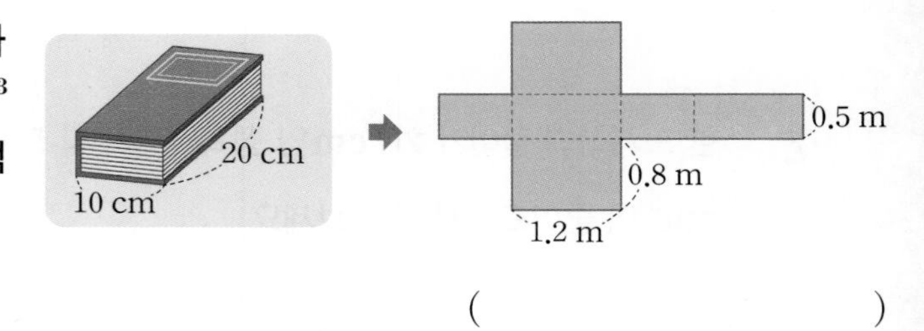

(　　　　　　　　)

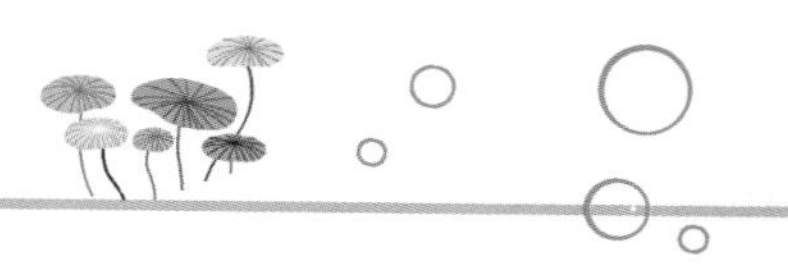

정답과 풀이 42쪽

대표 응용 잘랐을 때 늘어난 겉넓이 구하기

3 그림과 같이 빵을 똑같이 2조각으로 자를 때 빵 2조각의 겉넓이의 합은 처음 빵의 겉넓이보다 400 cm^2 더 늘어납니다. 빵을 똑같이 4조각으로 자를 때 빵 4조각의 겉넓이의 합은 처음 빵의 겉넓이보다 몇 cm^2 더 늘어나는지 구해 보세요.

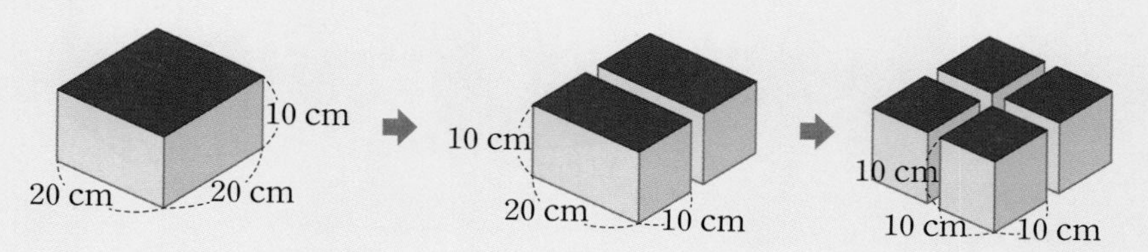

문제 스케치

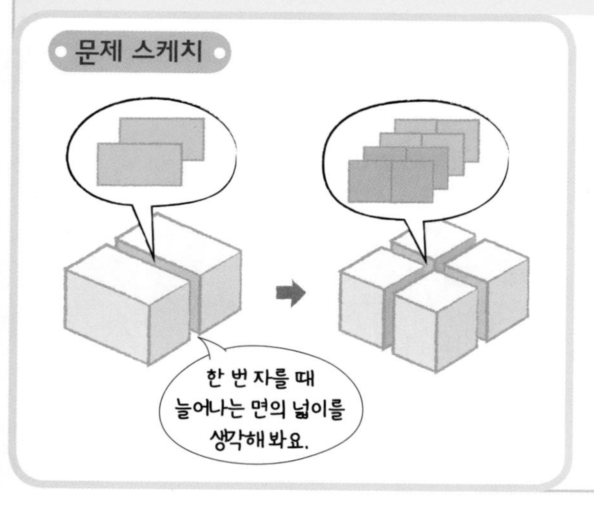

해결하기

직육면체 모양의 빵을 똑같이 2조각으로 자르면 빵 2조각의 겉넓이의 합은 처음 빵의 겉넓이보다 ☐ cm^2 더 늘어납니다.

빵을 똑같이 4조각으로 자를 때 빵 4조각의 겉넓이의 합은 빵 2조각의 겉넓이의 합보다 ☐ cm^2 더 늘어납니다.

따라서 빵 4조각의 겉넓이의 합은 처음 빵의 겉넓이보다 ☐ cm^2 더 늘어납니다.

3-1 그림과 같이 케이크를 똑같이 2조각으로 자르면 케이크 2조각의 겉넓이의 합은 처음 케이크의 겉넓이보다 540 cm^2 더 늘어납니다. 케이크를 그림과 같이 똑같이 4조각으로 자를 때 케이크 4조각의 겉넓이의 합은 처음 케이크의 겉넓이보다 몇 cm^2 더 늘어나는지 구해 보세요.

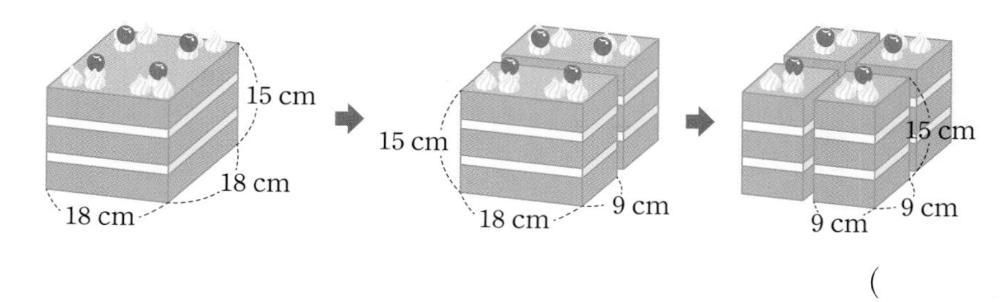

(   )

대표 응용 겉넓이가 같음을 이용하여 한 모서리의 길이 구하기

4 직육면체 가의 겉넓이와 정육면체 나의 겉넓이는 같습니다. 정육면체 나의 한 모서리의 길이는 몇 cm인지 구해 보세요.

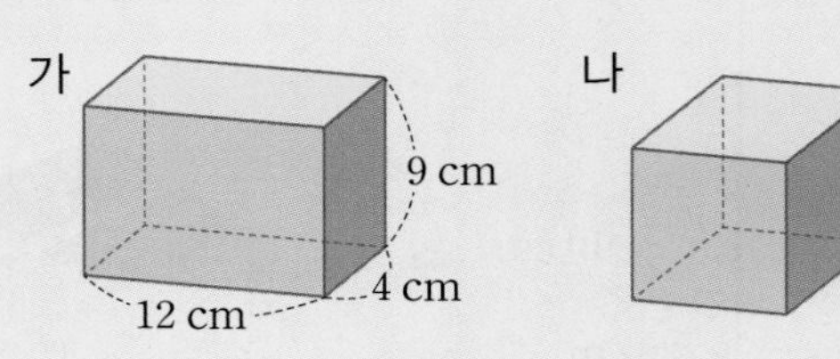

문제 스케치

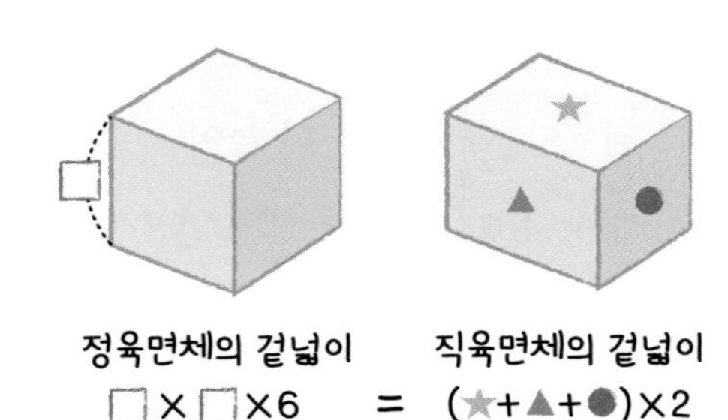

해결하기

(정육면체 나의 겉넓이)=(직육면체 가의 겉넓이)

$=(12\times4+12\times9+4\times9)\times2$

$=$ □ (cm^2)

정육면체 나의 한 모서리의 길이를 ■ cm라고 하면

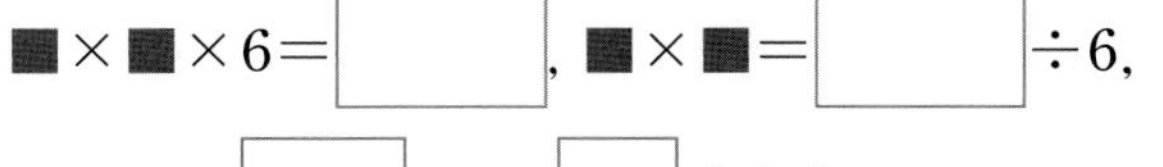

■×■×6= □, ■×■= □ ÷6,

■×■= □, ■= □ 입니다.

따라서 정육면체의 한 모서리의 길이는 □ cm입니다.

4-1 정육면체 가의 겉넓이와 직육면체 나의 겉넓이는 같습니다. □ 안에 알맞은 수를 써넣으세요.

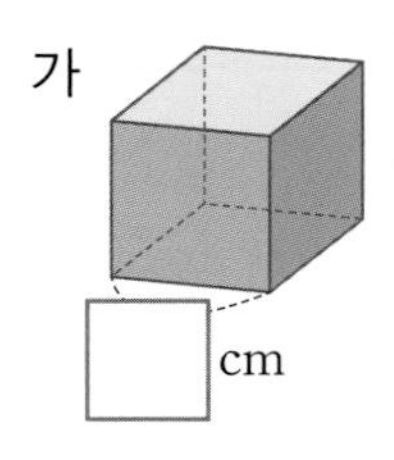

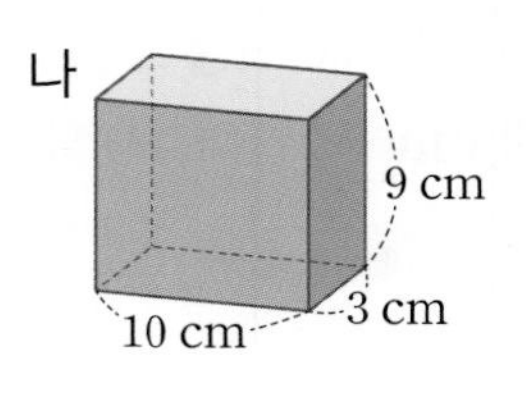

4-2 정육면체 가의 겉넓이는 직육면체 나의 겉넓이보다 $50\ cm^2$ 더 넓습니다. 정육면체 가의 한 모서리의 길이는 몇 cm인지 구해 보세요.

(　　　　　　　　)

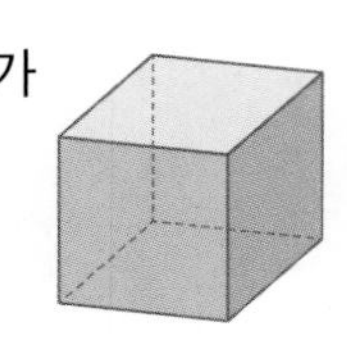

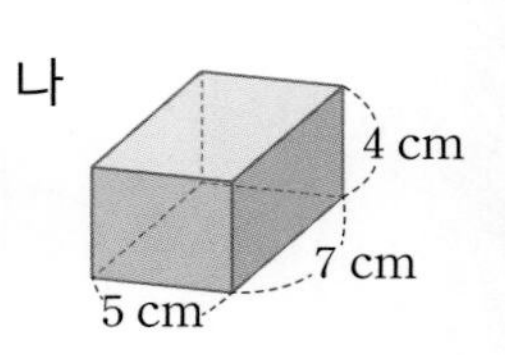

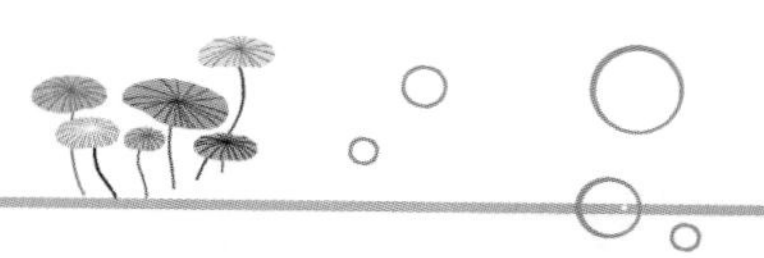

대표 응용 여러 가지 입체도형의 부피 구하기

5 직육면체를 잘라 만든 입체도형의 부피를 구해 보세요.

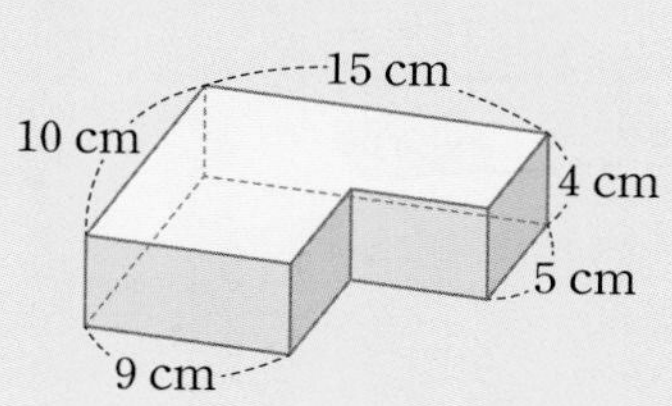

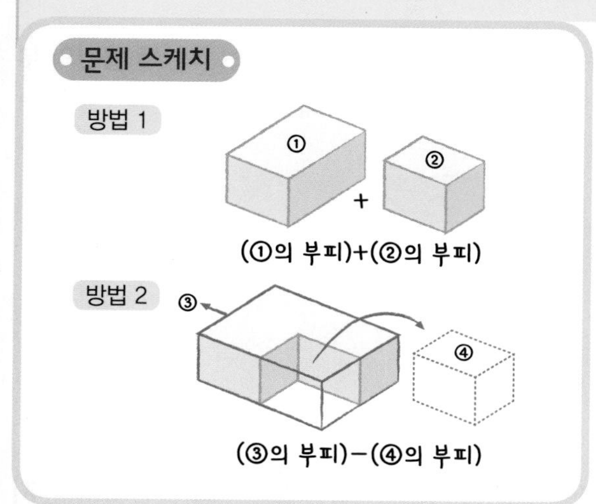

해결하기

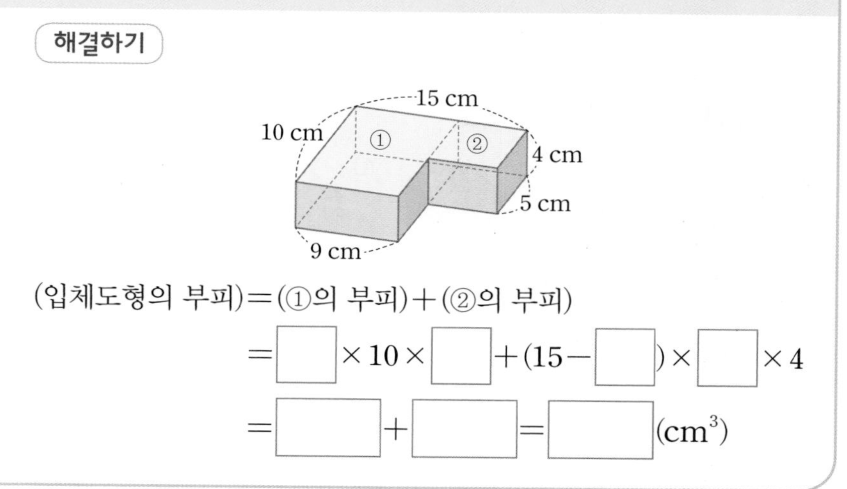

(입체도형의 부피)=(①의 부피)+(②의 부피)

$=\square\times10\times\square+(15-\square)\times\square\times4$

$=\square+\square=\square(\text{cm}^3)$

5-1 직육면체를 잘라 만든 입체도형의 부피를 구해 보세요.

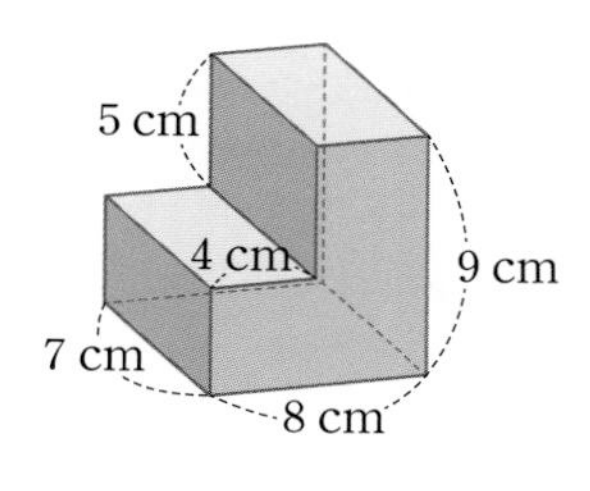

(　　　　　　　　)

5-2 직육면체를 잘라 만든 입체도형의 부피를 구해 보세요.

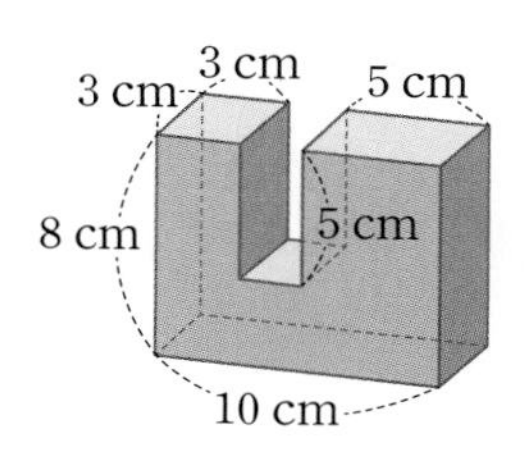

(　　　　　　　　)

단원 평가 LEVEL ❶

01 직육면체 모양의 화분의 부피를 비교하려고 합니다. 세 화분 중 부피를 비교할 수 없는 것에 ○표 하세요.

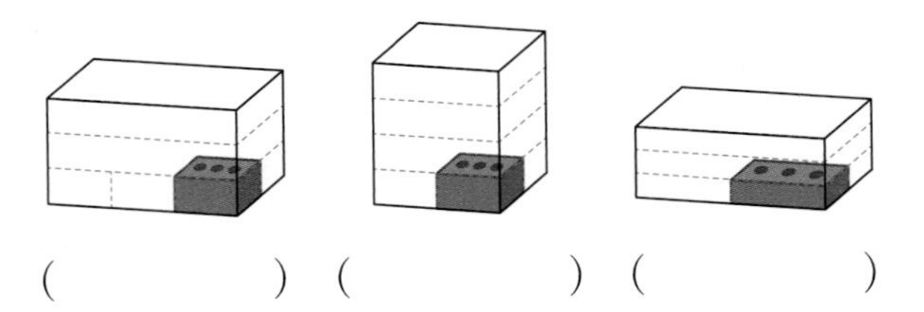

( ) ( ) ( )

02 세 직육면체의 높이는 모두 같습니다. 부피가 큰 것부터 차례로 기호를 써 보세요.

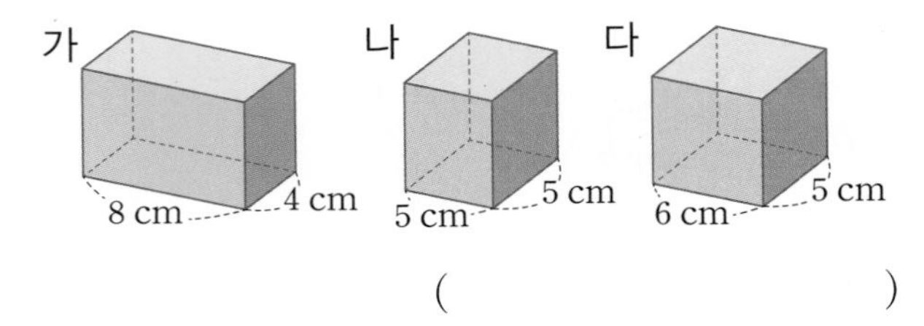

( )

03 상자 가와 나에 크기가 같은 쌓기나무를 담아 상자의 부피를 비교하려고 합니다. 부피를 비교하여 ○ 안에 >, =, <를 알맞게 써넣으세요.

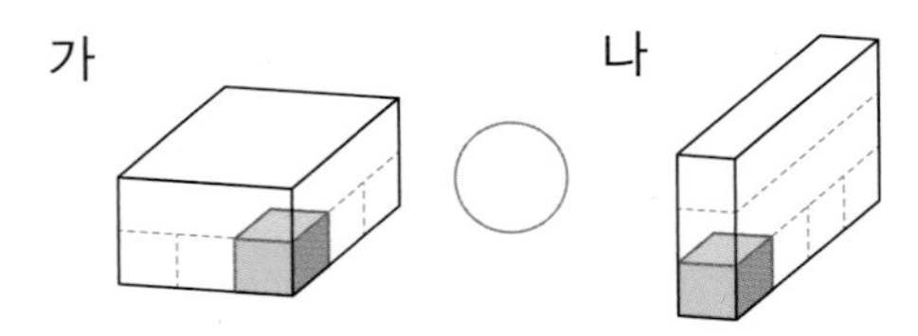

04 부피가 $1\ \text{cm}^3$인 쌓기나무로 쌓아 만든 직육면체입니다. 직육면체의 부피는 몇 cm^3인지 구해 보세요.

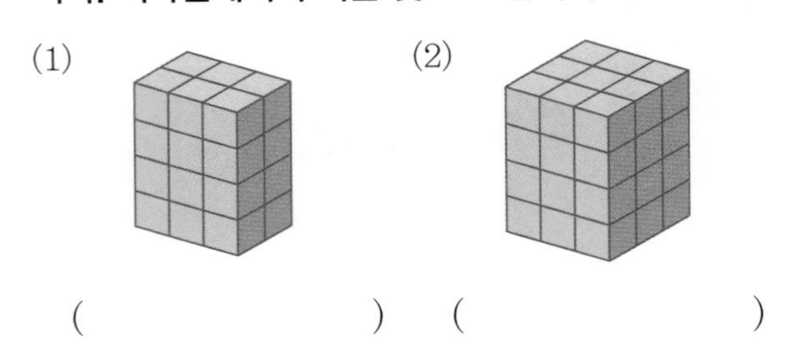

( ) ( )

05 직육면체의 부피는 몇 cm^3인지 구해 보세요.

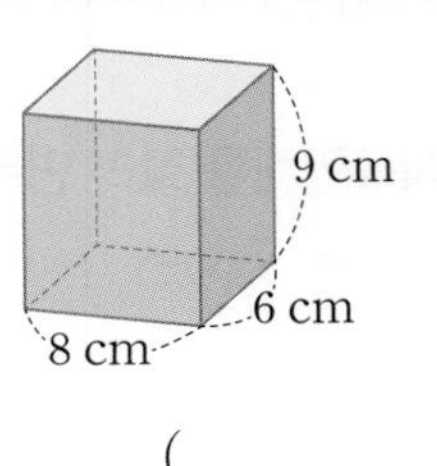

( )

06 직육면체 모양의 책과 필통이 있습니다. 두 물건의 부피의 차는 몇 cm^3인지 구해 보세요.

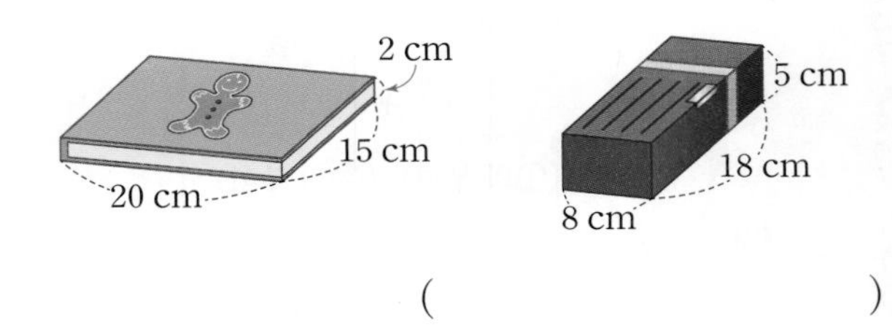

( )

07 다음 전개도로 만든 정육면체의 부피는 몇 cm^3인지 구해 보세요.

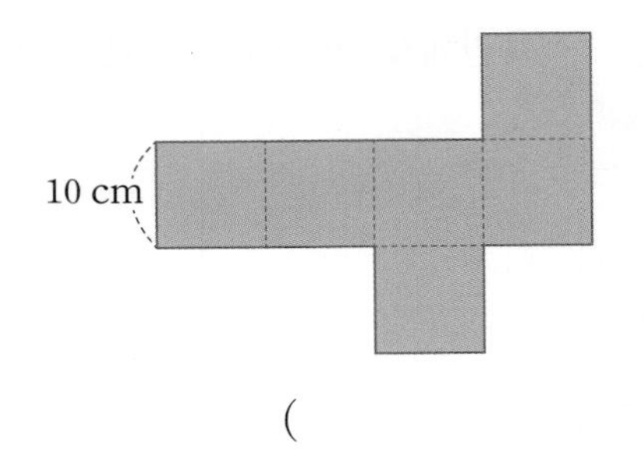

( )

08 중요 오른쪽과 같은 직육면체 모양의 떡을 잘라서 정육면체 모양으로 만들려고 합니다. 만들 수 있는 가장 큰 정육면체 모양의 부피는 몇 cm^3인지 구해 보세요.

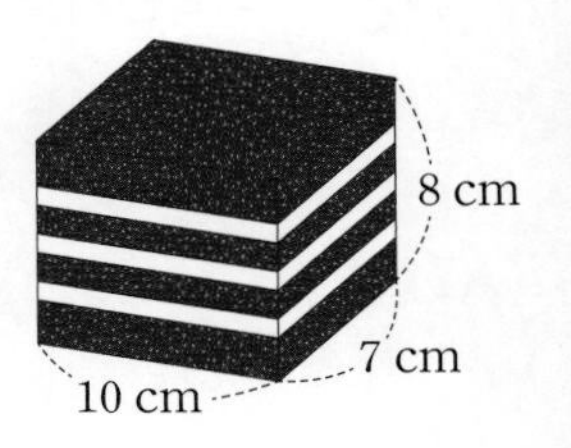

( )

09 직육면체 가와 나의 부피는 서로 같습니다. 직육면체 나의 높이는 몇 cm인지 구해 보세요.

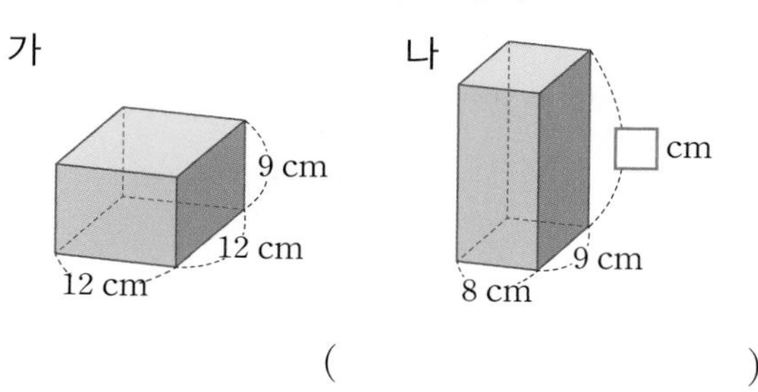

( )

10 부피가 160 cm^3인 직육면체가 있습니다. 이 직육면체의 가로, 세로, 높이를 정해 표를 완성해 보세요. (단, 각 모서리의 길이는 자연수이고, 1 cm보다 깁니다.)

가로(cm)	세로(cm)	높이(cm)	부피(cm^3)
2	2	40	160
2	10	8	160
			160
			160
			160

11 단위 사이의 관계가 잘못된 것을 찾아 기호를 써 보세요.

㉠ $1.9\ m^3 = 1900000\ cm^3$
㉡ $5000000\ cm^3 = 50\ m^3$
㉢ $740000000\ cm^3 = 740\ m^3$

( )

12 부피를 비교하여 ○ 안에 >, =, <를 알맞게 써넣으세요.

13 가로가 350 cm, 세로가 800 cm, 높이가 200 cm인 직육면체의 부피는 몇 m^3인지 구해 보세요.

( )

14 중요 다음 전개도를 이용하여 만들 수 있는 직육면체의 겉넓이는 몇 cm^2인지 구해 보세요.

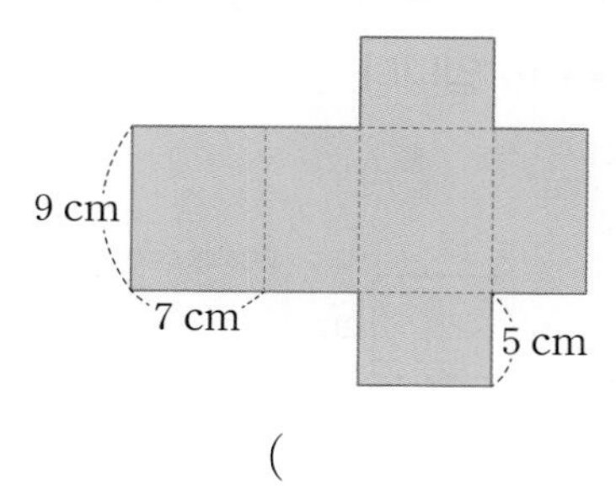

( )

15 직육면체 모양의 상자를 남는 부분 없이 포장하려고 합니다. 필요한 포장지의 넓이는 적어도 몇 cm^2인지 구해 보세요.

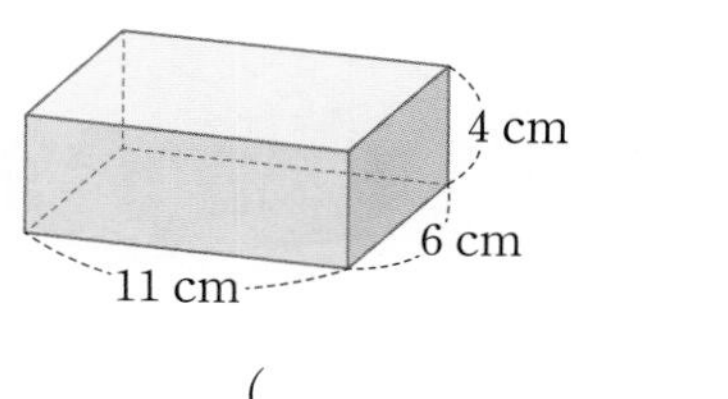

( )

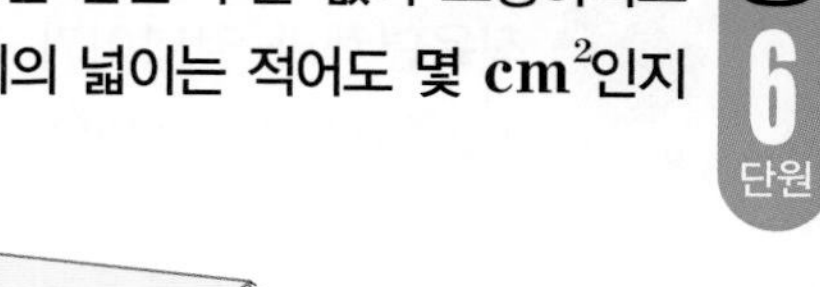

16 오른쪽 직육면체의 전개도를 모눈종이에 그리고 겉넓이를 구해 보세요.

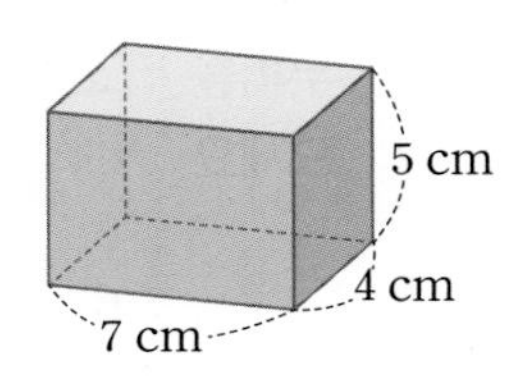

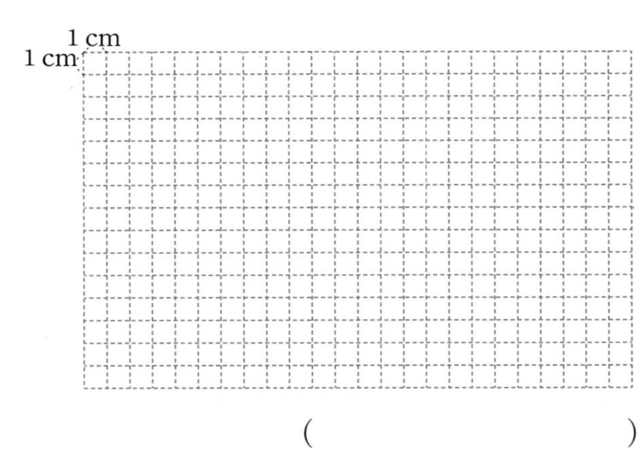

(　　　　　　　　　　)

17 다음 전개도를 이용하여 만든 직육면체의 겉넓이는 $528\ cm^2$입니다. □ 안에 알맞은 수를 써넣으세요.

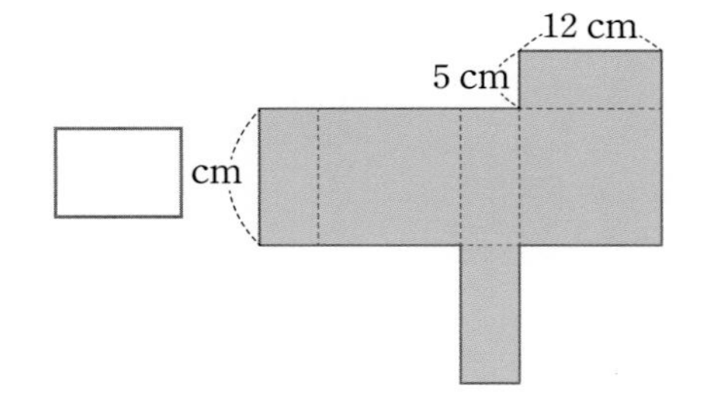

18 직육면체와 겉넓이가 같은 정육면체의 부피는 몇 cm^3인지 구해 보세요.

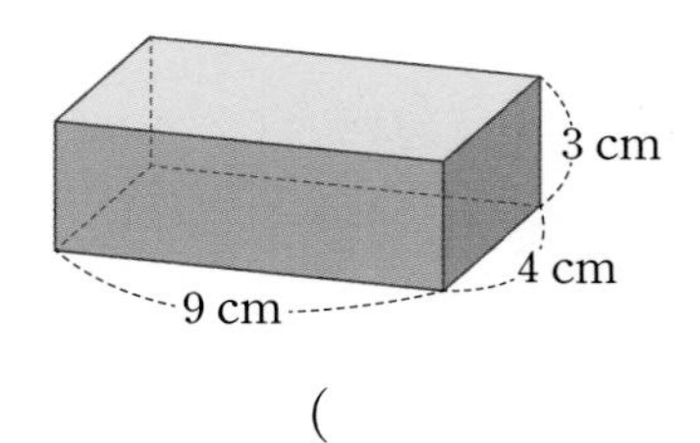

(　　　　　　　　　　)

서술형 문제

19 두 직육면체의 겉넓이의 차는 몇 cm^2인지 풀이 과정을 쓰고 답을 구해 보세요.

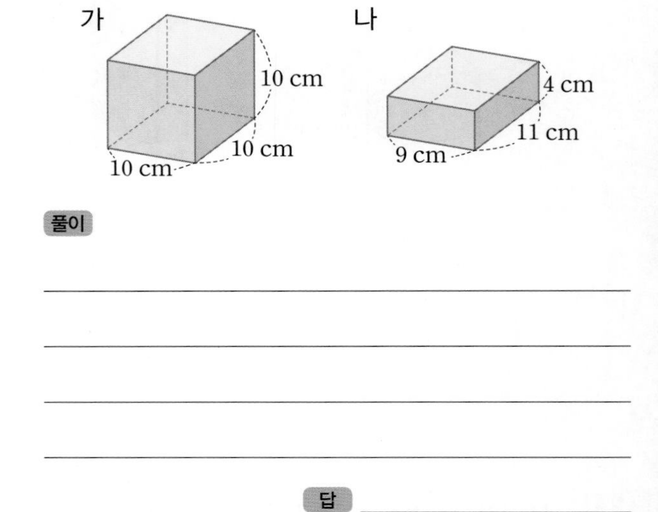

풀이

답

20 직육면체를 잘라 만든 입체도형의 부피는 몇 cm^3인지 풀이 과정을 쓰고 답을 구해 보세요.

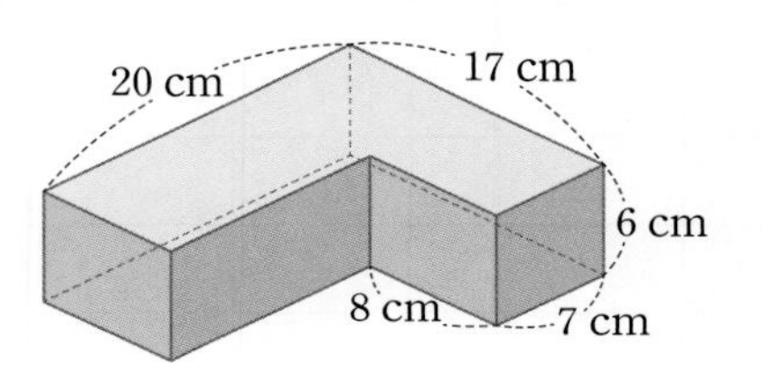

풀이

답

01 모서리를 직접 비교하여 부피를 비교할 수 있는 상자끼리 짝 지은 것을 모두 찾아 기호를 써 보세요.

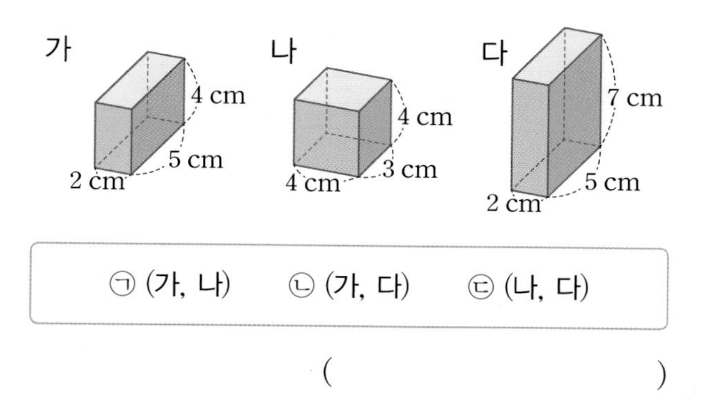

㉠ (가, 나) ㉡ (가, 다) ㉢ (나, 다)

(   )

02 크기가 같은 쌓기나무로 만든 직육면체입니다. 부피가 큰 것부터 차례로 기호를 써 보세요.

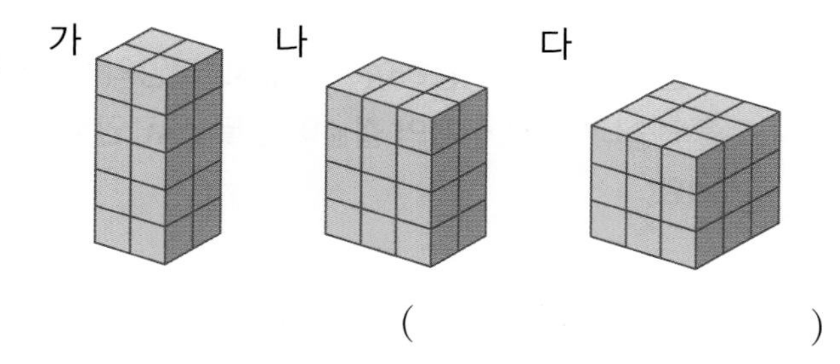

(   )

03 부피가 $1\ cm^3$인 쌓기나무로 직육면체를 만들었습니다. 쌓기나무의 수를 곱셈식으로 나타내고 직육면체의 부피는 몇 cm^3인지 구해 보세요.

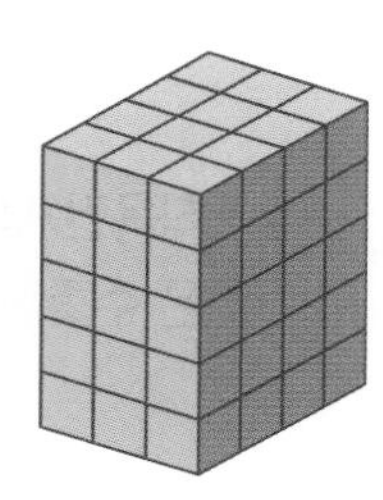

□ × □ × □ = □(개)

(   )

04 직육면체의 부피는 몇 cm^3인지 구해 보세요.

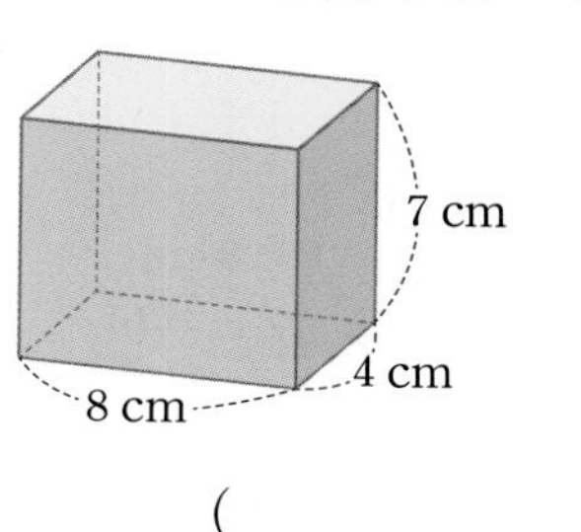

(   )

05 직육면체 모양의 빵을 정육면체 모양으로 잘라 포장하려고 합니다. 가장 큰 정육면체로 잘라 포장하고 남은 빵의 부피는 몇 cm^3인지 구해 보세요.

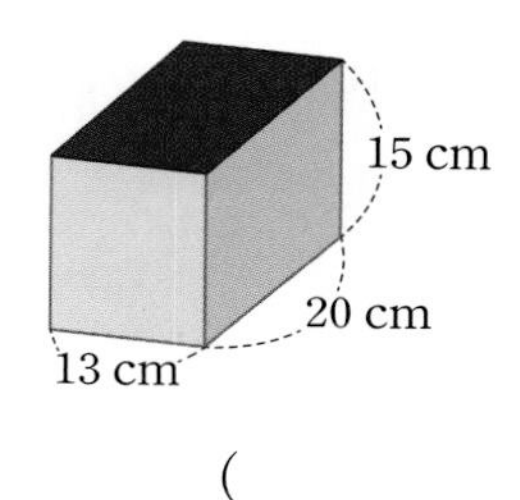

(   )

06 다음 전개도를 이용하여 만들 수 있는 정육면체의 부피는 몇 cm^3인지 구해 보세요.

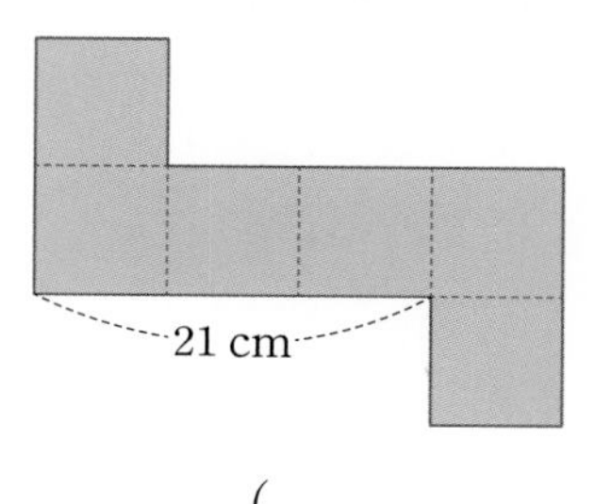

(   )

07 가로가 14 cm, 세로가 5 cm인 직육면체의 부피가 $770\ cm^3$입니다. 직육면체의 높이는 몇 cm인지 구해 보세요.

(   )

08 두 직육면체의 부피는 서로 같습니다. □ 안에 알맞은 수를 써넣으세요.

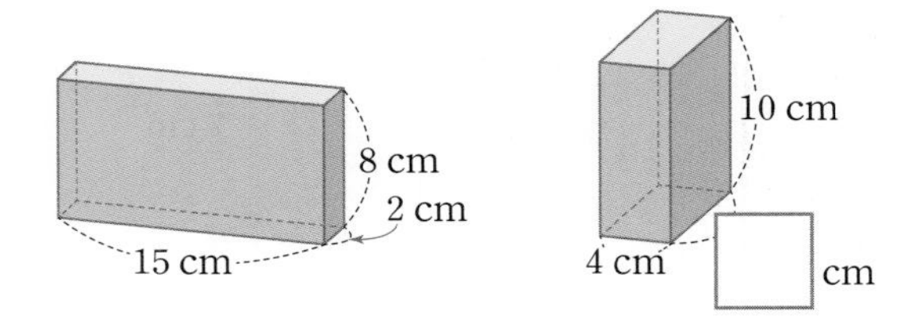

09 □ 안에 알맞은 수를 써넣으세요.

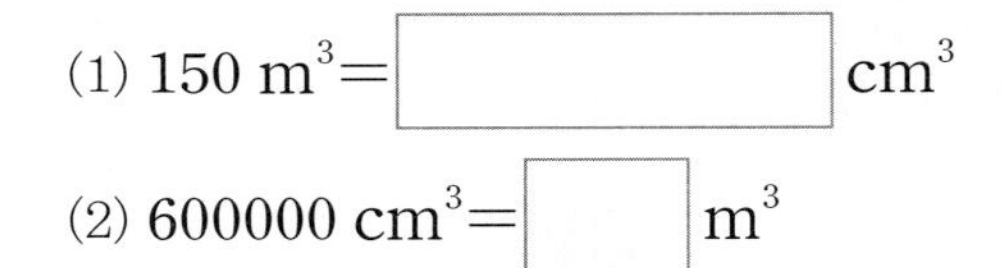

(1) $150\ m^3=$ □ cm^3

(2) $600000\ cm^3=$ □ m^3

10 중요 부피의 단위에 대해 바르게 말한 사람을 찾아 이름을 써 보세요.

연아: $9\ m^3$는 $900000\ cm^3$로 나타낼 수 있어.
서진: $80000000\ cm^3$는 $740\ m^3$보다 큰 부피야.
지훈: $1300000\ cm^3$의 2배는 $2.6\ m^3$야.

(　　　　　　　　)

11 직육면체의 부피는 몇 m^3인지 구해 보세요.

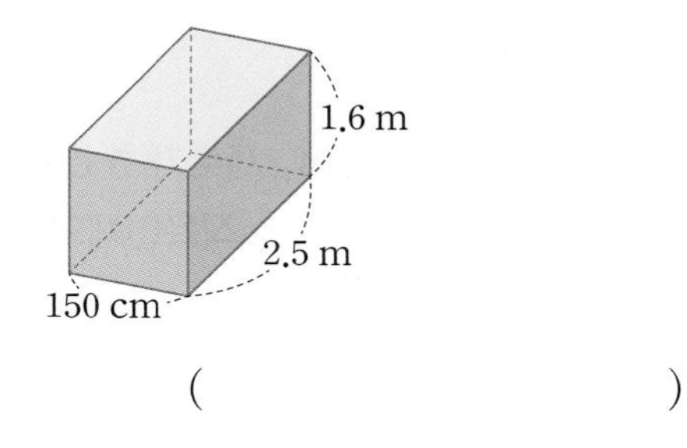

(　　　　　　　　)

12 부피가 가장 큰 직육면체를 찾아 기호를 써 보세요.

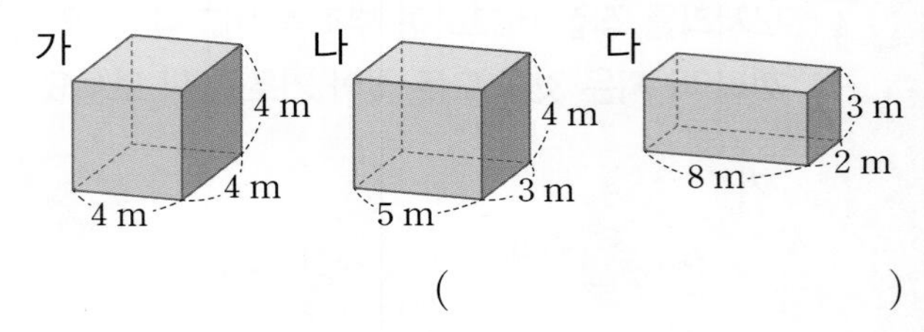

(　　　　　　　　)

13 직육면체를 잘라 만든 입체도형의 부피를 구해 보세요.

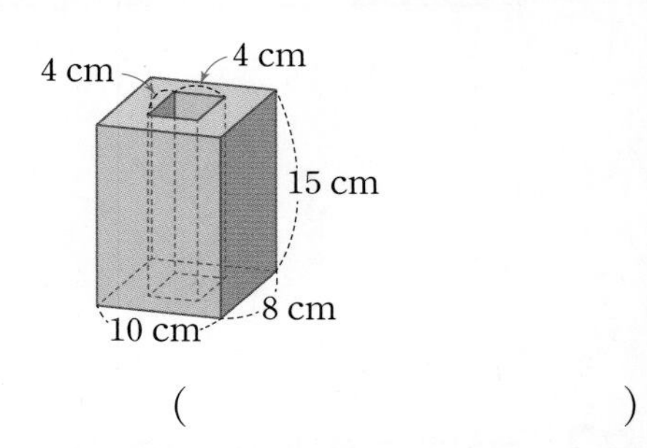

(　　　　　　　　)

14 다음 전개도를 이용하여 직육면체 모양의 상자를 만들었습니다. 이 상자의 겉넓이는 몇 cm^2인지 구해 보세요.

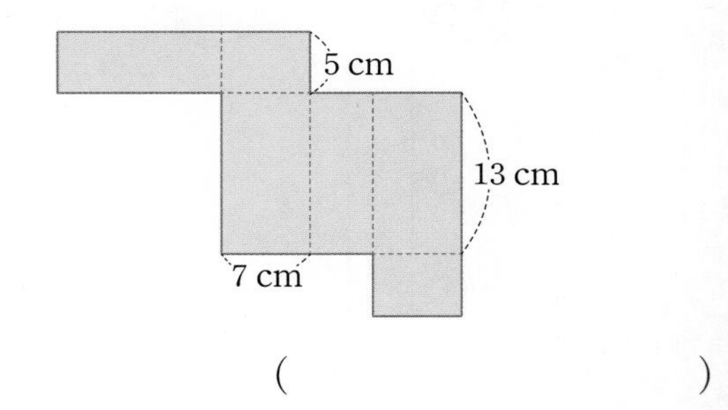

(　　　　　　　　)

15 직육면체의 겉넓이는 $544\ cm^2$입니다. □ 안에 알맞은 수를 써넣으세요.

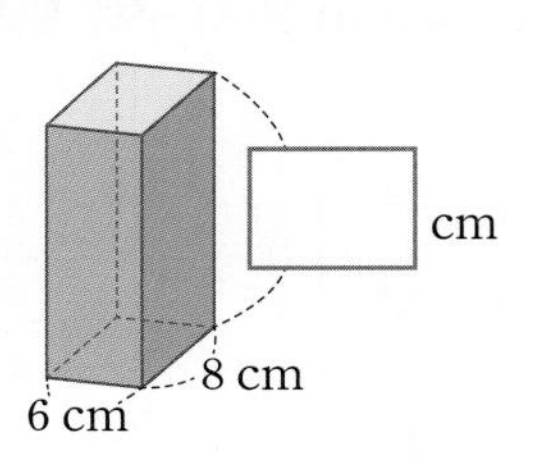

16 다음 전개도로 만들 수 있는 정육면체의 겉넓이는 몇 cm^2인지 구해 보세요.

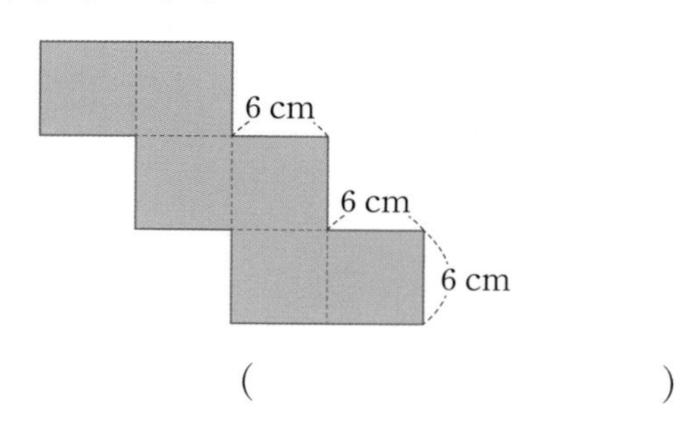

( )

17 다음 직육면체와 겉넓이가 같은 정육면체의 한 모서리의 길이를 구해 보세요.

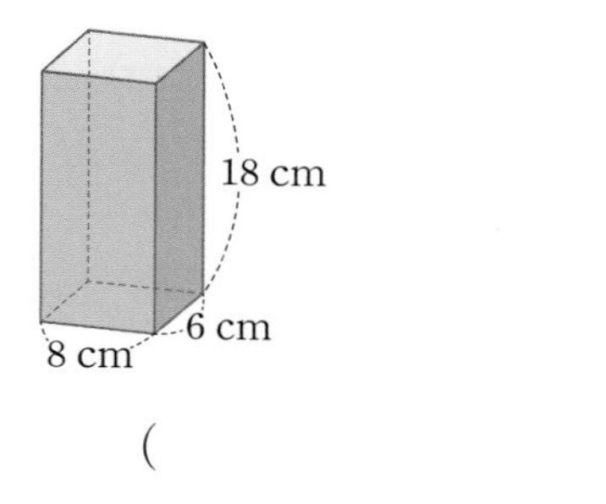

( )

18 어려운 문제

직육면체의 겉넓이가 $256\ \mathrm{cm}^2$일 때 색칠한 면의 넓이는 몇 cm^2인지 구해 보세요.

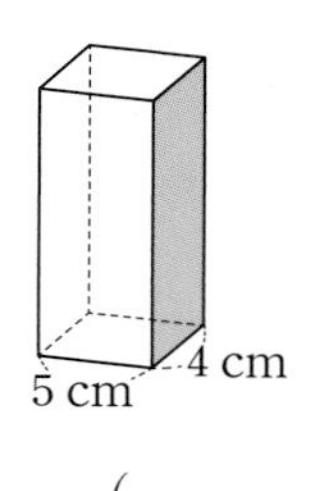

( )

서술형 문제

19 정육면체 모양의 쌓기나무 여러 개를 다음과 같이 쌓았습니다. 쌓은 정육면체 모양의 부피가 $1728\ \mathrm{cm}^3$일 때 쌓기나무의 한 모서리의 길이는 몇 cm인지 풀이 과정을 쓰고 답을 구해 보세요.

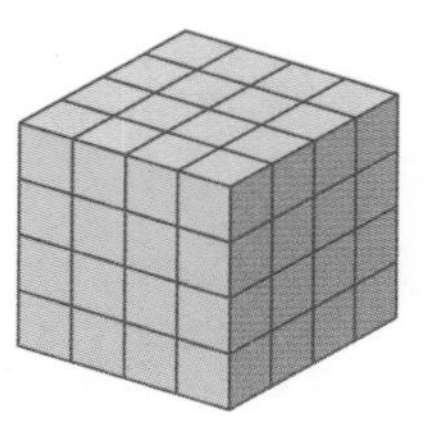

풀이

답

20 직육면체 가와 정육면체 나의 부피가 같을 때 직육면체 가의 겉넓이는 몇 cm^2인지 풀이 과정을 쓰고 답을 구해 보세요.

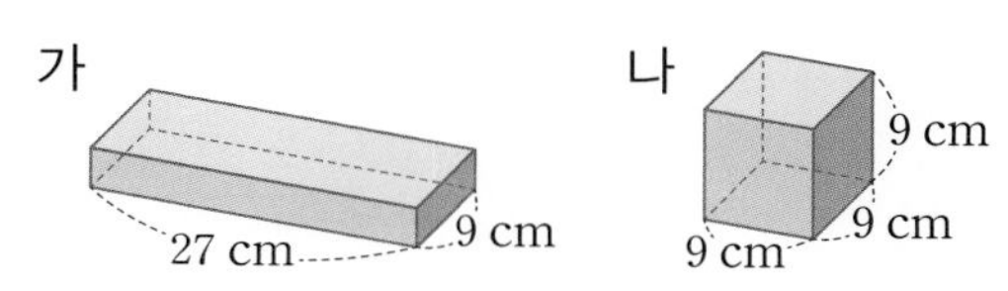

풀이

답

MEMO

MEMO

MEMO

교과서 기본과 응용 문제를
한 번에 잡는 **교과서 기본+응용**

BOOK 2

복습책

6-1

01 $1 \div 5$를 그림으로 나타내고, 몫을 분수로 나타내어 보세요.

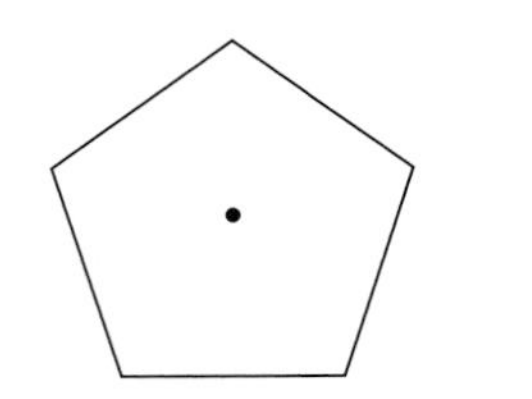

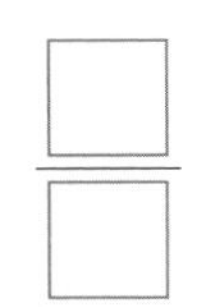

02 나눗셈의 몫을 분수로 나타내어 보세요.

(1) $3 \div 7$

(2) $5 \div 11$

(3) $2 \div 5$

03 □ 안에 알맞은 수를 써넣으세요.

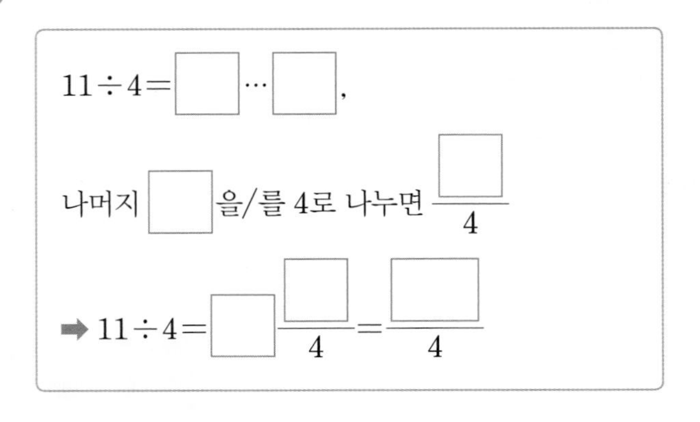
$11 \div 4 = \square \cdots \square$,

나머지 □을/를 4로 나누면 $\frac{\square}{4}$

➡ $11 \div 4 = \square\frac{\square}{4} = \frac{\square}{4}$

04 나눗셈의 몫을 찾아 선으로 이어 보세요.

$8 \div 13$	$\frac{4}{9}$
$10 \div 3$	$\frac{10}{3}$
$4 \div 9$	$\frac{8}{13}$

05 몫이 1보다 큰 나눗셈식을 모두 찾아 ○표 하세요.

$3 \div 4$ $5 \div 8$ $9 \div 7$ $8 \div 3$

06 □ 안에 알맞은 수를 써넣으세요.

$$\frac{12}{13} \div 4 = \frac{12 \div \square}{13} = \frac{\square}{13}$$

07 계산해 보세요.

(1) $\frac{8}{9} \div 2$

(2) $\frac{3}{4} \div 2$

08 관계있는 것끼리 선으로 이어 보세요.

$\frac{11}{3}\div 5$	$\frac{5}{8}\div 6$	$\frac{3}{7}\div 2$
$\frac{3}{7}\times\frac{1}{2}$	$\frac{5}{8}\times\frac{1}{6}$	$\frac{11}{3}\times\frac{1}{5}$
$\frac{3}{14}$	$\frac{11}{15}$	$\frac{5}{48}$

09 빈칸에 알맞은 수를 써넣으세요.

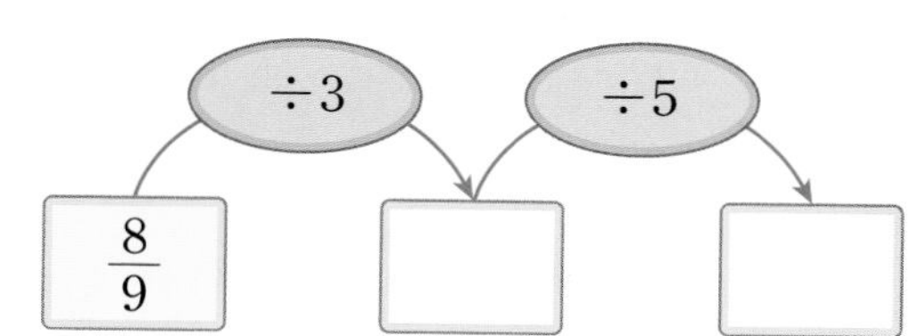

10 □ 안에 알맞은 수를 구해 보세요.

$$\square\times 7=\frac{11}{8}$$

(　　　　　　　　)

11 ㉡에 알맞은 수를 구해 보세요.

$$4\frac{1}{3}\times\frac{2}{3}=㉠$$

$$㉡\times 4=㉠$$

(　　　　　　　　)

12 밑변의 길이가 3 cm이고 넓이가 $8\frac{1}{5}$ cm^2인 평행사변형이 있습니다. 이 평행사변형의 높이는 몇 cm인지 구해 보세요.

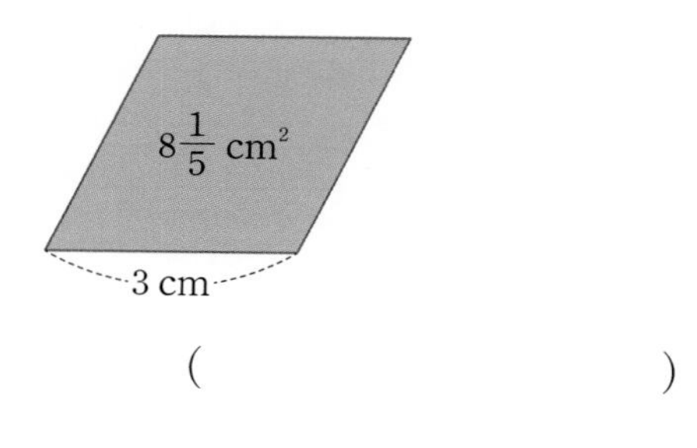

(　　　　　　　　)

13 일정한 빠르기로 3분 동안 $10\frac{2}{7}$ km를 달리는 열차가 있습니다. 같은 빠르기로 이 열차가 1분 동안 달리는 거리는 몇 km인지 구해 보세요.

(　　　　　　　　)

유형 1 수 카드로 조건에 알맞은 나눗셈식 만들기

01 수 카드 3장을 모두 한 번씩 사용하여 계산 결과가 가장 작은 (진분수)÷(자연수)를 만들어 몫을 구해 보세요.

4 5 7

( )

비법

$\frac{●}{■}÷▲=\frac{●}{■}×\frac{1}{▲}$에서 계산 결과가 가장 작을 때는 ■×▲의 값이 가장 클 때입니다.

02 수 카드 3장을 모두 한 번씩 사용하여 계산 결과가 가장 작은 (진분수)÷(자연수)를 만들어 몫을 구해 보세요.

2 5 9

( )

03 수 카드 3장을 모두 한 번씩 사용하여 계산 결과가 가장 큰 (진분수)÷(자연수)를 만들어 몫을 구해 보세요.

3 4 7

( )

유형 2 도형의 변의 길이 구하기

04 가로가 5 m이고 넓이가 $11\frac{2}{3}$ m^2인 직사각형의 세로는 몇 m인지 구해 보세요.

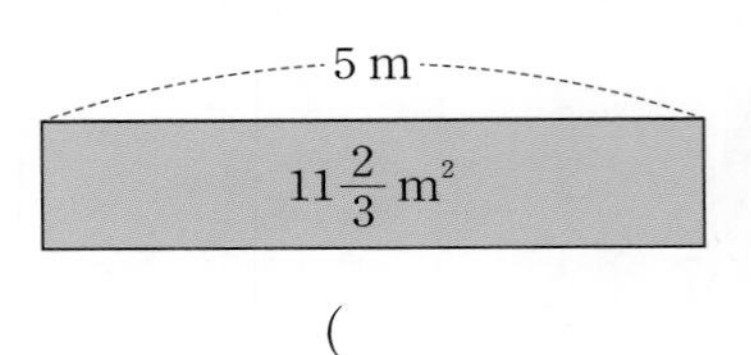

( )

비법

(직사각형의 넓이)=(가로)×(세로)임을 이용하여 직사각형의 세로를 구합니다.

05 밑변의 길이가 7 cm이고 넓이가 $16\frac{2}{3}$ cm^2인 평행사변형의 높이는 몇 cm인지 구해 보세요.

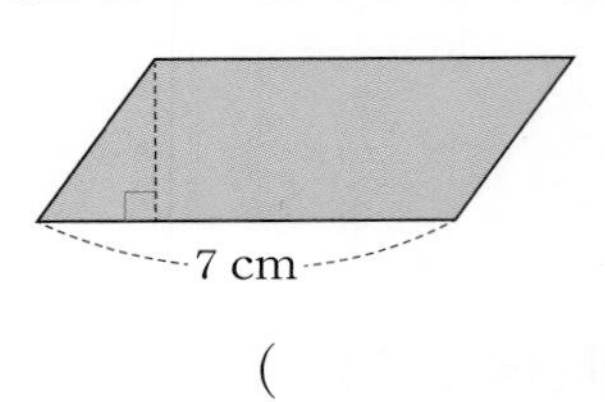

( )

06 밑변의 길이가 4 cm이고 넓이가 $12\frac{3}{5}$ cm^2인 삼각형의 높이는 몇 cm인지 구해 보세요

( )

유형 3 수직선에서 나타내는 분수 구하기

07 수직선을 보고 ㉠의 값을 분수로 나타내어 보세요.

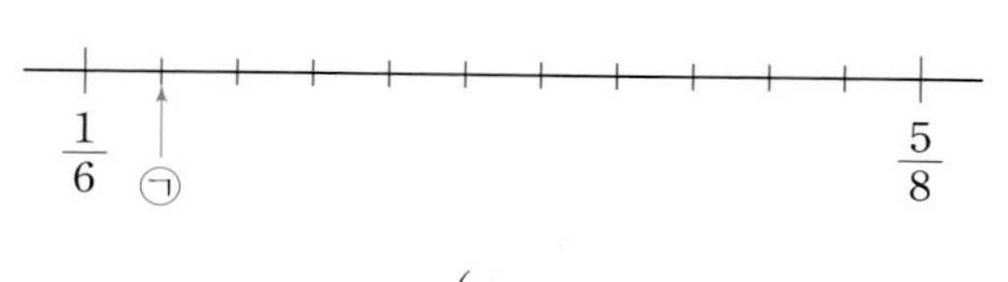

(   )

비법

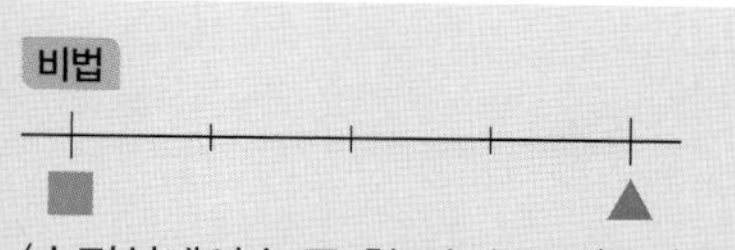

(수직선에서 눈금 한 칸의 크기)=(▲−■)÷4

08 수직선을 보고 ㉠의 값을 분수로 나타내어 보세요.

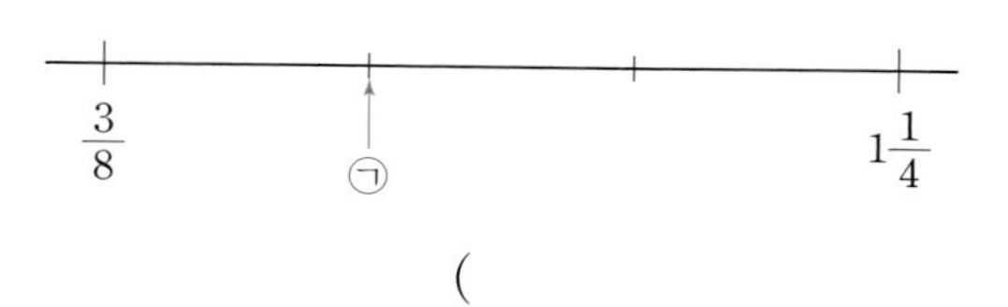

(   )

09 수직선을 보고 ㉠의 값을 분수로 나타내어 보세요.

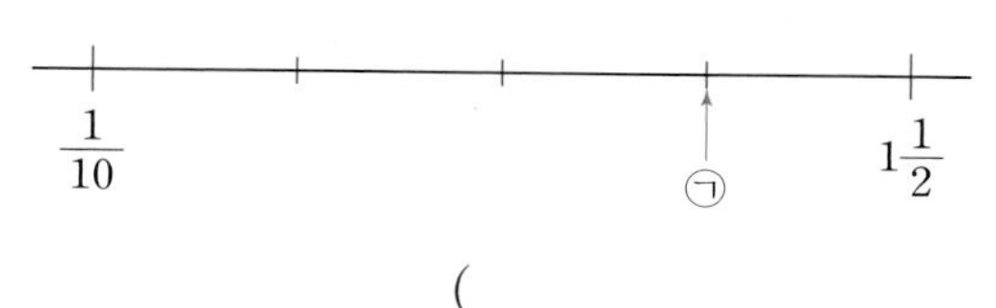

(   )

유형 4 도형에서 색칠한 부분의 넓이 구하기

10 넓이가 $\frac{9}{11}$ m^2인 정오각형을 똑같이 5로 나누어 다음과 같이 색칠하였습니다. 색칠한 부분의 넓이는 몇 m^2인지 구해 보세요.

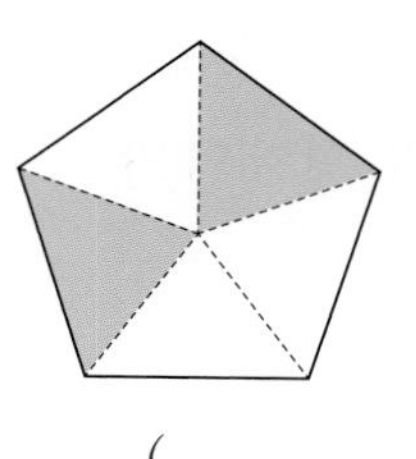

(   )

비법

색칠한 부분 중 한 개의 넓이를 먼저 구한 다음 색칠한 부분의 넓이를 구합니다.

11 넓이가 $1\frac{5}{7}$ m^2인 정육각형을 똑같이 6으로 나누어 다음과 같이 색칠하였습니다. 색칠한 부분의 넓이는 몇 m^2인지 구해 보세요.

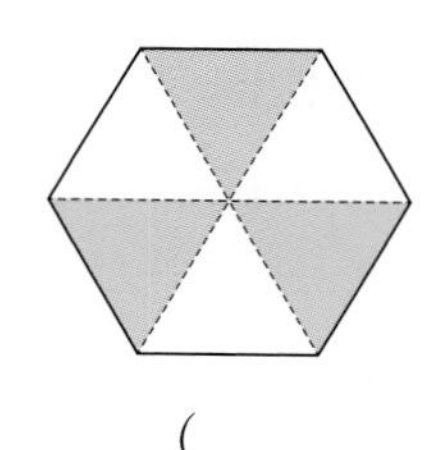

(   )

12 넓이가 $\frac{5}{9}$ m^2인 정사각형을 똑같이 4로 나누어 다음과 같이 색칠하였습니다. 색칠한 부분의 넓이는 몇 m^2인지 구해 보세요.

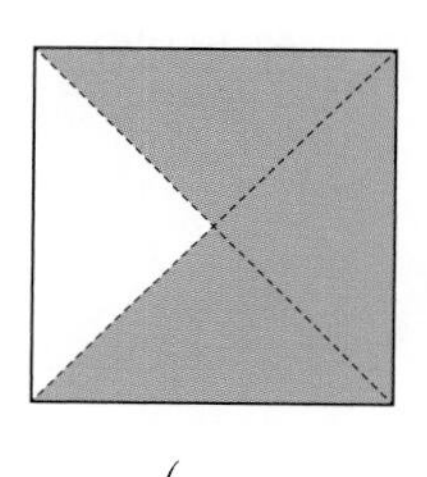

(   )

1 단원

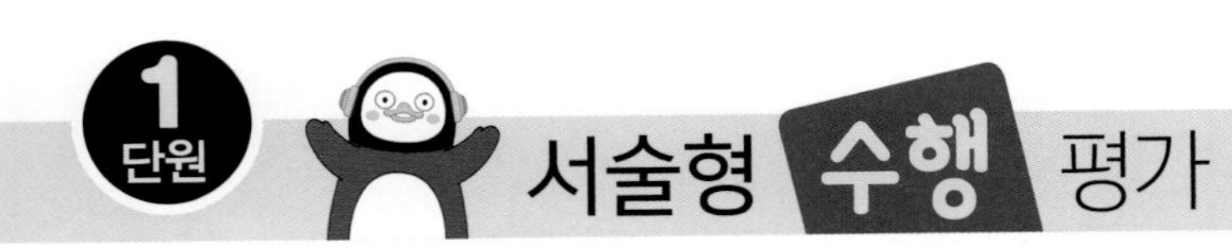

01 다음 단어를 이용하여 보기 와 같이 문제를 만들고, 식을 세워 답을 구해 보세요.

밀가루 4 kg　　학생 11명

보기

물 1 L를 학생 3명이 남김없이 똑같이 나누어 마셨습니다. 한 명이 마신 물은 몇 L인지 분수로 나타내어 보세요.

문제

식

답

02 지우와 같은 방법으로 $\frac{4}{7} \div 5$를 계산하는 과정을 설명해 보세요.

지우: $\frac{5}{9} \div 3 = \frac{15}{27} \div 3 = \frac{15 \div 3}{27} = \frac{5}{27}$

설명

03 색 테이프 $\frac{8}{9}$ m를 똑같이 4도막으로 나누었습니다. 이 색 테이프 한 도막의 길이는 몇 m인지 풀이 과정을 쓰고 답을 구해 보세요.

풀이

답

04 철사 $\frac{6}{7}$ m를 겹치지 않게 모두 사용하여 정오각형 한 개를 만들었습니다. 이 정오각형의 한 변의 길이는 몇 m인지 풀이 과정을 쓰고 답을 구해 보세요.

풀이

답

05 빈 수조에 물을 지은이는 $\frac{2}{5}$ L, 서영이는 $\frac{4}{5}$ L 부었습니다. 이 수조에 부은 물을 병 3개에 똑같이 나누어 담을 때 병 한 개에 담아야 할 물은 몇 L인지 풀이 과정을 쓰고 답을 구해 보세요.

풀이

답

06 다음은 현빈이가 잘못 계산한 것입니다. 잘못된 이유를 쓰고 바르게 계산해 보세요.

$$2\frac{1}{4} \div 7 = 2\frac{1}{4} \times \frac{1}{7} = 2\frac{1}{28}$$

이유

바른 계산

07 다은이네 모둠과 영준이네 모둠은 주스를 나누어 마셨습니다. 한 사람이 마신 주스의 양은 어느 모둠이 더 많은지 풀이 과정을 쓰고 답을 구해 보세요.

다은이네 모둠	6 L의 주스를 모둠원 5명이 똑같이 나누어 마셨습니다.
영준이네 모둠	5 L의 주스를 모둠원 4명이 똑같이 나누어 마셨습니다.

풀이

답

08 어떤 수를 3으로 나누어야 할 것을 잘못하여 3을 곱했더니 $\frac{7}{2}$이 되었습니다. 바르게 계산한 값을 구하면 얼마인지 풀이 과정을 쓰고 답을 구해 보세요.

풀이

답

09 똑같은 책 8권이 들어 있는 상자의 무게는 $8\frac{5}{6}$ kg입니다. 빈 상자의 무게가 $\frac{1}{3}$ kg일 때 책 한 권의 무게는 몇 kg인지 풀이 과정을 쓰고 답을 구해 보세요.

풀이

답

10 일정한 빠르기로 5분 동안 $10\frac{5}{6}$ km를 달리는 열차가 있습니다. 같은 빠르기로 이 열차가 3분 동안 달리는 거리는 몇 km인지 풀이 과정을 쓰고 답을 구해 보세요.

풀이

답

1 단원

01 $1 \div 4$를 그림으로 나타내고, 몫을 구해 보세요.

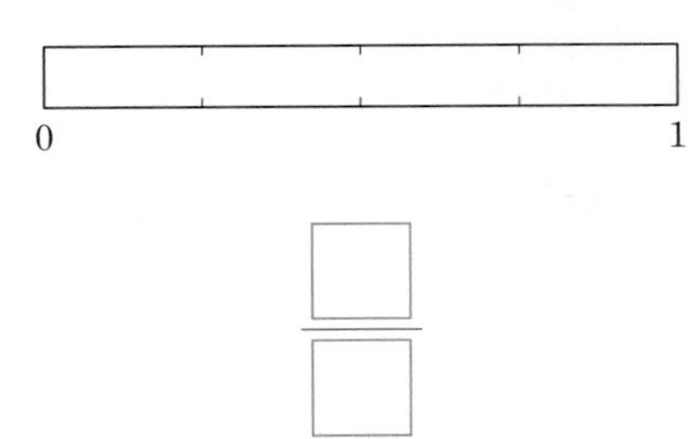

02 나눗셈의 몫을 분수로 나타내어 보세요.

(1) $1 \div 9$

(2) $8 \div 13$

03 □ 안에 알맞은 수를 구해 보세요.

$7 \div \square = \frac{7}{15}$

(　　　　　　　　)

04 $11 \div 3$의 몫을 분수로 나타내는 과정입니다. □ 안에 알맞은 수를 써넣으세요.

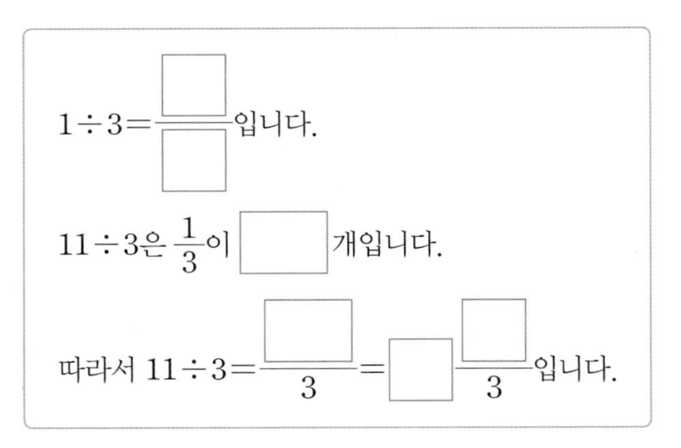

05 나눗셈의 몫이 1보다 큰 것을 모두 찾아 ○표 하세요.

$3 \div 4$	$5 \div 3$	$9 \div 11$
$7 \div 5$	$6 \div 7$	$8 \div 13$

06 나눗셈의 몫을 잘못 나타낸 것을 찾아 기호를 써 보세요.

㉠ $6 \div 5 = \frac{5}{6}$　　㉡ $7 \div 4 = \frac{7}{4}$

(　　　　　　　　)

07 빈 곳에 알맞은 분수를 써넣으세요.

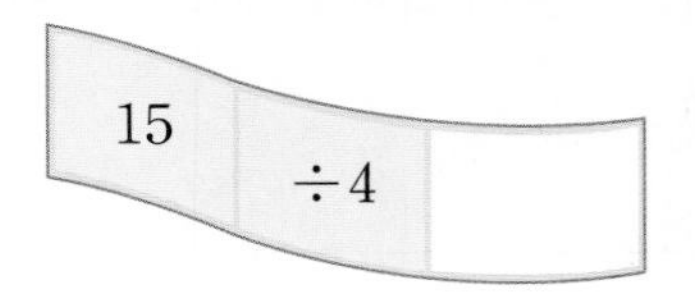

08 한 통에 $\frac{7}{8}$ kg씩 들어 있는 소금이 8통 있습니다. 이 소금을 6일 동안 똑같이 나누어 사용한다면 하루에 사용하는 소금은 몇 kg인지 구해 보세요.

(　　　　　　　　)

09 $\frac{5}{6}\div 2$의 몫만큼 빗금을 치고 □ 안에 알맞은 수를 써넣으세요.

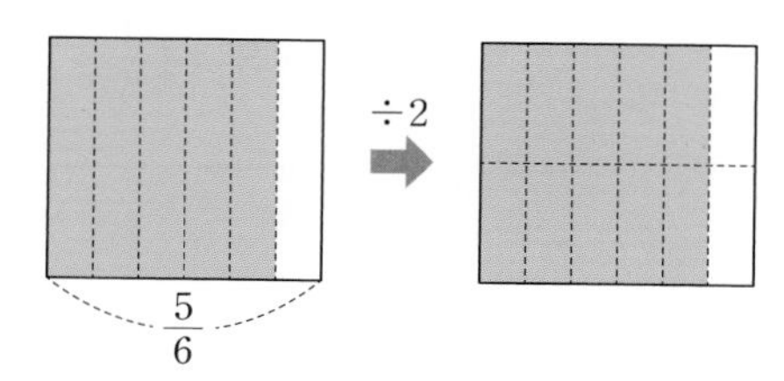

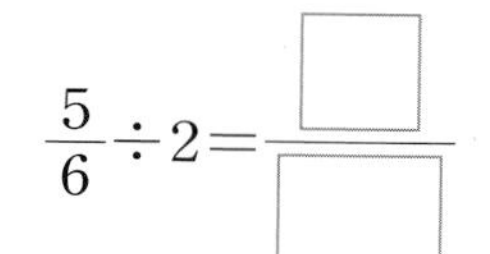

$\frac{5}{6}\div 2=\frac{\square}{\square}$

10 보기 와 같은 방법으로 계산해 보세요.

보기

$\frac{6}{7}\div 3=\frac{6\div 3}{7}=\frac{2}{7}$

$\frac{12}{11}\div 6=$ ______

11 계산해 보세요.

(1) $\frac{8}{9}\div 4$

(2) $\frac{9}{5}\div 3$

12 분수를 자연수로 나눈 몫을 구해 보세요.

$\frac{7}{4}$　　5

(　　　　　)

13 계산 결과를 비교하여 ○ 안에 >, =, <를 알맞게 써넣으세요.

$\frac{8}{9}\div 6$ 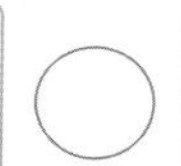 $\frac{27}{7}\div 3$

14 서술형 수 카드 3장을 모두 한 번씩 사용하여 계산 결과가 가장 작은 (진분수)÷(자연수)를 만들어 몫을 구하려고 합니다. 풀이 과정을 쓰고 답을 구해 보세요.

5　7　9

풀이

답 ______

15 리본 $\frac{20}{13}$ m를 5명이 똑같이 나누어 가졌습니다. 한 명이 가진 리본의 길이는 몇 m인지 구해 보세요.

(　　　　　　　　)

16 빈칸에 알맞은 분수를 써넣으세요.

÷ →

$3\frac{2}{5}$	4	

17 막대 $2\frac{2}{5}$ m를 똑같이 3도막으로 잘랐습니다. 이 막대 한 도막의 길이는 몇 m인지 구해 보세요.

$2\frac{2}{5}$ m

(　　　　　　　　)

18 □ 안에 알맞은 분수를 써넣으세요.

$\square \times 8 = 4\frac{4}{5}$

19 1부터 9까지의 자연수 중에서 □ 안에 들어갈 수 있는 수를 모두 구해 보세요.

$\square < 31\frac{1}{2} \div 7$

(　　　　　　　　)

20 서술형

어떤 수를 3으로 나누어야 할 것을 잘못하여 어떤 수에 7을 곱했더니 $2\frac{1}{4}$이 되었습니다. 바르게 계산하면 얼마인지 풀이 과정을 쓰고 답을 구해 보세요.

풀이

답

기본 문제 복습

정답과 풀이 51쪽

01 각기둥을 모두 찾아 기호를 써 보세요.

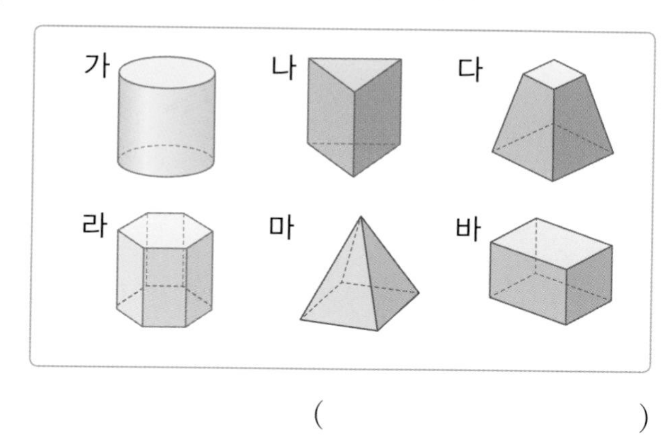

( )

02 각기둥에서 두 밑면과 만나는 면은 몇 개인지 써 보세요.

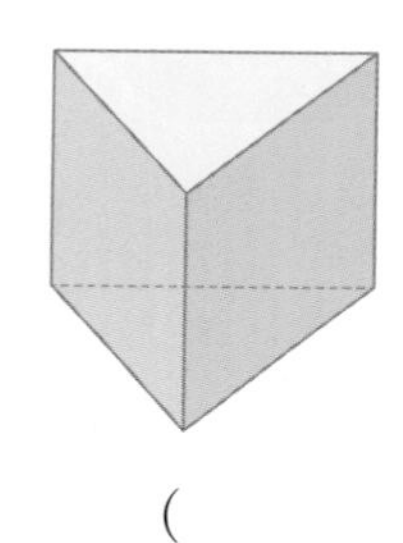

( )

03 입체도형의 이름을 써 보세요.

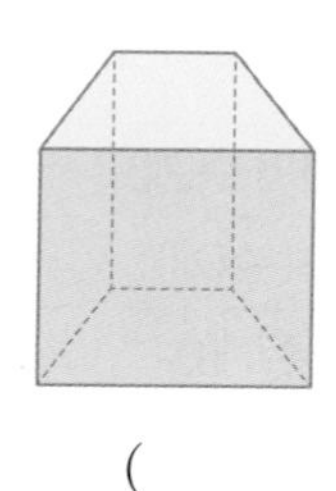

( )

04 각기둥을 보고 □ 안에 각 부분의 이름을 써넣으세요.

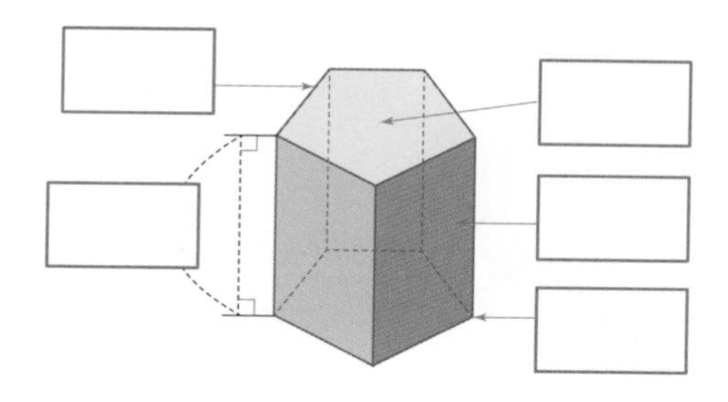

05 각기둥의 꼭짓점은 몇 개인지 써 보세요.

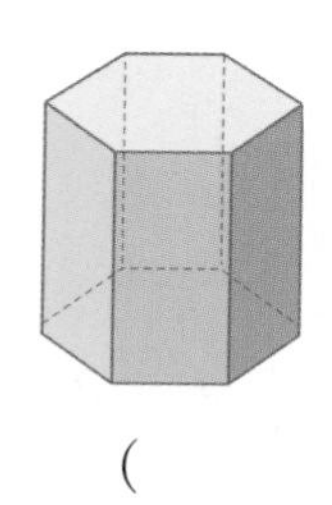

( )

06 각기둥의 무엇을 재는 것인지 써 보세요.

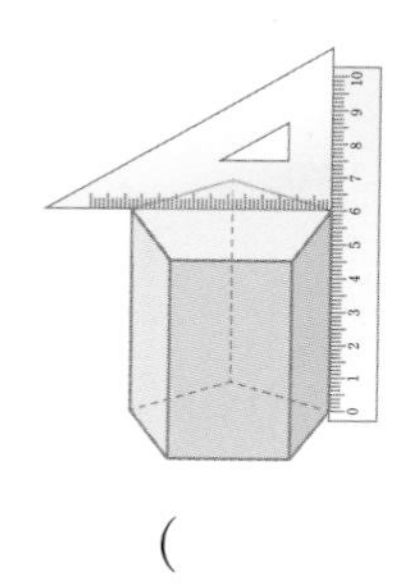

( )

07 전개도를 접었을 때 각기둥이 되는 것에 ○표 하세요.

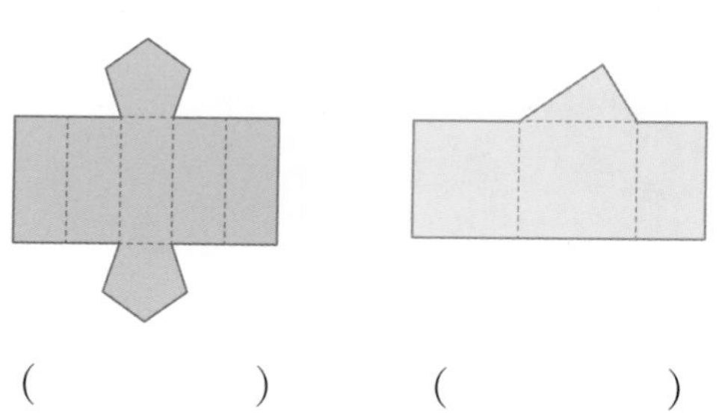

( ) ( )

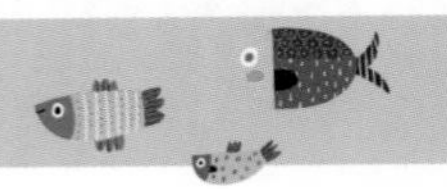

08 전개도를 접으면 어떤 도형이 되는지 써 보세요.

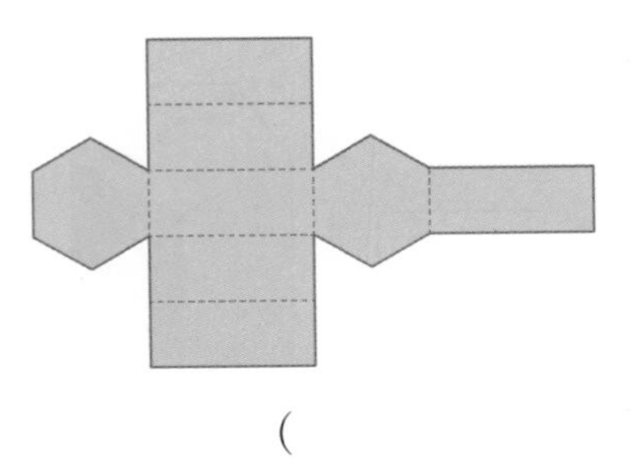

(　　　　　　　　　　)

09 각기둥의 전개도를 보고 □ 안에 알맞은 수를 써넣으세요.

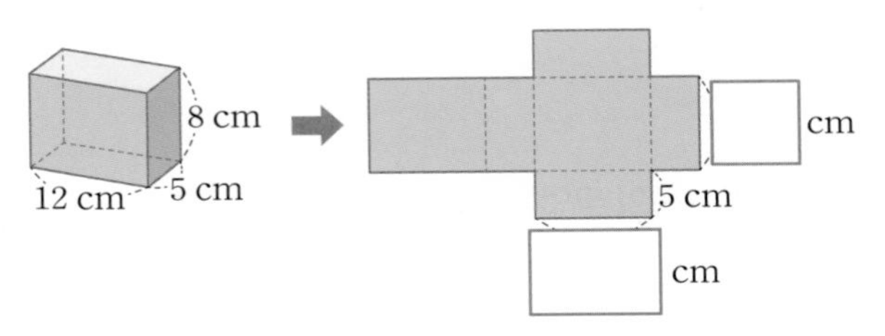

10 각뿔에서 옆면을 모두 찾아 써 보세요.

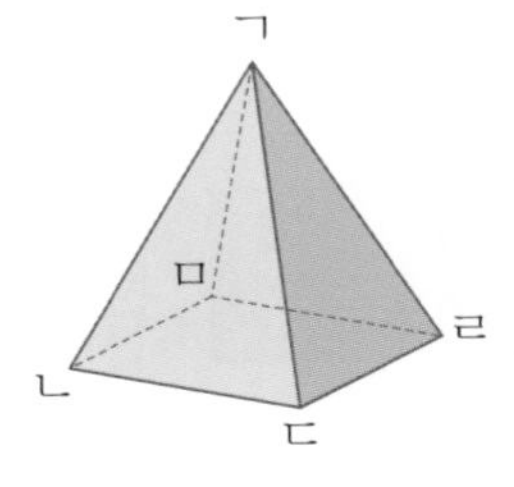

(　　　　　　　　　　)

11 각뿔의 이름을 써 보세요.

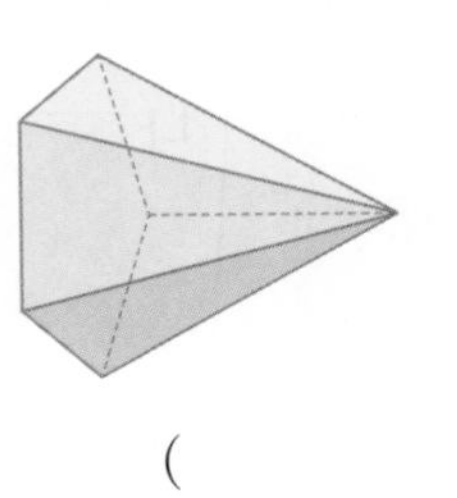

(　　　　　　　　　　)

12 □ 안에 알맞은 말을 써넣으세요.

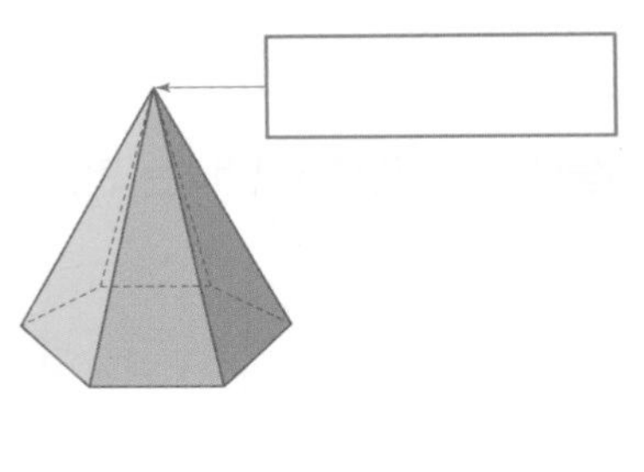

13 각뿔을 보고 표를 완성해 보세요.

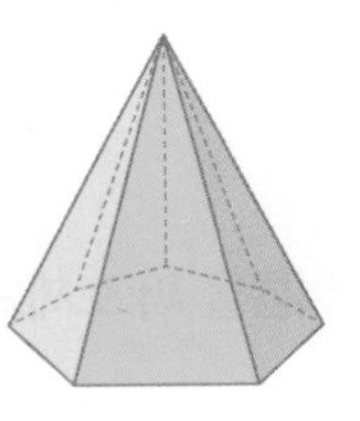

밑면의 변의 수(개)	
꼭짓점의 수(개)	
면의 수(개)	
모서리의 수(개)	

정답과 풀이 51쪽

유형 1 입체도형의 이름 알아보기

01 밑면과 옆면의 모양이 다음과 같은 입체도형의 이름을 써 보세요.

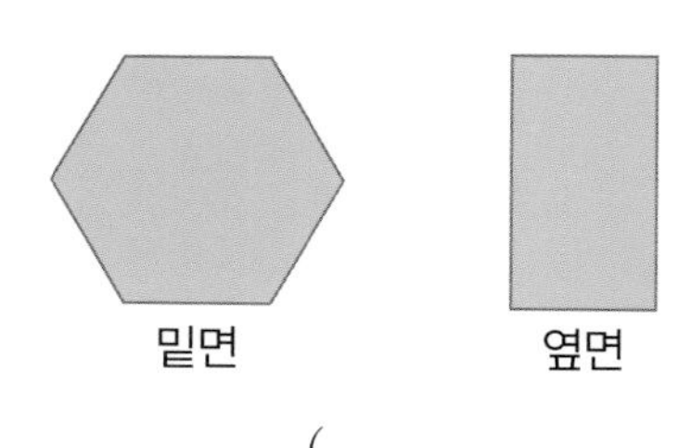

(　　　　　　　　　　)

비법
밑면이 □각형이고, 옆면이 직사각형인 입체도형은 □각기둥입니다.

02 밑면과 옆면의 모양이 다음과 같은 입체도형의 이름을 써 보세요.

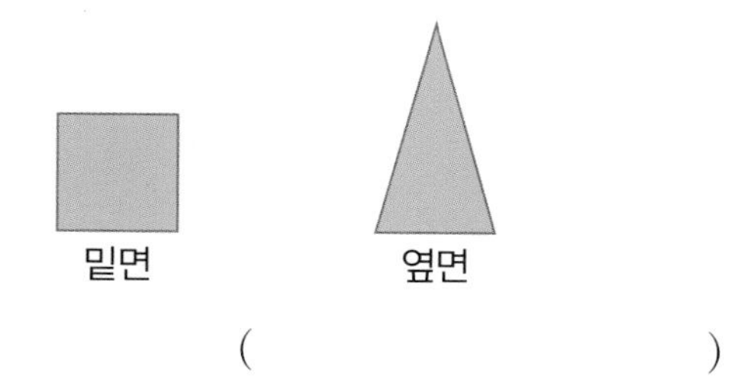

(　　　　　　　　　　)

03 옆면이 다음과 같은 합동인 직사각형 4개일 때 입체도형의 이름을 써 보세요.

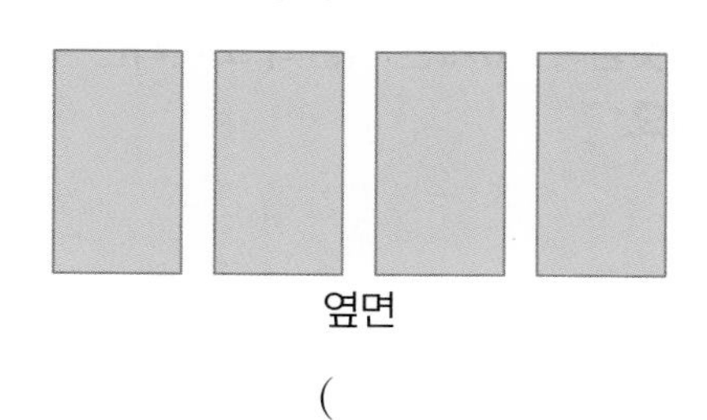

(　　　　　　　　　　)

유형 2 각기둥의 구성 요소의 수 알아보기

04 밑면의 모양이 다음과 같은 각기둥의 면의 수와 꼭짓점의 수의 합을 구해 보세요.

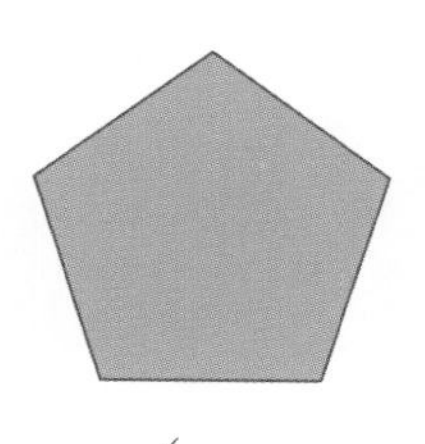

(　　　　　　　　　　)

비법
□각기둥에서 한 밑면의 변은 □개입니다.
- (모서리의 수)=(한 밑면의 변의 수)×3=□×3(개)
- (꼭짓점의 수)=(한 밑면의 변의 수)×2=□×2(개)
- (면의 수)=(한 밑면의 변의 수)+2=□+2(개)

05 밑면의 모양이 다음과 같은 각기둥의 모서리의 수와 면의 수의 차를 구해 보세요.

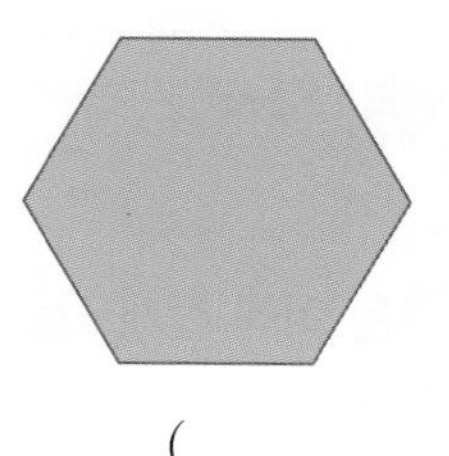

(　　　　　　　　　　)

06 꼭짓점이 8개인 각기둥의 모서리는 몇 개인지 구해 보세요.

(　　　　　　　　　　)

유형 3 각기둥의 전개도를 보고 변의 길이 구하기

07 다음 조건 은 아래 전개도를 접었을 때 만들어지는 각기둥을 설명한 것입니다. 조건 을 보고 밑면의 한 변의 길이가 몇 cm인지 구해 보세요.

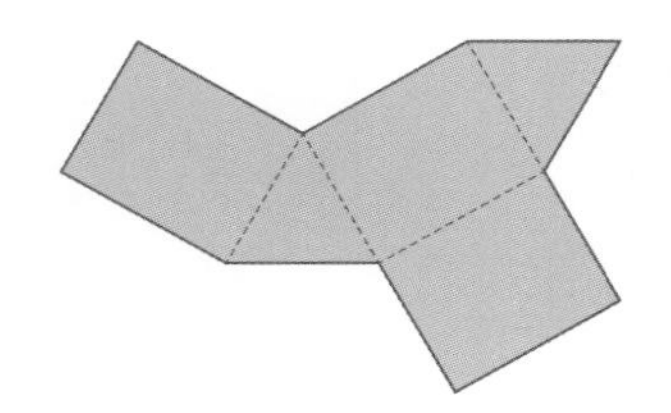

조건

- 각기둥의 옆면은 모두 합동입니다.
- 각기둥의 높이는 6 cm입니다.
- 각기둥의 모든 모서리의 길이의 합은 36 cm 입니다.

( )

비법

두 밑면의 변의 길이의 합은 전체 모서리 길이의 합에서 높이를 나타내는 모서리 길이의 합을 빼어 구할 수 있습니다.

08 다음 조건 은 아래 전개도를 접었을 때 만들어지는 각기둥을 설명한 것입니다. 조건 을 보고 밑면의 한 변의 길이가 몇 cm인지 구해 보세요.

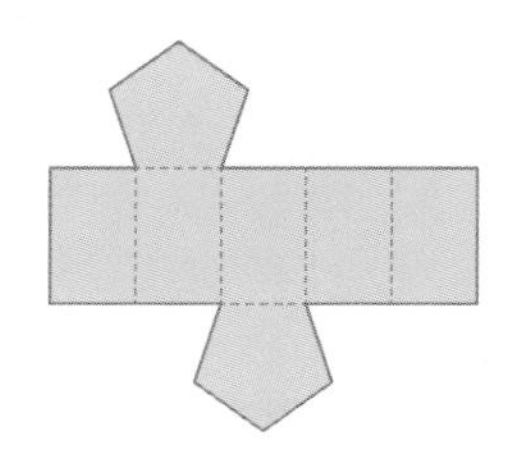

조건

- 각기둥의 옆면은 모두 합동입니다.
- 각기둥의 높이는 5 cm입니다.
- 각기둥의 모든 모서리의 길이의 합은 55 cm 입니다.

( )

유형 4 각뿔의 구성 요소의 수 알아보기

09 밑면의 모양이 다음과 같은 각뿔의 면의 수와 꼭짓점의 수의 합을 구해 보세요.

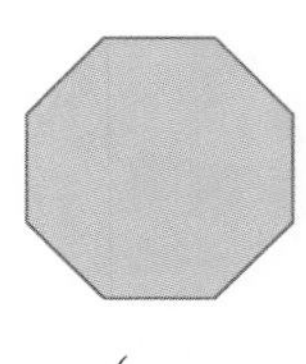

( )

비법

□각뿔에서 밑면의 변은 □개입니다.

- (면의 수)=(밑면의 변의 수)+1=□+1(개)
- (꼭짓점의 수)=(밑면의 변의 수)+1= □+1(개)
- (모서리의 수)=(밑면의 변의 수)×2= □×2(개)

10 밑면의 모양이 다음과 같은 각뿔의 모서리의 수와 면의 수의 차를 구해 보세요.

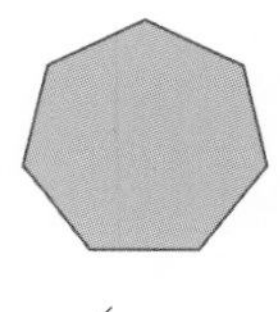

( )

11 꼭짓점이 10개인 각뿔의 모서리는 몇 개인지 구해 보세요.

( )

정답과 풀이 52쪽

01 오른쪽 입체도형이 각기둥이 아닌 이유를 써 보세요.

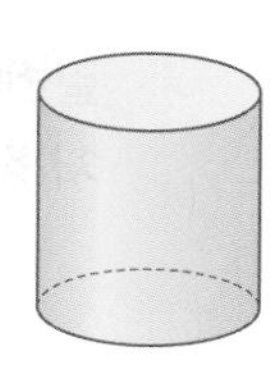

이유

02 각기둥의 특징을 잘못 말한 친구를 찾아 이름을 쓰고, 잘못된 내용을 바르게 고쳐 보세요.

향기	두 밑면은 서로 평행하고 합동이야.
수정	각기둥의 밑면은 모두 직사각형이야.
기태	각기둥의 옆면은 두 밑면과 만나는 면을 말해.

친구

바르게 고치기

03 오른쪽 각기둥에서 꼭짓점의 수와 모서리의 수의 합은 몇 개인지 풀이 과정을 쓰고 답을 구해 보세요.

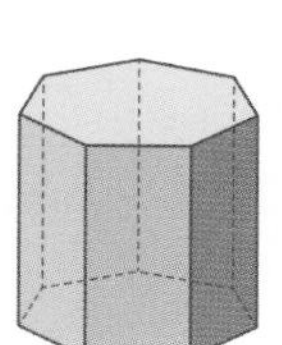

풀이

답

04 다음은 오각기둥의 전개도가 아닙니다. 그 이유를 써 보세요.

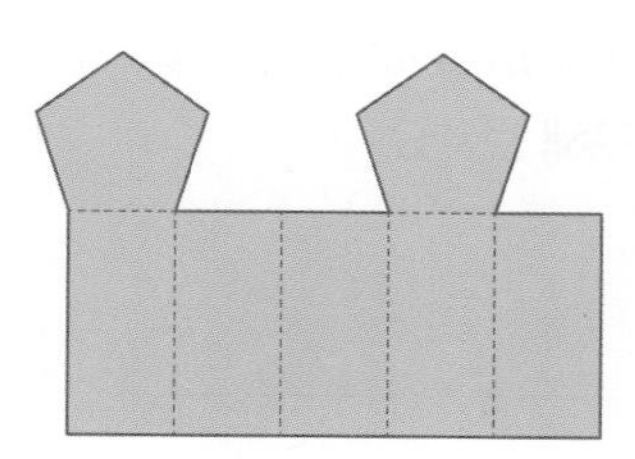

이유

05 오른쪽 입체도형이 각뿔이 아닌 이유를 두 가지 써 보세요.

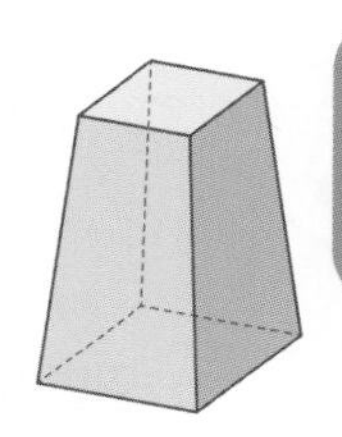

이유

06 보기 와 같은 방법으로 정답에 맞게 각기둥을 알아 맞히는 문제를 만들어 보세요.

보기
- 면이 5개예요.
- 꼭짓점이 6개예요.
- 모서리가 9개예요.
- 정답은 삼각기둥이에요.

문제

- 정답은 육각기둥이에요.

정답과 풀이 52쪽

07 한 변의 길이가 5 cm인 정삼각형을 한 밑면으로 하는 각기둥이 있습니다. 이 각기둥의 모든 모서리의 길이의 합이 63 cm일 때 높이는 몇 cm인지 풀이 과정을 쓰고 답을 구해 보세요.

풀이

답

08 밑면이 정오각형인 오각기둥의 전개도입니다. 전개도를 접어서 만들어지는 오각기둥의 모든 모서리의 길이의 합은 몇 cm인지 풀이 과정을 쓰고 답을 구해 보세요.

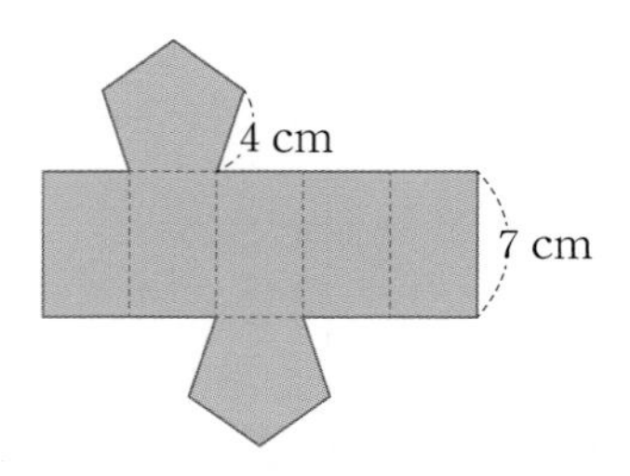

풀이

답

09 밑면의 모양이 다음과 같은 각뿔의 모서리는 몇 개인지 풀이 과정을 쓰고 답을 구해 보세요.

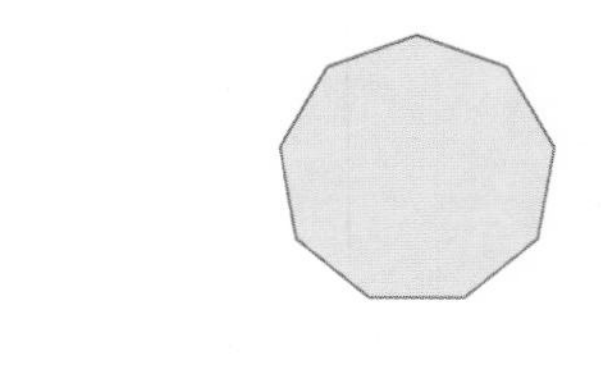

풀이

답

10 옆면의 모양이 오른쪽과 같은 삼각형 6개로 이루어진 각뿔이 있습니다. 이 각뿔의 모든 모서리의 길이의 합은 몇 cm인지 풀이 과정을 쓰고 답을 구해 보세요.

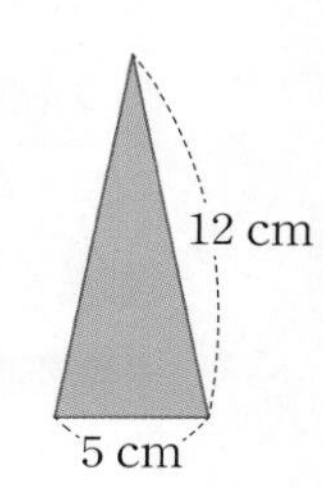

풀이

답

정답과 풀이 53쪽

[01~02] 도형을 보고 물음에 답하세요.

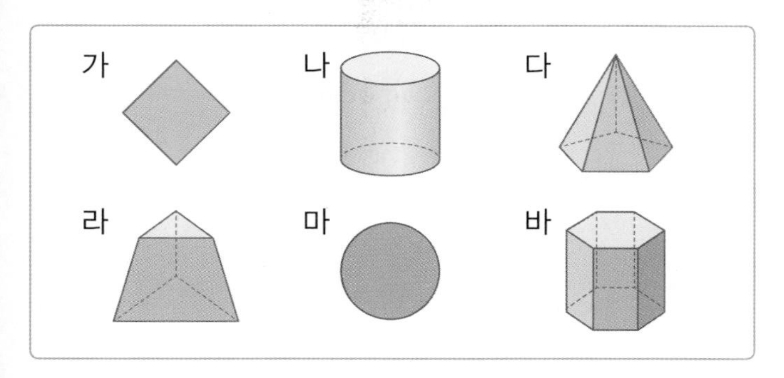

01 각기둥을 찾아 기호를 써 보세요.

(　　　　　　　　　　)

02 01에서 찾은 각기둥의 이름을 써 보세요.

(　　　　　　　　　　)

03 각기둥에서 밑면에 수직인 면은 모두 몇 개인가요?

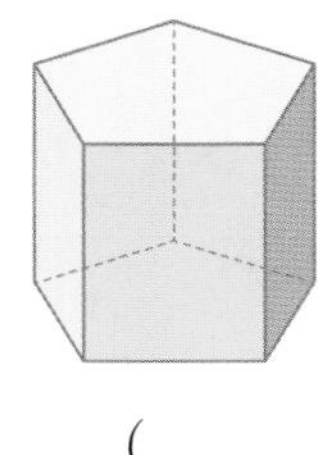

(　　　　　　　　　　)

04 각기둥의 겨냥도를 완성해 보세요.

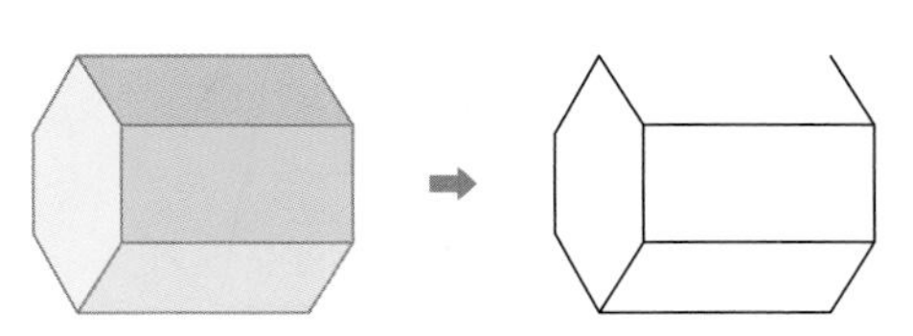

05 □ 안에 알맞은 말을 써넣으세요.

각기둥은 □의 모양에 따라 삼각기둥, 사각기둥, 오각기둥, ...이라고 합니다.

06 서술형 밑면의 모양이 다음과 같은 각기둥의 꼭짓점은 몇 개인지 풀이 과정을 쓰고 답을 구해 보세요.

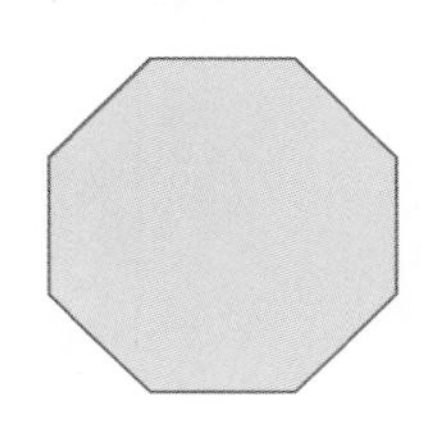

풀이

답

07 꼭짓점이 14개인 각기둥의 모서리는 몇 개인지 구해 보세요.

(　　　　　　　　　　)

08 각기둥의 전개도를 찾아 기호를 쓰고, 전개도를 접어 만들 수 있는 각기둥의 이름을 써 보세요.

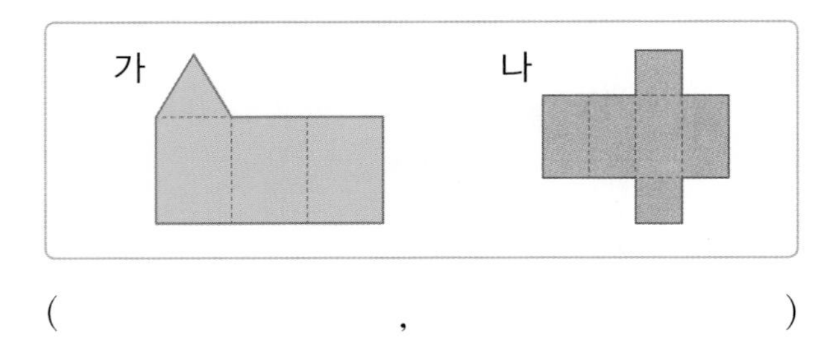

(,)

09 삼각기둥의 전개도를 보고 □ 안에 알맞은 수를 써넣으세요.

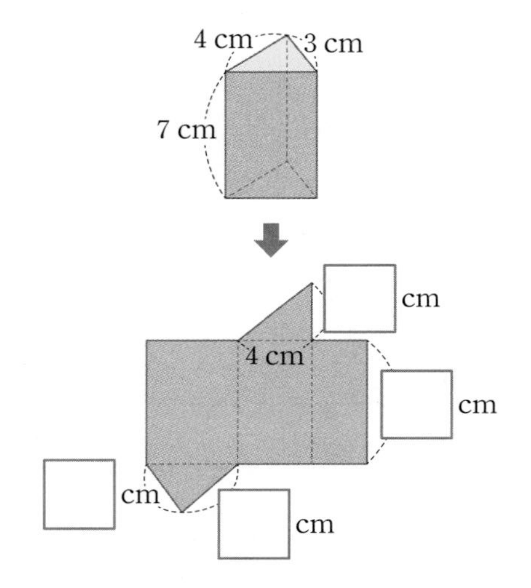

10 전개도를 접었을 때 면 다와 마주 보는 면을 찾아 써 보세요.

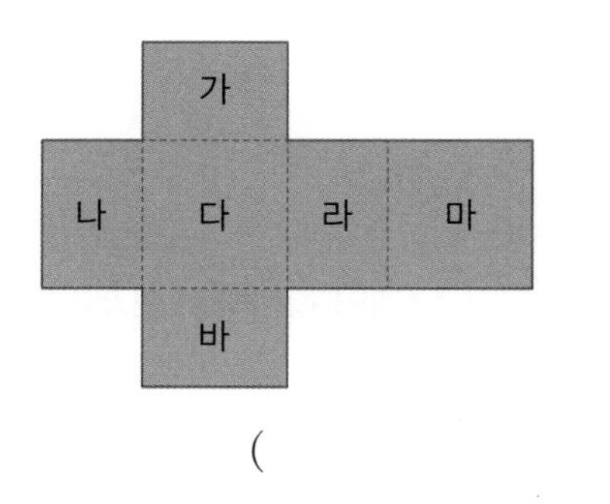

( )

11 다음 전개도로 만들 수 있는 각기둥을 주어진 전개도와 다른 모양으로 그려 보세요.

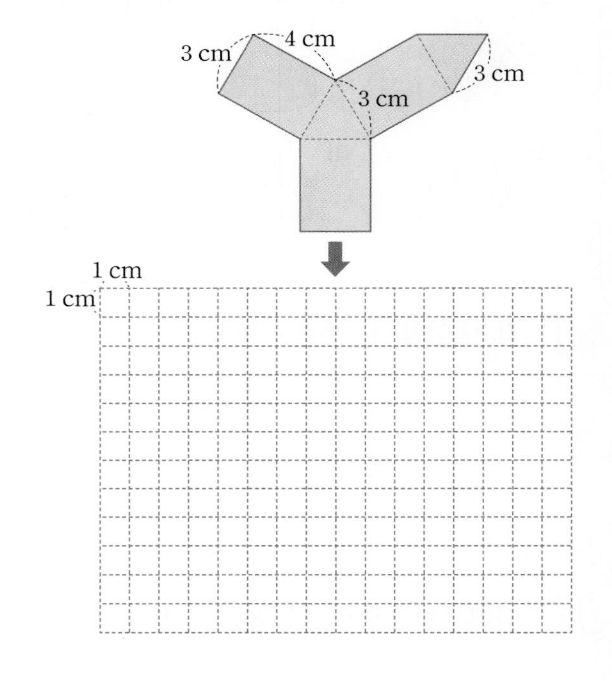

12 각뿔을 찾아 기호를 쓰고, 각뿔의 이름을 써 보세요.

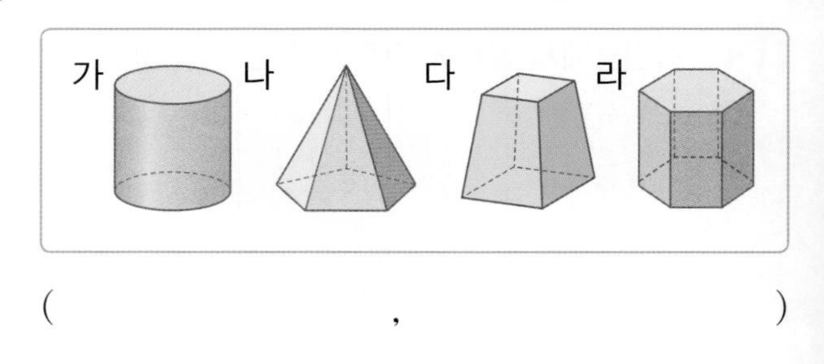

(,)

13 각뿔의 밑면에 색칠해 보세요.

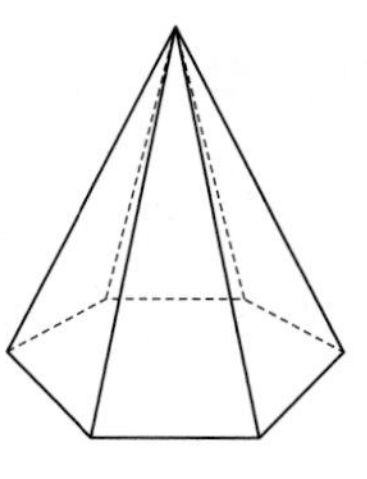

14 관계있는 것끼리 선으로 이어 보세요.

15 각뿔의 높이를 바르게 잰 것을 찾아 기호를 써 보세요.

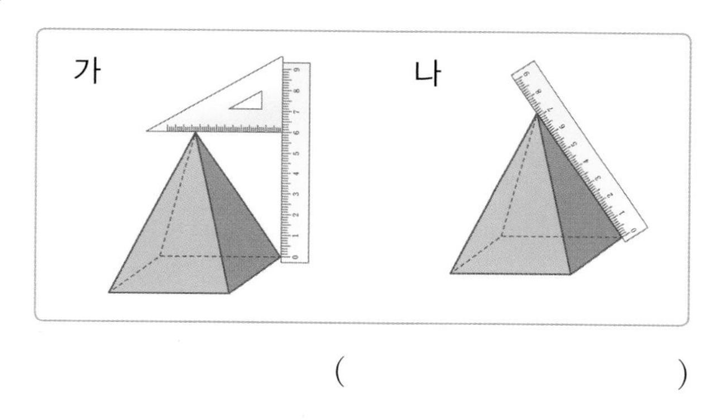

( )

[16~17] 각뿔을 보고 물음에 답하세요.

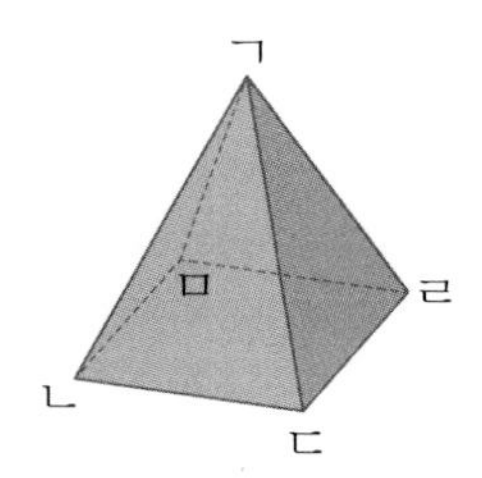

16 꼭짓점 중에서 옆면이 모두 만나는 점을 찾아 써 보세요.

( )

17 모서리는 몇 개인가요?

( )

18 각기둥과 각뿔의 높이의 합은 몇 cm인지 구해 보세요.

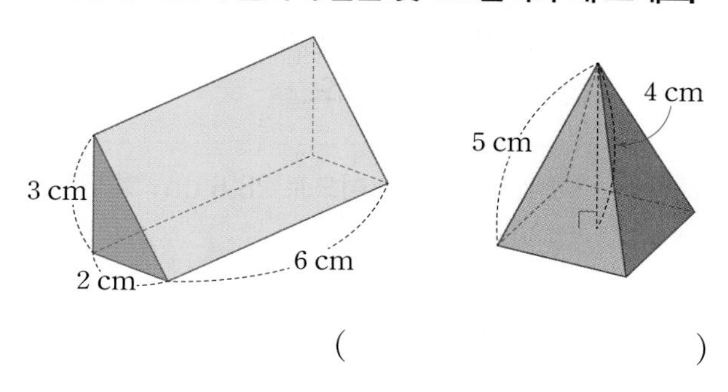

( )

19 삼각뿔의 모서리의 수와 삼각기둥의 모서리의 수의 차를 구해 보세요.

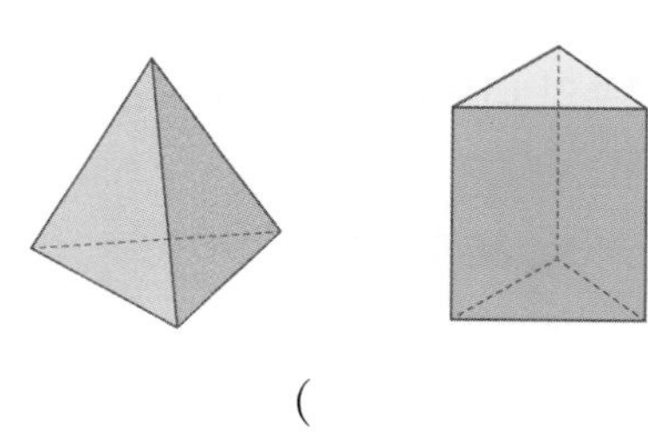

( )

20 서술형 다음에서 설명하는 입체도형의 이름은 무엇인지 풀이 과정을 쓰고 답을 구해 보세요.

- 밑면은 다각형이고 1개입니다.
- 옆면은 모두 삼각형입니다.
- 꼭짓점은 9개입니다.

풀이

답

01 리본 28.6 cm를 똑같이 2도막으로 잘랐습니다. 리본 한 도막은 몇 cm인지 구하려고 합니다. □ 안에 알맞은 수를 써넣으세요.

1 cm=10 mm이므로 28.6 cm=286 mm입니다.

286÷2=□이고, 자른 리본 한 도막은

□mm이므로 □cm입니다.

02 자연수의 나눗셈을 이용하여 소수의 나눗셈을 계산해 보세요.

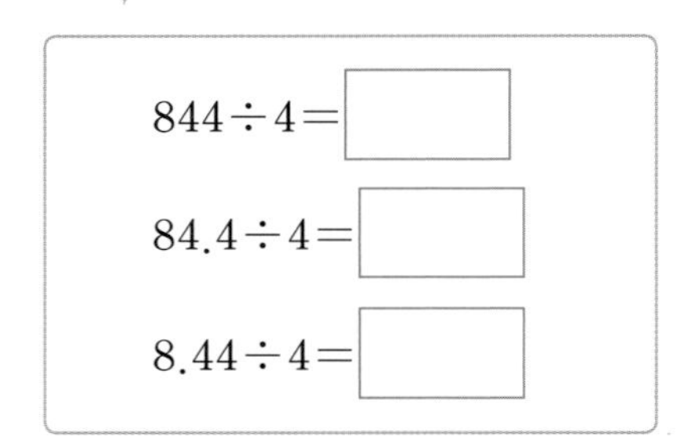

03 보기 와 같은 방법으로 계산해 보세요.

보기

$15.24\div4=\frac{1524}{100}\div4=\frac{1524\div4}{100}$

$=\frac{381}{100}=3.81$

28.84÷7=

04 직사각형의 가로가 3 cm이고 넓이가 25.68 cm^2일 때, 직사각형의 세로는 몇 cm인지 구해 보세요.

(　　　　　　)

05 계산 결과를 비교하여 ○ 안에 >, =, <를 알맞게 써넣으세요.

8.82÷9 ○ 6.44÷7

06 몫이 큰 순서대로 □ 안에 1, 2, 3을 써넣으세요.

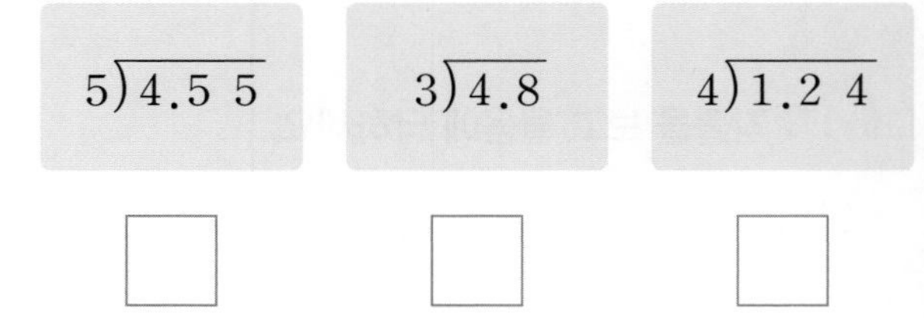

□ □ □

07 □ 안에 알맞은 수를 써넣으세요.

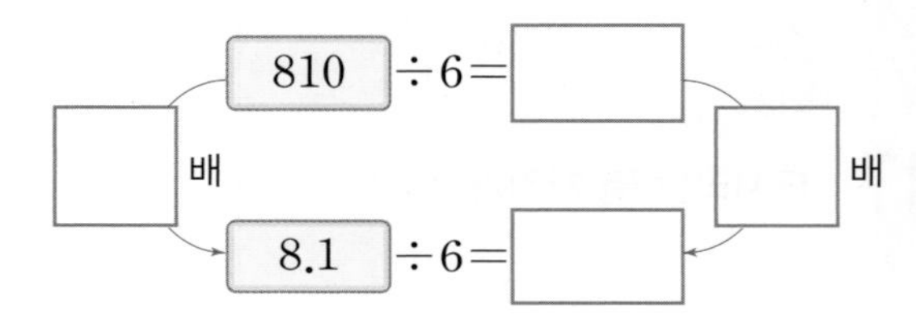

08 색 테이프 23.8 cm를 5등분했습니다. 색 테이프 한 도막은 몇 cm인지 구해 보세요.

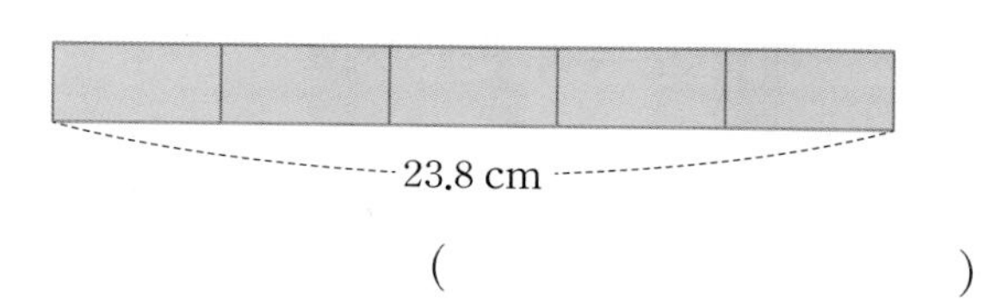

( )

09 계산이 잘못된 곳을 찾아 바르게 계산해 보세요.

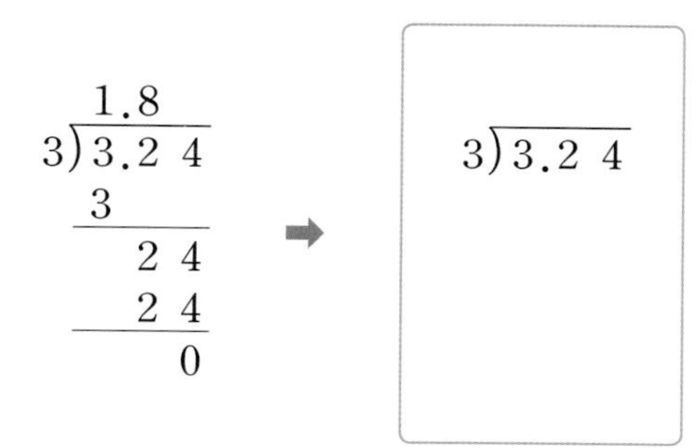

➡ 3)3.2 4

10 길이가 36.12 cm인 철사로 가장 큰 정육각형을 1개 만들려고 합니다. 정육각형의 한 변의 길이는 몇 cm로 해야 하는지 구해 보세요.

( )

11 계산해 보세요.

(1) $24 \div 5$

(2) $3 \div 4$

12 한 봉지에 귤이 5개씩 들어 있습니다. 4봉지에 들어 있는 귤의 무게가 6 kg일 때 귤 한 개의 무게는 몇 kg인지 구해 보세요. (단, 귤의 무게는 모두 같습니다.)

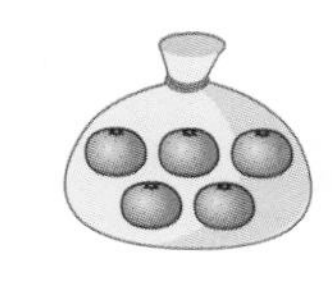

( )

13 어림셈하여 몫의 소수점 위치가 올바른 식을 찾아 ○표 하세요.

$22.4 \div 7 = 320$	( )
$22.4 \div 7 = 32$	( )
$22.4 \div 7 = 3.2$	( )
$22.4 \div 7 = 0.32$	( )

유형 1 □ 안에 들어갈 수 있는 수 구하기

01 1부터 9까지의 자연수 중에서 □ 안에 들어갈 수 있는 수는 모두 몇 개인지 구해 보세요.

$4.28 \div 2 > 2.1\square$

(   )

비법
소수의 나눗셈을 하고 각 자리 숫자를 비교합니다.

02 1부터 9까지의 자연수 중에서 □ 안에 들어갈 수 있는 가장 큰 수는 얼마인지 구해 보세요.

$24.4 \div 5 > 4.\square 8$

(   )

03 □ 안에 공통으로 들어갈 수 있는 자연수를 모두 구해 보세요.

$36.3 \div 3 < 12.\square$
$1.\square 8 < 7.52 \div 4$

(   )

유형 2 ▲에 알맞은 수 구하기

04 ▲에 알맞은 수를 구해 보세요.

●×8=8.64, ●÷2=▲

(   )

비법
●를 먼저 구하고 ▲를 구합니다.

05 ▲에 알맞은 수를 구해 보세요.

●×5=16, ●÷4=▲

(   )

06 ▲에 알맞은 수를 구해 보세요.

●×4=29.4, ●÷7=▲

(   )

유형 3 수 카드로 나눗셈식 만들기

07 수 카드 [2], [3], [5]를 모두 한 번씩 □ 안에 넣어 몫이 가장 작은 나눗셈을 만들고, 나눗셈의 몫을 구해 보세요.

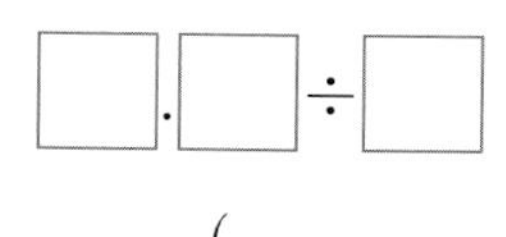

( )

비법
몫이 가장 작은 나눗셈식을 만들려면 나누어지는 수를 가장 작게, 나누는 수를 가장 크게 합니다.

08 수 카드 [7], [5], [6]을 모두 한 번씩 □ 안에 넣어 몫이 가장 큰 나눗셈을 만들고, 나눗셈의 몫을 구해 보세요.

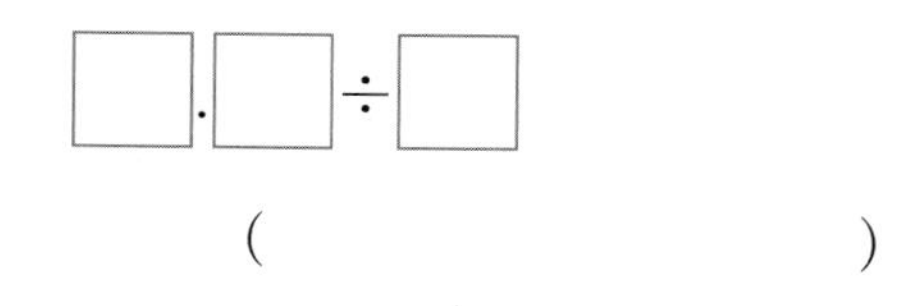

( )

09 수 카드 [8], [3], [2] 중 2장을 골라 한 번씩 □ 안에 넣어 몫이 가장 작은 나눗셈을 만들고, 나눗셈의 몫을 구해 보세요.

( )

유형 4 한 변의 길이 구하기

10 모든 모서리의 길이가 같은 삼각뿔이 있습니다. 모든 모서리의 길이의 합이 6.3 m일 때 한 모서리의 길이는 몇 m인지 구해 보세요.

( )

비법
(한 모서리의 길이)=(모든 모서리의 길이의 합)÷(모서리의 수)

11 모든 모서리의 길이가 같은 사각뿔이 있습니다. 모든 모서리의 길이의 합이 5.68 m일 때 한 모서리의 길이는 몇 m인지 구해 보세요.

( )

12 모든 모서리의 길이가 같은 오각기둥이 있습니다. 모든 모서리의 길이의 합이 58.5 cm일 때 한 모서리의 길이는 몇 cm인지 구해 보세요.

( )

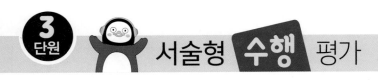

01 $366 \div 3 = 122$를 이용하여 $36.6 \div 3$을 계산하는 방법을 쓰고 답을 구해 보세요.

계산 방법

답

02 둘레가 48.4 cm인 정사각형의 한 변의 길이는 몇 cm인지 풀이 과정을 쓰고 답을 구해 보세요.

풀이

답

03 5.75 kg인 밀가루를 5명에게 똑같이 나누어 주었습니다. 한 명에게 준 밀가루는 몇 kg인지 풀이 과정을 쓰고 답을 구해 보세요.

풀이

답

04 똑같은 농구공 8개가 들어 있는 상자의 무게를 재어 보니 4.55 kg이었습니다. 빈 상자의 무게가 0.95 kg일 때 농구공 한 개의 무게는 몇 kg인지 풀이 과정을 쓰고 답을 구해 보세요.

풀이

답

05 수 카드 3, 2, 4, 6 중 3장을 골라 한 번씩 사용하여 가장 작은 소수 두 자리 수를 만들고, 이 수를 남은 수 카드의 수로 나누었을 때 몫은 얼마인지 풀이 과정을 쓰고 답을 구해 보세요.

풀이

답

06 은우의 계산을 보고 은우가 어떤 실수를 했는지 써 보고, 바르게 계산해 보세요.

은우: 똑같은 책 3권의 무게는 3.6 kg이에요. $36 \div 3 = 12$이므로 $3.6 \div 3 = 0.12$예요. 그러므로 책 1권의 무게는 0.12 kg이에요.

은우가 한 실수

바르게 고치기

07 일주일에 10.5분씩 늦어지는 시계가 있습니다. 이 시계는 하루에 몇 분 몇 초씩 늦어지는지 풀이 과정을 쓰고 답을 구해 보세요.

풀이

답

08 어떤 수를 5로 나누어야 할 것을 잘못하여 5를 곱했더니 93.5가 되었습니다. 바르게 계산하면 얼마인지 풀이 과정을 쓰고 답을 구해 보세요.

풀이

답

09 리본 32.4 cm를 똑같이 8도막으로 자르려고 합니다. 한 도막의 길이는 몇 cm가 되는지 풀이 과정을 쓰고 답을 구해 보세요.

32.4 cm

풀이

답

10 다음 직사각형을 넓이가 같은 5개의 직사각형으로 나누었습니다. 나눈 직사각형 한 개의 넓이는 몇 cm^2인지 풀이 과정을 쓰고 답을 구해 보세요.

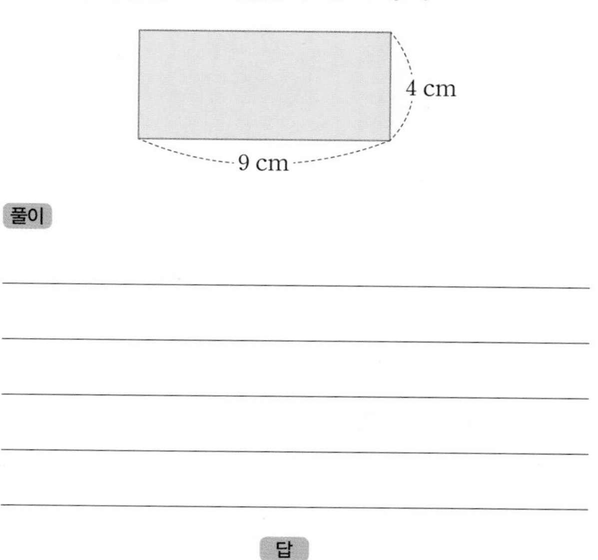

풀이

답

3 단원

01 자연수의 나눗셈을 이용하여 소수의 나눗셈을 계산해 보세요.

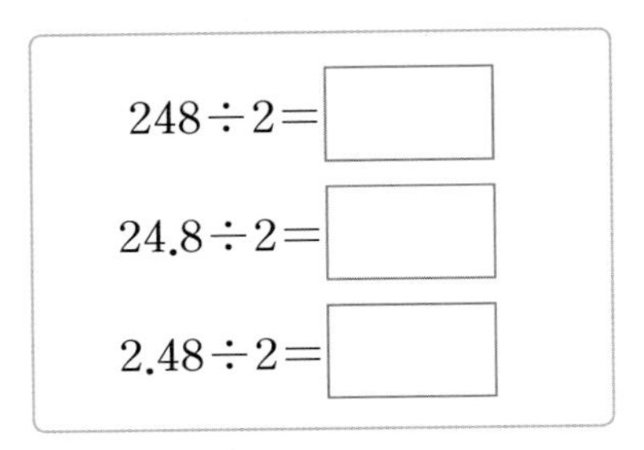

$248 \div 2 = \square$

$24.8 \div 2 = \square$

$2.48 \div 2 = \square$

02 두 나눗셈의 몫의 차를 구해 보세요.

$3.96 \div 3$	$5.55 \div 5$

( )

03 관계있는 것끼리 선으로 이어 보세요.

$12.8 \div 4$ •	• 3.5
$22.2 \div 6$ •	• 3.2
$17.5 \div 5$ •	• 3.7

04 보기 와 같은 방법으로 계산해 보세요.

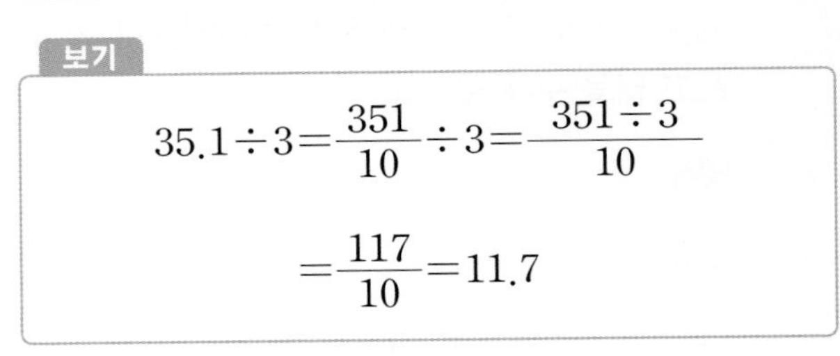

보기

$$35.1 \div 3 = \frac{351}{10} \div 3 = \frac{351 \div 3}{10}$$

$$= \frac{117}{10} = 11.7$$

$42.35 \div 5 =$ ____________

____

05 색 테이프 63.84 cm를 다음과 같이 8등분했습니다. ㉠의 길이는 몇 cm인지 구해 보세요.

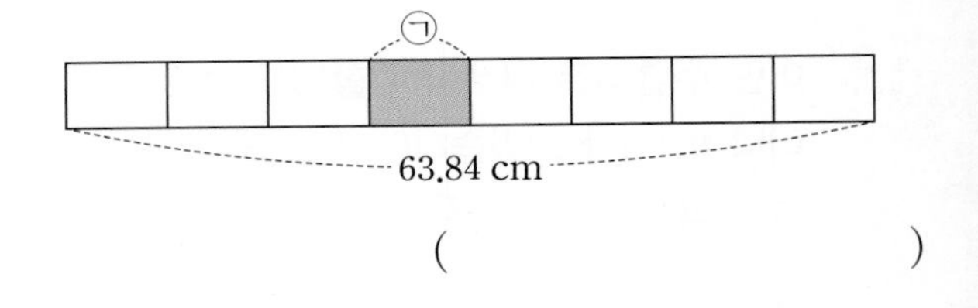

( )

서술형

어떤 소수를 3으로 나누어야 할 것을 잘못하여 3을 곱했더니 34.2가 되었습니다. 바르게 계산하면 얼마인지 풀이 과정을 쓰고 답을 구해 보세요.

풀이

____

____

____

답 ____________

07 계산해 보세요.

(1) $4.05 \div 5$

(2) $6.56 \div 8$

08 계산이 잘못된 곳을 찾아 바르게 계산해 보세요.

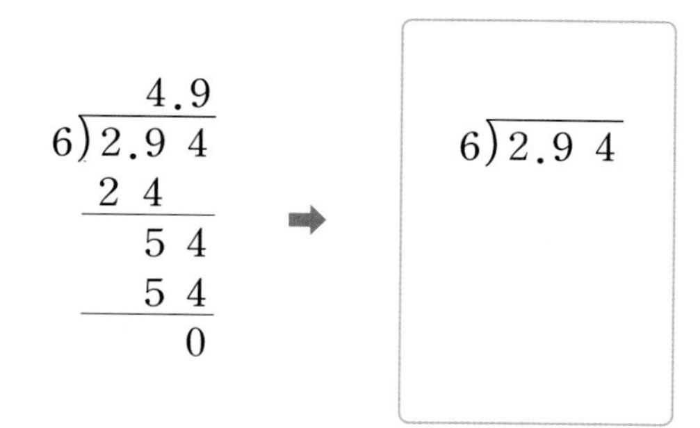

09 우유 1.16 L를 4명이 똑같이 나누어 마셨습니다. 한 명이 마신 우유의 양은 몇 L인지 구해 보세요.

(　　　　　　　　　　)

10 빈칸에 알맞은 수를 써넣으세요.

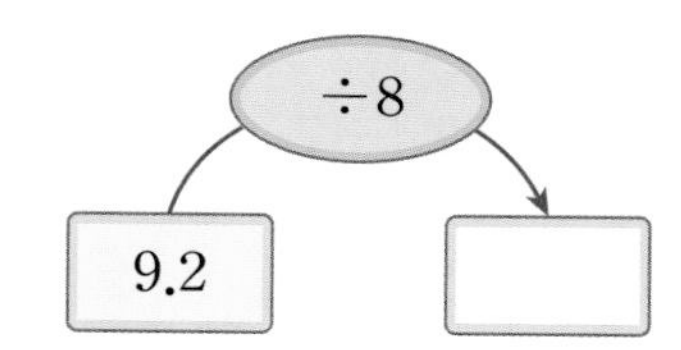

11 리본 7.7 m를 5명이 똑같이 나누어 가지려고 합니다. 한 명이 가질 수 있는 리본은 몇 m인지 구해 보세요.

(　　　　　　　　　　)

12 서술형 무게가 같은 초콜릿이 한 봉지에 6개씩 들어 있습니다. 5봉지의 무게가 4.2 kg일 때 초콜릿 한 개의 무게는 몇 kg인지 풀이 과정을 쓰고 답을 구해 보세요.

(단, 봉지의 무게는 생각하지 않습니다.)

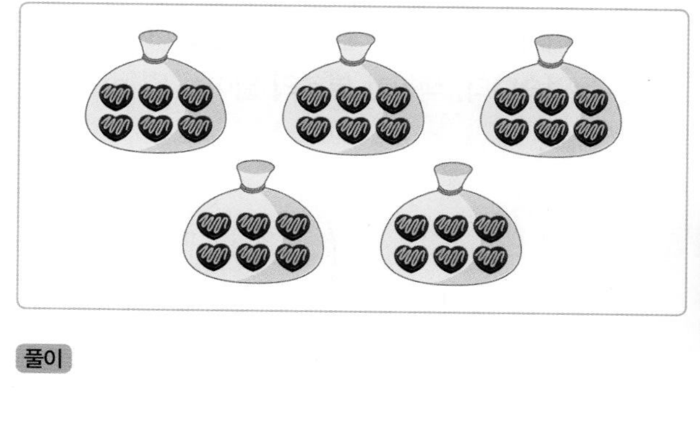

풀이

답

13 계산해 보세요.

$6\overline{)48.3}$

3 단원

정답과 풀이 57쪽

14 계산 결과를 비교하여 ○ 안에 >, =, <를 알맞게 써넣으세요.

6.18÷6 ○ 4.32÷4

15 넓이가 12.2 m^2인 원 모양의 땅을 4칸으로 똑같이 나누었습니다. 색칠한 부분의 넓이는 몇 m^2인지 구해 보세요.

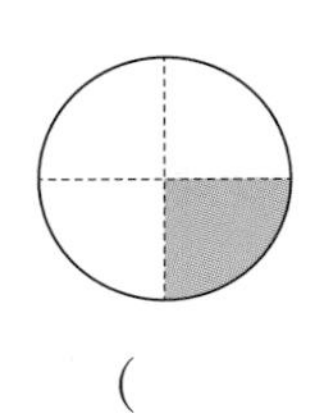

(　　　　　　　　)

16 가로가 5 cm이고 넓이가 14 cm^2인 직사각형입니다. 세로는 몇 cm인지 구해 보세요.

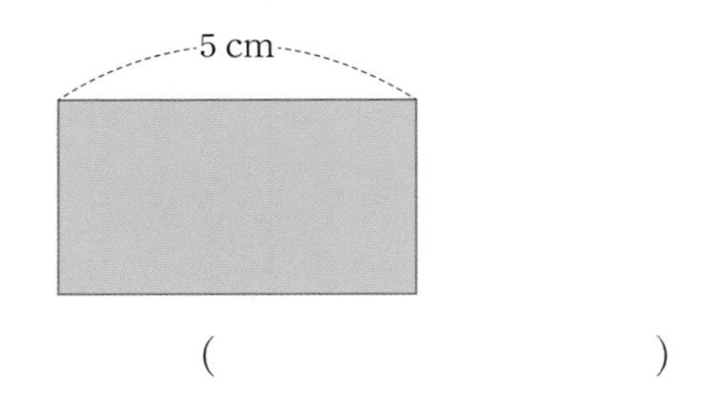

(　　　　　　　　)

17 나눗셈 중에서 가장 큰 몫과 가장 작은 몫의 차를 구해 보세요.

5÷4　　12÷5　　39÷6

(　　　　　　　　)

18 □ 안에 들어갈 수 있는 자연수를 모두 구해 보세요.

42÷8>□

(　　　　　　　　)

19 다음은 진수가 32.4÷4를 잘못 계산한 것입니다. 계산이 잘못된 곳을 찾아 바르게 계산해 보세요.

32.4÷4=0.81 ➡

20 몫을 어림하여 몫이 1보다 작은 나눗셈을 찾아 기호를 써 보세요.

㉠ 3.4÷2　　㉡ 5.4÷6
㉢ 22.4÷7　　㉣ 13.8÷4

(　　　　　　　　)

정답과 풀이 58쪽

01 노란 구슬 수와 파란 구슬 수를 두 가지 방법으로 비교하려고 합니다. □ 안에 알맞은 수를 써넣으세요.

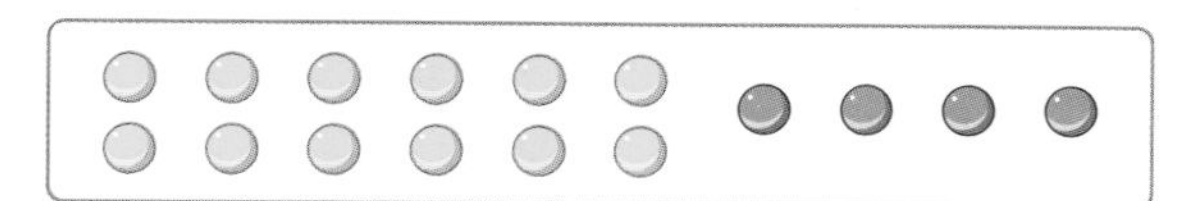

방법 1 뺄셈으로 비교하기

$12-4=$□, 노란 구슬은 파란 구슬보다 □개 더 많습니다.

방법 2 나눗셈으로 비교하기

$12\div4=$□, 노란 구슬 수는 파란 구슬 수의 □배입니다.

02 직사각형 모양 액자의 가로와 세로를 두 가지 방법으로 비교해 보세요.

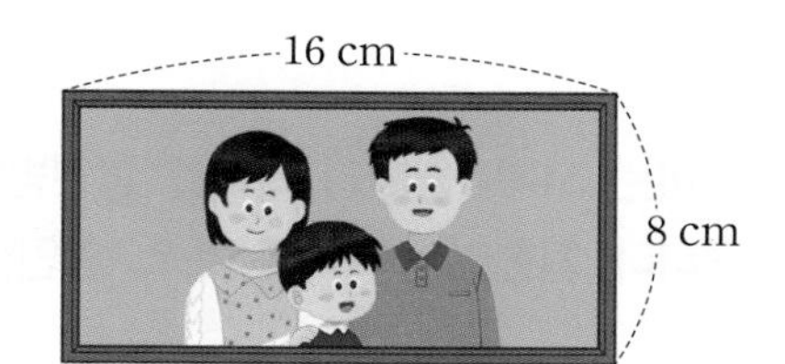

(1) 뺄셈으로 비교해 보세요.

( )

(2) 나눗셈으로 비교해 보세요.

( )

03 그림을 보고 □ 안에 알맞은 수를 써넣으세요.

(1) 책상 수와 의자 수의 비 ➡ □ : □

(2) 의자 수와 책상 수의 비 ➡ □ : □

04 비 6 : 5를 잘못 읽은 것을 찾아 기호를 쓰고, 바르게 써 보세요.

㉠ 6 대 5
㉡ 6과 5의 비
㉢ 6에 대한 5의 비
㉣ 6의 5에 대한 비

기호 ( )

바르게 쓰기 ( )

05 전체에 대한 색칠한 부분의 비가 7 : 8이 되도록 색칠해 보세요.

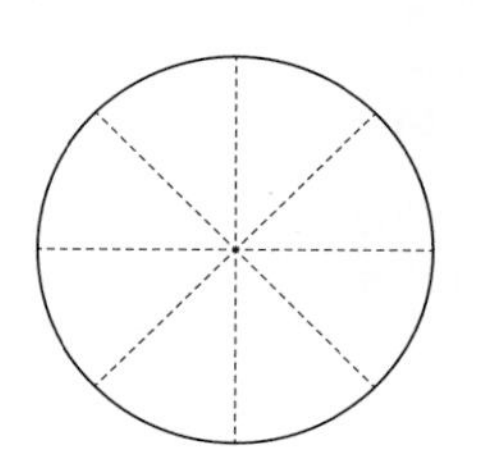

06 비교하는 양과 기준량을 찾아 쓰고 비율을 구해 보세요.

비	비교하는 양	기준량	비율
12 : 15			
11에 대한 3의 비			

07 두 직사각형의 가로에 대한 세로의 비율을 비교해 보세요.

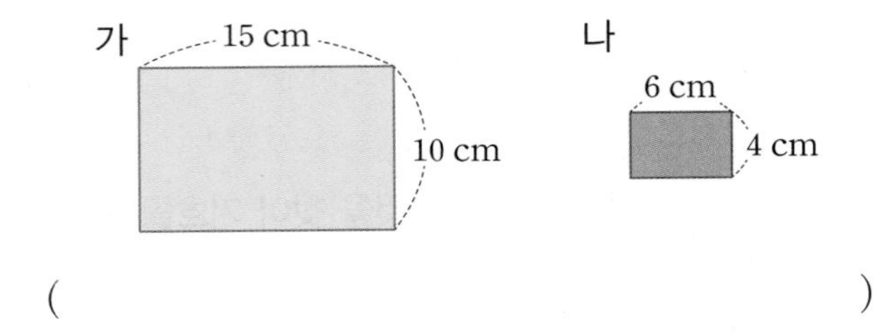

(　　　　　　　　)

08 자전거로 2400 m를 가는 데 15분이 걸렸습니다. 이 자전거로 2400 m를 가는 데 걸린 시간에 대한 간 거리의 비율을 구해 보세요.

(　　　　　　　　)

09 빈칸에 두 마을의 넓이에 대한 인구의 비율을 써넣고, 두 마을 중 인구가 더 밀집한 곳은 어디인지 구해 보세요.

마을	행복 마을	보람 마을
인구(명)	4000	4200
넓이(km^2)	5	6
넓이에 대한 인구의 비율		

(　　　　　　　　)

10 그림을 보고 전체에 대한 색칠한 부분의 비율을 백분율로 나타내어 보세요.

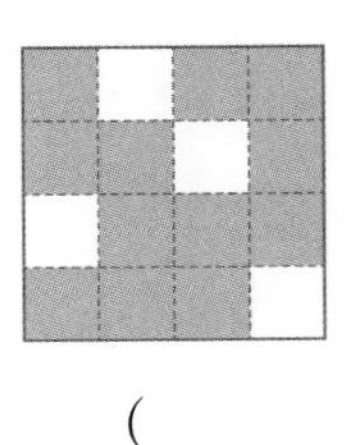

(　　　　　　　　)

11 빈칸에 알맞게 써넣으세요.

분수	소수	백분율
		25 %
	0.07	
$\frac{3}{10}$		

12 어느 육상 대회에 300명의 선수가 참가하였습니다. 이 중에서 21명의 선수가 본선에 나갈 수 있다면 전체 선수 수에 대한 본선에 나갈 수 있는 선수 수의 비율을 백분율로 나타내어 보세요.

(　　　　　　　　)

13 지현이는 5000원짜리 과자를 할인받아 3500원에 샀습니다. 지현이는 과자를 몇 % 할인받았나요?

(　　　　　　　　)

정답과 풀이 59쪽

유형 1 비율의 크기 비교하기

01 두 비율의 크기를 비교하여 ○ 안에 >, =, <를 알맞게 써넣으세요.

0.3 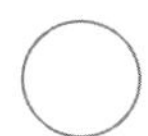 36 %

비법
모두 백분율로 나타내거나 소수로 나타내어 비교해 봅니다.

02 더 큰 비율을 가지고 있는 사람은 누구인지 써 보세요.

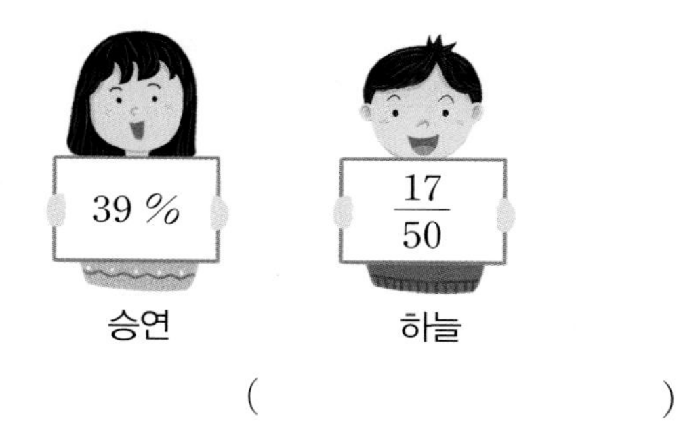

( )

03 비율이 큰 것부터 차례로 기호를 써 보세요.

㉠ $\frac{27}{50}$　㉡ 0.6　㉢ 38 %

( )

유형 2 시간에 대한 거리의 비율 구하기

04 어느 해 발생한 태풍은 가장 빠를 때 205 m를 가는 데 5초가 걸렸다고 합니다. 이 태풍이 205 m를 가는 데 걸린 시간에 대한 간 거리의 비율을 구해 보세요.

( )

비법
걸린 시간에 대한 간 거리의 비율은 $\frac{\text{(간 거리)}}{\text{(걸린 시간)}}$로 구합니다.

05 어느 수영 선수가 400 m를 수영하여 가는 데 225초가 걸렸습니다. 이 수영 선수가 400 m를 수영하여 가는 데 걸린 시간에 대한 간 거리의 비율을 구해 보세요.

( )

06 가 자동차와 나 자동차가 각 거리를 가는 데 걸린 시간을 나타낸 것입니다. 두 자동차의 걸린 시간에 대한 간 거리의 비율을 비교했을 때 어느 자동차가 더 빠른지 구해 보세요.

	거리	시간
가 자동차	120 km	2시간
나 자동차	210 km	3시간

( )

유형 3 할인율 구하기

07 지우는 원래 가격이 8000원인 수학책을 할인받아 6800원에 샀습니다. 수학책의 할인율은 몇 %인지 구해 보세요.

( )

비법
원래 가격에서 구입한 가격을 빼면 할인받은 금액을 구할 수 있습니다.

08 승원이는 원래 가격이 15000원인 장난감을 할인받아 11250원에 샀습니다. 장난감의 할인율은 몇 %인지 구해 보세요.

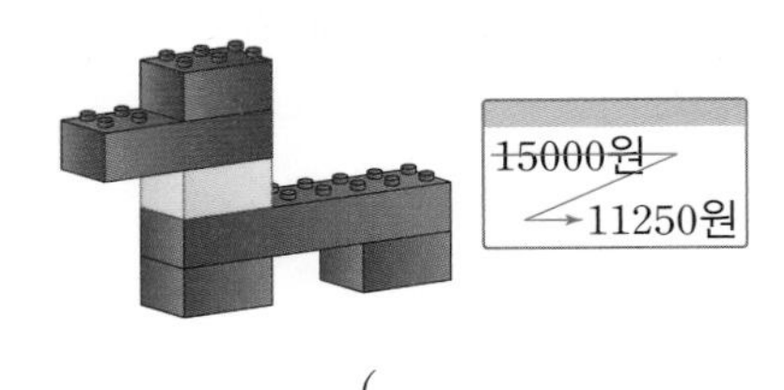

( )

09 마트에서 2000원짜리 막대 과자는 1600원에 판매하고, 1500원짜리 초코 과자는 1230원에 판매하고 있습니다. 막대 과자와 초코 과자 중 어느 과자의 할인율이 더 높은지 구해 보세요.

( )

유형 4 백분율 활용하기

10 어느 농구 선수의 골 성공률이 70 %라고 합니다. 이 선수가 공을 10번 던졌다면 골을 몇 번 성공한 것인지 구해 보세요.

( )

비법
백분율을 비율(분수)로 바꾼 다음 전체의 (비율)$=\frac{(\text{비교하는 양})}{(\text{기준량})}$ 만큼임을 이용하여 구합니다.

11 어느 핸드볼 선수의 골 성공률이 40 %라고 합니다. 이 선수가 공을 50번 던졌다면 공을 몇 번 성공한 것인지 구해 보세요.

( )

12 초코 과자의 초콜릿 함유량은 20 %라고 합니다. 초코 과자 320 g이 있다면 그 안에 들어 있는 초콜릿을 뺀 과자의 무게는 몇 g인지 구해 보세요.

( )

01 축구공이 5개, 야구공이 20개 있습니다. 축구공 수와 야구공 수를 두 가지 방법으로 비교해 보세요.

방법 1 뺄셈으로 비교하기

방법 2 나눗셈으로 비교하기

02 비로 잘못 나타낸 것을 찾아 기호를 쓰려고 합니다. 풀이 과정을 쓰고 답을 구해 보세요.

㉠ 5와 6의 비 ➡ 5 : 6
㉡ 15에 대한 3의 비 ➡ 15 : 3
㉢ 7의 3에 대한 비 ➡ 7 : 3

풀이

답

03 서우는 우유 1 L 중에서 200 mL를 컵에 따라 마시고, 나머지 우유는 초콜릿 시럽 150 mL를 넣어서 초콜릿 우유를 만들었습니다. 초콜릿 우유를 만드는 데 사용한 우유의 양에 대한 초콜릿 시럽의 양의 비는 얼마인지 풀이 과정을 쓰고 답을 구해 보세요.

풀이

답

04 수민이네 학교에서 졸업여행을 갔습니다. 수민이네 모둠과 준우네 모둠 중 어느 모둠이 방을 더 넓다고 느꼈을지 풀이 과정을 쓰고 답을 구해 보세요.

	모둠 인원	방의 정원
수민이네 모둠	4명	6인실
준우네 모둠	5명	8인실

풀이

답

05 세로가 16 cm이고, 넓이가 192 cm^2인 직사각형이 있습니다. 이 직사각형의 가로에 대한 세로의 비율을 구하려고 합니다. 풀이 과정을 쓰고 답을 구해 보세요.

풀이

답

06 세 도시의 넓이에 대한 인구의 비율을 비교하여 세 도시 중 인구가 가장 밀집한 곳은 어디인지 구하려고 합니다. 풀이 과정을 쓰고 답을 구해 보세요.

도시	가	나	다
인구(명)	15000	8000	9600
넓이(km^2)	100	40	60

풀이

답

07 그림과 같은 과수원에 사과나무를 심은 부분을 색칠한 것입니다. 과수원 전체에 대한 사과나무를 심은 부분의 비율을 백분율로 나타내면 몇 %인지 풀이 과정을 쓰고 답을 구해 보세요.

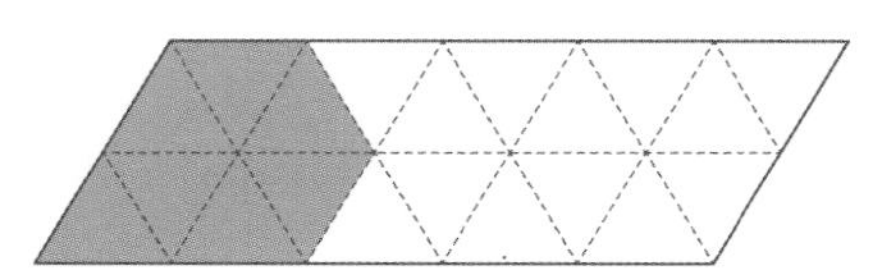

풀이

답

08 어느 제과점에서 단팥빵은 18 % 할인하여 판매하고, 도넛은 원래 가격의 $\frac{4}{5}$에 판매하고 있습니다. 단팥빵과 도넛 중 할인율이 더 높은 것은 무엇인지 풀이 과정을 쓰고 답을 구해 보세요.

풀이

답

09 은영이와 정우가 보드게임을 한 횟수와 승리한 횟수를 나타낸 것입니다. 보드게임의 승률을 백분율로 나타내어 누가 승률이 더 높은지 알아보려고 합니다. 풀이 과정을 쓰고 답을 구해 보세요. (단, 승률은 게임 횟수에 대한 승리한 횟수의 비율입니다.)

	게임 횟수(번)	승리한 횟수(번)
은영	8	2
정우	15	3

풀이

답

10 서현, 민수, 재준이가 농구공 던져 넣기를 했을 때 성공률이 가장 높은 사람은 누구인지 풀이 과정을 쓰고 답을 구해 보세요.

서현: 나의 성공률은 65 %야.
민수: 난 50번 던져서 골대에 33번을 넣었어.
재준: 난 35번 던져서 21번을 성공시켰어.

풀이

답

정답과 풀이 61쪽

[01~02] 한 모둠에 과학 실험 세트를 2개씩 나누어 주었습니다. 한 모둠이 4명일 때 물음에 답하세요.

01 모둠 수에 따른 모둠원 수와 과학 실험 세트 수를 구해 표를 완성해 보세요.

모둠 수	1	2	3	4
모둠원 수(명)	4	8		
과학 실험 세트 수(개)	2	4		

02 모둠 수에 따른 모둠원 수와 과학 실험 세트 수를 나눗셈으로 비교해 보세요.

( )

03 어느 과수원에는 사과나무 120그루와 배나무 75그루가 있습니다. 두 나무의 수를 다음과 같이 비교하여 보세요.

(1) 뺄셈으로 비교해 보세요.
( )

(2) 나눗셈으로 비교해 보세요.
( )

04 비를 보고 □ 안에 알맞은 수를 써넣으세요.

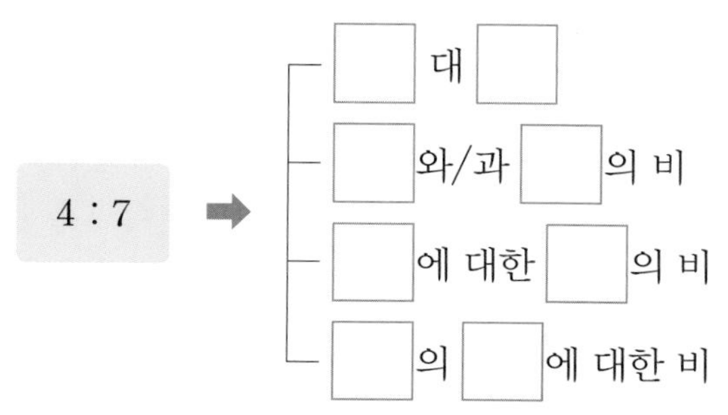

05 평행사변형의 밑변의 길이가 12 cm, 높이가 9 cm일 때, 밑변의 길이와 높이의 비를 써 보세요.

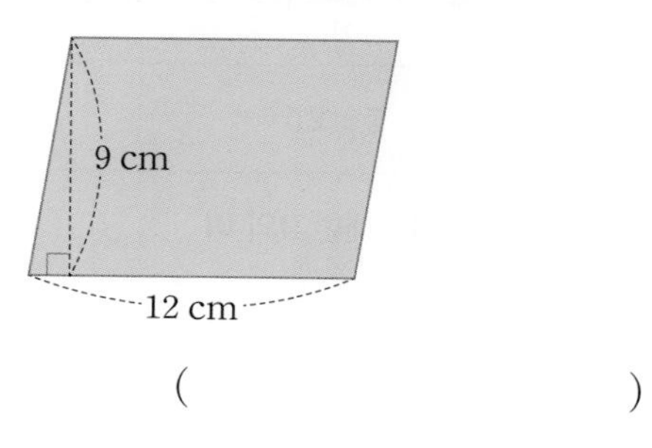

( )

06 학급 문고에 책이 56권 있고, 그중 14권은 과학책입니다. 학급 문고 전체 책 수에 대한 과학책이 아닌 책 수의 비를 써 보세요.

( )

07 □ 안에 알맞은 수나 말을 써넣으세요.

비 17 : 20에서 □은 기준량이고 □은 비교하는 양입니다.
기준량에 대한 비교하는 양의 크기를 □(이)라고 합니다.

비 17 : 20을 비율로 나타내면 $\frac{\square}{\square}$입니다.

단원 평가

08 비율을 구하여 빈칸에 알맞게 써넣으세요.

비	분수	소수
7 : 25		0.28
15에 대한 9의 비		
13과 20의 비	$\frac{13}{20}$	

09 비율이 1보다 큰 것을 모두 찾아 기호를 써 보세요.

㉠ 30 : 15
㉡ 9와 2의 비
㉢ 10에 대한 3의 비
㉣ 4의 5에 대한 비

(　　　　　　　　)

10 도준이는 인라인스케이트를 타고 900 m를 가는 데 80초 걸렸습니다. 걸린 시간에 대한 간 거리의 비율을 소수로 나타내어 보세요.

(　　　　　　　　)

11 지호는 물에 매실 원액 30 mL를 넣어서 매실주스 150 mL를 만들었고, 준서는 물 150 mL에 매실 원액 50 mL를 넣어 매실주스를 만들었습니다. 누가 만든 매실주스가 더 진한지 구해 보세요.

(　　　　　　　　)

12 서술형

직사각형 가와 나의 가로에 대한 세로의 비율이 서로 같습니다. 직사각형 가의 가로가 15 cm, 세로가 12 cm이고 직사각형 나의 가로가 5 cm일 때 직사각형 나의 넓이는 몇 cm^2인지 풀이 과정을 쓰고 답을 구해 보세요.

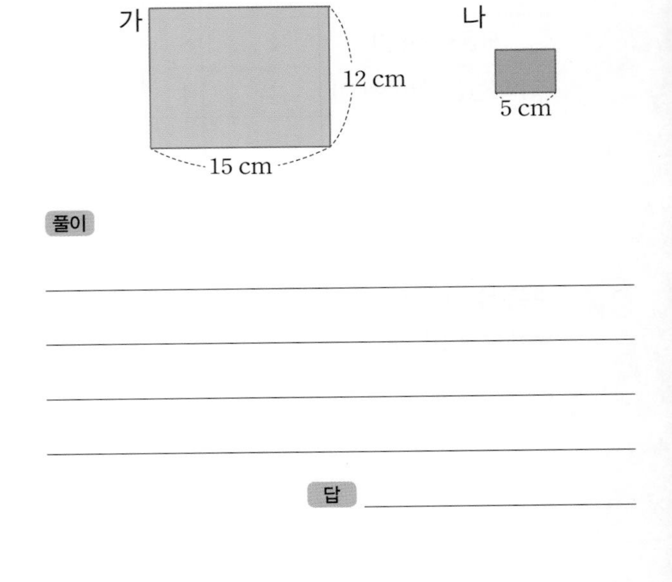

풀이

답

13 다음 설명이 맞으면 ○표, 틀리면 ×표 하세요.

(1) 4 : 9와 9에 대한 4의 비는 같습니다.

(　　　　　　　　)

(2) 비율 $\frac{3}{5}$을 소수로 나타내면 0.6이고 이것을 백분율로 나타내면 6 %입니다.

(　　　　　　　　)

14 비율을 백분율로 바르게 나타낸 것을 모두 고르세요. ( )

① 4.5 ➡ $45\ \%$

② $\frac{2}{5}$ ➡ $40\ \%$

③ $\frac{7}{10}$ ➡ $7\ \%$

④ 0.85 ➡ $8.5\ \%$

⑤ $\frac{8}{25}$ ➡ $32\ \%$

15 백분율만큼 색칠해 보세요.

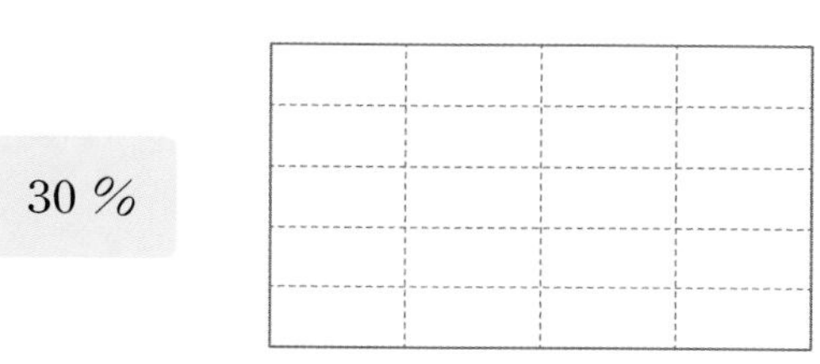

16 비율이 큰 것부터 □ 안에 차례로 1, 2, 3을 써넣으세요.

0.55	$\frac{3}{5}$	$63\ \%$
□	□	□

17 현규는 소금 70 g과 물 330 g을 섞어 소금물을 만들었습니다. 소금물 양에 대한 소금 양의 비율을 백분율로 나타내어 보세요.

( )

18 어느 마트에서 소고기를 원래 가격의 20 % 할인하여 판매한다고 합니다. 주영이가 원래 가격이 35000원인 소고기를 사려고 한다면 돈을 얼마 내야 하는지 구해 보세요.

( )

19 가 은행과 나 은행에서 예금한 금액과 1년 후 찾는 금액을 나타낸 표입니다. 이자율이 더 높은 은행은 어디인지 구해 보세요.

은행	예금액(원)	찾는 금액(원)
가	20000	20500
나	30000	30600

( )

20 서술형 서현이는 전체가 180쪽인 소설책 중 108쪽을 읽었습니다. 전체 쪽수에 대한 남은 쪽수의 비율을 백분율로 나타내면 몇 %인지 풀이 과정을 쓰고 답을 구해 보세요.

풀이

답

[01~03] 어느 해 권역별 쌀 생산량을 나타낸 그림그래프입니다. 물음에 답하세요.

권역별 쌀 생산량

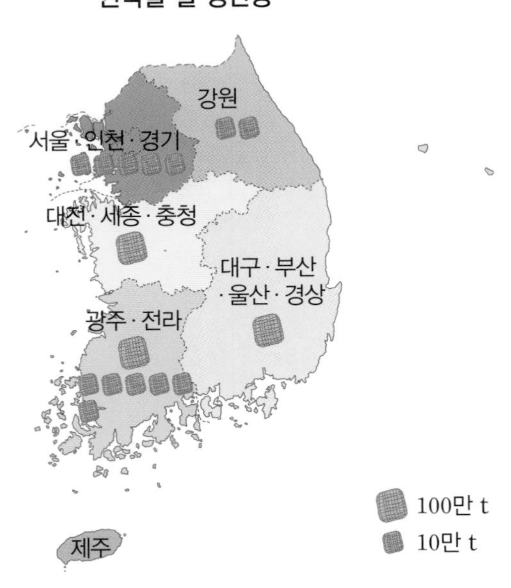

01 서울 · 인천 · 경기 권역의 쌀 생산량은 몇 t인지 구해 보세요.

( )

02 쌀 생산량이 가장 많은 권역과 가장 적은 권역은 각각 어디인지 써 보세요. (단, 제주는 제외합니다.)

가장 많은 권역 ( )
가장 적은 권역 ( )

03 권역별 쌀 생산량을 그림그래프로 나타내면 좋은 점을 써 보세요.

( )

[04~05] 현준이네 반 학생들이 좋아하는 책의 종류를 조사하여 나타낸 띠그래프입니다. 물음에 답하세요.

좋아하는 책의 종류별 학생 수

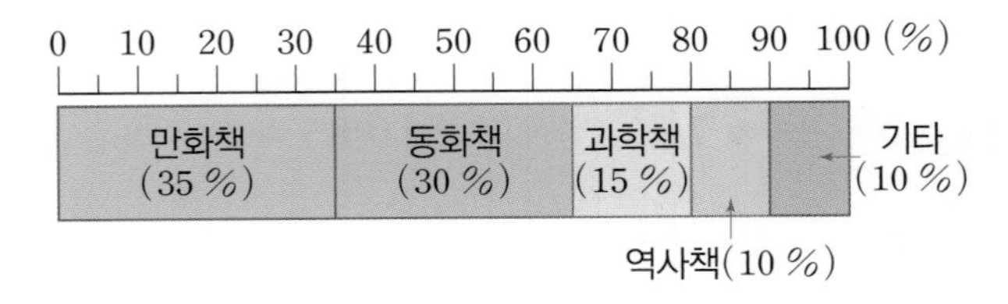

04 역사책을 좋아하는 학생 수는 전체의 몇 %인지 구해 보세요.

( )

05 동화책을 좋아하는 학생 수는 과학책을 좋아하는 학생 수의 몇 배인지 구해 보세요.

( )

[06~07] 준서네 학교 학생들이 좋아하는 과목을 조사하여 나타낸 표입니다. 물음에 답하세요.

좋아하는 과목별 학생 수

과목	체육	미술	수학	음악	기타	합계
학생 수(명)	210	180	90	60	60	600
백분율(%)						

06 좋아하는 과목별 학생 수의 백분율을 구하여 표를 완성해 보세요.

07 띠그래프로 나타내어 보세요.

좋아하는 과목별 학생 수

0 10 20 30 40 50 60 70 80 90 100 (%)

[08~09] 진수네 학교 전교 학생 회장 후보자별 득표수를 조사하여 나타낸 원그래프입니다. 물음에 답하세요.

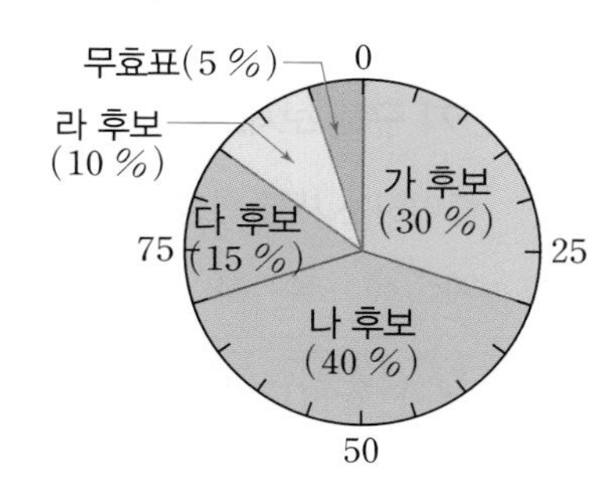

08 가장 많은 표를 받은 후보는 누구이고, 비율은 몇 %인지 구해 보세요.

( ), ( )

09 원그래프를 보고 알 수 있는 내용으로 틀린 것을 찾아 기호를 써 보세요.

> ㉠ 다 후보 또는 라 후보의 득표수는 전체의 25 %입니다.
> ㉡ 비율이 10 % 미만인 후보자는 라 후보입니다.
> ㉢ 가 후보의 득표수는 다 후보의 득표수의 2배입니다.

( )

10 띠그래프 또는 원그래프로 나타내면 더 편리하게 알 수 있는 것에 ○표 해 보세요.

- 교실의 시간별 기온 변화 ( )
- 좋아하는 색깔별 학생 수의 비율 ( )

[11~13] 글을 읽고 물음에 답하세요.

> 윤희네 학교 학생 400명이 좋아하는 꽃을 조사했더니 장미 160명, 튤립 100명, 국화 80명, 해바라기 23명, 백합 20명, 카네이션 17명이었습니다.

11 좋아하는 꽃별 학생 수를 표로 나타낼 때 3가지 꽃은 기타 항목으로 넣으려고 합니다. 기타 항목에 넣을 수 있는 꽃을 모두 써 보세요.

( )

12 표를 완성해 보세요.

좋아하는 꽃별 학생 수

꽃	장미	튤립	국화	기타	합계
학생 수(명)	160				
백분율(%)					

13 12의 표를 보고 원그래프로 나타내어 보세요.

좋아하는 꽃별 학생 수

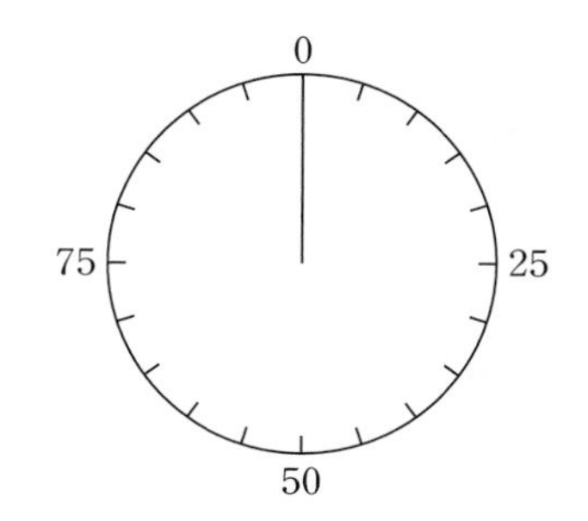

5 단원

유형 1 항목의 수를 구하고 그림그래프로 나타내기

01 선우는 지역별로 키우는 닭의 수를 조사하여 그림그래프로 나타내려고 합니다. 네 지역의 전체 닭이 105만 마리이고, 나 지역의 닭이 다 지역보다 2만 마리 더 많을 때 나 지역의 닭의 수를 구해 보세요.

지역별 닭의 수

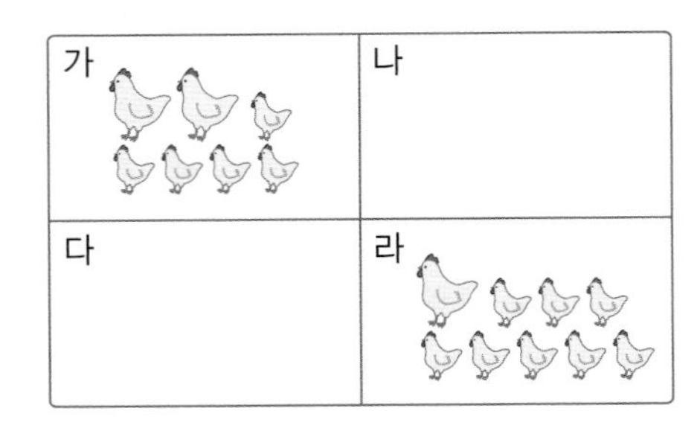

10만 마리
1만 마리

(　　　　　　　　　　)

비법
전체 닭의 수에서 가 지역과 라 지역의 닭의 수를 빼면 나 지역과 다 지역의 닭의 수의 합이 됩니다.

[02~03] 지역별 콩 생산량을 조사하여 나타낸 그림그래프입니다. 네 지역의 전체 생산량이 144만 t이고, 라 지역의 생산량이 나 지역보다 15만 t 더 많을 때 물음에 답하세요.

지역별 콩 생산량

지역	생산량
가	
나	
다	
라	

10만 t
1만 t

02 라 지역의 콩 생산량을 구해 보세요.

(　　　　　　　　　　)

03 그림그래프를 완성해 보세요.

유형 2 항목의 수량 구하기

04 규리네 학교 6학년 학생 200명이 좋아하는 새를 조사하여 나타낸 띠그래프입니다. 앵무새를 좋아하는 학생은 몇 명인지 구해 보세요.

좋아하는 새별 학생 수

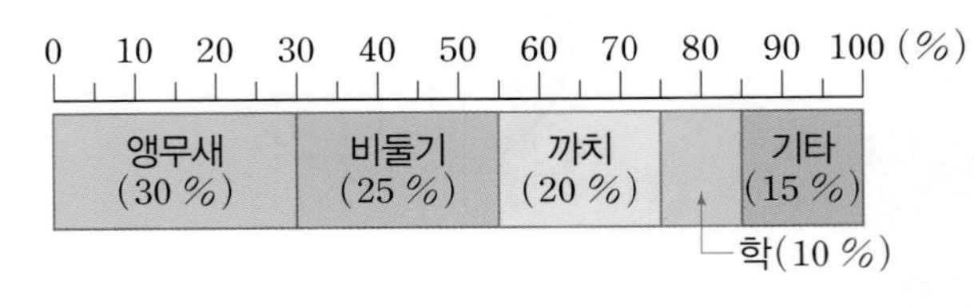

(　　　　　　　　　　)

비법
각 항목의 수량은 (전체 학생 수)×(비율)로 구할 수 있습니다.

05 민지네 학교 학생 400명이 좋아하는 색깔을 조사하여 나타낸 띠그래프입니다. 빨간색을 좋아하는 학생은 몇 명인지 구해 보세요.

좋아하는 색깔별 학생 수

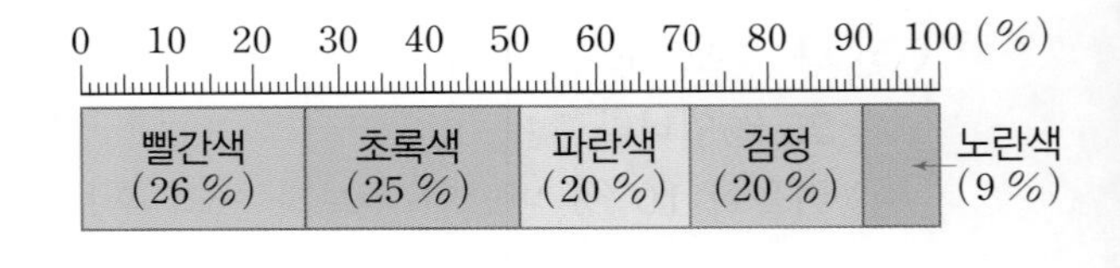

(　　　　　　　　　　)

06 오른쪽은 은수네 학교 6학년 학생 300명의 혈액형을 조사하여 나타낸 원그래프입니다. AB형인 학생은 몇 명인지 구해 보세요.

혈액형별 학생 수

0, 25, 50, 75
AB형
A형 (34 %)
O형 (25 %)
B형 (29 %)

(　　　　　　　　　　)

유형 3 항목의 수나 비율을 통해 전체 수량 구하기

07 경수네 학교 학생들이 좋아하는 중국 음식을 조사하여 나타낸 띠그래프입니다. 볶음밥을 좋아하는 학생이 50명일 때 조사한 학생은 모두 몇 명인지 구해 보세요.

좋아하는 중국 음식별 학생 수

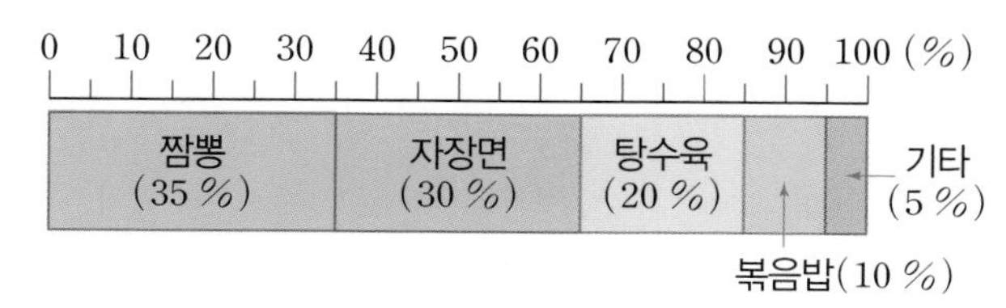

(　　　　　　　　)

비법
조사한 학생 수는 볶음밥을 좋아하는 학생 수의 몇 배인지 알아봅니다.

08 오른쪽은 지우네 학교 학생들이 좋아하는 후식을 조사하여 나타낸 원그래프입니다. 주스를 좋아하는 학생이 60명이라면 조사한 학생은 모두 몇 명인지 구해 보세요.

좋아하는 후식별 학생 수

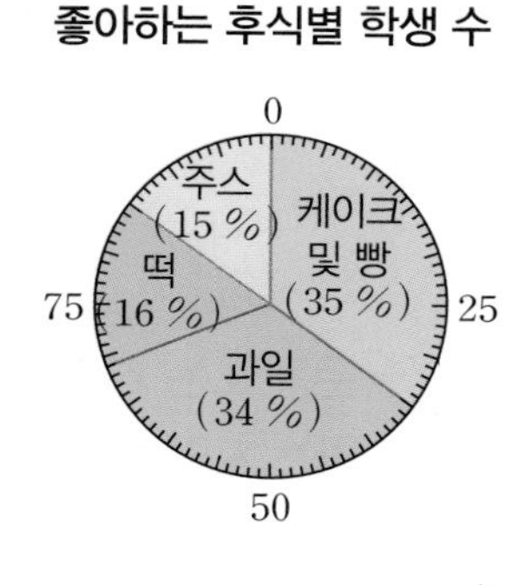

(　　　　　　　　)

09 경진이네 아파트에서 일주일 동안 발생한 재활용품의 종류별 무게를 조사하여 나타낸 띠그래프입니다. 고철이 297 kg이라면 일주일 동안 발생한 재활용품 전체 무게는 몇 kg인지 구해 보세요.

재활용품 종류별 무게

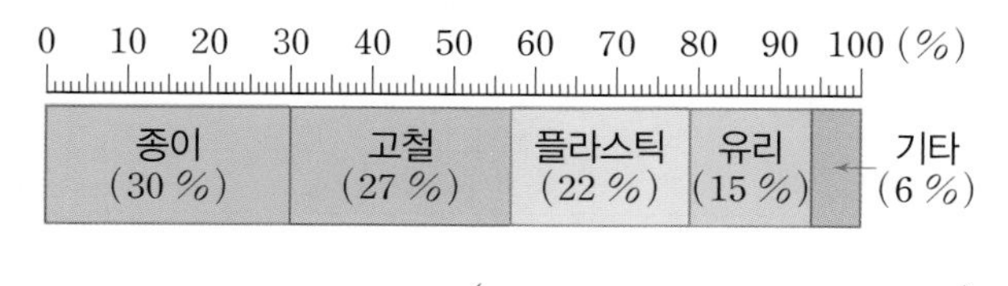

(　　　　　　　　)

유형 4 두 그래프를 비교하여 항목의 차 구하기

10 어느 마을에서 2020년과 2022년의 가축별 마릿수를 조사하여 나타낸 띠그래프입니다. 두 해의 가축이 각각 300마리로 같을 때 돼지 수의 차는 몇 마리인지 구해 보세요.

가축별 마릿수

2020년	양 (41 %)	돼지 (38 %)	소 (21 %)
2022년	양 (27 %)	돼지 (47 %)	소 (26 %)

(　　　　　　　　)

비법
(전체 가축 수)×(비율)을 이용하여 돼지 수를 구할 수 있습니다.

[11~12] 어느 지역의 두 마트의 사탕 판매량을 조사하여 나타낸 원그래프입니다. 두 마트의 전체 사탕 판매량이 똑같고 가 마트의 딸기 맛 사탕 판매량이 140개일 때, 물음에 답하세요.

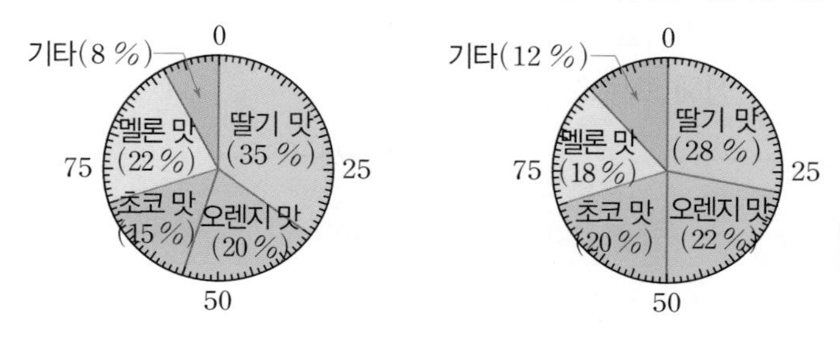

11 나 마트의 딸기 맛 사탕 판매량은 몇 개인지 구해 보세요.

(　　　　　　　　)

12 가 마트와 나 마트의 초코 맛 사탕 판매량의 차는 몇 개인지 구해 보세요.

(　　　　　　　　)

5 단원

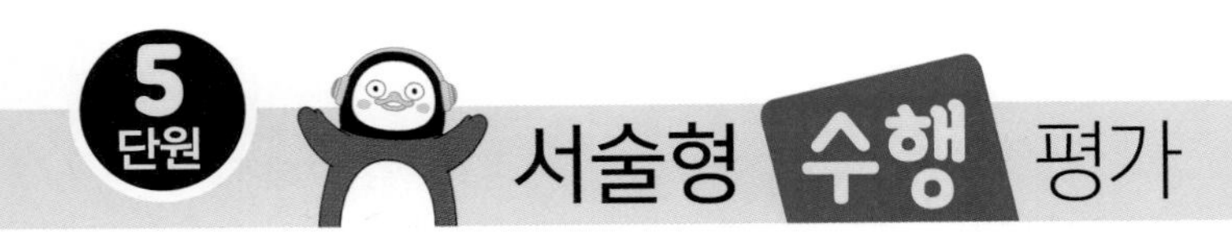

01 권역별 고인돌 수를 어림하여 나타낸 그림그래프입니다. 광주 · 전라 권역과 대구 · 부산 · 울산 · 경상 권역의 고인돌 수의 차는 몇 기인지 풀이 과정을 쓰고 답을 구해 보세요.

권역별 고인돌 수

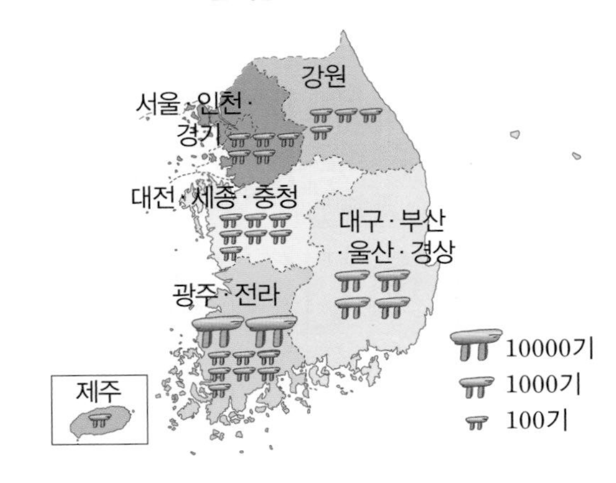

풀이

답

02 마을별 학생 수를 조사하여 나타낸 표입니다. 학생 수를 반올림하여 십의 자리까지 나타내어 그림그래프를 그리려고 합니다. 풀이 과정을 쓰고 그림그래프를 완성해 보세요.

마을별 학생 수

마을	가	나	다	라
학생 수(명)	429	281	325	144

마을별 학생 수

가 (큰 그림 4개, 작은 그림 3개)	나
다	라

큰 그림 100명, 작은 그림 10명

풀이

03 효주네 마을에 있는 나무 200그루를 조사하여 나타낸 띠그래프입니다. 마을에 두 번째로 많은 나무는 무엇이고, 몇 그루인지 풀이 과정을 쓰고 답을 구해 보세요.

종류별 나무의 수

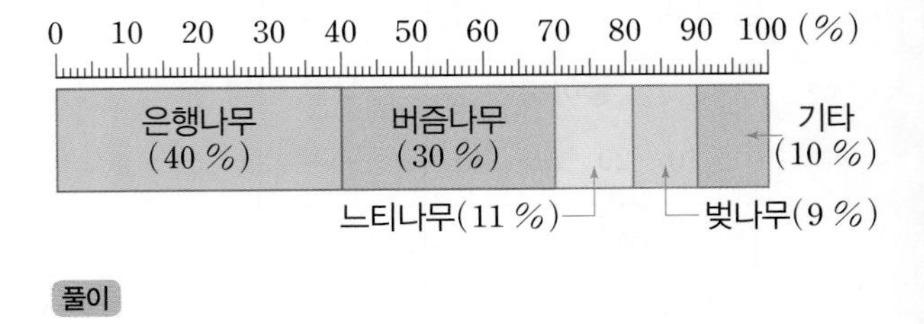

풀이

답 ,

[04~05] 오른쪽은 어느 도시의 시민들을 대상으로 여가 활동별 시민 수를 조사하여 나타낸 원그래프입니다. 물음에 답하세요.

여가 활동별 시민 수

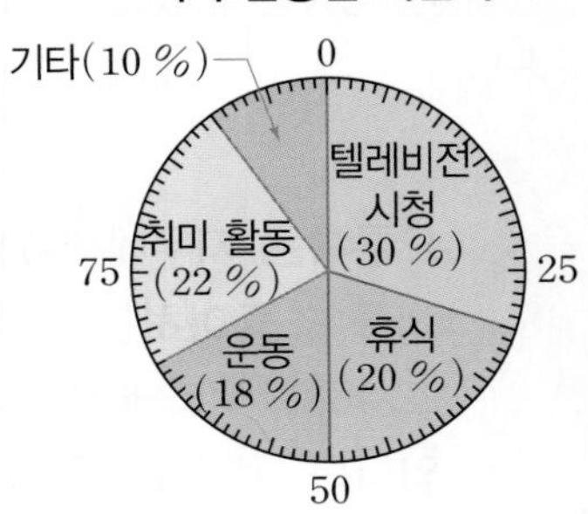

04 운동 또는 취미 활동을 하는 시민 수는 기타 활동을 하는 시민 수의 몇 배인지 풀이 과정을 쓰고 답을 구해 보세요.

풀이

답

05 휴식을 하는 시민 수가 70명이라면 몇 명을 대상으로 조사한 것인지 풀이 과정을 쓰고 답을 구해 보세요.

풀이

답

[06~07] 다음을 읽고 물음에 답하세요.

찬호네 학교 학생들이 좋아하는 과일을 조사하였더니 사과 240명, 배 150명, 귤 120명, 키위 60명, 기타 30명이었습니다.

06 자료를 보고 표로 나타내려고 합니다. 풀이 과정을 쓰고 표를 완성해 보세요.

좋아하는 과일별 학생 수

과일	사과	배	귤	키위	기타	합계
학생 수(명)						
백분율(%)						

풀이

07 06의 표를 보고 띠그래프와 원그래프로 각각 나타내어 보세요.

좋아하는 과일별 학생 수

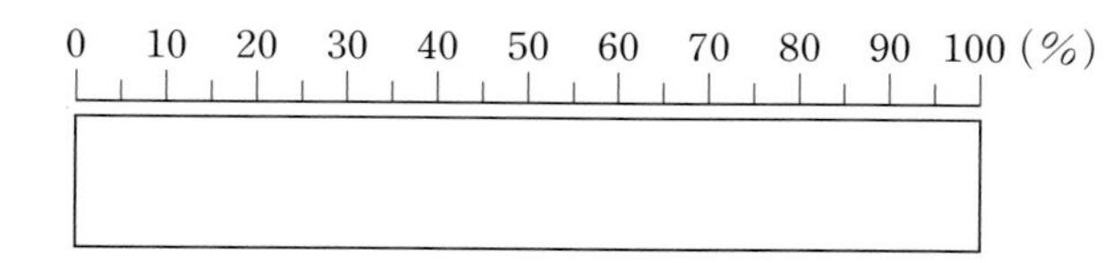

좋아하는 과일별 학생 수

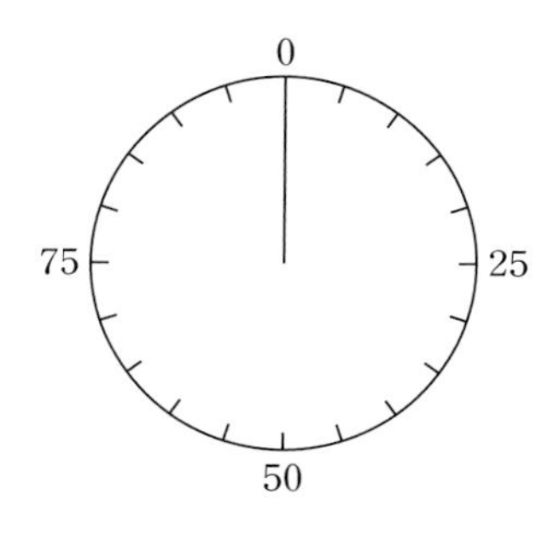

08 띠그래프를 보고 2010년에 비해 2020년에 수출액의 비율이 줄어든 국가를 모두 찾아 쓰려고 합니다. 풀이 과정을 쓰고 답을 구해 보세요.

국가별 수출액

2010년	중국 (22.1 %)	미국 (19.3 %)	일본 (17.1 %)	베트남 (21.6 %)	인도 (19.9 %)
2020년	중국 (24.8 %)	미국 (17.0 %)	일본 (16.7 %)	베트남 (23.3 %)	인도 (18.2 %)

풀이

답

[09~10] 완이네 학교 학생들을 대상으로 체육 선호도를 조사하여 원그래프로 나타내고, 체육을 좋아하는 학생들을 대상으로 좋아하는 운동을 조사하여 띠그래프로 나타냈습니다. 발야구를 좋아하는 학생이 24명일 때 물음에 답하세요.

체육 선호별 학생 수

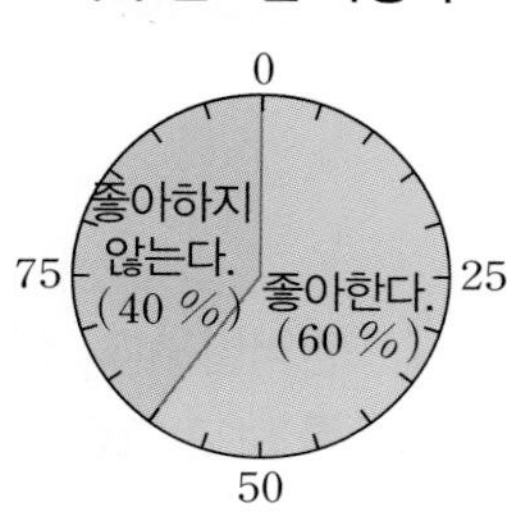

체육을 좋아하는 학생 중 좋아하는 운동별 학생 수

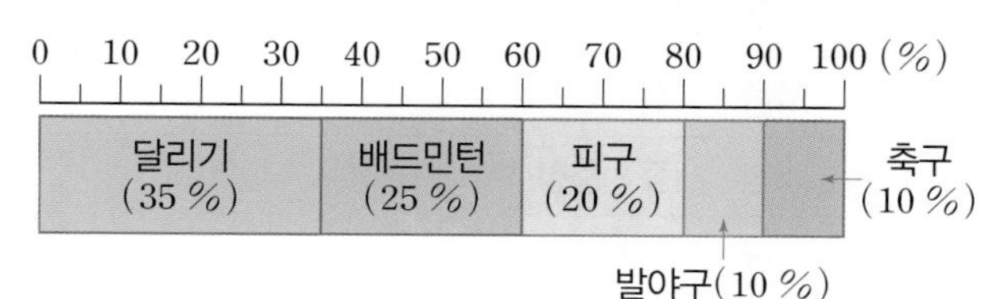

09 조사한 학생은 모두 몇 명인지 풀이 과정을 쓰고 답을 구해 보세요.

풀이

답

10 피구를 좋아하는 학생은 전체의 몇 %인지 풀이 과정을 쓰고 답을 구해 보세요.

풀이

답

5 단원

[01~02] 미진이네 마을의 재활용품별 배출량을 조사하여 나타낸 그림그래프입니다. 물음에 답하세요.

재활용품별 배출량

고철류	병류
종이류	비닐류

1000 kg
100 kg

01 배출량이 많은 재활용품부터 차례로 써 보세요.

( )

02 그림그래프를 보고 더 알 수 있는 내용을 써 보세요.

( )

03 권역별 사과 생산량을 조사하여 나타낸 표입니다. 표를 보고 그림그래프로 나타내어 보세요.

권역별 사과 생산량

권역	사과 생산량(t)
서울 · 인천 · 경기	2000
대전 · 세종 · 충청	92000
광주 · 전라	48000
강원	6000
대구 · 부산 · 울산 · 경상	400000

권역별 사과 생산량

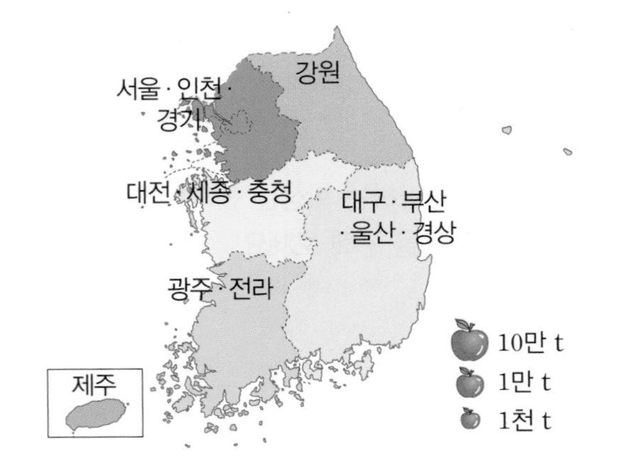

04 그림그래프로 나타내기에 알맞지 않은 것을 찾아 기호를 써 보세요.

> ㉠ 강낭콩의 키의 변화
> ㉡ 마을별 포도 생산량
> ㉢ 권역별 도서관의 수

( )

[05~07] 예원이네 학교 6학년 학생들의 혈액형을 조사하여 나타낸 표와 띠그래프입니다. 물음에 답하세요.

혈액형별 학생 수

혈액형	A형	B형	O형	AB형	합계
학생 수(명)	70	60	48	22	
백분율(%)	35	30	24	11	100

혈액형별 학생 수

0 10 20 30 40 50 60 70 80 90 100 (%)

A형 (35 %)	B형 (30 %)	O형 (24 %)	AB형 (11 %)

05 예원이네 학교 6학년 학생은 모두 몇 명인지 구해 보세요.

( )

06 가장 많은 학생의 혈액형은 무엇인지 구해 보세요.

( )

07 O형 또는 AB형인 학생 수는 전체의 몇 %인지 구해 보세요.

( )

[08~09] 글을 읽고 물음에 답하세요.

나현이가 가지고 있는 구슬의 색깔을 조사했더니 빨강 28개, 초록 24개, 노랑 16개, 파랑 12개였습니다.

08 위의 자료를 보고 표를 완성해 보세요.

색깔별 구슬 수

색깔	빨강	초록	노랑	파랑	합계
구슬 수(개)	28	24			
백분율(%)	35				

09 08의 표를 보고 띠그래프로 나타내어 보세요.

색깔별 구슬 수

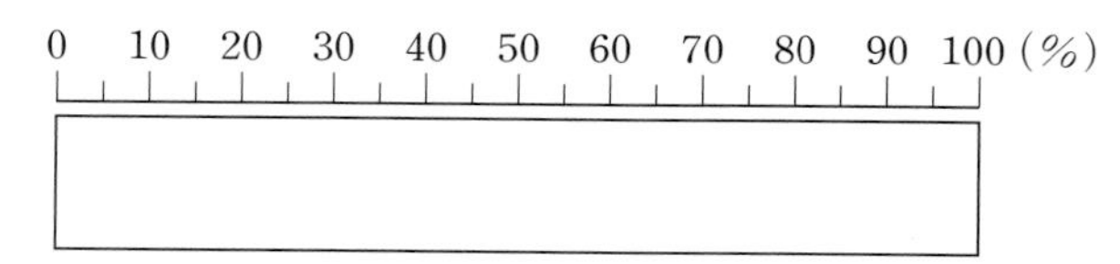

[10~11] 오른쪽은 민서네 학교 학생들이 존경하는 인물을 조사하여 나타낸 원그래프입니다. 물음에 답하세요.

존경하는 인물별 학생 수

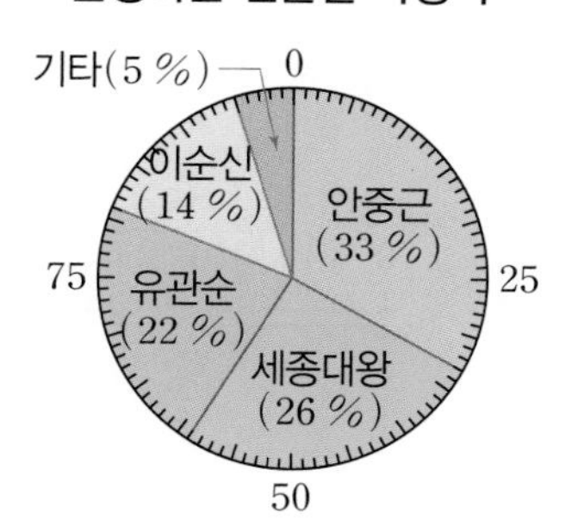

10 가장 많은 학생이 존경하는 인물은 누구인지 써 보세요.

( )

11 안중근을 존경하는 학생 수는 유관순을 존경하는 학생 수의 몇 배인지 구해 보세요.

( )

12 성우네 학교 학생들의 취미 활동을 조사하여 나타낸 표입니다. 취미 활동별 학생 수의 백분율을 구하여 표를 완성하고, 원그래프로 나타내어 보세요.

취미 활동별 학생 수

취미 활동	게임	운동	독서	바둑	기타	합계
학생 수(명)	140	100	80	60	20	400
백분율(%)						

취미 활동별 학생 수

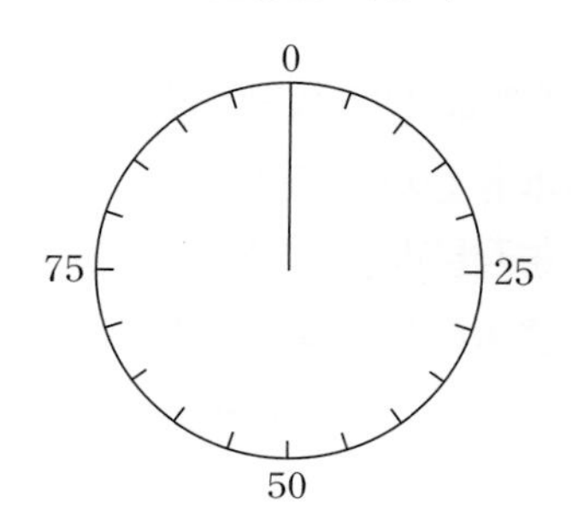

13 12의 원그래프를 보고 알 수 있는 내용을 두 가지 써 보세요.

14 동은이네 학교 학생들의 일주일 동안 운동 시간을 조사하여 나타낸 띠그래프입니다. 일주일에 운동을 2시간 초과하여 하는 학생 수는 전체의 몇 %인지 구해 보세요.

운동 시간별 학생 수

1시간 이하(10 %)	1시간 초과 2시간 이하 (35 %)	2시간 초과 3시간 이하 (28 %)	3시간 초과 (27 %)

( )

5 단원

15 오른쪽은 경호네 학교 학생 회장 선거의 후보자별 득표수를 조사하여 나타낸 원그래프입니다. 경호의 득표수가 120표일 때 수민이의 득표수는 몇 표인지 구해 보세요.

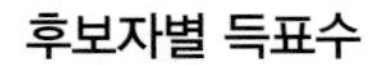

(　　　　　　　　)

16 서술형

성혜네 밭에 심은 농작물별 밭의 넓이를 나타낸 원그래프입니다. 전체 밭의 넓이가 $500\ m^2$일 때, 가장 많이 심은 농작물과 가장 적게 심은 농작물의 밭의 넓이의 차는 몇 m^2인지 풀이 과정을 쓰고 답을 구해 보세요.

농작물별 밭의 넓이

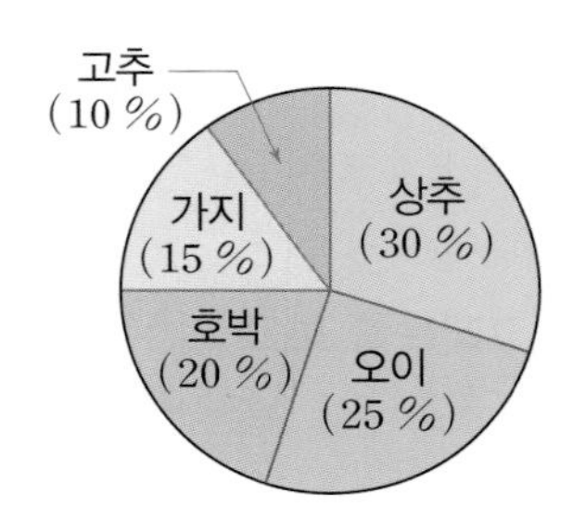

풀이

답

17 다음 중 6학년 학생들이 좋아하는 과목별 학생 수의 비율을 조사하여 그 결과를 나타내기에 알맞은 그래프를 모두 고르세요. (　　　　　)

① 꺾은선그래프　② 그림그래프
③ 막대그래프　④ 띠그래프
⑤ 원그래프

희수네 반 학생들이 여행 가고 싶은 나라를 조사하여 나타낸 띠그래프입니다. 미국에 가고 싶은 학생이 중국보다 5 % 더 많을 때, 미국에 가고 싶은 학생 수는 전체의 몇 %인지 풀이 과정을 쓰고 답을 구해 보세요.

여행 가고 싶은 나라별 학생 수

독일 (30 %)	미국	중국	프랑스 (15 %)	기타 (10 %)

풀이

답

[19~20] 민지네 밭에 심은 종류별 모종 수를 조사하여 나타낸 오른쪽 원그래프를 보고 물음에 답하세요.

종류별 모종 수

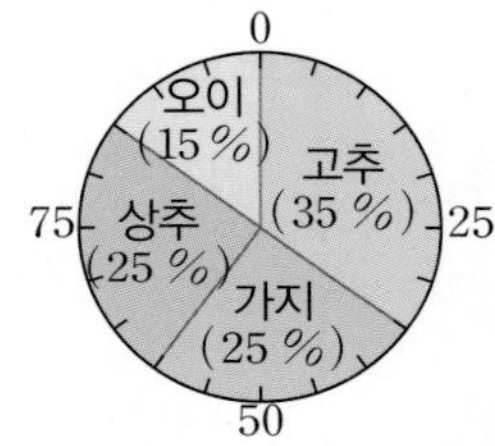

19 원그래프를 보고 띠그래프로 나타내어 보세요.

종류별 모종 수

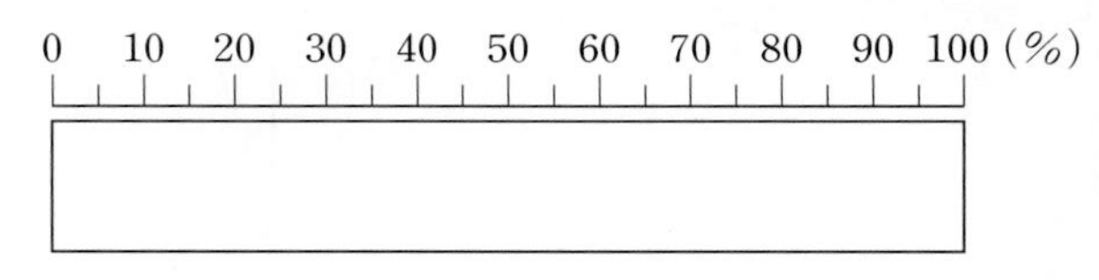

20 민지네 밭에 심은 모종은 모두 800개입니다. 그중 고추 모종을 종류별로 띠그래프로 나타내었습니다. 청양고추 모종은 모두 몇 개인지 구해 보세요.

종류별 고추 모종의 수

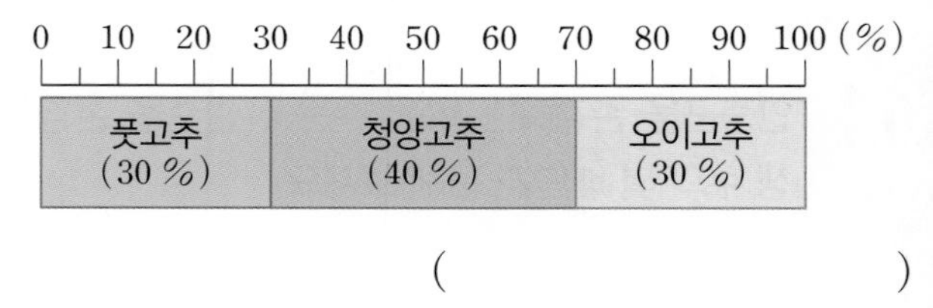

(　　　　　　　　)

정답과 풀이 68쪽

01 두 직육면체의 부피를 비교하려고 합니다. 부피가 더 큰 것의 기호를 써 보세요.

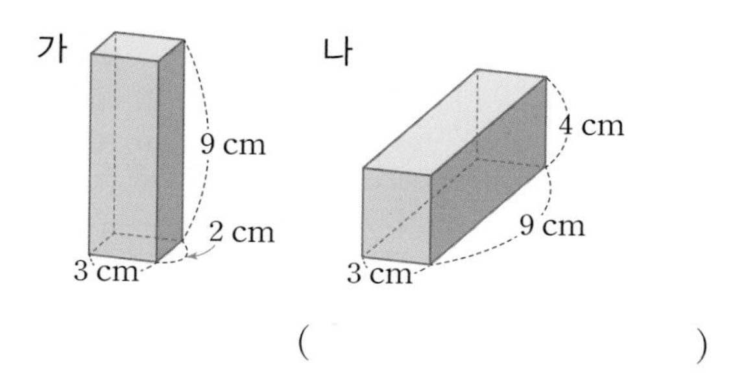

( )

02 직육면체 모양의 포장 상자 가, 나, 다에 크기가 같은 주사위를 담아 부피를 비교하려고 합니다. 포장 상자 가, 나, 다 중에서 부피가 큰 것부터 차례로 기호를 써 보세요.

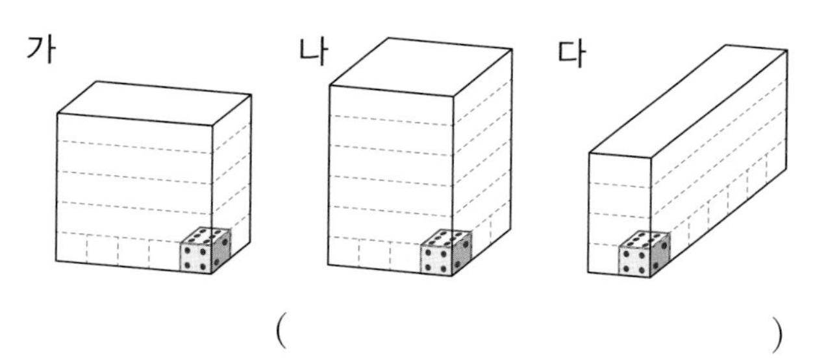

( )

03 부피가 $1\ cm^3$인 쌓기나무로 직육면체를 만들었습니다. 쌓기나무의 수와 직육면체의 부피를 각각 구해 보세요.

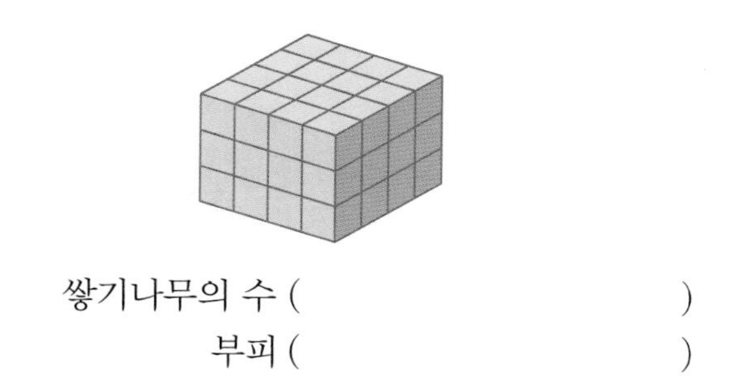

쌓기나무의 수 ( )

부피 ( )

04 직육면체의 부피를 구하는 과정입니다. □ 안에 알맞은 수를 써넣으세요.

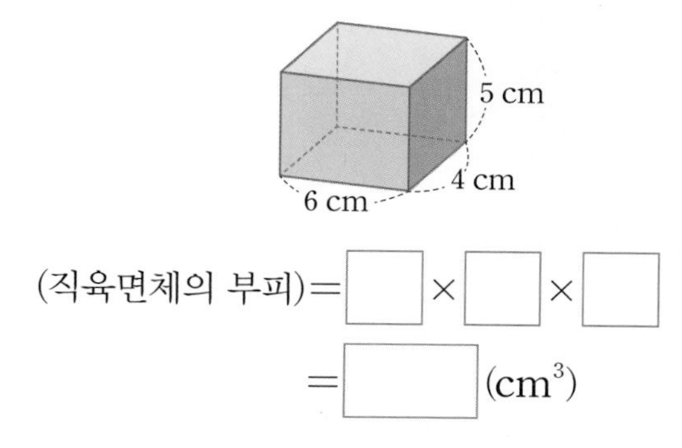

(직육면체의 부피)=□×□×□

=□(cm^3)

05 다음 전개도로 만든 정육면체의 부피는 몇 cm^3인지 구해 보세요.

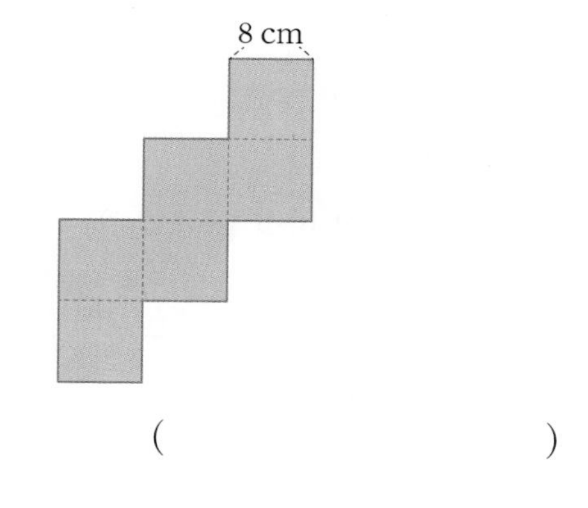

( )

06 가로 20 cm, 세로 8 cm, 높이 5 cm인 직육면체 모양의 상자가 있습니다. 이 상자에 한 모서리의 길이가 1 cm인 정육면체 모양의 나무 도막이 빈틈없이 들어 있다면 상자에 들어 있는 나무 도막은 모두 몇 개인지 구해 보세요.

( )

07 □ 안에 알맞은 수를 써넣으세요.

(1) $10\ m^3$=□ cm^3

(2) $89000000\ cm^3$=□ m^3

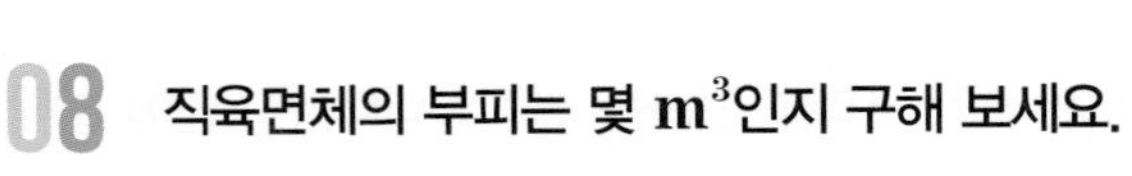

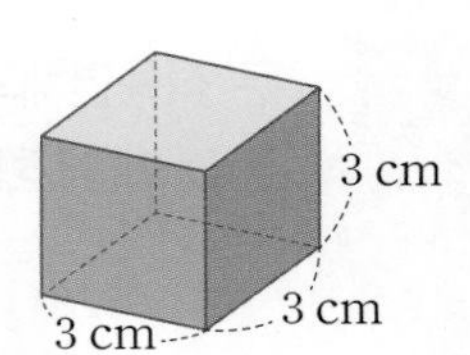

08 직육면체의 부피는 몇 m^3인지 구해 보세요.

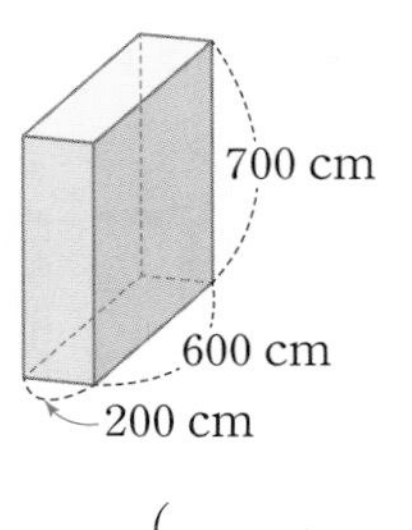

(　　　　　　　　　　)

09 다음 전개도를 이용하여 만들 수 있는 직육면체의 겉넓이를 여러 가지 방법으로 구하려고 합니다. □ 안에 알맞은 수를 써넣으세요.

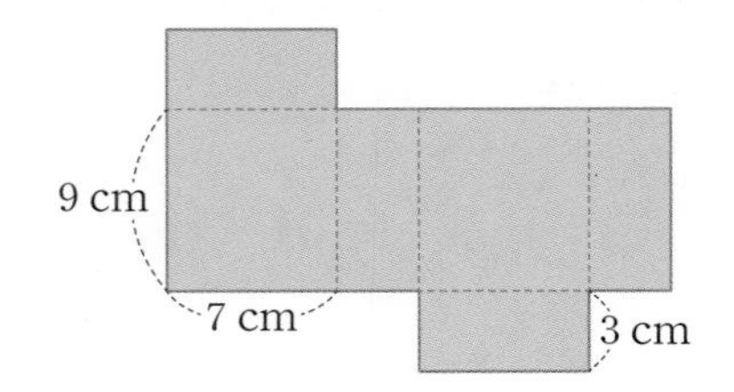

(1) (여섯 면의 넓이의 합)

$=21+63+\square+\square+\square$

$+\square=\square(cm^2)$

(2) (서로 다른 세 면의 넓이의 합)$\times 2$

$=(\square+\square+\square)\times 2$

$=\square(cm^2)$

(3) (한 밑면의 넓이)$\times 2+$(옆면의 넓이)

$=\square\times 2+\square\times 9$

$=\square(cm^2)$

10 가로가 2 cm, 세로가 3 cm, 높이가 4 cm인 직육면체의 겉넓이를 구하려고 합니다. □ 안에 알맞은 수를 써넣으세요.

$(6+\square+\square)\times 2=\square(cm^2)$

11 오른쪽 정육면체의 전개도를 모눈종이에 그리고 겉넓이를 구해 보세요.

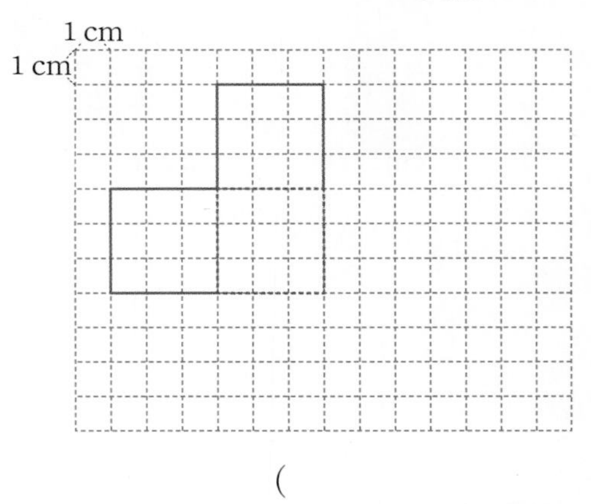

(　　　　　　　　　　)

12 정육면체의 겉넓이가 726 cm^2일 때, 정육면체의 한 모서리의 길이는 몇 cm인가요?

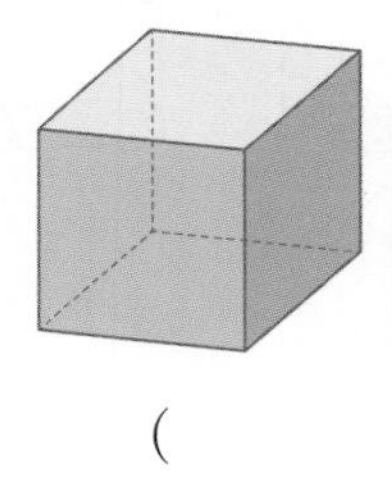

(　　　　　　　　　　)

13 직육면체의 겉넓이가 198 cm^2일 때, □ 안에 알맞은 수를 써넣으세요.

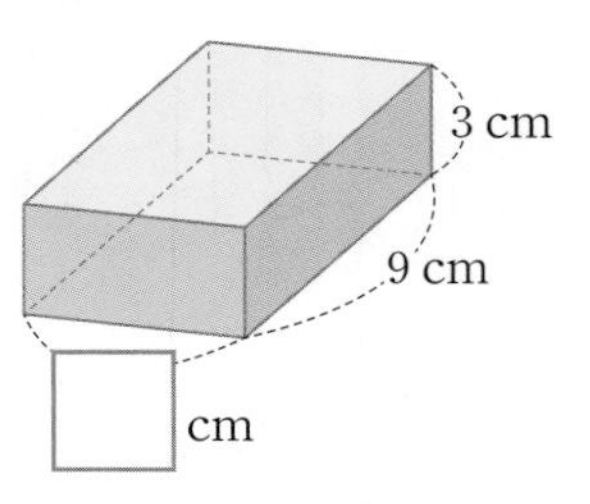

정답과 풀이 69쪽

유형 1 부피를 이용하여 한 모서리의 길이 구하기

01 직육면체의 부피가 168 cm^3일 때 □ 안에 알맞은 수를 써넣으세요.

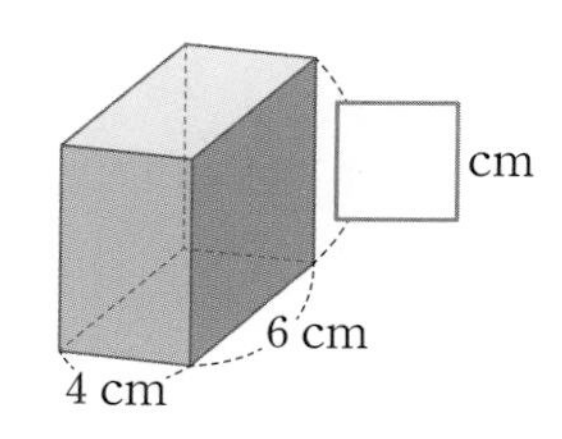

비법
(직육면체의 부피)=(한 밑면의 넓이)×(높이)
➡ (높이)=(부피)÷(한 밑면의 넓이)

02 가로 9 cm, 세로 8 cm인 직육면체의 부피가 576 cm^3일 때 이 직육면체의 높이는 몇 cm인지 구해 보세요.

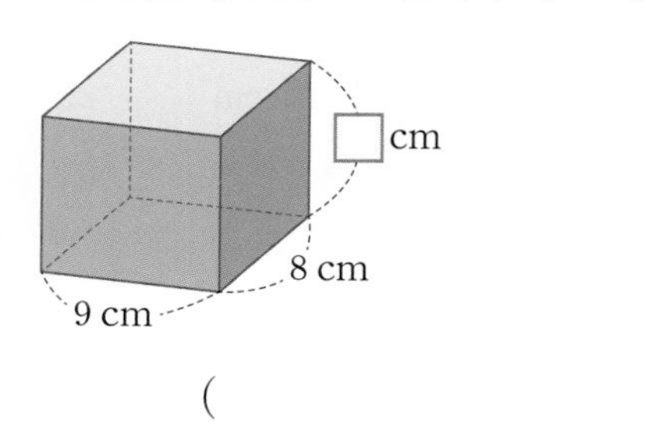

(　　　　　　　　)

03 직육면체의 부피는 0.156 m^3입니다. □ 안에 알맞은 수를 써넣으세요.

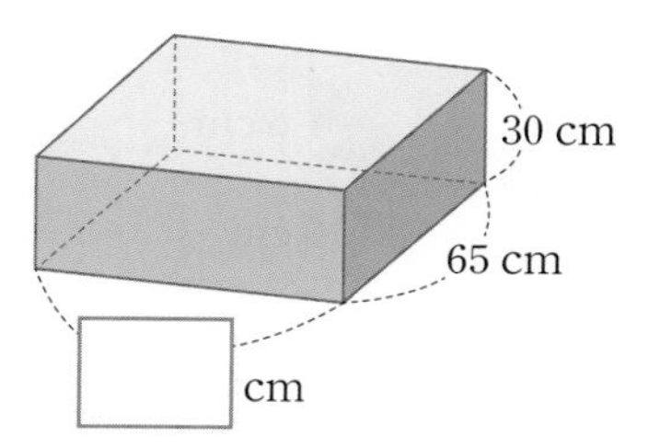

유형 2 입체도형의 부피 구하기

04 직육면체를 잘라 만든 입체도형의 부피는 몇 cm^3인지 구해 보세요.

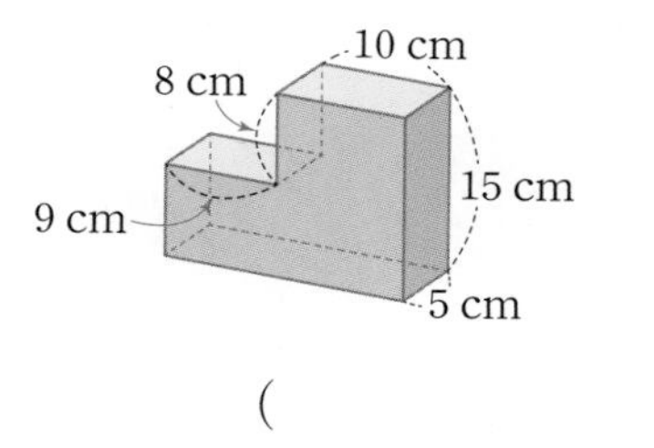

(　　　　　　　　)

비법
① 입체도형을 직육면체 모양 2개로 나누어 부피를 구합니다.
② 전체의 부피에서 빈 부분의 부피를 빼서 구합니다.

05 직육면체를 잘라 만든 입체도형의 부피는 몇 cm^3인지 구해 보세요.

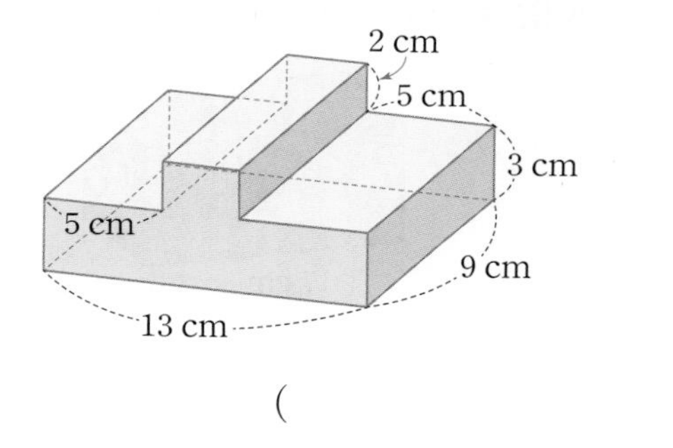

(　　　　　　　　)

06 정육면체를 잘라 만든 입체도형의 부피는 몇 cm^3인지 구해 보세요.

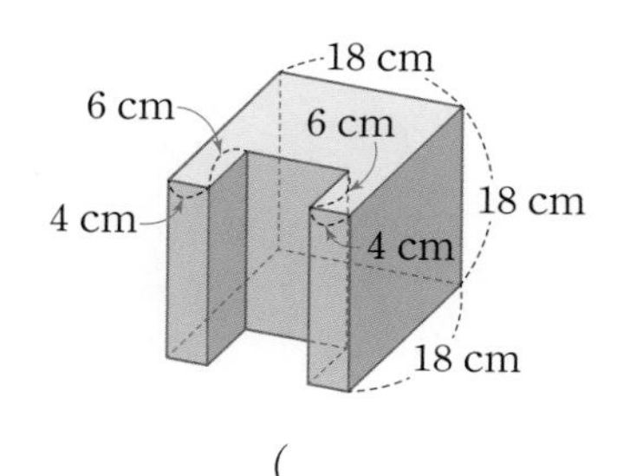

(　　　　　　　　)

유형 3 직육면체로 가장 큰 정육면체 만들기

07 직육면체를 잘라서 가장 큰 정육면체를 1개 만들려고 합니다. 만들 수 있는 정육면체의 겉넓이는 몇 cm^2인가요?

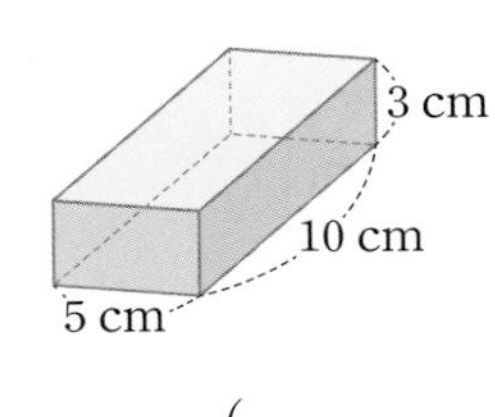

( )

비법
직육면체의 가로, 세로, 높이 중 가장 짧은 모서리의 길이를 정육면체의 한 모서리의 길이로 해서 잘라야 합니다.

08 직육면체를 잘라 만들 수 있는 가장 큰 정육면체의 겉넓이는 몇 cm^2인지 구해 보세요.

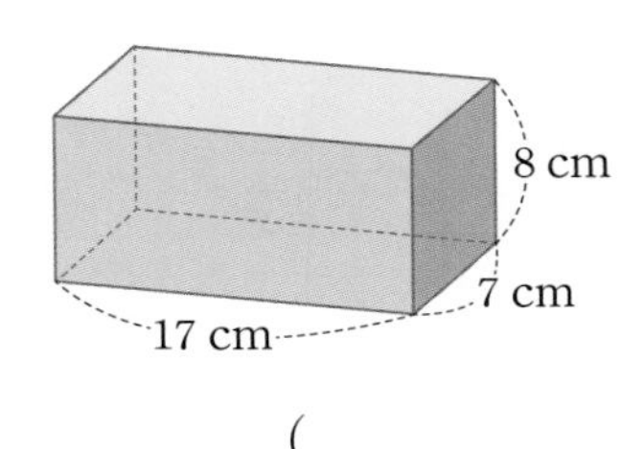

( )

09 다음과 같은 직육면체 모양의 나무 도막을 빈틈없이 쌓아 가장 작은 정육면체를 만들었습니다. 만든 정육면체의 겉넓이는 몇 cm^2인지 구해 보세요.

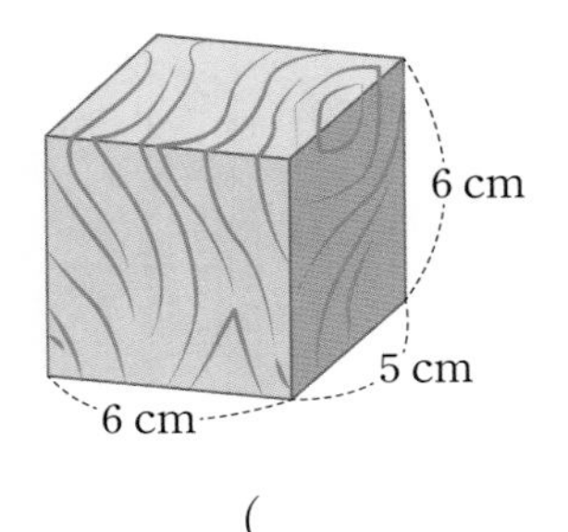

( )

유형 4 겉넓이가 같음을 이용하여 모서리의 길이 구하기

10 직육면체 가와 정육면체 나의 겉넓이가 같습니다. □ 안에 알맞은 수를 써넣으세요.

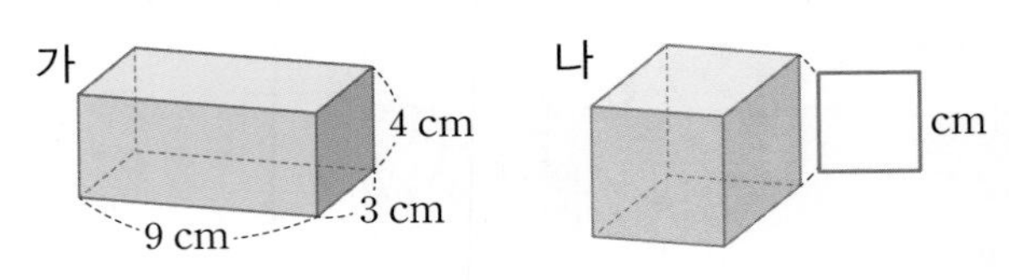

비법
직육면체의 겉넓이를 구한 후 겉넓이가 같음을 이용하여 정육면체의 한 모서리의 길이를 구할 수 있습니다.

11 직육면체 가와 겉넓이가 같은 정육면체 나의 한 모서리의 길이는 몇 cm인지 구해 보세요.

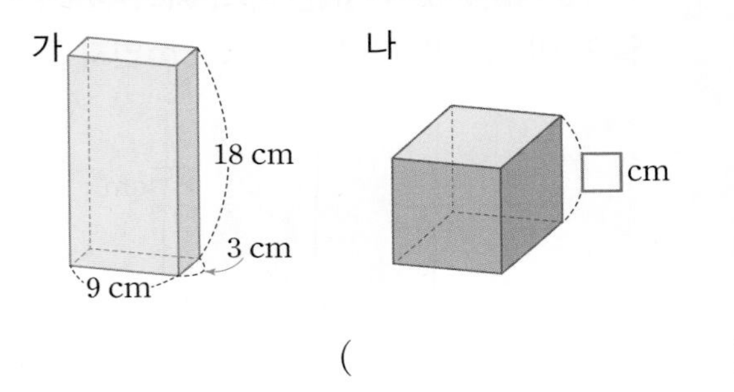

( )

12 직육면체 가와 정육면체 나의 겉넓이가 같습니다. □ 안에 알맞은 수를 구해 보세요.

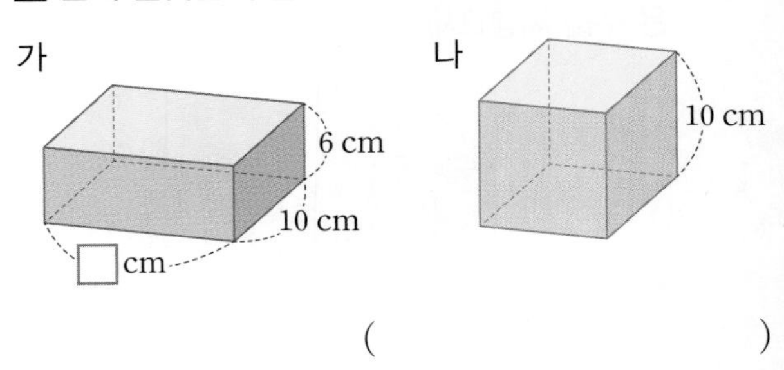

( )

정답과 풀이 70쪽

01 모든 모서리의 길이의 합이 72 cm인 정육면체의 부피는 몇 cm^3인지 풀이 과정을 쓰고 답을 구해 보세요.

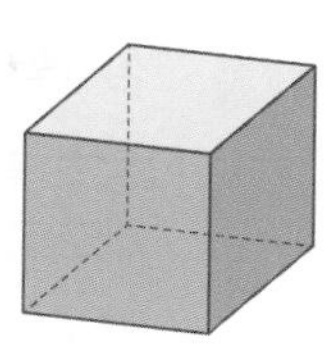

풀이

답

02 오른쪽 직육면체의 한 밑면의 넓이가 81 cm^2이고 부피가 972 cm^3일 때 직육면체의 높이는 몇 cm인지 풀이 과정을 쓰고 답을 구해 보세요.

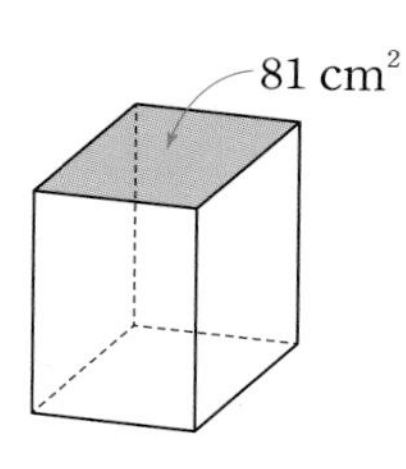

풀이

답

03 가 직육면체의 부피가 나 직육면체의 부피보다 큽니다. □ 안에 들어갈 수 있는 가장 작은 자연수는 얼마인지 풀이 과정을 쓰고 답을 구해 보세요.

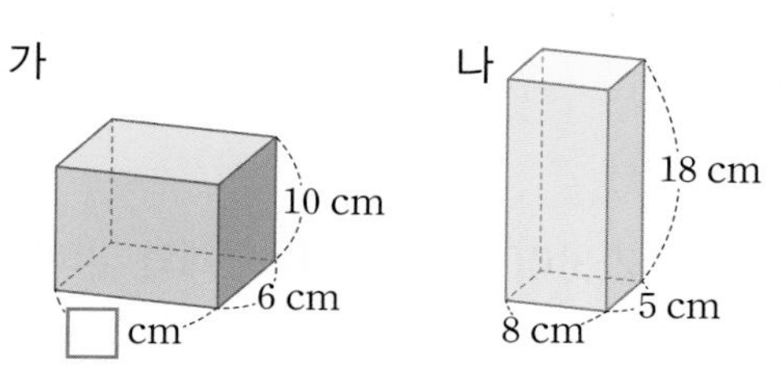

풀이

답

04 두 직육면체 가와 나의 부피의 차는 몇 m^3인지 풀이 과정을 쓰고 답을 구해 보세요.

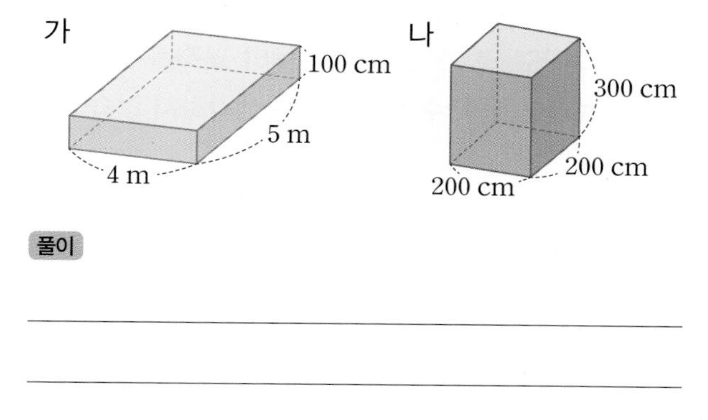

풀이

답

05 가로가 6 m, 세로가 3 m, 높이가 7.5 m인 직육면체 모양의 창고에 한 모서리의 길이가 50 cm인 정육면체 모양의 상자를 빈틈없이 쌓으려고 합니다. 직육면체 모양의 창고 안에 상자를 몇 개까지 쌓을 수 있는지 풀이 과정을 쓰고 답을 구해 보세요.

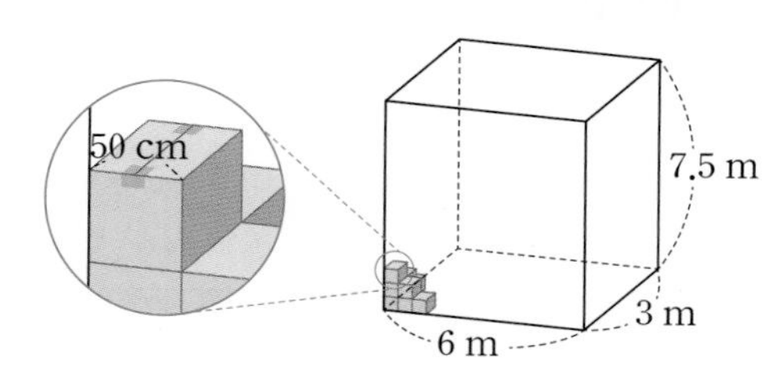

풀이

답

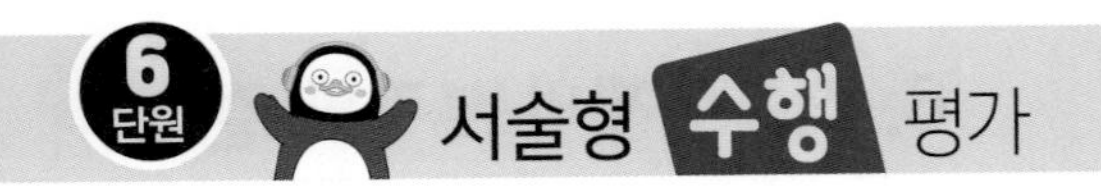

06 다음과 같은 직육면체 모양의 수조에 가득 들어 있는 물을 똑같은 통 여러 개에 모두 나누어 담으려고 합니다. 통의 물을 담는 부분의 부피가 $1\ m^3$일 때 통은 적어도 몇 개 필요한지 풀이 과정을 쓰고 답을 구해 보세요. (단, 수조의 두께는 생각하지 않습니다.)

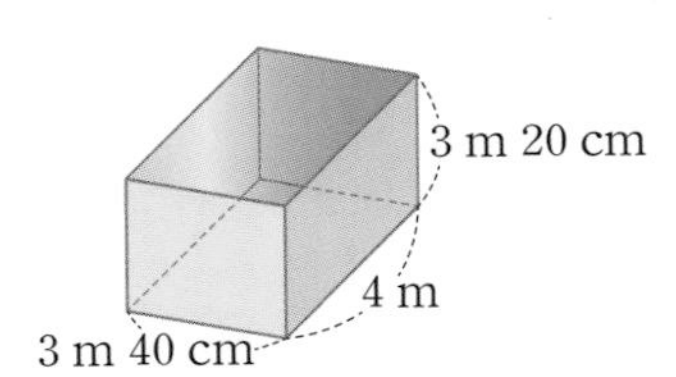

풀이

답

07 다음과 같은 전개도로 만든 직육면체를 잘라 정육면체를 만들려고 합니다. 만들 수 있는 가장 큰 정육면체의 겉넓이는 몇 cm^2인지 풀이 과정을 쓰고 답을 구해 보세요.

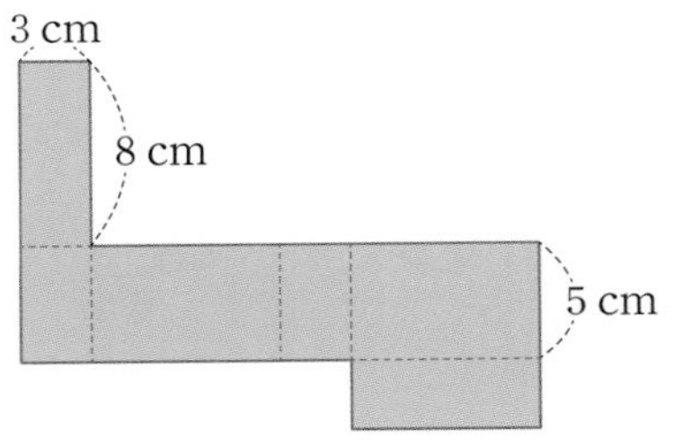

풀이

답

08 정육면체의 전개도에서 색칠한 부분의 넓이가 $324\ cm^2$라면 이 전개도로 만든 정육면체의 겉넓이는 몇 cm^2인지 풀이 과정을 쓰고 답을 구해 보세요.

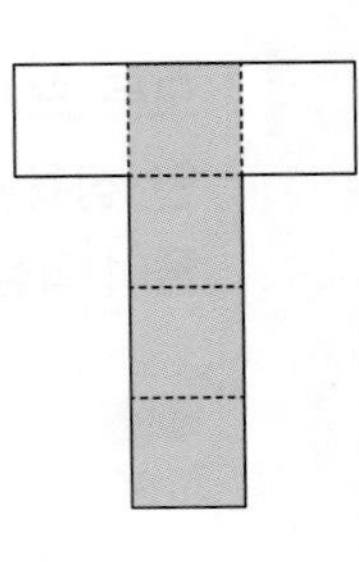

풀이

답

09 직육면체의 가로, 세로, 높이를 각각 3배로 늘여 새로운 직육면체를 만들었습니다. 새로 만든 직육면체의 겉넓이는 처음 직육면체의 겉넓이의 몇 배인지 풀이 과정을 쓰고 답을 구해 보세요.

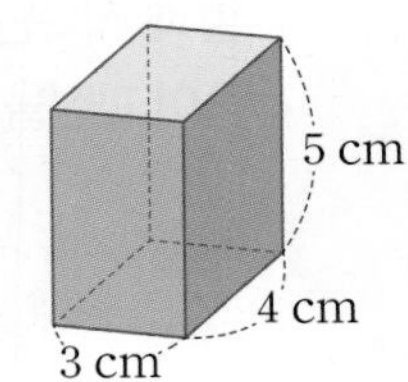

풀이

답

10 겉넓이가 $600\ cm^2$인 정육면체의 부피는 몇 cm^3인지 풀이 과정을 쓰고 답을 구해 보세요.

풀이

답

정답과 풀이 71쪽

01 직육면체 모양의 상자 가, 나에 크기가 같은 쌓기나무를 담아 부피를 비교하려고 합니다. 각 상자를 가득 채울 수 있는 쌓기나무의 수를 쓰고, 부피가 더 큰 상자의 기호를 써 보세요.

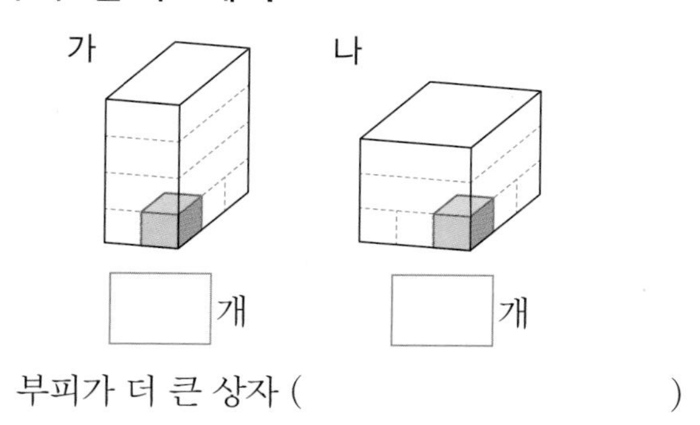

□개 □개

부피가 더 큰 상자 ( )

02 부피가 1 cm^3인 쌓기나무로 오른쪽과 같은 직육면체를 만들었습니다. 쌓기나무의 수와 직육면체의 부피를 각각 구해 보세요.

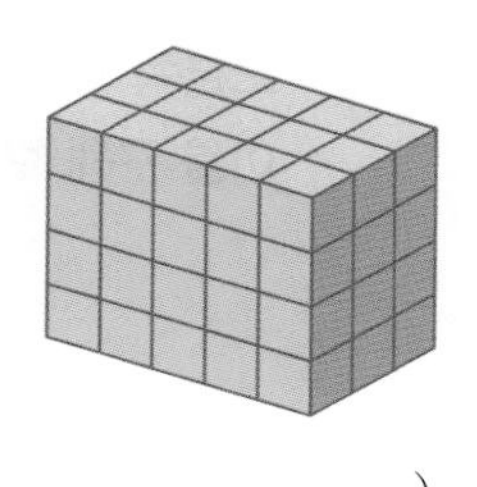

쌓기나무의 수 ( )
부피 ( )

03 오른쪽 직육면체의 부피가 420 cm^3일 때 색칠한 면의 넓이는 몇 cm^2인지 구해 보세요.

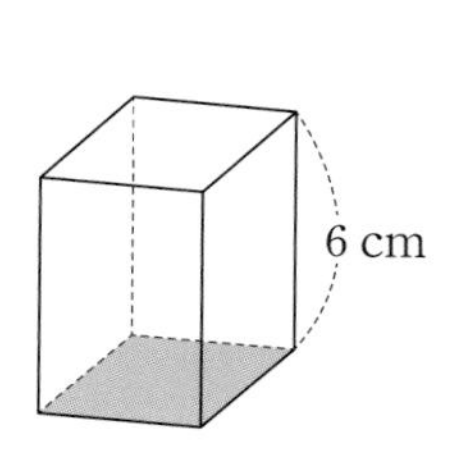

( )

04 오른쪽과 같이 물이 들어 있는 직육면체 모양의 수조에 똑같은 쇠구슬 6개를 완전히 잠기게 넣었더니 물의 높이가 6 cm 높아졌습니다. 쇠구슬 1개의 부피는 몇 cm^3인지 구해 보세요.

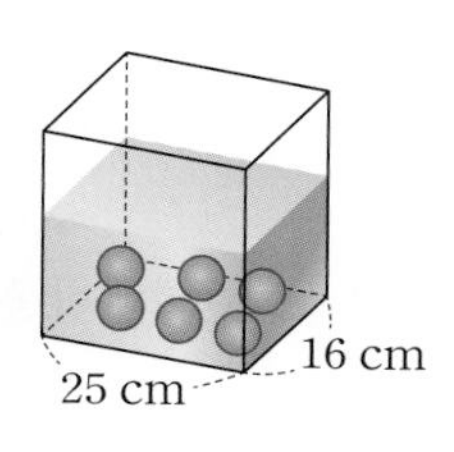

( )

05 직육면체 모양 상자의 가로, 세로, 높이를 각각 2배로 늘인 직육면체의 부피는 처음 직육면체의 부피보다 몇 cm^3 더 늘어나는지 구해 보세요.

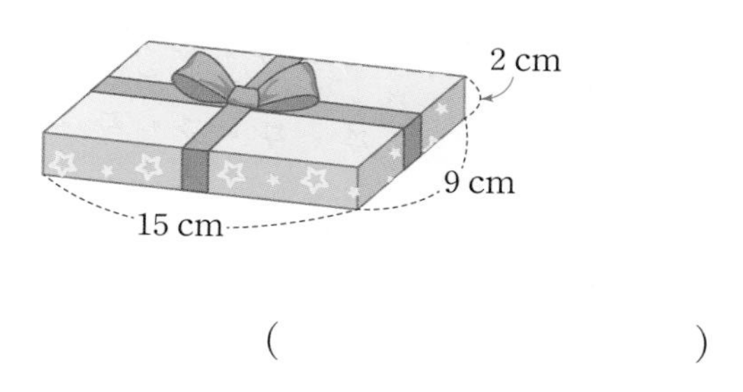

( )

06 서술형 크기가 같은 작은 정육면체 여러 개를 다음과 같이 쌓았습니다. 쌓은 정육면체 모양의 부피가 3375 cm^3일 때 작은 정육면체의 한 모서리의 길이는 몇 cm인지 풀이 과정을 쓰고 답을 구해 보세요.

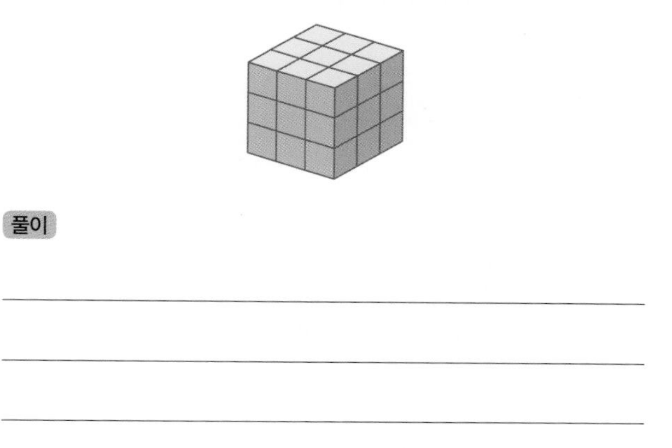

풀이

답

07 직육면체 가와 정육면체 나의 부피는 같습니다. □ 안에 알맞은 수를 써넣으세요.

가 나

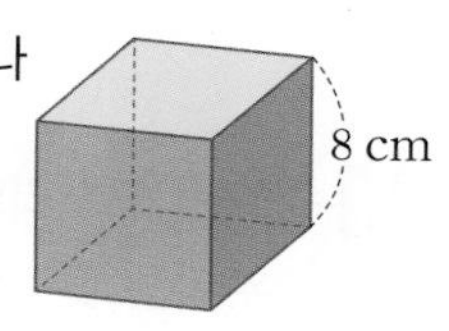

4 cm
8 cm
□ cm

08 오른쪽 냉장고의 실제 부피로 가장 알맞은 것을 찾아 기호를 써 보세요.

㉠ $2000\ cm^3$ ㉡ $2\ m^3$ ㉢ $20\ m^3$

( )

09 부피가 작은 것부터 차례로 기호를 써 보세요.

㉠ $9.7\ m^3$ ㉡ $36000000\ cm^3$
㉢ $8250000\ cm^3$ ㉣ $10\ m^3$

( )

10 직육면체의 부피를 m^3와 cm^3로 각각 나타내어 보세요.

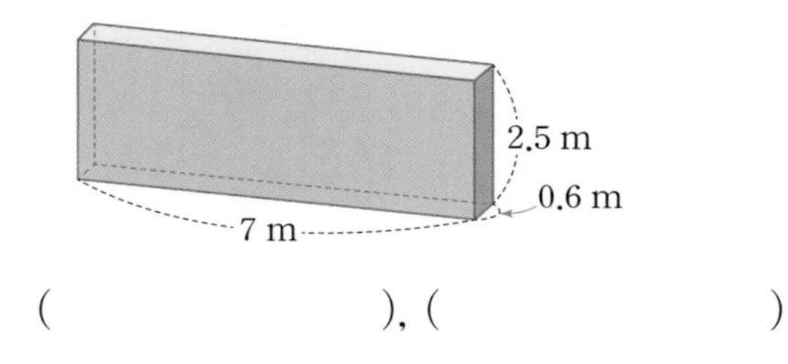

( ), ( )

11 모든 모서리의 길이의 합이 6000 cm인 정육면체의 부피는 몇 m^3인지 구해 보세요.

( )

12 한 모서리의 길이가 2 m인 정육면체 모양의 상자를 오른쪽과 같은 컨테이너에 빈틈없이 가득 쌓으려고 합니다. 정육면체 모양의 상자를 몇 개까지 쌓을 수 있는지 구해 보세요. (단 컨테이너 두께는 생각하지 않습니다.)

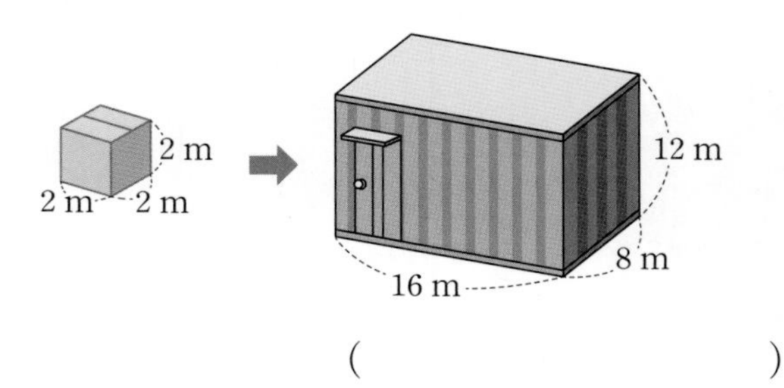

( )

13 오른쪽 직육면체의 부피와 겉넓이를 구해 보세요.

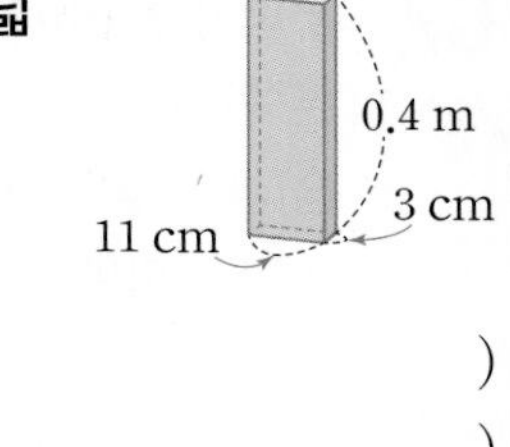

부피 ( )
겉넓이 ( )

14 오른쪽 직육면체의 겉넓이를 구하는 방법을 잘못 설명한 사람은 누구인가요?

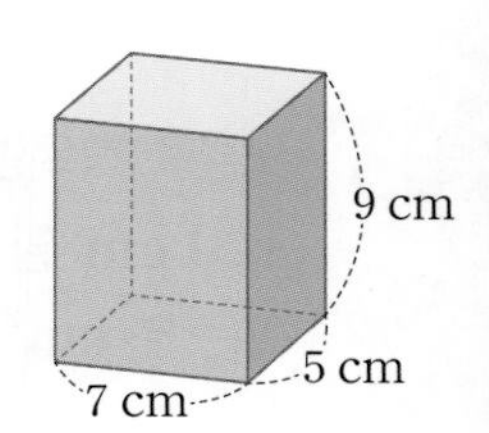

혜정: 직육면체의 여섯 면의 넓이를 모두 더해서 구했어.
➡ $7\times5+7\times9+5\times9+7\times5+7\times9+5\times9$
다혜: 한 밑면의 넓이를 2배 하고 옆면의 넓이를 더해서 구했어.
➡ $(7\times5)\times2+12\times9$
승학: 합동인 면이 3쌍이니까 서로 다른 세 면의 넓이를 더한 뒤 2배를 했어.
➡ $(7\times5+7\times9+5\times9)\times2$

( )

15 직육면체의 색칠한 면의 넓이가 $32\ cm^2$이고 둘레가 $24\ cm$일 때 직육면체의 겉넓이는 몇 cm^2인지 구해 보세요.

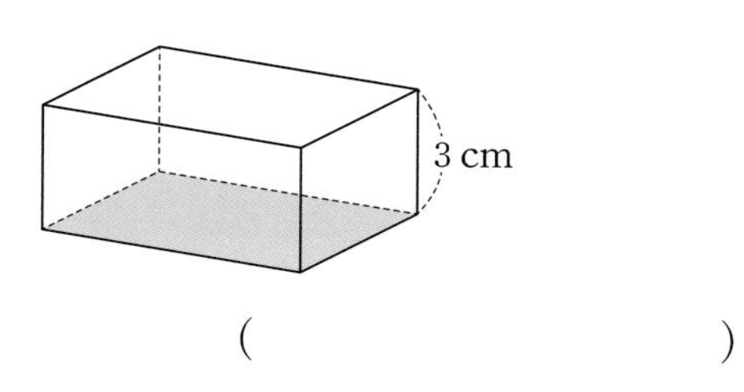

( )

16 전개도를 접어서 만든 정육면체의 겉넓이는 몇 cm^2인지 구해 보세요.

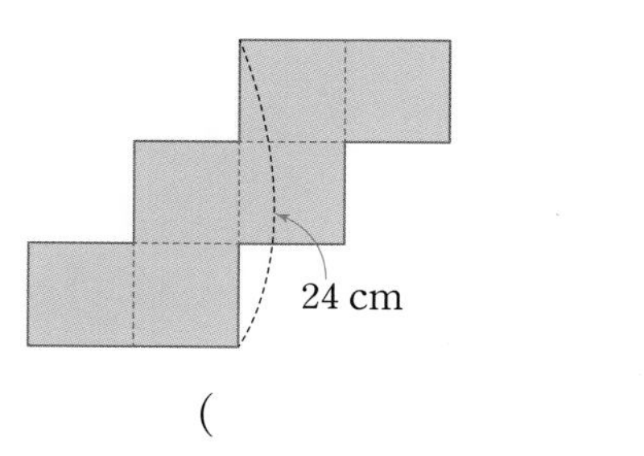

( )

17 전개도로 만든 직육면체의 겉넓이가 $372\ cm^2$일 때, 직육면체의 부피는 몇 cm^3인지 구해 보세요.

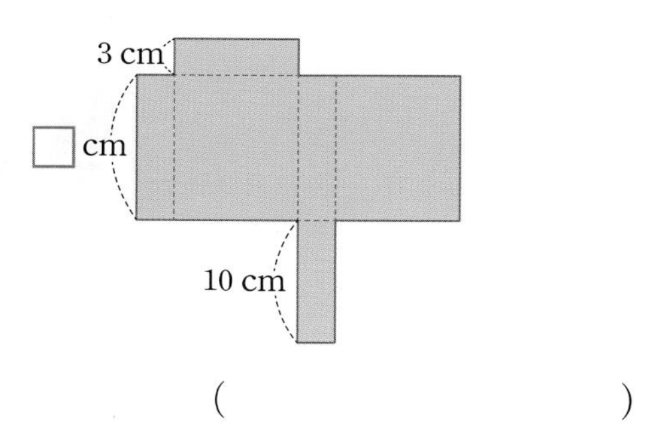

( )

18 직육면체를 잘라 만든 입체도형의 겉넓이는 몇 cm^2인지 구해 보세요.

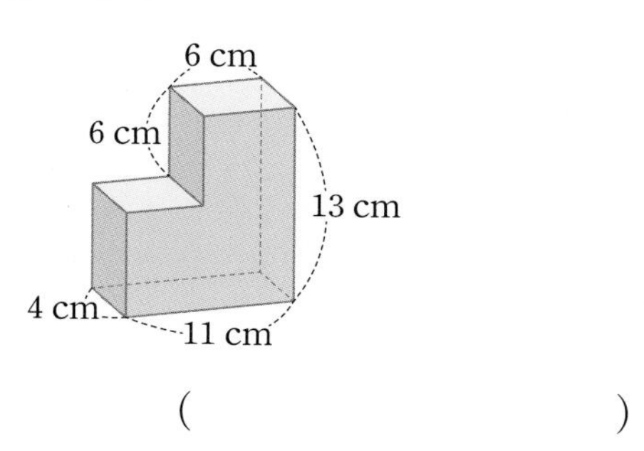

( )

19 다음과 같이 카스텔라를 똑같이 4조각의 정육면체 모양으로 잘랐습니다. 4조각의 겉넓이의 합은 처음 카스텔라의 겉넓이보다 몇 cm^2 더 늘어나는지 구해 보세요.

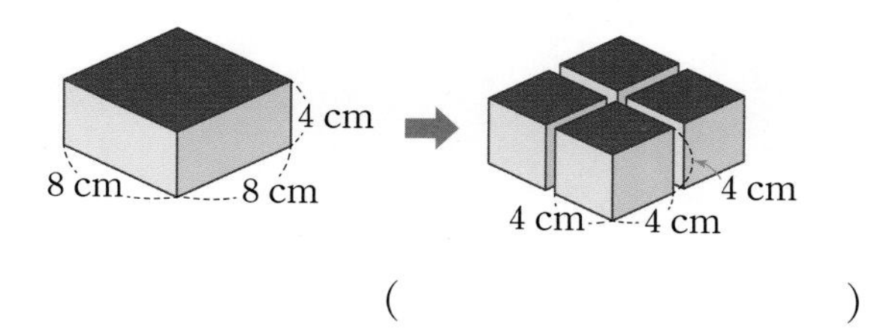

( )

20 서술형

오른쪽 직육면체의 부피는 $756\ cm^3$입니다. 이 직육면체의 겉넓이는 몇 cm^2인지 풀이 과정을 쓰고 답을 구해 보세요.

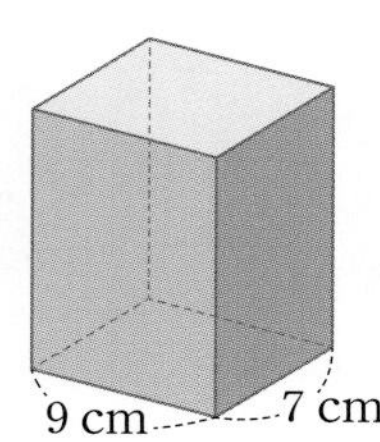

풀이

답

MEMO

교과서 기본과 응용 문제를
한 번에 잡는 **교과서 기본+응용**

BOOK 3

풀이책

6-1

1 단원 분수의 나눗셈

교과서 개념 다지기

8~9쪽

01 (1) $\frac{1}{6}$ (2) $\frac{2}{7}$

02 (1) 예 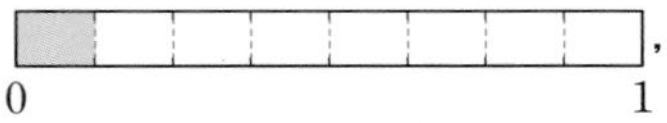, $\frac{1}{8}$

(2) 예 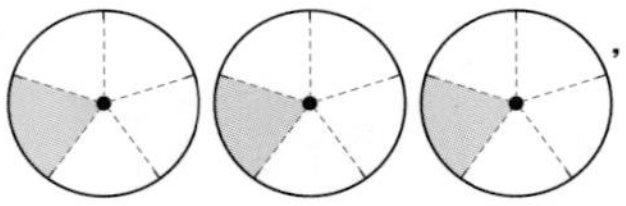, 1, 1, 1, $\frac{3}{5}$

03 (1) $1\frac{1}{3}$, $\frac{4}{3}$ (2) $\frac{6}{5}$, $1\frac{1}{5}$

교과서 넘어 보기

10~11쪽

01 예 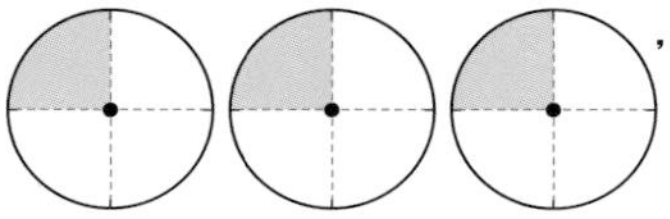, $\frac{3}{4}$

02 $\frac{1}{7}$, 5, $\frac{5}{7}$

03 

04 $\frac{1}{6}$ m

05 나

06 $\frac{1}{4}$, 7, 7, 1, 3

07 ④

08 (1) $4\frac{1}{3}\left(=\frac{13}{3}\right)$ (2) $2\frac{1}{5}\left(=\frac{11}{5}\right)$ (3) $2\frac{5}{9}\left(=\frac{23}{9}\right)$

09 $1\frac{4}{5}\left(=\frac{9}{5}\right)$ L

10 윤지네 모둠

교과서 속 응용 문제

11 $1\frac{1}{7}\left(=\frac{8}{7}\right)$

12 $3\frac{1}{3}\left(=\frac{10}{3}\right)$

13 $8\frac{1}{8}\left(=\frac{65}{8}\right)$

01 다음과 같이 색칠할 수도 있습니다.

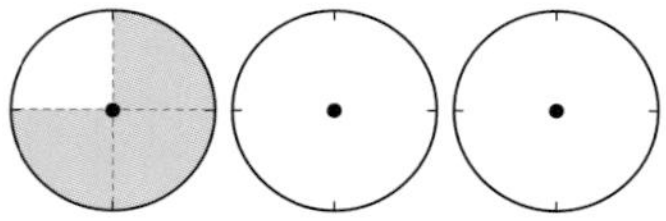

04 정육각형은 6개의 변의 길이가 모두 같습니다.

(정육각형의 한 변의 길이)

$=$(리본의 길이)$\div$(변의 수)$=1\div6=\frac{1}{6}$(m)

05 물의 양을 비교하면 가에는 $1\div3=\frac{1}{3}$(L),

나에는 $3\div5=\frac{3}{5}$(L)가 들어 있습니다.

$\frac{1}{3}<\frac{3}{5}$이므로 나에 물을 더 많이 담을 수 있습니다.

07 ① $3\div4=\frac{3}{4}$ ② $5\div6=\frac{5}{6}$ ③ $9\div11=\frac{9}{11}$

④ $8\div7=\frac{8}{7}=1\frac{1}{7}$ ⑤ $8\div9=\frac{8}{9}$

따라서 몫이 1보다 큰 것은 ④ $8\div7$입니다.

참고 ■$\div$▲에서 ■$>$▲이면 (몫)>1,

■$<$▲이면 (몫)<1입니다.

09 (전체 우유의 양)$=\frac{9}{\cancel{7}_1}\times\cancel{7}^1=9$(L)

(하루에 마실 수 있는 우유의 양)

$=9\div5=\frac{9}{5}=1\frac{4}{5}$(L)

10 윤지네 모둠: $16\div3=\frac{16}{3}=5\frac{1}{3}$($m^2$)

성우네 모둠: $23\div4=\frac{23}{4}=5\frac{3}{4}$($m^2$)

$5\frac{1}{3}\left(=5\frac{4}{12}\right)<5\frac{3}{4}\left(=5\frac{9}{12}\right)$이므로 상추를 심기로 한 텃밭이 더 좁은 모둠은 윤지네 모둠입니다.

11 (수직선의 눈금 한 칸의 크기)

$=(2-1)\div7=1\div7=\frac{1}{7}$

➡ ㉠$=1+\frac{1}{7}=1\frac{1}{7}\left(=\frac{8}{7}\right)$

12 (수직선의 눈금 한 칸의 크기)

$=(5-3)\div6=2\div6=\frac{2}{6}=\frac{1}{3}$

➡ ★$=3+\frac{1}{3}=3\frac{1}{3}\left(=\frac{10}{3}\right)$

13 (수직선의 눈금 한 칸의 크기)

$=(10-7)\div8=3\div8=\frac{3}{8}$

➡ ㉠$=7+\frac{3}{8}+\frac{3}{8}+\frac{3}{8}=7+\frac{9}{8}=8\frac{1}{8}\left(=\frac{65}{8}\right)$

교과서 개념 다지기

12~14쪽

01 (1) $2, \frac{4}{9}$ (2) $3, \frac{2}{11}$ (3) 6, 6, 2, 3

02 (1) 2, 4 (2) $\frac{1}{4}, \frac{7}{20}$

03 방법 1 16, 16, 4 방법 2 $16, 16, \frac{1}{4}, 4, 16$

04 방법 1 13, 13, 39, 13 방법 2 $13, 13, \frac{1}{3}, \frac{13}{18}$

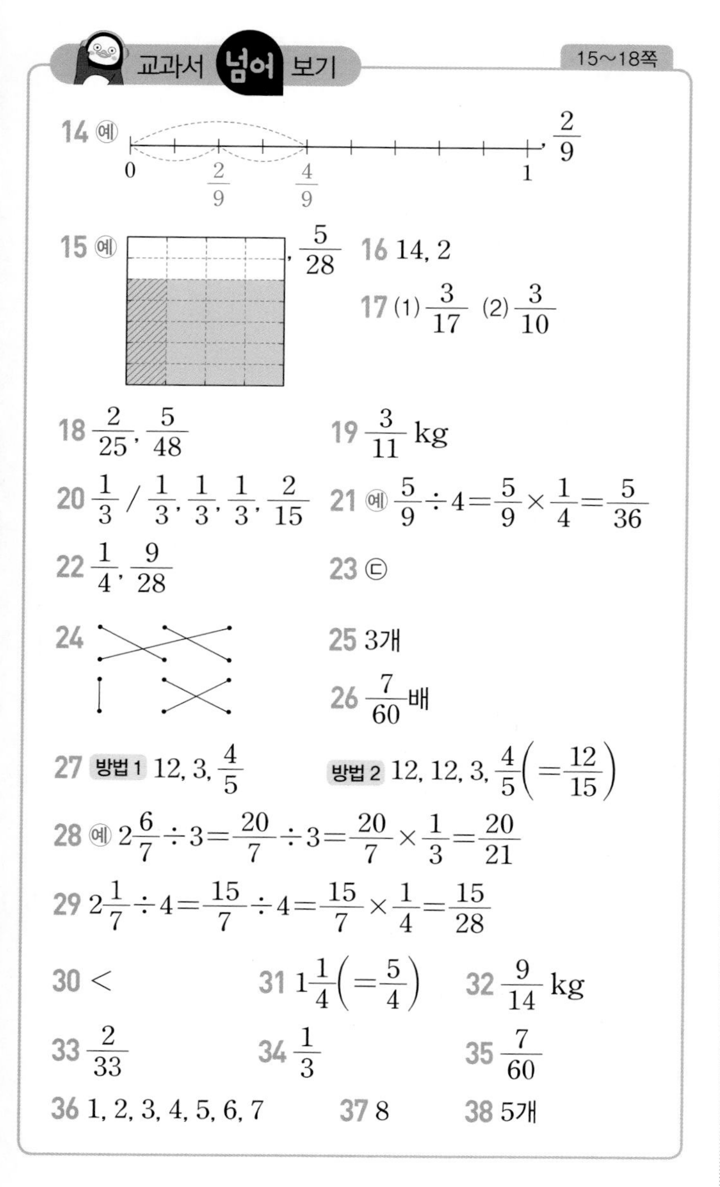

교과서 넘어 보기

15~18쪽

14 예 $\frac{2}{9}$

15 예 $\frac{5}{28}$

16 14, 2

17 (1) $\frac{3}{17}$ (2) $\frac{3}{10}$

18 $\frac{2}{25}, \frac{5}{48}$

19 $\frac{3}{11}$ kg

20 $\frac{1}{3}$ / $\frac{1}{3}, \frac{1}{3}, \frac{1}{3}, \frac{2}{15}$

21 예 $\frac{5}{9} \div 4 = \frac{5}{9} \times \frac{1}{4} = \frac{5}{36}$

22 $\frac{1}{4}, \frac{9}{28}$

23 ㉢

24

25 3개

26 $\frac{7}{60}$배

27 방법 1 $12, 3, \frac{4}{5}$ 방법 2 $12, 12, 3, \frac{4}{5}\left(=\frac{12}{15}\right)$

28 예 $2\frac{6}{7} \div 3 = \frac{20}{7} \div 3 = \frac{20}{7} \times \frac{1}{3} = \frac{20}{21}$

29 $2\frac{1}{7} \div 4 = \frac{15}{7} \div 4 = \frac{15}{7} \times \frac{1}{4} = \frac{15}{28}$

30 $<$

31 $1\frac{1}{4}\left(=\frac{5}{4}\right)$

32 $\frac{9}{14}$ kg

33 $\frac{2}{33}$

34 $\frac{1}{3}$

35 $\frac{7}{60}$

36 1, 2, 3, 4, 5, 6, 7

37 8

38 5개

14 수직선에 $\frac{4}{9}$만큼 표시하고 이를 두 부분으로 똑같이 나누면 $\frac{2}{9}$가 됩니다.

15 $\frac{5}{7}$를 4로 나누려면 $\frac{5}{7}$를 $\frac{20}{28}$으로 만듭니다.
이를 네 부분으로 나누면
$\frac{5}{7} \div 4 = \frac{20}{28} \div 4 = \frac{5}{28}$가 됩니다.

17 (1) $\frac{15}{17} \div 5 = \frac{15 \div 5}{17} = \frac{3}{17}$

(2) $\frac{3}{5} \div 2 = \frac{6}{10} \div 2 = \frac{6 \div 2}{10} = \frac{3}{10}$

18 $\frac{16}{25} \div 8 = \frac{16 \div 8}{25} = \frac{2}{25}$

$\frac{5}{6} \div 8 = \frac{40}{48} \div 8 = \frac{40 \div 8}{48} = \frac{5}{48}$

19 책 5권의 무게가 $\frac{15}{11}$ kg이므로 $\frac{15}{11} \div 5$를 계산하면 책 1권의 무게를 알 수 있습니다.
(책 1권의 무게)=(책 5권의 무게)÷5
$= \frac{15}{11} \div 5 = \frac{15 \div 5}{11} = \frac{3}{11}$ (kg)

20 $\frac{2}{5} \div 3$의 몫은 $\frac{2}{5}$를 3등분한 것 중의 하나입니다.
'3등분한 것 중의 하나'는 ~의 $\frac{1}{3}$, 즉 $\times \frac{1}{3}$과 같으므로
$\frac{2}{5} \div 3$은 $\frac{2}{5} \times \frac{1}{3}$과 계산 결과가 같습니다.
따라서 $\frac{2}{5} \div 3 = \frac{2}{5} \times \frac{1}{3} = \frac{2}{15}$입니다.

21 (분수)÷(자연수)를 곱셈으로 나타낼 때는 ÷(자연수)를 $\times \frac{1}{(\text{자연수})}$로 바꾼 다음 곱하여 계산합니다.

22 $\frac{9}{7} \div 4 = \frac{9}{7} \times \frac{1}{4} = \frac{9}{28}$

23 ㉠ $\frac{7}{12} \div 7 = \frac{\cancel{7}^{1}}{12} \times \frac{1}{\cancel{7}_{1}} = \frac{1}{12}\left(=\frac{7}{84}\right)$

㉡ $\frac{5}{6} \div 10 = \frac{\cancel{5}^{1}}{6} \times \frac{1}{\cancel{10}_{2}} = \frac{1}{12}\left(=\frac{5}{60}\right)$

㉢ $\frac{3}{8} \div 6 = \frac{\cancel{3}^{1}}{8} \times \frac{1}{\cancel{6}_{2}} = \frac{1}{16}\left(=\frac{3}{48}\right)$

따라서 계산 결과가 나머지와 다른 하나는 ㉢입니다.

24 $\frac{3}{7} \div 2 = \frac{3}{7} \times \frac{1}{2} = \frac{3}{14}$, $\frac{5}{7} \div 3 = \frac{5}{7} \times \frac{1}{3} = \frac{5}{21}$,

$\frac{7}{5} \div 5 = \frac{7}{5} \times \frac{1}{5} = \frac{7}{25}$

25 $\frac{9}{8} \div 6 = \frac{\overset{3}{\cancel{9}}}{8} \times \frac{1}{\underset{2}{\cancel{6}}} = \frac{3}{16}$ ➡ $\frac{3}{16}$은 $\frac{1}{16}$이 3개입니다.

26 $◆ \div ★ = \frac{7}{15} \div 4 = \frac{7}{15} \times \frac{1}{4} = \frac{7}{60}$(배)

27 방법 1 은 분자를 자연수로 나누는 방법입니다.

$2\frac{2}{5} \div 3 = \frac{12}{5} \div 3 = \frac{12 \div 3}{5} = \frac{4}{5}$

방법 2 는 분수의 곱셈으로 나타내어 계산하는 방법입니다.

$2\frac{2}{5} \div 3 = \frac{12}{5} \div 3 = \frac{\overset{4}{\cancel{12}}}{5} \times \frac{1}{\underset{1}{\cancel{3}}} = \frac{4}{5}\left(= \frac{12}{15}\right)$

28 대분수를 가분수로 바꾸지 않아 잘못 계산하였습니다.

29 대분수를 가분수로 바꾸고 (분수)÷(자연수)를 곱셈으로 나타내어 계산한 방법입니다.

30 $\frac{5}{12} \div 4 = \frac{5}{12} \times \frac{1}{4} = \frac{5}{48} = \frac{10}{96}$,

$1\frac{7}{8} \div 12 = \frac{15}{8} \div 12 = \frac{15}{8} \times \frac{1}{12} = \frac{15}{96}$

➡ $\frac{10}{96} < \frac{15}{96}$ ➡ $\frac{5}{12} \div 4 < 1\frac{7}{8} \div 12$

31 $\square \times 5 = 6\frac{1}{4}$ ➡ $6\frac{1}{4} \div 5 = \square$

$\square = 6\frac{1}{4} \div 5 = \frac{25}{4} \div 5 = \frac{25 \div 5}{4} = \frac{5}{4} = 1\frac{1}{4}$

32 (밀가루 3봉지의 양)

=(밀가루 한 봉지의 무게)×(봉지 수)

$= 1\frac{1}{2} \times 3 = \frac{3}{2} \times 3 = \frac{9}{2} = 4\frac{1}{2}$ (kg)

밀가루를 7명이 똑같이 나누어 가지므로

(한 사람이 가지는 밀가루의 양)

=(밀가루 3봉지의 양)÷(사람 수)

$= 4\frac{1}{2} \div 7 = \frac{9}{2} \times \frac{1}{7} = \frac{9}{14}$ (kg)

33 어떤 분수를 □라고 하면 잘못 계산한 식은

$\square \times 3 = \frac{6}{11}$입니다.

➡ $\square = \frac{6}{11} \div 3 = \frac{6 \div 3}{11} = \frac{2}{11}$

따라서 바르게 계산하면

$\frac{2}{11} \div 3 = \frac{2}{11} \times \frac{1}{3} = \frac{2}{33}$입니다.

34 어떤 분수를 □라고 하면 잘못 계산한 식은

$\square \times 5 = \frac{25}{3}$입니다.

➡ $\square = \frac{25}{3} \div 5 = \frac{25 \div 5}{3} = \frac{5}{3} = 1\frac{2}{3}$

따라서 바르게 계산하면

$1\frac{2}{3} \div 5 = \frac{5}{3} \div 5 = \frac{5 \div 5}{3} = \frac{1}{3}$입니다.

35 어떤 분수를 □라고 하면 잘못 계산한 식은

$\square \times 6 = 4\frac{1}{5}$입니다.

➡ $\square = 4\frac{1}{5} \div 6 = \frac{21}{5} \div 6 = \frac{\overset{7}{\cancel{21}}}{5} \times \frac{1}{\underset{2}{\cancel{6}}} = \frac{7}{10}$

따라서 바르게 계산하면

$\frac{7}{10} \div 6 = \frac{7}{10} \times \frac{1}{6} = \frac{7}{60}$입니다.

36 $\frac{16}{19} \div 2 = \frac{16 \div 2}{19} = \frac{8}{19}$이므로

$\frac{\square}{19} < \frac{16}{19} \div 2$ ➡ $\frac{\square}{19} < \frac{8}{19}$

□<8이므로 □는 8보다 작아야 합니다. 따라서 □ 안에 들어갈 수 있는 자연수는 1, 2, 3, 4, 5, 6, 7입니다.

37 $1\frac{4}{5} \div 10 = \frac{9}{5} \div 10 = \frac{9}{5} \times \frac{1}{10} = \frac{9}{50}$이므로

$\frac{\square}{50} < 1\frac{4}{5} \div 10$ ➡ $\frac{\square}{50} < \frac{9}{50}$

□<9이므로 □는 9보다 작아야 합니다. 따라서 □ 안에 들어갈 수 있는 자연수는 1, 2, 3, 4, 5, 6, 7, 8입니다. 이 중에서 가장 큰 수는 8입니다.

38 $3\frac{1}{2} \div 9 = \frac{7}{2} \div 9 = \frac{7}{2} \times \frac{1}{9} = \frac{7}{18}$,

$2\frac{1}{6} \div 3 = \frac{13}{6} \div 3 = \frac{13}{6} \times \frac{1}{3} = \frac{13}{18}$이므로

$3\frac{1}{2} \div 9 < \frac{\square}{18} < 2\frac{1}{6} \div 3$ ➡ $\frac{7}{18} < \frac{\square}{18} < \frac{13}{18}$

7<□<13이므로 □는 7보다 크고 13보다 작아야 합니다. 따라서 □ 안에 들어갈 수 있는 자연수는 8, 9, 10, 11, 12로 모두 5개입니다.

19~23쪽

대표 응용 1 분모에 ○표, 8, 9, 8, 9, 18, $\frac{4}{9}$, 8, 18

1-1 $\frac{3}{5}\div7=\frac{3}{35}$ 또는 $\frac{3}{7}\div5=\frac{3}{35}$, $\frac{3}{35}$

1-2 $5\frac{3}{4}\div2=2\frac{7}{8}$, $2\frac{7}{8}\left(=\frac{23}{8}\right)$

대표 응용 2 21, 7, 21, 7, $\frac{3}{2}$, $1\frac{1}{2}$, $1\frac{1}{2}$

2-1 $3\frac{2}{3}\left(=\frac{11}{3}\right)$ cm　　**2-2** $2\frac{2}{7}\left(=\frac{16}{7}\right)$ cm

대표 응용 3 3, $\frac{15}{10}$, 14, 14, 4, 7, 7, 2, 7, $\frac{9}{20}$

3-1 $\frac{19}{40}\left(=\frac{38}{80}\right)$　　**3-2** 1

대표 응용 4 $\frac{64}{7}$, 64, 7, $\frac{16}{7}$, $\frac{16}{7}$, $\frac{48}{7}$, $6\frac{6}{7}$

4-1 $2\frac{3}{26}\left(=\frac{55}{26}\right)$ m^2　　**4-2** $10\frac{1}{2}\left(=\frac{21}{2}\right)$ cm^2

대표 응용 5 1, 3, $\frac{54}{5}$, 3, 54, 3, 5, $\frac{18}{5}$, $3\frac{3}{5}$

5-1 $1\frac{2}{15}\left(=\frac{17}{15}\right)$ m^2　　**5-2** $\frac{3}{5}$ m^2

1-1 계산 결과가 가장 작으려면 분모와 자연수의 곱이 가장 커야 합니다.

따라서 $\frac{3}{5}\div7$ 또는 $\frac{3}{7}\div5$를 만들어야 합니다.

➡ $\frac{3}{5}\div7=\frac{3}{5}\times\frac{1}{7}=\frac{3}{35}$ 또는

$\frac{3}{7}\div5=\frac{3}{7}\times\frac{1}{5}=\frac{3}{35}$

1-2 계산 결과가 가장 크려면 나누는 수는 가장 작아야 하고 나누어지는 수는 가장 큰 대분수여야 합니다. 따라서 나누는 수는 2이고 나누어지는 수는 $5\frac{3}{4}$입니다.

➡ $5\frac{3}{4}\div2=\frac{23}{4}\div2=\frac{23}{4}\times\frac{1}{2}=\frac{23}{8}=2\frac{7}{8}$

2-1 (높이)=(평행사변형의 넓이)÷(밑변의 길이)

$=14\frac{2}{3}\div4=\frac{44}{3}\div4$

$=\frac{44\div4}{3}=\frac{11}{3}=3\frac{2}{3}$(cm)

2-2 (밑변의 길이)=(삼각형의 넓이)×2÷(높이)

$=3\frac{3}{7}\times2\div3=\frac{24}{7}\times2\div3$

$=\frac{48}{7}\div3=\frac{48\div3}{7}$

$=\frac{16}{7}=2\frac{2}{7}$(cm)

3-1 (눈금 한 칸의 크기)

$=\left(\frac{5}{8}-\frac{2}{5}\right)\div6=\left(\frac{25}{40}-\frac{16}{40}\right)\div6$

$=\frac{9}{40}\div6=\frac{\overset{3}{\cancel{9}}}{40}\times\frac{1}{\underset{2}{\cancel{6}}}=\frac{3}{80}$

㉠$=\frac{2}{5}+\frac{3}{80}+\frac{3}{80}=\frac{32}{80}+\frac{3}{80}+\frac{3}{80}$

$=\frac{38}{80}=\frac{19}{40}$

3-2 (눈금 한 칸의 크기)

$=\left(1\frac{1}{10}-\frac{3}{4}\right)\div7=\left(\frac{22}{20}-\frac{15}{20}\right)\div7$

$=\frac{7}{20}\div7=\frac{\overset{1}{\cancel{7}}}{20}\times\frac{1}{\underset{1}{\cancel{7}}}=\frac{1}{20}$

(눈금 다섯 칸의 크기)$=\frac{1}{\underset{4}{\cancel{20}}}\times\overset{1}{\cancel{5}}=\frac{1}{4}$

㉠$=\frac{3}{4}+\frac{1}{4}=\frac{4}{4}=1$

4-1 (색칠한 삼각형 한 개의 넓이)

$=3\frac{5}{13}\div8=\frac{44}{13}\div8=\frac{\overset{11}{\cancel{44}}}{13}\times\frac{1}{\underset{2}{\cancel{8}}}=\frac{11}{26}$(m^2)

(색칠한 부분의 넓이)

=(색칠한 삼각형 한 개의 넓이)×5

$=\frac{11}{26}\times5=\frac{55}{26}=2\frac{3}{26}$(m^2)

4-2 (색칠한 직사각형의 가로)

$=17\frac{1}{2}\div5=\frac{35}{2}\div5=\frac{35\div5}{2}$

$=\frac{7}{2}=3\frac{1}{2}$(cm)

(색칠한 부분의 넓이)=(가로)×(세로)

$=\frac{7}{2}\times3=\frac{21}{2}=10\frac{1}{2}$(cm^2)

5-1 고구마와 호박을 심은 부분을 그림으로 나타내면 다음과 같습니다.

호박을 심은 부분은 전체를 5등분한 것 중의 1입니다.

따라서 호박을 심은 밭의 넓이는

$5\frac{2}{3}\div5=\frac{17}{3}\times\frac{1}{5}=\frac{17}{15}=1\frac{2}{15}\,(\mathrm{m}^2)$입니다.

5-2 (종이 전체의 넓이)

$=2\frac{1}{4}\times1\frac{13}{15}=\frac{\overset{3}{\cancel{9}}}{\underset{1}{\cancel{4}}}\times\frac{\overset{7}{\cancel{28}}}{\underset{5}{\cancel{15}}}=\frac{21}{5}=4\frac{1}{5}\,(\mathrm{m}^2)$

미술 시간에 사용한 종이와 동생에게 준 종이를 그림으로 나타내면 다음과 같습니다.

남은 종이는 전체를 7등분한 것 중의 1입니다.

따라서 남은 종이의 넓이는

$4\frac{1}{5}\div7=\frac{21}{5}\div7=\frac{21\div7}{5}=\frac{3}{5}\,(\mathrm{m}^2)$입니다.

단원 평가 LEVEL ❶

24~26쪽

01 예 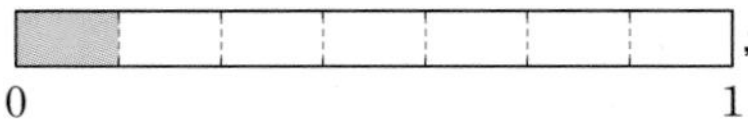

, $\frac{1}{7}$

02 $\frac{1}{5}$, 8, $\frac{8}{5}$, $1\frac{3}{5}$

03 ㉡

04 $\frac{4}{7}$

05 $1\frac{4}{17}\left(=\frac{21}{17}\right)$

06 $3\div4=\frac{3}{4}$, $\frac{3}{4}$ m

07 $\frac{2}{11}$

08 

09 ㉡

10 ㉠

11 $\frac{3}{40}$ m

12 $\frac{1}{15}\left(=\frac{9}{135}\right)$

13 5

14 $1\frac{2}{7}\div3=\frac{9}{7}\div3=\frac{9\div3}{7}=\frac{3}{7}$

15 <

16 $\frac{3}{7}$

17 $4\frac{3}{16}\left(=\frac{67}{16}\right)\,\mathrm{m}^2$

18 $\frac{9}{20}$ m

19 풀이 참조, 3개

20 풀이 참조, $\frac{1}{5}$

01 7칸 중 1칸을 색칠합니다.

1÷(자연수)의 몫은 1이 분자, 나누는 수를 분모로 하는 분수로 나타낼 수 있으므로 $1\div7$의 몫은 $\frac{1}{7}$입니다.

02 $1\div5=\frac{1}{5}$입니다.

$8\div5$는 $\frac{1}{5}$이 8개입니다.

따라서 $8\div5=\frac{8}{5}=1\frac{3}{5}$입니다.

03 ㉡ $7\div2=\frac{7}{2}=3\frac{1}{2}$

06 (한 명이 가지게 되는 색 테이프의 길이)

$=3\div4=\frac{3}{4}\,(\mathrm{m})$

07 $\frac{6}{11}\div3=\frac{6\div3}{11}=\frac{2}{11}$

08 $\frac{8}{9}\div4=\frac{8\div4}{9}=\frac{2}{9}$

$\frac{3}{4}\div5=\frac{15}{20}\div5=\frac{15\div5}{20}=\frac{3}{20}$

09 $\frac{7}{16}\div4=\frac{7}{16}\times\frac{1}{4}$

10 ㉠ $\frac{1}{6}\div3=\frac{1}{6}\times\frac{1}{3}=\frac{1}{18}$

㉡ $\frac{2}{3}\div6=\frac{\overset{1}{\cancel{2}}}{3}\times\frac{1}{\underset{3}{\cancel{6}}}=\frac{1}{9}\left(=\frac{2}{18}\right)$ ➡ $\frac{1}{18}<\frac{1}{9}$

11 (정오각형의 한 변의 길이)

$=\frac{3}{8}\div5=\frac{3}{8}\times\frac{1}{5}=\frac{3}{40}\,(\mathrm{m})$

12 $\frac{9}{5}\div27=\frac{\overset{1}{\cancel{9}}}{5}\times\frac{1}{\underset{3}{\cancel{27}}}=\frac{1}{15}\left(=\frac{9}{135}\right)$

13 $\frac{50}{3}\div4=\frac{\overset{25}{\cancel{50}}}{3}\times\frac{1}{\underset{2}{\cancel{4}}}=\frac{25}{6}=4\frac{1}{6}$이므로

$4\frac{1}{6}<\square$입니다. 따라서 □ 안에 들어갈 수 있는 자연수는 5와 같거나 5보다 큰 수이므로 구하는 가장 작은 수는 5입니다.

15 $\frac{11}{5}\div4=\frac{11}{5}\times\frac{1}{4}=\frac{11}{20}$

$2\frac{7}{10}\div3=\frac{\overset{9}{\cancel{27}}}{10}\times\frac{1}{\underset{1}{\cancel{3}}}=\frac{9}{10}=\frac{18}{20}$

➡ $\frac{11}{5}\div4<2\frac{7}{10}\div3$

16 $\square\times13=5\frac{4}{7}$

➡ $\square=5\frac{4}{7}\div13=\frac{39}{7}\div13=\frac{\overset{3}{\cancel{39}}}{7}\times\frac{1}{\underset{1}{\cancel{13}}}=\frac{3}{7}$

17 (코스모스를 심을 꽃밭의 넓이)

$=$(코스모스를 심고 남는 꽃밭의 넓이)

$=16\frac{3}{4}\div2=\frac{67}{4}\div2=\frac{67}{4}\times\frac{1}{2}$

$=\frac{67}{8}=8\frac{3}{8}(\mathrm{m}^2)$

(튤립을 심을 꽃밭의 넓이)

$=8\frac{3}{8}\div2=\frac{67}{8}\div2=\frac{67}{8}\times\frac{1}{2}$

$=\frac{67}{16}=4\frac{3}{16}(\mathrm{m}^2)$

18 (남은 리본의 길이)$=2\frac{3}{4}-\frac{1}{2}=2\frac{1}{4}(\mathrm{m})$

(한 명이 받은 리본의 길이)

$=2\frac{1}{4}\div5=\frac{9}{4}\div5=\frac{9}{4}\times\frac{1}{5}=\frac{9}{20}(\mathrm{m})$

19 예 $30\div7=\frac{30}{7}=4\frac{2}{7}$, $29\div4=\frac{29}{4}=7\frac{1}{4}$

이므로 $4\frac{2}{7}<\square<7\frac{1}{4}$입니다. … 60 %

따라서 □ 안에 들어갈 수 있는 자연수는 4보다 크고 7과 같거나 작은 수이므로 5, 6, 7로 모두 3개입니다.

… 40 %

20 예 어떤 분수를 □라고 하면 잘못 계산한 식은

$\square\times4=3\frac{1}{5}$입니다.

➡ $\square=3\frac{1}{5}\div4=\frac{16}{5}\div4=\frac{16\div4}{5}=\frac{4}{5}$ … 50 %

따라서 바르게 계산하면 $\frac{4}{5}\div4=\frac{4\div4}{5}=\frac{1}{5}$입니다.

… 50 %

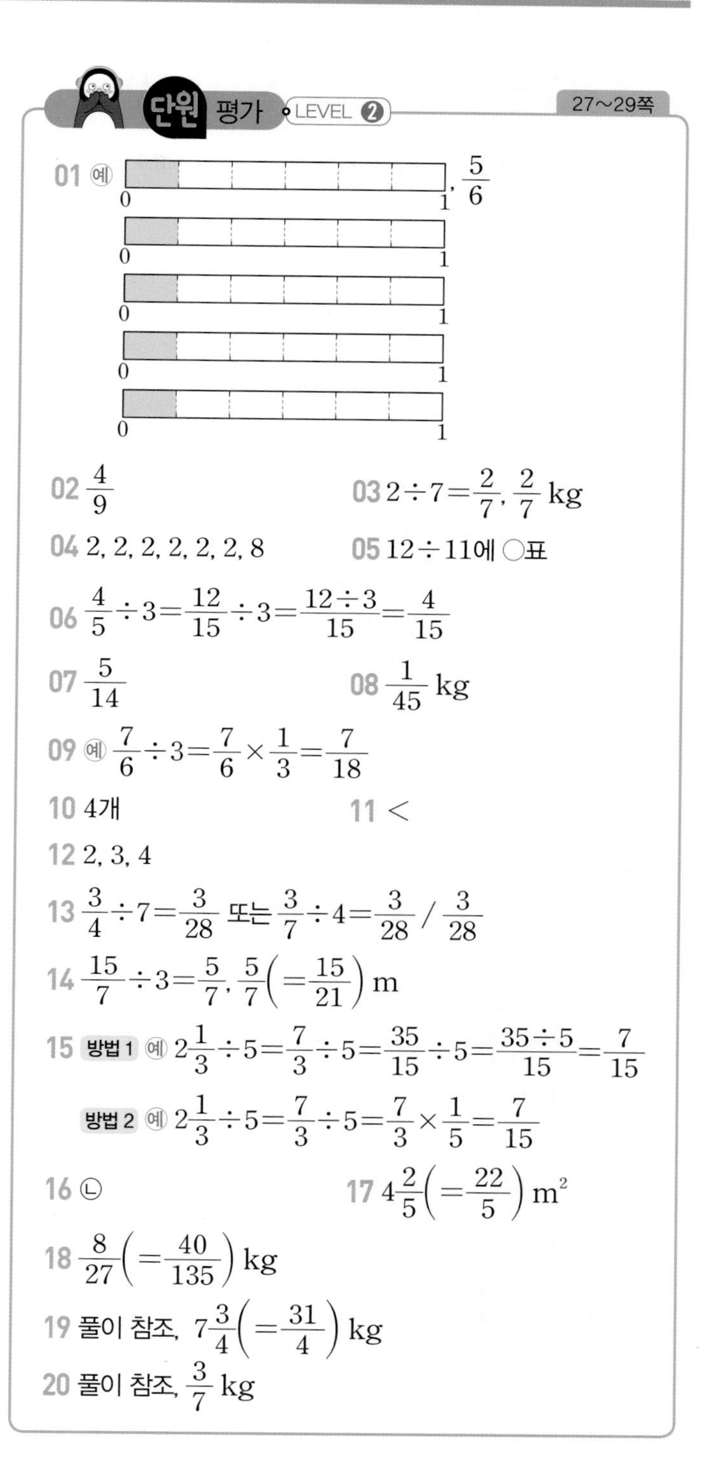

단원 평가 LEVEL ❷ 27~29쪽

01 예 (그림), $\frac{5}{6}$

02 $\frac{4}{9}$

03 $2\div7=\frac{2}{7}$, $\frac{2}{7}$ kg

04 2, 2, 2, 2, 2, 2, 8

05 $12\div11$에 ○표

06 $\frac{4}{5}\div3=\frac{12}{15}\div3=\frac{12\div3}{15}=\frac{4}{15}$

07 $\frac{5}{14}$

08 $\frac{1}{45}$ kg

09 예 $\frac{7}{6}\div3=\frac{7}{6}\times\frac{1}{3}=\frac{7}{18}$

10 4개

11 $<$

12 2, 3, 4

13 $\frac{3}{4}\div7=\frac{3}{28}$ 또는 $\frac{3}{7}\div4=\frac{3}{28}$ / $\frac{3}{28}$

14 $\frac{15}{7}\div3=\frac{5}{7}$, $\frac{5}{7}\left(=\frac{15}{21}\right)$ m

15 방법 1 예 $2\frac{1}{3}\div5=\frac{7}{3}\div5=\frac{35}{15}\div5=\frac{35\div5}{15}=\frac{7}{15}$

방법 2 예 $2\frac{1}{3}\div5=\frac{7}{3}\div5=\frac{7}{3}\times\frac{1}{5}=\frac{7}{15}$

16 ㉡

17 $4\frac{2}{5}\left(=\frac{22}{5}\right)$ m^2

18 $\frac{8}{27}\left(=\frac{40}{135}\right)$ kg

19 풀이 참조, $7\frac{3}{4}\left(=\frac{31}{4}\right)$ kg

20 풀이 참조, $\frac{3}{7}$ kg

03 (한 봉지에 담아야 하는 설탕의 양)

$=2\div7=\frac{2}{7}(\mathrm{kg})$

04 $8\div3=2$ … 2이므로 몫은 2이고 나머지는 2입니다.

나머지 2를 다시 3으로 나누면 $\frac{2}{3}$이므로

$8\div3=2\frac{2}{3}=\frac{8}{3}$입니다.

05 $3 \div 7 = \frac{3}{7}$, $12 \div 11 = \frac{12}{11} = 1\frac{1}{11}$, $9 \div 11 = \frac{9}{11}$

06 $\frac{4}{5} \div 3 = \frac{12}{15} \div 3 = \frac{12 \div 3}{15} = \frac{4}{15}$

07 $\frac{25}{14} \div 5 = \frac{25 \div 5}{14} = \frac{5}{14}$

08 (쿠키 하나를 만드는 데 필요한 밀가루 양)

$= \frac{2}{9} \div 10 = \frac{10}{45} \div 10 = \frac{10 \div 10}{45} = \frac{1}{45}$ (kg)

09 분수의 나눗셈을 분수의 곱셈으로 나타낼 때 나누어지는 수는 그대로 두고 나누는 수의 분모와 분자만 바꾸어야 하는데 나누어지는 수의 분모와 분자까지 바꾸었으므로 잘못 계산하였습니다.

10 $\frac{16}{9} \div 4 = \frac{\overset{4}{\cancel{16}}}{9} \times \frac{1}{\underset{1}{\cancel{4}}} = \frac{4}{9}$ ➡ $\frac{4}{9}$는 $\frac{1}{9}$이 4개입니다.

11 $\frac{21}{8} \div 7 = \frac{\overset{3}{\cancel{21}}}{8} \times \frac{1}{\underset{1}{\cancel{7}}} = \frac{3}{8}\left(=\frac{15}{40}\right)$

$\frac{6}{5} \div 3 = \frac{\overset{2}{\cancel{6}}}{5} \times \frac{1}{\underset{1}{\cancel{3}}} = \frac{2}{5}\left(=\frac{16}{40}\right)$

➡ $\frac{21}{8} \div 7 < \frac{6}{5} \div 3$

12 $\frac{3}{8} \div 6 = \frac{\overset{1}{\cancel{3}}}{8} \times \frac{1}{\underset{2}{\cancel{6}}} = \frac{1}{16} = \frac{5}{80}$ ➡ $\frac{\square}{80} < \frac{5}{80}$

따라서 1보다 큰 자연수 중에서 □ 안에 들어갈 수 있는 수는 2, 3, 4입니다.

13 $\frac{●}{■} \div ▲ = \frac{●}{■} \times \frac{1}{▲}$로 계산할 수 있습니다. 계산 결과가 가장 작을 때는 ■와 ▲의 곱이 가장 클 때입니다.

따라서 $\frac{3}{4} \div 7$ 또는 $\frac{3}{7} \div 4$를 만들어야 합니다.

➡ $\frac{3}{4} \div 7 = \frac{3}{4} \times \frac{1}{7} = \frac{3}{28}$ 또는

$\frac{3}{7} \div 4 = \frac{3}{7} \times \frac{1}{4} = \frac{3}{28}$

14 (직사각형의 넓이)=(가로)×(세로)

➡ (세로)=(직사각형의 넓이)÷(가로)

$= \frac{15}{7} \div 3 = \frac{\overset{5}{\cancel{15}}}{7} \times \frac{1}{\underset{1}{\cancel{3}}} = \frac{5}{7}\left(=\frac{15}{21}\right)$ (m)

15 방법 1 은 대분수를 가분수로 바꾸고 크기가 같은 분수 중에서 분자가 자연수의 배수인 분수로 바꾼 후 분수의 분자를 자연수로 나누어 계산합니다.

방법 2 는 대분수를 가분수로 바꾸고 나눗셈을 곱셈으로 나타내어 계산합니다.

16 ㉠ $1\frac{3}{5} \div 2 = \frac{8}{5} \div 2 = \frac{\overset{4}{\cancel{8}}}{5} \times \frac{1}{\underset{1}{\cancel{2}}} = \frac{4}{5}$

㉡ $3\frac{1}{3} \div 4 = \frac{10}{3} \div 4 = \frac{\overset{5}{\cancel{10}}}{3} \times \frac{1}{\underset{2}{\cancel{4}}} = \frac{5}{6}$

$\frac{4}{5} = \frac{24}{30}$이고 $\frac{5}{6} = \frac{25}{30}$이므로 1에 더 가까운 것은 $\frac{5}{6}$입니다.

17 각 변의 가운데 점을 이어 그린 정사각형의 넓이는 큰 정사각형의 넓이의 반입니다.

(색칠한 정사각형의 넓이)

$= 8\frac{4}{5} \div 2 = \frac{44}{5} \div 2 = \frac{44 \div 2}{5} = \frac{22}{5} = 4\frac{2}{5}$ (m^2)

18 (전체 미숫가루의 양)

$= 1\frac{1}{9} \times 4 = \frac{10}{9} \times 4 = \frac{40}{9} = 4\frac{4}{9}$ (kg)

(하루에 먹는 미숫가루의 양)

$= \frac{40}{9} \div 15 = \frac{\overset{8}{\cancel{40}}}{9} \times \frac{1}{\underset{3}{\cancel{15}}} = \frac{8}{27}\left(=\frac{40}{135}\right)$ (kg)

19 예 일주일은 7일이므로 하루에 먹는 쌀의 양은

$1\frac{3}{4} \div 7 = \frac{7}{4} \div 7 = \frac{7 \div 7}{4} = \frac{1}{4}$ (kg)입니다. … 50 %

3월은 31일까지 있으므로 3월 한 달 동안 먹은 쌀의 양은 $\frac{1}{4} \times 31 = \frac{31}{4} = 7\frac{3}{4}$ (kg)입니다. … 50 %

20 예 (배 5개의 무게)

=(배 5개가 놓여 있는 쟁반의 무게)

−(빈 쟁반의 무게)

$= 2\frac{5}{7} - \frac{4}{7} = 2\frac{1}{7}$ (kg) … 40 %

따라서 배 한 개의 무게는

$2\frac{1}{7} \div 5 = \frac{15}{7} \div 5 = \frac{15 \div 5}{7} = \frac{3}{7}$ (kg)입니다.

… 60 %

교과서 개념 다지기 32~35쪽

01 (1) 다, 라 (2) 각기둥　02 (1) 밑면 (2) 옆면

03 육각형, 직사각형, 육각기둥

04
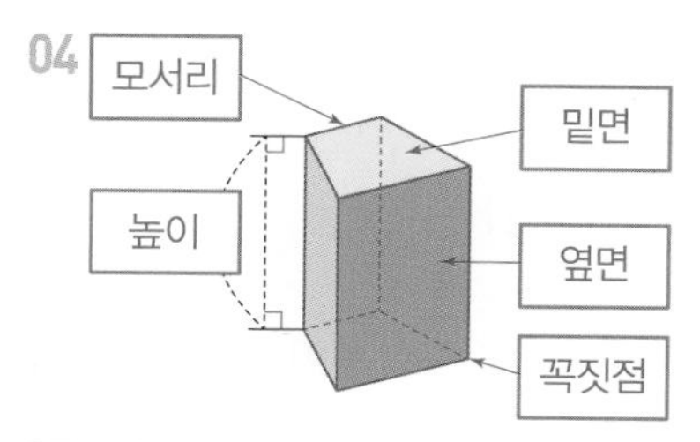

05 (1) 전개도 (2) 삼각기둥 (3) ㅈㅊ

06 (1) 오각기둥 (2) 육각기둥

07
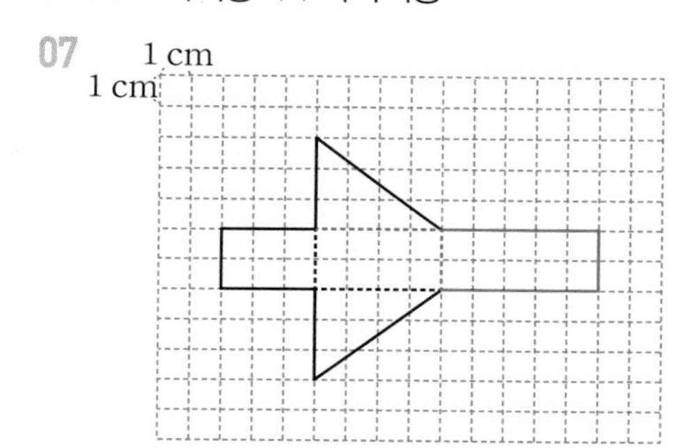

08
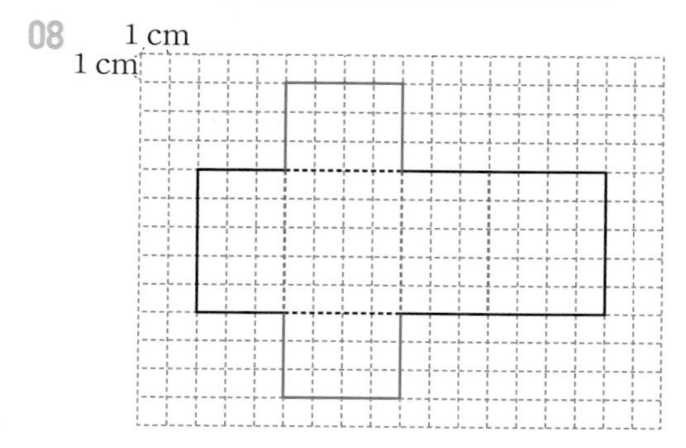

교과서 넘어 보기 36~39쪽

01 나, 바　02 각기둥

03　04 (1)　(2)
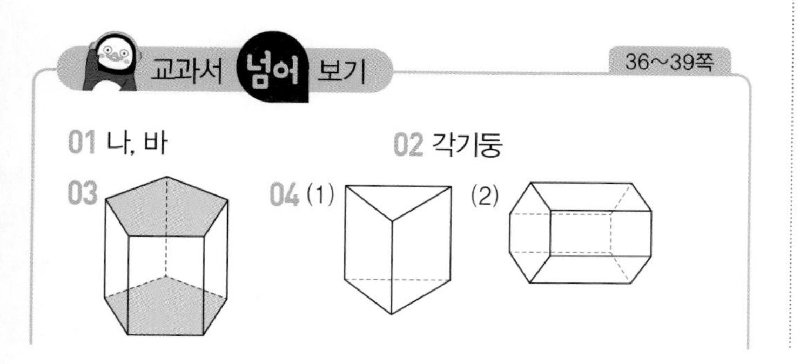

05 (1) 4개 (2) 5개

06 면 ㄴㅁㅂㄷ, 면 ㄷㅂㄹㄱ, 면 ㄱㄹㅁㄴ

07 지수, 유빈　08 팔각기둥

09

도형	한 밑면의 변의 수(개)	꼭짓점의 수(개)	면의 수(개)	모서리의 수(개)
삼각기둥	3	6	5	9
사각기둥	4	8	6	12
오각기둥	5	10	7	15

10 (1) 2 (2) 2 (3) 3　11 5 cm

12 28　13 ㉡, ㉣

14 구각기둥　15 사각기둥의 전개도

16 4개　17 점 ㄴ, 점 ㄹ

18 오각기둥　19 (위에서부터) 8, 5, 4

20 

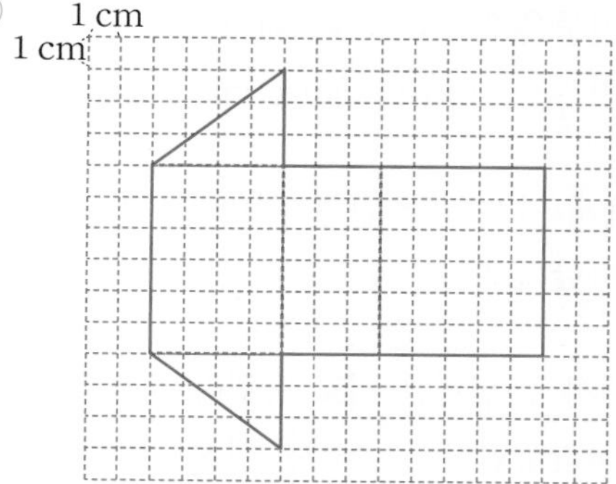

21 

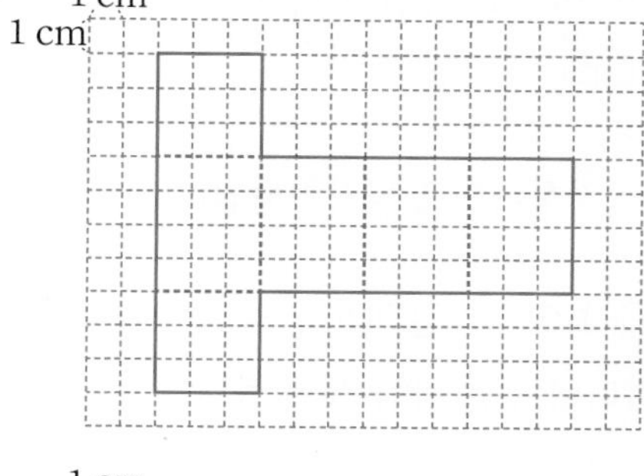

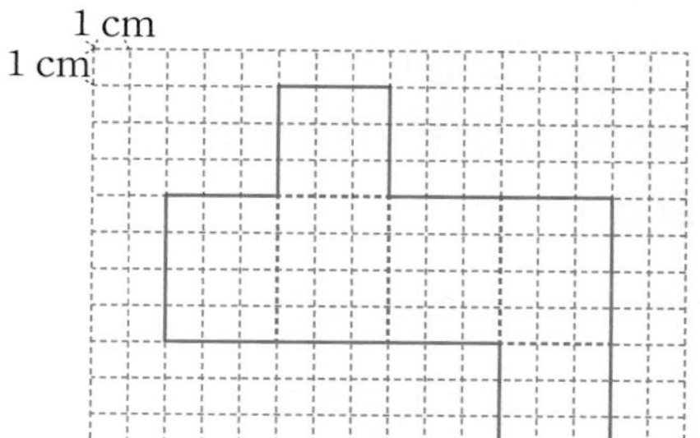

교과서 속 응용 문제

22 12개　23 14개　24 74개

01 입체도형은 가, 나, 마, 바이고 이 중 서로 평행하고 합동인 두 다각형이 있는 입체도형은 나, 바입니다.

02 서로 평행하고 합동인 두 다각형이 있는 입체도형을 각기둥이라고 합니다.

03 오각기둥에서 마주 보고 있는 두 면이 서로 평행하고 합동인 밑면이 됩니다.

04 (1) 보이지 않는 모서리는 점선으로 나타내어 완성합니다.
(2) 보이는 모서리는 실선으로, 보이지 않는 모서리는 점선으로 나타내어 완성합니다.

05 각기둥에서 두 밑면과 만나는 면은 옆면입니다.
(1) 사각기둥은 옆면이 4개입니다.
(2) 오각기둥은 옆면이 5개입니다.

06 각기둥에서 옆면은 두 밑면과 만나는 면으로 밑면과 수직으로 만납니다.

07 각기둥에서 두 밑면은 서로 평행하고 합동이며, 옆면은 모두 직사각형입니다. 주어진 입체도형은 두 밑면이 서로 합동이 아니고 옆면이 직사각형이 아니므로 각기둥이 아닙니다.

08 밑면이 팔각형이므로 팔각기둥입니다.

09 각기둥을 보고 한 밑면의 변의 수, 꼭짓점의 수, 면의 수, 모서리의 수를 각각 세어 봅니다.

10 각기둥에서 한 밑면의 변의 수와 꼭짓점의 수, 면의 수, 모서리의 수 사이의 규칙을 찾아봅니다.
각기둥에서
(꼭짓점의 수)$=$(한 밑면의 변의 수)$\times 2$
(면의 수)$=$(한 밑면의 변의 수)$+2$
(모서리의 수)$=$(한 밑면의 변의 수)$\times 3$

11 각기둥에서 높이는 두 밑면 사이의 거리이므로 높이는 5 cm입니다.

12 팔각기둥은 한 밑면의 변이 8개이므로
면은 $8+2=10$(개), 꼭짓점은 $8\times 2=16$(개)이고,
모서리는 $8\times 3=24$(개)입니다.
따라서 주어진 식을 계산하면
$10\times 2-16+24=28$입니다.

13 ㉠ 각기둥에서 면과 면이 만나는 선분을 모서리라고 합니다.
㉢ 한 각기둥에서 꼭짓점의 수, 면의 수, 모서리의 수 중 모서리의 수가 가장 큽니다.

14 밑면이 다각형이고 옆면이 직사각형이므로 각기둥입니다. 각기둥의 한 밑면의 변의 수를 □개라 하면 면이 11개이므로 □$+2=11$, □$=9$입니다.
따라서 밑면이 구각형이므로 구각기둥입니다.

15 밑면이 사각형이고 옆면이 모두 직사각형이므로 사각기둥의 전개도입니다.

16 전개도를 접으면 사각기둥이 됩니다.
밑면인 면 ㅍㅎㅋㅌ과 수직인 면은 옆면인
면 ㄱㄴㄷㅎ, 면 ㅎㄷㅂㅋ, 면 ㅋㅂㅅㅊ, 면 ㅊㅅㅇㅈ으로 모두 4개입니다.

17 전개도를 접으면 점 ㅇ과 서로 만나는 점은 점 ㄴ, 점 ㄹ입니다.

18 밑면이 오각형인 각기둥이므로 오각기둥입니다.

19
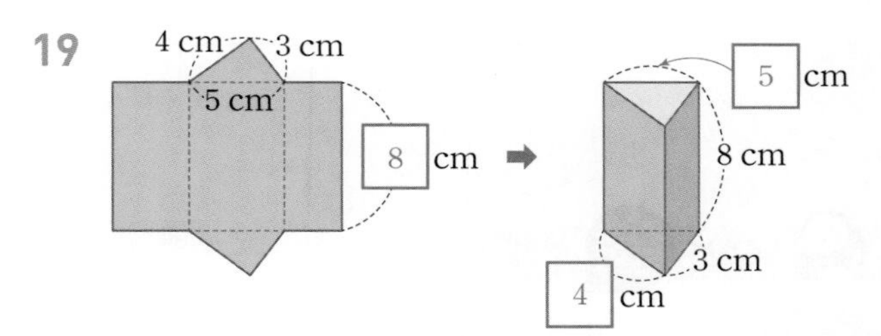

전개도에서 옆면인 직사각형의 세로는 각기둥의 높이와 같으므로 8 cm입니다.
각기둥의 밑면의 변의 길이는 전개도에서 밑면의 변의 길이로 알 수 있으므로 각각 5 cm, 4 cm입니다.

21 밑면이 사각형인 각기둥이므로 사각기둥의 전개도를 그립니다.
밑면을 기준으로 옆면을 다른 방향으로 만나게 그리면 다양한 전개도를 그릴 수 있습니다.

22 밑면이 사각형이고 옆면이 직사각형이므로 사각기둥입니다. 사각기둥은 한 밑면의 변이 4개이므로 모서리는 $4 \times 3 = 12$(개)입니다.

23 밑면이 칠각형이고 옆면이 직사각형이므로 칠각기둥입니다. 칠각기둥은 한 밑면의 변이 7개이므로 꼭짓점은 $7 \times 2 = 14$(개)입니다.

24 밑면이 십이각형이므로 십이각기둥입니다.
십이각기둥은 한 밑면의 변이 12개이므로
면은 $12 + 2 = 14$(개),
모서리는 $12 \times 3 = 36$(개),
꼭짓점은 $12 \times 2 = 24$(개)입니다.
➡ $14 + 36 + 24 = 74$(개)

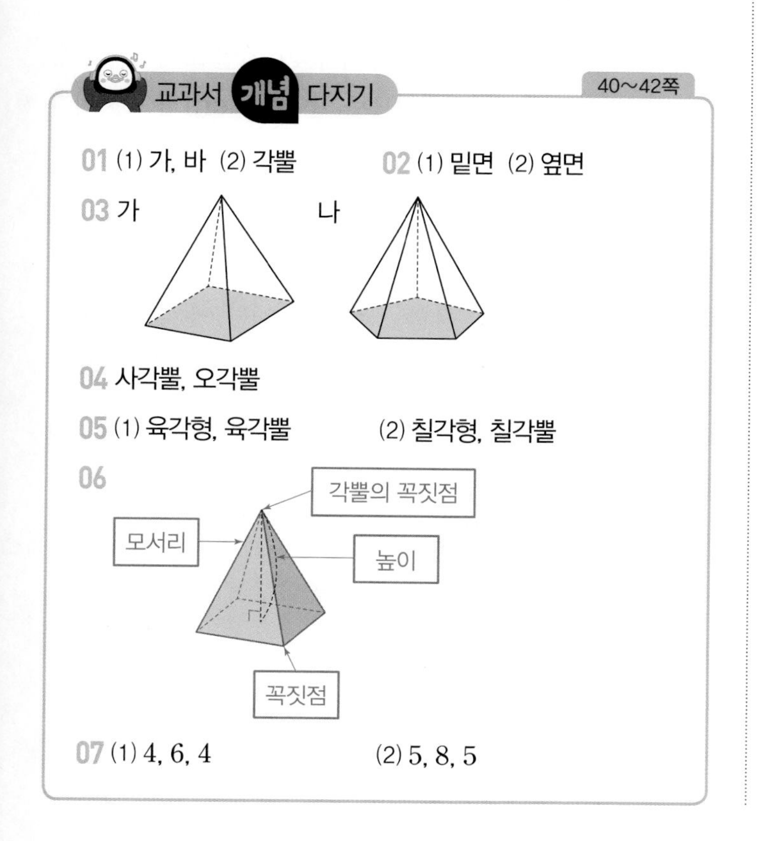

교과서 개념 다지기
40~42쪽
01 (1) 가, 바 (2) 각뿔
02 (1) 밑면 (2) 옆면
03 가
나
04 사각뿔, 오각뿔
05 (1) 육각형, 육각뿔
(2) 칠각형, 칠각뿔
06
각뿔의 꼭짓점
모서리
높이
꼭짓점
07 (1) 4, 6, 4
(2) 5, 8, 5

25 가, 바　　**26** (　　) (　　) (○)

27 면 ㄴㄷㄹㅁㅂㅅ　　**28** 6개

29

30

도형	밑면의 모양	옆면의 모양	밑면의 수(개)
가	팔각형	직사각형	2
나		삼각형	1

31 서현　　**32** 칠각형

33 칠각뿔　　**34** ㉢

35 구각뿔　　**36** 육각뿔

37 팔각뿔　　**38** 삼각뿔

39 ㉠ 사각뿔, ㉡ 오각뿔, ㉢ 육각뿔

40

도형	㉠	㉡	㉢
밑면의 모양	사각형	오각형	육각형
밑면의 변의 수(개)	4	5	6
면의 수(개)	5	6	7
꼭짓점의 수(개)	5	6	7
모서리의 수(개)	8	10	12

41 (1) 1 (2) 1 (3) 2

42 (　　) (　　) (○)　　**43** 10 cm

44 15 cm　　**45** ①, ③

46 6개　　**47** 44 cm

교과서 속 응용 문제

48 16개　　**49** 10개　　**50** 14개

25 각뿔은 밑면이 다각형이고 옆면이 삼각형인 뿔 모양의 입체도형입니다.

26 각뿔의 밑면의 모양은 오각형입니다.

27 각뿔에서 밑면은 밑에 놓인 면입니다.

28 각뿔에서 밑면과 만나는 면은 옆면입니다.

31 각뿔의 이름은 밑면의 모양에 따라 정해집니다.
밑면의 모양이 오각형이므로 오각뿔입니다.

32 각뿔의 밑면은 밑에 있는 면입니다.
입체도형의 밑면은 칠각형입니다.

33 밑면이 칠각형인 각뿔의 이름은 칠각뿔입니다.

34 각뿔은 밑면이 다각형으로 1개이고, 옆면이 삼각형인 뿔 모양의 입체도형입니다.
ⓒ 주어진 입체도형은 옆면이 삼각형이 아니므로 각뿔이 아닙니다.

35 밑면의 모양이 구각형인 각뿔의 이름은 구각뿔입니다.

36 (각뿔의 옆면의 수)=(각뿔의 밑면의 변의 수)입니다.
따라서 각뿔의 옆면이 6개인 각뿔의 이름은 육각뿔입니다.

37 밑면이 1개이고 옆면이 모두 삼각형인 입체도형은 각뿔입니다.
밑면이 팔각형인 각뿔이므로 팔각뿔입니다.

38 각뿔의 밑면의 수는 1개입니다.
(옆면의 수)−(밑면의 수)=2
➡ (옆면의 수)−1=2
따라서 주어진 각뿔의 옆면의 수는 3개입니다.
옆면의 수가 3개인 각뿔은 삼각뿔입니다.

39 ㉠ 밑면이 사각형이므로 사각뿔입니다.
ⓛ 밑면이 오각형이므로 오각뿔입니다.
ⓒ 밑면이 육각형이므로 육각뿔입니다.

40 밑면을 찾아보고 면의 수, 꼭짓점의 수, 모서리의 수를 각각 세어 봅니다.

41 각뿔에서 밑면의 변의 수, 꼭짓점의 수, 면의 수, 모서리의 수 사이의 관계를 찾아 식으로 나타낼 수 있습니다.

42 각뿔의 높이는 각뿔의 꼭짓점에서 밑면에 수직인 선분의 길이입니다.

43 각뿔의 높이는 각뿔의 꼭짓점에서 밑면에 수직인 선분의 길이이므로 높이는 10 cm입니다.

44 왼쪽 도형은 삼각기둥이고, 오른쪽 도형은 삼각뿔입니다. 삼각기둥의 높이는 7 cm이고, 삼각뿔의 높이는 8 cm입니다.
따라서 두 도형의 높이의 합은
7+8=15(cm)입니다.

45 왼쪽 도형은 삼각뿔이고, 오른쪽 도형은 사각뿔입니다.

도형	삼각뿔	사각뿔
① 밑면의 수(개)	1	1
② 밑면의 모양	삼각형	사각형
③ 옆면의 모양	삼각형	삼각형
④ 꼭짓점의 수(개)	4	5
⑤ 면의 수(개)	4	5

따라서 두 도형에서 같은 것은 밑면의 수와 옆면의 모양입니다.

46 왼쪽 도형은 육각뿔이고, 오른쪽 도형은 육각기둥입니다. 육각뿔은 밑면의 변이 6개이므로 모서리는
6×2=12(개)입니다.
육각기둥은 한 밑면의 변이 6개이므로 모서리는
6×3=18(개)입니다.
따라서 두 도형의 모서리의 수의 차는
18−12=6(개)입니다.

47 밑면이 정사각형이므로 길이가 4 cm인 모서리가 4개, 옆면이 이등변삼각형이므로 길이가 7 cm인 모서리가 4개 있습니다.
➡ (모든 모서리의 길이의 합)
=4×4+7×4=16+28=44(cm)

48 밑면이 팔각형인 각뿔은 팔각뿔입니다. 팔각뿔은 밑면의 변이 8개이므로 모서리는 8×2=16(개)입니다.

49 밑면이 구각형이고 옆면이 삼각형이므로 구각뿔입니다. 구각뿔은 밑면의 변이 9개이므로 꼭짓점은
9+1=10(개)입니다.

50 밑면이 육각형인 각뿔은 육각뿔입니다.
육각뿔은 밑면의 변이 6개이므로
면은 6+1=7(개), 꼭짓점은 6+1=7(개)입니다.
따라서 면의 수와 꼭짓점의 수의 합은
7+7=14(개)입니다.

응용력 높이기

47~51쪽

대표 응용 1 12, 6, 6, 18 / 12, 11, 11, 22 / 각기둥에 ○표, 육각형, 육각기둥

1-1 구각뿔

1-2 십이각기둥

대표 응용 2 5, 5, 오각형, 오각기둥

2-1 육각형, 육각기둥

2-2 삼각형, 삼각기둥

대표 응용 3 삼각기둥, 3, 18, 18, 30, 30, 15, 15, 5

3-1 4 cm

대표 응용 4 5, 15, 오각형, 10 / 5, 10, 오각형, 6 / ㉠, ㉢

4-1 ㉠

4-2 ㉢, ㉣, ㉤, ㉥

대표 응용 5 오각뿔, 5, 5, 5, 5, 35, 5, 5, 35, 25, 25, 5, 5

5-1 4 cm

1-1 • 설명하는 입체도형이 각기둥인 경우
꼭짓점이 10개이므로 한 밑면의 변의 수는 5개이고, 밑면의 모양은 오각형입니다.
모서리의 수는 $5\times3=15$(개)입니다.
• 설명하는 입체도형이 각뿔인 경우
꼭짓점이 10개이므로 밑면의 변의 수는 9개이고, 밑면의 모양은 구각형입니다.
모서리의 수는 $9\times2=18$(개)입니다.
따라서 입체도형은 구각뿔입니다.

1-2 한 밑면의 변의 수를 □개라고 하면
➡ 각기둥인 경우
(면의 수)+(모서리의 수)=□+2+□×3=50
□+□×3=48, □×4=48,
□=12 ➡ 십이각기둥
➡ 각뿔인 경우
(면의 수)+(모서리의 수)=□+1+□×2=50
□+□×2=49, □×3=49
위의 식을 만족하는 □가 없으므로 각뿔이 될 수 없습니다.
따라서 입체도형은 십이각기둥입니다.

2-1 옆면의 수가 6개입니다. 한 밑면의 변의 수가 6개이므로 밑면의 모양은 육각형입니다.
따라서 각기둥은 육각기둥입니다.

2-2 옆면의 수가 3개입니다. 한 밑면의 변의 수가 3개이므로 밑면의 모양은 삼각형입니다.
따라서 각기둥은 삼각기둥입니다.

3-1 전개도를 접으면 오각기둥이 됩니다.
첫 번째 조건을 보면 밑면의 변의 길이는 모두 같습니다.
두 번째, 세 번째 조건을 보면 오각기둥의 모든 모서리의 길이의 합이 65 cm이고, 각기둥의 높이가 5 cm이므로 두 밑면의 변의 길이의 합은
$65-5\times5=40$ (cm)입니다.
따라서 한 밑면의 모든 변의 길이의 합은
$40\div2=20$ (cm)이고, 밑면의 한 변의 길이는
$20\div5=4$ (cm)입니다.

4-1

도형	사각기둥	사각뿔
㉠ 밑면의 모양	사각형	사각형
㉡ 옆면의 모양	직사각형	삼각형
㉢ 모서리의 수(개)	12	8
㉣ 꼭짓점의 수(개)	8	5

따라서 사각기둥과 사각뿔에서 같은 것은 ㉠입니다.

4-2

도형	육각기둥	육각뿔
㉠ 밑면의 모양	육각형	육각형
㉡ 옆면의 수(개)	6	6
㉢ 모서리의 수(개)	18	12
㉣ 꼭짓점의 수(개)	12	7
㉤ 밑면의 수(개)	2	1
㉥ 옆면의 모양	직사각형	삼각형

따라서 육각기둥과 육각뿔에서 다른 것은 ㉢, ㉣, ㉤, ㉥입니다.

5-1 (옆면의 모서리의 길이의 합)$=5\times6=30$ (cm)
(밑면의 모서리의 길이의 합)$=54-30=24$ (cm)
(밑면의 한 변의 길이)$=24\div6=4$ (cm)

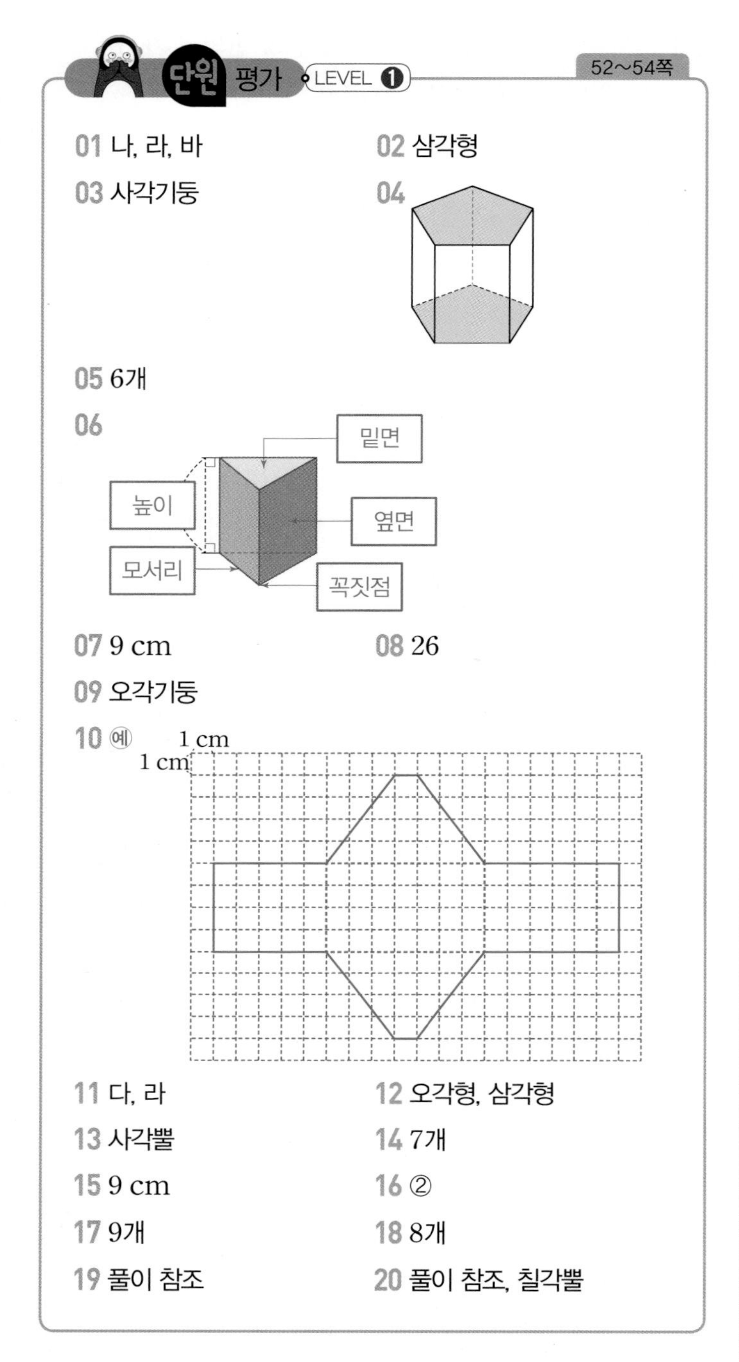

단원 평가 LEVEL ❶
52~54쪽
01 나, 라, 바
02 삼각형
03 사각기둥
04
05 6개
06
밑면
높이
옆면
모서리
꼭짓점
07 9 cm
08 26
09 오각기둥
10 예 1 cm
1 cm
11 다, 라
12 오각형, 삼각형
13 사각뿔
14 7개
15 9 cm
16 ②
17 9개
18 8개
19 풀이 참조
20 풀이 참조, 칠각뿔

03 밑면이 사각형인 각기둥은 사각기둥입니다.

04 보이는 모서리는 실선으로, 보이지 않는 모서리는 점선으로 나타냅니다.

05 두 밑면과 만나는 면을 옆면이라고 합니다.
각기둥에서 두 밑면과 만나는 면은 모두 6개입니다.

07 각기둥의 높이는 두 밑면 사이의 거리이므로 높이는 9 cm입니다.

08 (면의 수)$=4+2=6$(개)
(모서리의 수)$=4\times3=12$(개)
(꼭짓점의 수)$=4\times2=8$(개)
➡ $6+12+8=26$(개)

09 밑면이 오각형인 각기둥이므로 오각기둥입니다.

12 각뿔의 밑면은 오각형이고 옆면은 모두 삼각형입니다.

13 밑면이 사각형인 각뿔이므로 사각뿔입니다.

14 모서리와 모서리가 만나는 점은 꼭짓점으로 세어 보면 모두 7개입니다.

15 각뿔의 높이는 각뿔의 꼭짓점에서 밑면에 수직인 선분의 길이이므로 높이는 9 cm입니다.

16 ② 각뿔의 옆면은 삼각형입니다.

17 밑면이 팔각형이므로 팔각뿔입니다.
팔각뿔은 밑면의 변이 8개이므로
(꼭짓점의 수)$=$(밑면의 변의 수)$+1=8+1=9$(개)입니다.

18 밑면이 사각형이고 옆면이 모두 삼각형인 입체도형은 사각뿔입니다.
사각뿔은 밑면의 변이 4개이므로 모서리는
(밑면의 변의 수)$\times2=4\times2=8$(개)입니다.

19 예 두 밑면이 서로 평행하지 않고 합동이 아니므로 각기둥이 아닙니다. … 100 %

20 예 □각기둥이라고 하면 한 밑면의 변은 □개입니다.
□각기둥의 모서리는 (□$\times$3)개이고, 모서리가 21개이므로 □$\times3=21$, □$=21\div3=7$입니다. … 60 %
따라서 칠각기둥의 밑면은 칠각형이고 각뿔의 밑면도 칠각형입니다. 밑면이 칠각형인 각뿔은 칠각뿔입니다.
… 40 %

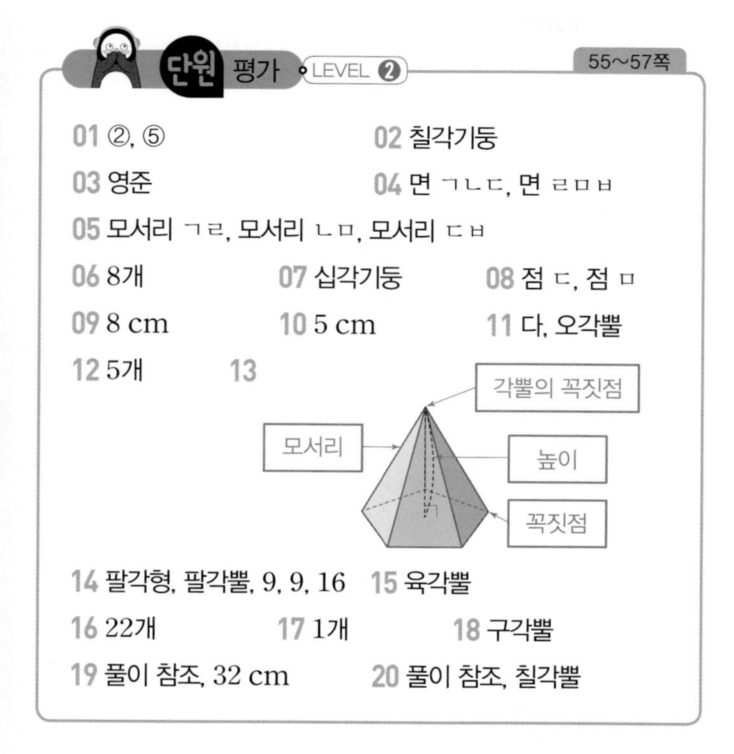

단원 평가 LEVEL 2 55~57쪽

01 ②, ⑤ 02 칠각기둥
03 영준 04 면 ㄱㄴㄷ, 면 ㄹㅁㅂ
05 모서리 ㄱㄹ, 모서리 ㄴㅁ, 모서리 ㄷㅂ
06 8개 07 십각기둥 08 점 ㄷ, 점 ㅁ
09 8 cm 10 5 cm 11 다, 오각뿔
12 5개 13

14 팔각형, 팔각뿔, 9, 9, 16 15 육각뿔
16 22개 17 1개 18 구각뿔
19 풀이 참조, 32 cm 20 풀이 참조, 칠각뿔

02 밑면의 모양이 칠각형인 각기둥은 칠각기둥입니다.

03 입체도형은 서로 평행한 두 면이 없기 때문에 각기둥이 아닙니다.

04 각기둥에서 밑면은 서로 평행하고 합동인 두 면입니다.

05 각기둥에서 높이는 두 밑면 사이의 거리입니다.

06 팔각기둥에서 옆면을 세어 보면 8개입니다.

07 (모서리의 수)=(한 밑면의 변의 수)×3
모서리의 수가 30개이므로
(한 밑면의 변의 수)×3=30,
(한 밑면의 변의 수)=30÷3=10(개)
입니다. 따라서 각기둥은 십각기둥입니다.

09 오각기둥의 전개도입니다. 각기둥의 높이는 두 밑면 사이의 수직인 선분의 길이이므로 높이는 8 cm입니다.

10 전개도를 접으면 육각기둥이 됩니다.
첫 번째 조건을 보면 밑면의 변의 길이는 모두 같습니다.
두 번째, 세 번째 조건을 보면 육각기둥의 모든 모서리의 길이의 합이 132 cm이고, 각기둥의 높이가 12 cm이므로 두 밑면의 변의 길이의 합은
132−12×6=60(cm)입니다.
따라서 한 밑면의 모든 변의 길이의 합은
60÷2=30(cm)이고,
밑면의 한 변의 길이는 30÷6=5(cm)입니다.

11 각뿔은 다입니다.
다는 밑면이 오각형인 각뿔이므로 오각뿔입니다.

12 오각뿔의 옆면의 개수는 5개입니다.

14 밑면이 팔각형이므로 팔각뿔입니다.
밑면의 변이 8개이므로 꼭짓점은 8+1=9(개),
면은 8+1=9(개), 모서리는 8×2=16(개)입니다.

15 육각기둥의 옆면의 수는 6개입니다.
옆면의 수가 6개인 각뿔은 육각뿔입니다.

16 (면의 수)=(밑면의 변의 수)+1
면의 수가 12개이므로 밑면의 변의 수는 11개입니다.
밑면의 변의 수가 11개인 각뿔은 십일각뿔입니다.
십일각뿔의 모서리는 11×2=22(개)입니다.

17 삼각기둥의 꼭짓점은 6개이고 사각뿔의 꼭짓점은 5개입니다. 따라서 두 도형의 꼭짓점의 수의 차는
6−5=1(개)입니다.

18 팔각기둥은 한 밑면의 변이 8개이므로 면은
8+2=10(개)입니다.
구하는 각뿔의 면도 10개이고 각뿔에서
(면의 수)=(밑면의 변의 수)+1이므로
10=(밑면의 변의 수)+1,
(밑면의 변의 수)=10−1=9(개)입니다.
따라서 구하는 각뿔은 밑면이 구각형인 구각뿔입니다.

19 예 밑면은 한 변의 길이가 2 cm인 정사각형이고, 높이는 4 cm인 사각기둥입니다. … 50 %
따라서 모든 모서리의 길이의 합은
2×8+4×4=16+16=32(cm)입니다. … 50 %

20 예 밑면이 다각형이고 1개이며 옆면은 모두 삼각형인 입체도형은 각뿔입니다. … 30 %
각뿔에서 (꼭짓점의 수)=(밑면의 변의 수)+1이므로
(밑면의 변의 수)=(꼭짓점의 수)−1=8−1=7(개)
입니다. … 50 %
따라서 구하는 입체도형은 밑면이 칠각형인 칠각뿔입니다. … 20 %

3 단원 소수의 나눗셈

교과서 개념 다지기

60~62쪽

01 (위에서부터) $\frac{1}{10}$, 14.2, $\frac{1}{100}$, 1.42

02 (1) 100 (2) 100, 1.12

03 (1) 413, 41.3 (2) 211, 2.11

(3) 333, 33.3 (4) 111, 1.11

04 (1) 76, 76, 38, 3.8 (2) 501, 501, 167, 1.67

05 9⊡2□7

06 방법 1 232, 232, 29, 0.29 방법 2 29, 0.29

07 (위에서부터) 0, 1, 9, 8, 72

교과서 넘어 보기

63~66쪽

01 223, 223, 22.3

02 286, 143, 143, 1.43

03 (위에서부터) $\frac{1}{10}$, 21.1, $\frac{1}{100}$, 2.11

04 1□2⊡2 / 1⊡2□2

05 21.2, 2.12

06 31.2, 3.12

07 9.03

08 $\frac{1}{10}$배

09 1.21 m

10 1⊡1□3

11 $27.33 \div 3 = \frac{2733}{100} \div 3 = \frac{2733 \div 3}{100} = \frac{911}{100} = 9.11$

12 $15.65 \div 5 = \frac{1565}{100} \div 5 = \frac{1565 \div 5}{100} = \frac{313}{100} = 3.13$

13 5.84

14 1.47

15 (1) > (2) <

16 5.23 cm

17 1.29배

18
```
   0.7 3
8)5.8 4
  5 6
  ----
    2 4
    2 4
    ----
      0
```

19 0.01

20 0.78

21 ㉣

22 0.59 L

23 3.36÷12=0.28, 0.28 cm

교과서 속 응용 문제

24 4.68

25 0.93

26 2.3

---

01 669÷3=223이고 1 cm는 10 mm이므로 223 mm는 22.3 cm입니다.

02 286÷2=143이고 1 m는 100 cm이므로 143 cm는 1.43 m입니다.

05

848÷4=212

$\frac{1}{10}$배 ↓ 84.8÷4=21.2 ↓ $\frac{1}{10}$배

$\frac{1}{100}$배 ↓ 8.48÷4=2.12 ↓ $\frac{1}{100}$배

06

936÷3=312

$\frac{1}{10}$배 ↓ 93.6÷3=31.2 ↓ $\frac{1}{10}$배

$\frac{1}{100}$배 ↓ 9.36÷3=3.12 ↓ $\frac{1}{100}$배

07 몫 3.01이 903÷3의 몫 301의 $\frac{1}{100}$배이므로 나누어지는 수는 903의 $\frac{1}{100}$배인 9.03입니다.

08 ㉠과 ㉡은 나누는 수는 같고, ㉠의 나누어지는 수 50.5는 ㉡의 나누어지는 수 505의 $\frac{1}{10}$배이므로 ㉠의 몫은 ㉡의 몫의 $\frac{1}{10}$배가 됩니다.

09 경원이가 가지고 있는 리본을 4등분하면 484÷4=121 (cm)입니다.
소영이가 가지고 있는 리본을 4등분하는 식은 4.84÷4입니다.
4.84는 484의 $\frac{1}{100}$배이므로 소영이가 상자 한 개를 묶기 위해 사용한 리본은 121의 $\frac{1}{100}$배인 1.21 m입니다.

13
```
    5.8 4
7)4 0.8 8
  3 5
  ------
    5 8
    5 6
    ----
      2 8
      2 8
      ----
        0
```

14
```
   1.4 7
6)8.8 2
  6
  ----
  2 8
  2 4
  ----
    4 2
    4 2
    ----
      0
```

15 (1) $21.36 \div 3 = 7.12$

$42.66 \div 6 = 7.11$

➡ $21.36 \div 3 > 42.66 \div 6$

(2) $60.06 \div 7 = 8.58$

$43.65 \div 5 = 8.73$

➡ $60.06 \div 7 < 43.65 \div 5$

16 (색 테이프 한 도막의 길이)$=31.38 \div 6 = 5.23$(cm)

17 수진: (삼각형의 넓이)$=5 \times 4.8 \div 2 = 12$($cm^2$)

지민: (삼각형의 넓이)$=4 \times 7.74 \div 2 = 15.48$($cm^2$)

➡ $15.48 \div 12 = 1.29$(배)

18
```
   0.7 3
8)5.8 4
  5 6
  ----
    2 4
    2 4
    ----
      0
```
나누어지는 수 5.84의 자연수 부분 5는 나누는 수 8보다 작으므로 몫의 일의 자리에 0을 써야 합니다.

19 $1.68 \div 7 = 0.24$, $1.38 \div 6 = 0.23$

따라서 두 나눗셈의 몫의 차는 $0.24 - 0.23 = 0.01$입니다.

20 $3.12 \div 4 = 0.78$

21 ㉠ $4.34 \div 7 = 0.62$ ㉡ $5.58 \div 6 = 0.93$

㉢ $7.65 \div 9 = 0.85$ ㉣ $30.42 \div 26 = 1.17$

따라서 몫이 1보다 큰 것은 ㉣입니다.

다른 풀이 (나누어지는 수)>(나누는 수)이면 몫이 1보다 큽니다.

22 $4.72 \div 8 = 0.59$(L)

23 (1분 동안 타는 양초의 길이)$=3.36 \div 12 = 0.28$(cm)

24 어떤 수를 □라고 하면 $6 \times □ = 28.08$,

$□ = 28.08 \div 6 = 4.68$입니다.

25 어떤 수를 □라고 하면 $3.72 \div □ = 4$,

$□ = 3.72 \div 4 = 0.93$입니다.

26 어떤 수를 □라고 하면 $57.5 \div □ = 5$,

$□ = 57.5 \div 5 = 11.5$입니다.

따라서 $11.5 \div 5 = 2.3$입니다.

교과서 개념 다지기

67~70쪽

01 방법 1 273, 2730, 2730, 455, 4.55

방법 2 455, 4.55 방법 3 4, 5, 5, 30, 30

02 방법 1 820, 820, 205, 2.05

방법 2 205, 2.05 방법 3 2, 0, 5

03 (1) 14, 1.4 (2) 75, 0.75 (3) 28, 2.8

04 (1) 5, 30 (2) 25, 20, 20

05 (1) ( )(○) (2) ( )(○) (3) (○)( )

06 (1) 49 (2) 49, 7 (3) $49.35 \div 7 = 7.05$에 ○표

교과서 넘어 보기

71~74쪽

27 $57.2 \div 8 = \frac{572}{10} \div 8 = \frac{5720}{100} \div 8 = \frac{5720 \div 8}{100}$

$= \frac{715}{100} = 7.15$

28 1.75

29 (1) 0.85 (2) 1.38

30 0.45

31 2.15 kg

32 3.48 m

33 $6.12 \div 3 = \frac{612}{100} \div 3 = \frac{612 \div 3}{100} = \frac{204}{100} = 2.04$

34 1.07

35
```
    7.0 8
5)3 5.4
  3 5
  -----
    4 0
    4 0
    ---
      0
```

36 1.08 kg

37 1.05 m

38 (위에서부터) $\frac{1}{100}$, 225, 2.25, $\frac{1}{100}$

39 $11 \div 2 = \frac{110}{10} \div 2 = \frac{110 \div 2}{10} = \frac{55}{10} = 5.5$

40 (1) 1.8 (2) 0.75

41 >

42 6.4 cm

43 (1) 예 17, 4, 4 / 4⊡3□5

(2) 예 77, 25, 3 / 3⊡0□6

44 ㉢

45 1.4, 1.4

46 나비

교과서 속 응용 문제

47 9.56 cm^2

48 1.09 m^2

49 3.75 m^2

50 52.5초

51 지윤

52 26.28 km

28 나눗셈에서 나누어지는 수를 $\frac{1}{100}$배 하면 몫도 $\frac{1}{100}$배가 됩니다.

29 (1)
$$\begin{array}{r} 0.85 \\ 6\overline{)5.10} \\ \underline{48} \\ 30 \\ \underline{30} \\ 0 \end{array}$$

(2)
$$\begin{array}{r} 1.38 \\ 5\overline{)6.90} \\ \underline{5} \\ 19 \\ \underline{15} \\ 40 \\ \underline{40} \\ 0 \end{array}$$

30 $3.6 \div 8 = 0.45$

31 (한 봉지에 담아야 할 밤의 무게)
$= 12.9 \div 6 = 2.15\,(\text{kg})$

32 6개의 나무막대를 같은 간격으로 세우려면 17.4 m를 5등분해야 합니다.
(나무막대 사이의 간격)$= 17.4 \div 5 = 3.48\,(\text{m})$

34 나눗셈에서 나누어지는 수를 $\frac{1}{100}$배 하면 몫도 $\frac{1}{100}$배가 됩니다.

35
$$\begin{array}{r} 7.08 \\ 5\overline{)35.40} \\ \underline{35} \\ 40 \\ \underline{40} \\ 0 \end{array}$$

4는 5보다 작으므로 몫의 소수 첫째 자리에 0을 쓰고 0을 내려 계산해야 합니다.

36 (한 명에게 줄 수 있는 밀가루의 양)
$= 3.24 \div 3 = 1.08\,(\text{kg})$

37 사각뿔의 모서리는 8개입니다.
(한 모서리의 길이)
=(모든 모서리의 길이의 합)÷(모서리의 수)
$= 8.4 \div 8 = 1.05\,(\text{m})$

38 나누어지는 수 9는 900의 $\frac{1}{100}$배이고 나누는 수가 같으므로 몫도 $\frac{1}{100}$배가 됩니다.

39 나누어지는 수를 분수로 나타내어 계산하는 방법입니다.

40 (1) $9 \div 5 = \frac{9}{5} = \frac{18}{10} = 1.8$

(2)
$$\begin{array}{r} 0.75 \\ 8\overline{)6.00} \\ \underline{56} \\ 40 \\ \underline{40} \\ 0 \end{array}$$

41 $14 \div 5 = 2.8$, $22 \div 8 = 2.75$ ➡ $2.8 > 2.75$

42 (직사각형의 가로)=(직사각형의 넓이)÷(세로)
$= 32 \div 5 = 6.4\,(\text{cm})$

43 반올림하여 일의 자리까지 나타내어 몫을 어림하면 몫의 소수점 위치를 쉽게 찾을 수 있습니다.

44 $14.04 \div 9$에서 14.04를 반올림하여 일의 자리까지 나타내면 14입니다.
$14 \div 9$의 몫은 1보다 크고 2보다 작은 수이므로
㉢ $14.04 \div 9 = 1.56$이 답이 됩니다.

45 기정이의 계산에서 몫의 소수점 위치가 잘못되었습니다. $4.2 \div 3$을 $4 \div 3$을 이용하여 어림하면 몫은 1에 가까워야 합니다. 따라서 $4.2 \div 3$의 몫은 1.4입니다.
$4.2 \div 3 = 1.4$ ➡ 1.4 L

46 나누어지는 수가 나누는 수보다 크면 몫이 1보다 크고, 나누어지는 수가 나누는 수보다 작으면 몫이 1보다 작습니다.

47 (색칠한 부분의 넓이)$= 47.8 \div 5 = 9.56\,(\text{cm}^2)$

48 (색칠한 부분의 넓이)$= 6.54 \div 6 = 1.09\,(\text{m}^2)$

49 (작은 삼각형 한 개의 넓이)$= 10 \div 8 = 1.25\,(\text{m}^2)$
(색칠한 부분의 넓이)$= 1.25 \times 3 = 3.75\,(\text{m}^2)$

50 5분 15초=60초×5+15초=315초
➡ (수현이가 호수 둘레를 한 바퀴 도는 데 걸린 시간)
$= 315 \div 6 = 52.5$(초)

51 (성진이가 1분 동안 달린 거리)
$=9.1 \div 26 = 0.35$ (km)
(지윤이가 1분 동안 달린 거리)
$=6.3 \div 15 = 0.42$ (km)
따라서 1분 동안 더 많이 달린 지윤이가 더 빨리 달렸습니다.

52 (자동차가 1분 동안 가는 거리)
$=43.8 \div 15 = 2.92$ (km)
(자동차가 9분 동안 가는 거리)
$=2.92 \times 9 = 26.28$ (km)

응용력 높이기 75~79쪽

대표 응용 1 2, 4, 5, 2, 4, 5, 5, 1, 2, 3, 4, 4
1-1 5개 **1-2** 4, 5, 6, 7
대표 응용 2 18.96, 18.96, 6.32
2-1 3.23 **2-2** 0.56
대표 응용 3 2, 7, 9, 2, 7, 9, 0.3, 0.3
3-1 2.88 **3-2** 2.3
대표 응용 4 4, 1.75, 5, 1.4, 1.75, 1.4, 0.35
4-1 3 cm **4-2** 3.5 m
대표 응용 5 59.6, 5, 59.6, 59.6, 11.92, 11.92, 11.92, 4.47
5-1 0.46 m **5-2** 0.82배

1-1 $13.23 \div 9 = 1.47$이므로 $1.47 > 1.\square5$입니다.
소수 둘째 자리 숫자를 비교하면 $7 > 5$이므로 소수 첫째 자리 숫자는 4와 같거나 4보다 작아야 합니다.
따라서 □ 안에 들어갈 수 있는 수는 0, 1, 2, 3, 4로 모두 5개입니다.

1-2 $19.5 \div 5 = 3.9$이므로 $3.9 < \square$에서 □ 안에 들어갈 수 있는 자연수는 4, 5, 6, 7, ...입니다.
$50.4 \div 7 = 7.2$이므로 $\square < 7.2$에서 □ 안에 들어갈 수 있는 자연수는 1, 2, 3, 4, 5, 6, 7입니다.
따라서 □ 안에 공통으로 들어갈 수 있는 자연수는 4, 5, 6, 7입니다.

2-1 $● \times 5 = 48.45$ ➡ $● = 48.45 \div 5$ ➡ $● = 9.69$
$● \div 3 = ▲$ ➡ $▲ = 9.69 \div 3 = 3.23$

2-2 $22.4 \div 4 = 5.6$
$● \times 5 = 5.6$ ➡ $● = 5.6 \div 5$ ➡ $● = 1.12$
$● \div 2 = ▲$ ➡ $▲ = 1.12 \div 2 = 0.56$

3-1 $8 > 6 > 4 > 3$이므로 주어진 수 카드 중 3장으로 만들 수 있는 가장 큰 소수 두 자리 수는 8.64입니다.
따라서 남은 수 카드의 수인 3으로 나누면
$8.64 \div 3 = 2.88$이므로 몫은 2.88입니다.

3-2 $0 < 2 < 7 < 9$이므로 주어진 수 카드 중 3장으로 만들 수 있는 가장 작은 소수 한 자리 수는 20.7입니다.
따라서 남은 수 카드의 수인 9로 나누면
$20.7 \div 9 = 2.3$이므로 몫은 2.3입니다.

4-1 (정육각형의 한 변의 길이)$=21 \div 6 = 3.5$ (cm)
(정팔각형의 한 변의 길이)$=52 \div 8 = 6.5$ (cm)
따라서 정육각형의 한 변의 길이와 정팔각형의 한 변의 길이의 차는 $6.5 - 3.5 = 3$ (cm)입니다.

4-2 (정삼각형 한 개를 만드는 데 사용한 철사의 길이)
$=42 \div 4 = 10.5$ (m)
따라서 정삼각형의 한 변의 길이는
$10.5 \div 3 = 3.5$ (m)입니다.

5-1 (처음 직사각형 모양의 밭의 넓이)
$=37.3 \times 7 = 261.1$ (m^2)
새로 만든 직사각형 모양의 밭의 가로는
$37.3 - 2.3 = 35$ (m)입니다.
새로 만든 직사각형 모양의 밭의 세로를 □ m라고 하면 처음 밭의 넓이와 같으므로
$35 \times \square = 261.1$, $\square = 261.1 \div 35 = 7.46$입니다.
세로는 7.46 m가 되어야 하므로 더 늘여야 하는 길이는 $7.46 - 7 = 0.46$ (m)입니다.

5-2 (처음 직사각형의 둘레)$=(5 + 4.5) \times 2 = 19$ (cm)
세로를 1.2배로 늘이면 새로 만든 직사각형의 세로는
$4.5 \times 1.2 = 5.4$ (cm)입니다.
새로 만든 직사각형의 가로를 □ cm라 하면 둘레가 같으므로 $(\square + 5.4) \times 2 = 19$, $\square + 5.4 = 9.5$, $\square = 4.1$
따라서 가로는 $4.1 \div 5 = 0.82$(배)로 줄여야 합니다.

80~82쪽

01 2.32 02 24.4, 2.44 03 1.12 m
04 (위에서부터) 2, 4 / 16, 32, 32
05 2.32, 1.16 06 7.23 cm 07 0.29
08 3.25÷5, 5.58÷9에 ○표 09 ㉡, ㉢, ㉠
10 $3.5 \div 2 = \frac{35}{10} \div 2 = \frac{350}{100} \div 2 = \frac{350 \div 2}{100} = \frac{175}{100} = 1.75$
11 1.85 12 59.55 m^2 13 ㉡
14 0.01 15 (1) 2.5 (2) 2.75 16 0.4 L
17 28÷4 18 24.3÷6=4.05에 ○표
19 풀이 참조, 0.95 20 풀이 참조, 33분 30초

01 나누는 수가 같고 나누어지는 수 6.96은 696의 $\frac{1}{100}$배이므로 몫은 232의 $\frac{1}{100}$배인 2.32입니다.

02 나누는 수가 같고 나누어지는 수를 자연수의 $\frac{1}{10}$배, $\frac{1}{100}$배 하면 몫도 $\frac{1}{10}$배, $\frac{1}{100}$배가 됩니다.

03 소희가 가지고 있는 리본을 3등분하면
336÷3=112 (cm)입니다.
정욱이가 가지고 있는 리본을 3등분하는 식은 3.36÷3입니다.
3.36은 336의 $\frac{1}{100}$배이므로 정욱이가 상자 한 개를 묶기 위해 사용한 리본은 112의 $\frac{1}{100}$배인 1.12 m입니다. ➡ 3.36÷3=1.12 (m)

05 18.56÷8=2.32, 2.32÷2=1.16

06 (마름모의 한 변의 길이)=28.92÷4=7.23 (cm)

07 1.45÷5=0.29

08 나누어지는 수가 나누는 수보다 작으면 몫이 1보다 작습니다.

09 ㉠ 9.45÷35=0.27 ㉡ 15.05÷43=0.35
㉢ 2.38÷7=0.34
➡ 0.35>0.34>0.27

11
```
     1.8 5
  4)7.4 0
    4
    3 4
    3 2
      2 0
      2 0
        0
```

12 직사각형 모양의 땅을 똑같이 4칸으로 나눈 것이므로
(한 칸의 넓이)=79.4÷4=19.85 (m^2)
(색칠한 부분의 넓이)=19.85×3=59.55 (m^2)

13 ㉠ 37.4÷4=9.35 ㉡ 32.4÷8=4.05

14 ㉠ 12.3÷6=2.05 ㉡ 10.2÷5=2.04
➡ 2.05−2.04=0.01

15 (1) 5÷2=2.5 (2) 11÷4=2.75

16 (한 명이 마신 주스의 양)=(주스 한 병의 양)÷5
=2÷5=0.4 (L)

17 28.2를 반올림하여 일의 자리까지 나타내면 28이므로 28.2÷4를 28÷4로 어림하여 계산할 수 있습니다.

18 24.3÷6에서 24.3을 반올림하여 일의 자리까지 나타내면 24입니다. 24÷6의 몫은 4이므로 24.3÷6의 몫도 4보다 조금 큰 24.3÷6=4.05가 됩니다.

19 예 어떤 수를 □라고 하면 잘못 계산한 식은
□÷1.5=3.8이므로
□=3.8×1.5=5.7입니다. … 50 %
따라서 바르게 계산하면
5.7÷6=0.95입니다. … 50 %

20 예 2시간 14분=120분+14분=134분 … 20 %
(산책길을 한 바퀴 도는 데 걸린 시간)
=134÷4=33.5(분) … 60 %
따라서 지수가 산책길을 한 바퀴 도는 데 걸린 시간은 33.5분=33분 30초입니다. … 20 %

단원 평가 LEVEL ❷

83~85쪽

01 13.1, 1.31　02 $\frac{1}{100}$배

03 (위에서부터) 431, $\frac{1}{100}$, 8.62, 4.31

04 1.62　05 2.7 L　06 1, 2

07 3.29　08 0.72, 0.86　09 0.37 L

10 2.15 m　11 1.95　12 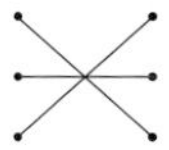

13 3.03　14 ㉡, ㉢, ㉠　15 2.8

16 3　17 ㉠ 26, 4 / 4⊡3□2

18 ㉠, ㉢　19 풀이 참조, 3.45 cm^2

20 풀이 참조, 2.24 m

01 나누는 수가 같고 나누어지는 수를 $\frac{1}{10}$배, $\frac{1}{100}$배 하면 몫도 $\frac{1}{10}$배, $\frac{1}{100}$배가 됩니다.

02 나누어지는 수가 $\frac{1}{100}$배이므로 몫도 $\frac{1}{100}$배입니다.

03 862÷2의 몫의 $\frac{1}{100}$배인 수가 나오는 식은 862의 $\frac{1}{100}$배인 수 8.62를 2로 나누는 식이어야 합니다.
따라서 조건을 만족하는 식은 8.62÷2=4.31입니다.

05 (벽면의 넓이)=5×3=15(m^2)
➡ (1 m^2의 벽면을 칠하는 데 사용한 페인트의 양)
=40.5÷15=2.7(L)

06 16.92÷4=4.23, 4.23>4.2□이므로 □ 안에 들어갈 수 있는 수는 1, 2입니다.

07 9>8>7>3이므로 주어진 수 카드 중 3장으로 만들 수 있는 가장 큰 소수 두 자리 수는 9.87입니다.
따라서 9.87을 남은 수 카드의 수인 3으로 나누면 9.87÷3=3.29이므로 몫은 3.29입니다.

08 6.48÷9=0.72, 3.44÷4=0.86

09 일주일은 7일입니다.
(하루에 마신 우유의 양)=(전체 우유의 양)÷7
=2.59÷7=0.37(L)

10 8.6÷4=2.15(m)

11 어떤 수를 □라고 하면 □×8=15.6,
□=15.6÷8=1.95입니다.

12 18.12÷6=3.02, 16.2÷4=4.05, 30.4÷5=6.08

13 □×5=15.15 ➡ □=15.15÷5=3.03

14

㉠
```
      4.0 5
14)5 6.7 0
   5 6
   -----
       7 0
       7 0
       ---
         0
```

㉡
```
      2.0 5
22)4 5.1 0
   4 4
   -----
     1 1 0
     1 1 0
     -----
         0
```

㉢
```
     3.0 5
8)2 4.4 0
  2 4
  -----
      4 0
      4 0
      ---
        0
```

15 가장 큰 수는 70이고 가장 작은 수는 25입니다.
➡ 70÷25=2.8

16 156÷15=10.4 ➡ 10.4>10.□
□ 안에 들어갈 수 있는 수는 1, 2, 3이므로 가장 큰 수는 3입니다.

17 25.92를 반올림하여 일의 자리까지 나타내면 26입니다. 26÷6의 몫은 4보다 크고 5보다 작은 수이므로 25.92÷6의 몫의 소수점은 4 뒤에 찍으면 됩니다.

18 나누어지는 수가 나누는 수보다 크면 몫이 1보다 큽니다.

19 ㉠ (두 번째로 큰 정사각형의 넓이)
=27.6÷2=13.8(cm^2) … 30 %
(세 번째로 큰 정사각형의 넓이)
=13.8÷2=6.9(cm^2) … 30 %
따라서 색칠한 정사각형의 넓이는
6.9÷2=3.45(cm^2)입니다. … 40 %

20 ㉠ 화분을 원 모양으로 놓을 때 화분과 화분 사이의 간격의 수는 화분의 수와 같습니다. … 40 %
따라서 화분 사이의 간격은 56÷25=2.24(m)입니다. … 60 %

4단원 비와 비율

교과서 개념 다지기

88~91쪽

01 (1) 4, 4 (2) 3, 3

02 (1) (위에서부터) 12, 6, 8 (2) 8, 12, 16 (3) 3

03 (1) : (2) 7 : 8 (3) 7 대 8

04 (1) 8 : 3 (2) 3 : 8

05 9, 2, 9, 2, 9, 2, 2, 9

06 (1) 5, 14 (2) 9, 6 (3) 15, 16

07 (1) 비교하는 양, 기준량 (2) 비율

08 7, 3

09 6, 10

10 $\frac{2}{5}$, 0.4

11 $\frac{5}{20}\left(=\frac{1}{4}\right)$, 0.25

12 (1) 7 : 10 (2) $\frac{7}{10}$, 0.7

13 (1) 걸린 시간 (2) $\frac{400}{5}$, 80

14 $\frac{2000}{50}$, 40

15 $\frac{30}{6}$, 5

교과서 넘어 보기

92~95쪽

01 6, 6, 3, 3

02 예 6－3＝3, 가로가 세로보다 3칸 더 깁니다.
예 6÷3＝2, 가로는 세로의 2배입니다.

03 예 오렌지주스의 양은 우유의 양의 3배입니다.

04 예 10÷5＝2, 20÷10＝2, 30÷15＝2, 40÷20＝2이므로 연필 수는 항상 학생 수의 2배입니다.

05 (위에서부터) 16, 20, 6, 8, 10/36장

06 (1) 4 : 6 (2) 6 : 4

07 수민, 유나

08 예

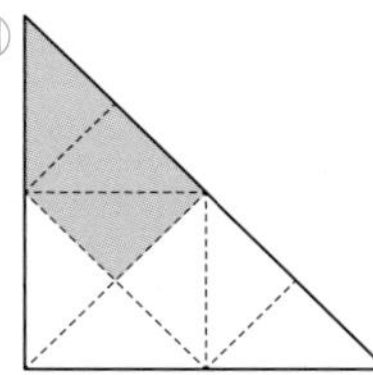

09 (1) × (2) ○

10 630 : 320

11 (위에서부터) $\frac{15}{20}\left(=\frac{3}{4}\right)$, 0.75 / $\frac{18}{45}\left(=\frac{2}{5}\right)$, 0.4

12 (위에서부터) 13, 20, $\frac{13}{20}(=0.65)$ / 4, 15, $\frac{4}{15}$

13 ②

14

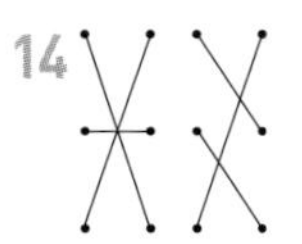

15 ㉠, ㉡, ㉣, ㉢

16 예 두 액자의 가로에 대한 세로의 비율은 같습니다.

17 $2\left(=\frac{800}{400}\right)$

18 $\frac{28}{40}\left(=\frac{7}{10}=0.7\right)$

19 $\frac{5}{15}\left(=\frac{1}{3}\right)$

20 가 자전거

교과서 속 응용 문제

21 $65\left(=\frac{780}{12}\right)$

22 $142\left(=\frac{2698000}{19000}\right)$

23 $2600\left(=\frac{10400}{4}\right)$, $2300\left(=\frac{16100}{7}\right)$ / 희망 마을

24 $\frac{30}{120}\left(=\frac{1}{4}=0.25\right)$

25 $\frac{35}{110}\left(=\frac{7}{22}\right)$

26 $\frac{90}{360}\left(=\frac{1}{4}=0.25\right)$, $\frac{100}{500}\left(=\frac{1}{5}=0.2\right)$ / 지현

01 빨간색 구슬은 9개, 파란색 구슬은 3개입니다.
방법 1 뺄셈으로 비교하면 9－3＝6이므로 빨간색 구슬은 파란색 구슬보다 6개 더 많습니다.
방법 2 나눗셈으로 비교하면 9÷3＝3이므로 빨간색 구슬 수는 파란색 구슬 수의 3배입니다.

02 직사각형의 가로는 모눈 6칸, 세로는 모눈 3칸입니다.
뺄셈: 가로와 세로의 차를 비교합니다.
나눗셈: 가로는 세로의 몇 배인지 또는 세로는 가로의 몇 배인지 알아봅니다.

03 600÷200＝3 ➡ 오렌지주스의 양은 우유의 양의 3배입니다.
$200\div600=\frac{1}{3}$ ➡ 우유의 양은 오렌지주스의 양의 $\frac{1}{3}$입니다.

04 모둠 1개: $10\div5=2$, $5\div10=\frac{1}{2}$
모둠 2개: $20\div10=2$, $10\div20=\frac{1}{2}$
모둠 3개: $30\div15=2$, $15\div30=\frac{1}{2}$
모둠 4개: $40\div20=2$, $20\div40=\frac{1}{2}$
따라서 연필 수는 항상 학생 수의 2배이고 학생 수는 항상 연필 수의 $\frac{1}{2}$배입니다.

05 $4\div2=2$, $8\div4=2$, ...이므로 빨간색 색종이는 초록색 색종이의 2배가 필요합니다. 따라서 초록색 색종이가 18장이면 빨간색 색종이는 $18\times2=36$(장)입니다.

06 접시는 4개이고, 조각 케이크는 6개입니다.

(1) (접시 수) : (조각 케이크 수) ➡ 4 : 6

(2) (조각 케이크 수) : (접시 수) ➡ 6 : 4

07 비 6 : 7에서 기준이 되는 수는 기호 : 의 오른쪽에 있는 수인 7입니다.

지훈: 7과 6의 비, 서현: 6에 대한 7의 비

➡ 7 : 6을 읽은 것입니다.

08 전체 8칸 중에서 3칸을 색칠합니다.

09 (1) 4 : 7은 비교하는 양이 4, 기준량이 7이고, 7 : 4는 비교하는 양이 7, 기준량이 4이므로 4 : 7과 7 : 4는 다릅니다.

(2) 안경을 쓰지 않은 학생 수는 $20-12=8$(명)이므로 안경을 쓴 학생 수와 안경을 쓰지 않은 학생 수의 비는 12 : 8입니다.

10 집에서 도서관까지의 거리는 $950-320=630$(m)입니다. 따라서 집에서 도서관까지의 거리와 도서관에서 학교까지의 거리의 비는 630 : 320입니다.

11 (비율)=(비교하는 양)÷(기준량)=$\frac{(\text{비교하는 양})}{(\text{기준량})}$

15 : 20 ➡ $\frac{15}{20}=\frac{75}{100}=0.75$

18 : 45 ➡ $\frac{18}{45}=\frac{2}{5}=\frac{4}{10}=0.4$

12 비 □ : △에서 기준량은 기호 : 의 오른쪽에 있는 △이고, 비교하는 양은 왼쪽에 있는 □입니다.

(비율)=(비교하는 양)÷(기준량)=$\frac{(\text{비교하는 양})}{(\text{기준량})}$

13 ① 12 : 48 ➡ (비율)=$\frac{12}{48}=\frac{1}{4}$

② 6 : 20 ➡ (비율)=$\frac{6}{20}=\frac{3}{10}$

③ 1 : 4 ➡ (비율)=$\frac{1}{4}$

④ 10 : 40 ➡ (비율)=$\frac{10}{40}=\frac{1}{4}$

⑤ 4 : 16 ➡ (비율)=$\frac{4}{16}=\frac{1}{4}$

따라서 비율이 나머지와 다른 하나는 ② 6 : 20입니다.

14 • 8과 25의 비 ➡ 8 : 25 ➡ (비율)=$\frac{8}{25}=0.32$

• 19의 20에 대한 비 ➡ 19 : 20

➡ (비율)=$\frac{19}{20}=0.95$

• 16에 대한 12의 비 ➡ 12 : 16

➡ (비율)=$\frac{12}{16}=\frac{3}{4}=0.75$

15 ㉠ 6과 8의 비 ➡ 6 : 8 ➡ $\frac{6}{8}=\frac{3}{4}=0.75$

㉡ 15 : 25 ➡ $\frac{15}{25}=\frac{3}{5}=0.6$

㉢ 45에 대한 9의 비 ➡ 9 : 45 ➡ $\frac{9}{45}=\frac{1}{5}=0.2$

㉣ 11의 20에 대한 비 ➡ 11 : 20 ➡ $\frac{11}{20}=0.55$

16 가로에 대한 세로의 비율은

가 → 10 : 15 ➡ $\frac{10}{15}\left(=\frac{2}{3}\right)$

나 → 16 : 24 ➡ $\frac{16}{24}\left(=\frac{2}{3}\right)$

같습니다.

17 도윤이가 800 m를 가는 데 400초가 걸렸으므로 걸린 시간에 대한 산책한 거리의 비율은

$\frac{(\text{산책한 거리})}{(\text{걸린 시간})}=\frac{800}{400}=2$입니다.

18 축구공을 찬 횟수는 40번이고 골인에 성공한 횟수는 28번이므로 축구공을 찬 횟수에 대한 골인에 성공한 횟수의 비율은 $\frac{(\text{골인에 성공한 횟수})}{(\text{축구공을 찬 횟수})}=\frac{28}{40}=\frac{7}{10}=0.7$입니다.

19 주한이의 전체 타수는 15타수이고 안타 수는 5번이므로 전체 타수에 대한 안타 수의 비율은

$\frac{(\text{안타 수})}{(\text{전체 타수})}=\frac{5}{15}=\frac{1}{3}$입니다.

20 가 자전거로 걸린 시간에 대한 달린 거리의 비율은 $\frac{50}{2}=25$이고, 나 자전거로 걸린 시간에 대한 달린 거리의 비율은 $\frac{60}{3}=20$입니다.

따라서 $25>20$이므로 가 자전거로 더 빠르게 갔습니다.

21 기준량은 넓이이고, 비교하는 양은 인구입니다.

➡ $\frac{(\text{인구})}{(\text{넓이})}=\frac{780}{12}=65$

22 기준량은 넓이이고, 비교하는 양은 인구입니다.

➡ $\frac{(\text{인구})}{(\text{넓이})}=\frac{2698000}{19000}=\frac{2698}{19}=142$

23 희망 마을의 인구는 10400명이고 넓이는 4 km^2이므로 희망 마을의 넓이에 대한 인구의 비율은 $\frac{10400}{4}=2600$입니다.

사랑 마을의 인구는 16100명이고 넓이는 7 km^2이므로 사랑 마을의 넓이에 대한 인구의 비율은 $\frac{16100}{7}=2300$입니다.

따라서 $2600>2300$이므로 인구가 더 밀집한 곳은 희망 마을입니다.

24 파란색 물감의 양 30 mL가 비교하는 양, 흰색 물감의 양 120 mL가 기준량입니다.

따라서 흰색 물감 양에 대한 파란색 물감 양의 비율은 $\frac{30}{120}=\frac{1}{4}(=0.25)$입니다.

25 포도 시럽의 양 35 mL가 비교하는 양, 포도주스의 양 110 mL가 기준량입니다.

따라서 포도주스 양에 대한 포도 시럽 양의 비율은 $\frac{35}{110}=\frac{7}{22}$입니다.

26 매실주스 양에 대한 매실 원액 양의 비율을 구하면

지현: $\frac{90}{360}=\frac{1}{4}(=0.25)$

수민: $\frac{100}{500}=\frac{1}{5}(=0.2)$

$0.25>0.2$이므로 지현이가 만든 매실주스가 더 진합니다.

교과서 개념 다지기

96~98쪽

01 100, %, %, 72 퍼센트
02 (1) 82 퍼센트 (2) 63 %
03 (1) 59, 59 (2) 12, 12
04 (1) 100, 45 (2) 100, 67
05 (1) $\frac{3}{4}$, 0.75 (2) 0.75, 75
06 (○) ( )
07 $\frac{37}{100}$, 0.37
08 (1) 20000, 2000 (2) 2000, 2000, 10
09 $\frac{13}{25}$, 52, $\frac{11}{20}$, 55

교과서 넘어 보기

99~102쪽

27 (1) 58 퍼센트 (2) 49 %
28 (1) 56 % (2) 30 %
29 (위에서부터) 33 % / $\frac{1}{25}\left(=\frac{4}{100}\right)$, 4 % / 0.16, 16 %
30 ㉡, ㉢
31 60 %
32 ㉢
33 예
34 54 %
35 윤지 / 예 비율 0.2를 백분율로 나타내면 20 %가 됩니다.
36 55 %
37 30 %
38 ⑤
39 20 %
40 84 %
41 90 %
42 2 %
43 나 영화
44 25 %
45 5 %
46 축구공

교과서 속 응용 문제

47 48, 32, 20
48 48, 50 / 초록 마을 주민 대표
49 1 %
50 20 %
51 지운
52 수아

27 백분율은 %로 쓰고, 퍼센트라고 읽습니다.

28 비율을 백분율로 나타내려면 비율에 100을 곱해서 나온 값에 기호 %를 붙입니다.

29 $\frac{33}{100}\times100=33(\%)$

$0.04=\frac{4}{100}=\frac{1}{25}$, $0.04\times100=4(\%)$

$\frac{4}{25}=\frac{16}{100}=0.16$, $\frac{4}{25}\times100=16(\%)$

30 ㉠ $\frac{3}{10}\times100=30(\%)$, ㉡ $0.67\times100=67(\%)$

㉢ $\frac{18}{25}\times100=72(\%)$, ㉣ $3.6\times100=360(\%)$

31 전체는 50칸, 색칠한 부분은 30칸입니다.

전체에 대한 색칠한 부분의 비율은 $\frac{30}{50}$이므로 백분율로 나타내면 $\frac{30}{50}\times100=60(\%)$입니다.

32 ㉠ 6의 8에 대한 비 ➡ 6 : 8 ➡ $\frac{6}{8}\times100=75(\%)$

㉡ $0.75\times100=75(\%)$, ㉢ $\frac{16}{20}\times100=80(\%)$

따라서 비율이 다른 하나는 ㉢입니다.

33 25 %를 분수로 나타내면 $\frac{25}{100}=\frac{1}{4}$입니다.

전체가 8칸이므로 $\frac{1}{4}=\frac{2}{8}$에서 2칸을 색칠합니다.

34 텃밭 전체 넓이에 대한 파밭의 넓이의 비율을 백분율로 나타내면 $\frac{162}{300}=\frac{54}{100}=54\ \%$입니다.

35 윤지: 비율 0.2를 백분율로 나타내면

$0.2=\frac{2}{10}=\frac{20}{100}=20\ \%$가 됩니다.

36 평행사변형의 밑변의 길이에 대한 높이의 비율은 $\frac{11}{20}$입니다. 따라서 백분율로 나타내면

$\frac{11}{20}\times100=55(\%)$입니다.

37 (전체 구슬 수)$=10+4+6=20$(개)

(전체 구슬 수에 대한 파란색 구슬 수의 비)$=6:20$

(전체 구슬 수에 대한 파란색 구슬 수의 비율)$=\frac{6}{20}$

➡ $\frac{6}{20}\times100=30(\%)$

38 30 %를 할인받을 수 있으므로 내야 할 금액은 전체의 $100-30=70$, 70 %입니다.

39 $20000-16000=4000$(원)이므로 4000원을 할인받았습니다. 따라서 진영이가 사용한 할인 쿠폰은 $\frac{4000}{20000}\times100=20(\%)$를 할인해주는 쿠폰입니다.

40 재원이는 공을 25번 차서 21번 성공했으므로 골 성공률은 $\frac{21}{25}\times100=84(\%)$입니다.

41 (정답률)$=\frac{(\text{맞힌 문제 수})}{(\text{전체 문제 수})}$이므로

하은이의 정답률은

$\frac{54}{60}$ ➡ $\frac{54}{60}\times100=90(\%)$입니다.

42 만든 전체 학용품의 수는 150개, 불량품의 수는 3개이므로 비율은

$\frac{(\text{불량품 수})}{(\text{전체 학용품 수})}=\frac{3}{150}$ ➡ $\frac{3}{150}\times100=2(\%)$입니다.

43 가 영화의 관람석 수에 대한 관객 수의 비율은

$\frac{292}{400}=\frac{73}{100}$이므로 백분율로 나타내면 73 %입니다.

따라서 73 %$<$80 %이므로 나 영화의 비율이 더 높습니다.

44 전체 땅 넓이에 대한 축구장 넓이의 비는

10000 : 40000입니다.

따라서 전체 땅 넓이에 대한 축구장 넓이의 비율은

$\frac{10000}{40000}=\frac{1}{4}$이므로 $\frac{1}{4}\times100=25(\%)$입니다.

45 (이자율)$=\frac{(\text{이자})}{(\text{예금한 돈})}$입니다.

예금한 돈은 50000원,

이자는 $52500-50000=2500$(원)이므로

이자율은 $\frac{2500}{50000}\times100=5(\%)$입니다.

46 신발주머니의 할인 금액은
$15000-12600=2400$(원)
이므로 할인율은 $\frac{2400}{15000}\times 100=16(\%)$이고,
축구공의 할인 금액은 $20000-16000=4000$(원)
이므로 할인율은 $\frac{4000}{20000}\times 100=20(\%)$입니다.
따라서 할인율이 더 높은 물건은 축구공입니다.

47 득표율을 각각 구해 보면
(가 후보)$=\frac{12}{25}=\frac{48}{100}=48\ \%$
(나 후보)$=\frac{8}{25}=\frac{32}{100}=32\ \%$
(다 후보)$=\frac{5}{25}=\frac{20}{100}=20\ \%$

48 각 마을 주민 대표의 득표율을 구해 보면
푸른 마을: $\frac{192}{400}=\frac{48}{100}=48\ \%$
초록 마을: $\frac{180}{360}=\frac{1}{2}=\frac{50}{100}=50\ \%$
따라서 초록 마을 주민 대표의 득표율이 더 높습니다.

49 (가, 나, 다, 라의 득표수)$=147+225+162+159$
$=693$(표)
(무효표의 수)=(전체 표수)−(가, 나, 다, 라의 득표수)
$=700-693=7$(표)
따라서 무효표의 수의 백분율은
$\frac{7}{700}=\frac{1}{100}=1\ \%$입니다.

50 소금물 양에 대한 소금 양의 비율은 $\frac{(\text{소금 양})}{(\text{소금물 양})}$이므로
$\frac{70}{350} \Rightarrow \frac{70}{350}\times 100=20(\%)$입니다.

51 (주현이가 만든 소금물 양에 대한 소금 양의 비율)
$=\frac{16}{200}=\frac{8}{100}=8(\%)$
(지운이가 만든 소금물 양에 대한 소금 양의 비율)
$=\frac{30}{300}=\frac{10}{100}=10(\%)$
따라서 $8\ \%<10\ \%$이므로 지운이가 만든 소금물이 더 진합니다.

52 수아가 만든 소금물은 소금의 양 100 g과 물의 양 300 g을 더한 $100+300=400$(g)입니다.
(수아가 만든 소금물 양에 대한 소금 양의 비율)
$=\frac{100}{400}=\frac{25}{100}=25(\%)$
민준이가 만든 소금물은 소금의 양 40 g과 물 160 g을 더한 $40+160=200$(g)입니다.
(민준이가 만든 소금물 양에 대한 소금 양의 비율)
$=\frac{40}{200}=\frac{20}{100}=20(\%)$
따라서 $25\ \%>20\ \%$이므로 수아가 만든 소금물이 더 진합니다.

103~107쪽

대표 응용 1 12, 13, 13, $\frac{13}{25}$, 0.52
1-1 $\frac{8}{25}$, 0.32　　1-2 $\frac{11}{10}$, 1.1
대표 응용 2 4, 320, $\frac{320}{4}$, 80
2-1 1.5　　2-2 가 자동차
대표 응용 3 1800, 600, 600, 25
3-1 20 %　　3-2 막대 과자
대표 응용 4 70, 10, 100, 20, 10, 30, $\frac{30}{100}$, 30
4-1 25 %　　4-2 20 %
대표 응용 5 100000, 5000, $\frac{5000}{100000}$, 5
5-1 가 은행　　5-2 윤채, 6 %

1-1 (숫자면이 나온 횟수)$=25-17=8$(번)
던진 횟수에 대한 숫자면이 나온 횟수의 비율은
$\frac{(\text{숫자면이 나온 횟수})}{(\text{던진 횟수})}=\frac{8}{25}=0.32$입니다.

1-2 지금 간식 바구니에는 과자 $12-2=10$(개), 사탕 $5+6=11$(개)가 들어 있습니다.

따라서 지금 간식 바구니에 있는 과자 수에 대한 사탕 수의 비는 $11:10$, 비율은 $\frac{11}{10}=1.1$입니다.

2-1 지현이네 가족이 둘레길을 걷는 데 걸린 시간에 대한 걸은 거리의 비율은

$\frac{(\text{걸은 거리})}{(\text{걸린 시간})}=\frac{3}{2}=\frac{15}{10}=1.5$입니다.

2-2 가 자동차의 걸린 시간에 대한 간 거리의 비율은

$\frac{180}{2}=90$이고,

나 자동차의 걸린 시간에 대한 간 거리의 비율은

$\frac{340}{4}=85$입니다.

따라서 $90>85$이므로 가 자동차가 더 빠릅니다.

3-1 (할인 금액)$=12000-9600=2400$(원)

(할인율)$=\frac{(\text{할인 금액})}{(\text{원래 가격})}=\frac{2400}{12000}$

➡ $\frac{2400}{12000}\times100=20(\%)$

3-2 (초코 과자의 할인 금액)$=1200-840=360$(원)

➡ (초코 과자의 할인율)

$=\frac{360}{1200}=\frac{30}{100}=30\ \%$

(막대 과자의 할인 금액)$=1500-1200=300$(원)

➡ (막대 과자의 할인율)

$=\frac{300}{1500}=\frac{20}{100}=20\ \%$

(새우 과자의 할인 금액)$=900-810=90$(원)

➡ (새우 과자의 할인율)

$=\frac{90}{900}=\frac{10}{100}=10\ \%$

$30\ \%>20\ \%>10\ \%$이므로 할인율이 두 번째로 높은 과자는 막대 과자입니다.

4-1 (새로 만든 소금물 양)

=(나영이가 넣은 물 양)+(나영이가 넣은 소금 양)

+(동생이 더 넣은 소금 양)

$=210+50+20=280$ (g)

(소금 양)

=(나영이가 넣은 소금 양)+(동생이 더 넣은 소금 양)

$=50+20=70$ (g)

따라서 새로 만든 소금물 양에 대한 소금 양의 비율은

$\frac{70}{280}=\frac{25}{100}=25\ \%$입니다.

4-2 (진우가 더 넣은 소금 양)$=7\times3=21$ (g)

(새로 만든 소금물 양)

=(진우가 넣은 물 양)+(진우가 넣은 소금 양)

+(진우가 더 넣은 소금 양)

$=144+15+21=180$ (g)

(소금 양)$=15+21=36$ (g)

따라서 새로 만든 소금물 양에 대한 소금 양의 비율은

$\frac{36}{180}=\frac{20}{100}=20\ \%$입니다.

5-1 (가 은행의 이자율)

$=\frac{42400-40000}{40000}=\frac{2400}{40000}=\frac{6}{100}=6\ \%$

(나 은행의 이자율)

$=\frac{52500-50000}{50000}=\frac{2500}{50000}=\frac{5}{100}=5\ \%$

$6\ \%>5\ \%$이므로 가 은행의 이자율이 더 높습니다.

5-2 (진성이의 이자율)

$=\frac{20800-20000}{20000}=\frac{800}{20000}=\frac{4}{100}=4\ \%$

(윤채의 이자율)

$=\frac{10600-10000}{10000}=\frac{600}{10000}=\frac{6}{100}=6\ \%$

(희경이의 이자율)

$=\frac{51000-50000}{50000}=\frac{1000}{50000}=\frac{2}{100}=2\ \%$

따라서 6 %인 윤채의 이자율이 가장 높습니다.

108~110쪽

01 4, 4, 2, 2

02 방법 1 예 $5-3=2$, 가로가 세로보다 2칸 더 깁니다.

방법 2 예 $5\div3=\frac{5}{3}$, 가로는 세로의 $\frac{5}{3}$배입니다.

03 3, 8 / 3, 8 / 3, 8 / 8, 3

04 (1) 6 : 10 (2) 6 : 16

05 600 : 400

06 ㉢

07 $\frac{15}{20}\left(=\frac{3}{4}\right)$, 0.75

08 $\frac{9}{20}$(=0.45)

09 $\frac{15}{53}$

10 $245\left(=\frac{2450}{10}\right)$, $200\left(=\frac{2400}{12}\right)$

11 가 오토바이

12 $\frac{7}{10}$, 0.7, 70 %

13 60 %

14 >

15 68 %

16 ③, ⑤

17 35, 43, 22

18 가 비커

19 (위에서부터) 4000 / 6000, 8000, 풀이 참조

20 풀이 참조, 25 %

01 방법 1 뺄셈으로 비교하면 $8-4=4$이므로 사과는 배보다 4개가 더 많습니다.

방법 2 나눗셈으로 비교하면 $8\div4=2$이므로 사과 수는 배 수의 2배입니다.

02 방법 1 가로와 세로를 뺄셈으로 비교합니다.

방법 2 가로와 세로를 나눗셈으로 비교합니다.

03 비 3 : 8에서 기준이 되는 수는 기호 :의 오른쪽에 있는 수인 8이므로 3 대 8, 3과 8의 비, 3의 8에 대한 비, 8에 대한 3의 비입니다.

04 전체에 대한 색칠한 부분의 비는 (색칠한 부분) : (전체)입니다.

➡ (1) 6 : 10 (2) 6 : 16

05 설탕 양에 대한 식초 양의 비는

(식초 양) : (설탕 양) ➡ 600 : 400입니다.

참고 ●에 대한 ▲의 비는 ▲ : ●입니다.

06 ㉠ 6 : 7

㉡ 6과 7의 비 ➡ 6 : 7

㉢ 6에 대한 7의 비 ➡ 7 : 6

㉣ 7에 대한 6의 비 ➡ 6 : 7

㉠, ㉡, ㉣의 기준량은 7이고 ㉢의 기준량은 6입니다.

07 20에 대한 15의 비 ➡ 15 : 20

비율 ➡ $\frac{15}{20}=\frac{3}{4}=0.75$

08 흰색 페인트 양에 대한 빨간색 페인트 양의 비율은

$\frac{(\text{빨간색 페인트 양})}{(\text{흰색 페인트 양})}=\frac{9}{20}=0.45$입니다.

09 가로가 53 cm, 세로가 15 cm이므로 가로에 대한 세로의 비율은 $\frac{(\text{세로})}{(\text{가로})}=\frac{15}{53}$입니다.

10 넓이에 대한 인구의 비율은 $\frac{(\text{인구})}{(\text{넓이})}$입니다.

➡ ㉮ 지역: $\frac{2450}{10}=245$, ㉯ 지역: $\frac{2400}{12}=200$

11 휘발유 양에 대한 달린 거리의 비율은 $\frac{(\text{달린 거리})}{(\text{휘발유 양})}$입니다.

가 오토바이의 비율은 $\frac{76}{4}=19$이고, 나 오토바이의 비율은 $\frac{90}{5}=18$이므로 가 오토바이가 휘발유 양에 대한 달린 거리의 비율이 더 높습니다.

12 7의 10에 대한 비 ➡ 7 : 10

$(\text{비율})=\frac{7}{10}=0.7$ ➡ $0.7\times100=70\,(\%)$

13 전체에 대한 색칠한 부분의 비율은

$\frac{(\text{색칠한 부분})}{(\text{전체})}=\frac{12}{20}$이고,

백분율로 나타내면 $\frac{12}{20}\times100=60\,(\%)$입니다.

14 100 %는 1이므로 1.12가 더 큽니다.

15 $(\text{성공률})=\frac{(\text{실제 공을 넣은 횟수})}{(\text{전체 공을 던진 횟수})}$

$=\frac{17}{25}=\frac{68}{100}=68\ \%$

16 (비율)$=\dfrac{(\text{비교하는 양})}{(\text{기준량})}$이므로

(비교하는 양)$>$(기준량)이면 비율이 1보다 큽니다.

③ $1.25>1$

⑤ $120\ \%=\dfrac{120}{100}>1$

따라서 기준량이 비교하는 양보다 작은 것은 ③, ⑤입니다.

17 A 후보: $\dfrac{140}{400}\times100=35(\%)$

B 후보: $\dfrac{172}{400}\times100=43(\%)$

C 후보: $\dfrac{88}{400}\times100=22(\%)$

18 (설탕물 양에 대한 설탕 양의 비율)$=\dfrac{(\text{설탕 양})}{(\text{설탕물 양})}$

➡ 가: $\dfrac{48}{200}=\dfrac{24}{100}=24\ \%$

나: $\dfrac{64}{320}=\dfrac{2}{10}=\dfrac{20}{100}=20\ \%$

이므로 가 비커의 설탕물이 더 진합니다.

19 예 뺄셈으로 비교하면 대여 시간에 따른 킥보드 대여료는 자전거 대여료보다 각각 1000원, 2000원, 3000원, 4000원 많습니다. 따라서 대여 시간에 따라 자전거 대여료와 킥보드 대여료의 관계가 변합니다. … 50 %

나눗셈으로 비교하면 킥보드 대여료는 항상 자전거 대여료의 2배입니다. 따라서 대여 시간에 따라 자전거 대여료와 킥보드 대여료의 관계가 변하지 않습니다. … 50 %

20 예 반 전체 학생은 36명이고 수학 학습지를 모두 푼 학생은 27명입니다. 따라서 수학 학습지를 모두 풀지 못한 학생 수는 $36-27=9$(명)입니다. … 40 %

따라서 반 전체 학생 수에 대한 학습지를 모두 풀지 못한 학생 수의 비율은

$\dfrac{(\text{학습지를 모두 풀지 못한 학생 수})}{(\text{반 전체 학생 수})}=\dfrac{9}{36}$이므로

$\dfrac{9}{36}\times100=25(\%)$입니다. … 60 %

111~113쪽

01 (1) 예 $9-3=6$, 장미꽃 수는 꽃병 수보다 6만큼 더 큽니다.

(2) 예 $9\div3=3$, 장미꽃 수는 꽃병 수의 3배입니다.

02 예 학생 수는 항상 비커 수의 2배입니다.

03 ①, ③, ④

04 예 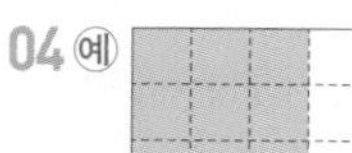

05 ㉢, ㉣

06

07 $\dfrac{6}{8}\left(=\dfrac{3}{4}=0.75\right)$

08 $\dfrac{6}{10}\left(=\dfrac{3}{5}\right)$, 0.6

09 가 은행

10 $\dfrac{11}{20}$

11 민우

12 $\dfrac{9}{20}$, 0.45, 45 %

13 70 %

14 2 %

15 (1) 예 (2) 예 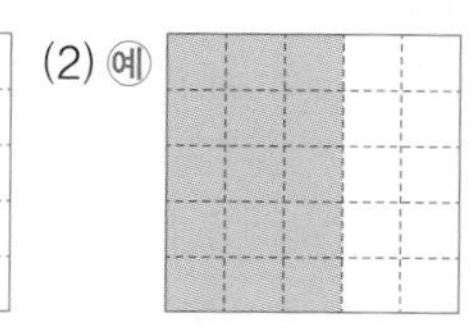

16 16개

17 35 %

18 25 %

19 400, 310, 350 / 풀이 참조, 가 마을

20 풀이 참조, 성호

02

모둠 수	1	2	3	4	…
학생 수(명)	4	8	12	16	…
비커 수(개)	2	4	6	8	…

$4\div2=2,\ 8\div4=2,\ 12\div6=2,\ \dots$

따라서 학생 수는 항상 비커 수의 2배입니다.

03 비 6 : 5에서 기준이 되는 수는 기호 : 의 오른쪽에 있는 5입니다.

② 6에 대한 5의 비, ⑤ 5의 6에 대한 비는 5 : 6입니다.

04 전체가 15, 색칠한 부분이 9이므로 9칸을 색칠합니다.

05 ㉠ 7 : 3 ㉡ 15 : 8 ㉢ 4 : 19 ㉣ 13 : 24

비 ● : ▲에서 기준이 되는 수는 기호 : 의 오른쪽에 있는 수이므로 기준량은 ㉠ 3, ㉡ 8, ㉢ 19, ㉣ 24입니다.

따라서 기준량이 비교하는 양보다 큰 것은 ㉢, ㉣입니다.

06 1 : 4 ➡ $\frac{1}{4}=0.25$, 3 대 5 ➡ 3 : 5 ➡ $\frac{3}{5}=0.6$,

10에 대한 7의 비 ➡ 7 : 10 ➡ $\frac{7}{10}=0.7$

07 밑변의 길이에 대한 높이의 비율은

$\frac{(\text{높이})}{(\text{밑변의 길이})}=\frac{6}{8}=\frac{3}{4}=0.75$입니다.

08 10번 던졌을 때 숫자면은 6번 나왔으므로 동전을 던진 횟수에 대한 숫자면이 나온 횟수의 비는 6 : 10입니다.

➡ $(\text{비율})=\frac{(\text{숫자면이 나온 횟수})}{(\text{동전을 던진 횟수})}=\frac{6}{10}=\frac{3}{5}=0.6$

09 (예금한 돈에 대한 받을 수 있는 이자의 비율)

$=\frac{(\text{이자})}{(\text{예금한 돈})}$

가 은행: $\frac{2400}{60000}=0.04$, 나 은행: $\frac{3000}{100000}=0.03$

➡ 가 은행이 더 높습니다.

10 (팔린 전체 사탕 수)$=5+11+4=20$(개)

(팔린 전체 사탕 수에 대한 딸기 맛 사탕 수의 비율)

$=\frac{(\text{딸기 맛 사탕 수})}{(\text{전체 사탕 수})}=\frac{11}{20}$

11 (분홍색 물감 양에 대한 빨간색 물감 양의 비율)

$=\frac{(\text{빨간색 물감 양})}{(\text{분홍색 물감 양})}$

수진: (분홍색 물감 양)$=200+150=350\,(\text{mL})$

➡ $\frac{150}{350}=\frac{3}{7}\left(=\frac{27}{63}\right)$

민우: (분홍색 물감 양)$=250+200=450\,(\text{mL})$

➡ $\frac{200}{450}=\frac{4}{9}\left(=\frac{28}{63}\right)$

$\frac{3}{7}<\frac{4}{9}$이므로 민우가 만든 분홍색이 더 진합니다.

12 분수: $\frac{9}{20}$, 소수: $\frac{9}{20}=\frac{45}{100}=0.45$

백분율: $0.45\times100=45\,(\%)$

13 (전체에 대한 색칠한 부분의 비율)

$=\frac{(\text{색칠한 부분})}{(\text{전체})}=\frac{7}{10}$ ➡ $\frac{7}{10}\times100=70\,(\%)$

14 전체 장난감 수에 대한 불량품 수의 비율은

$\frac{(\text{불량품 수})}{(\text{전체 장난감 수})}=\frac{6}{300}$이므로

백분율로 나타내면 $\frac{6}{300}\times100=2\,(\%)$입니다

15 (1) $20\ \%=\frac{20}{100}=\frac{4}{20}$ ➡ 4칸을 색칠합니다.

(2) $60\ \%=\frac{60}{100}=\frac{15}{25}$ ➡ 15칸을 색칠합니다.

16 40% ➡ $\frac{40}{100}=\frac{2}{5}$이므로 공이 40개라면 그중 농구공은 40개의 $\frac{2}{5}$로 $40\times\frac{2}{5}=16$(개)입니다.

17 (할인 금액)$=15000-9750=5250$(원)

$(\text{할인율})=\frac{(\text{할인 금액})}{(\text{원래 금액})}=\frac{5250}{15000}$

➡ $\frac{5250}{15000}\times100=35\,(\%)$

18 (소금 양)$=$(소금물 양)$-$(물의 양)

$=230-210=20\,(\text{g})$

여기에 소금을 50 g 더 넣었으므로 소금물 양은 280 g, 소금 양은 70 g입니다.

따라서 이 소금물 양에 대한 소금 양의 비율은 $\frac{70}{280}$이므로 $\frac{70}{280}\times100=25\,(\%)$입니다.

19 예 각 마을의 넓이에 대한 인구의 비율을 구해 보면

가 마을: $\frac{6000}{15}=400$, 나 마을: $\frac{9300}{30}=310$

다 마을: $\frac{7000}{20}=350$ … 60 %

따라서 $400>350>310$이므로 인구가 가장 밀집한 곳은 가 마을입니다. … 40 %

참고 $(\text{넓이에 대한 인구의 비율})=\frac{(\text{인구})}{(\text{넓이})}$

20 예 성공률을 각각 구해 보면

성호: $\frac{19}{25}\times100=76\,(\%)$, 민정: 72 %,

가빈: $\frac{13}{20}\times100=65\,(\%)$ … 60 %

따라서 76 %$>$72 %$>$65 %이므로 성호의 성공률이 가장 높습니다. … 40 %

참고 $(\text{성공률})=\frac{(\text{성공 횟수})}{(\text{던진 횟수})}$

5단원 여러 가지 그래프

116~120쪽

01 (1) 1만, 1천 (2) 8000

02 국가별 인구수

국가	인구수
한국	☺☺☺☺☺
영국	☺☺☺☺☺☺☺
브라질	😊😊☺
미국	😊😊😊☺☺☺

😊 1억 명 ☺ 1천만 명

03 (1) 띠그래프 (2) 200 (3) O (4) 15

04 (1) 32, 24 (2) 100 (3) 32, 24, 100

(4) 배우고 싶은 악기별 학생 수

0 10 20 30 40 50 60 70 80 90 100 (%)

리코더 (27 %)	피아노 (32 %)	단소 (24 %)	우쿨렐레 (17 %)

05 (1) 원그래프 (2) 25 (3) 체육 (4) 2

06 (1) 30, 40 (2) 30, 40, 100

(3) 미술 대회에 참가한 학년별 학생 수

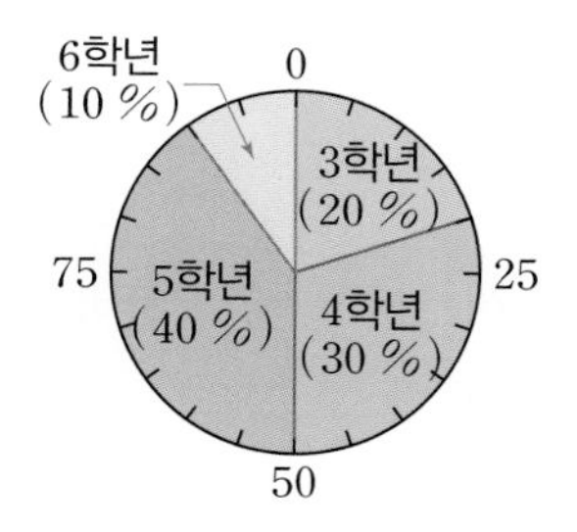

(4) 높습니다에 ○표

121~124쪽

01 1000대, 100대 02 1600대

03 다 공장

04 3000, 27000, 114000, 15000

05 권역별 포도 생산량

06 예 그림의 크기로 포도 생산량의 많고 적음을 쉽게 파악할 수 있습니다.

07 200개

08 (위에서부터) 200, 18, 36,

사탕 종류별 판매량

0 10 20 30 40 50 60 70 80 90 100 (%)

딸기 맛 사탕 (26 %)		오렌지 맛 사탕 (36 %)	

초콜릿 맛 사탕(18 %), 커피 맛 사탕 (20 %)

09 오렌지 맛 사탕, 36 % 10 은성

11 25, 15, 20, 40, 100

12 마을별 학생 수

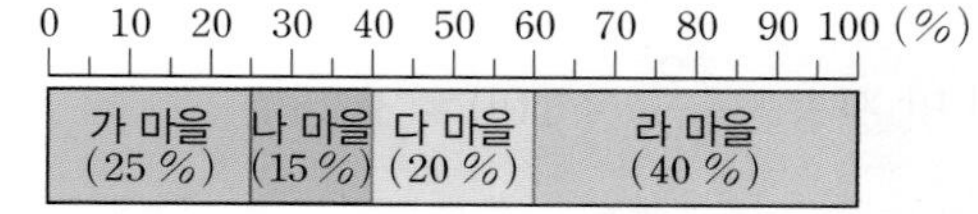

13 ① 예 가 마을에 사는 학생 수의 백분율은 25 %입니다.
② 예 가장 많은 학생이 사는 곳은 라 마을입니다.

14 10, 25, 100

15 좋아하는 운동별 학생 수

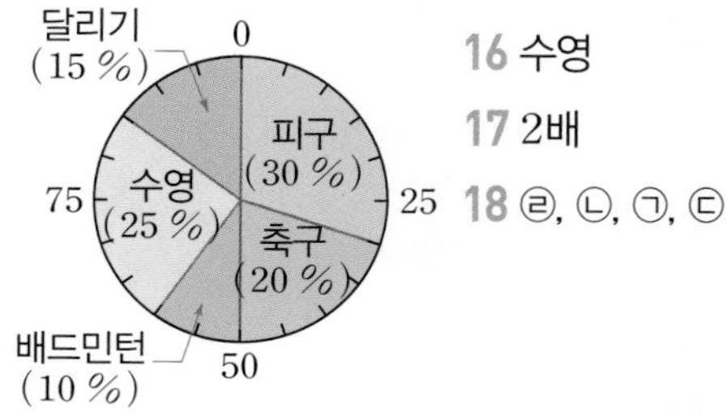

16 수영

17 2배

18 ㄹ, ㄴ, ㄱ, ㄷ

19 (위에서부터) 박물관, 과학관, 미술관 / 8, 7, 6, 4, 25 / 32, 28, 24, 16, 100

20 체험 학습 장소별 학생 수

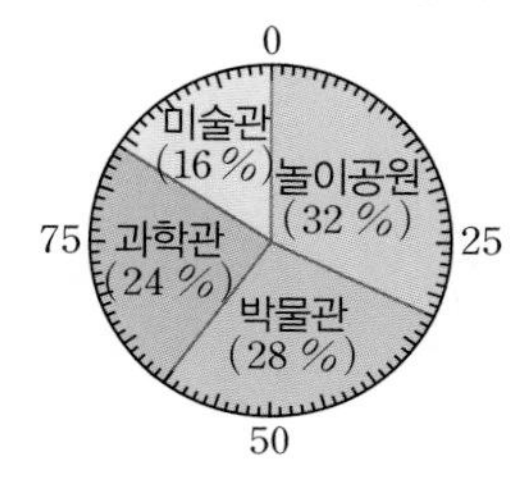

교과서 속 응용 문제

21 200명 | 22 225만 원
23 80명 | 24 84명

01 (큰 자동차 그림)는 1000대, (작은 자동차 그림)는 100대를 나타냅니다.

02 라 공장의 자동차 생산량은 (큰 자동차 그림) 1개, (작은 자동차 그림) 6개이므로 1600대를 나타냅니다.

03 다 공장에 큰 그림(큰 자동차 그림)이 가장 많으므로 자동차 생산량이 가장 많은 마을은 다 공장입니다.

04 천의 자리 바로 아래 자리의 숫자가 0, 1, 2, 3, 4이면 버리고, 5, 6, 7, 8, 9이면 올립니다.
30950 → 31000, 3487 → 3000, 26625 → 27000,
113946 → 114000, 15165 → 15000

07 (합계) $= 52+36+72+40=200$ (개)

08 초콜릿 맛 사탕: $\frac{36}{200} \times 100 = 18$ (%)

오렌지 맛 사탕: $\frac{72}{200} \times 100 = 36$ (%)

10 띠그래프에서 각 항목의 백분율의 합계는 항상 100 %입니다.

11 가 마을: $\frac{75}{300} \times 100 = 25$ (%)

나 마을: $\frac{45}{300} \times 100 = 15$ (%)

다 마을: $\frac{60}{300} \times 100 = 20$ (%)

라 마을: $\frac{120}{300} \times 100 = 40$ (%)

(합계) $= 25+15+20+40=100$ (%)

13 12의 띠그래프를 보고 비율을 비교하여 알 수 있는 내용을 찾아봅니다.

14 배드민턴: $\frac{40}{400} \times 100 = 10$ (%)

수영: $\frac{100}{400} \times 100 = 25$ (%)

16 두 번째로 많은 학생이 좋아하는 운동은 백분율이 두 번째로 큰 항목인 수영입니다.

17 축구를 좋아하는 학생 수는 전체의 20 %이고 배드민턴을 좋아하는 학생 수는 전체의 10 %이므로 축구를 좋아하는 학생 수는 배드민턴을 좋아하는 학생 수의 $20 \div 10 = 2$(배)입니다.

19 (전체 학생 수) $= 8+7+6+4=25$ (명)

놀이공원: $\frac{8}{25} \times 100 = 32$ (%)

박물관: $\frac{7}{25} \times 100 = 28$ (%)

과학관: $\frac{6}{25} \times 100 = 24$ (%)

미술관: $\frac{4}{25} \times 100 = 16$ (%)

(백분율의 합계) $= 32+28+24+16=100$ (%)

20 비율에 맞게 선을 긋고 장소와 백분율을 써넣습니다.

21 노래 듣기를 취미로 하는 학생 수는 전체의 20 %이므로 조사한 학생 수는 노래 듣기가 취미인 학생 수의 $100 \div 20 = 5$(배)입니다.
따라서 조사한 학생은
$40 \times 5 = 200$ (명)입니다.

22 식비는 전체의 40 %이므로 한 달 생활비는 식비의 $100 \div 40 = 2.5$(배)입니다.
따라서 한 달 생활비는
90만 $\times 2.5 =$ 225만 (원)입니다.

23 B형인 학생 수는 전체의 20 % $= \frac{20}{100}$이므로

B형인 학생은 $400 \times \frac{20}{100} = 80$(명)입니다.

24 $100-(7+34+17)=42$이므로 수면 시간이 7시간 이상 8시간 미만인 학생 수는 전체의 42 % $= \frac{42}{100}$입니다. ➡ $200 \times \frac{42}{100} = 84$(명)

125~126쪽

01 (1) 30, 10, 3 (2) 다, 라

02 (1) 소, 돼지, 오리 (2) 15, 20, 35 (3) 40, 20, 2

03 그림그래프

04 띠그래프, 원그래프

05 예 그림그래프, 막대그래프

06 예 꺾은선그래프

07 예 띠그래프, 원그래프, 막대그래프

127~128쪽

25 2배

26 105권

27 20 %

28 밀가루

29 (위에서부터) 900, 2100, 6000 / 20, 30, 15, 35, 100

30 과수원별 귤 생산량

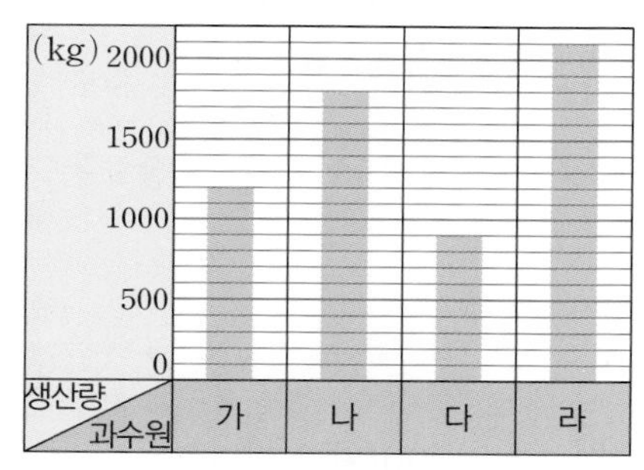

31 과수원별 귤 생산량

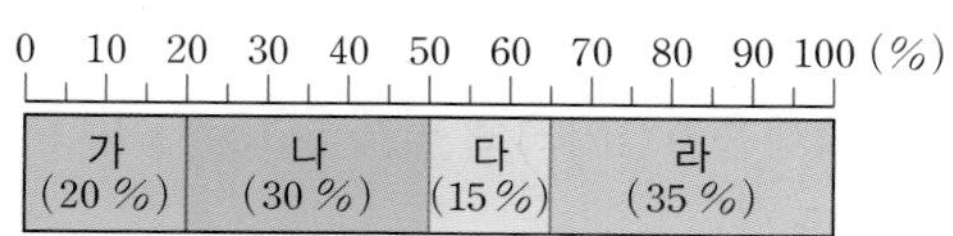

32 과수원별 귤 생산량

0
가 (20 %)
나 (30 %)
다 (15 %)
라 (35 %)
25
50
75

33 예 막대그래프 / 예 과수원별 귤 생산량의 많고 적음을 한눈에 비교하기 쉽기 때문입니다.

34 문구 종류별 판매량

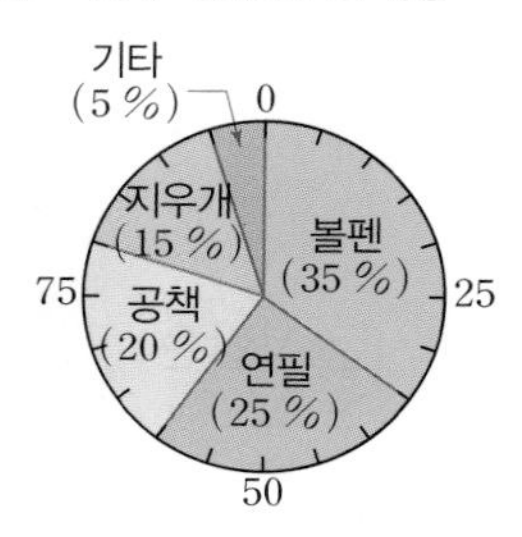

교과서 속 응용 문제

35 45 %

36 0번

25 이야기책 수의 백분율은 30 %, 만화책 수의 백분율은 15 %이므로 이야기책 수는 만화책 수의 $30 \div 15 = 2$(배)입니다.

26 위인전 수는 전체의 20 %이므로 전체 책 수는 위인전 수의 $100 \div 20 = 5$(배)입니다.
따라서 전체 책 수는 $84 \times 5 = 420$(권)입니다.
과학책 수는 전체 책 수의 25 %이므로
$420 \times \frac{25}{100} = 105$(권)입니다.

27 백분율의 합이 100 %이므로 두부의 백분율은 $100 - (35 + 26 + 10 + 6 + 3) = 20$, 20 %입니다.

28 백분율이 가장 큰 항목이 함량이 가장 많으므로 밀가루입니다.

29 가: $\frac{1200}{6000} \times 100 = 20(\%)$

나: $\frac{1800}{6000} \times 100 = 30(\%)$

다: $\frac{900}{6000} \times 100 = 15(\%)$

라: $\frac{2100}{6000} \times 100 = 35(\%)$

(백분율의 합계)$= 20 + 30 + 15 + 35 = 100(\%)$

35 2012년에 영화를 3번 이상 관람하는 시민 수는 영화를 3번~4번, 5번 이상 관람하는 시민 수이므로 비율은 $30 + 15 = 45$ (%)입니다.

36 전체에 대한 비율이 줄어든 영화 관람 횟수는 0번과 5번 이상입니다.
영화 관람 횟수가 0번인 시민의 수는 2012년에 15 %에서 2022년에 10 %로 줄었고, 영화 관람 횟수가 5번 이상인 시민 수는 2012년에 15 %에서 2022년에 13 %로 줄었습니다.
따라서 2012년에 비해 2022년에 전체에 대한 비율이 가장 많이 줄어든 영화 관람 횟수는 0번입니다.

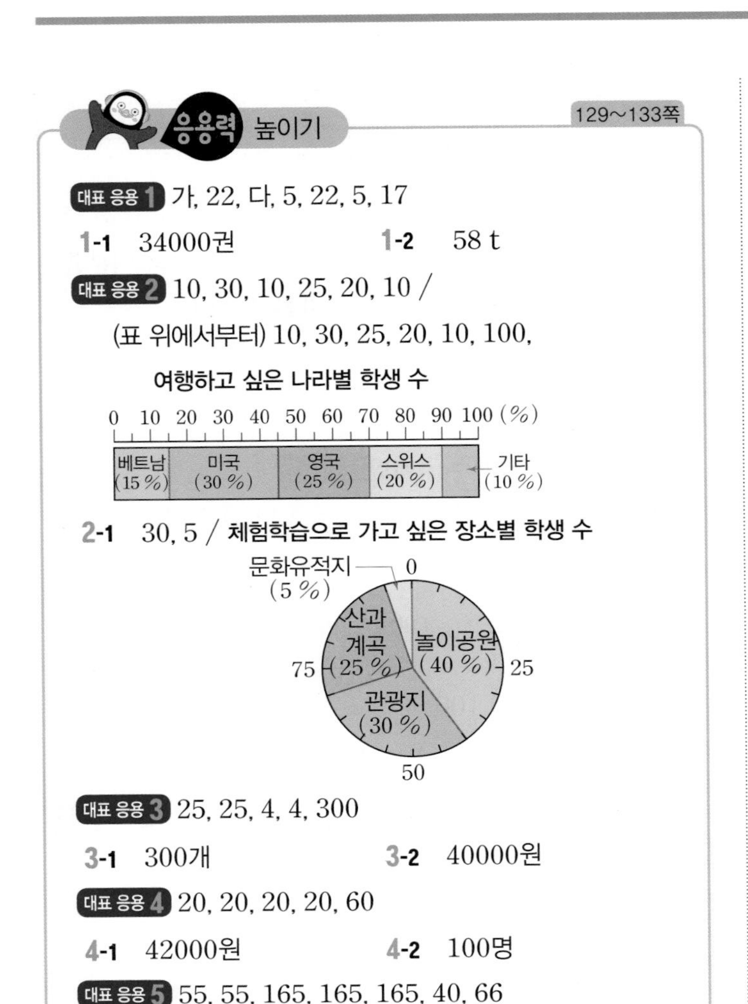

응용력 높이기

129~133쪽

대표 응용 1 가, 22, 다, 5, 22, 5, 17

1-1 34000권 1-2 58 t

대표 응용 2 10, 30, 10, 25, 20, 10 /

(표 위에서부터) 10, 30, 25, 20, 10, 100,

2-1 30, 5 / 체험학습으로 가고 싶은 장소별 학생 수

대표 응용 3 25, 25, 4, 4, 300

3-1 300개 3-2 40000원

대표 응용 4 20, 20, 20, 20, 60

4-1 42000원 4-2 100명

대표 응용 5 55, 55, 165, 165, 165, 40, 66

5-1 24명

1-1 어린이실에 책이 가장 많은 도서관은 다 도서관으로 책은 72000권입니다.
어린이실에 책이 가장 적은 도서관은 라 도서관으로 책이 38000권입니다.
따라서 어린이실에 책이 가장 많은 도서관과 가장 적은 도서관의 책 수의 차는
$72000-38000=34000$(권)입니다.

1-2 참외 생산량이 가장 많은 지역은 다 지역으로 84 t이고, 두 번째로 적은 지역은 나 지역으로 26 t입니다.
따라서 두 지역의 참외 생산량의 차는
$84-26=58$(t)입니다.

2-1 (관광지 또는 문화유적지를 가고 싶어하는 학생 수의 백분율)$=100-(40+25)=35$(%)
문화유적지를 가고 싶어 하는 학생 수의 백분율을 □ %라 하면, 관광지를 가고 싶어 하는 학생 수의 백분율은 (□×6)%이므로
□+(□×6)=35, □×7=35, □=5입니다.
따라서 문화유적지를 가고 싶어 하는 학생 수의 백분율은 5 %, 관광지를 가고 싶어 하는 학생 수의 백분율은 30 %입니다.

3-1 포도주스 판매량은 전체의 20 %이므로 전체 주스의 판매량은 포도주스 판매량의 $100\div20=5$(배)입니다.
따라서 가게에서 일주일 동안 판매한 주스는
$60\times5=300$(개)입니다.

3-2 정호가 군것질로 사용한 금액은 전체의 35 %이므로 전체 용돈의 금액은 군것질을 한 금액의
$100\div35=\frac{100}{35}$(배)입니다.
따라서 정호가 한 달 동안 사용한 용돈은
$14000\times\frac{100}{35}=40000$(원)입니다.

4-1 $100-(40+20+5)=35$이므로 입장료는 전체의 35 %입니다.
$35\ \%=\frac{35}{100}$이므로 입장료로 사용한 금액은
$120000\times\frac{35}{100}=42000$(원)입니다.

4-2 작은 눈금 한 칸이 $100\div20=5$(%)이고 취미 활동이 운동인 학생은 5칸이므로 전체의 25 %입니다.
$25\ \%=\frac{25}{100}$이므로 취미 활동이 운동인 학생은
$400\times\frac{25}{100}=100$(명)입니다.

5-1 탄산음료를 마시는 사람 수는 160명 중 60 %입니다.
$60\ \%=\frac{60}{100}$이므로 탄산음료를 마시는 사람은
$160\times\frac{60}{100}=96$(명)입니다.
탄산음료를 마시는 96명 중 하루에 탄산음료를 3잔 이상 마시는 사람은 3잔 20 %, 4잔 이상 5 %를 합한 25 %입니다.
따라서 탄산음료를 3잔 이상 마시는 사람은
$96\times\frac{25}{100}=24$(명)입니다.

01 340, 230, 430

02 마을별 배추 수확량

마을	수확량
가	
나	
다	
라	

100포기 10포기

03 2.6배

04 26 %

05 한씨, 주씨, 강씨

06 (위에서부터) 135, 90, 60, 15, 300 / 45, 30, 20, 5, 100

07 성씨별 사람 수

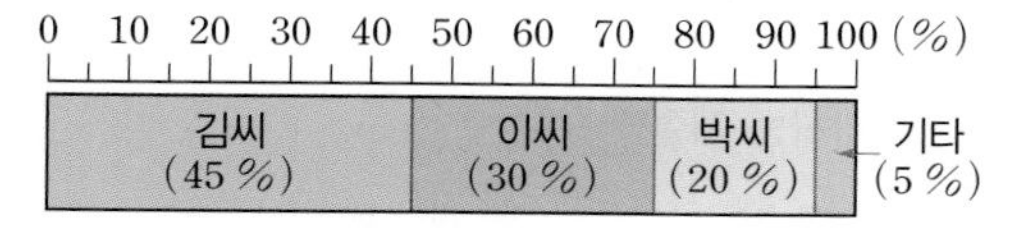

08 목요일

09 2배

10 35, 25, 20, 20, 100

11 여행 가고 싶은 나라별 학생 수

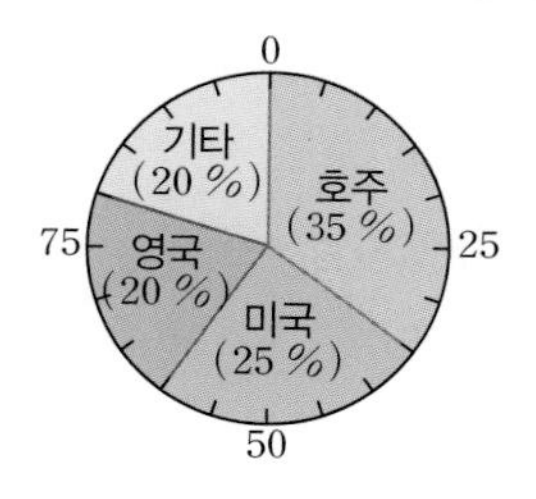

12 175명

13 280명

14 20 %

15 300권

16 ㉡

17 예 각 항목이 차지하는 비율을 한눈에 알 수 있습니다. / 예 자료를 나타내는 방법이 각각 띠와 원으로 다릅니다.

18 소

19 풀이 참조, 54명

20 풀이 참조, 168명

01 십의 자리 바로 아래 자리의 숫자가 0, 1, 2, 3, 4이면 버리고, 5, 6, 7, 8, 9이면 올립니다.

55<u>9</u> → 560, 34<u>4</u> → 340, 22<u>5</u> → 230, 43<u>1</u> → 430

03 학용품을 받고 싶어하는 학생 수는 전체의 26 %이고, 인형을 받고 싶어 하는 학생 수는 전체의 10 %입니다. 따라서 학용품을 받고 싶어 하는 학생 수는 인형을 받고 싶어 하는 학생 수의 $26 \div 10 = 2.6$(배)입니다.

04 게임기를 받고 싶어 하는 학생 수는 전체의 20 %, 책을 받고 싶어 하는 학생 수는 전체의 6 %입니다. 따라서 게임기 또는 책을 받고 싶어 하는 학생 수는 $20 + 6 = 26$(%)입니다.

05 항목이 모두 4개이므로 기타 항목에는 수가 적은 것부터 차례로 3개를 넣어야 합니다.
따라서 한씨, 주씨, 강씨를 넣습니다.

06 김씨: $\frac{135}{300} \times 100 = 45$(%)

이씨: $\frac{90}{300} \times 100 = 30$(%)

박씨: $\frac{60}{300} \times 100 = 20$(%)

기타: $\frac{15}{300} \times 100 = 5$(%)

(백분율의 합계)$= 45 + 30 + 20 + 5 = 100$(%)

08 방문자가 가장 많은 요일은 백분율이 가장 높은 항목이므로 목요일입니다.

09 화요일 방문자 수는 전체의 20 %, 월요일 방문자 수는 전체의 10 %입니다. ➡ $20 \div 10 = 2$(배)

10 호주: $\frac{70}{200} \times 100 = 35$(%)

미국: $\frac{50}{200} \times 100 = 25$(%)

영국: $\frac{40}{200} \times 100 = 20$(%)

기타: $\frac{40}{200} \times 100 = 20$(%)

(백분율의 합계)$= 35 + 25 + 20 + 20 = 100$(%)

12 취미가 휴식인 학생 수는 전체의 25 %입니다.

전체 700명의 학생 중 25 %$= \frac{25}{100}$이므로

$700 \times \frac{25}{100} = 175$(명)입니다.

13 취미가 독서 또는 텔레비전 시청인 학생 수는 두 항목의 합이므로 전체의 $25+15=40(\%)$입니다.

전체 700명의 학생 중 $40\ \%=\dfrac{40}{100}$이므로

$700\times\dfrac{40}{100}=280$(명)입니다.

14 띠그래프의 항목별 백분율은 100 %이므로 과학책의 백분율은

$100-(35+20+15+10)=20$, 20 %입니다.

15 동화책은 전체의 35 %입니다.

전체의 1 %는 $105\div35=3$(권)입니다.

따라서 지운이네 반 학급 문고는 모두

$3\times100=300$(권)입니다.

16 띠그래프와 원그래프는 비율그래프이므로 전체에 대한 항목의 비율을 알려고 할 때 이용하면 편리합니다.

18 전체에 대한 비율이 늘어난 가축은 소, 염소입니다.

작년에 비해 소의 비율은 30 %에서 40 %로 늘어났고, 염소의 비율은 10 %에서 15 %로 늘어났습니다.

따라서 작년에 비해 올해 전체에 대한 비율이 가장 많이 늘어난 가축은 소입니다.

19 예 돈가스를 좋아하는 학생 수의 백분율은

$100-(25+20+15+10)=30$, 30 %입니다.

… 30 %

카레밥이 15 %이므로 돈가스를 좋아하는 학생 수는 카레밥을 좋아하는 학생 수의 $30\div15=2$(배)입니다.

… 30 %

따라서 돈가스를 좋아하는 학생은 $27\times2=54$(명)입니다. … 40 %

20 예 초등학생 수는 전체의 35 %이므로

$1000\times\dfrac{35}{100}=350$(명)입니다. … 50 %

그중 여학생은 $48\ \%=\dfrac{48}{100}$이므로 초등학생 중 여학생은 $350\times\dfrac{48}{100}=168$(명)입니다. … 50 %

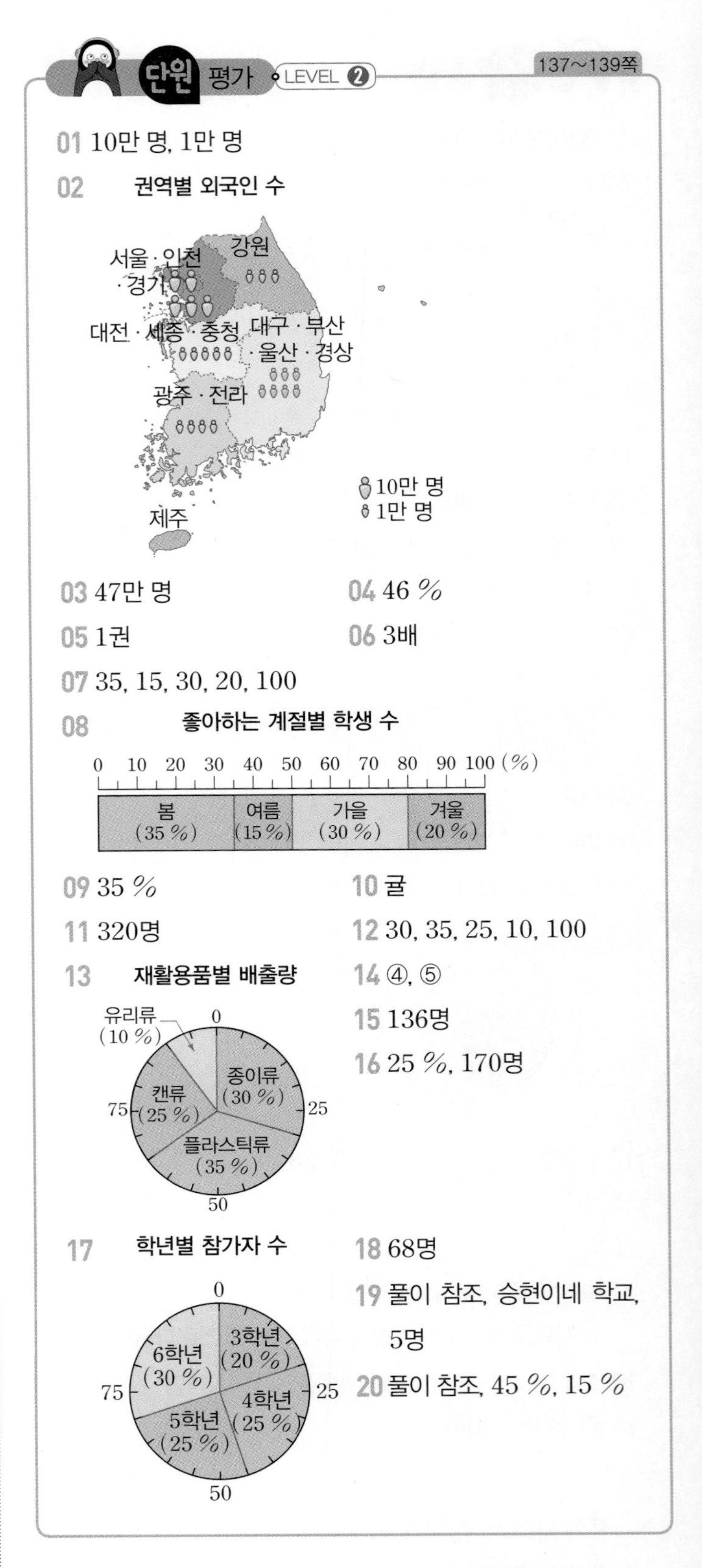

단원 평가 LEVEL 2
137~139쪽
01 10만 명, 1만 명
02 권역별 외국인 수
서울 · 인천 · 경기
강원
대전 · 세종 · 충청
대구 · 부산 · 울산 · 경상
광주 · 전라
제주
10만 명
1만 명
03 47만 명
04 46 %
05 1권
06 3배
07 35, 15, 30, 20, 100
08 좋아하는 계절별 학생 수
0 10 20 30 40 50 60 70 80 90 100 (%)
봄 (35 %)
여름 (15 %)
가을 (30 %)
겨울 (20 %)
09 35 %
10 귤
11 320명
12 30, 35, 25, 10, 100
13 재활용품별 배출량
유리류 (10 %)
종이류 (30 %)
캔류 (25 %)
플라스틱류 (35 %)
0 25 50 75
14 ④, ⑤
15 136명
16 25 %, 170명
17 학년별 참가자 수
3학년 (20 %)
4학년 (25 %)
5학년 (25 %)
6학년 (30 %)
0 25 50 75
18 68명
19 풀이 참조, 승현이네 학교, 5명
20 풀이 참조, 45 %, 15 %

01 은 10만 명을 나타내고, 은 1만 명을 나타냅니다.

02 대구 · 부산 · 울산 · 경상 권역은 7만 명이므로 을 7개 그립니다.

03 외국인 수가 가장 많은 권역: 서울 · 인천 · 경기

➡ 50만 명

외국인 수가 가장 적은 권역: 강원 ➡ 3만 명

(외국인 수의 차)=50만−3만=47만 (명)

04 띠그래프의 독서량별 학생 수의 백분율의 합은 100 % 이므로 일주일 독서량이 3권인 학생 수는 전체의 100−(10+33+11)=46, 46 %입니다.

05 가장 적은 학생의 일주일 독서량은 백분율이 가장 낮은 1권입니다.

06 일주일 동안 책을 2권 읽는 학생은 전체의 33 %이고, 4권 이상 읽는 학생 수는 전체의 11 %입니다.
따라서 일주일 동안 책을 2권 읽는 학생 수는 4권 이상 읽는 학생 수의 33÷11=3(배)입니다.

07 봄: $\frac{112}{320}\times100=35(\%)$

여름: $\frac{48}{320}\times100=15(\%)$

가을: $\frac{96}{320}\times100=30(\%)$

겨울: $\frac{64}{320}\times100=20(\%)$

(백분율의 합계)=35+15+30+20=100(%)

09 여름을 좋아하는 학생은 15 %, 겨울을 좋아하는 학생은 20 %이므로 여름 또는 겨울을 좋아하는 학생은 전체의 15+20=35(%)입니다.

10 가장 많은 학생들이 좋아하는 과일은 백분율이 가장 높은 귤입니다.

11 망고를 좋아하는 학생은 전체의 15 %입니다.
전체 학생 수의 5 %가 48÷3=16(명)이므로 조사한 전체 학생은 16×20=320(명)입니다.

12 종이류: $\frac{300}{1000}\times100=30(\%)$

플라스틱류: $\frac{350}{1000}\times100=35(\%)$

캔류: $\frac{250}{1000}\times100=25(\%)$

유리류 : $\frac{100}{1000}\times100=10(\%)$

15 참가자 전체 학생이 680명이고, 3학년은 전체의 $20\ \%=\frac{20}{100}$이므로 $680\times\frac{20}{100}=136$(명)이 참가하였습니다.

16 4학년을 뺀 나머지 참가자 수의 비율이
20+25+30=75(%)이므로
4학년 학생 수는 전체의 100−75=25, 25 %입니다.
참가한 전체 학생이 680명이고, 4학년 학생은 전체의 $25\ \%=\frac{25}{100}$이므로 $680\times\frac{25}{100}=170$(명)이 참가하였습니다.

18 참가한 전체 학생이 680명이고, 5학년 참가자는 전체의 $25\ \%=\frac{25}{100}$이므로 $680\times\frac{25}{100}=170$(명)이 참가하였습니다.
5학년 중 참가상을 받은 학생은
5학년 학생 중 $40\ \%=\frac{40}{100}$이므로
$170\times\frac{40}{100}=68$(명)입니다.

19 예 정민이네 학교의 야구를 좋아하는 학생 수:
$500\times\frac{25}{100}=125$(명) … 40 %
승현이네 학교의 야구를 좋아하는 학생 수:
$650\times\frac{20}{100}=130$(명) … 40 %
130명>125명이므로 야구를 좋아하는 학생은 승현이네 학교가 5명 더 많습니다. … 20 %

20 예 100−(30+10)=60이므로
(맑음 또는 비의 백분율)=60 % … 20 %
비가 온 날수의 백분율을 □ %라고 하면, 맑은 날수의 백분율은 (□×3) %입니다.
맑음 또는 비의 백분율이 60 %이므로
□+(□×3)=60, □×4=60, □=15입니다.
… 40 %
따라서 맑은 날은 전체의 45 %, 비가 온 날은 전체의 15 %입니다. … 40 %

6 단원 직육면체의 부피와 겉넓이

교과서 개념 다지기 (142~144쪽)

01 (1) 다 (2) 다　　02 (1) 18, 16 (2) 가

03 (1) 24, 24 (2) 40, 40　　04 (1) 3, 5, 60 (2) 4, 4, 4, 64

05 1 m^3, 1 세제곱미터　　06 5, 3, 30

07 1000000, 1000000　　08 (1) 8 (2) 4000000

교과서 넘어 보기 (145~148쪽)

01 나, 가, 다　　02 >　　03 36, 40, 32, 나

04 '없습니다'에 ○표 / 예 두 직육면체의 세 모서리의 길이가 모두 다르기 때문에 직접 맞대어서 부피를 비교할 수 없습니다.

05 72 cm^3　　06 30, 36 / 30, 36

07 729 cm^3　　08 160 cm^3　　09 512 cm^3

10 다, 가, 나　　11 10　　12 5 cm

13 4　　14 예 2, 4, 15 / 2, 5, 12 / 3, 4, 10

15 (1) 7 m, 8 m, 6 m　(2) 336 m^3

16 (1) 13000000　(2) 70

17 (　) (○)　　18 ⑤

19 27, 27000000　　20 105 m^3

교과서 속 응용 문제

21 512 cm^3　　22 1728 cm^3　　23 2296 cm^3

24 2 cm　　25 3 cm　　26 5 cm

01 가, 나, 다의 세로와 높이가 각각 같기 때문에 가로가 짧을수록 부피가 작습니다. 가로는 나 < 가 < 다이므로 부피가 작은 것부터 차례로 쓰면 나, 가, 다입니다.

02 왼쪽의 쌓기나무의 수: 가로 4개, 세로 4개씩 2층으로 쌓았으므로 $4 \times 4 \times 2 = 32$(개)입니다.
오른쪽의 쌓기나무의 수: 가로 3개, 세로 3개씩 3층으로 쌓았으므로 $3 \times 3 \times 3 = 27$(개)입니다.
따라서 $32 > 27$이므로 왼쪽 직육면체의 부피가 더 큽니다.

03 상자 가는 가로 3개, 세로 4개씩 3층으로 담을 수 있으므로 $3 \times 4 \times 3 = 36$(개), 나는 가로 4개, 세로 5개씩 2층으로 담을 수 있으므로 $4 \times 5 \times 2 = 40$(개), 다는 가로 2개, 세로 4개씩 4층으로 담을 수 있으므로 $2 \times 4 \times 4 = 32$(개)입니다.
따라서 상자 나에 가장 많이 담을 수 있습니다.

05 쌓기나무의 수는 가로 4개, 세로 6개씩 3층으로 쌓았으므로 $4 \times 6 \times 3 = 72$(개)입니다.
쌓기나무 1개의 부피가 1 cm^3이므로 직육면체의 부피는 72 cm^3입니다.

06 가의 쌓기나무의 수는 가로 5개, 세로 3개씩 2층으로 쌓았으므로 $5 \times 3 \times 2 = 30$(개)입니다.
나의 쌓기나무의 수는 가로 3개, 세로 3개씩 4층으로 쌓았으므로 $3 \times 3 \times 4 = 36$(개)입니다.
쌓기나무 1개의 부피가 1 cm^3이므로 가의 부피는 30 cm^3이고, 나의 부피는 36 cm^3입니다.

07 (정육면체의 부피) $= 9 \times 9 \times 9 = 729\,(cm^3)$

08 (민성이가 만든 상자의 부피)
$=$ (직육면체의 부피) $=$ (가로) $\times$ (세로) $\times$ (높이)
$= 5 \times 8 \times 4 = 160\,(cm^3)$

09 전개도를 접으면 한 모서리의 길이가 8 cm인 정육면체가 됩니다.
➡ (정육면체의 부피) $= 8 \times 8 \times 8 = 512\,(cm^3)$

10 (가의 부피) $= 6 \times 5 \times 7 = 210\,(cm^3)$
(나의 부피) $= 8 \times 4 \times 6 = 192\,(cm^3)$
(다의 부피) $= 3 \times 6 \times 12 = 216\,(cm^3)$
따라서 부피를 비교하면 다 > 가 > 나입니다.

11 (직육면체의 부피) $=$ (가로) $\times$ (세로) $\times$ (높이)이므로
$3 \times 5 \times \square = 150$, $\square = 10$입니다.

12 (정육면체의 부피)
$=$ (한 모서리의 길이) $\times$ (한 모서리의 길이) $\times$ (한 모서리의 길이)이므로
한 모서리의 길이를 $\square$ cm라 하면
$\square \times \square \times \square = 125$, $\square = 5$입니다.
따라서 정육면체의 한 모서리의 길이는 5 cm입니다.

13 (직육면체의 부피)=(가로)×(세로)×(높이)이므로 왼쪽의 직육면체의 부피는

$8\times2\times9=144\,(cm^3)$입니다.

두 직육면체의 부피는 같으므로

오른쪽의 직육면체의 부피는

$\square\times6\times6=144$, $\square=4$입니다.

14 세 수를 곱해 120이 되도록 가로, 세로, 높이를 정합니다.

예

가로(cm)	세로(cm)	높이(cm)	부피(cm^3)
2	2	30	120
2	3	20	120
2	4	15	120
2	5	12	120
3	4	10	120

15 (1) 100 cm=1 m이므로 직육면체의 가로, 세로, 높이는 각각 7 m, 8 m, 6 m입니다.

(2) 직육면체의 부피는 $7\times8\times6=336\,(m^3)$입니다.

16 (1) $1\,m^3=1000000\,cm^3$이므로

$13\,m^3=13000000\,cm^3$입니다.

(2) $1000000\,cm^3=1\,m^3$이므로

$70000000\,cm^3=70\,m^3$입니다.

17 $1000000\,cm^3=1\,m^3$이므로

$41000000\,cm^3=41\,m^3$입니다.

따라서 $410\,m^3$가 더 큽니다.

18 ① $80\,m^3$ ② $51\,m^3$ ③ $9\times4\times1.5=54\,(m^3)$

④ $4\times4\times4=64\,(m^3)$ ⑤ $5\times6\times3=90\,(m^3)$

따라서 $90>80>64>54>51$이므로 ⑤의 부피가 가장 큽니다.

19 한 모서리의 길이가 3 m인 정육면체의 부피는

$3\times3\times3=27\,(m^3)$입니다.

$1\,m^3=1000000\,cm^3$이므로

$27\,m^3=27000000\,cm^3$입니다.

20 길이의 단위를 m로 바꾸면 가로 3 m, 세로 5 m, 높이 7 m입니다.

➡ (직육면체의 부피)$=3\times5\times7=105\,(m^3)$

21 가장 큰 정육면체의 한 모서리의 길이는 직육면체의 가장 짧은 모서리의 길이에 맞춰야 합니다. 따라서 만들 수 있는 가장 큰 정육면체 모양은 한 모서리의 길이가 8 cm이므로 부피는 $8\times8\times8=512\,(cm^3)$입니다.

22 정육면체는 모든 모서리의 길이가 같으므로 한 모서리의 길이는 직육면체의 가로, 세로, 높이 중 가장 짧은 모서리의 길이에 맞춰야 합니다.

따라서 한 모서리의 길이가 12 cm인 정육면체로 잘라야 하므로 부피는 $12\times12\times12=1728\,(cm^3)$입니다.

23 정육면체는 가로, 세로, 높이가 모두 같으므로 직육면체의 가장 짧은 모서리의 길이인 14 cm를 한 모서리의 길이로 하는 정육면체로 잘라야 합니다.

(가장 큰 정육면체 모양의 부피)

$=14\times14\times14=2744\,(cm^3)$

(처음 두부의 부피)$=20\times14\times18=5040\,(cm^3)$

(남은 두부의 부피)$=5040-2744=2296\,(cm^3)$

24 (작은 정육면체의 수)$=5\times5\times5=125$(개)

(작은 정육면체의 부피)$=1000\div125=8\,(cm^3)$

작은 정육면체의 한 모서리의 길이를 □cm라고 하면

$\square\times\square\times\square=8$, $2\times2\times2=8$이므로 □=2입니다.

따라서 작은 정육면체의 한 모서리의 길이는 2 cm입니다.

25 (작은 정육면체의 수)$=4\times4\times4=64$(개)

(작은 정육면체의 부피)$=1728\div64=27\,(cm^3)$

작은 정육면체의 한 모서리의 길이를 □cm라고 하면

$\square\times\square\times\square=27$, $3\times3\times3=27$이므로 □=3입니다.

따라서 작은 정육면체의 한 모서리의 길이는 3 cm입니다.

26 (정육면체의 수)$=4\times2\times3=24$(개)

(정육면체의 부피)$=3000\div24=125\,(cm^3)$

정육면체의 한 모서리의 길이를 □cm라고 하면

$\square\times\square\times\square=125$, $5\times5\times5=125$이므로 □=5입니다.

따라서 정육면체의 한 모서리의 길이는 5 cm입니다.

149~150쪽

01 (위에서부터) 30 / 5, 20 / 5, 30 / 5, 20 / 4, 24

02 예 20, 30, 20, 24, 148 03 예 30, 20, 148

04 4, 5, 148

05 (1) 36, 36, 36, 36, 36, 36, 216 (2) 6, 36, 6, 216

06 6 / 4, 4, 6 / 16, 6, 96

151~154쪽

27 (1) 예 48, 42, 48, 56, 292 (2) 예 56, 42, 48, 292
(3) 56, 30, 6, 292

28 108 cm^2　29 172 cm^2

30 예

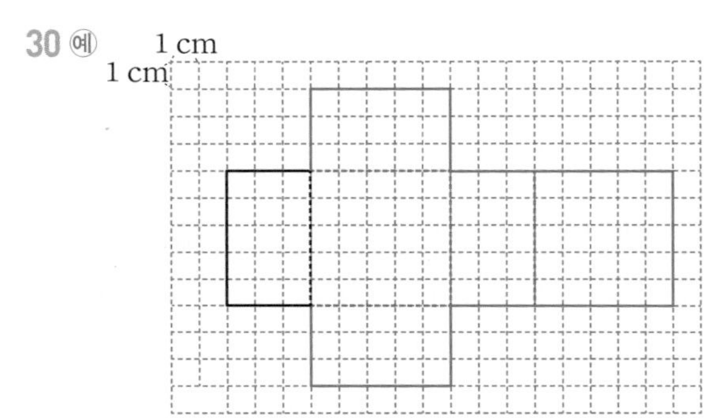

31 110 cm^2　32 136 cm^2　33 유빈, 8

34 23.5 m^2　35 9　36 10 cm

37 6　38 600 cm^2　39 294 cm^2

40 150 cm^2

41 예

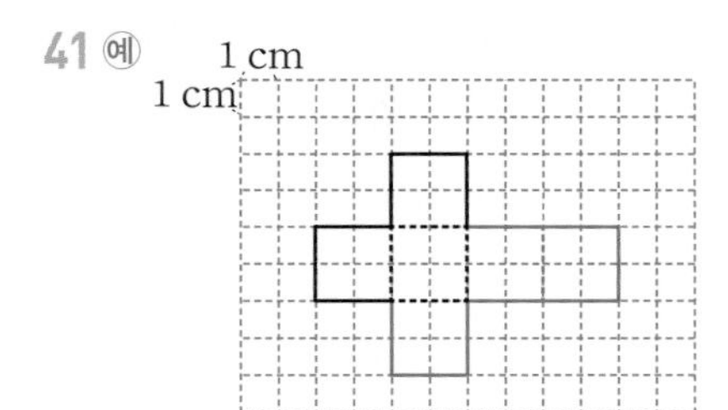

42 24 cm^2　43 864 cm^2　44 유진, 민서, 수민

45 726 cm^2　46 8

교과서 속 응용 문제

47 170 cm^2　48 284 cm^2　49 26 cm

50 343 cm^3　51 729 cm^3　52 64 cm^3

27 (3) (옆면의 가로)$=7+8+7+8=30$ (cm)

28 (직육면체의 겉넓이)
$=$(서로 다른 세 면의 넓이의 합)$\times 2$
$=(4\times 3+4\times 6+3\times 6)\times 2$
$=(12+24+18)\times 2=108$ (cm^2)

29 (직육면체의 겉넓이)
$=$(서로 다른 세 면의 넓이의 합)$\times 2$
$=(8\times 2+8\times 7+2\times 7)\times 2$
$=(16+56+14)\times 2=172$ (cm^2)

31 (직육면체의 겉넓이)
$=(3\times 5+3\times 5+5\times 5)\times 2$
$=(15+15+25)\times 2=110$ (cm^2)

32 (직육면체의 겉넓이)
$=$(서로 다른 세 면의 넓이의 합)$\times 2$
$=(4\times 10+4\times 2+10\times 2)\times 2$
$=(40+8+20)\times 2=136$ (cm^2)

33 (민준이가 만든 비누의 겉넓이)
$=(32+40+20)\times 2=184$ (cm^2)
(유빈이가 만든 비누의 겉넓이)
$=(36+30+30)\times 2=192$ (cm^2)
따라서 유빈이가 만든 비누의 겉넓이가
$192-184=8$ (cm^2) 더 넓습니다.

34 (직육면체의 겉넓이)
$=$(서로 다른 세 면의 넓이의 합)$\times 2$
$=(2\times 1.5+2\times 2.5+1.5\times 2.5)\times 2$
$=(3+5+3.75)\times 2$
$=23.5$ (m^2)

35 (직육면체의 겉넓이)
$=$(서로 다른 세 면의 넓이의 합)$\times 2$
$=(5\times\square+8\times\square+40)\times 2=314$
$5\times\square+8\times\square+40=157$, $5\times\square+8\times\square=117$,
$13\times\square=117$, $\square=9$입니다.

36 (직육면체의 겉넓이)
$=$(한 밑면의 넓이)$\times 2+$(옆면의 넓이)
한 밑면의 넓이가 $3\times 3=9\,(cm^2)$이고, 밑면의 둘레가 $3\times 4=12\,(cm)$입니다.
직육면체의 높이를 □cm라고 하면 겉넓이는
$9\times 2+12\times$□$=138$이므로
$18+12\times$□$=138$, $12\times$□$=120$, □$=10$입니다.
따라서 직육면체의 높이는 10 cm입니다.

37 (직육면체의 겉넓이)
$=$(한 밑면의 넓이)$\times 2+$(옆면의 넓이)
$=(4\times 5)\times 2+(5+4+5+4)\times$□$=148$,
$40+18\times$□$=148$, $18\times$□$=148-40$,
$18\times$□$=108$, □$=6$입니다.

38 한 면의 넓이가 100 cm^2이므로
(정육면체의 겉넓이)$=$(한 면의 넓이)$\times 6$
$=100\times 6=600\,(cm^2)$

39 (정육면체의 겉넓이)
$=$(한 면의 넓이)$\times 6$
$=(7\times 7)\times 6=49\times 6=294\,(cm^2)$

40 한 면은 한 변의 길이가 5 cm인 정사각형이므로 한 면의 넓이는 $5\times 5=25\,(cm^2)$이고, 정육면체는 모든 면의 넓이가 같으므로 겉넓이는 $25\times 6=150\,(cm^2)$입니다.

42 (정육면체의 겉넓이)$=2\times 2\times 6=24\,(cm^2)$

43 정육면체의 한 면의 모양은 정사각형이고, 한 면의 둘레가 48 cm이면 (한 변의 길이)$=48\div 4=12\,(cm)$입니다.
따라서 한 모서리의 길이가 12 cm이므로
(정육면체의 겉넓이)$=12\times 12\times 6=864\,(cm^2)$입니다.

44 민서: $(10\times 2+10\times 7+2\times 7)\times 2=208\,(cm^2)$
수민: $(5\times 4+5\times 8+4\times 8)\times 2=184\,(cm^2)$
유진: $6\times 6\times 6=216\,(cm^2)$
$216>208>184$이므로 겉넓이가 넓은 순서대로 이름을 쓰면 유진, 민서, 수민입니다.

45 정육면체 주사위의 한 면은 한 변의 길이가 11 cm인 정사각형이므로
(한 면의 넓이)$=11\times 11=121\,(cm^2)$입니다.
따라서 필요한 색종이의 넓이는 만든 정육면체의 겉넓이와 같으므로 $121\times 6=726\,(cm^2)$입니다.

46 (정육면체의 겉넓이)$=$(한 면의 넓이)$\times 6$이므로
□$\times$□$\times 6=384\,(cm^2)$입니다.
□$\times$□$=64$, $8\times 8=64$이므로 □$=8$입니다.

47 (직육면체의 겉넓이)
$=$(한 밑면의 넓이)$\times 2+$(한 밑면의 둘레)$\times$(높이)
$=25\times 2+20\times 6=50+120=170\,(cm^2)$

48 (직육면체의 겉넓이)
$=$(한 밑면의 넓이)$\times 2+$(한 밑면의 둘레)$\times$(높이)
$=30\times 2+28\times 8=60+224=284\,(cm^2)$

49 한 밑면의 둘레를 □cm라고 하면
(직육면체의 겉넓이)
$=$(한 밑면의 넓이)$\times 2+$(한 밑면의 둘레)$\times$(높이)
$=42\times 2+$□$\times 10=344\,(cm^2)$
$84+$□$\times 10=344$, □$\times 10=260$, □$=26$
따라서 한 밑면의 둘레는 26 cm입니다.

50 정육면체의 한 모서리의 길이를 □cm라고 하면
□$\times$□$\times 6=294$, □$\times$□$=49$, □$=7$입니다.
따라서 정육면체의 한 모서리의 길이는 7 cm이므로
(부피)$=7\times 7\times 7=343\,(cm^3)$입니다.

51 정육면체의 한 모서리의 길이를 □cm라고 하면
□$\times$□$\times 6=486$, □$\times$□$=81$, □$=9$입니다.
따라서 정육면체의 한 모서리의 길이는 9 cm이므로
(부피)$=9\times 9\times 9=729\,(cm^3)$입니다.

52 정육면체의 한 모서리의 길이를 □cm라고 하면
□$\times$□$\times 6=96$, □$\times$□$=16$, □$=4$입니다.
➡ (부피)$=4\times 4\times 4=64\,(cm^3)$

155~159쪽

대표 응용 1 64, 8, 64, 8, 512, 512, 64, 448, 448

1-1 3640 cm^3　　1-2 7000 cm^3

대표 응용 2 10, 10, 6, 10, 4, 10, 5, 6, 4, 5, 120

2-1 1000개　　2-2 480권

대표 응용 3 400, 400, 800

3-1 1080 cm^2

대표 응용 4 384, 384, 384, 64, 8, 8

4-1 7　　4-2 6 cm

대표 응용 5 9, 4, 9, 5, 360, 120, 480

5-1 364 cm^3　　5-2 210 cm^3

1-1 가로가 4 cm, 세로가 7 cm, 높이가 5 cm인 직육면체의 부피는
$4\times7\times5=140\,(cm^3)$입니다.
가로, 세로, 높이를 각각 3배로 늘이면 부피는
$3\times3\times3=27$(배)가 됩니다.
늘인 직육면체의 부피는
$140\times27=3780\,(cm^3)$입니다.
늘인 직육면체의 부피에서 처음 직육면체의 부피를 빼면 $3780-140=3640\,(cm^3)$입니다.
따라서 더 늘어난 부피는 3640 cm^3입니다.

1-2 (한 모서리의 길이가 20 cm인 정육면체의 부피)
$=20\times20\times20=8000\,(cm^3)$
가로, 세로, 높이를 각각 $\frac{1}{2}$로 줄이면 한 모서리의 길이가 $20\times\frac{1}{2}=10\,(cm)$인 정육면체가 되므로
(줄인 정육면체의 부피)$=10\times10\times10$
$=1000\,(cm^3)$
처음 정육면체의 부피에서 줄인 정육면체의 부피를 빼면 $8000-1000=7000\,(cm^3)$입니다.
따라서 부피는 처음 정육면체보다 7000 cm^3 줄어듭니다.

2-1 상자의 한 모서리의 길이를 □cm라고 하면
□×□×6=9600, □×□=1600, □=40입니다.
1 m=100 cm이므로 4 m=400 cm,
8 m=800 cm, 2 m=200 cm입니다.
(가로에 놓을 수 있는 상자의 수)
$=400\div40=10$(개)
(세로에 놓을 수 있는 상자의 수)
$=800\div40=20$(개)
(높이에 놓을 수 있는 상자의 수)
$=200\div40=5$(개)
따라서 컨테이너에는 한 모서리의 길이가 40 cm인 정육면체 모양의 상자를 $10\times20\times5=1000$(개)까지 쌓을 수 있습니다.

2-2 책의 높이를 □cm라고 하면
10×20×□=1000, 200×□=1000,
□=5입니다.
전개도를 이용하여 만든 직육면체 모양의 상자는 가로가 1.2 m, 세로가 0.8 m, 높이가 0.5 m입니다.
1 m=100 cm이므로 1.2 m=120 cm,
0.8 m=80 cm, 0.5 m=50 cm입니다.
(가로에 놓을 수 있는 책의 수)$=120\div10=12$(권)
(세로에 놓을 수 있는 책의 수)$=80\div20=4$(권)
(높이에 놓을 수 있는 책의 수)$=50\div5=10$(권)
따라서 책을 $12\times4\times10=480$(권)까지 넣을 수 있습니다.

3-1 직육면체 모양의 케이크를 2조각으로 자를 때, 케이크 2조각의 겉넓이의 합은 처음 케이크의 겉넓이보다 540 cm^2 더 늘어납니다.
케이크를 똑같이 4조각으로 자를 때 케이크 4조각의 겉넓이의 합은 케이크 2조각의 겉넓이의 합보다 540 cm^2 더 늘어납니다.
따라서 케이크 4조각의 겉넓이의 합은 처음 케이크의 겉넓이보다 $540\times2=1080\,(cm^2)$ 더 늘어납니다.

4-1 (직육면체 나의 겉넓이)

$=(10\times3+10\times9+3\times9)\times2=294\,(cm^2)$

정육면체 가의 겉넓이도 $294\,cm^2$이므로

$\square\times\square\times6=294$, $\square\times\square=49$, $\square=7$입니다.

4-2 (직육면체 나의 겉넓이)

$=(5\times7+5\times4+7\times4)\times2=166\,(cm^2)$

정육면체 가의 겉넓이는 직육면체 나의 겉넓이보다 $50\,cm^2$ 더 넓으므로 정육면체 가의 겉넓이는 $166+50=216\,(cm^2)$입니다.

정육면체 가의 한 모서리의 길이를 $\square$ cm라고 하면

$\square\times\square\times6=216$, $\square\times\square=36$, $\square=6$입니다.

따라서 정육면체 가의 한 모서리의 길이는 6 cm입니다.

5-1 직육면체 2개로 나누어 부피를 구합니다.

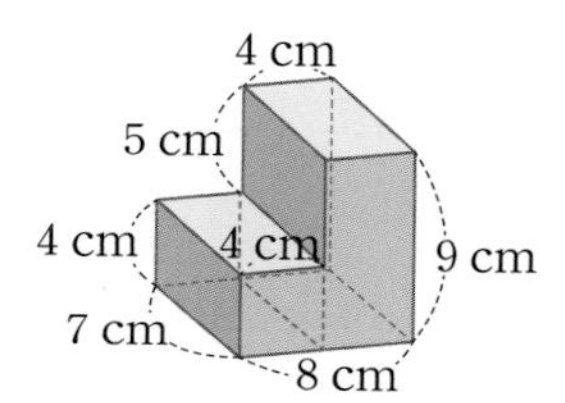

(부피)

$=4\times7\times4+4\times7\times9$

$=112+252=364\,(cm^3)$

다른 풀이 큰 직육면체의 부피에서 빈 부분의 부피를 빼서 구합니다. 가로 8 cm, 세로 7 cm, 높이 9 cm인 직육면체의 부피에서 가로 4 cm, 세로 7 cm, 높이 5 cm인 직육면체의 부피를 뺍니다.

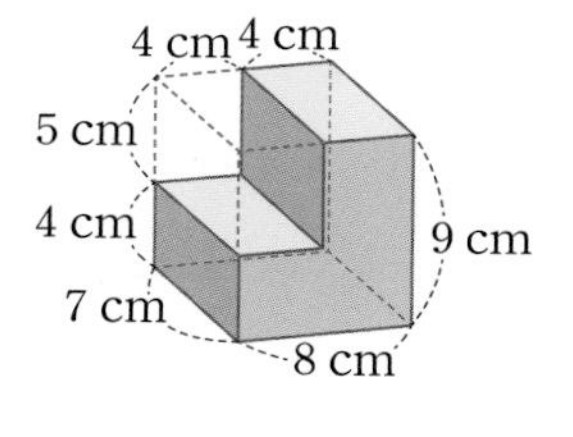

(부피)$=8\times7\times9-4\times7\times5$

$=504-140=364\,(cm^3)$

5-2 가로 10 cm, 세로 3 cm, 높이 8 cm인 직육면체의 부피에서 가로 $10-3-5=2\,(cm)$, 세로 3 cm, 높이 5 cm인 직육면체의 부피를 뺍니다.

(부피)$=10\times3\times8-2\times3\times5$

$=240-30$

$=210\,(cm^3)$

다른 풀이 직육면체 3개로 나누어 부피를 구합니다.

(부피)$=3\times3\times8+2\times3\times3+5\times3\times8$

$=72+18+120=210\,(cm^3)$

160~162쪽

01 ( ) ( ) (○) 02 가, 다, 나

03 >

04 (1) $24\,cm^3$ (2) $36\,cm^3$

05 $432\,cm^3$ 06 $120\,cm^3$

07 $1000\,cm^3$ 08 $343\,cm^3$

09 18 cm

10 예 4, 4, 10 / 5, 8, 4 / 8, 2, 10

11 ㉡ 12 <

13 $56\,m^3$ 14 $286\,cm^2$

15 $268\,cm^2$

16 예

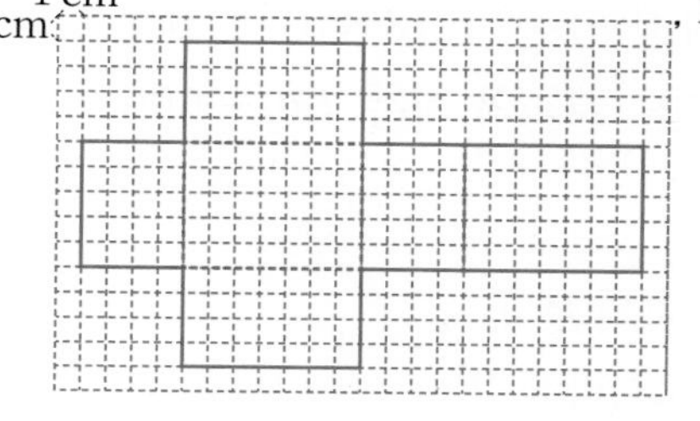

, $166\,cm^2$

17 12 18 $125\,cm^3$

19 풀이 참조, $242\,cm^2$ 20 풀이 참조, $1416\,cm^3$

01 첫 번째와 두 번째 화분은 모양과 크기가 같은 벽돌이 들어 있어 부피를 비교할 수 있지만, 세 번째 화분은 모양과 크기가 다른 벽돌이 들어 있으므로 부피를 비교할 수 없습니다.

02 높이가 같다면 밑면의 넓이가 큰 것이 부피가 더 큰 것이므로 가, 다, 나의 순서대로 부피가 큽니다.

참고 밑면의 넓이를 각각 구하면

가: $8\times4=32\,(cm^2)$, 나: $5\times5=25\,(cm^2)$

다: $6\times5=30\,(cm^2)$

03 각 상자에 넣을 수 있는 쌓기나무의 수를 구해 보면

가 상자: $3\times3\times2=18$(개)

나 상자: $1\times4\times3=12$(개)

따라서 $18>12$이므로 부피가 더 큰 것은 가 상자입니다.

04 (쌓기나무의 수)$=$(가로)$\times$(세로)$\times$(높이)

(1) (쌓기나무의 수)$=3\times2\times4=24$(개)

쌓기나무 1개의 부피가 1 cm^3이므로 직육면체의 부피는 24 cm^3입니다.

(2) (쌓기나무의 수)$=3\times3\times4=36$(개)

쌓기나무 1개의 부피가 1 cm^3이므로 직육면체의 부피는 36 cm^3입니다.

05 (직육면체의 부피)$=$(밑면의 넓이)$\times$(높이)

$=$(가로)$\times$(세로)$\times$(높이)

$=8\times6\times9=432$ (cm^3)

06 (책의 부피)$=20\times15\times2=600$ (cm^3)

(필통의 부피)$=8\times18\times5=720$ (cm^3)

두 물건의 부피의 차는 $720-600=120$ (cm^3)입니다.

07 (정육면체의 부피)

$=$(한 모서리의 길이)$\times$(한 모서리의 길이)

$\times$(한 모서리의 길이)

$=10\times10\times10=1000$ (cm^3)

08 정육면체는 가로, 세로, 높이가 모두 같아야 합니다. 따라서 가장 짧은 모서리의 길이인 7 cm를 한 모서리의 길이로 하는 정육면체가 가장 큰 정육면체입니다.

➡ (부피)$=7\times7\times7=343$ (cm^3)

09 (가의 부피)$=12\times12\times9=1296$ (cm^3)이므로

(나의 부피)$=8\times9\times\square=1296$ (cm^3)입니다.

$72\times\square=1296$, $\square=18$

따라서 나의 높이는 18 cm입니다.

10 세 수를 곱해 160이 되도록 가로, 세로, 높이를 정합니다.

예

가로(cm)	세로(cm)	높이(cm)	부피(cm^3)
2	2	40	160
2	10	8	160
4	4	10	160
5	8	4	160
8	2	10	160

11 1 $m^3=1000000$ cm^3이므로

㉠ 1.9 $m^3=1900000$ cm^3

㉡ 5000000 $cm^3=5$ m^3, 50000000 $cm^3=50$ m^3

㉢ 740000000 $cm^3=740$ m^3입니다.

따라서 잘못된 것은 ㉡입니다.

12 1 $m^3=1000000$ cm^3이므로

6.7 $m^3=6700000$ cm^3,

67000000 $cm^3=67$ m^3입니다.

따라서 6.7 $m^3<67000000$ cm^3입니다.

13 100 cm$=$1 m이므로 가로는 3.5 m, 세로는 8 m, 높이는 2 m와 같습니다.

따라서 부피는 $3.5\times8\times2=56$ (m^3)입니다.

14 가로가 7 cm, 세로가 5 cm, 높이가 9 cm인 직육면체이므로 겉넓이는

$(35+63+45)\times2=286$ (cm^2)입니다.

15 필요한 포장지의 넓이를 알아보려면 직육면체의 겉넓이를 구해야 합니다.

(직육면체의 겉넓이)

$=$(서로 다른 세 면의 넓이의 합)$\times2$

$=(11\times6+11\times4+6\times4)\times2$

$=134\times2=268$ (cm^2)

따라서 필요한 포장지의 넓이는 적어도 268 cm^2입니다.

16 (직육면체의 겉넓이)

$=$(한 밑면의 넓이)$\times2+$(옆면의 넓이)

$=(7\times4)\times2+(4+7+4+7)\times5$

$=56+110=166$ (cm^2)

17 직육면체의 높이를 $\square$ cm라 하면

(직육면체의 겉넓이)

$=$(한 밑면의 넓이)$\times2+$(옆면의 넓이)

$=(12\times5)\times2+(5+12+5+12)\times\square$

$=120+34\times\square=528$ (cm^2)

$34\times\square=408$, $\square=12$

18 (직육면체의 겉넓이)

=(서로 다른 세 면의 넓이의 합)×2

$=(9\times4+9\times3+4\times3)\times2$

$=75\times2=150\,(\mathrm{cm}^2)$

(정육면체의 겉넓이)

=(한 면의 넓이)×6=150 (cm^2)이므로

(정육면체의 한 면의 넓이)=25 cm^2,

(정육면체의 한 모서리의 길이)=5 cm입니다.

(정육면체의 부피)

=(한 모서리의 길이)×(한 모서리의 길이)

×(한 모서리의 길이)

$=5\times5\times5=125\,(\mathrm{cm}^3)$

19 예 (가의 겉넓이)$=10\times10\times6=600\,(\mathrm{cm}^2)$ … 40 %

(나의 겉넓이)$=(9\times11+9\times4+11\times4)\times2$

$=358\,(\mathrm{cm}^2)$ … 40 %

➡ 가의 겉넓이와 나의 겉넓이의 차는

$600-358=242\,(\mathrm{cm}^2)$입니다. … 20 %

20 예 입체도형을 직육면체 2개로 나누면 한 개는 가로가 9 cm, 세로가 20 cm, 높이가 6 cm인 직육면체이고,

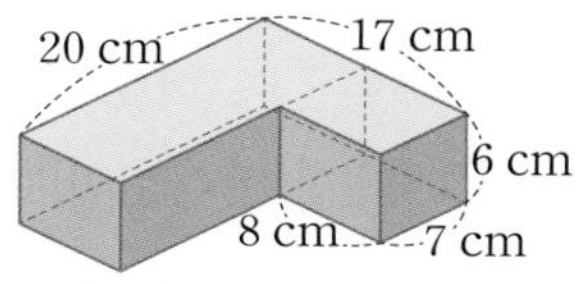

다른 하나는 가로가 8 cm, 세로가 7 cm, 높이가 6 cm인 직육면체입니다. … 30 %

각 직육면체의 부피는

$9\times20\times6=1080\,(\mathrm{cm}^3)$,

$8\times7\times6=336\,(\mathrm{cm}^3)$입니다. … 50 %

따라서 입체도형의 부피는

$1080+336=1416\,(\mathrm{cm}^3)$입니다. … 20 %

다른 풀이 (입체도형의 부피)

=(가로 17 cm, 세로 20 cm, 높이 6 cm인 직육면체의 부피)

−(가로 8 cm, 세로 13 cm, 높이 6 cm인 직육면체의 부피)

$=17\times20\times6-8\times13\times6$

$=2040-624=1416\,(\mathrm{cm}^3)$

163~165쪽

01 ㉠, ㉡	02 다, 나, 가
03 3, 4, 5, 60 / 60 cm^3	04 224 cm^3
05 1703 cm^3	06 343 cm^3
07 11 cm	08 6
09 (1) 150000000	(2) 0.6
10 지훈	11 6 m^3
12 가	13 960 cm^3
14 382 cm^2	15 16
16 216 cm^2	17 10 cm
18 48 cm^2	19 풀이 참조, 3 cm
20 풀이 참조, 702 cm^2	

01 가, 나: 높이가 같으므로 밑면의 넓이가 더 넓은 나의 부피가 더 큽니다.

가, 다: 밑면의 가로, 세로가 같으므로 높이가 더 높은 다의 부피가 더 큽니다.

02 가: $2\times2\times5=20$(개)

나: $3\times2\times4=24$(개)

다: $3\times3\times3=27$(개)

따라서 부피가 큰 것부터 나열하면 다, 나, 가입니다.

03 직육면체를 만드는 데 사용한 쌓기나무는

$3\times4\times5=60$(개)입니다.

쌓기나무 1개의 부피가 1 cm^3이므로 직육면체의 부피는 60 cm^3입니다.

04 (직육면체의 부피)=(가로)×(세로)×(높이)

$=8\times4\times7=224\,(\mathrm{cm}^3)$

05 (빵의 부피)$=13\times20\times15=3900\,(\mathrm{cm}^3)$

(만들 수 있는 가장 큰 정육면체의 부피)

$=13\times13\times13=2197\,(\mathrm{cm}^3)$

(포장하고 남은 빵의 부피)

$=3900-2197=1703\,(\mathrm{cm}^3)$

06 (정육면체의 한 모서리의 길이)

$=21\div3=7\,(\mathrm{cm})$

(정육면체의 부피)$=7\times7\times7=343\,(\mathrm{cm}^3)$

07 (직육면체의 부피)$=$(밑면의 넓이)$\times$(높이)이므로
$14\times5\times$(높이)$=770$, (높이)$=11$ cm입니다.

08 두 직육면체의 부피가 같고
왼쪽 직육면체의 부피는 $15\times2\times8=240\,(\text{cm}^3)$이므로
오른쪽 직육면체의 부피는
$4\times\square\times10=240\,(\text{cm}^3)$입니다.
따라서 $40\times\square=240$, $\square=6$입니다.

09 $1\text{ m}^3=1000000\text{ cm}^3$
(1) $150\text{ m}^3=150000000\text{ cm}^3$
(2) $600000\text{ cm}^3=0.6\text{ m}^3$

10 연아: $1\text{ m}^3=1000000\text{ cm}^3$이므로
$9\text{ m}^3=9000000\text{ cm}^3$입니다.
서진: $80000000\text{ cm}^3=80\text{ m}^3$이므로
80000000 cm^3는 740 m^3보다 부피가 작습니다.
지훈: $1300000\text{ cm}^3=1.3\text{ m}^3$이므로
$1.3\times2=2.6\,(\text{m}^3)$입니다.

11 모서리의 길이의 단위를 m로 바꾸면 가로는
$150\text{ cm}=1.5\text{ m}$입니다.
따라서 직육면체의 부피는
$1.5\times2.5\times1.6=6\,(\text{m}^3)$입니다.

12 가의 부피: $4\times4\times4=64\,(\text{m}^3)$
나의 부피: $5\times3\times4=60\,(\text{m}^3)$
다의 부피: $8\times2\times3=48\,(\text{m}^3)$
➡ 부피가 가장 큰 직육면체는 가입니다.

13 입체도형은 직육면체 모양이고, 가운데 뚫려 있는 부분도 직육면체 모양입니다. 큰 직육면체의 부피에서 가운데 뚫려 있는 작은 직육면체의 부피를 빼서 구합니다.
➡ $(10\times8\times15)-(4\times4\times15)$
$=1200-240=960\,(\text{cm}^3)$

14 (상자의 겉넓이)
$=$(직육면체의 겉넓이)
$=(7\times5+5\times13+13\times7)\times2$
$=191\times2=382\,(\text{cm}^2)$

15 (직육면체의 겉넓이)
$=$(한 밑면의 넓이)$\times2+$(옆면의 넓이)이므로
$(6\times8)\times2+28\times\square=544$, $28\times\square=448$,
$\square=16$입니다.

16 (정육면체의 겉넓이)$=$(한 면의 넓이)$\times6$
$=6\times6\times6=216\,(\text{cm}^2)$

17 (직육면체의 겉넓이)
$=(8\times6+8\times18+6\times18)\times2$
$=(48+144+108)\times2=600\,(\text{cm}^2)$
정육면체의 겉넓이도 600 cm^2이므로 정육면체의 한 모서리의 길이를 $\square$cm라고 하면
$\square\times\square\times6=600$, $\square\times\square=100$이므로 $\square=10$입니다.
따라서 정육면체의 한 모서리의 길이는 10 cm입니다.

18 (직육면체의 겉넓이)
$=$(한 밑면의 넓이)$\times2+$(옆면의 넓이)
직육면체의 높이를 $\square$cm라고 하면
$20\times2+18\times\square=256$,
$18\times\square=216$, $\square=12$입니다.
(색칠한 면의 넓이)$=4\times12=48\,(\text{cm}^2)$

19 예 (쌓기나무의 수)$=4\times4\times4=64$(개) … 30 %
(쌓기나무의 부피)$=1728\div64=27\,(\text{cm}^3)$ … 30 %
쌓기나무의 한 모서리의 길이를 $\square$cm라고 하면
$\square\times\square\times\square=27$이고 $3\times3\times3=27$이므로 쌓기나무의 한 모서리의 길이는 3 cm입니다. … 40 %

20 예 (정육면체 나의 부피)$=9\times9\times9$
$=729\,(\text{cm}^3)$ … 30 %
직육면체 가의 높이를 $\square$cm라고 하면
$27\times9\times\square=729$, $243\times\square=729$,
$729\div243=\square$, $\square=3$입니다. … 30 %
따라서 직육면체 가의 겉넓이는
$(27\times9+27\times3+9\times3)\times2=702\,(\text{cm}^2)$입니다.
… 40 %

참고 직육면체의 높이를 모르므로 직육면체의 부피를 이용하여 높이를 구한 다음 겉넓이를 구합니다.

1 단원 분수의 나눗셈

1 단원 기본 문제 복습 2~3쪽

01 예 , $\frac{1}{5}$

02 (1) $\frac{3}{7}$ (2) $\frac{5}{11}$ (3) $\frac{2}{5}$

03 2, 3, 3, 3, 2, 3, 11

04 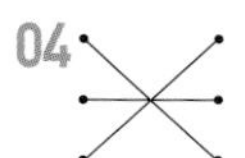

05 9÷7, 8÷3에 ○표

06 4, 3

07 (1) $\frac{4}{9}$ (2) $\frac{3}{8}$

08 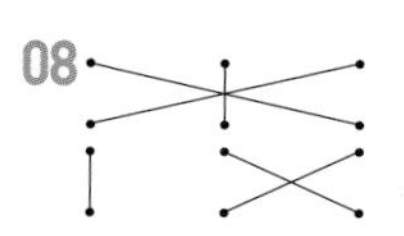

09 $\frac{8}{27}$, $\frac{8}{135}$

10 $\frac{11}{56}$

11 $\frac{13}{18}$

12 $2\frac{11}{15}\left(=\frac{41}{15}\right)$cm

13 $3\frac{3}{7}\left(=\frac{24}{7}\right)$km

02 (자연수)÷(자연수)의 몫을 분수로 나타내기

➡ ▲÷●=$\frac{▲}{●}$

03 11÷4의 몫은 2이고 나머지는 3입니다.

나머지 3을 다시 4로 나누면 $\frac{3}{4}$이므로

$11\div4=2\frac{3}{4}=\frac{11}{4}$입니다.

04 $8\div13=\frac{8}{13}$, $10\div3=\frac{10}{3}$, $4\div9=\frac{4}{9}$

05 나누어지는 수가 나누는 수보다 크면 몫은 1보다 큽니다.

06 (분수)÷(자연수)를 계산하려면 분수의 분자를 자연수로 나눕니다.

➡ $\frac{12}{13}\div4=\frac{12\div4}{13}=\frac{3}{13}$

07 (1) $\frac{8}{9}\div2=\frac{8\div2}{9}=\frac{4}{9}$

(2) $\frac{3}{4}\div2=\frac{6}{8}\div2=\frac{6\div2}{8}=\frac{3}{8}$

08 $\frac{11}{3}\div5=\frac{11}{3}\times\frac{1}{5}=\frac{11}{15}$

$\frac{5}{8}\div6=\frac{5}{8}\times\frac{1}{6}=\frac{5}{48}$

$\frac{3}{7}\div2=\frac{3}{7}\times\frac{1}{2}=\frac{3}{14}$

09 $\frac{8}{9}\div3=\frac{8}{9}\times\frac{1}{3}=\frac{8}{27}$

$\frac{8}{27}\div5=\frac{8}{27}\times\frac{1}{5}=\frac{8}{135}$

10 $\square\times7=\frac{11}{8}$

➡ $\square=\frac{11}{8}\div7=\frac{11}{8}\times\frac{1}{7}=\frac{11}{56}$

11 $4\frac{1}{3}\times\frac{2}{3}=\frac{13}{3}\times\frac{2}{3}=\frac{26}{9}=2\frac{8}{9}$

➡ ㉠$=2\frac{8}{9}$

㉡$\times4=2\frac{8}{9}$

➡ ㉡$=2\frac{8}{9}\div4=\frac{26}{9}\div4=\frac{\overset{13}{\cancel{26}}}{9}\times\frac{1}{\underset{2}{\cancel{4}}}=\frac{13}{18}$

12 (평행사변형의 넓이)=(밑변의 길이)×(높이)

➡ (높이)=(평행사변형의 넓이)÷(밑변의 길이)

$=8\frac{1}{5}\div3=\frac{41}{5}\div3=\frac{41}{5}\times\frac{1}{3}=\frac{41}{15}$

$=2\frac{11}{15}$(cm)

13 (열차가 1분 동안 달리는 거리)

$=10\frac{2}{7}\div3=\frac{72}{7}\div3=\frac{\overset{24}{\cancel{72}}}{7}\times\frac{1}{\underset{1}{\cancel{3}}}=\frac{24}{7}$

$=3\frac{3}{7}$(km)

1단원 응용 문제 복습 4~5쪽

01 $\frac{4}{35}$	02 $\frac{2}{45}$
03 $\frac{4}{21}$	04 $2\frac{1}{3}\left(=\frac{7}{3}\right)$ m
05 $2\frac{8}{21}\left(=\frac{50}{21}\right)$ cm	06 $6\frac{3}{10}\left(=\frac{63}{10}\right)$ cm
07 $\frac{5}{24}$	08 $\frac{2}{3}\left(=\frac{16}{24}\right)$
09 $1\frac{3}{20}\left(=\frac{23}{20}\right)$	10 $\frac{18}{55}$ m^2
11 $\frac{6}{7}$ m^2	12 $\frac{5}{12}\left(=\frac{15}{36}\right)$ m^2

01 $\frac{●}{■}\div▲=\frac{●}{■}\times\frac{1}{▲}$로 계산할 수 있습니다. 계산 결과가 가장 작을 때는 ■와 ▲의 곱이 가장 클 때입니다.
따라서 $\frac{4}{5}\div7=\frac{4}{35}$ 또는 $\frac{4}{7}\div5=\frac{4}{35}$입니다.

02 계산 결과가 가장 작을 때는 $\frac{2}{5}\div9=\frac{2}{5}\times\frac{1}{9}=\frac{2}{45}$ 또는 $\frac{2}{9}\div5=\frac{2}{9}\times\frac{1}{5}=\frac{2}{45}$입니다.

03 계산 결과가 가장 클 때는 $\frac{4}{7}\div3=\frac{4}{7}\times\frac{1}{3}=\frac{4}{21}$ 입니다.

04 (세로)=(직사각형의 넓이)÷(가로)

$=11\frac{2}{3}\div5=\frac{35}{3}\div5=\frac{\overset{7}{\cancel{35}}}{3}\times\frac{1}{\underset{1}{\cancel{5}}}$

$=\frac{7}{3}=2\frac{1}{3}$(m)

05 (높이)=(평행사변형의 넓이)÷(밑변의 길이)

$=16\frac{2}{3}\div7=\frac{50}{3}\times\frac{1}{7}$

$=\frac{50}{21}=2\frac{8}{21}$(cm)

06 (높이)=(삼각형의 넓이)×2÷(밑변의 길이)

$=12\frac{3}{5}\times2\div4=\frac{63}{5}\times2\div4=\frac{126}{5}\div4$

$=\frac{\overset{63}{\cancel{126}}}{5}\times\frac{1}{\underset{2}{\cancel{4}}}=\frac{63}{10}=6\frac{3}{10}$(cm)

07 (눈금 한 칸의 크기)

$=\left(\frac{5}{8}-\frac{1}{6}\right)\div11=\left(\frac{15}{24}-\frac{4}{24}\right)\div11$

$=\frac{11}{24}\div11=\frac{\overset{1}{\cancel{11}}}{24}\times\frac{1}{\underset{1}{\cancel{11}}}=\frac{1}{24}$

➡ ㉠$=\frac{1}{6}+\frac{1}{24}=\frac{4}{24}+\frac{1}{24}=\frac{5}{24}$

08 (눈금 한 칸의 크기)

$=\left(1\frac{1}{4}-\frac{3}{8}\right)\div3=\left(\frac{5}{4}-\frac{3}{8}\right)\div3$

$=\left(\frac{10}{8}-\frac{3}{8}\right)\div3=\frac{7}{8}\div3=\frac{7}{8}\times\frac{1}{3}=\frac{7}{24}$

㉠$=\frac{3}{8}+\frac{7}{24}=\frac{9}{24}+\frac{7}{24}=\frac{16}{24}=\frac{2}{3}$

09 (눈금 한 칸의 크기)

$=\left(1\frac{1}{2}-\frac{1}{10}\right)\div4=\left(\frac{3}{2}-\frac{1}{10}\right)\div4$

$=\left(\frac{15}{10}-\frac{1}{10}\right)\div4=\frac{14}{10}\div4=\frac{\overset{7}{\cancel{14}}}{10}\times\frac{1}{\underset{2}{\cancel{4}}}$

$=\frac{7}{20}\left(=\frac{14}{40}\right)$

㉠$=\frac{1}{10}+\frac{7}{20}\times3=\frac{1}{10}+\frac{7\times3}{20}$

$=\frac{1}{10}+\frac{21}{20}=\frac{2}{20}+\frac{21}{20}=\frac{23}{20}=1\frac{3}{20}$

10 (한 개의 넓이)$=\frac{9}{11}\div5=\frac{9}{11}\times\frac{1}{5}=\frac{9}{55}$($m^2$)

(색칠한 부분의 넓이)$=\frac{9}{55}\times2=\frac{18}{55}$($m^2$)

11 (한 개의 넓이)$=1\frac{5}{7}\div6=\frac{12}{7}\div6$

$=\frac{\overset{2}{\cancel{12}}}{7}\times\frac{1}{\underset{1}{\cancel{6}}}=\frac{2}{7}$($m^2$)

(색칠한 부분의 넓이)$=\frac{2}{7}\times3=\frac{6}{7}$($m^2$)

12 (한 개의 넓이)$=\frac{5}{9}\div4=\frac{5}{9}\times\frac{1}{4}=\frac{5}{36}$($m^2$)

(색칠한 부분의 넓이)$=\frac{5}{\underset{12}{\cancel{36}}}\times\overset{1}{\cancel{3}}=\frac{5}{12}\left(=\frac{15}{36}\right)$($m^2$)

1 단원 서술형 수행 평가 6~7쪽

01 풀이 참조, $4\div11=\frac{4}{11}$, $\frac{4}{11}$ kg

02 풀이 참조

03 풀이 참조, $\frac{2}{9}$ m

04 풀이 참조, $\frac{6}{35}$ m

05 풀이 참조, $\frac{2}{5}$ L

06 풀이 참조

07 풀이 참조, 영준이네 모둠

08 풀이 참조, $\frac{7}{18}$

09 풀이 참조, $1\frac{1}{16}\left(=\frac{17}{16}\right)$ kg

10 풀이 참조, $6\frac{1}{2}\left(=\frac{13}{2}\right)$ km

01 예 밀가루 4 kg을 학생 11명에게 남김없이 똑같이 나누어 주었습니다. … 40 %

한 명에게 준 밀가루는 몇 kg인지 분수로 나타내어 보세요. … 40 %

식 $4\div11=\frac{4}{11}$, 답 $\frac{4}{11}$ kg … 20 %

02 예 분자가 자연수의 배수가 되도록 바꾸어 계산합니다. … 50 %

$\frac{4}{7}\div5=\frac{20}{35}\div5=\frac{20\div5}{35}=\frac{4}{35}$ … 50 %

03 예 (색 테이프 한 도막의 길이)

=(색 테이프의 길이)÷(도막 수) … 40 %

$=\frac{8}{9}\div4=\frac{8\div4}{9}=\frac{2}{9}$(m)입니다. … 60 %

04 정오각형은 다섯 변의 길이가 모두 같습니다. … 20 %

따라서 정오각형의 한 변의 길이는

$\frac{6}{7}\div5=\frac{6}{7}\times\frac{1}{5}=\frac{6}{35}$(m)입니다. … 80 %

05 예 (수조에 부은 물의 양)

$=\frac{2}{5}+\frac{4}{5}=\frac{6}{5}=1\frac{1}{5}$(L) … 40 %

따라서 병 한 개에 담아야 할 물은

$1\frac{1}{5}\div3=\frac{6}{5}\div3=\frac{6\div3}{5}=\frac{2}{5}$(L)입니다. … 60 %

06 이유 예 대분수를 가분수로 바꾸고 나눗셈을 곱셈으로 나타내어 계산해야 하는데 대분수를 가분수로 바꾸지 않았습니다. … 50 %

바른 계산 $2\frac{1}{4}\div7=\frac{9}{4}\div7=\frac{9}{4}\times\frac{1}{7}=\frac{9}{28}$ … 50 %

07 예 다은이네 모둠: (한 사람이 마신 주스의 양)

$=6\div5=\frac{6}{5}=1\frac{1}{5}$(L) … 40 %

영준이네 모둠: (한 사람이 마신 주스의 양)

$=5\div4=\frac{5}{4}=1\frac{1}{4}$(L) … 40 %

$\frac{1}{5}<\frac{1}{4}$이므로 $1\frac{1}{5}<1\frac{1}{4}$입니다.

따라서 한 사람이 마신 주스의 양이 더 많은 모둠은 영준이네 모둠입니다. … 20 %

08 예 어떤 수를 □라고 하면 잘못 계산한 식은

$\square\times3=\frac{7}{2}$이므로

$\square=\frac{7}{2}\div3=\frac{7}{2}\times\frac{1}{3}=\frac{7}{6}=1\frac{1}{6}$입니다. … 50 %

바르게 계산하면 $1\frac{1}{6}\div3=\frac{7}{6}\div3=\frac{7}{6}\times\frac{1}{3}=\frac{7}{18}$

입니다. … 50 %

09 예 (책 8권의 무게)$=8\frac{5}{6}-\frac{1}{3}=8\frac{5}{6}-\frac{2}{6}$

$=8\frac{3}{6}=8\frac{1}{2}$(kg) … 40 %

(책 한 권의 무게)

$=8\frac{1}{2}\div8=\frac{17}{2}\div8=\frac{17}{2}\times\frac{1}{8}$

$=\frac{17}{16}=1\frac{1}{16}$(kg) … 60 %

10 예 (열차가 1분 동안 달리는 거리)

$=10\frac{5}{6}\div5=\frac{65}{6}\div5=\frac{65\div5}{6}$

$=\frac{13}{6}=2\frac{1}{6}$(km) … 50 %

따라서 열차가 3분 동안 달리는 거리는

$2\frac{1}{6}\times3=\frac{13}{\cancel{6}_2}\times\cancel{3}^1=\frac{13}{2}=6\frac{1}{2}$(km)입니다. … 50 %

8~10쪽

01 예 (0, 1), $\frac{1}{4}$

02 (1) $\frac{1}{9}$ (2) $\frac{8}{13}$

03 15

04 $\frac{1}{3}$, 11, 11, 3, 2

05 5÷3, 7÷5에 ○표

06 ㉠

07 $3\frac{3}{4}\left(=\frac{15}{4}\right)$

08 $1\frac{1}{6}\left(=\frac{7}{6}\right)$kg

09 예 , $\frac{5}{12}$

10 $\frac{12}{11}\div 6=\frac{12\div 6}{11}=\frac{2}{11}$

11 (1) $\frac{2}{9}$ (2) $\frac{3}{5}$

12 $\frac{7}{20}$

13 <

14 풀이 참조, $\frac{5}{63}$

15 $\frac{4}{13}$ m

16 $\frac{17}{20}$

17 $\frac{4}{5}$ m

18 $\frac{3}{5}$

19 1, 2, 3, 4

20 풀이 참조, $\frac{3}{28}$

03 $7\div\square=\frac{7}{\square}$이므로 $\frac{7}{\square}=\frac{7}{15}$에서 □ 안에 알맞은 수는 15입니다.

05 나누어지는 수가 나누는 수보다 크면 몫이 1보다 큽니다.

06 ㉠ $6\div 5=\frac{6}{5}=1\frac{1}{5}$

07 $15\div 4=\frac{15}{4}=3\frac{3}{4}$

08 (전체 소금의 양)$=\frac{7}{\cancel{8}_1}\times\cancel{8}^1=7$ (kg)

(하루에 사용하는 소금의 양)

$=7\div 6=\frac{7}{6}=1\frac{1}{6}$ (kg)

12 $\frac{7}{4}\div 5=\frac{7}{4}\times\frac{1}{5}=\frac{7}{20}$

13 $\frac{8}{9}\div 6=\frac{\cancel{8}^4}{9}\times\frac{1}{\cancel{6}_3}=\frac{4}{27}$

$\frac{27}{7}\div 3=\frac{27\div 3}{7}=\frac{9}{7}=1\frac{2}{7}$

➡ $\frac{8}{9}\div 6<\frac{27}{7}\div 3$

14 예 $\frac{●}{■}\div▲=\frac{●}{■}\times\frac{1}{▲}$이므로 나눗셈 결과가 가장 작을 때는 ■와 ▲의 곱이 가장 클 때입니다. … 50 %

따라서 $\frac{5}{7}\div 9$ 또는 $\frac{5}{9}\div 7$을 만들어야 하므로

$\frac{5}{7}\div 9=\frac{5}{7}\times\frac{1}{9}=\frac{5}{63}$ 또는 $\frac{5}{9}\div 7=\frac{5}{9}\times\frac{1}{7}=\frac{5}{63}$

에서 몫은 $\frac{5}{63}$입니다. … 50 %

15 (한 명이 가진 리본의 길이)

=(전체 리본의 길이)÷(사람 수)

$=\frac{20}{13}\div 5=\frac{20\div 5}{13}=\frac{4}{13}$ (m)

16 $3\frac{2}{5}\div 4=\frac{17}{5}\div 4=\frac{17}{5}\times\frac{1}{4}=\frac{17}{20}$

17 (한 도막의 길이)$=2\frac{2}{5}\div 3=\frac{12}{5}\div 3$

$=\frac{12\div 3}{5}=\frac{4}{5}$ (m)

18 $\square\times 8=4\frac{4}{5}$ ➡ $4\frac{4}{5}\div 8=\square$

$\square=4\frac{4}{5}\div 8=\frac{24}{5}\div 8=\frac{\cancel{24}^3}{5}\times\frac{1}{\cancel{8}_1}=\frac{3}{5}$

19 $31\frac{1}{2}\div 7=\frac{63}{2}\div 7=\frac{63\div 7}{2}=\frac{9}{2}=4\frac{1}{2}$

$\square<4\frac{1}{2}$이므로 □는 4와 같거나 4보다 작아야 합니다.

따라서 □ 안에 들어갈 수 있는 자연수는 1, 2, 3, 4입니다.

20 예 어떤 수를 □라고 하면 잘못 계산한 식은

$\square\times 7=2\frac{1}{4}$이므로

$\square=2\frac{1}{4}\div 7=\frac{9}{4}\div 7=\frac{9}{4}\times\frac{1}{7}=\frac{9}{28}$입니다.

… 50 %

따라서 바르게 계산하면 $\frac{9}{28}\div 3=\frac{9\div 3}{28}=\frac{3}{28}$입니다. … 50 %

2 단원 각기둥과 각뿔

2단원 기본 문제 복습 11~12쪽

01 나, 라, 바　02 3개　03 사각기둥

04

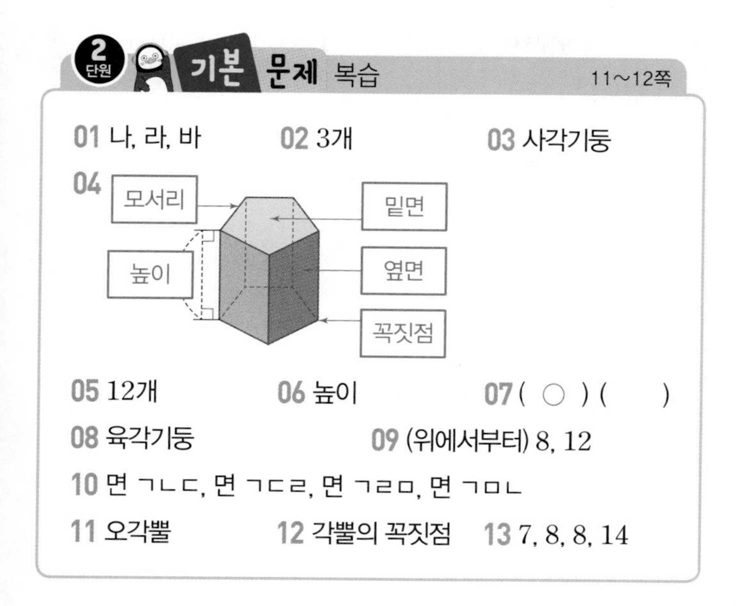

05 12개　06 높이　07 (○) (　)

08 육각기둥　09 (위에서부터) 8, 12

10 면 ㄱㄴㄷ, 면 ㄱㄷㄹ, 면 ㄱㄹㅁ, 면 ㄱㅁㄴ

11 오각뿔　12 각뿔의 꼭짓점　13 7, 8, 8, 14

01 서로 평행한 두 면이 있고, 이 두 면이 합동인 다각형으로 이루어진 입체도형을 찾으면 나, 라, 바입니다.

02 두 밑면과 만나는 면을 옆면이라고 합니다.
각기둥의 옆면은 3개입니다.

03 밑면이 사각형인 각기둥이므로 사각기둥입니다.

04 각기둥에서 서로 평행하고 합동인 두 면을 밑면이라 하고, 두 밑면과 만나는 면을 옆면이라고 합니다.
또 면과 면이 만나는 선분을 모서리, 모서리와 모서리가 만나는 점을 꼭짓점, 두 밑면 사이의 거리를 높이라고 합니다.

05 (꼭짓점의 수)$=$(한 밑면의 변의 수)$\times 2$
육각기둥의 꼭짓점의 수는 $6\times 2=12$(개)입니다.

06 각기둥에서 두 밑면 사이의 거리를 높이라고 합니다.

07 왼쪽 그림은 오각기둥의 전개도입니다.
오른쪽 그림은 아래쪽에 밑면이 없으므로 삼각기둥의 전개도가 될 수 없습니다.

08 밑면이 육각형이고 옆면이 6개인 육각기둥입니다.

09 각기둥의 전개도에서 옆면인 직사각형의 세로는 각기둥의 높이와 같으므로 8 cm입니다.
전개도에서 밑면의 다른 한 변의 길이는 각기둥의 밑면의 변의 길이로 알 수 있으므로 12 cm입니다.

10 옆면은 밑면과 만나는 면입니다.

11 밑면이 오각형인 각뿔은 오각뿔입니다.

12 꼭짓점 중에서 옆면이 모두 만나는 점을 각뿔의 꼭짓점이라 합니다.

13 주어진 입체도형은 칠각뿔이므로 밑면의 변이 7개입니다.
(꼭짓점의 수)$=$(밑면의 변의 수)$+1=7+1=8$(개)
(면의 수)$=$(밑면의 변의 수)$+1=7+1=8$(개)
(모서리의 수)$=$(밑면의 변의 수)$\times 2=7\times 2=14$(개)

2단원 응용 문제 복습 13~14쪽

01 육각기둥　02 사각뿔　03 사각기둥
04 17개　05 10개　06 12개
07 3 cm　08 3 cm　09 18개
10 6개　11 18개

01 밑면이 다각형이고 옆면이 모두 직사각형인 입체도형은 각기둥입니다. 따라서 밑면이 육각형이므로 육각기둥입니다.

02 밑면이 다각형이고 옆면이 모두 삼각형인 입체도형은 각뿔입니다. 따라서 밑면이 사각형이므로 사각뿔입니다.

03 옆면이 모두 합동인 직사각형인 입체도형은 각기둥입니다. 옆면이 4개이므로 한 밑면의 변도 4개이고 사각기둥입니다.

04 밑면이 오각형인 각기둥은 오각기둥이고 한 밑면의 변이 5개입니다.
(면의 수)$=$(한 밑면의 변의 수)$+2=5+2=7$(개)
(꼭짓점의 수)$=$(한 밑면의 변의 수)$\times 2$
$=5\times 2=10$(개)
➡ $7+10=17$(개)

05 밑면이 육각형인 각기둥은 육각기둥이고 한 밑면의 변이 6개입니다.

(모서리의 수)$=$(한 밑면의 변의 수)$\times 3$

$=6\times 3=18$(개)

(면의 수)$=$(한 밑면의 변의 수)$+2=6+2=8$(개)

➡ $18-8=10$(개)

06 각기둥의 한 밑면의 변을 □개라고 하면 꼭짓점이 8개이므로 □$\times 2=8$, □$=8\div 2=4$입니다.

따라서 한 밑면의 변이 4개, 즉 밑면이 사각형인 각기둥은 사각기둥이므로 모서리는 $4\times 3=12$(개)입니다.

07 (높이를 나타내는 모서리의 길이의 합)

$=6\times 3=18$ (cm)

(두 밑면의 변의 길이의 합)$=36-18=18$ (cm)

(한 밑면의 모든 변의 길이의 합)

$=18\div 2=9$ (cm)

(밑면의 한 변의 길이)$=9\div 3=3$ (cm)

08 (높이를 나타내는 모서리의 길이의 합)

$=5\times 5=25$ (cm)

(두 밑면의 변의 길이의 합)$=55-25=30$ (cm)

(한 밑면의 모든 변의 길이의 합)

$=30\div 2=15$ (cm)

(밑면의 한 변의 길이)$=15\div 5=3$ (cm)

09 밑면이 팔각형인 각뿔은 팔각뿔이고 밑면의 변이 8개입니다.

(면의 수)$=$(밑면의 변의 수)$+1=8+1=9$(개)

(꼭짓점의 수)$=$(밑면의 변의 수)$+1=8+1=9$(개)

➡ $9+9=18$(개)

10 밑면이 칠각형인 각뿔은 칠각뿔이고 밑면의 변이 7개입니다.

(모서리의 수)$=$(밑면의 변의 수)$\times 2$

$=7\times 2=14$(개)

(면의 수)$=$(밑면의 변의 수)$+1=7+1=8$(개)

➡ $14-8=6$(개)

11 각뿔의 밑면의 변을 □개라고 하면

(꼭짓점의 수)$=$□$+1$(개)이고,

꼭짓점이 10개이므로 □$+1=10$, □$=10-1=9$입니다.

밑면의 변이 9개이므로 구각뿔입니다.

따라서 구각뿔의 모서리는 $9\times 2=18$(개)입니다.

2 단원 서술형 수행 평가 15~16쪽

01 풀이 참조	02 수정, 풀이 참조
03 풀이 참조, 35개	04 풀이 참조
05 풀이 참조	06 풀이 참조
07 풀이 참조, 11 cm	08 풀이 참조, 75 cm
09 풀이 참조, 18개	10 풀이 참조, 102 cm

01 예 서로 평행한 두 면이 합동이지만 다각형이 아니기 때문에 각기둥이 아닙니다. ··· 100 %

02 수정 ··· 50 %

예 각기둥에서 옆면은 모두 직사각형입니다. ··· 50 %

03 예 칠각기둥은 한 밑면의 변이 7개이므로

(꼭짓점의 수)$=7\times 2=14$(개),

(모서리의 수)$=7\times 3=21$(개)입니다. ··· 80 %

따라서 꼭짓점의 수와 모서리의 수의 합은

$14+21=35$(개)입니다. ··· 20 %

04 예 전개도를 접었을 때 두 밑면이 서로 겹치므로 오각기둥의 전개도가 아닙니다. ··· 100 %

05 예 각뿔의 옆면은 삼각형이어야 하는데 사각형이므로 각뿔이 아닙니다. ··· 50 %

각뿔의 밑면은 1개인데 2개이므로 각뿔이 아닙니다. ··· 50 %

06 예 • 면이 8개예요. ··· 30 %

• 꼭짓점이 12개예요. ··· 30 %

• 모서리가 18개예요. ··· 40 %

07 예 (두 밑면의 변의 길이의 합)
$=(5\times3)\times2=30$ (cm) … 40 %
(높이를 나타내는 모서리의 길이의 합)
$=63-30=33$ (cm) … 30 %
이 각기둥은 삼각기둥이므로 높이를 나타내는 모서리는 3개입니다.
따라서 각기둥의 높이는 $33\div3=11$ (cm)입니다.
… 30 %

08 예 밑면은 한 변의 길이가 4 cm인 정오각형이고 높이는 7 cm인 오각기둥입니다. … 40 %
따라서 모든 모서리의 길이의 합은
$4\times10+7\times5=40+35=75$ (cm)입니다.
… 60 %

09 예 밑면이 구각형인 각뿔은 구각뿔입니다. … 40 %
구각뿔은 밑면의 변이 9개이므로 모서리는
$9\times2=18$(개)입니다. … 60 %

10 예 옆면이 6개이므로 밑면은 변이 6개인 육각형이고, 이 각뿔은 육각뿔입니다. … 40 %
따라서 모든 모서리의 길이의 합은
$5\times6+12\times6=30+72=102$ (cm)입니다.
… 60 %

2단원 단원 평가 17~19쪽

01 바
02 육각기둥
03 5개
04 (그림)
05 밑면
06 풀이 참조, 16개
07 21개
08 나, 사각기둥
09 (위에서부터) 3, 7, 3, 4
10 면 마
11 예 (그림) 1 cm, 1 cm, 3 cm
12 나, 오각뿔
13 (그림)
14 (그림)
15 가
16 점 ㄱ
17 8개
18 10 cm
19 3개
20 풀이 참조, 팔각뿔

01 밑면이 서로 평행하고 합동인 다각형으로 이루어진 입체도형은 바입니다.

02 밑면이 육각형인 각기둥이므로 육각기둥입니다.

03 밑면에 수직인 면은 옆면이므로 오각기둥에서 옆면은 모두 5개입니다.

04 보이는 모서리는 실선으로, 보이지 않는 모서리는 점선으로 나타냅니다.

05 각기둥은 밑면의 모양에 따라 삼각기둥, 사각기둥, 오각기둥, ...이라고 합니다.

06 예 밑면이 팔각형이므로 팔각기둥입니다. … 40 %
팔각기둥의 한 밑면의 변은 8개이므로 꼭짓점은 모두 $8\times2=16$(개)입니다. … 60 %

07 한 밑면의 변의 수를 □개라 하면 꼭짓점이 14개이므로 $\square\times2=14$, $\square=7$입니다.
밑면이 칠각형인 각기둥이므로 칠각기둥입니다.
칠각기둥의 모서리의 수는 $7\times3=21$(개)입니다.

08 가는 밑면이 한 개이므로 각기둥을 만들 수 없습니다.
나는 밑면이 사각형인 사각기둥의 전개도입니다.

09 전개도에서 옆면인 직사각형의 세로는 각기둥의 높이와 같으므로 7 cm입니다. 전개도에서 밑면의 각 변의 길이는 각기둥의 밑면의 각 변의 길이로 알 수 있으므로 각각 3 cm, 4 cm입니다.

10 전개도를 접었을 때 서로 평행한 면이 마주 보는 면입니다. 따라서 전개도를 접었을 때 면 다와 마주 보는 면은 면 마입니다.

12 밑면이 다각형이고 옆면이 모두 삼각형인 입체도형은 나입니다.
나는 밑면이 오각형인 오각뿔입니다.

14 각뿔의 이름은 밑면의 모양에 따라 정해집니다. 밑면이 삼각형이므로 삼각뿔, 밑면이 칠각형이므로 칠각뿔, 밑면이 사각형이므로 사각뿔입니다.

15 각뿔에서 높이는 각뿔의 꼭짓점에서 밑면에 수직인 선분의 길이이므로 높이를 바르게 잰 것은 가입니다.

16 옆면이 모두 만나는 점은 각뿔의 꼭짓점이므로 점 ㄱ입니다.

17 모서리는 모서리 ㄱㄴ, 모서리 ㄱㄷ, 모서리 ㄱㄹ, 모서리 ㄱㅁ, 모서리 ㄴㄷ, 모서리 ㄷㄹ, 모서리 ㄹㅁ, 모서리 ㅁㄴ으로 모두 8개입니다.

18 각기둥의 높이는 두 밑면 사이의 거리이므로 6 cm입니다. 각뿔의 높이는 각뿔의 꼭짓점에서 밑면에 수직인 선분의 길이이므로 4 cm입니다.
➡ $6+4=10$ (cm)

19 (삼각뿔의 모서리의 수)$=3\times2=6$(개)
(삼각기둥의 모서리의 수)$=3\times3=9$(개)
(삼각뿔의 모서리의 수와 삼각기둥의 모서리의 수의 차)
$=9-6=3$(개)

20 예 밑면이 다각형이고 1개이며 옆면이 모두 삼각형인 입체도형은 각뿔입니다. … 30 %
각뿔에서 (꼭짓점의 수)=(밑면의 변의 수)+1이므로
(밑면의 변의 수)=(꼭짓점의 수)$-1=9-1=8$(개)입니다. … 50 %
따라서 구하는 입체도형은 밑면이 팔각형인 팔각뿔입니다. … 20 %

3 단원 소수의 나눗셈

3 단원 기본 문제 복습 20~21쪽

01 143, 143, 14.3
02 211, 21.1, 2.11
03 $28.84\div7=\frac{2884}{100}\div7=\frac{2884\div7}{100}=\frac{412}{100}=4.12$
04 8.56 cm
05 >
06 2, 1, 3
07 (위에서부터) 135, $\frac{1}{100}$, $\frac{1}{100}$, 1.35
08 4.76 cm
09 $3.24\div3=1.08$ (세로셈: 3 / 24 / 24 / 0)
10 6.02 cm
11 (1) 4.8 (2) 0.75
12 0.3 kg
13 $22.4\div7=3.2$에 ○표

01 $286\div2=143$ ➡ $28.6\div2=14.3$

02 나누는 수가 같고 나누어지는 수가 $\frac{1}{10}$배이면 몫도 $\frac{1}{10}$배입니다. 나누는 수가 같고 나누어지는 수가 $\frac{1}{100}$배이면 몫도 $\frac{1}{100}$배입니다.

03 소수를 분수로 바꾸어 계산하는 방법입니다.

04 $3\times$(세로)$=25.68$
(세로)$=25.68\div3=8.56$ (cm)

05 $8.82\div9=0.98$, $6.44\div7=0.92$
➡ $0.98>0.92$

06 $4.55\div5=0.91$ (세로셈: 45 / 5 / 5 / 0), $4.8\div3=1.6$ (세로셈: 3 / 18 / 18 / 0), $1.24\div4=0.31$ (세로셈: 12 / 4 / 4 / 0)
➡ $1.6>0.91>0.31$

07 나누는 수가 같고 8.1은 810의 $\frac{1}{100}$배이므로 몫은 135의 $\frac{1}{100}$배인 1.35가 됩니다.

08 (색 테이프 한 도막의 길이)
$=23.8\div5=4.76$ (cm)

09 나누어지는 수 3.24에서 소수 첫째 자리 수 2를 3으로 나눌 수 없으므로 몫의 소수 첫째 자리에 0을 쓰고 소수 둘째 자리 수를 내려서 계산해야 합니다.

10 만들 수 있는 가장 큰 정육각형의 둘레는 철사의 길이와 같으므로 36.12 cm입니다.
(정육각형의 한 변의 길이)
=(정육각형의 둘레)$\div6$
$=36.12\div6=6.02$ (cm)

12 (한 봉지의 무게)$=6\div4=1.5$ (kg)
(귤 한 개의 무게)$=1.5\div5=0.3$ (kg)

13 $22.4\div7$에서 22.4를 반올림하여 일의 자리까지 나타내면 22입니다.
$22\div7$의 몫은 3보다 크고 4보다 작은 수이므로 $22.4\div7=3.2$가 됩니다.

3단원 응용 문제 복습 22~23쪽

01 3개	02 7
03 2, 3, 4, 5, 6, 7	04 0.54
05 0.8	06 1.05
07 2, 3, 5/0.46	08 7, 6, 5/1.52
09 2, 8/0.25	10 1.05 m
11 0.71 m	12 3.9 cm

01 $4.28\div2=2.14$, $2.14>2.1\square$
2.14가 2.1□보다 커야 하므로
□는 4보다 작아야 합니다.
따라서 □ 안에 들어갈 수 있는 자연수는 1, 2, 3으로 3개입니다.

02 $24.4\div5=4.88$, $4.88>4.\square8$
4.88이 4.□8보다 커야 하므로
□는 8보다 작아야 합니다.
따라서 □ 안에 들어갈 수 있는 자연수는 1, 2, 3, 4, 5, 6, 7이므로 가장 큰 수는 7입니다.

03
- $36.3\div3=12.1$, $12.1<12.\square$
  12.□가 12.1보다 커야 하므로
  □는 1보다 커야 합니다.
  따라서 □ 안에 들어갈 수 있는 자연수는 2, 3, 4, 5, 6, 7, 8, 9입니다.
- $7.52\div4=1.88$, $1.\square8<1.88$
  1.88이 1.□8보다 커야 하므로
  □는 8보다 작아야 합니다.
  따라서 □ 안에 들어갈 수 있는 자연수는 1, 2, 3, 4, 5, 6, 7입니다.

따라서 □ 안에 공통으로 들어갈 수 있는 자연수는 2, 3, 4, 5, 6, 7입니다.

04 ●$\times8=8.64$ ➡ $8.64\div8=1.08$
$1.08\div2=0.54$ ➡ ▲$=0.54$

05 ●$\times5=16$ ➡ $16\div5=3.2$
$3.2\div4=0.8$ ➡ ▲$=0.8$

06 ●$\times4=29.4$ ➡ $29.4\div4=7.35$
$7.35\div7=1.05$ ➡ ▲$=1.05$

07 몫이 가장 작은 나눗셈식을 만들려면 나누어지는 수를 가장 작게, 나누는 수를 가장 크게 해야 합니다.
➡ $2.3\div5=0.46$

08 몫이 가장 큰 나눗셈식을 만들려면 나누어지는 수를 가장 크게, 나누는 수를 가장 작게 해야 합니다.
➡ $7.6\div5=1.52$

09 몫이 가장 작은 나눗셈식을 만들려면 나누어지는 수에는 가장 작은 수인 2, 나누는 수에는 가장 큰 수인 8을 놓아야 합니다.
➡ $2\div8=0.25$

10 삼각뿔의 모서리는 6개입니다.
(한 모서리의 길이)
=(모든 모서리의 길이의 합)÷(모서리의 수)
=6.3÷6=1.05 (m)

11 사각뿔의 모서리는 8개입니다.
(한 모서리의 길이)
=(모든 모서리의 길이의 합)÷(모서리의 수)
=5.68÷8=0.71 (m)

12 오각기둥의 모서리는 15개입니다.
(한 모서리의 길이)
=(모든 모서리의 길이의 합)÷(모서리의 수)
=58.5÷15=3.9 (cm)

3단원 서술형 수행 평가 24~25쪽

01 풀이 참조, 12.2	02 풀이 참조, 12.1 cm
03 풀이 참조, 1.15 kg	04 풀이 참조, 0.45 kg
05 풀이 참조, 0.39	06 풀이 참조
07 풀이 참조, 1분 30초	08 풀이 참조, 3.74
09 풀이 참조, 4.05 cm	10 풀이 참조, 7.2 cm^2

01 예 나누어지는 수 36.6은 366의 $\frac{1}{10}$배입니다. … 50 %
따라서 몫도 366÷3의 몫인 122의 $\frac{1}{10}$배인 12.2가 됩니다. … 50 %

02 예 정사각형은 4개의 변의 길이가 모두 같습니다. … 40 %
따라서 정사각형의 한 변의 길이는
48.4÷4=12.1 (cm)입니다. … 60 %

03 예 (한 명에게 준 밀가루의 양)
=(전체 밀가루의 양)÷5 … 40 %
=5.75÷5=1.15 (kg) … 60 %

04 예 (농구공 8개의 무게)=4.55−0.95=3.6 (kg) … 40 %
따라서 농구공 한 개의 무게는
3.6÷8=0.45(kg)입니다. … 60 %

05 예 주어진 수 카드 중 3장으로 만들 수 있는 가장 작은 소수 두 자리 수는 2.34입니다. … 40 %
따라서 2.34를 남은 수 카드의 수인 6으로 나누면
2.34÷6=0.39입니다. … 60 %

06 은우가 한 실수 예 3.6÷3=0.12의 몫의 소수점 위치가 잘못되었습니다. … 50 %
바르게 고치기 3.6÷3=1.2, 1.2 kg … 50 %

07 예 일주일은 7일이므로 하루에 늦어지는 시간은
10.5÷7=1.5(분)입니다. … 70 %
따라서 이 시계는 하루에
1.5분=1분+0.5분=1분 30초씩 늦어집니다. … 30 %

08 예 어떤 수를 □라고 하면 잘못 계산한 식은
□×5=93.5이므로
□=93.5÷5=18.7입니다. … 50 %
따라서 바르게 계산하면
18.7÷5=3.74입니다. … 50 %

09 예 (리본 한 도막의 길이)
=(전체 리본의 길이)÷8 … 40 %
=32.4÷8=4.05 (cm) … 60 %

10 예 (직사각형의 넓이)=(가로)×(세로)
=9×4=36 (cm^2) … 50 %
따라서 나눈 직사각형 한 개의 넓이는
36÷5=7.2 (cm^2)입니다. … 50 %

3단원 단원 평가 26~28쪽

01 124, 12.4, 1.24
02 0.21
03 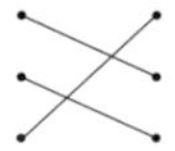
04 $42.35 \div 5 = \frac{4235}{100} \div 5 = \frac{4235 \div 5}{100} = \frac{847}{100} = 8.47$
05 7.98 cm
06 풀이 참조, 3.8
07 (1) 0.81 (2) 0.82
08

$$\begin{array}{r} 0.49 \\ 6\overline{)2.94} \\ 24 \\ \hline 54 \\ 54 \\ \hline 0 \end{array}$$

09 0.29 L
10 1.15
11 1.54 m
12 풀이 참조, 0.14 kg
13 8.05
14 <
15 3.05 m^2
16 2.8 cm
17 5.25
18 1, 2, 3, 4, 5
19 $32.4 \div 4 = 8.1$
20 ㉡

01 나누는 수가 같을 때 나누어지는 수가 $\frac{1}{10}$배, $\frac{1}{100}$배가 되면 몫도 $\frac{1}{10}$배, $\frac{1}{100}$배가 됩니다.

02 $3.96 \div 3 = 1.32$, $5.55 \div 5 = 1.11$
➡ $1.32 - 1.11 = 0.21$

03 $12.8 \div 4 = 3.2$
$22.2 \div 6 = 3.7$
$17.5 \div 5 = 3.5$

05 (㉠의 길이)$= 63.84 \div 8 = 7.98$ (cm)

06 예 어떤 수를 □라고 하면 잘못 계산한 식은 □$\times 3 = 34.2$이므로 □$= 34.2 \div 3 = 11.4$입니다. … 50 %
따라서 바르게 계산하면 $11.4 \div 3 = 3.8$입니다. … 50 %

07 (1) $4.05 \div 5 = 0.81$
(2) $6.56 \div 8 = 0.82$

09 (한 명이 마신 우유의 양)$= 1.16 \div 4 = 0.29$ (L)

10 $9.2 \div 8 = 1.15$

11 (한 명이 가질 수 있는 리본의 길이)
$=$(전체 리본의 길이)$\div$(사람 수)
$= 7.7 \div 5 = 1.54$ (m)

12 예 초콜릿 한 봉지의 무게는 $4.2 \div 5 = 0.84$ (kg)입니다. … 50 %
따라서 초콜릿 한 개의 무게는 $0.84 \div 6 = 0.14$ (kg)입니다. … 50 %

13

$$\begin{array}{r} 8.05 \\ 6\overline{)48.3} \\ 48 \\ \hline 30 \\ 30 \\ \hline 0 \end{array}$$

14 $6.18 \div 6 = 1.03$
$4.32 \div 4 = 1.08$
➡ $6.18 \div 6 < 4.32 \div 4$

15 (색칠한 부분의 넓이)$= 12.2 \div 4 = 3.05$ (m^2)

16 (세로)$=$(직사각형의 넓이)$\div$(가로)
$= 14 \div 5 = 2.8$ (cm)

17 $5 \div 4 = 1.25$, $12 \div 5 = 2.4$, $39 \div 6 = 6.5$
➡ (가장 큰 몫)$= 6.5$
(가장 작은 몫)$= 1.25$
$6.5 - 1.25 = 5.25$

18 $42 \div 8 = 5.25$이므로 $5.25 >$ □에서 □ 안에 들어갈 수 있는 자연수는 1, 2, 3, 4, 5입니다.

19 $32.4 \div 4$를 $32 \div 4$를 이용하여 어림하면 몫은 8에 가까워야 합니다. 이것을 이용하면 $32.4 \div 4$의 몫이 0.81이 아닌 8.1임을 쉽게 예상할 수 있습니다.

20 나누어지는 수가 나누는 수보다 작으면 몫이 1보다 작습니다.

4 단원 비와 비율

4단원 기본 문제 복습 29~30쪽

01 8, 8/3, 3

02 (1) 예 $16-8=8$, 가로가 세로보다 8 cm 더 깁니다.

(2) 예 $16\div8=2$, 가로는 세로의 2배입니다.

03 (1) 3 : 7 (2) 7 : 3

04 ㉢, 5에 대한 6의 비

05 예

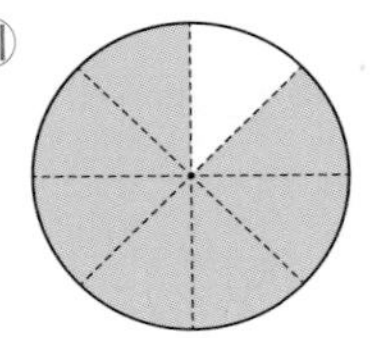

06 12, 15, $\frac{12}{15}\left(=\frac{4}{5}=0.8\right)$ / 3, 11, $\frac{3}{11}$

07 예 두 직사각형의 가로에 대한 세로의 비율은 같습니다.

08 $160\left(=\frac{2400}{15}\right)$

09 $800\left(=\frac{4000}{5}\right)$, $700\left(=\frac{4200}{6}\right)$ / 행복 마을

10 75 %

11 $\frac{1}{4}\left(=\frac{25}{100}\right)$, 0.25 / $\frac{7}{100}$, 7 % / 0.3, 30 %

12 7 %

13 30 %

01 노란 구슬은 12개, 파란 구슬은 4개입니다.

방법 1 뺄셈으로 비교하면 $12-4=8$이므로 노란 구슬은 파란 구슬보다 8개 더 많습니다.

방법 2 나눗셈으로 비교하면 $12\div4=3$이므로 노란 구슬 수는 파란 구슬 수의 3배입니다.

02 다른 답 (1) $16-8=8$,

세로는 가로보다 8 cm 더 짧습니다.

(2) $8\div16=\frac{8}{16}=\frac{1}{2}$,

세로는 가로의 $\frac{1}{2}$배입니다.

03 책상은 3개이고, 의자는 7개입니다.

(1) (책상 수) : (의자 수) ➡ 3 : 7

(2) (의자 수) : (책상 수) ➡ 7 : 3

참고 ●와 ■의 비는 ● : ■입니다.

04 ㉢ 6에 대한 5의 비 ➡ 5 : 6입니다.

따라서 비를 잘못 읽은 것은 ㉢이고, 바르게 쓰면 5에 대한 6의 비입니다.

05 전체 8칸 중에서 7칸을 색칠합니다.

06 비 ● : ■에서 비교하는 양은 기호 : 왼쪽에 있는 ●, 기준량은 기호 :의 오른쪽에 있는 ■입니다.

비율은 (비교하는 양)÷(기준량)$=\frac{(\text{비교하는 양})}{(\text{기준량})}$입니다.

- 12 : 15 ➡ 비교하는 양 12, 기준량 15

➡ 비율 $\frac{12}{15}\left(=\frac{4}{5}=0.8\right)$

- 11에 대한 3의 비 ➡ 3 : 11

➡ 비교하는 양 3, 기준량 11

➡ 비율 $\frac{3}{11}$

07 가의 가로에 대한 세로의 비율은 $\frac{10}{15}=\frac{2}{3}$이고,

나의 가로에 대한 세로의 비율은 $\frac{4}{6}=\frac{2}{3}$입니다.

따라서 두 직사각형의 가로에 대한 세로의 비율은 같습니다.

08 자전거로 2400 m를 가는 데 15분이 걸렸으므로 걸린 시간에 대한 간 거리의 비율은

$\frac{(\text{간 거리})}{(\text{걸린 시간})}=\frac{2400}{15}=160$입니다.

09 행복 마을의 인구는 4000명이고, 넓이는 5 km^2이므로 넓이에 대한 인구의 비율은 $\frac{4000}{5}=800$입니다.

보람 마을의 인구는 4200명이고, 넓이는 6 km^2이므로 넓이에 대한 인구의 비율은 $\frac{4200}{6}=700$입니다.

따라서 인구가 더 밀집한 곳은 비율이 더 큰 행복 마을입니다.

10 전체는 16칸, 색칠한 부분은 12칸입니다.

전체에 대한 색칠한 부분의 비율은 $\frac{12}{16}$이므로

백분율로 나타내면 $\frac{12}{16}\times100=75$ (%)입니다.

11 25 % ➡ $0.25=\frac{25}{100}=\frac{1}{4}$

$0.07=\frac{7}{100}$ ➡ $0.07\times100=7(\%)$

$\frac{3}{10}=0.3$ ➡ $\frac{3}{10}\times100=30(\%)$

12 전체 선수 수에 대한 본선에 나갈 수 있는 선수 수의 비율은 $\frac{21}{300}$이므로 백분율로 나타내면

$\frac{21}{300}\times100=7(\%)$입니다.

13 (할인 금액)$=5000-3500=1500$(원)

(할인율)$=\frac{1500}{5000}\times100=30(\%)$

4단원 응용 문제 복습 31~32쪽

01 <	02 승연
03 ㉡, ㉠, ㉢	04 $41\left(=\frac{205}{5}\right)$
05 $\frac{400}{225}\left(=\frac{16}{9}\right)$	06 나 자동차
07 15 %	08 25 %
09 막대 과자	10 7번
11 20번	12 256 g

01 비율 0.3을 백분율로 나타내면 $0.3\times100=30(\%)$입니다. ➡ $0.3<36\ \%$

02 비율 $\frac{17}{50}$을 백분율로 나타내면 $\frac{17}{50}\times100=34(\%)$입니다.

$39\ \%>34\ \%$이므로 더 큰 비율을 가지고 있는 사람은 승연입니다.

03 ㉠ $\frac{27}{50}$ ➡ $\frac{27}{50}\times100=54(\%)$

㉡ 0.6 ➡ $0.6\times100=60(\%)$

㉢ 38 %

$60\ \%>54\ \%>38\ \%$이므로 비율이 큰 것부터 차례로 기호를 쓰면 ㉡, ㉠, ㉢입니다.

04 태풍이 205 m를 가는 데 5초 걸렸으므로 걸린 시간에 대한 간 거리의 비율은 $\frac{(\text{간 거리})}{(\text{걸린 시간})}=\frac{205}{5}=41$입니다.

05 걸린 시간은 225초, 간 거리는 400 m이므로 걸린 시간에 대한 간 거리의 비율은 $\frac{400}{225}=\frac{16}{9}$입니다.

06 두 자동차가 각 거리를 가는 데 걸린 시간에 대한 간 거리의 비율을 구하면 가 자동차는 $\frac{120}{2}=60$이고,

나 자동차는 $\frac{210}{3}=70$입니다.

따라서 $60<70$이므로 더 빠른 자동차는 나 자동차입니다.

07 (할인 금액)$=8000-6800=1200$(원)

(할인율)$=\frac{(\text{할인 금액})}{(\text{원래 가격})}=\frac{1200}{8000}$

➡ $\frac{1200}{8000}\times100=15(\%)$

08 (할인 금액)$=15000-11250=3750$(원)

(할인율)$=\frac{(\text{할인 금액})}{(\text{원래 가격})}=\frac{3750}{15000}$

➡ $\frac{3750}{15000}\times100=25(\%)$

09 막대 과자: (할인 금액)$=2000-1600=400$(원)

(할인율)$=\frac{(\text{할인 금액})}{(\text{원래 가격})}=\frac{400}{2000}$

➡ $\frac{400}{2000}\times100=20(\%)$

초코 과자: (할인 금액)$=1500-1230=270$(원)

(할인율)$=\frac{(\text{할인 금액})}{(\text{원래 가격})}=\frac{270}{1500}$

➡ $\frac{270}{1500}\times100=18(\%)$

따라서 $20\ \%>18\ \%$이므로 막대 과자의 할인율이 더 높습니다.

10 70 % ➡ $\frac{70}{100}=\frac{7}{10}$이므로 공을 10번 던졌다면

성공 횟수는 10번의 $\frac{7}{10}$로 $10\times\frac{7}{10}=7$(번)입니다.

11 40 % ➡ $\frac{40}{100}=\frac{2}{5}$이므로 공을 50번 던졌다면

성공 횟수는 50번의 $\frac{2}{5}$로 $50\times\frac{2}{5}=20$(번)입니다.

12 20 % ➡ $\frac{20}{100}=\frac{1}{5}$이므로 초코 과자에 들어 있는 초콜릿의 양은 320 g의 $\frac{1}{5}$입니다.

(초콜릿의 양)$=320\times\frac{1}{5}=64$ (g)

(초콜릿을 뺀 과자의 무게)$=320-64=256$ (g)

4단원 서술형 수행 평가 33~34쪽

01 풀이 참조	02 풀이 참조, ㉡
03 풀이 참조, 150 : 800	04 풀이 참조, 준우네 모둠
05 풀이 참조, $\frac{4}{3}\left(=\frac{16}{12}\right)$	06 풀이 참조, 나 도시
07 풀이 참조, 35 %	08 풀이 참조, 도넛
09 풀이 참조, 은영	10 풀이 참조, 민수

01 방법 1 예 $20-5=15$, 야구공이 축구공보다 15개 더 많습니다. … 50 %

방법 2 예 $20\div5=4$, 야구공 수는 축구공 수의 4배입니다. … 50 %

다른 답 방법 1 $20-5=15$, 축구공이 야구공보다 15개 더 적습니다.

방법 2 $5\div20=\frac{1}{4}$, 축구공 수는 야구공 수의 $\frac{1}{4}$배입니다.

02 예 ㉠ 5와 6의 비 ➡ 5 : 6

㉡ 15에 대한 3의 비 ➡ 3 : 15

㉢ 7의 3에 대한 비 ➡ 7 : 3 … 70 %

따라서 비로 잘못 나타낸 것은 ㉡입니다. … 30 %

03 예 1 L=1000 mL이므로 초콜릿 우유를 만드는 데 사용한 우유는 $1000-200=800$ (mL)입니다.

… 30 %

초콜릿 우유를 만드는 데 사용한 우유의 양에 대한 초콜릿 시럽의 양의 비는 150 : 800입니다. … 70 %

04 예 방의 정원에 대한 방을 사용한 사람 수의 비율을 각각 구해 보면

수민이네 모둠: $\frac{4}{6}=\frac{16}{24}$

준우네 모둠: $\frac{5}{8}=\frac{15}{24}$ … 60 %

비율을 비교해 보면 $\frac{16}{24}>\frac{15}{24}$이므로 비율이 더 작은 준우네 모둠이 방을 더 넓다고 느꼈습니다. … 40 %

참고 비율이 더 큰 것은 방의 정원에 비해 사람이 차지한 부분이 더 넓은 것이므로 비율이 작을수록 더 넓게 느낍니다.

05 예 (직사각형의 가로)$=192\div16=12$ (cm)

… 30 %

따라서 직사각형의 가로에 대한 세로의 비는 16 : 12이고, 비율은 $\frac{16}{12}=\frac{4}{3}$입니다. … 70 %

06 예 넓이에 대한 인구의 비율은 $\frac{(\text{인구})}{(\text{넓이})}$이므로

가: $\frac{15000}{100}=150$, 나: $\frac{8000}{40}=200$,

다: $\frac{9600}{60}=160$ … 70 %

넓이에 대한 인구의 비율이 클수록 인구가 밀집한 곳이므로 인구가 가장 밀집한 곳은 나 도시입니다. … 30 %

07 예 과수원 전체 20칸 중 색칠한 부분은 7칸입니다.

… 40 %

따라서 전체에 대한 색칠한 부분의 비율을 백분율로 나타내면 $\frac{7}{\cancel{20}_1}\times\cancel{100}^5=35$ (%)입니다. … 60 %

08 예 도넛의 판매 가격은 원래 가격의 $\frac{4}{5}$이므로 할인 금액은 원래 가격의 $\frac{1}{5}$입니다. … 30 %

따라서 할인율을 백분율로 나타내면

$\frac{1}{5}\times100=20$ (%)입니다. … 40 %

18 %<20 %이므로 도넛의 할인율이 더 높습니다.

… 30 %

09 예 (은영이의 승률)$=\frac{2}{8}\times100=25(\%)$ … 30 %

(정우의 승률)$=\frac{3}{15}\times100=20(\%)$ … 30 %

25 %>20 %이므로 은영이의 승률이 더 높습니다.

… 40 %

10 예 민수의 성공률은 $\frac{33}{50}\times100=66(\%)$이고,

… 30 %

재준이의 성공률은 $\frac{21}{35}\times100=60(\%)$입니다.

… 30 %

따라서 민수의 성공률이 가장 높습니다. … 40 %

참고 (성공률)$=\frac{(\text{넣은 횟수})}{(\text{던진 횟수})}$

4단원 단원 평가 35~37쪽

01 (위에서부터) 12, 16 / 6, 8

02 예 과학 실험 세트 수는 항상 모둠원 수의 $\frac{1}{2}$배입니다.

03 (1) 예 120−75=45, 사과나무가 배나무보다 45그루 더 많습니다.

(2) 예 120÷75=1.6, 사과나무 수는 배나무 수의 1.6배입니다.

04 4, 7 / 4, 7 / 7, 4 / 4, 7

05 12 : 9

06 42 : 56

07 20, 17, 비율, $\frac{17}{20}$

08 (위에서부터) $\frac{7}{25}$ / $\frac{9}{15}\left(=\frac{3}{5}\right)$, 0.6 / 0.65

09 ㉠, ㉡

10 11.25

11 준서

12 풀이 참조, 20 cm^2

13 (1) ○ (2) ×

14 ②, ⑤

15 예

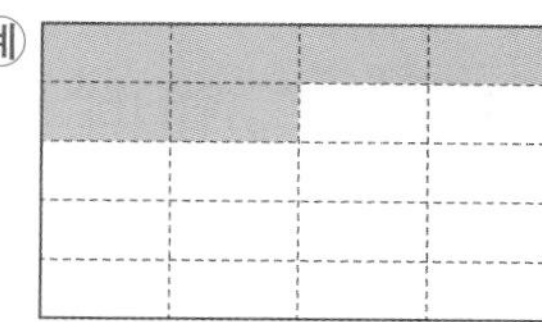

16 3, 2, 1

17 17.5 %

18 28000원

19 가 은행

20 풀이 참조, 40 %

01 한 모둠이 4명이므로 모둠 수가 3, 4일 때 모둠원 수는 각각 12명, 16명입니다.

한 모둠에 과학 실험 세트를 2개씩 주었으므로 모둠 수가 3, 4일 때 과학 실험 세트 수는 각각 6개, 8개입니다.

02 다른 답 모둠원 수는 항상 과학 실험 세트 수의 2배입니다.

03 다른 답 (1) 120−75=45, 배나무가 사과나무보다 45그루 더 적습니다.

(2) $75\div120=\frac{5}{8}$, 배나무 수는 사과나무 수의 $\frac{5}{8}$배입니다.

04 4 : 7 ➡ 4 대 7, 4와 7의 비, 7에 대한 4의 비, 4의 7에 대한 비

05 밑변의 길이 12 cm와 높이 9 cm의 비는 12 : 9입니다.

06 (과학책이 아닌 책의 수)=56−14=42(권)

따라서 학급 문고 전체 책 수에 대한 과학책이 아닌 책 수의 비는 42 : 56입니다.

07 기호 :의 오른쪽에 있는 수가 기준량이고, 왼쪽에 있는 수가 비교하는 양입니다.

17 : 20에서 기준량은 20이고, 비교하는 양은 17입니다.

기준량에 대한 비교하는 양의 크기를 비율이라고 합니다.

17 : 20을 비율로 나타내면 $\frac{17}{20}$입니다.

08 ■ : ▲ ➡ ■와 ▲의 비, ▲에 대한 ■의 비

비율 ➡ $\frac{■}{▲}$

09 ㉠ 30 : 15 ➡ $\frac{30}{15}$

㉡ 9와 2의 비 ➡ 9 : 2 ➡ $\frac{9}{2}$

㉢ 10에 대한 3의 비 ➡ 3 : 10 ➡ $\frac{3}{10}$

㉣ 4의 5에 대한 비 ➡ 4 : 5 ➡ $\frac{4}{5}$

비교하는 양이 기준량보다 큰 것은 ㉠, ㉡입니다.

참고 (비율)$=\frac{(\text{비교하는 양})}{(\text{기준량})}$이므로 비율이 1보다 크려면 비교하는 양이 기준량보다 커야 합니다.

비 ■ : ●에서 기준량은 기호 :의 오른쪽에 있는 ●이고, 비교하는 양은 기호 :의 왼쪽에 있는 ■입니다.

10 걸린 시간에 대한 간 거리의 비율은 $\frac{(\text{간 거리})}{(\text{걸린 시간})}$이므로 $\frac{900}{80}=11.25$입니다.

11 (지호가 만든 매실주스 양에 대한 매실 원액 양의 비율)

$=\frac{30}{150}=\frac{1}{5}=0.2$

(준서가 만든 매실주스의 양)

=(매실 원액의 양)+(물의 양)

$=50+150=200$ (mL)

(준서가 만든 매실주스 양에 대한 매실 원액 양의 비율)

$=\frac{50}{200}=\frac{1}{4}=0.25$

따라서 $0.2<0.25$이므로 준서가 만든 매실주스가 더 진합니다.

12 예 직사각형 가의 가로에 대한 세로의 비 ➡ 12 : 15

➡ (비율)$=\frac{12}{15}=\frac{4}{5}=0.8$ … 30 %

직사각형 나의 세로를 □ cm라고 하면 가로에 대한 세로의 비율은 $\frac{□}{5}=\frac{4}{5}$이므로 □=4입니다. … 40 %

➡ (직사각형 나의 넓이)$=5\times4=20$ (cm^2) … 30 %

13 (1) 9에 대한 4의 비는 4 : 9입니다.

(2) $\frac{3}{5}=0.6$ ➡ $0.6\times100=60$ (%)

14 ① $4.5\times100=450$ (%)

③ $\frac{7}{10}\times100=70$ (%)

④ $0.85\times100=85$ (%)

15 30 % ➡ $\frac{30}{100}=\frac{6}{20}$

따라서 20칸 중 6칸을 색칠합니다.

16 0.55를 백분율로 나타내면 $0.55\times100=55$ (%), $\frac{3}{5}$을 백분율로 나타내면 $\frac{3}{5}\times100=60$ (%)입니다.

따라서 63 %>60 %>55 %이므로 비율이 큰 것부터 차례로 쓰면 63 %, $\frac{3}{5}$, 0.55입니다.

17 (현규가 만든 소금물의 양)$=70+330=400$ (g)

(소금물 양에 대한 소금 양의 비율)$=\frac{(\text{소금 양})}{(\text{소금물 양})}=\frac{70}{400}$,

백분율로 나타내면 $\frac{70}{400}\times100=17.5$ (%)입니다.

18 20 % ➡ $\frac{20}{100}$이므로

소고기의 할인 금액은 35000원의 $\frac{20}{100}$입니다.

$35000\times\frac{20}{100}=7000$(원)

따라서 주영이가 내야 하는 돈은

$35000-7000=28000$(원)입니다.

19 두 은행의 예금 이자율을 각각 구해 보면

가 은행: (이자)$=20500-20000=500$(원)

➡ (이자율)$=\frac{500}{20000}\times100=2.5$ (%)

나 은행: (이자)$=30600-30000=600$(원)

➡ (이자율)$=\frac{600}{30000}\times100=2$ (%)

따라서 2.5 %>2 %이므로 이자율이 더 높은 은행은 가 은행입니다.

20 예 180쪽 중 108쪽을 읽었으므로 남은 쪽수는 $180-108=72$(쪽)입니다. … 30 %

전체 쪽수에 대한 남은 쪽수의 비율은 $\frac{72}{180}$이고, 백분율로 나타내면 $\frac{72}{180}\times100=40$ (%)입니다. … 70 %

5 단원 여러 가지 그래프

복습 38~39쪽

01 50만 t　　02 광주 · 전라, 강원

03 예 그림의 크기로 쌀 생산량의 많고 적음을 한눈에 알 수 있습니다.

04 10 %　　05 2배

06 35, 30, 15, 10, 10, 100

07 좋아하는 과목별 학생 수

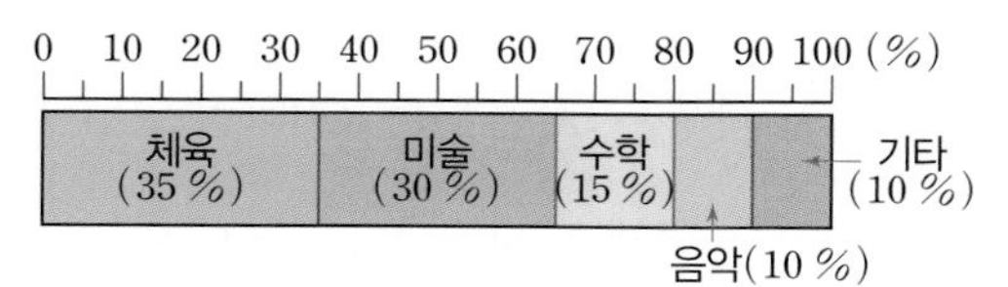

08 나 후보, 40 %　　09 ㉡

10 아래쪽에 ○표

11 해바라기, 백합, 카네이션

12 (위에서부터) 100, 80, 60, 400 / 40, 25, 20, 15, 100

13 좋아하는 꽃별 학생 수

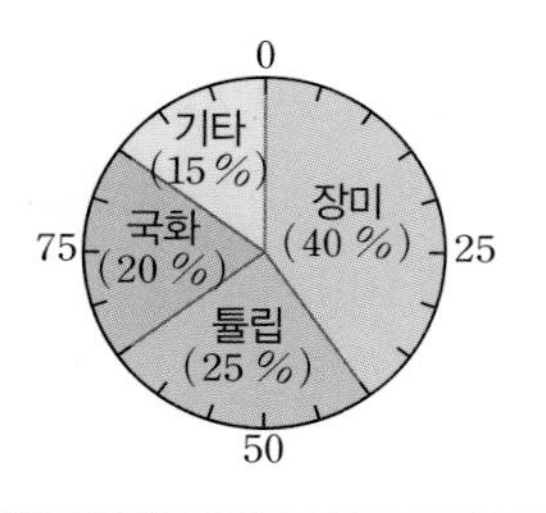

01 서울 · 인천 · 경기 권역의 쌀 생산량은 10만 t을 나타내는 그림이 5개이므로 50만 t입니다.

02 100만 t을 나타내는 그림이 가장 많은 권역 중 10만 t을 나타내는 그림이 더 많은 권역은 광주 · 전라이므로 쌀 생산량이 가장 많은 권역은 광주 · 전라입니다.
쌀 생산량이 가장 적은 권역은 10만 t을 나타내는 그림이 2개로 가장 적은 강원입니다.

04 역사책을 좋아하는 학생 수는 전체의 10 %입니다.

05 동화책을 좋아하는 학생 수의 백분율은 30 %, 과학책을 좋아하는 학생 수의 백분율은 15 %이므로
$30 \div 15 = 2$(배)입니다.

06 체육: $\frac{210}{600} \times 100 = 35\,(\%)$

미술: $\frac{180}{600} \times 100 = 30\,(\%)$

수학: $\frac{90}{600} \times 100 = 15\,(\%)$

음악, 기타: $\frac{60}{600} \times 100 = 10\,(\%)$

백분율의 합은 $35+30+15+10+10=100\,(\%)$입니다.

참고 음악과 기타는 학생 수가 같으므로 비율도 같습니다.

07 비율에 맞게 띠를 나누고 과목과 백분율을 각각 써넣습니다.

08 가장 많은 표를 받은 후보자는 백분율 40 %인 나 후보입니다.

09 ㉡ 비율이 10 % 미만인 경우는 10 %보다 적은 것이므로 무효표밖에 없습니다.

10 띠그래프와 원그래프는 비율그래프이므로 전체에 대한 항목의 비율을 알려고 할 때 이용하면 편리합니다.

11 수량이 적은 항목을 기타 항목에 넣을 수 있습니다.
따라서 학생 수가 적은 것부터 3개 항목 해바라기, 백합, 카네이션을 기타 항목에 넣을 수 있습니다.

12 좋아하는 꽃별로 학생 수를 쓴 다음 백분율을 구합니다.

장미: $\frac{160}{400} \times 100 = 40\,(\%)$

튤립: $\frac{100}{400} \times 100 = 25\,(\%)$

국화: $\frac{80}{400} \times 100 = 20\,(\%)$

기타: $\frac{60}{400} \times 100 = 15\,(\%)$

➡ $40+25+20+15=100\,(\%)$

13 각 꽃이 차지하는 백분율의 크기만큼 선을 그어 원을 나누고, 꽃과 백분율을 각각 써넣습니다.

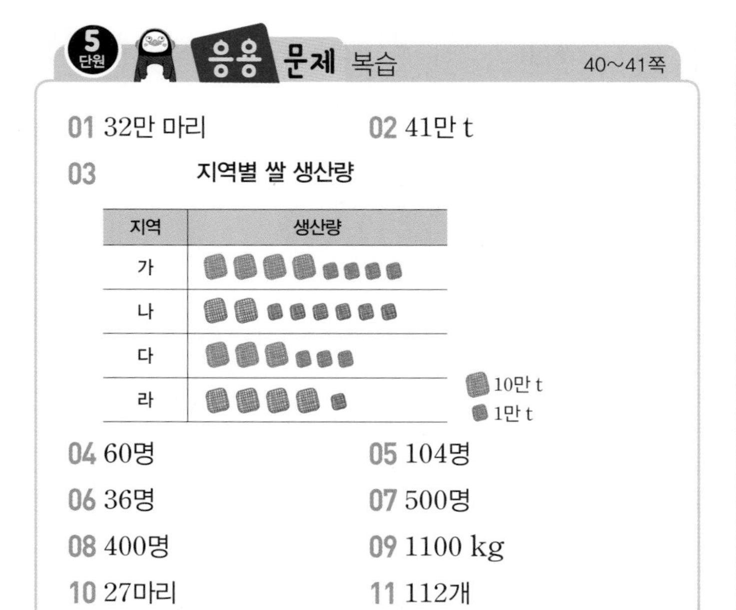

01 32만 마리　　02 41만 t

03

04 60명　　05 104명

06 36명　　07 500명

08 400명　　09 1100 kg

10 27마리　　11 112개

12 20개

01 (나 지역)+(다 지역)

$=105$만$-(25$만$+18$만$)=62$만 (마리)

다 지역의 닭의 수를 □만 마리라고 하면

나 지역의 닭의 수는 (□+2)만 마리입니다.

$□+□+2=62$, $□+□=60$, $□=30$

따라서 다 지역은 30만 마리이고, 나 지역은 32만 마리입니다.

02 (나 지역)+(라 지역)

=(전체 콩 생산량)−(가와 다 지역의 콩 생산량)

$=144$만$-(44$만$+33$만$)$

$=67$만 (t)

나 지역의 콩 생산량을 □만 t이라고 하면

라 지역의 콩 생산량은 (□+15)만 t입니다.

$□+□+15=67$,

$□+□=52$, $□=26$

따라서 나 지역의 콩 생산량은 26만 t이고, 라 지역의 콩 생산량은 41만 t입니다.

04 앵무새를 좋아하는 학생 수는 전체의 $30\ \%=\frac{30}{100}$이므로 $200\times\frac{30}{100}=60$(명)입니다.

05 빨간색을 좋아하는 학생 수는 전체의 $26\ \%=\frac{26}{100}$이므로 $400\times\frac{26}{100}=104$(명)입니다.

06 AB형: $100-(34+29+25)=12\ (\%)$

AB형인 학생 수는 전체의 $12\ \%=\frac{12}{100}$이므로

$300\times\frac{12}{100}=36$(명)입니다.

07 볶음밥의 비율은 10 %이고, $100\div10=10$이므로 조사한 학생 수는 볶음밥을 좋아하는 학생 수의 10배입니다.

따라서 조사한 학생은 $50\times10=500$(명)입니다.

08 주스를 좋아하는 학생은 전체의 15 %이므로 전체 학생 수는 주스를 좋아하는 학생 수의

$100\div15=\frac{100}{15}$(배)입니다.

따라서 주스를 좋아하는 학생이 60명이므로 조사한 전체 학생은 $60\times\frac{100}{15}=400$(명)입니다.

다른 답 주스를 좋아하는 학생은 60명으로 전체의 15 %입니다. 전체의 1 %는 $60\div15=4$(명)입니다.
따라서 조사한 학생은 모두 $4\times100=400$(명)입니다.

09 고철의 무게는 전체의 27 %이므로 전체 재활용품의 무게는 고철 무게의 $100\div27=\frac{100}{27}$(배)입니다.

따라서 고철의 무게가 297 kg이므로 전체 재활용품의 무게는 $297\times\frac{100}{27}=1100$ (kg)입니다.

다른 답 고철의 무게는 297 kg로 전체의 27 %입니다.
전체의 1 %는 $297\div27=11$ (kg)입니다.
따라서 재활용품의 전체 무게는
$11\times100=1100$ (kg)입니다.

10 (2020년 돼지의 수)$=300\times\frac{38}{100}=114$(마리)

(2022년 돼지의 수)$=300\times\frac{47}{100}=141$(마리)

2020년과 2022년의 돼지 수의 차는

$141-114=27$(마리)입니다.

11 가 마트의 딸기 맛 사탕 판매량은 전체의 35 %이므로 전체 사탕 판매량은 딸기 맛 사탕 판매량의

$100 \div 35 = \frac{100}{35}$(배)입니다.

가 마트의 전체 사탕 판매량은

$140 \times \frac{100}{35} = 400$(개)입니다.

따라서 나 마트의 전체 사탕 판매량도 400개입니다.

(나 마트의 딸기 맛 사탕 판매량)

$= 400 \times \frac{28}{100} = 112$(개)

12 (가 마트의 초코 맛 사탕 판매량)

$= 400 \times \frac{15}{100} = 60$(개)

(나 마트의 초코 맛 사탕 판매량)

$= 400 \times \frac{20}{100} = 80$(개)

따라서 가 마트와 나 마트의 초코 맛 사탕의 판매량의 차는 $80 - 60 = 20$(개)입니다.

5단원 서술형 수행 평가 42~43쪽

01 풀이 참조, 16700기 02 풀이 참조
03 풀이 참조, 버즘나무, 60그루
04 풀이 참조, 4배 05 풀이 참조, 350명
06 풀이 참조 07 풀이 참조
08 풀이 참조, 미국, 일본, 인도
09 풀이 참조, 400명 10 풀이 참조, 12 %

01 예 고인돌 수는 광주 · 전라 권역이 20700기, 대구 · 부산 · 울산 · 경상 권역이 4000기입니다. … 50 %

따라서 두 권역의 고인돌 수의 차는

$20700 - 4000 = 16700$(기)입니다. … 50 %

02 예 마을별 학생 수를 반올림하여 십의 자리까지 나타내면 가 마을 430명, 나 마을 280명, 다 마을 330명, 라 마을 140명입니다. … 50 %

마을별 학생 수

가 (큰 그림 4, 작은 그림 3)	나 (큰 그림 2, 작은 그림 8)
다 (큰 그림 3, 작은 그림 3)	라 (큰 그림 1, 작은 그림 4)

(큰 그림) 100명, (작은 그림) 10명 … 50 %

03 예 효주네 마을에 두 번째로 많은 나무는 버즘나무입니다. … 40 %

버즘나무는 전체의 30 %이므로

$200 \times \frac{30}{100} = 60$(그루)입니다. … 60 %

04 예 운동을 하는 시민 수는 18 %이고, 취미 활동을 하는 시민 수는 22 %이므로 운 동 또는 취미 활동을 하는 시민 수는 $18 + 22 = 40$(%)입니다. … 50 %

기타 활동을 하는 시민 수는 10 %이므로 운동 또는 취미 활동을 하는 시민 수는 기타 활동을 하는 시민 수의 $40 \div 10 = 4$(배)입니다. … 50 %

05 예 휴식을 하는 시민 수는 전체의 20 %이므로 조사한 전체 시민 수는 휴식을 하는 시민 수의

$100 \div 20 = 5$(배)입니다. … 50 %

휴식을 하는 시민 수가 70명이므로 조사한 전체 시민 수는 $70 \times 5 = 350$(명)입니다. … 50 %

06 예 조사한 학생 수는

$240 + 150 + 120 + 60 + 30 = 600$(명)입니다.

좋아하는 과일별 학생 수의 백분율을 구하면

사과: $\frac{240}{600} \times 100 = 40$(%)

배: $\frac{150}{600} \times 100 = 25$(%)

귤: $\frac{120}{600} \times 100 = 20$(%)

키위: $\frac{60}{600} \times 100 = 10$(%)

기타: $\frac{30}{600} \times 100 = 5$(%) … 50 %

좋아하는 과일별 학생 수

과일	사과	배	귤	키위	기타	합계
학생 수(명)	240	150	120	60	30	600
백분율(%)	40	25	20	10	5	100

… 50 %

07 백분율에 따라 선을 그어 그래프로 나타냅니다.

좋아하는 과일별 학생 수

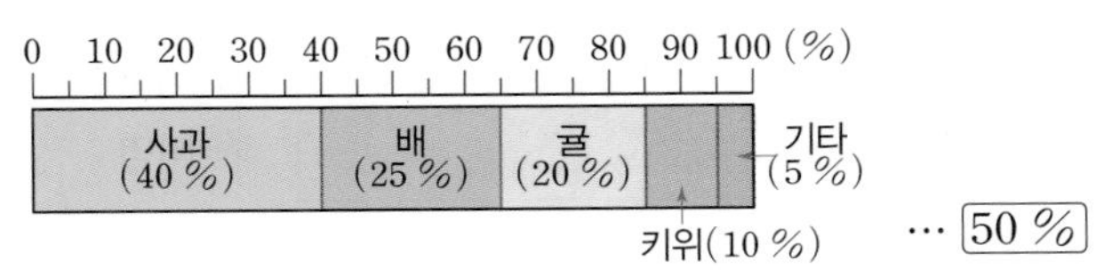

··· 50 %

좋아하는 과일별 학생 수

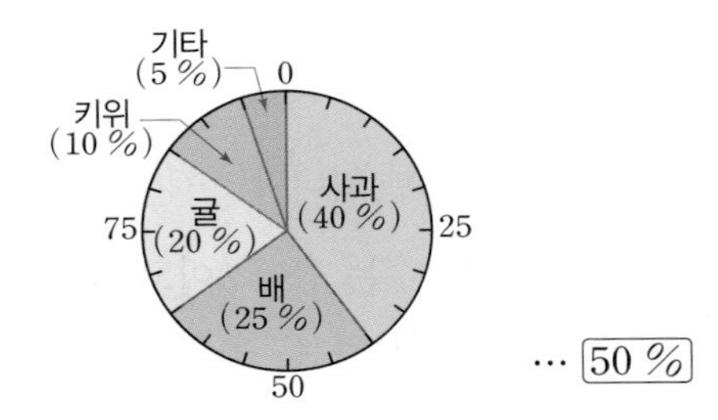

··· 50 %

08 예 2010년에 비해 2020년에 수출액의 비율이 줄어든 국가는 백분율이 줄어든 국가이므로 ··· 70 %
미국, 일본, 인도입니다. ··· 30 %

09 예 발야구를 좋아하는 학생은 체육을 좋아하는 학생 중 10 %이므로 체육을 좋아하는 학생 수는 발야구를 좋아하는 학생 수의 $100 \div 10 = 10$(배)입니다.
발야구를 좋아하는 학생이 24명이므로 체육을 좋아하는 학생은 $24 \times 10 = 240$(명)입니다. ··· 50 %
체육을 좋아하는 학생은 조사한 전체 학생 중 60 %이므로 조사한 전체 학생 수는 체육을 좋아하는 학생 수의

$100 \div 60 = \frac{100}{60}$(배)입니다.

따라서 조사한 전체 학생 수는

$240 \times \frac{100}{60} = 400$(명)입니다. ··· 50 %

10 예 (체육을 좋아하는 학생 수)
$= 24 \times 10 = 240$(명) ··· 30 %
(피구를 좋아하는 학생 수)
$= 240 \times \frac{20}{100} = 48$(명) ··· 30 %
(전체에 대한 피구를 좋아하는 학생 수의 백분율)
$= \frac{48}{400} \times 100 = 12\,(\%)$ ··· 40 %

44~46쪽

01 종이류, 고철류, 병류, 비닐류

02 예 고철류의 배출량은 1200 kg입니다.

03 **권역별 사과 생산량**

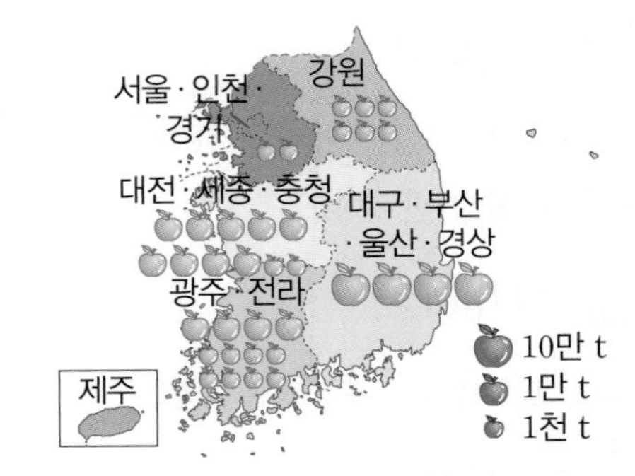

04 ㉠

05 200명

06 A형

07 35 %

08 (위에서부터) 16, 12, 80 / 30, 20, 15, 100

09 **색깔별 구슬 수**

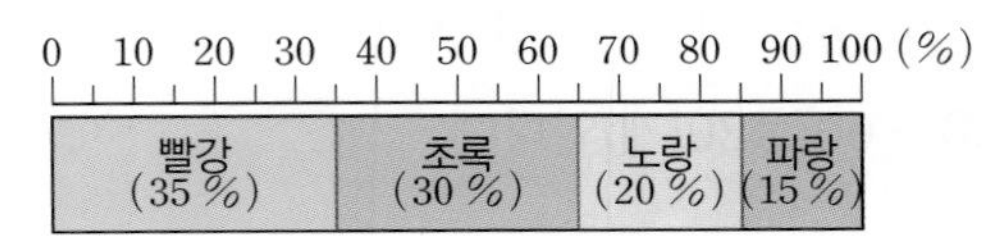

10 안중근

11 1.5배

12 35, 25, 20, 15, 5, 100 / **취미 활동별 학생 수**

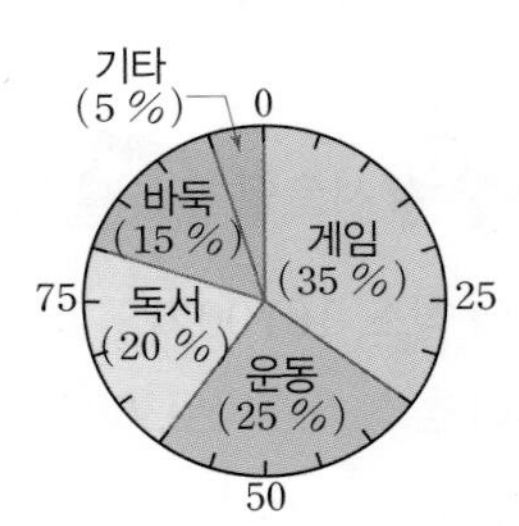

13 예 가장 많은 학생들의 취미 활동은 게임입니다. 두 번째로 많은 학생들의 취미 활동은 운동입니다.

14 55 %

15 280표

16 풀이 참조, 100 m²

17 ④, ⑤

18 풀이 참조, 25 %

19 **종류별 모종 수**

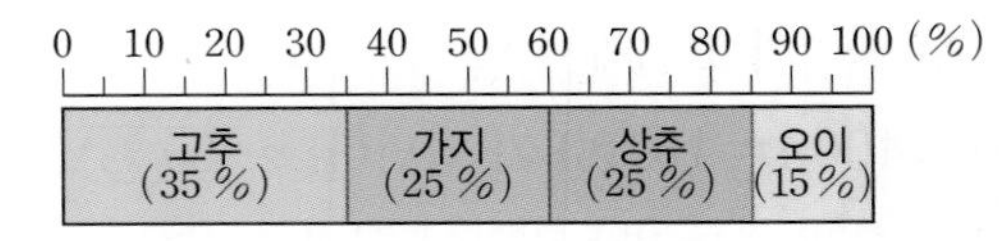

20 112개

01 1000 kg을 나타내는 그림이 많을수록 배출량이 많고, 1000 kg을 나타내는 그림의 수가 같으면 100 kg을 나타내는 그림이 많을수록 배출량이 많습니다.

04 변화를 나타낼 때에는 그림그래프보다 꺾은선그래프가 알맞습니다.

05 각 혈액형별 학생 수를 더하면
$70+60+48+22=200$(명)입니다.

06 가장 많은 학생들의 혈액형은 백분율이 가장 높은 A형입니다.

07 O형인 학생 수의 비율은 24 %이고 AB형인 학생 수의 비율은 11 %이므로 O형 또는 AB형인 학생 수는 전체의 $24+11=35$ (%)입니다.

08 색깔별 구슬 수의 백분율을 구하면

초록: $\frac{24}{80}\times 100=30$ (%)

노랑: $\frac{16}{80}\times 100=20$ (%)

파랑: $\frac{12}{80}\times 100=15$ (%)

➡ $35+30+20+15=100$ (%)

10 가장 많은 학생이 존경하는 인물은 가장 넓은 부분을 차지하는 안중근입니다.

11 안중근: 33 %, 유관순: 22 %
➡ $33\div 22=1.5$(배)

12 취미 활동별 학생 수의 백분율을 구하면

게임: $\frac{140}{400}\times 100=35$ (%)

운동: $\frac{100}{400}\times 100=25$ (%)

독서: $\frac{80}{400}\times 100=20$ (%)

바둑: $\frac{60}{400}\times 100=15$ (%)

기타: $\frac{20}{400}\times 100=5$ (%)

➡ $35+25+20+15+5=100$ (%)

14 일주일에 운동을 2시간 초과하여 하는 학생은 2시간 초과 3시간 이하인 28 %와 3시간 초과인 27 %의 합입니다.
따라서 $28+27=55$ (%)입니다.

15 경호는 전체의 15 %로 120표를 얻었습니다.
전체 표수의 1 %는 $120\div 15=8$(표)입니다.
수민이는 전체의 35 %이므로 수민이의 득표수는
$8\times 35=280$(표)입니다.

16 예 가장 많이 심은 농작물은 상추이고, 상추를 심은 밭의 넓이는 $500\times\frac{30}{100}=150$ (m^2)입니다. … 40 %
가장 적게 심은 농작물은 고추이고, 고추를 심은 밭의 넓이는 $500\times\frac{10}{100}=50$ (m^2)입니다. … 40 %
따라서 상추와 고추를 심은 밭의 넓이의 차는
$150-50=100$ (m^2)입니다. … 20 %

17 비율을 조사하여 나타내려면 띠그래프나 원그래프를 사용할 수 있습니다.

18 예 $100-(30+15+10)=45$이므로 미국 또는 중국에 가고 싶은 학생 수는 전체의 45 %입니다. … 40 %
미국에 가고 싶은 학생 수의 비율을 □ %라고 하면 중국에 가고 싶은 학생 수의 비율은 (□-5) %입니다.
□$+$□$-5=45$, □$+$□$=50$, □$=25$이므로 미국에 가고 싶은 학생 수는 전체의 25 %입니다. … 60 %

20 고추 모종은 전체의 35 %입니다.
(고추 모종의 수)$=800\times\frac{35}{100}=280$(개)
청양고추 모종은 고추 모종의 40 %입니다.
(청양고추 모종의 수)$=280\times\frac{40}{100}=112$(개)

6 단원 직육면체의 부피와 겉넓이

6 단원 기본 문제 복습 47~48쪽

01 나
02 나, 다, 가
03 48개, 48 cm^3
04 6, 4, 5, 120
05 512 cm^3
06 800개
07 (1) 10000000 (2) 89
08 84 m^3
09 (1) 예 27, 63, 27, 21, 222 (2) 예 21, 63, 27, 222 (3) 21, 20, 222
10 예 12, 8, 52
11 예

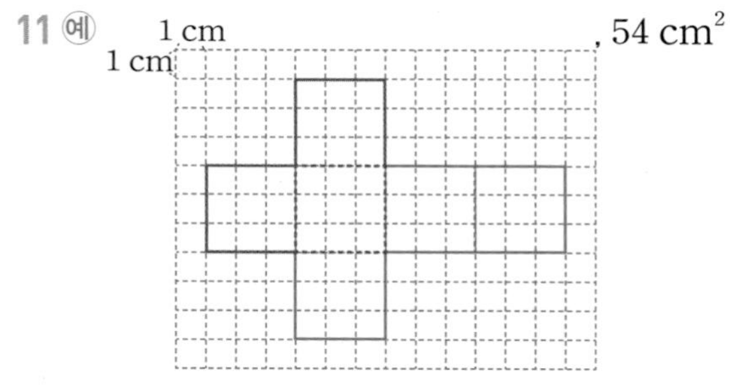

, 54 cm^2

12 11 cm
13 6

01 서로 다른 세 모서리 중 9 cm, 3 cm인 두 모서리의 길이가 같기 때문에 서로 맞대어서 비교할 수 있습니다. 나머지 한 모서리의 길이가 가는 2 cm, 나는 4 cm이므로 나의 부피가 더 큽니다.

02 가 상자에는 주사위를 $5 \times 2 \times 5 = 50$(개),
나 상자에는 주사위를 $4 \times 3 \times 6 = 72$(개),
다 상자에는 주사위를 $2 \times 7 \times 4 = 56$(개) 담을 수 있습니다.
따라서 $72 > 56 > 50$이므로 부피가 큰 것부터 차례로 쓰면 나, 다, 가입니다.

03 가로 4개, 세로 4개씩 3층으로 쌓았으므로 쌓기나무의 수는 $4 \times 4 \times 3 = 48$(개)입니다.
따라서 쌓기나무 1개의 부피가 1 cm^3이므로 직육면체의 부피는 48 cm^3입니다.

04 (직육면체의 부피)=(가로)×(세로)×(높이)
$= 6 \times 4 \times 5 = 120\,(cm^3)$

05 (정육면체의 부피)
=(한 모서리의 길이)×(한 모서리의 길이)×(한 모서리의 길이)
$= 8 \times 8 \times 8 = 512\,(cm^3)$

06 가로에 20개, 세로에 8개씩 높이는 5층으로 들어 있으므로 나무 도막은 모두 $20 \times 8 \times 5 = 800$(개)입니다.

07 1 m^3=1000000 cm^3이므로
(1) 10 m^3=10000000 cm^3
(2) 89000000 cm^3=89 m^3

08 1 m=100 cm이므로 길이의 단위를 바꾸면 가로 200 cm=2 m, 세로 600 cm=6 m, 높이 700 cm=7 m입니다.
➡ (직육면체의 부피)=(가로)×(세로)×(높이)
$= 2 \times 6 \times 7 = 84\,(m^3)$

09 (1) 각 직사각형의 넓이를 모두 구하여 더합니다.
(2) 직육면체를 만들었을 때 서로 마주 보는 면끼리 합동임을 이용합니다.
(3) 두 밑면과 옆면으로 나누어 각각 넓이를 구합니다.

10 (직육면체의 겉넓이)
=(서로 다른 세 면의 넓이의 합)×2
$= (2 \times 3 + 3 \times 4 + 2 \times 4) \times 2$
$= (6 + 12 + 8) \times 2 = 52\,(cm^2)$

11 (정육면체의 겉넓이)
=(한 면의 넓이)×6$= 3 \times 3 \times 6 = 54\,(cm^2)$

12 (정육면체의 겉넓이)
=(한 모서리의 길이)×(한 모서리의 길이)×6
정육면체의 한 모서리의 길이를 □ cm라고 하면
□×□×6=726, □×□=121, □=11입니다.
따라서 정육면체의 한 모서리의 길이는 11 cm입니다.

13 직육면체의 겉넓이가 198 cm^2이므로
(□×9+□×3+9×3)×2=198,
□×12+27=99, □×12=72, □=6입니다.

6단원 응용 문제 복습 49~50쪽

01 7	02 8 cm	03 80
04 1065 cm^3	05 405 cm^3	06 4752 cm^3
07 54 cm^2	08 294 cm^2	09 5400 cm^2
10 5	11 9 cm	12 15

01 $4\times6\times\square=168$, $24\times\square=168$, $\square=7$

02 (직육면체의 부피)=(밑면의 넓이)×(높이)이므로
(높이)=(직육면체의 부피)÷(밑면의 넓이)입니다.
(밑면의 넓이)$=9\times8=72\,(cm^2)$이므로
(높이)$=576\div72=8\,(cm)$입니다.

03 $1\,m^3=1000000\,cm^3$이므로
$0.156\,m^3=156000\,cm^3$입니다.
$\square\times65\times30=156000$, $\square\times1950=156000$,
$\square=80$입니다.

04

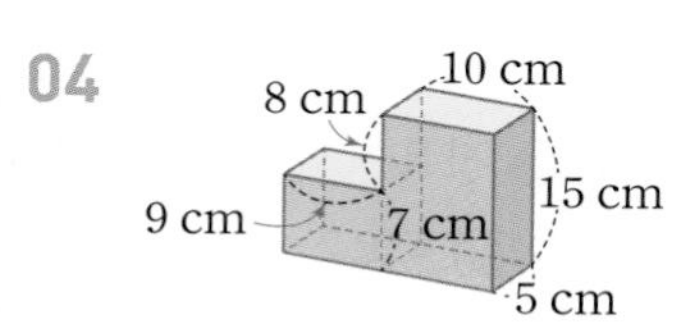

(입체도형의 부피)$=(9\times5\times7)+(10\times5\times15)$
$=315+750=1065\,(cm^3)$

05

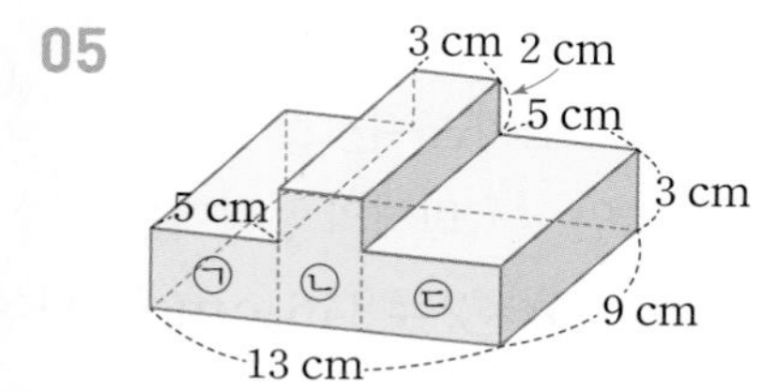

(㉠의 부피)$=5\times9\times3=135\,(cm^3)$
(㉡의 부피)$=3\times9\times5=135\,(cm^3)$
(㉢의 부피)$=5\times9\times3=135\,(cm^3)$
(입체도형의 부피)
=(㉠의 부피)+(㉡의 부피)+(㉢의 부피)
$=135+135+135=405\,(cm^3)$

06 한 모서리의 길이가 18 cm인 정육면체의 부피에서 비어 있는 부분의 직육면체의 부피를 빼면 됩니다.
(입체도형의 부피)$=(18\times18\times18)-(10\times6\times18)$
$=5832-1080=4752\,(cm^3)$

07 정육면체는 모든 모서리의 길이가 같으므로 가로, 세로, 높이 중 가장 짧은 모서리의 길이에 맞춰야 합니다. 따라서 한 모서리의 길이가 3 cm인 정육면체를 만들 수 있습니다.
정육면체의 겉넓이는 $3\times3\times6=54\,(cm^2)$입니다.

08 가장 큰 정육면체를 만들려면 한 모서리의 길이를 직육면체의 가장 짧은 모서리의 길이인 7 cm로 해야 합니다. 따라서 만들 수 있는 가장 큰 정육면체의 겉넓이는 $7\times7\times6=294\,(cm^2)$입니다.

09 나무 도막을 가로로 5개, 세로로 6개씩 5층을 쌓으면 한 모서리의 길이가 30 cm인 정육면체가 만들어집니다. 따라서 만든 정육면체의 겉넓이는
$30\times30\times6=5400\,(cm^2)$입니다.
다른 답 나무 도막을 쌓아 정육면체를 만들기 위해서는 가로, 세로, 높이 길이가 같아지도록 쌓아야 합니다. 이를 만족하는 가장 작은 정육면체의 한 모서리의 길이는 가로, 세로, 높이의 최소공배수입니다.
6 cm, 5 cm, 6 cm의 최소공배수는 30 cm이므로 만든 정육면체의 겉넓이는
$30\times30\times6=5400\,(cm^2)$입니다.

10 (직육면체의 겉넓이)
$=(27+36+12)\times2=150\,(cm^2)$
정육면체의 겉넓이도 150 cm^2이므로
$\square\times\square\times6=150$, $\square\times\square=25$, $\square=5$입니다.

11 직육면체 가의 겉넓이는
$(9\times3+9\times18+3\times18)\times2=486\,(cm^2)$입니다.
정육면체 나의 한 모서리의 길이를 $\square$ cm라고 하면 겉넓이는 486 cm^2이므로 $\square\times\square\times6=486$,
$\square\times\square=81$, $\square=9$입니다.
따라서 정육면체 나의 한 모서리의 길이는 9 cm입니다.

12 (정육면체의 겉넓이)$=10\times10\times6=600\,(cm^2)$
직육면체의 겉넓이도 600 cm^2이므로
$(\square\times10+\square\times6+60)\times2=600$,
$\square\times10+\square\times6+60=300$, $\square\times16=240$,
$\square=15$입니다.

6단원 서술형 수행 평가 51~52쪽

01 풀이 참조, $216\ cm^3$　02 풀이 참조, 12 cm
03 풀이 참조, 13　04 풀이 참조, $8\ m^3$
05 풀이 참조, 1080개　06 풀이 참조, 44개
07 풀이 참조, $54\ cm^2$　08 풀이 참조, $486\ cm^2$
09 풀이 참조, 9배　10 풀이 참조, $1000\ cm^3$

01 예 정육면체의 모서리의 개수는 12개이므로 정육면체의 한 모서리의 길이는 $72 \div 12 = 6$ (cm)입니다. … 40 %
따라서 정육면체의 부피는 $6 \times 6 \times 6 = 216\ (cm^3)$입니다. … 60 %

02 예 직육면체의 높이를 □ cm라고 하면
(직육면체의 부피)=(한 밑면의 넓이)×(높이)이므로
81×□=972 … 30 %
□=972÷81, □=12입니다.
따라서 직육면체의 높이는 12 cm입니다. … 70 %

03 예 (가 직육면체의 부피)=□×6×10=□×60
(나 직육면체의 부피)$=8 \times 5 \times 18 = 720\ (cm^3)$ … 40 %
가 직육면체의 부피가 나 직육면체의 부피보다 크므로
□×60>720, □>12입니다.
따라서 □ 안에 들어갈 수 있는 가장 작은 자연수는 13입니다. … 60 %

04 예 길이의 단위를 모두 m로 바꾸어 부피를 구하면
가: $4 \times 5 \times 1 = 20\ (m^3)$, 나: $2 \times 2 \times 3 = 12\ (m^3)$ … 70 %
따라서 가와 나의 부피의 차는 $20 - 12 = 8\ (m^3)$입니다. … 30 %

05 예 1 m=100 cm에는 한 모서리의 길이가 50 cm인 정육면체 모양의 상자를 2개 놓을 수 있으므로
6 m에는 12개, 3 m에는 6개, 7.5 m에는 15개를 놓을 수 있습니다. … 50 %
따라서 이 창고에는 상자를 12×6×15=1080(개)까지 쌓을 수 있습니다. … 50 %

06 예 3 m 40 cm=3.4 m, 3 m 20 cm=3.2 m이므로 수조에 담을 수 있는 물의 부피를 구하면
$3.4 \times 4 \times 3.2 = 43.52\ (m^3)$입니다. … 60 %
물을 통에 나누어 담으려면 통은 적어도 44개가 필요합니다. … 40 %

07 예 전개도로 만든 직육면체는 가로 3 cm, 세로 8 cm, 높이 5 cm입니다. … 20 %
정육면체는 모든 모서리의 길이가 같으므로 직육면체의 가로, 세로, 높이 중 가장 짧은 길이에 맞춰야 합니다.
따라서 한 모서리의 길이를 3 cm로 하는 정육면체를 만들 수 있습니다. … 30 %
정육면체의 겉넓이는 $3 \times 3 \times 6 = 54\ (cm^2)$입니다. … 50 %

08 예 색칠한 부분은 정육면체의 네 면의 넓이의 합이므로 한 면의 넓이는 $324 \div 4 = 81\ (cm^2)$입니다. … 50 %
따라서 전개도를 이용하여 만든 정육면체의 겉넓이는 $81 \times 6 = 486\ (cm^2)$입니다. … 50 %

09 예 처음 직육면체의 겉넓이는
$(3 \times 4 + 3 \times 5 + 4 \times 5) \times 2 = 94\ (cm^2)$입니다. … 40 %
늘인 직육면체의 가로, 세로, 높이는 각각 9 cm, 12 cm, 15 cm이므로 늘인 직육면체의 겉넓이는
$(9 \times 12 + 9 \times 15 + 12 \times 15) \times 2 = 846\ (cm^2)$입니다. … 40 %
따라서 늘인 직육면체의 겉넓이는 처음 직육면체의 겉넓이의 846÷94=9(배)입니다. … 20 %

10 예 (한 면의 넓이)$=600 \div 6 = 100\ (cm^2)$ … 30 %
10×10=100이므로 정육면체의 한 모서리의 길이는 10 cm입니다. … 20 %
(정육면체의 부피)$=10 \times 10 \times 10 = 1000\ (cm^3)$입니다. … 50 %

6 단원 **단원 평가** 53~55쪽

01 24, 27, 나	02 60개, 60 cm^3
03 70 cm^2	04 400 cm^3
05 1890 cm^3	06 풀이 참조, 5 cm
07 16	08 ㉡
09 ㉢, ㉠, ㉣, ㉡	
10 10.5 m^3, 10500000 cm^3	
11 125 m^3	12 192개
13 1320 cm^3, 1186 cm^2	14 다혜
15 136 cm^2	16 384 cm^2
17 360 cm^3	18 418 cm^2
19 128 cm^2	20 풀이 참조, 510 cm^2

01 가 상자에는 쌓기나무를 모두
$2\times3\times4=24$(개) 담을 수 있고,
나 상자에는 쌓기나무를 모두
$3\times3\times3=27$(개) 담을 수 있습니다.
따라서 $24<27$이므로 부피가 더 큰 상자는 나입니다.

02 쌓기나무의 수는 $5\times3\times4=60$(개)이고,
쌓기나무 1개의 부피가 1 cm^3이므로
직육면체의 부피는 60 cm^3입니다.

03 색칠한 면의 넓이를 □ cm^2라고 하면
(직육면체의 부피)=(밑면의 넓이)×(높이)이므로
□×6=420, □=420÷6, □=70입니다.
따라서 색칠한 면의 넓이는 70 cm^2입니다.

04 (쇠구슬 6개의 부피)
=(늘어난 높이만큼의 물의 부피)
$=25\times16\times6=2400\,(cm^3)$
(쇠구슬 1개의 부피)$=2400\div6=400\,(cm^3)$

05 처음 직육면체의 부피는
$15\times9\times2=270\,(cm^3)$입니다.
가로, 세로, 높이를 각각 2배로 늘이면
가로는 30 cm, 세로는 18 cm, 높이는 4 cm인 직육면체가 됩니다.
늘인 직육면체의 부피는 $30\times18\times4=2160\,(cm^3)$입니다.
늘인 직육면체의 부피에서 처음 직육면체의 부피를 빼면 $2160-270=1890\,(cm^3)$입니다.
따라서 늘어난 부피는 1890 cm^3입니다.

06 예 (작은 정육면체의 수)$=3\times3\times3=27$(개)이므로
작은 정육면체의 부피는 $3375\div27=125\,(cm^3)$입니다. … 30 %
작은 정육면체의 한 모서리의 길이를 □ cm라고 하면
□×□×□=125이고 $5\times5\times5=125$이므로
□=5입니다. … 50 %
따라서 작은 정육면체의 한 모서리의 길이는 5 cm입니다. … 20 %

07 (나의 부피)$=8\times8\times8=512\,(cm^3)$,
가, 나의 부피가 같으므로
(가의 부피)=□×8×4=512 (cm^3)입니다.
□×32=512, □=16입니다.

08 냉장고의 가로가 100 cm이므로 부피로 가장 알맞은 것은 2 m^3=2000000 cm^3입니다.

09 1 m^3=1000000 cm^3이므로
㉠ 9.7 m^3=9700000 cm^3
㉡ 36000000 cm^3=36 m^3
㉢ 8250000 cm^3=8.25 m^3
$8.25<9.7<10<36$이므로 부피가 작은 것부터 차례로 쓰면 ㉢, ㉠, ㉣, ㉡입니다.

10 (직육면체의 부피)$=7\times0.6\times2.5=10.5\,(m^3)$
1 m^3=1000000 cm^3이므로
10.5 m^3=10500000 cm^3입니다.

11 100 cm=1 m이므로 6000 cm=60 m입니다.
정육면체의 모서리의 개수는 12개이므로 정육면체의 한 모서리의 길이는 $60\div12=5\,(m)$입니다.
따라서 정육면체의 부피는
$5\times5\times5=125\,(m^3)$입니다.

12 가로가 16 m이므로 상자를
$16 \div 2 = 8$(개) 쌓을 수 있고,
세로가 8 m이므로 상자를
$8 \div 2 = 4$(개) 쌓을 수 있습니다.
높이가 12 m이므로 $12 \div 2 = 6$(층)으로 쌓을 수 있습니다.
따라서 상자를 $8 \times 4 \times 6 = 192$(개)까지 쌓을 수 있습니다.

13 $0.4\ \text{m} = 40\ \text{cm}$
(직육면체의 부피)$= 11 \times 3 \times 40 = 1320\ (\text{cm}^3)$
(직육면체의 겉넓이)
$= (11 \times 3 + 11 \times 40 + 3 \times 40) \times 2 = 1186\ (\text{cm}^2)$

14 (옆면의 넓이)=(밑면의 둘레)×(높이)
다혜: 한 밑면의 넓이를 2배 하고 옆면의 넓이를 더해서 구하려면
$(7 \times 5) \times 2 + (7 + 5 + 7 + 5) \times 9$가 되어야 합니다.

15 (직육면체의 겉넓이)
=(한 밑면의 넓이)×2+(밑면의 둘레)×(높이)
$= 32 \times 2 + 24 \times 3$
$= 64 + 72 = 136\ (\text{cm}^2)$

16 정육면체의 모든 모서리의 길이는 같습니다.
세 모서리의 길이의 합이 24 cm이므로 정육면체의 한 모서리의 길이는 $24 \div 3 = 8\ (\text{cm})$입니다.
(정육면체의 겉넓이)
=(한 면의 넓이)×6
$= 8 \times 8 \times 6 = 384\ (\text{cm}^2)$

17 직육면체의 겉넓이가 $372\ \text{cm}^2$이므로
$10 \times 3 \times 2 + (3 + 10 + 3 + 10) \times \square = 372$,
$60 + 26 \times \square = 372$, $26 \times \square = 312$,
$\square = 12$입니다.
가로 10 cm, 세로 3 cm, 높이 12 cm인 직육면체의 부피는
$10 \times 3 \times 12 = 360\ (\text{cm}^3)$입니다.

18

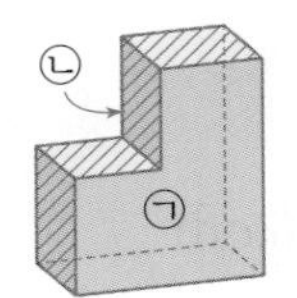

㉠$= (11 \times 13 - 5 \times 6) \times 2 = 226\ (\text{cm}^2)$
㉡$= (11 + 13 + 11 + 13) \times 4 = 192\ (\text{cm}^2)$
➡ $226 + 192 = 418\ (\text{cm}^2)$

19 카스텔라를 자른 후 더 늘어난 면은 한 변의 길이가 4 cm인 정사각형 8개입니다.
따라서 4조각의 겉넓이의 합은 처음 카스텔라의 겉넓이보다 $(4 \times 4) \times 8 = 128\ (\text{cm}^2)$ 더 늘어납니다.

20 예 직육면체의 높이를 □cm라고 하면 부피는 $756\ \text{cm}^3$이므로
$9 \times 7 \times \square = 756$, $63 \times \square = 756$, $\square = 756 \div 63$,
$\square = 12$입니다. … 50 %
따라서 직육면체의 겉넓이는
$(9 \times 7 + 9 \times 12 + 7 \times 12) \times 2$
$= (63 + 108 + 84) \times 2$
$= 510\ (\text{cm}^2)$입니다. … 50 %

1 단원 분수의 나눗셈

교과서 개념 다지기 (8~9쪽)

01 (1) $\frac{1}{6}$ (2) $\frac{2}{7}$

02 (1) 예

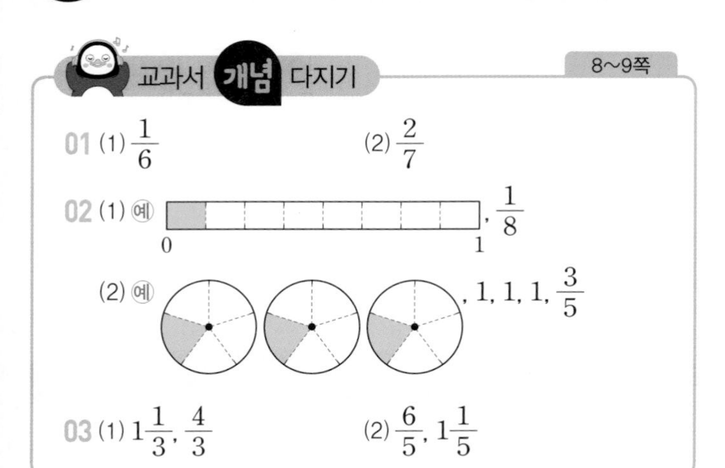

, $\frac{1}{8}$

(2) 예, 1, 1, 1, $\frac{3}{5}$

03 (1) $1\frac{1}{3}$, $\frac{4}{3}$ (2) $\frac{6}{5}$, $1\frac{1}{5}$

교과서 넘어 보기 (10~11쪽)

01 예

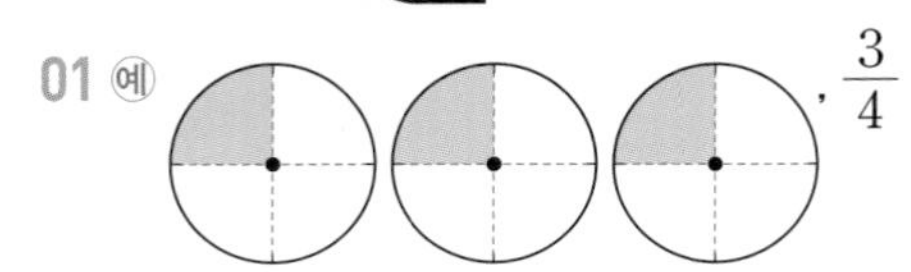

, $\frac{3}{4}$

02 $\frac{1}{7}$, 5, $\frac{5}{7}$

03

04 $\frac{1}{6}$ m

05 나

06 $\frac{1}{4}$, 7, 7, 1, 3

07 ④

08 (1) $4\frac{1}{3}\left(=\frac{13}{3}\right)$ (2) $2\frac{1}{5}\left(=\frac{11}{5}\right)$ (3) $2\frac{5}{9}\left(=\frac{23}{9}\right)$

09 $1\frac{4}{5}\left(=\frac{9}{5}\right)$ L

10 윤지네 모둠

교과서 속 응용 문제

11 $1\frac{1}{7}\left(=\frac{8}{7}\right)$

12 $3\frac{1}{3}\left(=\frac{10}{3}\right)$

13 $8\frac{1}{8}\left(=\frac{65}{8}\right)$

교과서 개념 다지기 (12~14쪽)

01 (1) 2, $\frac{4}{9}$ (2) 3, $\frac{2}{11}$ (3) 6, 6, 2, 3

02 (1) 2, 4 (2) $\frac{1}{4}$, $\frac{7}{20}$

03 방법 1 16, 16, 4 방법 2 16, 16, $\frac{1}{4}$, 4, 16

04 방법 1 13, 13, 39, 13 방법 2 13, 13, $\frac{1}{3}$, $\frac{13}{18}$

교과서 넘어 보기 (15~18쪽)

14 예

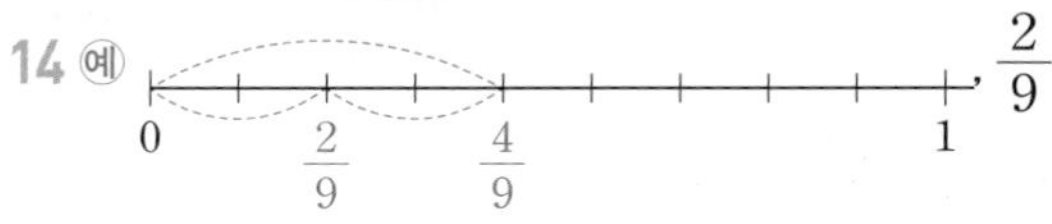

$\frac{2}{9}$

15 예

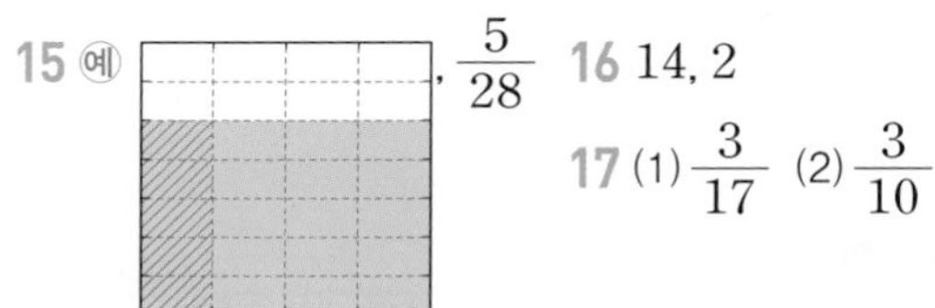

, $\frac{5}{28}$

16 14, 2

17 (1) $\frac{3}{17}$ (2) $\frac{3}{10}$

18 $\frac{2}{25}$, $\frac{5}{48}$

19 $\frac{3}{11}$ kg

20 $\frac{1}{3}$ / $\frac{1}{3}$, $\frac{1}{3}$, $\frac{1}{3}$, $\frac{2}{15}$

21 예 $\frac{5}{9}\div 4=\frac{5}{9}\times\frac{1}{4}=\frac{5}{36}$

22 $\frac{1}{4}$, $\frac{9}{28}$

23 ㉢

24

25 3개

26 $\frac{7}{60}$배

27 방법 1 12, 3, $\frac{4}{5}$ 방법 2 12, 12, 3, $\frac{4}{5}\left(=\frac{12}{15}\right)$

28 예 $2\frac{6}{7}\div 3=\frac{20}{7}\div 3=\frac{20}{7}\times\frac{1}{3}=\frac{20}{21}$

29 $2\frac{1}{7}\div 4=\frac{15}{7}\div 4=\frac{15}{7}\times\frac{1}{4}=\frac{15}{28}$

30 $<$

31 $1\frac{1}{4}\left(=\frac{5}{4}\right)$

32 $\frac{9}{14}$ kg

33 $\frac{2}{33}$

34 $\frac{1}{3}$

35 $\frac{7}{60}$

36 1, 2, 3, 4, 5, 6, 7

37 8

38 5개

응용력 높이기 (19~23쪽)

대표 응용 1 분모에 ○표, 8, 9, 8, 9, 18, $\frac{4}{9}$, 8, 18

1-1 $\frac{3}{5}\div 7=\frac{3}{35}$ 또는 $\frac{3}{7}\div 5=\frac{3}{35}$, $\frac{3}{35}$

1-2 $5\frac{3}{4}\div 2=2\frac{7}{8}$, $2\frac{7}{8}\left(=\frac{23}{8}\right)$

대표 응용 2 21, 7, 21, 7, $\frac{3}{2}$, $1\frac{1}{2}$, $1\frac{1}{2}$

2-1 $3\frac{2}{3}\left(=\frac{11}{3}\right)$ cm

2-2 $2\frac{2}{7}\left(=\frac{16}{7}\right)$ cm

대표 응용 3 3, $\frac{15}{10}$, 14, 14, 4, 7, 7, 2, $7\frac{9}{20}$

3-1 $\frac{19}{40}\left(=\frac{38}{80}\right)$

3-2 1

대표 응용 4 $\frac{64}{7}$, 64, 7, $\frac{16}{7}$, $\frac{16}{7}$, $\frac{48}{7}$, $6\frac{6}{7}$

4-1 $2\frac{3}{26}\left(=\frac{55}{26}\right)\mathrm{m}^2$ 4-2 $10\frac{1}{2}\left(=\frac{21}{2}\right)\mathrm{cm}^2$

대표 응용 5 1, 3, $\frac{54}{5}$, 3, 54, 3, 5, $\frac{18}{5}$, $3\frac{3}{5}$

5-1 $1\frac{2}{15}\left(=\frac{17}{15}\right)\mathrm{m}^2$ 5-2 $\frac{3}{5}\ \mathrm{m}^2$

단원 평가 LEVEL 1

24~26쪽

01 예 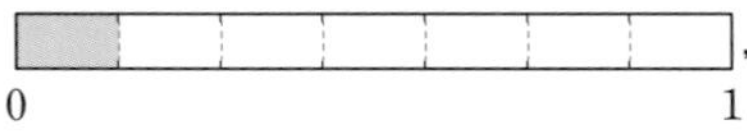 , $\frac{1}{7}$

02 $\frac{1}{5}$, 8, $\frac{8}{5}$, $1\frac{3}{5}$ 03 ㉡ 04 $\frac{4}{7}$

05 $1\frac{4}{17}\left(=\frac{21}{17}\right)$ 06 $3\div4=\frac{3}{4}$, $\frac{3}{4}$ m

07 $\frac{2}{11}$ 08  09 ㉡

10 ㉠ 11 $\frac{3}{40}$ m 12 $\frac{1}{15}\left(=\frac{9}{135}\right)$

13 5 14 $1\frac{2}{7}\div3=\frac{9}{7}\div3=\frac{9\div3}{7}=\frac{3}{7}$

15 < 16 $\frac{3}{7}$ 17 $4\frac{3}{16}\left(=\frac{67}{16}\right)\mathrm{m}^2$

18 $\frac{9}{20}$ m 9 풀이 참조, 3개 20 풀이 참조, $\frac{1}{5}$

단원 평가 LEVEL 2

27~29쪽

01 예 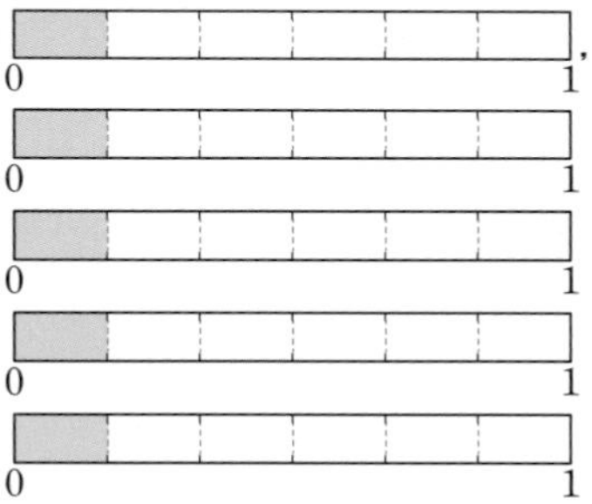 , $\frac{5}{6}$

02 $\frac{4}{9}$ 03 $2\div7=\frac{2}{7}$, $\frac{2}{7}$ kg

04 2, 2, 2, 2, 2, 2, 8 05 12÷11에 ○표

06 $\frac{4}{5}\div3=\frac{12}{15}\div3=\frac{12\div3}{15}=\frac{4}{15}$

07 $\frac{5}{14}$ 08 $\frac{1}{45}$ kg

09 예 $\frac{7}{6}\div3=\frac{7}{6}\times\frac{1}{3}=\frac{7}{18}$

10 4개 11 < 12 2, 3, 4

13 $\frac{3}{4}\div7=\frac{3}{28}$ 또는 $\frac{3}{7}\div4=\frac{3}{28}$ / $\frac{3}{28}$

14 $\frac{15}{7}\div3=\frac{5}{7}$, $\frac{5}{7}\left(=\frac{15}{21}\right)$ m

15 방법 1 예 $2\frac{1}{3}\div5=\frac{7}{3}\div5=\frac{35}{15}\div5=\frac{35\div5}{15}=\frac{7}{15}$

방법 2 예 $2\frac{1}{3}\div5=\frac{7}{3}\div5=\frac{7}{3}\times\frac{1}{5}=\frac{7}{15}$

16 ㉡ 17 $4\frac{2}{5}\left(=\frac{22}{5}\right)\mathrm{m}^2$ 18 $\frac{8}{27}\left(=\frac{40}{135}\right)$ kg

19 풀이 참조, $7\frac{3}{4}\left(=\frac{31}{4}\right)$ kg 20 풀이 참조, $\frac{3}{7}$ kg

2 단원 각기둥과 각뿔

교과서 개념 다지기

32~35쪽

01 (1) 다, 라 (2) 각기둥 02 (1) 밑면 (2) 옆면

03 육각형, 직사각형, 육각기둥

04 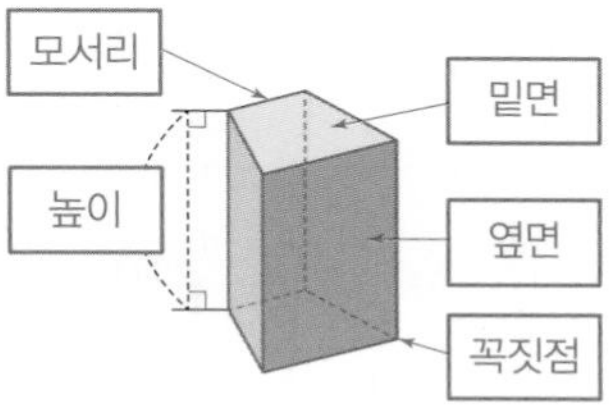

05 (1) 전개도
(2) 삼각기둥
(3) ㅈㅊ

06 (1) 오각기둥 (2) 육각기둥

07 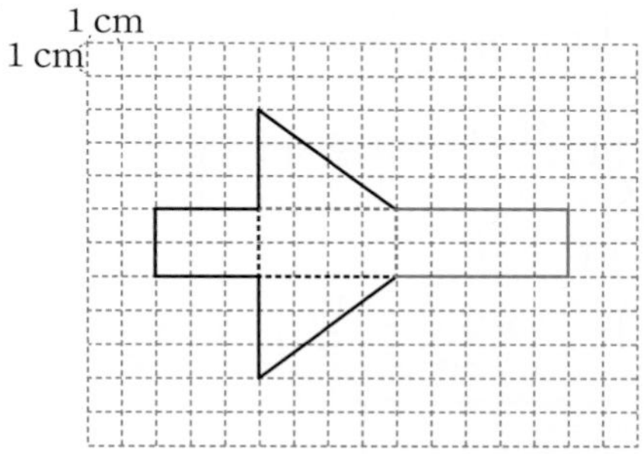

08 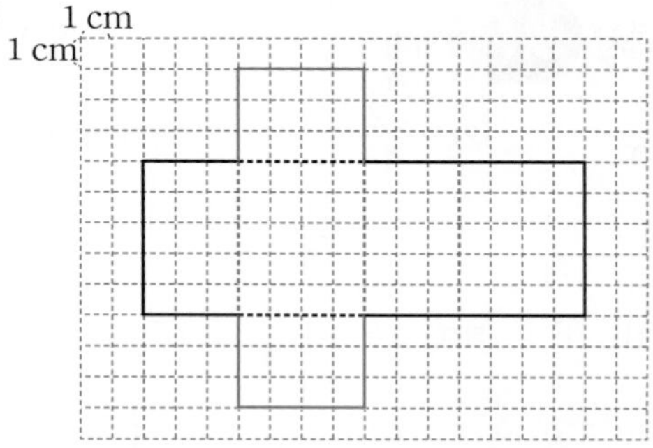

교과서 넘어 보기

36~39쪽

01 나, 바　　02 각기둥

03 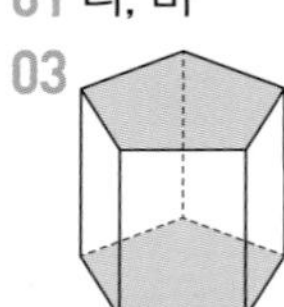

04 (1) (2) 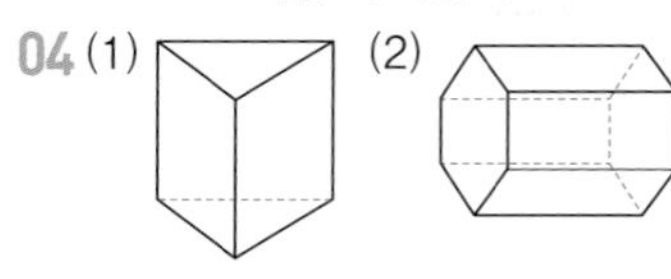

05 (1) 4개 (2) 5개　　06 면 ㄴㅁㅂㄷ, 면 ㄷㅂㄹㄱ, 면 ㄱㄹㅁㄴ

07 지수, 유빈　　08 팔각기둥

09

도형	한 밑면의 변의 수(개)	꼭짓점의 수(개)	면의 수(개)	모서리의 수(개)
삼각기둥	3	6	5	9
사각기둥	4	8	6	12
오각기둥	5	10	7	15

10 (1) 2 (2) 2 (3) 3　　11 5 cm

12 28　　13 ㉡, ㉣　　14 구각기둥

15 사각기둥의 전개도　　16 4개

17 점 ㄴ, 점 ㄹ　　18 오각기둥　　19 (위에서부터) 8, 5, 4

20 예

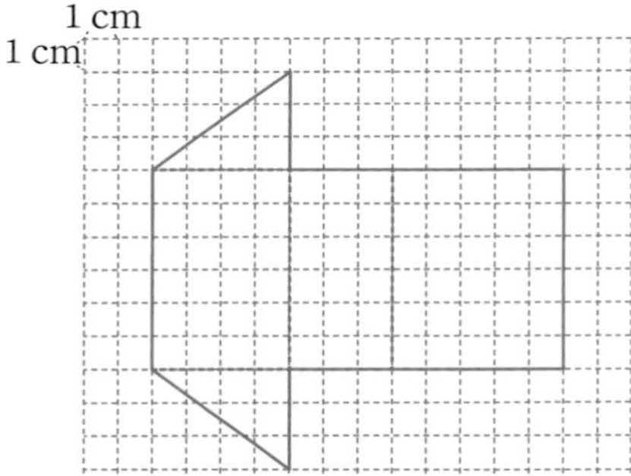

21 예

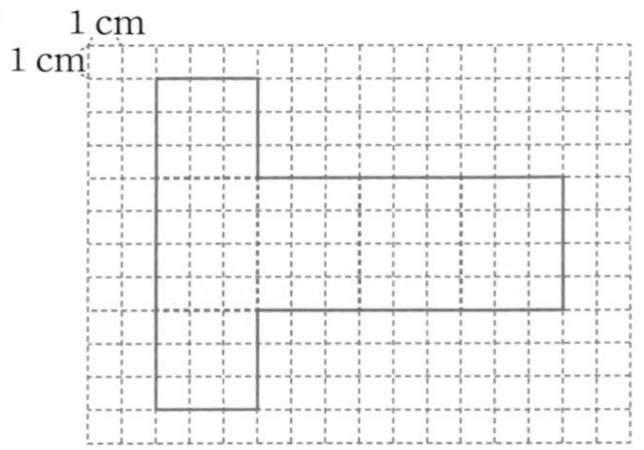

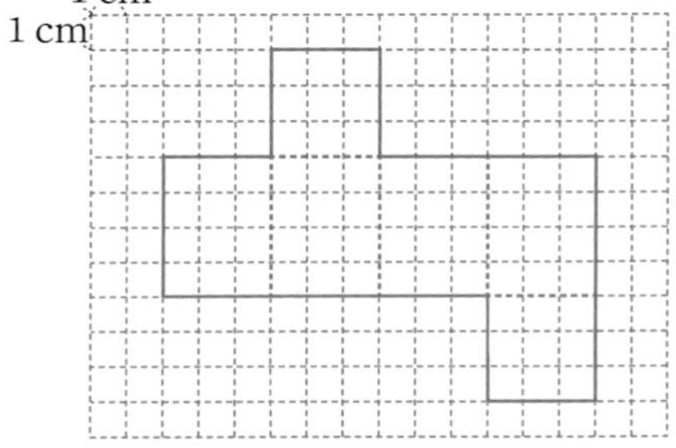

교과서 속 응용 문제

22 12개　　23 14개　　24 74개

교과서 개념 다지기

40~42쪽

01 (1) 가, 바 (2) 각뿔　　02 (1) 밑면 (2) 옆면

03 가 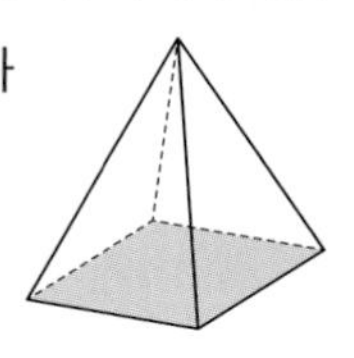 나 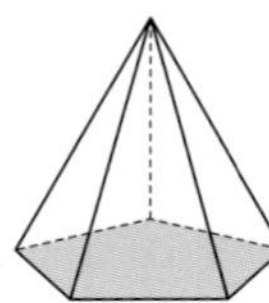

04 사각뿔, 오각뿔

05 (1) 육각형, 육각뿔 (2) 칠각형, 칠각뿔

06

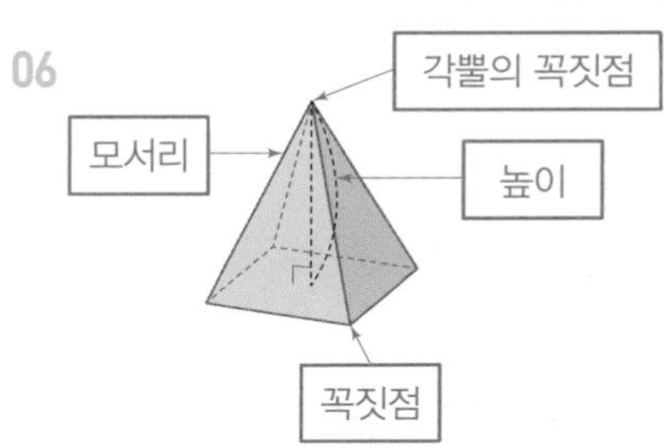

07 (1) 4, 6, 4 (2) 5, 8, 5

교과서 넘어 보기

43~46쪽

25 가, 바　　26 ( ) ( ) (○)

27 면 ㄴㄷㄹㅁㅂㅅ　　28 6개

29 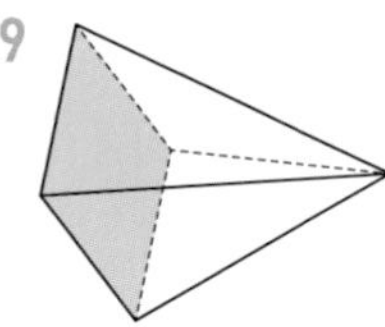

30

도형	밑면의 모양	옆면의 모양	밑면의 수(개)
가	팔각형	직사각형	2
나		삼각형	1

31 서현　　32 칠각형　　33 칠각뿔

34 ㉢　　35 구각뿔　　36 육각뿔

37 팔각뿔　　38 삼각뿔

39 ㉠ 사각뿔, ㉡ 오각뿔, ㉢ 육각뿔

40

도형	㉠	㉡	㉢
밑면의 모양	사각형	오각형	육각형
밑면의 변의 수(개)	4	5	6
면의 수(개)	5	6	7
꼭짓점의 수(개)	5	6	7
모서리의 수(개)	8	10	12

41 (1) 1 (2) 1 (3) 2　42 ( ) ( ) (○)
43 10 cm　44 15 cm　45 ①, ③
46 6개　47 44 cm

교과서 속 응용 문제

48 16개　49 10개　50 14개

47~51쪽

대표 응용 1 12, 6, 6, 18 / 12, 11, 11, 22 / 각기둥에 ○표, 육각형, 육각기둥
1-1 구각뿔　1-2 십이각기둥
대표 응용 2 5, 5, 오각형, 오각기둥
2-1 육각형, 육각기둥　2-2 삼각형, 삼각기둥
대표 응용 3 삼각기둥, 3, 18, 18, 30, 30, 15, 15, 5
3-1 4 cm
대표 응용 4 5, 15, 오각형, 10 / 5, 10, 오각형, 6 / ㉠, ㉢
4-1 ㉠　4-2 ㉢, ㉣, ㉤, ㉥
대표 응용 5 오각뿔, 5, 5, 5, 5, 35, 5, 5, 35, 25, 25, 5, 5
5-1 4 cm

단원 평가 LEVEL ❶

52~54쪽

01 나, 라, 바　02 삼각형　03 사각기둥
04　05 6개

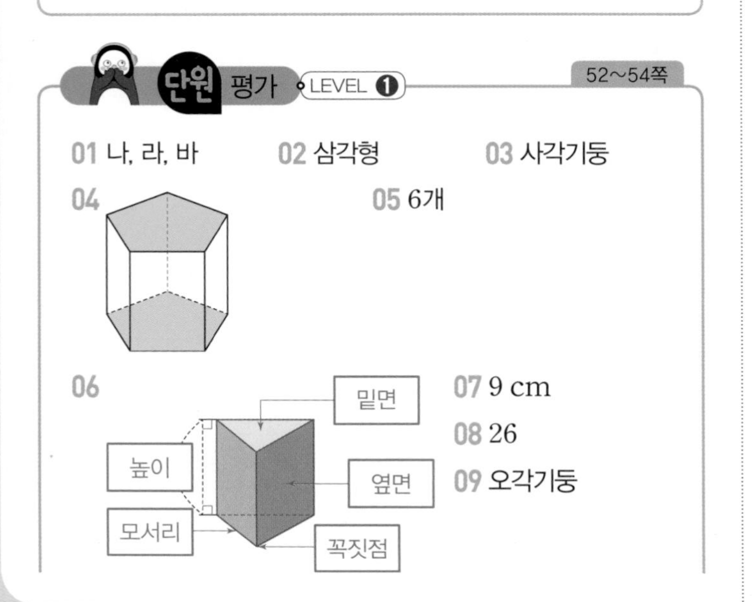

07 9 cm
08 26
09 오각기둥

10 예

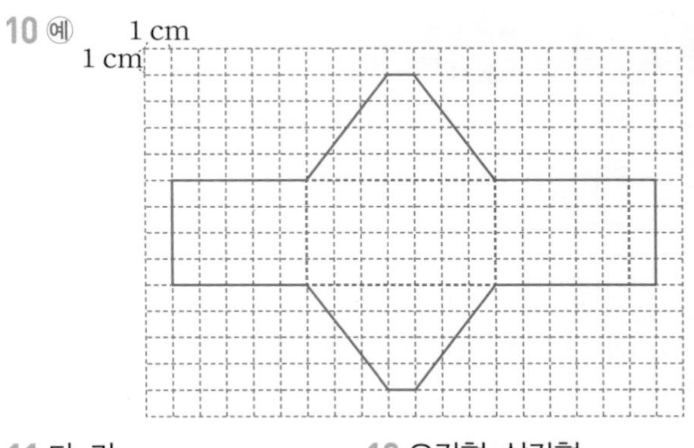

11 다, 라　12 오각형, 삼각형
13 사각뿔　14 7개　15 9 cm
16 ②　17 9개　18 8개
19 풀이 참조　20 풀이 참조, 칠각뿔

55~57쪽

01 ②, ⑤　02 칠각기둥
03 영준　04 면 ㄱㄴㄷ, 면 ㄹㅁㅂ
05 모서리 ㄱㄹ, 모서리 ㄴㅁ, 모서리 ㄷㅂ
06 8개　07 십각기둥　08 점 ㄷ, 점 ㅁ
09 8 cm　10 5 cm　11 다, 오각뿔
12 5개　13

각뿔의 꼭짓점
모서리
높이
꼭짓점

14 팔각형, 팔각뿔, 9, 9, 16　15 육각뿔
16 22개　17 1개　18 구각뿔
19 풀이 참조, 32 cm　20 풀이 참조, 칠각뿔

3 단원 소수의 나눗셈

60~62쪽

01 (위에서부터) $\frac{1}{10}$, 14.2, $\frac{1}{100}$, 1.42
02 (1) 100　(2) 100, 1.12
03 (1) 413, 41.3　(2) 211, 2.11
(3) 333, 33.3　(4) 111, 1.11
04 (1) 76, 76, 38, 3.8　(2) 501, 501, 167, 1.67
05 9☐2☐7

06 방법 1 232, 232, 29, 0.29 방법 2 29, 0.29

07 (위에서부터) 0, 1, 9, 8, 72

교과서 넘어 보기 63~66쪽

01 223, 223, 22.3

02 286, 143, 143, 1.43

03 (위에서부터) $\frac{1}{10}$, 21.1, $\frac{1}{100}$, 2.11

04 1□2⊡2 / 1⊡2□2

05 21.2, 2.12

06 31.2, 3.12

07 9.03

08 $\frac{1}{10}$배

09 1.21 m

10 1⊡1□3

11 $27.33 \div 3 = \frac{2733}{100} \div 3 = \frac{2733 \div 3}{100} = \frac{911}{100} = 9.11$

12 $15.65 \div 5 = \frac{1565}{100} \div 5 = \frac{1565 \div 5}{100} = \frac{313}{100} = 3.13$

13 5.84

14 1.47

15 (1) > (2) <

16 5.23 cm

17 1.29배

18
```
    0.7 3
 8)5.8 4
   5 6
     2 4
     2 4
       0
```

19 0.01

20 0.78

21 ㉣

22 0.59 L

23 $3.36 \div 12 = 0.28$, 0.28 cm

교과서 속 응용 문제

24 4.68

25 0.93

26 2.3

교과서 개념 다지기 67~70쪽

01 방법 1 273, 2730, 2730, 455, 4.55
방법 2 455, 4.55 방법 3 4, 5, 5, 30, 30

02 방법 1 820, 820, 205, 2.05
방법 2 205, 2.05 방법 3 2, 0, 5

03 (1) 14, 1.4 (2) 75, 0.75 (3) 28, 2.8

04 (1) 5, 30 (2) 25, 20, 20

05 (1) ( ) (○) (2) ( ) (○)
(3) (○) ( )

06 (1) 49 (2) 49, 7 (3) $49.35 \div 7 = 7.05$에 ○표

교과서 넘어 보기 71~74쪽

27 $57.2 \div 8 = \frac{572}{10} \div 8 = \frac{5720}{100} \div 8 = \frac{5720 \div 8}{100} = \frac{715}{100} = 7.15$

28 1.75

29 (1) 0.85 (2) 1.38

30 0.45

31 2.15 kg

32 3.48 m

33 $6.12 \div 3 = \frac{612}{100} \div 3 = \frac{612 \div 3}{100} = \frac{204}{100} = 2.04$

34 1.07

35
```
     7.0 8
 5)3 5.4
   3 5
       4 0
       4 0
         0
```

36 1.08 kg

37 1.05 m

38 (위에서부터) $\frac{1}{100}$, 225, 2.25, $\frac{1}{100}$

39 $11 \div 2 = \frac{110}{10} \div 2 = \frac{110 \div 2}{10} = \frac{55}{10} = 5.5$

40 (1) 1.8 (2) 0.75

41 >

42 6.4 cm

43 (1) 예 17, 4, 4 / 4⊡3□5
(2) 예 77, 25, 3 / 3⊡0□6

44 ㉢

45 1.4, 1.4

46 나비

교과서 속 응용 문제

47 9.56 cm^2

48 1.09 m^2

49 3.75 m^2

50 52.5초

51 지윤

52 26.28 km

응용력 높이기 75~79쪽

대표 응용 1 2, 4, 5, 2, 4, 5, 5, 1, 2, 3, 4, 4

1-1 5개

1-2 4, 5, 6, 7

대표 응용 2 18.96, 18.96, 6.32

2-1 3.23

2-2 0.56

대표 응용 3 2, 7, 9, 2, 7, 9, 0.3, 0.3

3-1 2.88

3-2 2.3

대표 응용 4 4, 1.75, 5, 1.4, 1.75, 1.4, 0.35

4-1 3 cm

4-2 3.5 m

대표 응용 5 59.6, 5, 59.6, 59.6, 11.92, 11.92, 11.92, 4.47

5-1 0.46 m

5-2 0.82배

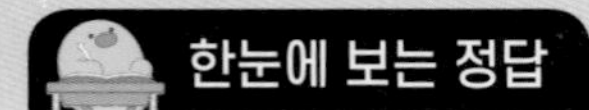

단원 평가 LEVEL ❶ 80~82쪽

01 2⊡3□2　02 24.4, 2.44　03 1.12 m
04 (위에서부터) 2, 4 / 16, 32, 32
05 2.32, 1.16　06 7.23 cm　07 0.29
08 3.25÷5, 5.58÷9에 ○표　09 ㉡, ㉢, ㉠
10 $3.5\div2=\frac{35}{10}\div2=\frac{350}{100}\div2=\frac{350\div2}{100}$
$=\frac{175}{100}=1.75$
11 1.85　12 59.55 m^2　13 ㉡
14 0.01　15 (1) 2.5 (2) 2.75　16 0.4 L
17 28÷4　18 24.3÷6=4.05에 ○표
19 풀이 참조, 0.95　20 풀이 참조, 33분 30초

단원 평가 LEVEL ❷ 83~85쪽

01 13.1, 1.31　02 $\frac{1}{100}$배
03 (위에서부터) 431, $\frac{1}{100}$, 8.62, 4.31
04 1.62　05 2.7 L　06 1, 2
07 3.29　08 0.72, 0.86　09 0.37 L
10 2.15 m　11 1.95　12
13 3.03　14 ㉡, ㉢, ㉠　15 2.8
16 3　17 예 26, 4 / 4⊡3□　18 ㉠, ㉢
19 풀이 참조, 3.45 cm^2　20 풀이 참조, 2.24 m

4 단원 비와 비율

교과서 개념 다지기 88~91쪽

01 (1) 4, 4 (2) 3, 3
02 (1) (위에서부터) 12, 6, 8 (2) 8, 12, 16 (3) 3
03 (1) : (2) 7 : 8 (3) 7 대 8
04 (1) 8 : 3 (2) 3 : 8　05 9, 2, 9, 2, 9, 2, 2, 9
06 (1) 5, 14 (2) 9, 6 (3) 15, 16
07 (1) 비교하는 양, 기준량 (2) 비율　08 7, 3
09 6, 10　10 $\frac{2}{5}$, 0.4　11 $\frac{5}{20}\left(=\frac{1}{4}\right)$, 0.25
12 (1) 7 : 10 (2) $\frac{7}{10}$, 0.7　13 (1) 걸린 시간 (2) $\frac{400}{5}$, 80
14 $\frac{2000}{50}$, 40　15 $\frac{30}{6}$, 5

교과서 넘어 보기 92~95쪽

01 6, 6, 3, 3
02 예 6−3=3, 가로가 세로보다 3칸 더 깁니다.
예 6÷3=2, 가로는 세로의 2배입니다.
03 예 오렌지주스의 양은 우유의 양의 3배입니다.
04 예 10÷5=2, 20÷10=2, 30÷15=2,
40÷20=2이므로 연필 수는 항상 학생 수의 2배입니다.
05 (위에서부터) 16, 20, 6, 8, 10/36장
06 (1) 4 : 6 (2) 6 : 4　07 수민, 유나
08 예
09 (1) × (2) ○
10 630 : 320
11 (위에서부터) $\frac{15}{20}\left(=\frac{3}{4}\right)$, 0.75 / $\frac{18}{45}\left(=\frac{2}{5}\right)$, 0.4
12 (위에서부터) 13, 20, $\frac{13}{20}$(=0.65) / 4, 15, $\frac{4}{15}$
13 ②　14

15 ㉠, ㉡, ㉣, ㉢
16 예 두 액자의 가로에 대한 세로의 비율은 같습니다.
17 $2\left(=\frac{800}{400}\right)$　18 $\frac{28}{40}\left(=\frac{7}{10}=0.7\right)$
19 $\frac{5}{15}\left(=\frac{1}{3}\right)$　20 가 자전거

교과서 속 응용 문제

21 $65\left(=\frac{780}{12}\right)$　22 $142\left(=\frac{2698000}{19000}\right)$
23 $2600\left(=\frac{10400}{4}\right)$, $2300\left(=\frac{16100}{7}\right)$ / 희망 마을
24 $\frac{30}{120}\left(=\frac{1}{4}=0.25\right)$　25 $\frac{35}{110}\left(=\frac{7}{22}\right)$
26 $\frac{90}{360}\left(=\frac{1}{4}=0.25\right)$, $\frac{100}{500}\left(=\frac{1}{5}=0.2\right)$ / 지현

교과서 개념 다지기

96~98쪽

01 100, %, %, 72 퍼센트 02 (1) 82 퍼센트 (2) 63 %

03 (1) 59, 59 (2) 12, 12 04 (1) 100, 45 (2) 100, 67

05 (1) $\frac{3}{4}$, 0.75 (2) 0.75, 75 06 (○) (   )

07 $\frac{37}{100}$, 0.37 08 (1) 20000, 2000 (2) 2000, 2000, 10

09 $\frac{13}{25}$, 52, $\frac{11}{20}$, 55

교과서 넘어 보기

99~102쪽

27 (1) 58 퍼센트 (2) 49 % 28 (1) 56 % (2) 30 %

29 (위에서부터) 33 % / $\frac{1}{25}\left(=\frac{4}{100}\right)$, 4 % / 0.16, 16 %

30 ㉡, ㉢ 31 60 % 32 ㉢

33 예 34 54 %

35 윤지 / 예 비율 0.2를 백분율로 나타내면 20 %가 됩니다.

36 55 % 37 30 % 38 ⑤

39 20 % 40 84 % 41 90 %

42 2 % 43 나 영화 44 25 %

45 5 % 46 축구공

교과서 속 응용 문제

47 48, 32, 20 48 48, 50 / 초록 마을 주민 대표

49 1 % 50 20 % 51 지운 52 수아

응용력 높이기

103~107쪽

대표 응용 1 12, 13, 13, $\frac{13}{25}$, 0.52

1-1 $\frac{8}{25}$, 0.32 1-2 $\frac{11}{10}$, 1.1

대표 응용 2 4, 320, $\frac{320}{4}$, 80

2-1 1.5 2-2 가 자동차

대표 응용 3 1800, 600, 600, 25

3-1 20 % 3-2 막대 과자

대표 응용 4 70, 10, 100, 20, 10, 30, $\frac{30}{100}$, 30

4-1 25 % 4-2 20 %

대표 응용 5 100000, 5000, $\frac{5000}{100000}$, 5

5-1 가 은행 5-2 윤채, 6 %

단원 평가 LEVEL ❶

108~110쪽

01 4, 4, 2, 2

02 방법 1 예 5－3＝2, 가로가 세로보다 2칸 더 깁니다.

방법 2 예 $5\div3=\frac{5}{3}$, 가로는 세로의 $\frac{5}{3}$배입니다.

03 3, 8 / 3, 8 / 3, 8 / 8, 3 04 (1) 6 : 10 (2) 6 : 16

05 600 : 400 06 ㉢

07 $\frac{15}{20}\left(=\frac{3}{4}\right)$, 0.75 08 $\frac{9}{20}$(＝0.45)

09 $\frac{15}{53}$ 10 $245\left(=\frac{2450}{10}\right)$, $200\left(=\frac{2400}{12}\right)$

11 가 오토바이 12 $\frac{7}{10}$, 0.7, 70 %

13 60 % 14 > 15 68 %

16 ③, ⑤ 17 35, 43, 22 18 가 비커

19 (위에서부터) 4000 / 6000, 8000, 풀이 참조

20 풀이 참조, 25 %

단원 평가 LEVEL ❷

111~113쪽

01 (1) 예 9－3＝6, 장미꽃 수는 꽃병 수보다 6만큼 더 큽니다.

(2) 예 9÷3＝3, 장미꽃 수는 꽃병 수의 3배입니다.

02 예 학생 수는 항상 비커 수의 2배입니다.

03 ①, ③, ④ 04 예 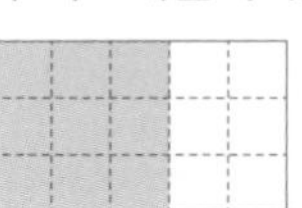 05 ㉢, ㉣

06

07 $\frac{6}{8}\left(=\frac{3}{4}=0.75\right)$

08 $\frac{6}{10}\left(=\frac{3}{5}\right)$, 0.6

09 가 은행 10 $\frac{11}{20}$ 11 민우

12 $\frac{9}{20}$, 0.45, 45 % 13 70 % 14 2 %

15 (1) 예 (2) 예

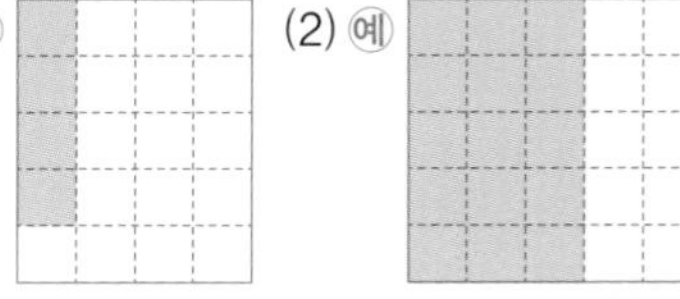

16 16개 17 35 % 18 25 %

19 400, 310, 350 / 풀이 참조, 가 마을

20 풀이 참조, 성호

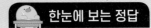

5 단원 여러 가지 그래프

116~120쪽

01 (1) 1만, 1천　　(2) 8000

02 국가별 인구수

국가	인구수
한국	
영국	
브라질	
미국	

1억 명　1천만 명

03 (1) 띠그래프 (2) 200 (3) O (4) 15

04 (1) 32, 24 (2) 100 (3) 32, 24, 100

(4) 배우고 싶은 악기별 학생 수

0 10 20 30 40 50 60 70 80 90 100 (%)

리코더 (27 %) | 피아노 (32 %) | 단소 (24 %) | 우쿨렐레 (17 %)

05 (1) 원그래프 (2) 25 (3) 체육 (4) 2

06 (1) 30, 40 (2) 30, 40, 100

(3) 미술 대회에 참가한 학년별 학생 수 (4) 높습니다에 ○표

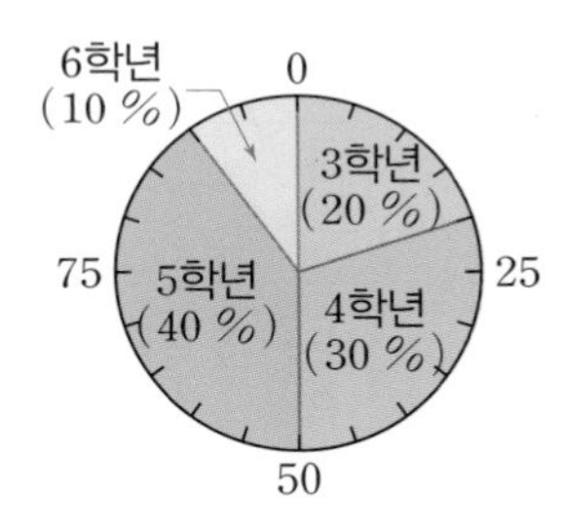

121~124쪽

01 1000대, 100대　　02 1600대

03 다 공장　　04 3000, 27000, 114000, 15000

05 권역별 포도 생산량

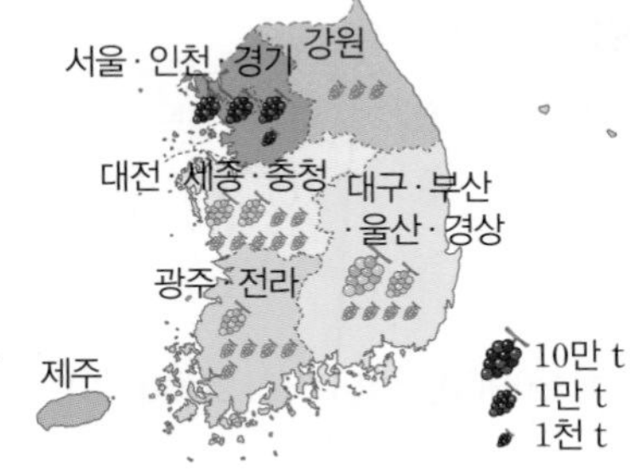

06 예 그림의 크기로 포도 생산량의 많고 적음을 쉽게 파악할 수 있습니다.

07 200개

08 (위에서부터) 200, 18, 36,

사탕 종류별 판매량

0 10 20 30 40 50 60 70 80 90 100 (%)

딸기 맛 사탕 (26 %) | 초콜릿 맛 사탕(18 %) | 오렌지 맛 사탕 (36 %) | 커피 맛 사탕 (20 %)

09 오렌지 맛 사탕, 36 %　　10 은성

11 25, 15, 20, 40, 100

12 마을별 학생 수

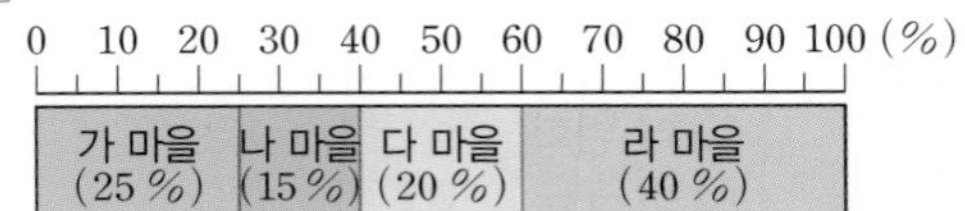

13 ① 예 가 마을에 사는 학생 수의 백분율은 25 %입니다.

② 예 가장 많은 학생이 사는 곳은 라 마을입니다.

14 10, 25, 100

15 좋아하는 운동별 학생 수

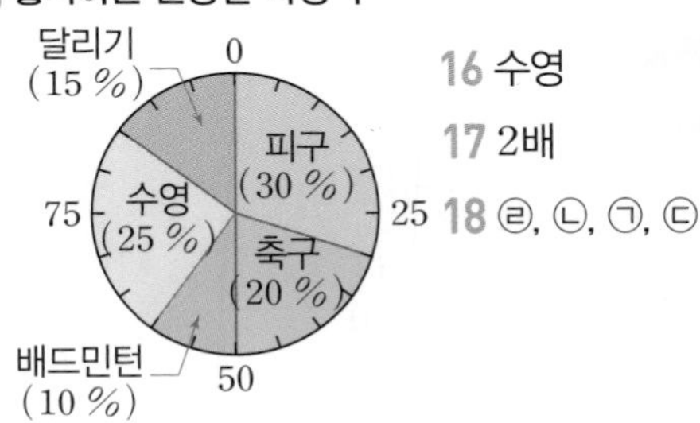

16 수영

17 2배

18 ㉣, ㉡, ㉠, ㉢

19 (위에서부터)

박물관, 과학관, 미술관 /

8, 7, 6, 4, 25 /

32, 28, 24, 16, 100

20 체험 학습 장소별 학생 수

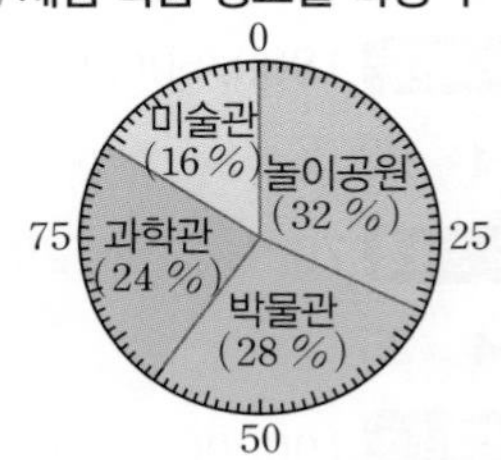

교과서 속 응용 문제

21 200명　　22 225만 원　　23 80명　　24 84명

125~126쪽

01 (1) 30, 10, 3　(2) 다, 라

02 (1) 소, 돼지, 오리　(2) 15, 20, 35　(3) 40, 20, 2

03 그림그래프　04 띠그래프, 원그래프

05 예 그림그래프, 막대그래프　06 예 꺾은선그래프

07 예 막대그래프, 띠그래프, 원그래프

교과서 넘어 보기

127~128쪽

25 2배　26 105권　27 20 %　28 밀가루

29 (위에서부터) 900, 2100, 6000 / 20, 30, 15, 35, 100

30 과수원별 귤 생산량

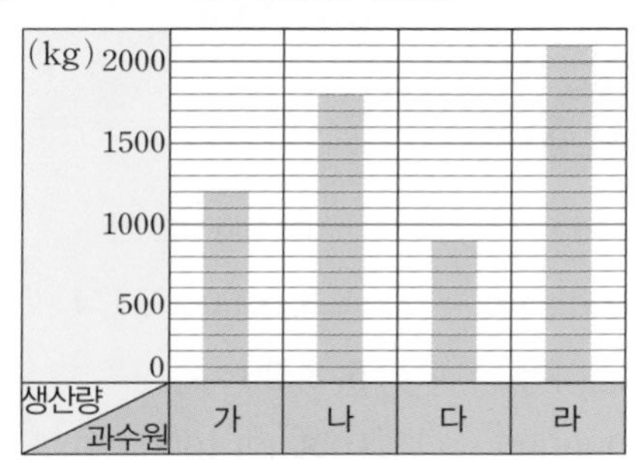

31 과수원별 귤 생산량

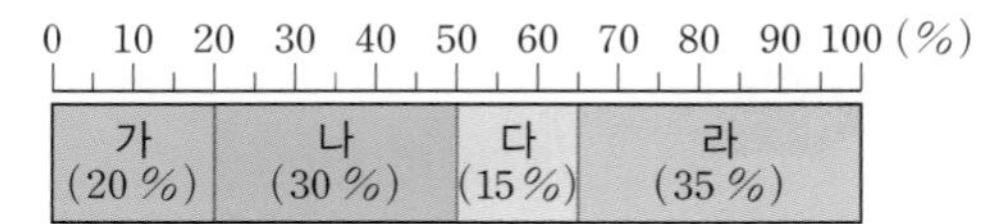

32 과수원별 귤 생산량

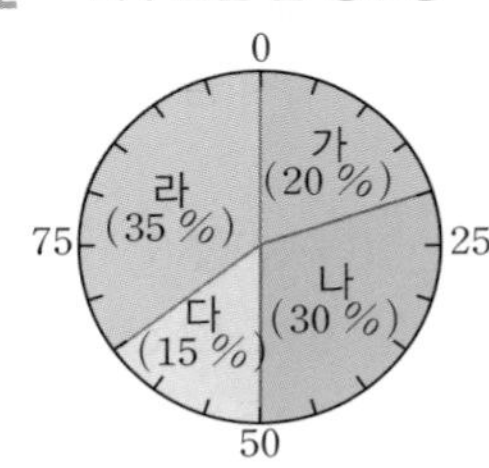

33 예 막대그래프 / 예 과수원별 귤 생산량의 많고 적음을 한눈에 비교하기 쉽기 때문입니다.

34 문구 종류별 판매량

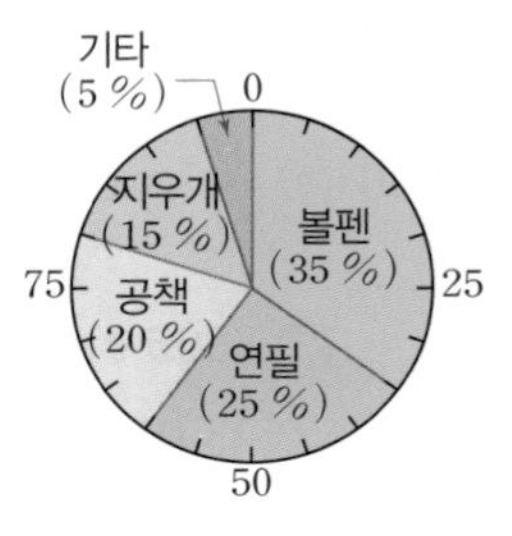

교과서 속 응용 문제

35 45 %　36 0번

129~133쪽

대표 응용 1 가, 22, 다, 5, 22, 5, 17

1-1 34000권　1-2 58 t

대표 응용 2 10, 30, 10, 25, 20, 10 /

(표 위에서부터) 10, 30, 25, 20, 10, 100,

여행하고 싶은 나라별 학생 수

0 10 20 30 40 50 60 70 80 90 100 (%)

베트남 (15 %)	미국 (30 %)	영국 (25 %)	스위스 (20 %)	기타 (10 %)

2-1 30, 5 / 체험학습으로 가고 싶은 장소별 학생 수

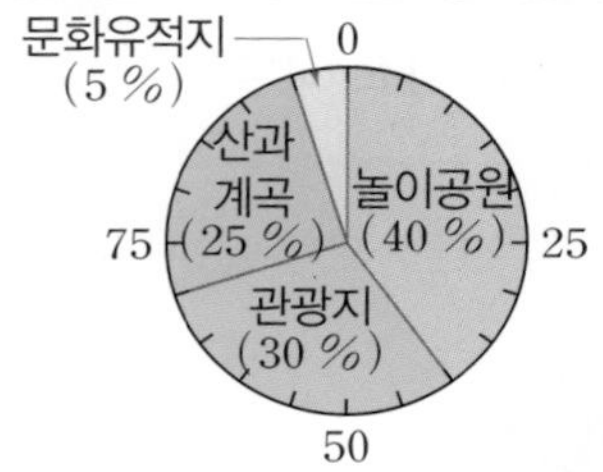

대표 응용 3 25, 25, 4, 4, 300

3-1 300개　3-2 40000원

대표 응용 4 20, 20, 20, 20, 60

4-1 42000원　4-2 100명

대표 응용 5 55, 55, 165, 165, 165, 40, 66

5-1 24명

134~136쪽

01 340, 230, 430

02 마을별 배추 수확량

마을	수확량
가	
나	
다	
라	

100포기　10포기

03 2.6배　04 26 %　05 한씨, 주씨, 강씨

06 (위에서부터) 135, 90, 60, 15, 300 / 45, 30, 20, 5, 100

07 성씨별 학생 수

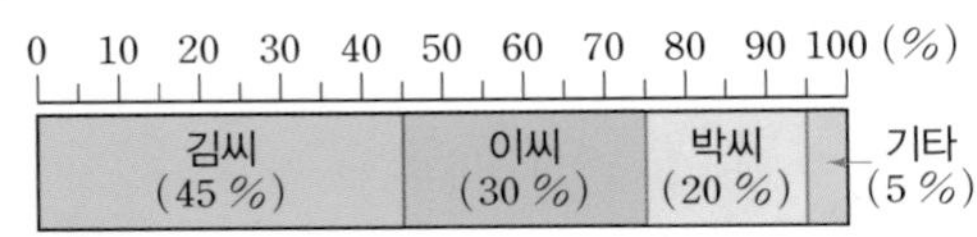

08 목요일 09 2배 10 35, 25, 20, 20, 100

11 여행 가고 싶은 나라별 학생 수

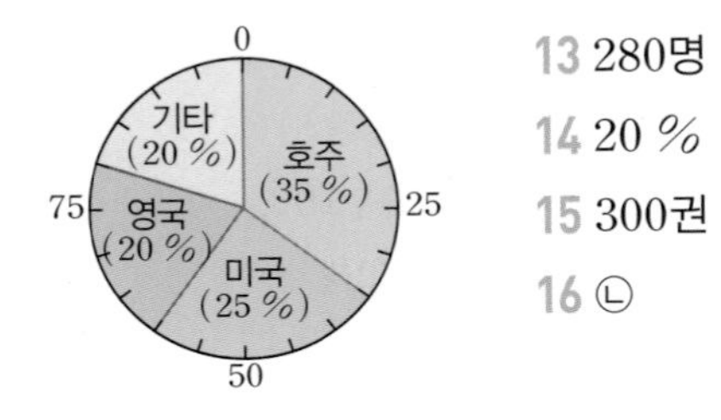

12 175명
13 280명
14 20 %
15 300권
16 ㉡

17 ㉮ 각 항목이 차지하는 비율을 한눈에 알 수 있습니다. / ㉮ 자료를 나타내는 방법이 각각 띠와 원으로 다릅니다.

18 소 19 풀이 참조, 54명 20 풀이 참조, 168명

단원 평가 LEVEL 2 137~139쪽

01 10만 명, 1만 명

02 권역별 외국인 수

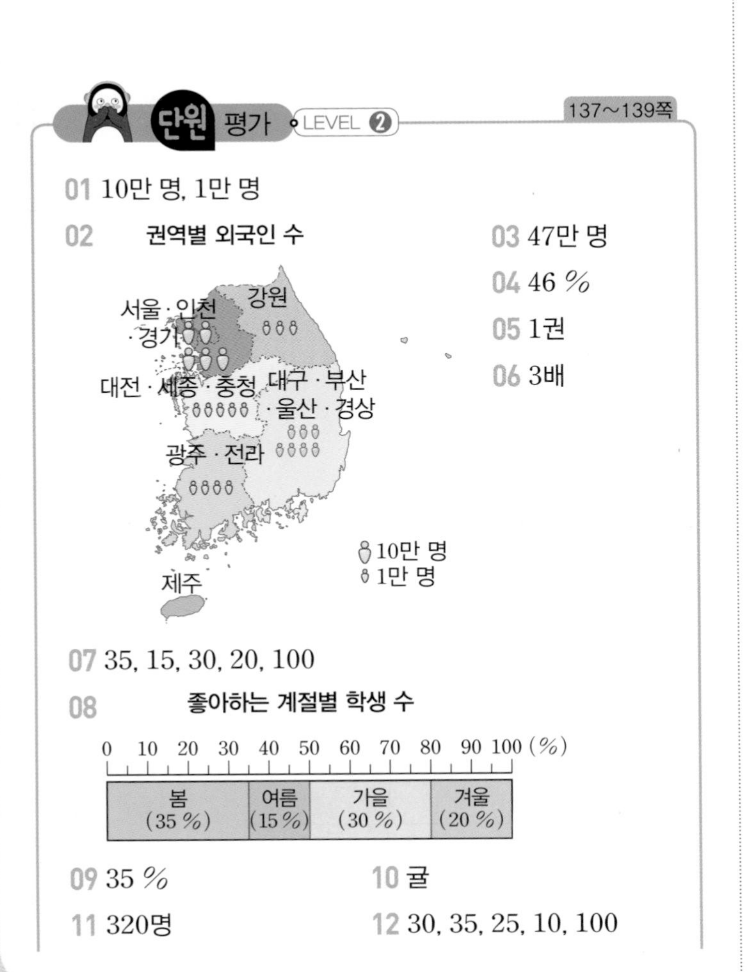

03 47만 명
04 46 %
05 1권
06 3배

07 35, 15, 30, 20, 100

08 좋아하는 계절별 학생 수

0 10 20 30 40 50 60 70 80 90 100 (%)

봄 (35 %)	여름 (15 %)	가을 (30 %)	겨울 (20 %)

09 35 % 10 귤

11 320명 12 30, 35, 25, 10, 100

13 재활용품별 배출량

0 / 25 / 50 / 75
유리류 (10 %)
종이류 (30 %)
캔류 (25 %)
플라스틱류 (35 %)

14 ④, ⑤
15 136명
16 25 %, 170명

17 학년별 참가자 수

0 / 25 / 50 / 75
3학년 (20 %)
6학년 (30 %)
4학년 (25 %)
5학년 (25 %)

18 68명
19 풀이 참조, 승현이네 학교, 5명
20 풀이 참조, 45 %, 15 %

6단원 직육면체의 부피와 겉넓이

142~144쪽

01 (1) 다 (2) 다 02 (1) 18, 16 (2) 가
03 (1) 24, 24 (2) 40, 40 04 (1) 3, 5, 60 (2) 4, 4, 4, 64
05 1 m^3, 1 세제곱미터 06 5, 3, 30
07 1000000, 1000000 08 (1) 8 (2) 4000000

교과서 넘어 보기 145~148쪽

01 나, 가, 다 02 > 03 36, 40, 32, 나
04 '없습니다'에 ○표 / ㉮ 두 직육면체의 세 모서리의 길이가 모두 다르기 때문에 직접 맞대어서 부피를 비교할 수 없습니다.
05 72 cm^3 06 30, 36 / 30, 36
07 729 cm^3 08 160 cm^3 09 512 cm^3
10 다, 가, 나 11 10 12 5 cm
13 4 14 ㉮ 2, 4, 15 / 2, 5, 12 / 3, 4, 10
15 (1) 7 m, 8 m, 6 m (2) 336 m^3
16 (1) 13000000 (2) 70 17 ( ) (○)
18 ⑤ 19 27, 27000000 20 105 m^3

교과서 속 응용 문제

21 512 cm^3 22 1728 cm^3 23 2296 cm^3
24 2 cm 25 3 cm 26 5 cm

교과서 개념 다지기

149~150쪽

01 (위에서부터) 30 / 5, 20 / 5, 30 / 5, 20 / 4, 24
02 예 20, 30, 20, 24, 148 03 예 30, 20, 148 04 4, 5, 148
05 (1) 36, 36, 36, 36, 36, 36, 216 (2) 6, 36, 6, 216
06 6 / 4, 4, 6 / 16, 6, 96

교과서 넘어 보기

151~154쪽

27 (1) 예 48, 42, 48, 56, 292 (2) 56, 42, 48, 292
(3) 56, 30, 6, 292
28 108 cm^2 29 172 cm^2
30 예

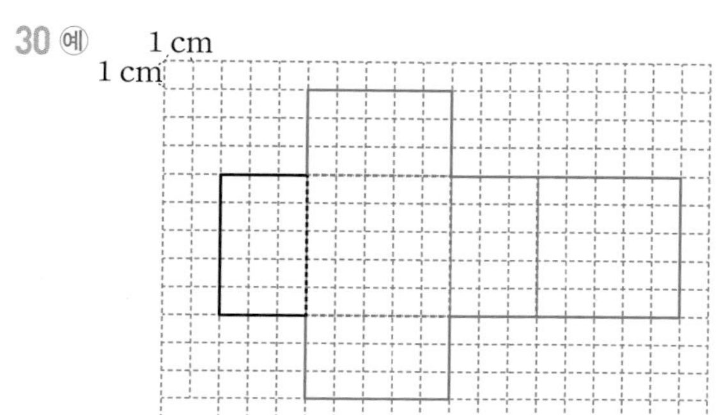

31 110 cm^2 32 136 cm^2 33 유빈, 8
34 23.5 m^2 35 9 36 10 cm
37 6 38 600 cm^2 39 294 cm^2
40 150 cm^2
41 예

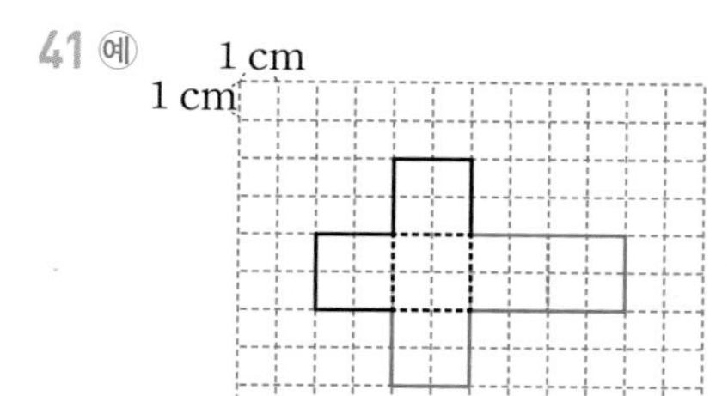

42 24 cm^2
43 864 cm^2
44 유진, 민서, 수민
45 726 cm^2
46 8

교과서 속 응용 문제

47 170 cm^2 48 284 cm^2 49 26 cm
50 343 cm^3 51 729 cm^3 52 64 cm^3

응용력 높이기

155~159쪽

대표 응용 1 64, 8, 64, 8, 512, 512, 64, 448, 448
1-1 3640 cm^3 1-2 7000 cm^3
대표 응용 2 10, 10, 6, 10, 4, 10, 5, 6, 4, 5, 120
2-1 1000개 2-2 480권
대표 응용 3 400, 400, 800 3-1 1080 cm^2
대표 응용 4 384, 384, 384, 64, 8, 8
4-1 7 4-2 6 cm
대표 응용 5 9, 4, 9, 5, 360, 120, 480
5-1 364 cm^3 5-2 210 cm^3

단원 평가 LEVEL ❶

160~162쪽

01 ( ) ( ) (○) 02 가, 다, 나
03 >
04 (1) 24 cm^3 (2) 36 cm^3 05 432 cm^3
06 120 cm^3 07 1000 cm^3
08 343 cm^3 09 18 cm
10 예 4, 4, 10 / 5, 8, 4 / 8, 2, 10
11 ㉡ 12 <
13 56 m^3 14 286 cm^2 15 268 cm^2
16 예

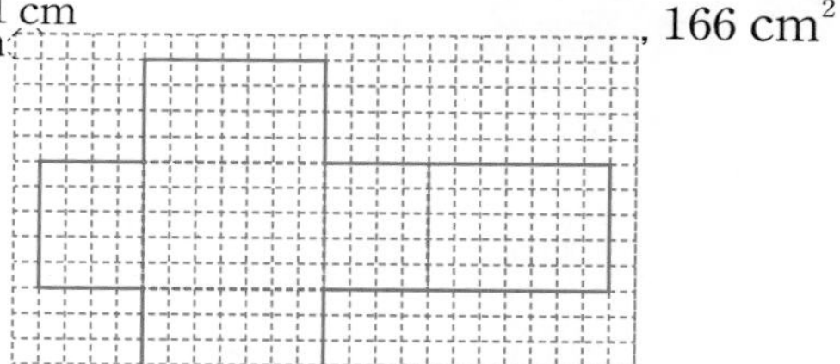

, 166 cm^2

17 12 18 125 cm^3
19 풀이 참조, 242 cm^2 20 풀이 참조, 1416 cm^3

단원 평가 LEVEL ❷

163~165쪽

01 ㉠, ㉡ 02 다, 나, 가
03 3, 4, 5, 60 / 60 cm^3 04 224 cm^3
05 1703 cm^3 06 343 cm^3 07 11 cm
08 6 09 (1) 150000000 (2) 0.6
10 지훈 11 6 m^3 12 가
13 960 cm^3 14 382 cm^2 15 16
16 216 cm^2 17 10 cm 18 48 cm^2
19 풀이 참조, 3 cm 20 풀이 참조, 702 cm^2

Book 2 복습책

1 단원 분수의 나눗셈

기본 문제 복습 2~3쪽

01 예 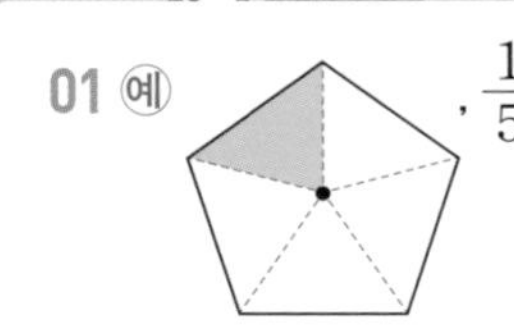 , $\frac{1}{5}$

02 (1) $\frac{3}{7}$ (2) $\frac{5}{11}$ (3) $\frac{2}{5}$

03 2, 3, 3, 3, 2, 3, 11

04 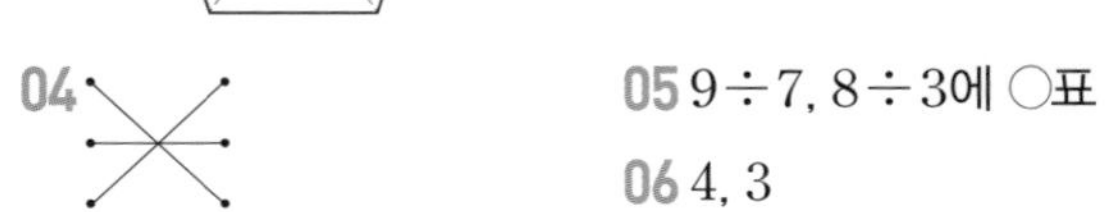

05 $9\div7$, $8\div3$에 ○표

06 4, 3

07 (1) $\frac{4}{9}$ (2) $\frac{3}{8}$ 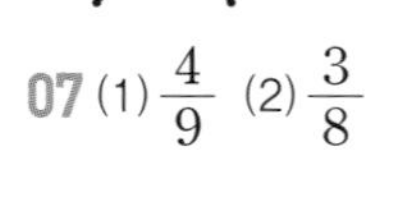

08 

09 $\frac{8}{27}$, $\frac{8}{135}$

10 $\frac{11}{56}$

11 $\frac{13}{18}$

12 $2\frac{11}{15}\left(=\frac{41}{15}\right)$cm

13 $3\frac{3}{7}\left(=\frac{24}{7}\right)$km

응용 문제 복습 4~5쪽

01 $\frac{4}{35}$

02 $\frac{2}{45}$

03 $\frac{4}{21}$

04 $2\frac{1}{3}\left(=\frac{7}{3}\right)$m

05 $2\frac{8}{21}\left(=\frac{50}{21}\right)$cm

06 $6\frac{3}{10}\left(=\frac{63}{10}\right)$cm

07 $\frac{5}{24}$

08 $\frac{2}{3}\left(=\frac{16}{24}\right)$

09 $1\frac{3}{20}\left(=\frac{23}{20}\right)$

10 $\frac{18}{55}$ m^2

11 $\frac{6}{7}$ m^2

12 $\frac{5}{12}\left(=\frac{15}{36}\right)$m^2

서술형 수행 평가 6~7쪽

01 풀이 참조, $4\div11=\frac{4}{11}$, $\frac{4}{11}$ kg

02 풀이 참조

03 풀이 참조, $\frac{2}{9}$ m

04 풀이 참조, $\frac{6}{35}$ m

05 풀이 참조, $\frac{2}{5}$ L

06 풀이 참조

07 풀이 참조, 영준이네 모둠

08 풀이 참조, $\frac{7}{18}$

09 풀이 참조, $1\frac{1}{16}\left(=\frac{17}{16}\right)$ kg

10 풀이 참조, $6\frac{1}{2}\left(=\frac{13}{2}\right)$ km

1 단원 평가 8~10쪽

01 예 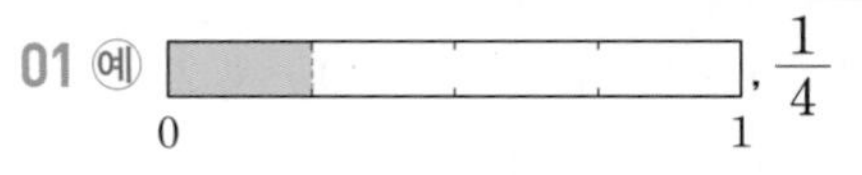 , $\frac{1}{4}$

02 (1) $\frac{1}{9}$ (2) $\frac{8}{13}$

03 15

04 $\frac{1}{3}$, 11, 11, 3, 2

05 $5\div3$, $7\div5$에 ○표

06 ㉠

07 $3\frac{3}{4}\left(=\frac{15}{4}\right)$

08 $1\frac{1}{6}\left(=\frac{7}{6}\right)$kg

09 예 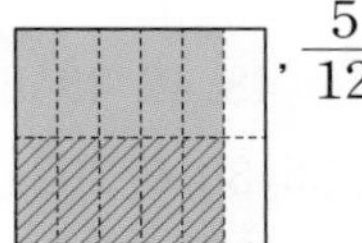 , $\frac{5}{12}$

10 $\frac{12}{11}\div6=\frac{12\div6}{11}=\frac{2}{11}$

11 (1) $\frac{2}{9}$ (2) $\frac{3}{5}$

12 $\frac{7}{20}$

13 <

14 풀이 참조, $\frac{5}{63}$

15 $\frac{4}{13}$ m

16 $\frac{17}{20}$

17 $\frac{4}{5}$ m

18 $\frac{3}{5}$

19 1, 2, 3, 4

20 풀이 참조, $\frac{3}{28}$

2 단원 각기둥과 각뿔

기본 문제 복습 11~12쪽

01 나, 라, 바

02 3개

03 사각기둥

04 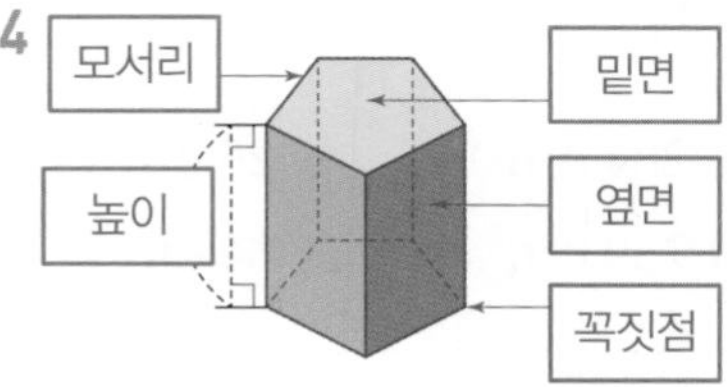

05 12개

06 높이

07 (○) (   )

08 육각기둥

09 (위에서부터) 8, 12

10 면 ㄱㄴㄷ, 면 ㄱㄷㄹ, 면 ㄱㄹㅁ, 면 ㄱㅁㄴ

11 오각뿔

12 각뿔의 꼭짓점

13 7, 8, 8, 14

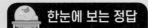

2 단원 응용 문제 복습 13~14쪽

01 육각기둥　02 사각뿔　03 사각기둥
04 17개　05 10개　06 12개
07 3 cm　08 3 cm　09 18개
10 6개　11 18개

2 단원 서술형 수행 평가 15~16쪽

01 풀이 참조　02 수정, 풀이 참조
03 풀이 참조, 35개　04 풀이 참조
05 풀이 참조　06 풀이 참조
07 풀이 참조, 11 cm　08 풀이 참조, 75 cm
09 풀이 참조, 18개　10 풀이 참조, 102 cm

2 단원 단원 평가 17~19쪽

01 바　02 육각기둥　03 5개
04　05 밑면
06 풀이 참조, 16개
07 21개　08 나, 사각기둥
09 (위에서부터) 3, 7, 3, 4　10 면 마
11 예

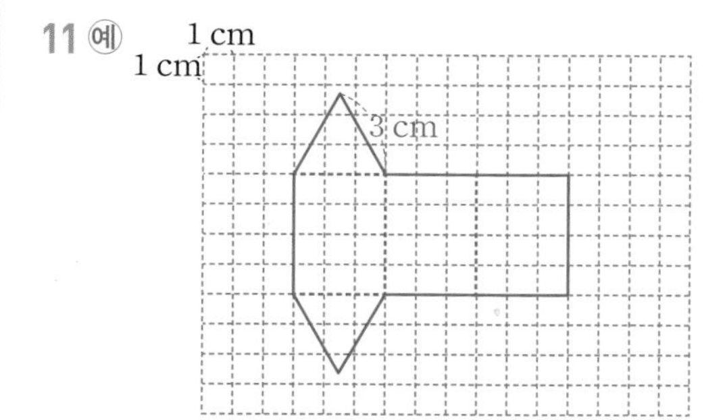

12 나, 오각뿔　13

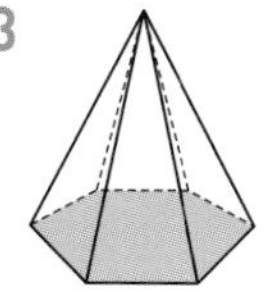

14

15 가　16 점 ㄱ　17 8개
18 10 cm　19 3개
20 풀이 참조, 팔각뿔

3 단원 소수의 나눗셈

3 단원 기본 문제 복습 20~21쪽

01 143, 143, 14.3　02 211, 21.1, 2.11
03 $28.84 \div 7 = \frac{2884}{100} \div 7 = \frac{2884 \div 7}{100} = \frac{412}{100} = 4.12$
04 8.56 cm　05 >
06 2, 1, 3
07 (위에서부터) 135, $\frac{1}{100}$, $\frac{1}{100}$, 1.35
08 4.76 cm
09
$$\begin{array}{r} 1.08 \\ 3\overline{)3.24} \\ 3 \\ \hline 24 \\ 24 \\ \hline 0 \end{array}$$
10 6.02 cm　11 (1) 4.8 (2) 0.75
12 0.3 kg　13 $22.4 \div 7 = 3.2$에 ○표

3 단원 응용 문제 복습 22~23쪽

01 3개　02 7
03 2, 3, 4, 5, 6, 7　04 0.54
05 0.8　06 1.05
07 2, 3, 5/0.46　08 7, 6, 5/1.52
09 2, 8/0.25　10 1.05 m
11 0.71 m　12 3.9 cm

3 단원 서술형 수행 평가 24~25쪽

01 풀이 참조, 12.2　02 풀이 참조, 12.1 cm
03 풀이 참조, 1.15 kg　04 풀이 참조, 0.45 kg
05 풀이 참조, 0.39　06 풀이 참조
07 풀이 참조, 1분 30초　08 풀이 참조, 3.74
09 풀이 참조, 4.05 cm　10 풀이 참조, 7.2 cm^2

3 단원 단원 평가 26~28쪽

01 124, 12.4, 1.24　02 0.21　03

04 $42.35 \div 5 = \frac{4235}{100} \div 5 = \frac{4235 \div 5}{100} = \frac{847}{100} = 8.47$

05 7.98 cm　06 풀이 참조, 3.8

07 (1) 0.81 (2) 0.82

08
$$\begin{array}{r} 0.49 \\ 6\overline{)2.94} \\ \underline{24} \\ 54 \\ \underline{54} \\ 0 \end{array}$$

09 0.29 L　10 1.15　11 1.54 m

12 풀이 참조, 0.14 kg　13 8.05

14 <　15 3.05 m^2

16 2.8 cm　17 5.25

18 1, 2, 3, 4, 5　19 $32.4 \div 4 = 8.1$

20 ㉡

4 단원 비와 비율

4 단원 기본 문제 복습 29~30쪽

01 8, 8/3, 3

02 (1) 예 $16-8=8$, 가로가 세로보다 8 cm 더 깁니다.
(2) 예 $16 \div 8=2$, 가로는 세로의 2배입니다.

03 (1) 3 : 7 (2) 7 : 3　04 ㉢, 5에 대한 6의 비

05 예

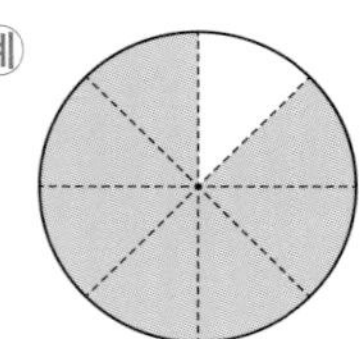

06 12, 15, $\frac{12}{15}\left(=\frac{4}{5}=0.8\right)$ / 3, 11, $\frac{3}{11}$

07 예 두 직사각형의 가로에 대한 세로의 비율은 같습니다.

08 $160\left(=\frac{2400}{15}\right)$

09 $800\left(=\frac{4000}{5}\right)$, $700\left(=\frac{4200}{6}\right)$ / 행복 마을

10 75 %　11 $\frac{1}{4}\left(=\frac{25}{100}\right)$, 0.25 / $\frac{7}{100}$, 7 % / 0.3, 30 %

12 7 %　13 30 %

4 단원 응용 문제 복습 31~32쪽

01 <　02 승연　03 ㉡, ㉠, ㉢

04 $41\left(=\frac{205}{5}\right)$　05 $\frac{400}{225}\left(=\frac{16}{9}\right)$　06 나 자동차

07 15 %　08 25 %　09 막대 과자

10 7번　11 20번　12 256 g

4 단원 서술형 수행 평가 33~34쪽

01 풀이 참조　02 풀이 참조, ㉡

03 풀이 참조, 150 : 800　04 풀이 참조, 준우네 모둠

05 풀이 참조, $\frac{4}{3}\left(=\frac{16}{12}\right)$　06 풀이 참조, 나 도시

07 풀이 참조, 35 %　08 풀이 참조, 도넛

09 풀이 참조, 은영　10 풀이 참조, 민수

4 단원 단원 평가 35~37쪽

01 (위에서부터) 12, 16 / 6, 8

02 예 과학 실험 세트 수는 항상 모둠원 수의 $\frac{1}{2}$배입니다.

03 (1) 예 $120-75=45$, 사과나무가 배나무보다 45그루 더 많습니다.
(2) 예 $120 \div 75=1.6$, 사과나무 수는 배나무 수의 1.6배입니다.

04 4, 7 / 4, 7 / 7, 4 / 4, 7　05 12 : 9

06 42 : 56　07 20, 17, 비율, $\frac{17}{20}$

08 (위에서부터) $\frac{7}{25}$ / $\frac{9}{15}\left(=\frac{3}{5}\right)$, 0.6 / 0.65

09 ㉠, ㉡　10 11.25

11 준서　12 풀이 참조, 20 cm^2

13 (1) ○ (2) ×　14 ②, ⑤

15 예

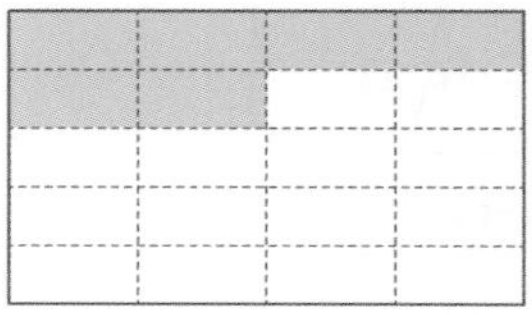

16 3, 2, 1

17 17.5 %

18 28000원

19 가 은행

20 풀이 참조, 40 %

5 단원 여러 가지 그래프

5 단원 기본 문제 복습 38~39쪽

01 50만 t　　02 광주 · 전라, 강원

03 ㉮ 그림의 크기로 쌀 생산량의 많고 적음을 한눈에 알 수 있습니다.

04 10 %　　05 2배

06 35, 30, 15, 10, 10, 100

07 좋아하는 과목별 학생 수

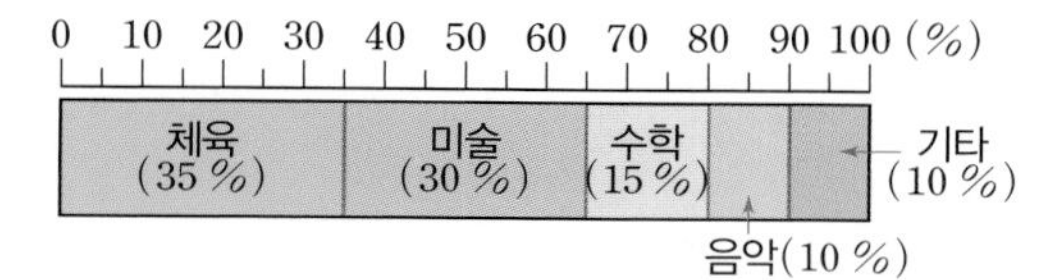

08 나 후보, 40 %　　09 ㉡

10 아래쪽에 ○표　　11 해바라기, 백합, 카네이션

12 (위에서부터) 100, 80, 60, 400 / 40, 25, 20, 15, 100

13 좋아하는 꽃별 학생 수

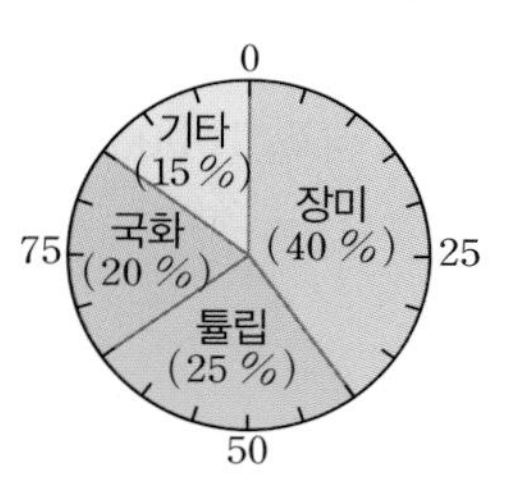

5 단원 응용 문제 복습 40~41쪽

01 32만 마리　　02 41만 t

03 지역별 쌀 생산량

지역	생산량
가	
나	
다	
라	

10만 t
1만 t

04 60명　　05 104명　　06 36명

07 500명　　08 400명　　09 1100 kg

10 27마리　　11 112개　　12 15개

5 단원 서술형 수행 평가 42~43쪽

01 풀이 참조, 16700기　　02 풀이 참조

03 풀이 참조, 버즘나무, 60그루

04 풀이 참조, 4배　　05 풀이 참조, 350명

06 풀이 참조　　07 풀이 참조

08 풀이 참조, 미국, 일본, 인도

09 풀이 참조, 400명　　10 풀이 참조, 12 %

5 단원 단원 평가 44~46쪽

01 종이류, 고철류, 병류, 비닐류

02 ㉮ 고철류의 배출량은 1200 kg입니다.

03 권역별 사과 생산량

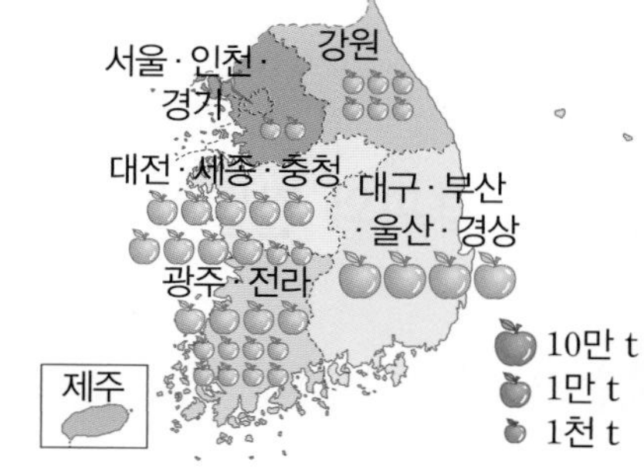

04 ㉠　　05 200명

06 A형　　07 35 %

08 (위에서부터) 16, 12, 80 / 30, 20, 15, 100

09 색깔별 구슬 수

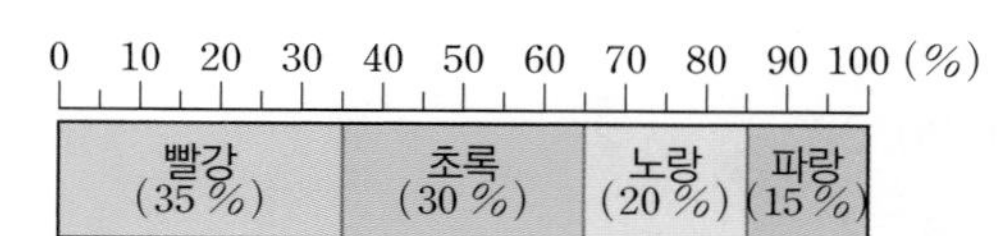

10 안중근　　11 1.5배

12 35, 25, 20, 15, 5, 100 / 취미 활동별 학생 수

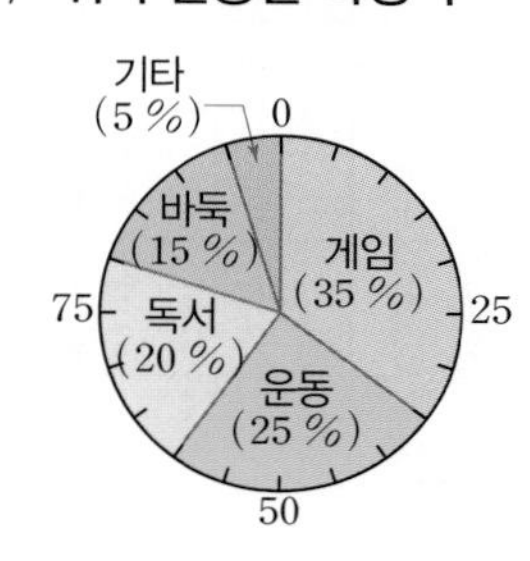

13 예 가장 많은 학생들의 취미 활동은 게임입니다. 두 번째로 많은 학생들의 취미 활동은 운동입니다.
14 55 %
15 280표
16 풀이 참조, 100 m^2
17 ④, ⑤
18 풀이 참조, 25 %
19 종류별 모종 수

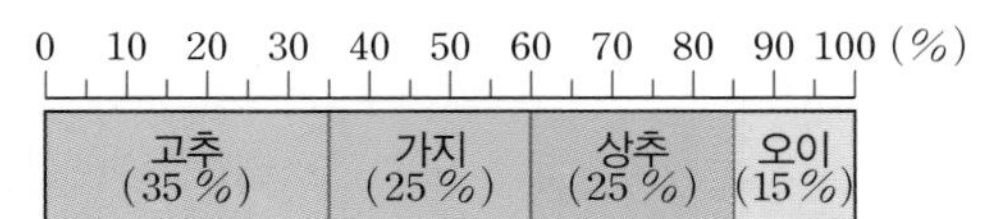

20 112개

6 단원 직육면체의 부피와 겉넓이

6 단원 기본 문제 복습 47~48쪽

01 나
02 나, 다, 가
03 48개, 48 cm^3
04 6, 4, 5, 120
05 512 cm^3
06 800개
07 (1) 10000000 (2) 89
08 84 m^3
09 (1) 예 27, 63, 27, 21, 222 (2) 예 21, 63, 27, 222 (3) 21, 20, 222
10 예 12, 8, 52
11 예 , 54 cm^2

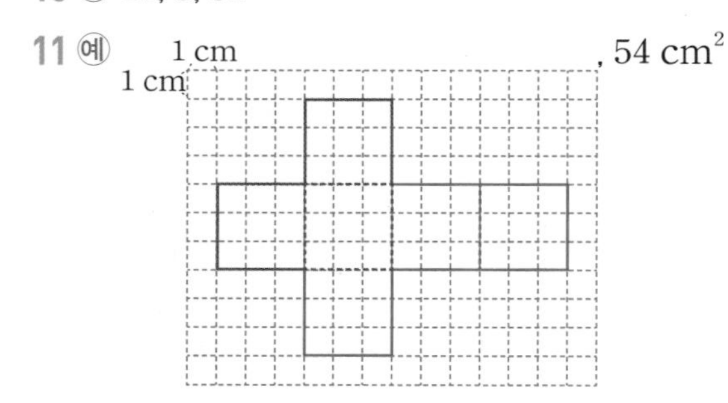

12 11 cm
13 6

6 단원 응용 문제 복습 49~50쪽

01 7
02 8 cm
03 80
04 1065 cm^3
05 405 cm^3
06 4752 cm^3
07 54 cm^2
08 294 cm^2
09 5400 cm^2
10 5
11 9 cm
12 15

6 단원 서술형 수행 평가 51~52쪽

01 풀이 참조, 216 cm^3
02 풀이 참조, 12 cm
03 풀이 참조, 13
04 풀이 참조, 8 m^3
05 풀이 참조, 1080개
06 풀이 참조, 44개
07 풀이 참조, 54 cm^2
08 풀이 참조, 486 cm^2
09 풀이 참조, 9배
10 풀이 참조, 1000 cm^3

6 단원 단원 평가 53~55쪽

01 24, 27, 나
02 60개, 60 cm^3
03 70 cm^2
04 400 cm^3
05 1890 cm^3
06 풀이 참조, 5 cm
07 16
08 ㉡
09 ㉢, ㉠, ㉣, ㉡
10 10.5 m^3, 10500000 cm^3
11 125 m^3
12 192개
13 1320 cm^3, 1186 cm^2
14 다혜
15 136 cm^2
16 384 cm^2
17 360 cm^3
18 418 cm^2
19 128 cm^2
20 풀이 참조, 510 cm^2

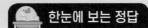

EBS

만점왕
수학 플러스
6-1